稳定同位素环境化学

Environmental Chemistry of Stable Isotopes

马利民　主　编
刘卫国　陈松松　副主编

化学工业出版社
·北京·

内容简介

本书在介绍稳定同位素基本知识的基础上，重点介绍了有机污染物在环境中稳定同位素分馏的基本理论原理、分析模型、研究方法及有机物单体稳定同位素分析技术在不同尺度环境中应用的最新研究进展和案例，旨在总结以往环境有机污染物单体稳定同位素分析的研究成果，推动有机物单体稳定同位素分析技术在环境化学领域的不断发展和完善。

本书具有系统性、可读性强等特点，从稳定同位素的基本知识、同位素分馏的基本概念模型、样品前处理与分析方法到不同环境尺度的应用案例，内容上层层递进，可供同位素环境化学领域科研人员及管理人员参考，也可供高等学校环境科学与工程、化学化工及相关专业师生参阅。

图书在版编目（CIP）数据

稳定同位素环境化学/马利民主编；刘卫国，陈松松副主编．—北京：化学工业出版社，2022.4（2023.8重印）

ISBN 978-7-122-40615-6

Ⅰ.①稳…　Ⅱ.①马…②刘…③陈…　Ⅲ.①稳定同位素-环境化学　Ⅳ.①X131

中国版本图书馆 CIP 数据核字（2022）第 016663 号

责任编辑：刘　婧　刘兴春　　装帧设计：刘丽华

责任校对：宋　玮

出版发行：化学工业出版社（北京市东城区青年湖南街 13 号　邮政编码 100011）

印　　装：涿州市般润文化传播有限公司

787mm×1092mm　1/16　印张 20　彩插 2　字数 496 千字　　2023 年 8 月北京第 1 版第 3 次印刷

购书咨询：010-64518888　　售后服务：010-64518899

网　　址：http://www.cip.com.cn

凡购买本书，如有缺损质量问题，本社销售中心负责调换。

定　　价：98.00 元

前言

环境中有机污染物的来源、迁移转化过程及风险评价近年来一直是环境科学领域的研究热点和难点。传统分析技术多利用浓度梯度、化合物与化合物比例关系或多变量统计分析以识别污染物在环境中的转化过程。虽然这些技术迄今取得了一些可信的结果，但由于有机污染物在环境中的行为复杂，如许多物理或生物地球化学因素，使得许多研究结果具有较大的不确定性，难以有效识别有机污染物在野外原位环境中的转化过程及降解程度。例如色谱-质谱联用技术等可以识别有机污染物的浓度及化学结构，然而这种浓度削减动力学并不能准确区分真正的降解与扩散吸附等物理过程导致的浓度变化。由于在真实环境中难以建立质量平衡，许多现有的方法只适用于微观尺度及实验室尺度的模拟研究。目前的方法依然面临很大的挑战和应用范围上的限制，首先是在长时间尺度上，对微污染物在环境中衰减的预测依然是个难题；其次是在环境监测之外，在对流域尺度的综合研究中遇到了困难。

目前，单体稳定同位素分析技术（compound-specific stable isotope analysis，CSIA）已经迅速发展成为研究有机污染物在环境中迁移转化的新工具。单体稳定同位素分析技术可以在不检测代谢产物的状态下识别有机污染物的降解，评估降解程度甚至降解机理。因为降解的相关信息来自母体化合物分子中目标元素稳定同位素比值的变化，因此，在水环境中多次进行农药稳定同位素分析，如果与地下水相结合的空间分析的结果显示有机污染物中稳定同位素比值增加（如$^{13}C/^{12}C$、$^{15}N/^{14}N$、$^{37}Cl/^{35}Cl$等），则可以证明农药在环境中发生了降解，即使农药是在过去释放到环境中的。单体稳定同位素分析技术具有在长时间尺度与大空间尺度上监测有机污染物在环境中迁移转化的潜力。

作为20世纪80年代发展起来的先进技术，有机物单体稳定同位素分析技术具备示踪、整合和指示等多项功能，具有监测快速、特异性好和准确性高等特点。稳定同位素质谱测试技术的改进和发展，大大拓宽了稳定同位素分析技术的应用领域。在自然科学的诸多研究领域（如环境科学）中显示出了日益广阔的应用前景。除了“稳定同位素地球化学”已经形成一门独立学科外，稳定同位素还应用于（环境）法医学、农业、生态、环境科学等研究领域。通过稳定同位素分析，不仅可以追踪重要元素的地球化学循环，推测古气候、古生态过程，还可以追踪环境中有机污染物的来源、在环境中的迁移转化机制及风险评价。

近年来，单体稳定同位素分析技术的不断进步和发展，使得分析更多有机物分子中的稳定同位素成为可能。单体稳定同位素分析技术已经成为环境中有机污染溯源，揭示有机污染物在不同空间和时间尺度下迁移转化及降解机理的重要手段之一。单体稳定同位素分析技术逐渐成为进一步深入了解污染物环境行为及环境过程的强有力工具，使得环境学家能够解决用其他方法难以解决和阐明的复杂环境问题和环境过程。例如，在示踪微污染物转化机理方面，稳定同位素分析可以通过有机物单体稳定同位素指纹特征的变化，在不检测降解产物的情况下识别阐明其降解机理，评估其降解程度，进行风险评估。总之，稳定同位素分析技术在环境科学中的应用已经引起了环境学家广泛的关注，逐渐成为现代环境科学研究中有效的研究手段之一。稳定同位素分析技术已经对环境科学的发展产生积极的影响。稳定同位素信息，尤其是单体稳定同位素指纹信息的变化特征，使人们能够洞悉不同空间尺度上（从实验室尺度的模拟微环境到流域）和时间尺度上（从几十分钟到数年）的环境化学过程、有机污染物在环境系统中的迁移转化和对生态环境及人类的风险。由于众多地质学家和地球化学家的开拓性贡献，人们已经对稳定同位素在有机物生物地球化学循环中的特性有了更深入的了解。随着稳定同位素新的研究方法的发展和完善，稳定同位素分析及单体稳定同位素分析技术将在环境领域中具有更加广阔的应用前景。

有机物稳定同位素的研究，特别是单体稳定同位素分析技术，是在20世纪末才逐渐走向应用的新技术，在全世界都是一个新兴的领域，在我国也正在快速发展中，并取得了一定的成绩。目前在我国已出版的关于稳定同位素的专著和译著，大多以传统的稳定同位素地球化学学科和生态学为核心，如郑永飞的《稳定同位素地球化学》、林光辉的《稳定同位素生态学》、顾慰祖的《稳定同位素水文学》等。关于有机物稳定同位素的专著，有黄福堂的《特定化合物同位素分析》、冒德寿等翻译的Jochmann的著作《特定化合物稳定同位素分析》等，多以单体稳定同位素分析技术为核心。根据笔者过去十几年的科研与教学经历，目前在环境领域尚缺乏以稳定同位素，特别是有机污染物稳定同位素为工具来研究污染物质在环境中的存在形态、迁移转化规律的知识系统性的专业参考书，遂决定编写一本有关稳定同位素环境化学的专著，以期为该领域的科研人员、工程技术人员及管理人员，以及高等学校环境科学与工程、化学工程、生态工程及相关专业师生提供一本比较系统的参考书。

本书在编写过程中得到了中国科学院地球环境研究所、同济大学环境科学与工程学院的大力支持，特别是刘卫国研究员对本书初期规划和后期审定工作提供了大量的帮助。本书具体编写分工如下：第一章由马利民、陈松松编写；第二章由崔国璐、韩昌旭编写；第三章由陈松松编写；第四章由陈翀编写；第五章由陈翀、张凯编写；第六章由韩昌旭编写；第七章由陈松松编写；第八章由于海燕编写；第九章由马利民、刘津伶编写；第十章由马利民、罗家宏编写；全书最后由马利民统稿并定稿。本书的编写和出版得到了国家自然科学基金（21377098）、科技部重点研发计划（2018YFC1803100）、国家水专项（2017ZX07206-003）等项目的资助。

限于编者的认识和经验，特别是在一个新的知识体系下对不断发展的稳定同位素技术方法和应用进行梳理，难免有不妥及疏漏之处，敬请广大读者批评指正。

主编
2021年1月

目 录

第三章　生物化学反应过程与稳定同位素效应 / 061

第四章　有机化合物稳定同位素样品的采集及前处理技术 / 096

第七章 稳定同位素示踪有机污染物的转化途径 / 171

第八章 环境系统中有机污染物的环境过程研究 / 211

第九章　稳定同位素在全球环境变化领域中的应用 / 233

第十章 特定有机物稳定同位素应用拓展 / 277

第一章

概论

第一节
同位素的发现及基本概念

一、同位素的发现及应用简介

从物理学家第一次提出同位素的概念，并证实同位素存在距今已有百余年历史。早在1913年，Soddy（1913）就提出了“同位素（isotope）”一词，同年Thomas用磁分析器发现天然氖由两种质量数不同的同位素组成，第一次证实了自然界中同位素的存在（Budzikiewicz et al.，2006）。1929年，Johnston首先在大气的氧气中发现氧同位素（^{17}O和^{18}O）；1931年，Urey和他的同事发现了氘（deuterium，即^{2}H或D）同位素（Brickwedde，1982）。随后不同元素的同位素不断被发现和研究。在已知的1700余种同位素中，稳定同位素占260多种。Cohn等（1938）于1938年开发出用于水的氧同位素分析的CO_2-H_2O交换技术。几年后，Nier（1947）研制出第一台同位素比值质谱仪（isotope ratio mass spectrometer，IRMS）。1950年，Mckinney和他的同事改进了Nier的质谱仪，使其分析精度有了明显的提高（Mckinney et al.，1950）。随后，同位素比值质谱仪不断得到改进，分析精度不断提高，自动化程度也更趋完善。

20世纪40年代末和50年代初稳定同位素技术开始应用于地球化学。例如，20世纪40年代，Urey（1947）就提出一些有关稳定同位素分馏的理论。1953年，Urey等还提出同位素古温度（isotope paleo-temperature）的概念，极大地促进了稳定同位素技术在地球化学和古气候领域的应用（Epstein et al.，1953）。1955年，Bigeleisen等（1955）把过渡态理论（或称活化络合物理论）用于解释同位素动力学分馏，根据反应底物及其过渡态的振动能量（vibrational energy）以及反应途径及其与不同状态表观能量的关系描述同位素化学动力分馏过程，奠定了稳定同位素分析技术解析有机污染物转化机理的基础。1997 年，Clark 和 Fritz 的著作《环境同位素水文地质学》（*Environmental Isotopes in Hydrogeology*）的发表，促进了稳定同位素在水文地质领域的应用（Clark et al.，1997）。20 世纪 90 年代以来，随着稳定同位素分析技术的不断发展，分析精度不断提高，在线分析技术的不断发展，有机物反应过程中稳定同位素分馏效应的研究不断被报道（Elsner et al.，2012）。例如，挥发性和半挥发性有机化合物，如苯、甲苯、氯代烷烃、多环芳烃、多氯联苯等，环境科学领域关注的绝大多数的石油化工遗留污染物，在生物降解过程中的稳定同位素分馏效应方面进行了广泛研究（Schmidt et al.，2004），为稳定同位素应用于污染物环境化学研究做了重要贡献。

进入 21 世纪，Elsner（Elsner et al.，2004；Elsner，2010；Elsner et al.，2016）、Schmidt（Schmidt et al.，2004）、Hofstetter 等（2008）系统地总结了以往的研究成果，综述了单体稳定同位素分析、稳定同位素分馏研究有机污染在环境中迁移转化的基本原理、分析技术、发展现状及挑战，已经成为稳定同位素分析环境有机污染物的经典文献，极大地推动了稳定同位素分析在环境领域的应用和发展。目前，单体稳定同位素分析（compound specific stable isotope analysis，CSIA）及多元稳定同位素分析（multiple stable isotope analysis）已经成为环境科学研究的热点之一，其应用范围已经从传统的石油化工污染场地遗留污染物（legacy contaminants）扩展到有机农药以及部分新兴污染物（Elsner et al.，2016）；应用范围从早期的实验室模拟研究已扩展至区域环境的污染场地研究甚至流域尺度研究（Fenner et al.，2013）。稳定同位素分析技术已经成为有效研究环境有机污染物在局部环境及流域尺度下迁移转化过程的强大手段。

二、同位素的基本概念

（一）元素的同位素

原子由质子、中子和电子组成。具有相同质子数、不同中子数（或不同质量数）的同一元素的不同核素互为同位素。同位素是原子核中含有相同数量的质子但中子数不同的原子。“同位素”（isotope）一词来源于希腊语（意思是等同的），表明同位素在元素周期表中占有相同的位置。一般用符号$^{m}_{n}E$的形式表示同位素，其中上标“m”表示质量数（即原子核中质子数和中子数之和）下标“n”表示元素的原子序数，例如，$^{12}_{6}C$是碳的同位素，其原子核中有 6 个质子和 6 个中子。每个自然产生的元素的原子量是其各种同位素的平均质量。同位素可以分为两种基本类型，稳定和不稳定（放射性）同位素。“稳定”这个词是相对的，取决于放射性衰变时间的探测极限。

放射性同位素可以分为人工的和天然的。只有天然的放射性同位素对地质学起作用，因为它们是放射性年代测定方法的基础。放射性衰变过程是自发的核反应，并且可能产生辐射特征，即 α、β 和/或 γ 辐射。衰变过程也可能涉及电子俘获。放射性衰变是产生同位素丰度变化的一个过程。造成同位素丰度差异的另一个原因是同位素的分馏，基于元素同位素之间微小的化学和物理差异。

（二）同位素的丰度

元素的同位素组成常用同位素丰度（isotopic abundance）表示。同位素丰度是指一种元素的同位素中，某特定同位素的原子数与该元素的总原子数之比。绝对丰度（absolute abundance）是指地球上各元素或核素存在的数量比，也称元素丰度（element abundance）。在天然物质中，甚至像陨石之类的地球之外的物质中，大多数元素（特别是较重元素）的同位素组成相当恒定。但是，自然条件下的多种物理、化学和生物等作用不断地对同位素（特别是轻元素的同位素）进行分馏，放射性衰变或诱发核反应也使某些元素的同位素不断产生或消灭，故随样品来源环境的变迁，元素的同位素组成也在某一范围内变化。由于重同位素的自然丰度很低，而对自然科学研究有用的信息包含在同位素丰度微小的差别之中（表1-1），故一般不直接测定重、轻同位素各自的绝对丰度，而是测定它们的相对丰度或同位素比率 R（isotope ratio），R 可用下式表示：

$$R=\frac{\text{重同位素丰度}}{\text{轻同位素丰度}} \tag{1-1}$$

表 1-1　常见稳定同位素的丰度

元素	同位素	丰度/%	原子量
氢	^{1}H	99.985	1.007825
	^{2}H	0.015	2.014012
碳	^{12}C	98.900	12.000000
	^{13}C	1.100	13.003355
氮	^{14}N	99.630	14.003074
	^{15}N	0.370	15.000109
氧	^{18}O	0.200	17.999159
	^{17}O	0.038	16.999130
	^{16}O	99.762	15.994915
硫	^{32}S	95.020	31.972072
	^{34}S	4.210	33.967868

（三）稳定同位素比值的表示方法

因为重同位素的相对丰度很微小，而地质学家感兴趣的信息往往在丰度数值的千分位或万分位，因此测量稳定同位素的绝对值很困难。在稳定同位素地球化学的研究中，人们感兴趣的是物质同位素组成的微小变化，而不是绝对值的大小，同时为了便于进行比较，物质的同位素组成除了用同位素比率 R 表示外，更常用同位素比值（δ 值）表示（Perlman et al.，1958），其定义为：

$$\delta=\frac{R_{\text{样}}-R_{\text{标}}}{R_{\text{标}}}\times1000=\left(\frac{R_{\text{样}}}{R_{\text{标}}}-1\right)\times1000‰ \tag{1-2}$$

式中　$R_{\text{样}}$——样品中的同位素比率；

$R_{\text{标}}$——标准参考物质中的同位素比率。

它表示了样品中特定元素的稳定同位素比值相对于某一标准物质对应比值的相对千分差。当 $\delta>0$ 时，表示样品的重同位素比标准物富集（enrichment）；当 $\delta<0$ 时，则比标准物贫化（depletion）。因此，δ 值能清晰地反映同位素组成的变化。δ 值就是物质同位素组成

的代名词，例如$\delta^{13}C$、$\delta^{2}H$、$\delta^{18}O$、$\delta^{15}N$分别表示碳、氢、氧和氮稳定同位素相对于各自标准物的比值。这样表示有很多优点，例如，因为微量稳定同位素丰度很低，测量绝对值比较困难，表示成与一个标准物质的相对比值，可使分析过程的精确度提高。此外，所有的研究数据均可以进行有科学意义的比较。因此，稳定同位素比值与δ值可以进行以下的换算(以碳为例)：

$$R(^{13}C)={}^{13}C_{丰度}/{}^{12}C_{丰度}$$

$$\delta^{13}C=\left[\frac{R(^{13}C)}{0.112372}-1\right]\times1000 \tag{1-3}$$

式中　0.112372——碳同位素国际参考标准物质中的碳稳定同位素比率。

（四）同位素效应

由于元素原子量的变化而产生的化学和物理性质的差异被称为“同位素效应”。一个元素的电子结构决定了它的化学性质，而原子核决定了其物理性质。因为一个给定元素的所有同位素都含有相同数量和排列的电子，所以理论上所有同位素具有相似的化学性质。但这种相似性不是无限的；由于质量差异，导致物理化学性质存在一定的差异性。分子中任何一个原子同位素的替换都会产生微小的化学变化，例如，增加一个中子可以大大降低化学反应的速率。此外，它还导致了拉曼光谱和红外光谱的变化。这些质量差异在最轻的元素中最为显著。例如，在表1-2中列出了$H_2{}^{16}O$、$D_2{}^{16}O$、$H_2{}^{18}O$的物理性质的一些差异。总而言之，在同位素替代中不同的分子性质是相同的，但在中子数量上是不同的。

表1-2　$H_2{}^{16}O$、$D_2{}^{16}O$、$H_2{}^{18}O$的物理特性

物理性质	$H_2{}^{16}O$	$D_2{}^{16}O$	$H_2{}^{18}O$
密度(20℃)/(g/cm³)	0.997	1.1051	1.1106
最大密度所处温度/℃	3.98	11.24	4.30
熔点（1atm)/℃	0.00	3.81	0.28
沸点（1atm)/℃	100.00	101.42	100.14
蒸气压(100℃)/atm	1.00	0.95	—
黏度(20℃)/(mPa·s)	1.002	1.247	1.056

注：1atm＝101325Pa。

H、C、N、O、S等元素的同位素化学性质的差异已用统计力学方法计算并且通过实验证实。这些差异可能导致化学反应中同位素的大量分离。这里只对同位素效应及同位素分馏机理进行简要的讨论。同位素物理化学性质的差异是由量子力学效应引起的。图1-1是双原子分子的势能曲线，作为两个原子之间距离的函数，根据量子理论，分子的能量被限制在一定的离散能级。分子的最低能量不是能量曲线上的最低点，而是在最低水平$1/2\ h\nu$上，h是普朗克常数，ν是分子中原子振动的频率。因此，即使温度处于热力学零度的基态，振动分子也会在分子势能曲线的最小值上拥有一定的零点能量（zero-point energy)。它以一个基本频率振动，而这取决于同位素的质量。在此背景下，需要指出的是分子振动决定了化学同位素效应，相比之下，旋转和平移运动要么对同位素分离没有影响，要么产生次要的影响。如表1-2所列，含有不同稳定同位素的水具有不同的物理性质。理论上，具有相同化学式、含有不同同位素的分子会有不同的零点能量：含有重同位素的分子相对于含有轻同位素的分

子会有较低的零点能量，因为它的振动频率较低。如图 1-1 所示，E_L 是零点能级和连续能级之间的能量间隔。这意味着轻同位素形成的化学键比重同位素形成的化学键弱。因此，一般来说，带有轻同位素的分子比带有重同位素的分子更容易发生化学反应。

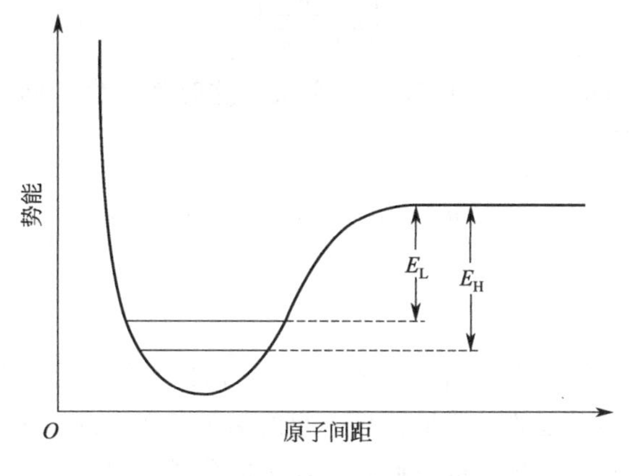

图 1-1 双原子分子势能曲线

（Bigeleisen，1965）

（五）同位素分馏

因为同位素效应（isotope effects），两种物质或同一物质中同位素分配不同，导致稳定同位素比值不同的过程称为同位素分馏。产生同位素分馏的主要现象是：

① 同位素交换反应（平衡同位素分布）；

② 动力学过程，主要取决于含有不同同位素的分子反应速率的差异。

同位素分馏效应的大小通常用同位素分馏因子（fractionation factor）来表示。同位素分馏因子一般用 α 表示，即：

$$\alpha = R_s / R_p \tag{1-4}$$

式中　R_p——产物中某元素的同位素比率；

　　　R_s——底物中某元素的同位素比率。

同位素分馏主要有热力学平衡分馏、动力学分馏和非质量依赖分馏三种类型。

1. 热力学平衡分馏

热力学平衡分馏主要由同位素交换（isotope exchange）决定。当体系的其他物理化学性质不发生变化，同位素在不同物质或物相中维持不变，这种状态就叫同位素平衡状态。当体系处于同位素平衡状态时，同位素在两种物相间的分馏称为同位素平衡分馏。在讨论同位素平衡分馏时可以不考虑同位素分馏的具体机理，而把所有的平衡分馏看作同位素交换反应的结果加以处理。同位素交换包括具有非常不同物理化学机制的过程。在这里，“同位素交换”一词适用于没有化学反应的所有情况，但其同位素分布在不同的化学物质之间、不同的相态之间或单个分子间发生变化。同位素交换反应是一般化学平衡的一种特殊情况。例如，H_2O 和 $CaCO_3$ 之间的 ^{18}O 和 ^{16}O 交换可以表示如下：

$$H_2{}^{18}O + \frac{1}{3}CaC^{16}O_3 \rightleftharpoons H_2{}^{16}O + \frac{1}{3}CaC^{18}O_3 \tag{1-5}$$

分馏因子 $\alpha_{CaCO_3\text{-}H_2O}$（25℃）可以定义为：

$$\alpha_{CaCO_3\text{-}H_2O}=\frac{\left(\frac{^{18}O_{丰度}}{^{16}O_{丰度}}\right)_{CaCO_3}}{\left(\frac{^{18}O_{丰度}}{^{16}O_{丰度}}\right)_{H_2O}}=1.031 \tag{1-6}$$

$CaCO_3$ 中的 ^{16}O 与 H_2O 中的 ^{18}O 发生了交换，这时就发生了同位素平衡分馏，其分馏因子 $\alpha_{CaCO_3\text{-}H_2O}$ 与温度有关：

$$10^3\ln\alpha_{CO_2\text{-}H_2O}=A\times10^6/T^2+B \tag{1-7}$$

式中　T——热力学温度；

A、B——常数。

当 $t=25℃$（$T=298K$）时，$\alpha_{CO_2\text{-}H_2O}=1.031$，同位素间的物理和化学特性的区别是由同位素原子核的质量不同引起的。质量差异引起的结果是双重的：①较重的同位素分子的移动性较弱，和其他分子碰撞的频率也较低；②较重的分子一般具有较高的结合能。因此，同位素分馏程度与同位素间原子量差别大小成正比。

2. 动力学分馏

产生同位素分馏的第二个主要现象是动力学同位素效应，它与不完全和单向过程有关，如蒸发、离解反应、生物作用和扩散。当化学反应的速率对反应物的某一特定位置的原子量敏感时，也会发生动力学同位素效应。动力学同位素效应的知识非常重要，因为它能提供关于反应途径细节的独特信息。从数量上看，许多偏离简单平衡过程的偏差可以解释为不同同位素组成具有不同反应速率。在单向化学反应过程中所进行的同位素测量总是显示在反应产物中轻同位素的优先富集。在单向反应过程中引入的同位素分馏可以用同位素反应速率常数的比值表示。这一理论遵循了一个概念，即化学反应从最初的状态到最终的形态结构是连续变化的，并且有一些关键的中间形态被称为活化状态或过渡状态，反应速率受这些活化物质分解速率的控制。动力学同位素效应是研究污染物环境化学过程中同位素效应的理论基础，因此本书将在以后的章节中重点论述其基本原理与影响因素。

3. 质量相关分馏与非质量相关分馏

在热力学平衡中同位素分布取决于同位素之间的相对质量差异。质量依赖关系也适用于许多运动过程。因此，普遍认为，对大多数自然反应来说，同位素效应仅仅是由同位素质量差异而产生的。这意味着有超过两种同位素的元素，例如氧元素或硫元素，^{18}O 相对于 ^{16}O、^{34}S 相对于 ^{32}S 的富集（enrichment）约是 ^{17}O 相对于 ^{16}O、^{33}S 相对于 ^{32}S 富集的2倍。因此，多年来对测量某一特定元素的多个同位素比值的研究是有限的。然而，最近多种同位素元素分析技术的进步已经证明，不同的质量相关过程（例如扩散、代谢、高温平衡过程）会有偏离几个百分点的差异，并符合质量相关分馏（Young et al.，2002；Miller，2002；Farquhar et al.，2003）。这些微小的差异是可以测量的，并且已经在对氧（Luz et al.，1999）、镁（Young et al.，2002）、硫（Farquhar et al.，2003）等的研究中被证实。三种或以上同位素的质量相关分馏在平衡和动力学过程中是不同的，后者的分馏程度比平衡交换产生的低。

在三同位素图中，用单线性曲线描述质量相关的同位素分馏过程是一种常用的方法（Matsuhisa et al.，1978）。由此产生的直线被称为同位素质量分馏线，并将其与它的偏差用作非质量相关同位素效应指示，以描述偏离质量相关分馏曲线的程度，用$\Delta^{17}O$、$\Delta^{25}Mg$、$\Delta^{33}S$等形式表示。这是由 Assonov 等（2005）讨论过的。最简单的是将Δ定义为（以氧同位素为例）：

$$\Delta^{17}O=\delta^{17}O-\lambda\delta^{18}O \tag{1-8}$$

式中　λ——质量相关分馏特征的主要参数。

系数λ的值取决于分子量，对于含氧原子的高分子量物质而言，范围从 0.500 至 0.53 不等。近年来随着同位素比值高精度测量的发展，测量的λ值可以精确到第三位小数。然而，在Δ值较小的情况下，这种方法很难区分质量相关分馏和非质量相关分馏（Farquhar et al.，2003）。

自然界中的一些过程并不遵循上述质量相关分馏过程。在陨石（Clayton et al.，1973）、臭氧（Iii et al.，1983）及硫化物（Farquhar et al.，2000）中首先观察到与质量相关分馏的偏差。非质量相关分馏描述了违反质量相关规则（如$\delta^{17}O\approx0.5\delta^{18}O$或$\delta^{33}S\approx0.5\delta^{34}S$）以及产生非零的$\Delta^{17}O$和$\Delta^{33}S$同位素组成的情况。学者们对非质量相关分馏进行了大量的研究，但正如 Thiemens（1999）所综述的一样，目前非质量相关分馏的机理仍然不清楚。最理想的研究案例是在平流层中臭氧的形成过程。Mauersberger 等（1999）通过实验证明，^{17}O富集的大小并不取决于分子的对称性，而是取决于分子的几何结构。为此 Gao 和 Marcus（2001）提出了一个优化模型，更好地解释了非质量相关同位素分馏效应。

非质量相关分馏在地球的大气层中普遍存在，已经观察到的有O_3、CO_2、N_2O和 CO，这些都与平流层中的臭氧反应相关（Thiemens，1999）。氧是大气中的一个特征标记。这些过程可能也在火星大气层和前太阳星云（Thiemens，1999）中发挥作用。在臭氧中化学产生的非质量相关氧同位素分馏的发现，为研究其他自然系统中的非质量相关同位素分馏奠定了基础（Thiemens，2012）。大量的研究结果表明，非质量相关同位素分馏比原先想象的更为丰富，构成了一种新的同位素指纹图谱。

第二节 稳定同位素在环境领域的应用

一、应用背景

1. 发展过程

传统上稳定同位素在环境领域多用于长时间尺度的环境过程的研究。随着环境科学研究的进展和稳定同位素测试技术的进步，稳定同位素在现代环境过程研究中的用途变得越来越广泛了。特别是对于有机污染物在环境中的物理、化学和生物作用下，环境行为过程变得十分复杂，基于传统以浓度为测试指标的一些技术难以有效识别转化过程及降解程度。随着单体稳定同位素分析技术的迅速发展，已可实现在环境中不检测有机物代谢产物的状态下识别有机污染物的降解过程，具有在不同时间尺度与空间尺度上监测有机污染物在环境中迁移转化的潜力，极大地拓宽了稳定同位素技术在诸多领域中的应用。

随着稳定同位素质谱测试技术的改进和发展，其在自然科学的诸多研究领域中显示出了日益广阔的应用前景。除了稳定同位素地球化学（stable isotope geochemistry）已经形成一门独立学科外，稳定同位素技术还应用于法医学、农业、生态、环境科学等研究领域。通过稳定同位素分析，不仅可以追踪重要元素的地球化学循环，推测古气候、古生态过程，还可以追踪环境中有机污染物的来源、污染物在环境中的迁移转化机制及风险评价。

2. 单体稳定同位素分析

近年来，单体稳定同位素分析技术的发展，使得分析有机物分子中的稳定同位素成为可能。单体稳定同位素分析技术已经成为环境中有机污染溯源，揭示有机污染物在不同空间和时间尺度下迁移转化及降解机理的重要技术手段之一。单体稳定同位素分析技术逐渐成为进一步深入了解污染物环境行为及环境过程的强有力工具，使环境学家能够解决用其他方法难以解决和阐明的复杂环境问题和环境过程。例如，在示踪微污染物转化机理方面，稳定同位素分析可以通过有机物单体中稳定同位素指纹特征的变化，在不检测降解产物的情况下分别阐明其降解机理，评估其降解程度，进行风险评估。总之，稳定同位素分析技术在环境科学中的应用已经引起了环境学家广泛的关注，逐渐成为现代环境科学研究中最有效的研究方法之一。

稳定同位素分析技术已经对环境科学的发展产生积极的影响。稳定同位素信息，尤其是单体稳定同位素指纹信息的变化特征，使人们能够洞悉不同空间尺度上（从实验室尺度的模拟微环境到流域）和时间尺度上（从几十分钟到数年）的环境化学过程、有机污染物在环境系统中的迁移转化和对生态环境及人类的风险。由于众多地质学家和地球化学家的开拓性贡献，人们已经对稳定同位素在有机物生物地球化学循环中的特性有了更深入的了解。随着稳定同位素新研究方法的发展和完善，稳定同位素分析及单体稳定同位素分析技术将在环境科学领域中具有更加广阔的应用前景。

二、应用进展

1. 污染物示踪

环境污染物的分子同位素指纹特征通常可以用来追踪污染物分子在区域到全球范围内的来源。如基于不同来源的硝酸盐有不同的氮同位素组成和含氮物质间的分馏机理，通过测定水样中 NO_3^--N 的 $\delta^{15}N$ 值，结合其他手段和数据，可以初步推测地下水中硝酸盐污染的主要来源。稳定同位素在地下环境中不受外界条件影响，且具有指纹特征，可以方便地确定地下水污染的来源，从而显示出其在地下水污染源追踪方面的优越性及地下水污染治理方面良好的应用前景。

在区域环境中，通常有必要将污染物分配到具体的来源，以便采取适当的手段降低风险或在诉讼中确定责任方。特别是后一领域的工作在美国被称为“环境法医学”（Morrison，2000）。传统的环境取证方法使用化学指纹图谱、生物标志物分析和化学计量学（Fenner et al.，2013）。然而，在区域环境单一污染物的同位素特征的应用潜力近年来才不断被研究。通常情况下，可以分配化学品来源或追踪污染物排放的时间，因为化学品的同位素指纹在不同制造商之间具有明显差异，这取决于条件和合成化合物的途径。研究发现甲基叔丁基醚（MTBE）中的 $\delta^{13}C$，多氯联苯（PCB）中的 $\delta^{13}C$（Smallwood et al.，2001），氯化溶剂中

的 $\delta^{13}C$、$\delta^{2}H$ 和 $\delta^{37}Cl$ 以及三硝基甲苯中的 $\delta^{13}C$ 和 $\delta^{15}N$（Coffin et al.，2001）的指纹特征可以用来很好地溯源。在原油和成品油中对 *n*-烷烃馏分的化学指纹图谱进行分析，可成功地分配沉积物污染的来源（Mazeas et al.，2002）。

2. 污染物降解过程及机理

单体稳定同位素分析不仅可以用于污染物的溯源，更重要的是其可以在区域或流域尺度下对污染物的迁移转化进行长时间尺度的检测和衰减评估。单体稳定同位素分析已经成功用于污染场地遗留污染源的长期监测与衰减机理研究（Hofstetter et al.，2008）。此外，因为稳定同位素变化涉及化合物分子的微观变化（Dybala-Defratyka et al.，2008），稳定同位素分析具有解析污染物转化机理的巨大潜力（Elsner et al.，2004），其可以在原子分子水平解析污染物的转化机理（Elsner，2010），为更好地理解环境中污染物的迁移转化，污染物为人类风险评估提供了有力工具。稳定同位素分析具有传统分析方法所不具备的独特优势（Fenner et al.，2013）。目前单体稳定同位素解析污染物转化机理和途径的理论不断发展（Cincinelli et al.，2012），应用范围不断扩展，从小分子量的氯代烷烃（Renpenning et al.，2014；Torrento et al.，2017）、单环取代苯类化合物（Maier et al.，2014）到分子量较大的农药（Meyer et al.，2009；Wu et al.，2014），甚至个人医药护理品等微污染物（Elsner et al.，2016）。目前单体稳定同位素分析与多元同位素协调分析有机污染的降解机理已经成为本领域的研究热点。

3. 物质循环过程

利用生物地球化学循环过程中元素稳定同位素分馏特征变化，元素稳定同位素被广泛地应用于全球碳循环和环境变化的过程研究。如大气 CO_2 的碳同位素比值（$\delta^{13}C$）已被应用于全球碳平衡的研究中，包括确定全球碳汇的分布、量化海洋和陆地植物对大气圈碳迁移的相对贡献等方面。如利用碳同位素技术估测全球碳汇分布与年际间的变化等（Battle et al.，2000）。

通过研究光合作用中的植物固碳同位素分馏效应，不仅可以了解不同植物的固碳途径，还有助于了解全球碳循环的过程。土壤碳主要来源于植物固定的大气 CO_2，并通过凋落物和根的凋亡进入土壤。一些植物凋落物在土壤中保持原状，但大多数植物凋落物通过土壤生物的活动转变为土壤有机质（SOM），并释放大量的碳回到大气中。利用稳定同位素可以研究土壤碳的起源、动态及周转等方面的内容。

^{15}N 自然丰度法近年被用于估算自然生态系统固氮能力，也是估算无人为干扰自然生态系统固氮的研究中迄今使用最多、公认度最高的方法。^{15}N 自然丰度法可以估算植物的固氮作用对其氮来源的贡献比率，进一步结合生产力与氮含量数据，便可以估算通过固氮作用输入生态系统中的氮量。研究表明由于人类活动干预的增多与加强，当氮循环速率由于有效氮增加而变快时，较轻的 ^{14}N 同位素会优先通过淋溶和反硝化作用输出系统，导致土壤库中 ^{15}N 富集。于是，利用这些土壤氮库的植物，其 ^{15}N 也会随之变得相对富集。由于植物生物量的周转速率高于整个土壤有机质库，所以植物体可以用来指示人类活动引起的环境变化，其中叶子的 $\delta^{15}N$ 值可用来指示系统氮循环速率的变化情况。

4. 全球环境变化

在全球环境变化研究中，稳定同位素通常被作为一种指示过去环境变化的代用指标，常常被用来重建过去环境中的环境指标。通过对树轮、黄土、石笋、湖泊沉积物以及动物牙齿等天然材料的稳定同位素比率的分析，可以了解过去几千年到几百万年内的长时间气候变化、环境变化及其对生物的影响，有助于我们了解气候变化以及人类活动对生态系统的影响（马利民，2003）。

如植物通过光合作用固定大气中的二氧化碳，使其中的碳原子结合进入树木的有机组织。在这一过程中，影响碳同位素分馏的因素有遗传基因、光的强度、二氧化碳的浓度、温度、湿度、氧气的浓度等，这就为利用树木年轮中的碳稳定同位素研究过去环境变化提供了科学的依据。结合树木年轮能够提供分辨到年甚至季节的年代学标志的优势，可以通过树木年轮中稳定碳同位素的含量来重建过去环境中的特定环境因子（Ma et al.，2011）。

5. 解析污染物生物累积和放大效应

稳定同位素技术在调查动物食物来源方面已展示出较强的优越性。动物体同位素能够反映一段时间内动物的同位素组成，通过分析比较动物体（组织）和可能来源食物的碳、氮稳定同位素值，即可推断动物的摄食情况（Balasse et al.，2010）。稳定同位素作为动物食物来源的可靠标记物，是量化动物食物组成的理想指标。当动物有多种食物来源时，同位素方法可以确定其主要食物来源（Romanek et al.，2000）。对于那些已灭绝的动物或大型珍稀动物，稳定同位素是研究它们食物来源及生活环境变迁的理想工具（Fricke et al.，2011）。对于体型非常小的土壤动物、昆虫以及水生无脊椎动物，利用传统方法确定它们的食物来源及食性十分困难，而稳定同位素技术提供了一种有效手段（Hentschel，1998）。利用稳定同位素研究生态系统中食物网，为污染物特别是有机物污染物的生物累积和放大效应提供了强大的理论支撑。

第三节 稳定同位素环境化学

一、稳定同位素环境化学的定义

稳定同位素环境化学是基于同位素地球化学、环境化学和现代稳定同位素分析技术的不断进步，以其为研究工具来研究污染物质在环境中的存在形态、迁移转化规律的一门新兴学科。

稳定同位素环境化学的研究对象不仅包括各环境要素中存在的天然化学物质，还有人类在生产和生活中制造的化学物质。不同的物质，其形态、物理化学变化不同，即使是同一种污染物也有不同的化学形态。相对于传统的稳定同位素地球化学，对现代环境中的污染物质，特别是大量有机污染在环境中的归趋，对在环境中浓度低、分布广泛、污染物在环境要素中的迁移转化受到许多因素影响的物质的研究，是稳定同位素环境化学的重要研究内容。

另外，环境污染物的存在形态、分布、迁移转化和归宿，尤其是它们在环境中的物理、化学和生物效应，需要物理、化学、生物、数学、气象学、医学、地学等学科的结合去观察和分析。因此在学习稳定同位素环境化学时不但要求学生掌握一定的环境化学基础和实验技巧，还要求其更广泛地掌握其他自然学科的知识。

二、稳定同位素环境化学的研究内容和方法

（一）稳定同位素环境化学的研究内容

稳定同位素环境化学利用稳定同位素的分馏原理来研究污染物质的来源、性质、分布、迁移、转化、归宿和对人类的影响。其研究内容包括：①有机物污染物单体稳定同位素分析方法；②污染物稳定同位素在环境过程中的分馏效应；③稳定同位素解析污染物的环境行为以及研究方法。

（二）稳定同位素环境化学的研究方法

稳定同位素环境化学的主要研究方法包括现场实测、实验室研究和计算机模拟研究等。

1. 现场实测

按照有关要求，在所研究区域内针对研究对象直接布点，采集样品，处理测定，根据监测结果了解污染物的时空分布、变化趋势以及元素稳定同位素特征。

2. 实验室研究

实验室研究包括环境样品稳定同位素分析、基础化学研究、基础数据测定和实验室模拟研究等。实验室模拟可以排除气象、地形等物理因素的影响，简化化学变化过程，从而确定特定影响因素对污染物环境行为的作用。

3. 计算机模拟研究

通过建立数学模型，进行参数估值和模型检验，模拟化学物质在环境中的分布、迁移、转化和归宿过程，证明实测结果的可信度，预测污染的发展趋势。

三、稳定同位素环境化学和其他学科的关系

1. 同位素地球化学

同位素地球化学也称核素地球化学、核地球化学或同位素地质学。它是地球化学向更深一个层次发展而产生的一门新分支学科，其研究对象是自然界，尤其是地质作用和地质体中间同位素的丰度及其演化规律。

1932 年，Holmes 首先提出利用元素的稳定同位素组成来研究地质问题，他建议利用钙同位素组成的变化来研究岩石的成因。随后他又根据铅同位素组成的变化来探讨铅矿石的成因，开创了稳定同位素的地质研究工作。20 世纪 30 年代所开展的稳定同位素研究工作除了解决实验室对元素同位素丰度的分析测试技术外，主要在于查明自然界中各种元素稳定同位素丰度。随着质谱仪器测定精度的提高、化学分离技术的完善以及超净化实验室的建立，同位素地球化学才获得了迅速的发展。从 Rankaman 的《同位素地质学》

和《同位素地质学进展》到 J. Hoefs 的《稳定同位素地球化学》，标志着稳定同位素地球化学作为一门独立的学科已经基本成熟（沈渭洲 等，1987；郑永飞 等，2000）。同位素地球化学的主要研究内容是稳定同位素在地质体中的分布及在各种地质条件下的运动规律，以及如何运用这些规律研究矿物、岩石和矿床的成因等地质问题。其研究内容涉及矿物学、岩石学、矿床学与地球化学等各个领域，已成为研究自然界中各种地质作用的一种强有力的工具。

在稳定同位素地质学领域内，研究最多和在地质上应用广泛的同位素是氢、氧、碳、硫、锶、钕和铅等元素的稳定同位素。中国稳定同位素地球化学的研究始于 20 世纪 60 年代，已对氧、氢、硫、碳、铅、锡、钴等稳定同位素地球化学开展了广泛的研究，分别在矿床成因、火山岩和侵入岩、大气降水、地层对比、石油油源分类及陨石的成因和演化等方面取得了重要的研究成果。

目前同位素地球化学的研究内容包括：研究自然界同位素的起源、演化和衰亡历史；研究同位素在宇宙体、地球和各地图中的分布分配、不同地质体中的丰度，以及同位素组成变异的原因，据此来探讨地质作用的演化历史及物质来源；利用放射性同位素的衰变定律建立同位素断代方法，测定不同天体事件和地质事件的年龄，并用这些规律来解释岩石和矿石的物质来源及其成因等地质问题。

2. 稳定同位素生态学

随着稳定同位素研究的发展，其应用领域从同位素地质学逐步扩展到生态学、古人类学、考古学和古气候学等。尤其是 20 世纪 80 年代以后，随着同位素质谱测试技术的改进，稳定同位素研究在野生动物食物资源、栖息地选择、营养物质体内分布、食物网及生态系统的结构与能量流动等领域应用越来越广泛，稳定同位素方法已成为一项重要的生态学研究手段，并逐渐形成了稳定同位素生态学。

稳定同位素技术的出现加深了生态学家对生态系统过程的了解，使生态学家可以探讨一些其他方法无法研究的问题。与其他技术相比，稳定同位素技术的优点在于使这些生态和环境科学问题的研究能够定量化，并且是在没有干扰和危害环境的情况下实现的。稳定同位素技术自 20 世纪 70 年代以来，被用于生态学诸多领域的研究，如以稳定同位素作为示踪剂研究生态系统中生物要素的循环及其与环境的关系，利用稳定同位素技术研究不同时间和空间尺度生态过程与机制，以及利用稳定同位素技术的指示功能揭示生态系统功能的变化规律，已成为了解生态系统动态变化的重要手段，并形成了一个新兴的学科（林光辉，2013）。中国科研工作者在稳定碳同位素在植物生理生态、生态系统的物质流动与营养结构等方面也获得了一定的研究成果（易现峰 等，2007）。随机测试技术的不断进步和多种同位素（N、D、S 和 O 等）的引入，稳定同位素技术在生态学中的应用变得越来越广泛。

参考文献

林光辉，2013. 稳定同位素生态学［M］. 北京：高等教育出版社：492.

马利民，刘禹，赵建夫，等. 2003. 树木年轮中不同组分稳定碳同位素含量对气候的响应［J］. 生态学报，12：2607-2613.

沈渭洲，1987. 稳定同位素地质［M］. 北京：原子能出版社：12.
易现峰，2007. 稳定同位素生态学［M］. 北京：中国农业出版社：224.
郑永飞，陈江峰，2000. 稳定同位素地球化学［M］. 北京：科学出版社：316.
ASSONOV S S, BRENNINKMEIJER C A M, 2005. Reporting small $\Delta^{17}O$ values: existing definitions and concepts [J]. Rapid Communications in Mass Spectrometry, 19 (5): 627-636.
BALASSE M, TRESSET A, AMBROSE S H, 2010. Stable isotope evidence ($\delta^{13}C$, $\delta^{18}O$) for winter feeding on seaweed by Neolithic sheep of Scotland [J]. Proceedings of the Zoological Society of London, 270 (1): 170-176.
BATTLE M, BENDER M L, TANS P P, et al., 2000. Global carbon sinks and their variability inferred from atmospheric O_2 and delta^{13}C [J]. Science, 287: 2467-2470.
BIGELEISEN J, 1965. Chemistry of isotopes: Isotope chemistry has opened new areas of chemical physics, geochemistry, and molecular biology [J]. Science, 147: 463.
BIGELEISEN J, WOLFSBERG M, 1955. Semiempirical study of the H_2Cl transition complex through the use of hydrogen isotope effects [J]. Journal of Chemical Physics, 23: 1535-1539.
BUDZIKIEWICZ H, GRIGSBY R D, 2006. Mass spectrometry and isotopes: A century of research and discussion [J]. Mass Spectrometry Reviews, 25 (1).
BRICKWEDDE F G, 1982. Harold Urey and the discovery of deuterium [J]. Physics Today, 35: 34-39.
CINCINELLI A, PIERI F, ZHANG Y, et al., 2012. Compound specific isotope analysis (CSIA) for chlorine and bromine: a review of techniques and applications to elucidate environmental sources and processes [J]. Environmental Pollution, 169: 112-127.
CLARK I D, FRITZ P, 1997. Environmental Isotopes in Hydrogeology Lewis [M]. Hoboken: John Wiley & Sons, Inc.
CLAYTON R N, GROSSMAN L, MAYEDA T K, 1973. A component of primitive nuclear composition in carbonaceous meteorites [J]. Science, 182: 485-488.
COFFIN R B, MIYARES P H, KELLEY C A, et al., 2001. Stable carbon and nitrogen isotope analysis of TNT: Two-dimensional source identification [J]. Environmental Toxicology & Chemistry, 20: 2676-2680.
COHN M, UREY H C, 1938. Oxygen exchange reactions of organic compounds and water [J]. Journal of the American Chemical Society, 60: 679-687.
DYBALA-DEFRATYKA A, SZATKOWSKI L, KAMINSKI R, et al., 2008. Kinetic isotope effects on dehalogenations at an aromatic carbon [J]. Environmental Science & Technology, 42 (21): 7744-7750.
ELSNER M, 2010. Stable isotope fractionation to investigate natural transformation mechanisms of organic contaminants: principles, prospects and limitations [J]. Journal of Environmental Monitoring, 12 (11): 2005-2031.
ELSNER M, HADERLEIN S B, KELLERHALS T, et al., 2004. Mechanisms and products of surface-mediated reductive dehalogenation of carbon tetrachloride by Fe (II) on goethite [J]. Environmental Science & Technology, 38 (7): 2058-2066.
ELSNER M, IMFELD G, 2016. Compound-specific isotope analysis (CSIA) of micropollutants in the environment—current developments and future challenges [J]. Current Opinion in Biotechnology, 41: 60-72.
ELSNER M, JOCHMANN M A, HOFSTETTER T B, et al., 2012. Current challenges in compound-specific stable isotope analysis of environmental organic contaminants [J]. Analytical and Bioanalytical Chemistry, 403 (9): 2471-2491.
EPSTEIN S, BUCHSBAUM R, LOWENSTAM H A, et al., 1953. Revised carbonate-water isotopic temperature scale [J]. Geological Society of America Bulletin, 64 (11): 1315.
FARQUHAR J, BAO H M, THIEMENS M H, 2000. Multiple-isotope insights into the earth' s earliest sulfur cycle [J]. Chemical Physics, 5 (2): 391-392.
FARQUHAR J, JOHNSTON D T, WING B A, et al., 2003. Multiple sulphur isotopic interpretations of biosynthetic pathways: implications for biological signatures in the sulphur isotope record [J]. Geobiology, 1 (1): 27-36.
FENNER K, CANONICA S, WACKETT L P, et al., 2013. Evaluating pesticide degradation in the environment: Blind spots and emerging opportunities [J]. Science, 341 (6147): 752-758.

FRICKE H C, HENCECROTH J, HOERNER M E, 2011. Lowland-upland migration of sauropod dinosaurs during the Late Jurassic epoch [J]. Nature, 480 (7378): 513-515.

GAO Y Q, MARCUS R A, 2001. Strange and unconventional isotope effects in ozone formation [J]. Science, 293 (5528): 259-263.

HENTSCHEL B T, 1998. Intraspecific variations in $\delta^{13}C$ indicate ontogenetic diet changes in deposit-feeding polychaetes [J]. Ecology, 79 (4): 1357-1370.

HOFSTETTER T B, SCHWARZENBACH R P, BERNASCONI S M, 2008. Assessing transformation processes of organic compounds using stable isotope fractionation [J]. Environmental Science & Technology, 42 (21): 7737-7743.

LUZ B, BARKAN E, BENDER M L, et al., 1999. Triple-isotope composition of atmospheric oxygen as a tracer of biosphere productivity [J]. Nature, 400 (6744): 547-550.

MAIER M P, DE CORTE S, NITSCHE S, et al., 2014. C & N isotope analysis of diclofenac to distinguish oxidative and reductive transformation and to track commercial products [J]. Environmental Science & Technology, 48 (4): 2312-2320.

MA L M, DUOLIKUN R, JIANFU Z, et al., 2011. The environmental signals of stable carbon isotope in various tree-ring components of Pinus tabulaeformis [J]. Trees, 25 (3): 435-442.

MATSUHISA Y, GOLDSMITH J R, CLAYTON R N, 1978. Mechanisms of hydrothermal crystallization of quartz at 250℃ and 15 kbar [J]. Geochimica et Cosmochimica Acta, 42 (2): 173-182.

MAUERSBERGER, ERBACHER, KRANKOWSKY, et al., 1999. Ozone isotope enrichment: Isotopomer-specific rate coefficients [J]. Science, 283 (5400): 370-372.

MAZEAS L, BUDZINSKI H, 2002. Molecular and stable carbon isotopic source identification of oil residues and oiled bird feathers sampled along the Atlantic Coast of France after the Erika oil spill [J]. Environmental Science & Technology, 36 (2): 130-137.

MCKINNEY L L, UHING E H, SETZKORN E A, et al., 1950. Cyanoethylation of alpha amino acids. I. monocyanoethyl Derivatives 2 [J]. Journal of the American Chemical Society, 72 (6): 2599-2603.

MEYER A H, PENNING H, ELSNER M, 2009. C and N isotope fractionation suggests similar mechanisms of microbial atrazine transformation despite involvement of different enzymes (AtzA and TrzN) [J]. Environmental Science & Technology, 43 (21): 8079-8085.

MILLER M F, 2002. Isotopic fractionation and the quantification of ^{17}O anomalies in the oxygen three-isotope system: An appraisal and geochemical significance [J]. Geochimica et Cosmochimica Acta, 66 (11): 1881-1889.

MORRISON R D, 2000. Critical review of environmental forensic techniques: part Ⅱ [J]. Environmental Forensics, 1 (4): 175-195.

RENPENNING J, KELLER S, CRETNIK S, et al., 2014. Combined C and Cl isotope effects indicate differences between corrinoids and enzyme (Sulfurospirillum multivorans PceA) in reductive dehalogenation of tetrachloroethene, but not trichloroethene [J]. Environmental Science & Technology, 48 (20): 11837-11845.

ROMANEK C S, GAINES K F, BRYAN A L Jr, et al., 2000. Foraging ecology of the endangered wood stork recorded in the stable isotope signature of feathers [J]. Oecologia, 125 (4): 584-594.

SCHMIDT T C, ZWANK L, ELSNER M, et al., 2004. Compound-specific stable isotope analysis of organic contaminants in natural environments: A critical review of the state of the art, prospects, and future challenges [J]. Analytical and Bioanalytical Chemistry, 378 (2): 283-300.

SMALLWOOD B J, PHILP R P, BURGOYNE T W, et al., 2001. The use of stable isotopes to differentiate specific source markers for MTBE [J]. Environmental Forensics, 2 (3): 215-221.

SODDY F, 1913. The radio-elements and the periodic law [J]. Nature, 91 (2264): 57-58.

THIEMENS M H, 1999. Mass-independent isotope effects in planetary atmospheres and the early solar system [J]. Science, 283 (5400): 341-345.

THIEMENS M H, 2012. Oxygen origins [J]. Nature Chemistry, 4 (1): 66.

TORRENTÓ C, PALAU J, RODRÍGUEZ-FERNÁNDEZ D, et al., 2017. Carbon and chlorine isotope fractionation patterns associated with different engineered chloroform transformation reactions [J]. Environmental Science & Technology, 51 (11): 6174-6184.

UREY H C, 1947. The thermodynamic properties of isotopic substances [J]. Journal of the Chemical Society (Resumed): 562.

WU L P, YAO J, TREBSE P, et al., 2014. Compound specific isotope analysis of organophosphorus pesticides [J]. Chemosphere, 111: 458-463.

YOUNG E D, GALY A, NAGAHARA H, 2002. Kinetic and equilibrium mass-dependent isotope fractionation laws in nature and their geochemical and cosmochemical significance [J]. Geochimica et Cosmochimica Acta, 66: 1095-1104.

第二章

环境稳定同位素基础

第一节 稳定同位素概述

一、原子模型和核素

19 世纪末，Henry Becquerel 发现了原子放射性，以及 20 世纪上半叶量子力学的发展，形成了现代原子概念。此概念或者原子模型表明原子核由核子构成，更准确地讲是由中性中子（n^0）和带正电的质子（p^+）构成。为保持电中性，带正电的核子被处于离散能级的带负电的电子（e^-）包围。Bohr（玻尔）结合普朗克的黑体辐射理论和爱因斯坦的光电效应，提出了氢原子理论，然而对于超过 1 个电荷的原子或分子玻尔的理论未能给出其能级的准确值（Pauling，1988）。随着 20 世纪 20 年代中期量子力学的快速发展，海森堡、薛定谔及其他研究者建立了能更准确描述原子中电子结构的量子力学方法（Pauling，1988）。利用多电子体系模型，元素的周期性行为被解读（Atkins et al.，2018）。由元素电子能态或其电子排布的差异性，可解释元素繁多的化学行为。

而对于原子核的探索，卢瑟福的 α 粒子（^4_2He）散射实验研究表明（Rutherford，1911），原子核的半径为 10^{-15}～10^{-14} m，而原子半径约为 10^{-10} m。原子的质量几乎都集中在原子核上（99.95%～99.98%）（Jochmann et al.，2015）。在更精确的散射实验中，如以线性加速器测量镜像核与电子间 α 衰变的研究发现（Tipler et al.，2003），原子核半径与其质量数 A 的立方根成正比：$r_n=(1.07\pm 0.02)A^{1/3}$ fm。除稀土元素外，原子半径从 1 fm 的氢核到 10 fm 的重核原子，其原子核几乎都呈球状（Tipler et al.，2003）。

莫塞莱（Henry G. J. Moseley）的研究表明，当原子核被高能电子轰击时金属的 KαX 射线波长 $\lambda_{K\alpha}$ 与原子核正电荷数 Z 存在线性关系（Criss，1999）。

莫塞莱定律的线性关系如式(2-1) 所示：

$$\lambda_{K\alpha}=\frac{4}{3R_{\infty}(Z-1)^2} \tag{2-1}$$

式中 Z——原子序数或原子正电荷数；

R_{∞}——里德伯（Rydberg）常数，$10973731.5685(55)\mathrm{m}^{-1}$。

按照莫塞莱的结论，元素的原子序数能够进行整理排序，并填补元素周期表中的空缺位（Criss，1999）。1919 年，卢瑟福对简单气体如 N_2 中的 α 粒子散射实验结果进行了总结，认为氢粒子是从原子核中激发出来的。他建议以希腊语“protos”命名这些粒子，其意为“第一”（Peake，1989）。原子核（Chew et al.，2008）中这些带正电的质子的静止质量为 $m_{\mathrm{p}}=1.672621777(74)\times10^{-27}\mathrm{kg}$，比电子的静止质量约大 1836 倍（Pauling，1988），这表明独立存在的质子不足以解释原子核的质量。因此，1920 年 William D. Harkins 提出原子核由质子和中子构成，在同一年卢瑟福也提出了相似的观点（Shadduck，1936）。物理学家博特（Walter Bothe）和他的学生贝克尔（Herbert Becker）报道了用钋发射的 α 粒子轰击一系列的轻元素（如锂、铍、硼等），经常会产生一种穿透力极强的新的辐射粒子（Segrè，1980）。1931—1932 年间，约里奥·居里及夫人报道了含氢物质尤其是石蜡在这种“新的辐射”下会导致高速质子的喷射（Pauling，1988）。与此同时，James Chadwick 对前述两种辐射实验结果进行了诠释，认为辐射粒子的质量与质子几乎相同且不带电荷，首次证实了卢瑟福曾提出的中子的存在（Chew et al.，2008），中性中子的质量［$m_{\mathrm{n}}=1.674927351(74)\times10^{-27}\mathrm{kg}$］比质子（Pauling，1988）大 0.14%。

质子数即原子序数 Z 定义了元素 E 及其在元素周期表中的位置，因而总核子数也就是中子数 N 和质子数 Z 之和，即为元素的质量数 $A=N+Z$，它与原子序数共同定义了核素，可将其表述为$^{A}_{Z}\mathrm{E}$。此外，核素还应具有特定的核能态，且平均寿命很长，足以被观察。现已发现的核素超过 2500 种（Lide，1995），其中自然产生的仅约 340 种（Faure et al.，2005），而在放射性衰变中能够稳定存在的仅有 265 种（Tipler et al.，2003），这意味着它们的半衰期大于 10^{10}年。除钍-232 外，所有原子序数大于 83 的元素的同位素半衰期均小于 10^{10} 年。一项由空间与天体物理研究所进行的勘测表明，铋-83 是一种可长期存在的同位素，它经 α 衰变的半衰期为（$1.9\pm0.2)\times10^{19}$ 年。钍-232 是一种半衰期为（$1.40\pm0.01)\times10^{10}$ 年的 α 辐射源，可通过一系列衰变形成铅-208 而不会产生长寿命的同位素中间体（de Laeter et al.，2003）。

核素可被绘制成图表，分别以质子数 Z、中子数 N 为横纵坐标，如图 2-1 所示。在原子序数从 1(H) 到 83(Bi) 的范围内，已知除 5 和 8 外的所有质量的稳定核素，只有 21 个元素是纯元素，因为它们只有一个稳定的核素，其他元素都是至少两种核素。一个元素的不同核素的相对丰度有很大的差异。以铜为例，^{63}Cu 占铜元素的 69%，^{65}Cu 占铜元素的 31%。然而，对于氢元素来说，一种核素是主要的，而其他核素仅以微量存在。核素的稳定性有几个重要的规则，现就其中一项进行简单的讨论，即对称规则：在一个原子序数低的稳定核素中，质子的数目大约等于中子的数目，或者说是质子比 N/Z 大约等于 1。在稳定的原子核中，超过 20 个质子或中子的元素，N/Z 总是大于 1，最大值为 1.5。带正电荷的质子的静电库仑斥力随着 Z 的增大而迅速增长，为了维持原子核的稳定，原子核中会有比质子更多的中子存在。

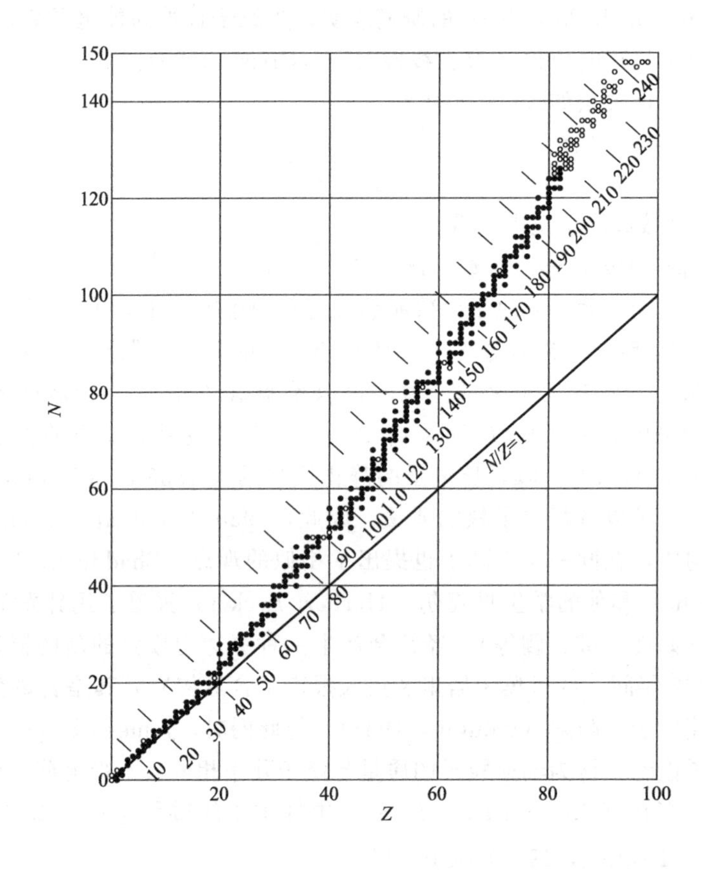

图 2-1 质子数（Z）和中子数（N）在稳定（实心圆）和不稳定的（圆圈）核素中的比值（Hoefs，2009）

相同元素具有多个核素存在，根据 A、N、Z 值的变化，核素可被归类为同量异位素、同中异位素和同位素。同量异位素被定义为质量数 A 相同但原子序数 Z 不同的核素，因此，同量异位素位于核素表中的对角线上，如 ${}_{6}^{14}C$ 和 ${}_{7}^{14}N$。与同量异位素较为相关的术语即同量异位素干扰（同量异位素的重叠干扰），它会干扰低分辨质谱仪区分不同的物质。相对于同量异位素，同中异位素被定义为中子数 $N(N=A-Z)$ 相同但原子序数 Z 不同的核素，同中异位素位于核素表的纵列，如 ${}_{6}^{13}C$ 和 ${}_{7}^{14}N$ 或 ${}_{7}^{15}N$ 和 ${}_{8}^{16}O$。

本书主要讨论的核素类型是同位素，它被定义为相同元素中具有相同质子数 Z 但中子数 N 不同的核素。1921 年，弗雷德里克·索迪（Frederick Sodd）由于对放射性物质和同位素理论的研究获得了诺贝尔化学奖，他的研究成果结束了这方面已持续百年的学术争论，首次阐明了 1815 年 William Proud（Budzikiewicz et al，2006）提出的同位素和元素质量是氢的倍数的“整数定则”。当时测定元素原子量的唯一可能方法是化学当量计算法，结果发现只增加氢原子不能完全解释测量得到的原子量（Budzikiewicz et al.，2006）。按照 Proud 模型，原子量应为整数，但氖和氯元素的原子量打破了此规律，以氧计算氖和氯的原子量分别为 20.20（Le Fevre，1965）和 35.46（Wieser et al.，2009；Budzikiewicz et al.，2006）。

1912 年，Joseph J. Thomson 应用最早的质谱仪发现氖具有质荷比为 20（强峰）和 22（弱峰）的双峰，而旁边质荷比为 10 和 11 的峰表示其存在双电荷物质（Rutherford，1914；

Budzikiewicz et al.，2006）。他认为弱峰源自 NeH_2，但他更趋向于那是一种新元素的观点（Budzikiewicz et al.，2006）。1920 年，Aston 研究了为何氖的原子量不符合整数定则。通过使用改进的高分辨聚焦质谱仪对 ^{20}Ne 和 ^{22}Ne 进行准确的质量测定（Budzikiewicz et al.，2006），两者的原子量分别为 20.00 和 22.00。根据 Ne 的平均原子量为 20.20，推测 Ne 的两种同位素比例为 9∶1（Budzikiewicz et al.，2006），而质荷比为 21 的弱峰表示氖还存在第三种同位素（Aston，1919）。因使用质谱仪证实了同位素的存在，1922 年 Aston 被授予诺贝尔化学奖。同位素的另一重大发现来自铀和钍的衰变研究，钍-232 和铀-238 通过特定的 α 和 β 粒子衰变可相应转化为稳定的铅同位素（^{208}Pb 和 ^{206}Pb）（Urey，1948）。Theodore Richard 通过对原子量的精确测量，发现地壳不同部位的铅样本具有不同的原子量，特别是钍矿中分离出铅样本的原子量接近 208，而铀矿中的铅样本接近 206。

二、稳定同位素

（一）同位素的稳定性

从图 2-1 的核素表可看出，对于轻元素，当中子数等于质子数（$N/Z=1$）时元素具有稳定性；质子数在 10 以内时，$N=Z$ 的元素呈直线排列（Faure et al.，2005）。随着质子数的继续增加，核素开始偏离这条直线且稳定同位素的中子质子比值（N/Z）总是大于 1，其最大值约为 1.5。带正电荷的质子的静电库仑斥力随着 Z 的增大而迅速增长，为了维持原子核的稳定，原子核中会有比质子更多的中子存在。这表示中子略多于质子是同位素保持稳定性的必要条件（Criss，1999）。

图 2-1 中实心圆点指稳定核素，圆圈指放射性核素。放射性衰变过程是自发的核反应，并且可能产生辐射特征，即 α、β 和/或 γ 辐射。衰变过程也可能涉及电子俘获。在元素周期表的化学元素中，34 种元素没有稳定同位素，如镭、铀及人工制备的钚（Brand et al.，2012）。钍、镤、铀 3 种元素没有稳定同位素但具有特征同位素，由其长寿命放射性同位素可测定这 3 种元素的原子量（Brand et al.，2012）。61 种元素具有 2 个或多个稳定同位素，如氙（$Z=54$）有 9 个稳定同位素、锡（$Z=50$）有 10 个（Berglund et al.，2011）。每一种核素都可用一定的物理化学信息来描述，并指明其是天然存在还是通过核反应人工制造的。对于稳定同位素，可列出其原子量、丰度、热中子截面等信息，而对于放射性核素，则可列出其半衰期、衰变模式、衰变能量及其他信息。

（二）同位素的表达方式

同位素丰度与原子量委员会（Commission on Isotopic Abundance and Atomic Weights，CIAAW）（de Laeter et al.，2003）将单同位素元素定义为有且仅有一个同位素，其同位素为稳定同位素或半衰期大于 10^{10} 年。单同位素元素有 20 种（Be，F，Na，Al，P，Sc，Mn，Co，As，Y，Nb，Rh，I，Cs，Pr，Tb，Ho，Tm，Au，Bi），这些元素的原子量可精确至小数点后 8 位数（Berglund et al.，2011；Coplen，2011）。

同位素丰度是指一种元素的同位素中，某特定同位素的原子数与该元素的总原子数之比。绝对丰度是指地球上各元素或核素存在的数量比，也称元素丰度。在天然物质中，甚至像陨石之类的地球之外的物质中，大多数元素（特别是较重元素）的同位素组成相当恒定。

通常，人们把克服了合理规定不确定度范围内所有误差测量得到的同位素丰度值称为同位素绝对丰度（De Laeter et al.，2003；Coplen，2011）。使用已知富集或亏损的同位素，通过称重法配制人工合成混合物，测量质谱仪系统误差的校正系数，用校正过的质谱仪器去测量未知样品，就可以获得同位素绝对丰度值（Coplen，2011）。

根据研究经验，一般来说，有偶数质子偶数中子的核素的丰度大于有奇数中子偶数质子、偶数中子奇数质子及奇数中子奇数质子的核素，这一规律很早就被发现（Barrow et al.，1984）。根据 Harkin 规则，自然存在的原子序数为偶数的元素，其丰度大于奇数元素的丰度（Suess et al.，1956）。Aston 关于同位素的规则指出具有奇数质子的元素大部分具有 2 个稳定同位素，而具有偶数质子的元素具有更多稳定同位素（Barrow et al.，1984），尤其是具有所谓"幻数"（2、8、20、28、50、82 和 126）中子或质子数的核素，存在超过平均值的稳定同位素。

仿照原子壳层结构，"幻数"可被解释为原子核的壳层模型。同型核素优先配对意味着具有偶数质子偶数中子的稳定核素远多于那些具有奇数质子和奇数中子的稳定核素（Barrow et al.，1984）。其他模型如"核滴模型"可解释核的结合能（Tipler et al.，2003）。

（三）同位素原子量

大多数元素是由两个或多个同位素按不同天然丰度组成的混合物，这可解释为何原子量 $A_r(E)$ 基本都与整数有所偏差。19 世纪，两种基准被用于原子量的测定，分别是基于氢原子 $A_r(H)=1$ 和基于氧原子 $A_r(O)=16$。在 20 世纪的最初十年，在大多数原子量测定中都使用氧原子作为基准。1929 年发现氧元素由 3 个稳定同位素组成（^{16}O，^{17}O，^{18}O），此后化学界继续使用 $A_r(O)=16$ 作为基准，而物理学界则采用 $A_r(^{16}O)=16$。这导致了必须使用 1.000275 作为转换因子才能将物理学界得到的值转换为化学界的值（de Laeter et al.，2003）。在 1959 年和 1960 年的国际纯粹与应用化学联合会（International Union of Pure and Applied Chemistry，IUPAC）和国际纯粹与应用物理联合会（International Union of Pure and Applied Physics，IUPAP）上，通过了使用同位素 $^{12}C=12$ 作为原子量的统一基准（Duckworth et al.，1988），术语"原子量"被"相对原子质量" $A_r(E)$ 取代，后仍推荐使用"原子量"。物质的量的国际单位"摩尔"即源自此规定，1 摩尔某物质含有的微粒数量被定义为 0.012kg 基态下 ^{12}C 所含的原子数量，该数量即为阿伏伽德罗常量，$N_A=6.02214129\times10^{23}mol^{-1}$。根据该定义，元素的原子量可由式(2-2) 计算得到：

$$A_r(E)=12\times m(E)/m(^{12}C) \tag{2-2}$$

式中　$m(E)$——元素的平均原子量。

多同位素元素的原子量可通过同位素丰度及基于 ^{12}C 的 k 个同位素的原子量计算得到，如式(2-3) 所示：

$$A_r(E)=\sum_{i=1}^{k}[x(^{A}E)A_r(^{A}E)]_i \tag{2-3}$$

式中　$x(^{A}E)$——1mol 元素 E 中同位素 ^{A}E 的摩尔分数。

（四）同位素取代分子

为了区别由相同元素组成的含不同同位素的分子，产生了一些新的定义。

同位素异数体：仅以同位素成分区分的分子实体，或者以同位素取代的数量来区分(McNaught et al，1997)。甲烷的5个同位素异数体，即为由不同数量的氘原子（^{2}H）取代的甲烷。另一个同位素异数体的例子是由不同数量^{37}Cl取代的四氯乙烯。

同位素异构体（isotopic isomer)：指具有相同同位素取代数，但在分子内的取代位置不同的分子异构体（McNaught et al.，1997)。

同位素取代分子（isotopocules)：以同位素取代的数量和位置来区分分子个体，包括了同位素异数体和同位素异构体的概念。该术语是“isotopically substituted molecules”的缩写，同位素取代分子的例子有$^{15}N_2{}^{16}O$、$^{14}N^{15}N^{16}O$、$^{15}N^{14}N^{16}O$。

三、同位素丰度的表达方式

（一）化合物的同位素丰度

根据IUPAC的定义，某元素的特定同位素自然丰度是指其自然存在于该元素中的丰度(McNaught et al.，1997)。某化合物的同位素丰度可被表述为“原子分数”或“同位素分数”。

同位素分数是一个无量纲的量，有2个同位素的元素可表达为式(2-4)：

$$x(^{h}E)_C=\frac{n(^{h}E)_C}{n(^{l}E)_C+n(^{h}E)_C} \tag{2-4}$$

式中　上标h——较重的（较高原子量）同位素；

上标l——较轻的（较低原子量）同位素。

如碳的丰度分数可表述为式(2-5)：

$$x(^{13}C)_C=\frac{n(^{13}C)_C}{n(^{12}C)_C+n(^{13}C)_C} \tag{2-5}$$

自然条件下的多种物理、化学和生物等作用不断地对同位素（特别是轻元素的同位素）进行分馏，放射性衰变或诱发核反应也使某些元素的同位素不断产生或消灭，故随样品来源环境的变迁，元素的同位素组成也在某一范围内变化。应用质量守恒方程进行的代谢研究（示踪研究）和混合计算，由于经常使用丰度异于自然丰度范围的富集示踪物，因此使用同位素分数更为方便。

（二）同位素自然丰度的变化

地壳元素的平均同位素丰度取决于地壳形成的时间（Muccio et al，2009)。然而，我们从高中或者大学基础化学课程中学到的却是元素的同位素自然丰度基本是稳定的。对于同位素组成变化有如下几点原因：①天然存在及长寿命放射性核素的衰变；②地壳物质与宇宙射线的反应；③同位素的人工富集；④质量相关和非质量相关的同位素分馏效应。

本书主要讨论质量相关的同位素分馏效应。同位素分馏效应可能发生在转化、相转移和化学转变等过程中，而分子中同位素取代引起的微小质量差异导致了这种同位素效应，因此它具有可测量的性质。为研究同位素丰度的微小变化，需要$10^{-6}\sim10^{-4}$量级高度精确的丰度测定技术。不同陆地层面之间的同位素差异如今被广泛用于追溯和揭示环境过程。稳定同位素差异分析用于阐释环境与生态过程的最典型例子包括水循环示踪（Criss，1999）、植物固碳机制差异（Yang，2021）、古气候重现（Urey，1948）、二氧化碳对全球气候影响（Ghosh et al.，2006）等。现如今，在多门科学分支领域内已建立了这些差异测量方法。

（三）同位素比值

除同位素分数及原子分数之外，同位素比率也常被用以表述同位素的丰度。同位素比率 $R(^{h}E/^{l}E)_C$ 用式(2-6) 来定义：

$$R(^{h}E/^{l}E)_C=\frac{N(^{h}E)_C}{N(^{l}E)_C}=\frac{n(^{h}E)_C}{n(^{l}E)_C} \tag{2-6}$$

式中　$N(E)_C$——化合物中目标元素同位素的丰度或浓度；

上标 h 和 l——重同位素和轻同位素。

本节中讨论的元素，如氢、碳、氮、氧、硫、氯、溴等，重同位素丰度较低，在式中作为分母；反之，丰度较高的轻同位素作为分子。$R(^{h}E/^{l}E)$ 这种表达方式对于多同位素元素更为适宜，可缩写为 $^{h}R_C$。

如碳、氢、氮等只有 2 个稳定同位素的元素，同位素分数 $x(^{h}E)_C$ 与同位素比率间的关系可表述为式(2-7)：

$$x(^{h}E)_C=\frac{R(^{h}E/^{l}E)_C}{1+R(^{h}E/^{l}E)_C} \tag{2-7}$$

反过来，可根据同位素分数来计算同位素比率，如式(2-8) 所示：

$$R(^{h}E/^{l}E)_C=\frac{x(^{h}E)_C}{1-x(^{h}E)_C} \tag{2-8}$$

（四）稳定同位素测试中的标准物质

在稳定同位素科学研究中，人们往往对物质同位素组成的微小变化更加关注。科学家们常用比值的方式，即“delta”或“δ”标度来定义样品中某元素的同位素组成，它被广泛用于同位素领域。该标度由 Urey（1933）于 20 世纪 40 年代末在芝加哥实验室提出，化合物的 δ 标度 $\delta(^{h}E)_C$ 被定义为样品中某元素的同位素比值 $R(^{h}E/^{l}E)_C$（如 $^{2}H/^{1}H$ 或 $^{13}C/^{12}C$）与标准样品同位素比值 $R(^{h}E/^{l}E)_{ref}$ 的相对偏差。如下式所示：

$$\delta(^{h}E)_{C,ref}=\left[\frac{R(^{h}E/^{l}E)_C}{R(^{h}E/^{l}E)_{ref}}-1\right]\times 10^{3}‰ \tag{2-9}$$

在这个公式中，由于 δ 值总是相对于某个标准而言的，同一种物质比较的标准不一样，得出的 δ 值也不一样。因此用来作为比较的标准物质必须采用统一的标准物质，这样不同实验室测出的数据可以方便地进行具有科学意义的比较。作为国际公认的通用标准一般应满足以下要求：元素同位素组成均一，接近天然同位素组成的中间值；数量大，可以长期使用；化学制备和实验室测试操作比较容易。表 2-1 中的几种元素为目前普遍使用的国际标准物质。如碳同位素比值的国际标准物质是美洲拟箭石（PDB），一种海洋盐酸盐，其 $^{13}C/^{12}C$ 公认的同位素比值为 0.0111802（Werner et al.，2001）。

表 2-1 几种元素稳定同位素国际标准物质

元素名称	丰度比形式	国标标度	国际标准物质类型	公认同位素比值 /10^{-6}	参考文献
氢	$^{2}H/^{1}H$	平均海洋水(SMOW)	水	155.75±0.08	De Wit et al.，1980
碳	$^{13}C/^{12}C$	美洲拟箭石(PDB)	碳酸盐	11180.2±2.8	Shinjiro et al.，1989
氮	$^{15}N/^{14}N$	大气中氮气(N_2)	氮气	3678.2±1.5	Werner et al.，2001
氧	$^{18}O/^{16}O$	平均海洋水(SMOW)	水	2005.2±0.45	Baertschi，1976
		美洲拟箭石(PDB)	碳酸盐	2067.2	Werner et al.，2001
硫	$^{34}S/^{32}S$	美洲迪亚布洛峡谷陨硫铁(CDT)	陨硫铁	44159.9±11.7	Junghans et al.，2009

元素稳定同位素的 δ 值常以千分比（‰）表示[1]，例如苯的 $\delta^{13}C_{苯}=-0.0284$，以千分比表示则 $\delta^{13}C_{苯}=-28.4‰$。一般来说，正的 δ 值表示样品稳定同位素的比值高于标准品，而负的 δ 值则情况相反。如某样品的 $\delta^{13}C$ 值为+5‰，表明其相对国际标准参考物质的同位素比值高 5‰［式(2-9)］。相对于标准物质同位素比值 0.0111802，样品的 $\delta^{13}C$ 值为+0.005 或+5‰。由于 δ 值呈现出极其微小的变化，为了表达方式和数据处理更为便利，都乘以 1000‰来表示。在测试技术方面引入 δ 值，解决了用以检测自然物质同位素丰度的质谱仪不适合检测同位素绝对比值或同位素摩尔分数的问题。因此，与其检测对比值，不如检测相对比值间的差异，这种差异可以对单台仪器进行校正，从而便于进行已公布数据的对比研究。δ 值能够较好地适用于同位素自然丰度范围，然而，对于人工富集样品溯源研究或精确质量平衡计算，有时候必须使用同位素分数 $x(^{h}E)_{C}$。由于氢元素的自然丰度范围巨大，δ 值也会导致无法接受的误差。研究表明元素的同位素分数与 δ 值往往是呈非线性关系。而在碳的自然丰度范围内，同位素分数与 δ 值几乎呈线性关系，因此它适用于同位素比值的表达（Willach et al.，2018）。

第二节 有机物环境污染相关同位素

一、碳同位素

（一）碳稳定同位素

碳是宇宙中最丰富的元素之一，在地球中是一种微量元素，地球丰度为 0.03%，地壳丰度为 0.28%（黎彤 等，1990）。碳是地球上生命赖以生存的基础，是生物圈最重要的元素。碳以各种价态存在于地球中，其存在形式主要有自然碳（金刚石、石墨）、氧化碳（CO_3^{2-}、HCO_3^-、CO_2 和 CO 等）和还原碳（煤、甲烷、石油等），因此有利于碳的同位素分馏。

[1] 为尊重行业习惯，本书中统一采用千分比。

自然界中碳的同位素有 15 个（^{8}C、^{9}C、^{10}C、^{11}C、^{12}C、^{13}C、^{14}C、^{15}C、^{16}C、^{17}C、^{18}C、^{19}C、^{20}C、^{21}C、^{22}C）（如图 2-2），其中^{12}C是丰度最高、最主要的稳定同位素，^{13}C和放射性同位素^{14}C是生态学、考古学、地质学及环境科学中经常应用和讨论的同位素，^{12}C、^{13}C、^{14}C 3 种同位素的比例分别为 98.89%、1.108%、1.210×10^{-12}（图 2-2）。

稳定同位素	原子量	摩尔分数
^{12}C	12	[0.9884，0.9904]
^{13}C	13.003354835	[0.0096，0.0116]

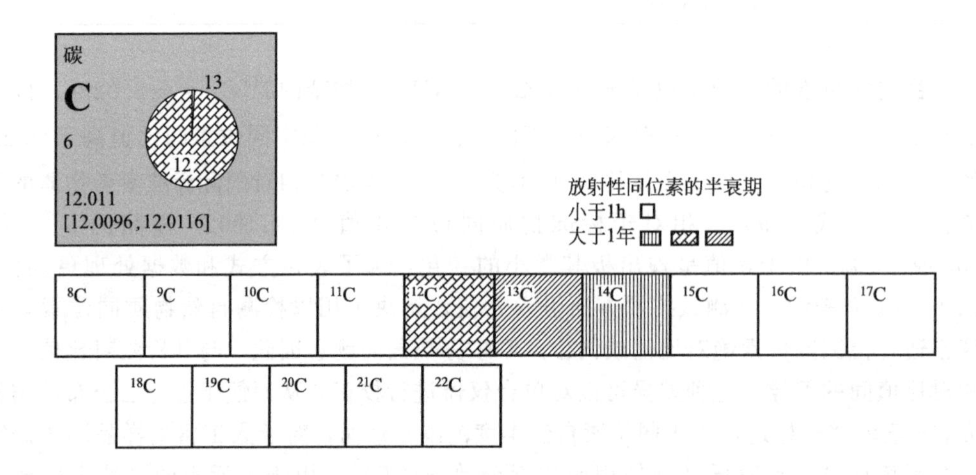

图 2-2 碳元素稳定同位素信息（Holden et al.，2018）

自然界碳主要有两个储库——有机碳和碳酸盐，其碳同位素组成差别较大，前者轻（$\delta^{13}C=-25‰$），后者重（$\delta^{13}C=0‰$），但对两者质量比的估计很不相同，有机库质量占 18%～27%。碳同位素的主要分馏机理也有 2 个：①$CO_2+HCO_3^-$ 体系中的碳同位素交换；②光合作用过程中的动力学效应，使残余 CO_2 富集^{13}C，有机物富集^{12}C。地球上碳同位素组成的总体变化规律是：氧化过程^{13}C 富集，还原过程^{13}C 消耗；大气 CO_2 的平均 $\delta^{13}C$ 值为－7‰；海相沉积碳酸盐的 $\delta^{13}C$ 变化范围很小（－1‰～＋2‰，平均 0‰），淡水沉积碳酸盐岩比同类相岩石亏损^{13}C；深源火成碳酸岩和金刚石的 $\delta^{13}C$ 值大多集中在－5‰±2‰，此值可能代表原始地幔岩部分熔融所形成的原生岩浆值。

（二）碳同位素分馏

1. 碳同位素交换

CO_2 气体与各种水溶碳酸根原子团之间的碳同位素交换反应使碳酸盐富集^{13}C：

$$^{13}CO_2+H^{12}CO_3^- \rightleftharpoons {}^{12}CO_2+H^{13}CO_3^-$$

总的来说，^{13}C趋于富集在高价的含碳化合物中，即 CH_4（^{13}C 最亏损）→C→CO→CO_2→CO_3^{2-}（^{13}C最富集）。

2. 生物过程中的动力学同位素效应

在光合作用中通常存在下列化学反应：

$$6CO_2+11H_2O \longrightarrow C_6H_{22}O_{11}+6O_2$$

这是一单向反应，空气中 CO_2 的 C ═O 键比 $^{13}CO_2$ 的 ^{13}C ═O 易断裂，因此光合作用时植物组织优先吸收 CO_2，使有机物中富集 ^{12}C，而空气中则富集 ^{13}C。植物中碳同位素分馏分 3 步发生：①植物从大气中优先吸收 CO_2，使之溶解于细胞质中。②分馏由动力学效应引起，分馏程度变化很大，具体取决于大气中 CO_2 的浓度，浓度越低分馏越小；溶解在细胞质中的 CO_2 通过酶的作用优先转移到 3-磷酸甘油酸中，使残余的 CO_2 富集 ^{13}C，这些重 CO_2 在呼吸作用中排出。③植物 3-磷酸甘油酸合成各种有机组分时进一步分馏，总趋势是半纤维素、蛋白质、果酸最重（−17‰），纤维素、木质素次之（−23‰），类脂化合物最轻（−30‰）。

（三）碳稳定同位素变化及标准物质

碳同位素分析标准物为美国南卡罗来纳州白垩系拟箭石（PDB）。其绝对碳同位素比值 $R=0.00112372$，经与标准物比对后，其为 $\delta^{13}C=0‰$。近年来 PDB 标准样品已经用尽，因此有必要推出新的标准。目前已经提出几种不同的标准，但无论采用何种标准，在计算 δ 值时还是趋向于用 PDB 值进行标准化（表 2-2）。

表 2-2　NBS 参考样品对于 PDB 的 $\delta^{13}C$ 值（Coplen et al.，2006）

样品	岩种	$\delta^{13}C$/‰
NBS-18	碳酸岩	−5.00
NBS-19	大理岩	+1.95
NBS-20	石灰岩	−1.06
NBS-21	石　墨	−28.10

（四）碳同位素地球化学

1. 生物圈的碳同位素

（1）天然有机物　现代植物的 $\delta^{13}C$ 可分为两组：陆地植物，典型的 $\delta^{13}C$ 为 −34‰～−24‰，即 $\delta^{13}CO_{2有机物}$ 为 17‰～27‰；海洋生物以及沙漠、盐沼和热带草等，$\delta^{13}C$ 为 −19‰～−6‰，即 $\delta^{13}CO_{2有机物}$ 为 6‰～19‰。此外，海藻、地衣等的 $\delta^{13}C$ 介于上述两者之间，为 −23‰～−12‰。动物组织的 $\delta^{13}C$ 取决于其食物。

这两组植物的 $\delta^{13}C$ 不同，是由于二者新陈代谢的过程中采取了不同的化学途径，前者为 C_3 循环，后者为 C_4 循环。尚需注意，陆地植物从大气中同化 CO_2，其 $\delta^{13}C=-7‰$；海洋生物同化海水中的 HCO_3^-，其 $\delta^{13}C$ 约为 0‰。所以两组植物的总分馏效应（$\delta^{13}C$）之差比表明陆地植物较海洋生物重同位素富集程度低。与光合作用有关的动力学同位素分馏优先富集植物物质中的 ^{12}C，并产生了有机沉积物、煤和原油，其值接近 −25‰。植物吸收碳的主要机制是 C_3 代谢过程，C_3 代谢过程一般导致植物中 ^{13}C 的吸收量在 −34‰～24‰。植物（如玉米、甘蔗、高粱）在炎热、干燥、阳光充足环境中利用第二种 C_4 代谢途径产量更高，^{13}C 吸收量在 −16‰～9‰之间。动物的 ^{13}C 通常来自食物供应并在 2‰以内；动物组织和体液的 C 同位素比值分析提供了饮食方面的信息。

海洋生物比陆地植物“重”，可以用来鉴别沉积物的来源。但海洋生物体内组织的不同部分有不同的$\delta^{13}C$值，如半纤维素、蛋白质、果胶等的$\delta^{13}C=-17‰$，纤维素、木质素的$\delta^{13}C=-23‰$，可提取类脂化合物的$\delta^{13}C=-30‰$，所以在应用$\delta^{13}C$判断沉积岩成因时必须注意到这一点。海洋沉积物中有机碳的来源可能是大陆的腐殖质土壤，$\delta^{13}C=-26‰\sim-25‰$，而海洋浮游生物的$\delta^{13}C=-22‰\sim-19‰$，因此，海洋沉积物的$\delta^{13}C$介于其之间，可能反映混合关系。

（2）化石燃料　煤的碳同位素组成取决于成煤植物的种类和它们生长的环境。但由于成煤过程中逸出的CH_4和其他烃类化合物的量相比总碳量是很少的，所以在煤的形成过程中，碳同位素分馏不明显，平均$\delta^{13}C$接近陆地植物的值（约$-25‰$），与成煤过程和年龄无明显关系。中国不同时代煤的$\delta^{13}C$为$-35‰\sim-20‰$，平均为$-24.4‰$。

石油成因：石油成因的现代观点是干酪根热降解成油。理由是：现代沉积物中烃类较少，脂肪酸含量极低，有机体在沉积物中最终演化为干酪根，干酪根是现代沉积物中有机物的主体（95%～97%）。石油在形成的过程中会发生碳同位素分馏，自由碳的最终来源为大气CO_2，它与海洋中的H_2CO_3平衡。海洋HCO_3^-比大气CO_2更易富^{13}C，其一部分被海洋生物所利用。陆地植物和海洋植物利用的碳源不同，新陈代谢途径（C_3和C_4循环）不同，二者的$\delta^{13}C$范围也显著不同。在沉积盆地沉积的浮游生物、植物和海洋有机体残，在未固结沉积物中受细菌作用转化为腐殖酸络合物，进而通过成岩作用转化为干酪根，其$\delta^{13}C$范围为$-33‰\sim-7‰$。原油比成油干酪根“轻”2‰或不到2‰，多数原油的$\delta^{13}C$为$-34‰\sim-18‰$。

天然气可区分为生物成因气和非生物成因气，全球天然气资源中大部分是生物成因气。生物成因气由两种反应途径形成：海洋环境（如河口和陆架）主要是CO_2的还原，淡水环境（如湖泊和沼泽）主要是醋酸盐的发酵。细菌成因CH_4的$\delta^{13}C$为$-110‰\sim-50‰$，其中海洋环境形成CH_4的$\delta^{13}C$为$-110‰\sim-60‰$，淡水环境形成CH_4的$\delta^{13}C$为$-65‰\sim-50‰$。有机物的热裂解也可以形成天然气。由于动力学效应，热裂解气中富集^{12}C，$\delta^{13}C$为$-4‰\sim-25‰$，所以热裂解气的$\delta^{13}C$为$-50\%\sim-20\%$。非海相（腐殖质）热裂解气的$\delta^{13}C$比海相（腐殖质）热裂解气的$\delta^{13}C$高。裂解过程中的动力学效应导致重组分富^{13}C，富集顺序为：甲烷＜乙烷＜丙烷＜丁烷。

2. 大气圈中的碳同位素

虽然大气中的CO_2仅占大气总体积的0.03%，但具有重要的地球化学研究意义。CO_2含量有正常的日变化、季节变化和地区性的局部变化。夜间，由于植物呼吸作用呼出CO_2，其浓度增加，$\delta^{13}C$减小，为$-26‰\sim-21‰$。白天由于光合作用，CO_2浓度下降，$\delta^{13}C$上升。当CO_2浓度最小时，$\delta^{13}C$最高，为$-7‰$，相当于海洋上空大气CO_2值。同样，$\delta^{13}C_{CO_2}$的季节变化也是生物作用的结果。

3. 水圈中的碳同位素

溶解在水中的碳有CO_2、H_2CO_3、HCO_3^-、CO_3^{2-}和有机碳5种状态。各种碳原子团的浓度和同位素组成随温度和pH值而变化。海水中的HCO_3^-是占主要地位的原子团。大洋中央表层水的$\delta^{13}C$约为$+2‰$，而越向大洋深部，由于有机物和生物碎屑在深层水中含量增加，$\delta^{13}C$随之减小，到一定程度后达到稳定值，约为$+1‰$。

淡水中CO_2的$\delta^{13}C$变化很大。它代表一种混合关系：碳酸盐岩石风化形成的“重”HCO_3^-

和有机来源（淡水浮游生物和土壤有机质）的“轻”C。虽然海水中的^{13}C变化很小，但文献中报道的深海孔隙水中其值最高可达＋37.5‰，这是自然陆地起源的任何含有^{13}C的物质中比值最高的情况。对于这个样品，$A_r(C)$＝12.01150，^{13}C的摩尔分数为0.011466。文献中关于天然陆源物质的最低^{13}C值来自2,6,11,15-四甲基十六烷（－130.3‰），产自阿留申东部俯冲带的冷渗流。该材料的$A_r(C)$是12.00966，^{13}C的摩尔分数是0.009629。

4. 岩石圈的碳同位素

（1）沉积岩　碳主要存在于地球上的沉积有机质、生物圈和沉积碳酸盐岩三种储层中，其中沉积碳酸盐的$\delta^{13}C$值接近0‰。正常海相石灰岩的$\delta^{13}C$值在0±2‰，特别是显生宙海相石灰岩的$\delta^{13}C$变异相当有限。但是，在若干不同地质时代交界的层位，常发现存在碳同位素正或负异常（＞＋3‰或＜－3‰）。在局部有机物富集的地方，甚至出现更负的$\delta^{13}C$值。陆相石灰岩的$\delta^{13}C$变化很大，从－2‰到－10‰，与有机成因CO_2介入有关。淡水碳酸盐岩样品中平均$\delta^{13}C$值为－4.96‰±2.75‰。在成岩过程中，石灰岩的碳同位素组成基本保持不变，但氧同位素组成有随时间变长逐渐降低的趋势。因此，$\delta^{13}C$和$\delta^{18}O$综合分析用来讨论石灰岩的成因和演化。

（2）火成岩　火成岩中的碳有两种存在形式——氧化碳（结构碳酸根、微粒碳酸盐和CO_2包裹体）和还原碳（石墨、碳质薄膜和烃类有机物等），二者的比例相差较大。原生氧化碳常以微量存在，其碳同位素组成与正常地幔碳的$\delta^{13}C$一致（－5‰±2‰）。次生氧化碳的含量变化较大，常与长石的蚀变程度呈正比，其$\delta^{13}C$值多接近沉积碳酸盐岩，但有时可变化到有机碳的负$\delta^{13}C$值，次生氧化碳通过地下水淋滤形成或在低温下通过再平衡过程形成。还原碳的$\delta^{13}C$值常很负，多为－19％到－28％，含量为几十到几百毫克每升，它们可以是原生无机过程形成的有机化合物，但更可能是地壳再循环成因，即地表有机碳通过板块俯冲进入地幔深部，成为再生岩浆的组成之一。

（五）碳同位素的相关应用

1. 生物学中的碳同位素

由于地面核试验，大气中空气态的^{14}C含量在1955年左右开始上升，并在20世纪60年代中期达到峰值。20世纪60年代，随着地面核试验的减少，大气中^{14}C浓度呈指数级下降。^{14}C这种变化被用来确定生物学中的细胞产生时间和更新速度。这项技术被称为碳-14炸弹脉冲生物学，它提供了细胞年龄和再生信息。

2. 地球/行星表面的碳同位素

天然陆源材料中的碳同位素在丰度上有很大的变化，可以通过许多不同的方法来区分材料的来源和影响它们的过程。树木年轮中的碳和冰芯中CO_2的同位素量比率$n(^{12}C)/n(^{13}C)$的变化可以用来分析大气CO_2水平变化的原因。同位素量比率$n(^{12}C)/n(^{13}C)$和表层海水^{14}C的聚集量已被用来追踪大气中CO_2的吸入和运动以及在海洋中的变化。

3. 法医学和人类学中的碳同位素

利用同位素比值质谱法（TRMS）检测蜂蜜和其他食品中的掺假成分（添加的劣质成分），可以观察到生物制品同位素量比率$n(^{13}C)/n(^{14}C)$的变化。同位素量比率可以在不同碳源之间波动，通常能够使用同位素或质量平衡来区分不同碳源是否已经混合，例如用以区分甜菜糖和蔗糖。

二、氮同位素

（一）氮稳定同位素

氮稳定同位素（^{14}N 和 ^{15}N）同碳同位素一样，是同位素地球化学中应用最广的示踪剂之一。氮原子有 2 种稳定同位素：^{14}N(约 99.632%）与 ^{15}N(约 0.368%)，导致其原子量为 14.0067。氮元素可以在地球的不同包层之间循环——水圈、大气圈、地壳和地幔中，并可以根据压力、温度和氧化还原反应条件以不同形式存在。可以用氮的同位素组成来界定不同氮储存库中氮的来源与去向。已经鉴定出 14 种 N 的放射性同位素，但它们由于半衰期太短而无法在地球化学中得到应用。

（二）氮稳定同位素分馏

环境中氮同位素分馏主要分为生物和非生物过程，生物过程主要指生物氮循环中的所有主要转化过程，这些转化通常分为固定、硝化和反硝化。非生物过程的同位素分馏主要有平衡交换反应（Letolle et al.，1980）和厌氧氨氧化反应：

$$NH_{3(g)} \rightleftharpoons NH_{4(aq)}^{+}$$

$$NH_4^+ + NO_2^- \longrightarrow N_2 + 2H_2O$$

总的来说，^{15}N 趋于富集在高价的含氮化合物中，即 NH_4^+（^{15}N 最贫化）→N_2→NO→NO_2^-→NO_2→NO_3^-（^{15}N 最富集）。

1. 生物过程的动力学效应

(1) 固定　指的是将大气中惰性的 N_2 转化为活性氮（如铵根）的过程，通常有细菌参与。固定作用通常产生 $\delta^{15}N$ 值略低于 0‰的有机材料，$\delta^{15}N$ 值范围为 −3‰～+1‰（Fogel et al.，1993)，且许多细菌的固氮作用发生在植物根部。破坏分子中氮键需要大量能量，这使得氮固定过程非常低效，且相关的氮同位素分馏很少。

(2) 硝化　是由几种不同自养生物调控的多级氧化过程。硝酸盐不是硝化反应的唯一产物，不同的反应产生不同的氮氧化物作为中间产物。可以将硝化反应描述为两部分氧化反应，每个氧化反应单独进行：亚硝酸菌属进行的氧化（NH_4^+→NO_2^-）和随后的硝酸菌属进行的氧化（NO_2→NO_3）。由于亚硝酸盐氧化为硝酸盐的速度一般很快，大部分的氮同位素分馏都是由亚硝酸菌属进行的铵根的缓慢氧化引起的。

(3) 反硝化　指将氧化态的氮还原为还原态的氮，是由生物调控的硝酸盐还原造成的多步骤反应过程，以各种氮氧化物作为中间化合物。反硝化作用发生在通气性差的土壤和低氧水体中，特别是在海洋的缺氧区中。对于沉积物中反硝化作用与海洋中反硝化作用的相对贡献存在争议。人们认为反硝化作用平衡了氮的自然固定，如果反硝化作用没有发生，那么大气中的氮将在不到 1 亿年的时间内耗尽。反硝化作用使残余硝酸盐中的 $\delta^{15}N$ 值随硝酸盐浓度的降低而呈指数增加。

2. 氮同位素变化

氮的两种稳定同位素既没有放射性也不是放射作用的产物，因此在大的地球尺度上，它们的丰度并没有随着时间推移而变化。地球上氮同位素的相对丰度可以说是太阳系的丰度，它们由恒星产生并作为 C—N—O 循环的一部分（Füri et al.，2015)。大气中 ^{14}N 是 ^{14}C 的主要来源（$^{14}N+n \longrightarrow ^{14}C+1p$，n 为中子，p 为质子）；$^{13}C$ 以（5730±40）年的半衰期衰退回^{14}N。$^{14}N \longrightarrow ^{14}C$ 的反应和其他反应（如^{17}O 产生^{14}C）随着时间推移不足以显著改变地球上^{14}N 的丰度，因此，^{15}N 的丰度也不会随着时间而改变。

氮同位素相对丰度测量的主要参考物质是大气中的 N_2，它是均匀稳定的（Mariotti，1983），将其 $\delta^{15}N$ 值定义为 0‰。不同的硫酸铵、几种硝酸钾、两种尿素和纯化的氮气库是被国际原子能机构（IAEA）和美国国家标准与技术研究所（NIST）采用的二级参考物质。常见自然物质和标准物质的相应 $A_r(N)$ 值和稳定同位素组成如图 2-3 所示。

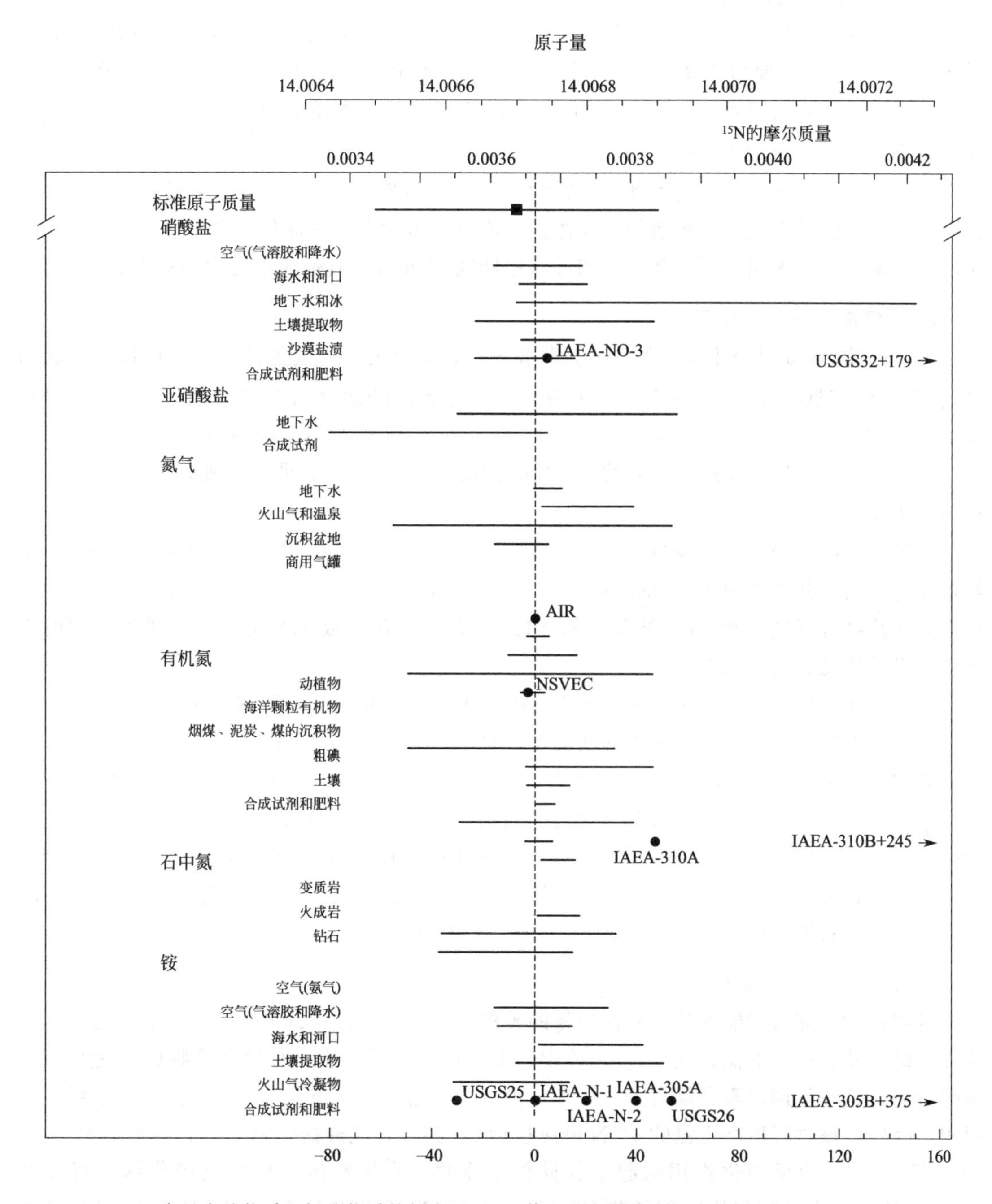

图 2-3 常见自然物质和标准物质的相应 $A_r(N)$ 值和稳定同位素组成（Coplen et al.，2002）

地球上$^{15}N/^{14}N$比例范围大多在$3.356\times10^{-3}\sim3.750\times10^{-3}$之间，这些变化用传统的$\delta$表示，即$\delta^{15}N_{样本}=[R(^{15}N/^{14}N)_{样本}/R(^{15}N/^{14}N)_{大气氮}-1]\times1000‰$且$R(^{15}N/^{14}N)_{大气氮}=0.0036764\pm0.0000041$（Mariotti，1983）。在宇宙化学研究中，这个变化则大得多（R范围在1.838‰～22.059‰），这是由稳定同位素分馏过程、核反应以及核合成异常引起的。

（三）氮同位素地球化学

1. 生物圈中的氮同位素

氮通过好氧或厌氧自养生物（如浮游植物和蓝藻）的固定进入海洋生物地球化学循环，在该过程中N_2被还原为NH_4^+，这个反应是基于需要钼作为辅助因子的固氮酶。在海洋自养生物降解后，有机质矿化以铵根（NH_4^+）形式释放氮。在游离氧存在下，NH_4^+通过硝化的两个步骤被氧化为硝酸盐（NO_3^-）。

生物活动不仅调节氮从大气到沉积物的转移，也调节氮到地壳和地幔的转移。氮是一种独特的元素，因为它最初需要活的生物体进入岩石，因此它是地球化学动力学中一种独特的示踪剂。例如，其被用来限定和量化俯冲作用期间N元素和其他流动元素的损失。

2. 大气圈中的氮同位素

大气中的N_2是地球上大气圈-生物圈-水圈联合部分的最重要氮成分，因此地表可获得N的$\delta^{15}N$值接近于0‰。大多数（>99%）可能遇到的陆地含N物质中的^{15}N摩尔分数范围为0.00361～0.00374，相应的$\delta^{15}N$值为－15‰～＋20‰，相应的$A_r(N)$范围为14.00667～14.00710。在地球深处的N同位素组成尚不清楚，因此整个地球的N含量平均值尚不明确。

地球大气的主要气态物质是双原子氮（N_2），其体积分数为78%。大气中N_2的同位素组成是均匀的，其被作为$\delta^{15}N$的国际标准，即$\delta^{15}N_{大气}=0‰$（Mariotti，1983）。大气中还存在其他几种含氮气体和/或气溶胶，如NH_3、N_2O、NO_x或HNO_3，可以通过它们的N同位素组成研究其起源和去向。

在大气化合物中，一氧化二氮（N_2O，半衰期为120年）受到特别关注，因为它是一种强大的大气温室气体（比二氧化碳的增温潜势高约300倍），是臭氧层损耗的原因之一。自工业时代以来，大气中的N_2O浓度已从270mg/L增加到330mg/L。对流层N_2O的平均$\delta^{15}N_{平均}$为6.5‰，但会随着时间和地点变化，且每年减少0.040‰（Röckmann et al.，2005）。N_2O生物排放的大部分（约2/3）是由土壤中细菌和真菌的厌氧反硝化和需氧硝化过程产生的；另一部分产于海洋，但此环境中N_2O的起源、变迁和去向仍然不被人们熟知。显然，氮同位素地球化学是理解全球N_2O循环的核心。

3. 水圈中的氮同位素

氮同位素研究可能能够评估海洋中氮的来源和去向。海洋中的氮以不同的氧化还原状态存在（硝酸盐、亚硝酸盐、铵根）。水体中的生物过程可能会将一种氮化合物转化为另一种氮化合物，这与氮同位素分馏有关。氮固定被认为是造成少量氮同位素分馏的主要初级生产过程。因此，该过程所产生氮的$\delta^{15}N$值应接近0。然而，硝酸盐中测得的平均海洋$\delta^{15}N$值接近5‰，这表明反硝化作用引起了氮同位素富集。在缺氧区发生的反硝化作用优先消耗^{14}N，因此剩余的硝酸盐逐渐富集^{15}N。这类富含^{15}N的水团上涌导致了相对富集^{15}N浮游植物颗粒的产生，这些颗粒会沉入海底。因此，沉积有机质的氮同位素组成可以作为水体氮反应和养分动态的指标（Farrell et al.，1995）。

地球历史上最重要的变化之一是海洋和大气层的氧化作用，在重建海洋氧化还原结构的同时，沉积记录中的N同位素也被用作代谢活动的示踪剂。同时，海洋沉积物中的氮同位素可能反映了远古海洋的营养循环。然而，海底和沉积物深处的成岩反应可能会改变原始氮同位素信号，来自海底和海床下大块沉积物的氮同位素记录监测了过去海洋氮循环的变化。

4. 岩石圈中的氮同位素

（1）沉积岩　沉积岩中的氮最初来自大气，如果没有生命，沉积物中就不会有氮。大块沉积岩的氮同位素特征主要反映了原生有机物组成，常被作为海洋古环境和古生态系统的代表。古沉积岩研究的一个重要方面是评估与成岩作用和变质作用有关的 $\delta^{15}N$ 可能的变化（Ader et al.，2016）。研究沉积岩中的氮主要有两个原因：首先氮是一种主要的营养物质，对地球上的各种生物活动和生物体都是必不可少的。它是构成氨基酸、DNA、RNA和蛋白质等分子的基础，因此N同位素标记可以限制特定的代谢活动，探测沉积岩中的生命痕迹（Honma，1996）。第二，氮是氧化还原敏感元素，其多种价态的化学物质（如 N_2、NO_3^-、NH_4^+）受当地氧化还原条件的控制。氮同位素组成取决于海洋中氮化合物的命运和循环利用，并能揭示海洋的氧化还原结构，这对寒武纪环境重建特别有意义，同时也有助于了解显生宙的变化，如与白垩纪海洋缺氧事件（OAE）有关的变化。因此，沉积岩中氮同位素组成随时间的变化可以作为生物演化和变化的环境条件的代表（Ader et al.，2016；Stüeken et al.，2015）。

（2）地幔岩　氮通常被认为是一种不稳定元素，但其化学性质与惰性气体相似。通常认为主要的氮储层在大气中，如果只考虑地球表面，此观点是正确的。然而，将地球作为整体的氮估算表明，主要的氮储层位于地幔中。对地幔中氮的平均含量和物质形成所知甚少，其平均浓度的估计值在0.3～36mg/L之间（Busigny et al.，2013）。地幔中包含了少量氮（可能在0.26～36mg/L之间），其研究仅限于少数样本如钻石、玄武岩玻璃（及它们的气泡）和火山喷气孔。主要由于大气污染（虽然可以用氩同位素定量）和同化作用，氮同位素仍然难以研究。钻石较为例外，因为氮是主要的钻石杂质（平均浓度为150mg/L），但其起源年代和形成深度的研究经常受到限制。地幔中样品的 $\delta^{15}N$ 值是分散的，且主要是负值。N同位素作为一种强大的示踪剂，可用来讨论榴辉岩成分的起源，它们中 ^{13}C 同位素的贫化通常归因于地幔中有机物的循环利用。

5. 宇宙化学中的氮同位素

氮同位素是通过两种不同的天体物理过程合成的（^{14}N 通过静水氢燃烧、^{15}N 通过爆炸性氢与氦燃烧合成），因此同位素差异可以反映不同恒星流入太阳系的情况。目前，（可能是光化学诱导的）化学反应的作用正在出现（Furi et al.，2015），也就是说，其观点与由氧同位素地球化学推导出的观点很相似。

包括地球、火星内部、金星大气和月球在内的地球行星的不同储层有几乎相同的氮同位素组成，与它们在吸积盘内部的形成是一致的。有趣的是，火星和地球大气层中的 ^{15}N 含量与它们地幔中的 ^{15}N 含量（其 $\delta^{15}N$ 分别为600‰和5‰）相比都较高，这是由两个不同的过程引起的。对于火星来说，大气中的 ^{15}N 含量高反映了水动力逃逸或与太阳风离子的吸附电荷交换，以及随后优先将 ^{14}N 释放到宇宙空间的非热逃逸。鉴于缺少现代构造活动与生物固定作用的证据，在火星内外氮储存库之间进行 N 交换和再平衡看似是不可能的。相比之下，由于地球的体积更大、生命的出现以及板块构造，地球的情况从根本上不同于火星。值得注意的是，与包括碳质球粒陨石在内的大多数原始陨石相比，地球的^{15}N损耗相对更多。唯一一类与大块硅酸盐地球的$\delta^{15}N$值相匹配的陨石是顽火球粒陨石。与氧同位素一样，氮是最早被公认为与这类陨石有相似之处的元素之一。从那时起，这种相似性被扩大到了包括 Zn、Mo、Ru、Cr、Sr、Ti 和 Ca 在内的许多元素中（Javoy et al.，2010）。

（四）氮同位素的应用

氮同位素主要应用于医学、宇宙化学、环境与古环境研究、沉积物成盐作用、土壤形成与进化、考古及古代食谱研究、农业学等领域。其在宇宙化学与高温地球化学（即地幔和地壳环境）领域的应用相对较少，这表明需要使用比之前更复杂的分析技术。

1. 医学中的氮同位素

^{13}N（周期 9.92min）可用于正电子发射扫描（PET）的相关医学研究，它需要^{13}N在回旋加速器中被现场合成，$^{13}NH_3$被合成并注射到病人体内用于 PET 成像来推测出大量的心脏参数（血流量、心室体积）和可能存在的心脏异常。

2. 宇宙化学中的氮同位素

单个陨石具有很强的氮同位素异质性，这反映了其形成的许多过程和原因。前极性颗粒携带巨大的同位素异常［$R(^{15}N/^{14}N)$范围为 0.2‰～100‰（Zinner et al.，2007）］，但是陨石中这种成分的浓度较低，导致大块样品的同位素变异性有限。散裂反应可以产生大量的包括氮在内的轻质元素，它们的稀有同位素（即^{15}N富集）是最容易辨别的，可以很容易地确定研究目标。$\delta^{15}N$变异性还反映了光化学诱导的同位素分馏效应，且含氮分子（HCN 和 NH_3）间的大同位素分馏是一种可能的解释，氮同位素变异可能是在其与形成太阳和/或其他恒星的紫外线相互作用期间的光化学反应引起的。例如，氮气可以反应并形成氨或氰化物等分子，然后将其转移或浓缩到冰和尘埃中，随后再转移到陨石和行星上。因此，与通常用来追踪太阳星云异质性的重元素相比，N 等轻元素有可能被用来追踪太阳星云中所发生的化学过程。

3. 古生态学中的氮同位素

在现代有氧世界中，大气固氮主要受生物活动的驱动，但在古代缺氧的世界中，非生物大气氮还原作用可能具有重要意义。这是一个基本问题，因为它科学家们提出了非生物氨基酸的起源问题（Stüeken et al.，2016）。

研究沉积岩中的氮主要有两个原因：首先氮是一种主要的营养物质，对地球上的各种生物活动和生物体都是必不可少的。它构成了氨基酸、DNA、RNA 和蛋白质等分子的基础，因此 N 同位素标记可以限制特定的代谢活动，探测沉积记录中的生命痕迹（Honma，1996）。同时，氮是氧化还原敏感元素，其多种多样的化学物质（如 N_2、NO_3^-、NH_4^+）受当地氧化还原条件的控制。氮同位素组成取决于海洋中氮化合物的命运和循环利用，并能揭示海洋的氧化还原结构，这对前寒武纪环境重建有特别意义。因此，沉积氮同位素组成随时间的变化可以作为生物演化和变化的环境条件的代表（Ader et al.，2016，Stüeken et al.，2015）。

4. 考古学中的氮同位素

氮同位素在古代饮食和考古调查中的应用主要是指纹识别方法。这种方法通常涉及多同位素系统（C、H、O、B、Sr 和 Pb 等），但此处论述仅限于氮同位素。

应用氮同位素测定古代饮食依赖于两个观察结果。首先，当氮同位素在动物或人类体内循环时，^{14}N 优先流失，导致组织中 ^{15}N 的富集（Deniro et al.，1981）。这也可以通过尿液中相对于饮食中的 ^{15}N 贫化来证明。在整个营养链中，捕食者获得猎物的氮同位素组成，因此捕食者体内的 ^{15}N 更加富集，通常为 3‰（Minagawa et al.，1984）。因此，氮同位素组成表明海洋和大陆生物在营养链中的位置。

这些应用扩展到地球化学领域以外，为与人类科学领域的跨学科间相互作用提供了很好的例子。氮同位素揭示了农业进入饮食中的时间，更具体的是，可以揭示一个群体改变其生存策略的时间。氮同位素表明尼安德特人的饮食中有大型食草动物，因此说明他们是顶级的捕食者和有高超技艺的猎人（Richards et al.，2009）。同样，牙齿的分区可以帮助考古学家确定动物或人类何时使婴儿断奶以及他们吃什么样的食物。

5. 农业学中的氮同位素

氮循环已受到包括农业和化石燃料燃烧在内的人类活动的很大影响，这些活动在局部和全球范围内向环境中释放了有反应活性的氮。正如 Hastings 等所证明的那样（Hastings et al.，2009；Hastings et al.，2013），活性氮的氮同位素可用于追踪其来源。例如，2009 年 Hastings 等（2009）分析了 100m 长冰芯中的氮同位素，观测到 $\delta^{15}N$ 值从工业时代前的 +11‰下降到现代的 −1‰。其他研究表明，肥料、动物粪便或污水是水圈中硝酸盐污染的主要来源。在合适条件下，可以利用同位素将这些含氮化合物彼此区分开（Heaton，1986）。人类生产的肥料的 $\delta^{15}N$ 值在 −4‰～+4‰范围之间，反映了其大气来源；而动物粪便的 $\delta^{15}N$ 值通常大于 5‰；来源于土壤的硝酸盐和肥料中硝酸盐的 $\delta^{15}N$ 值通常会重叠。在另一个例子中，2013 年 Redling 等（2013）记录了植物对汽车排放的氮氧化物的吸收和这些氮氧化物对植物的施肥效应。

三、氢同位素

（一）氢稳定同位素

自然界的氢是两种稳定同位素 ^{1}H、^{2}H 以及一种放射性同位素 ^{3}H 的混合物（图 2-4）。氕（^{1}H）原子核中没有中子，是最常见的氢形式，原子量约为 1.0078，同位素丰度占地球上所有氢的 99.972%。氘（^{2}H）的原子核中含有一个质子和一个中子，原子量约为 2.014，在地球上的丰度约为 0.028%，与 ^{1}H 的同位素丰度共同占氢同位素的几乎 100%。氚（^{3}H）的原子核中有一个质子和两个中子，原子量约为 3.016。氚具有放射性，半衰期为 12.32 年。已观察到原子核中含有两个以上中子，且存在时间极短的人造氢核素。

（二）氢同位素分馏

在陆地环境中产生氢同位素变化的最有效过程是在大气层中、地表和地壳上部的水通过蒸发/降水以及沸腾/冷凝过程实现蒸汽、液体和冰之间的相变。氢同位素组成的差异是水的蒸气压不同引起的，且在较小程度上是冰点的差异引起的。由于 HDO 的蒸气压略低于 H_2O 的蒸气压，水气中的 D 浓度比液相中的低。

稳定同位素	原子量	摩尔分数
^1H	1.0078250322	[0.99972,0.99999]
^2H	2.0141017781	[0.00001,0.00028]

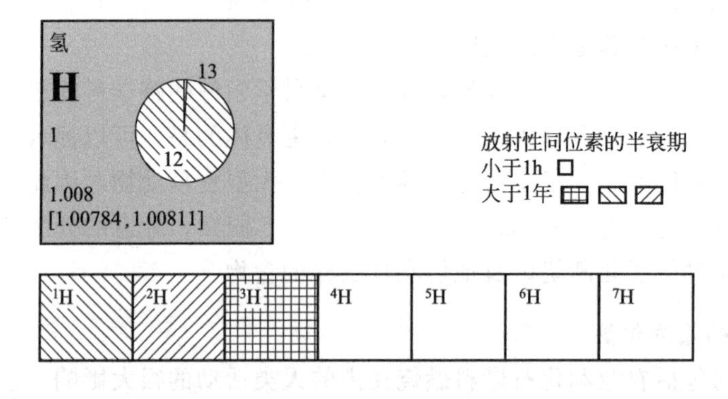

图 2-4 氢元素的同位素（Holden et al.，2018）

Horita（1994）总结了在 0～350℃范围内液态水和水蒸气之间的氢同位素分馏实验结果。氢同位素分馏随温度升高而迅速下降，在 220～230℃时下降为 0。在交点温度以上，水蒸气比液态水更富集氘。在水达到临界温度时，分馏再次接近 0（图 2-5）。

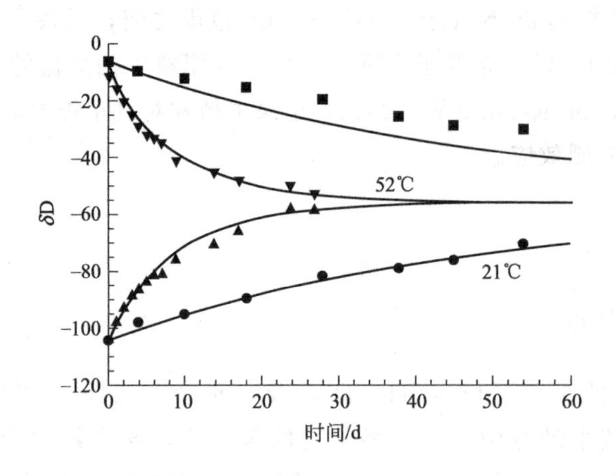

图 2-5 在密封系统中进行同位素交换的两个表面积和体积相等的水的 δD 值与时间的关系（Criss，1999）

在所有与水的蒸发和冷凝有关的过程中，氢同位素的分馏方式与氧同位素的分馏方式相似，尽管其发生的数量级不同，因为 H_2O 和 HDO、$H_2{}^{16}O$ 和 $H_2{}^{18}O$ 之间所存在的蒸气压差是不同的。

因此，氢和氧的同位素分布与大气降水有关。1961 年 Craig（1961）首先定义了这种概括性的关系：

$$\delta D=\delta^{18}O+10$$

其描述了在全球尺度上大气中 H 和 O 同位素比值的相互依赖性。

1. 生物过程中的动力学分馏

水是光合作用产生的所有天然有机化合物中氢的最终来源。在由水向有机物的生物合成氢的转化过程中，已观测到了 δD 值在 $-400‰\sim+200‰$之间的巨大的氢同位素分馏（Sachse et al.，2012）。植物或生物体内的单个化合物 δD 值变化可能与生物合成的差异有关。脂质作为最常见的一类有机物质，其生物合成涉及复杂的酶促反应，在这些反应中，氢可以被添加、去除或交换，所有变化都可能导致氢同位素分馏。

2. 其他分馏

在盐溶液中，同位素分馏可以发生在“水化作用圈”中的水与自由水之间（Truesdell et al.，1974）。溶解盐对盐溶液中氢同位素活度比的影响可用离子和水分子之间的相互作用来定性解释，这可能主要与它们的电荷和半径有关。迄今为止，人们研究过的所有盐溶液的氢同位素活度比远远高于氢同位素组成比。如 Horita 等（1993）表示的那样，当盐加入溶液中时，与溶液同位素平衡的水蒸气的 R(D/H) 比值增大。在相同的质量摩尔浓度下，氢同位素效应的大小依次为 $CaCl_2>MgCl_2>MgSO_4>KCl\approx NaCl>Na_2SO_4$。

（三）氢稳定同位素变化

自 1993 年以来，国际纯粹与应用化学联合会（IUPAC）建议以国际原子能机构（IAEA）的维也纳标准平均海水 VSMOW [同时以“RM 8535”的名称被美国国家标准技术研究所（NIST）推广使用] 作为标准物质报道稳定氢的相对同位素比值（Coplen et al.，1994）。在将 IAEA 的标准物质 SLAP（即 NIST 的 RM 8537）的 δ^2H 值定义为$-428‰$的标准化尺度上，将 VSMOW 的 δ^2H 值定义为 0‰。氢同位素比值变化和同位素分馏系数的汇编已出版，文献中有时将 δ^2H 表示为 δD。

与地外物质相比，地球上氢的同位素范围相对较窄（Mckeegan et al.，2001），因为几乎所有的有机物和硅酸盐风化形成的富含氢的矿物都与高度活跃的全球水循环以及全球海洋中巨大且混合良好的氢储存库有关，并受到其同位素缓冲。地球上的无机氢和有机氢库包含着相似且有限的 δ^2H 值，范围为$+18‰\sim-530‰$（Lis et al.，2010）。

（四）氢同位素地球化学

1. 生物圈中的氢同位素

(1) 自养生物　所有自养生物（即主要是利用阳光的光合自养植物，也包括利用地球化学能的岩石自养生物）从水中接收氢进行有机合成（Hayes，2001）。因此，自养生物中化合物特异性的 δ^2H 值与支持生物合成的环境中水的同位素组成有关，并可以代表该同位素组成。

(2) 异养生物　异养生物（如动物、真菌等）代谢生物量形成自身的生物量，这额外增加了同位素分馏的复杂性，也增加了自养生物可利用的水具有不同同位素组成的体液的影响。尽管如此，对生物标志物、化合物或藻类、植物、动物和人类组织 δ^2H 值的实证研究，使其在考古学、古气候学、生态学和法医学上有了丰富的应用。

2. 大气圈中的氢同位素

地表水、地下水和冰川的 δ^2H 值的变化通常与 δ^{18}O 值的变化一致，主要由蒸发和冷凝过程引起。在大气降水中，δ^2H 值的范围从南极冰中的－495‰（Jouzel et al.，1987）到赤道地区蒸发的湖泊中的＋129‰（Fontes et al.，1967）变动。农产品中含有的大气水具有一系列的 δ^2H 值，可能反映在食用这种食物的鸟类和其他动物的组织和体液中。在当地环境中植物和水之间的氢同位素分馏依赖于蒸散作用以及代谢或生化过程中的物种特异性变化。

3. 水圈中的氢同位素

液态水蒸发得到的水蒸气中 ^{2}H 含量极低，从而留下了富含 ^{2}H 的液态水，同样的原则适用于氧稳定同位素。现代全球海洋约 1500 年的混合时间相对地质时期较短，导致全球海水中的 δ^2H 范围较窄，以 0‰为中心，在蒸发较强的地区（如红海）发生了轻微的 ^{2}H 富集，而在大型河流引入的淡水地区（如北冰洋和孟加拉湾）^{2}H 含量则较低。苦咸水的 δ^2H 值大致落在海水和淡水的混合线上。

冰河时期极地冰盖和冰川上大量 ^{2}H 贫化的冰间歇性增加了全球海洋的 δ^2H 值。大陆地下水是典型的“化石降水”，反映了地下水回灌过程中区域降水的同位素特征。在降雨量足以支撑常流河的大多数温带地区，河水的 δ^2H 值反映了当地地下水的 δ^2H 值。

4. 岩石圈中的氢同位素

沉积物中与碎屑矿物颗粒共沉积的少量有机物未经早期生物降解并被掩埋。只要保持较低温度，微生物产甲烷过程就会释放出 ^{2}H 含量低的甲烷。沿着地温梯度的压实作用、增加压力和缓慢加热，通过化学反应将生物化学物质转化为地球化学物质，消除了许多含氢官能团。随着热成熟度的增加，残余有机物的氢同位素特征发生了可预测的变化（Schimmelmann et al.，2006）。在高温下，较大有机分子内的碳—碳键断裂释放出较小的分子，形成热成因气体和油。裂解产生的短寿命自由基可能会参与相对富含 ^{2}H 的孔隙水与 ^{2}H 含量低的有机氢之间的有限氢同位素交换，由此产生的有机物变得更加富含 ^{2}H。成熟沉积有机质中烃类化合物的损失导致干酪根的残余不溶性有机质的元素 H/C 值长期下降。尽管成熟期发生了复杂的化学反应，从化学结构复杂的生物地球化学物质（如干酪根、腐殖酸和大块煤）的 δ^2H 值中收集到了与古环境有关的信息（Schimmelmann et al.，2006）。天然气组分和油组分的氢稳定同位素比值对母岩的识别和成因以及不同天然气类型的辨别具有重要意义。化石沉积有机质中烃类化合物来源的一个例外是从深层的纯非生物来源获得的甲烷。至少有九种非生物（或非生物成因的）甲烷产生机制被确定为与岩浆作用或气-水-岩反应有关，例如二氧化碳与氢元素作用产生甲烷的反应。与生物成因的甲烷相比，非生物甲烷略微富含 ^{2}H（Etiope et al.，2013）。

岩石中硅酸盐的风化作用吸收环境水生成富含氢的层状硅酸盐。层状硅酸盐中的一些氢牢固结合，足以维持其风化后的氢同位素特征。在不同风化温度下，测定了多种黏土矿物的氢同位素分馏系数。黏土矿物中不可交换氢的 δ^2H 值可代表风化条件和古环境水的同位素组成（Clauer et al.，1995）。氢稳定同位素比值对于研究水-岩石相互作用和热液体系中矿物的形成具有重要意义（Shanks，2001）。

（五）氢同位素的应用

作为古环境水体 δ^2H 值重建指标的理想化合物，只含有不易与其他氢交换的烃类化合物，如正烷烃、可以酯化的长脂肪酸以及 O—H 衍生形成硝酸酯的树木年轮纤维素。化石有机物的 δ^2H 值在古环境中的应用需要避免以 O—H、N—H 和 S—H 形式存在的，主要与氧、氮和硫有关的可交换同位素的有机氢的影响，因为这种氢不断地与环境水交换，不能可靠地传递古环境信息。

对生物标志物、化合物或藻类、植物、动物和人类组织的 δ^2H 值的实证研究，使其在考古学、古气候学、生态学和法医学上有了丰硕的应用（Sachse et al.，2012；Ehleringer et al.，2015）。例如，沉积脂质中的 δ^2H 值被用来重建水源变化，羽毛、头发角蛋白以及骨胶原蛋白中的 δ^2H 值已被用于追踪迁徙和古饮食重建。

四、氧同位素

（一）氧稳定同位素

天然氧是三种稳定同位素^{16}O（99.762%）、^{17}O（0.038%）和^{18}O（0.200%）的混合物（图 2-6）。在天然材料中，R(^{17}O/^{16}O) 和 R（^{18}O/^{16}O）的同位素比值通常分别相差 5%和 10%，这是由于质量的同位素分馏。与质量无关的同位素分馏也存在于氧中，供地外物质和大气分子使用。这些同位素分馏在地球化学和宇宙化学反应中被用作示踪剂，并作为太阳系的起源和大气、水的演化等多种地球化学主题。

稳定同位素	原子量	摩尔分数
^{16}O	15.994914619	[0.99738,0.99776]
^{17}O	16.999131757	[0.000367,0.000400]
^{18}O	17.999159613	[0.00187,0.00222]

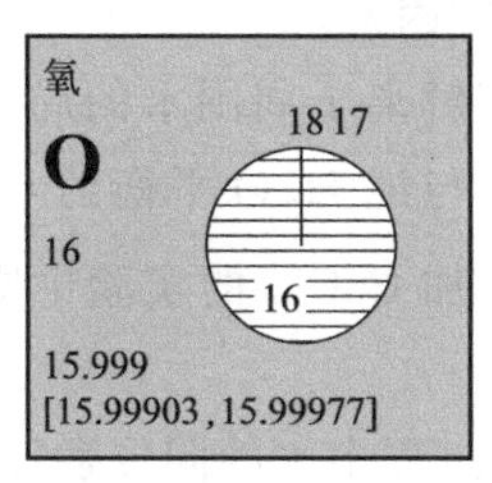

放射性同位素的半衰期
小于1h □

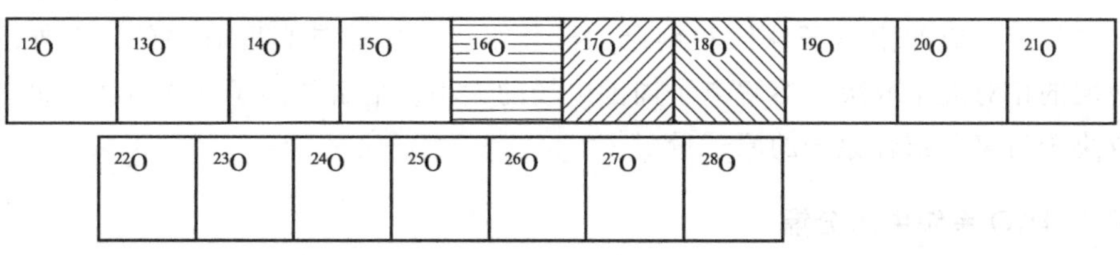

图 2-6　氧元素的同位素（Holden et al.，2018）

在三氧同位素图上，地球上的氧同位素基本上是在热力学过程的控制下沿着质量相关的分馏线分布的（图 2-7）。在质量分馏线上、三氧同位素对角线上，由于光化学作用，一些大气化合物呈现出独立的质量分布。

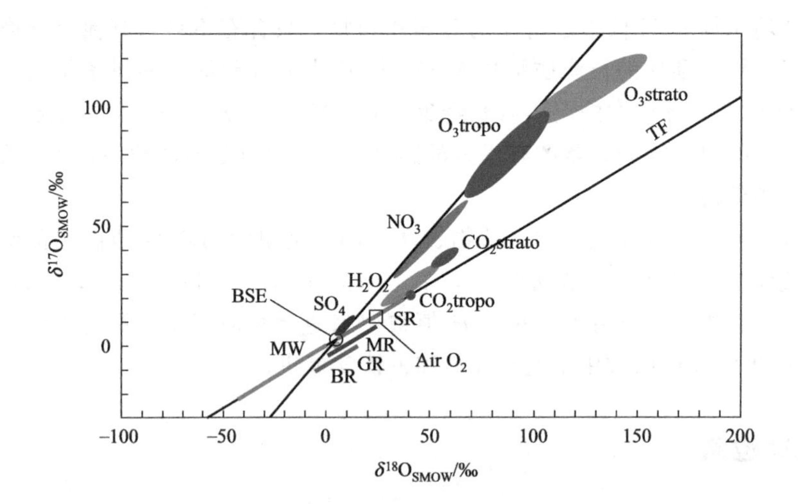

图 2-7　地球上的氧同位素分布

圆圈—大块硅酸盐土（BSE）；方块—大气氧（Air O_2）；BR—分布在 TF（陆地分馏）线上的玄武岩；GR—分布在 TF 线上的花岗岩；MR—分布在 TF 线上的变质岩。分布在 TF 线上：SR—沉积岩；MW—流星水；CO_2 tropo—对流层 CO_2；CO_2 strato—平流层 CO_2；O_3 tropo—对流层 O_3；O_3 strato—平流层 O_3。其他符号与所标示的大气分子相对应（Hoefs，2009）

（二）氧同位素分馏

1. 在水中的分馏

了解液态水和水蒸气之间的氧同位素分馏对解释不同类型水的同位素组成至关重要。Horita 等（1994）总结了在 0 ～350℃温度范围内实验确定的分馏因素。

在水中添加盐会影响同位素的分馏。离子盐的存在改变了溶解离子周围水的局部结构。Taube 等（1954）首次证明，当加入 $MgCl_2$、$AlCl_3$ 与 HCl 后，与纯 H_2O 平衡的 CO 的 R（$^{18}O/^{16}O$）比值降低；HCl 在 NaCl 中则基本保持不变，而在添加 $CaCl_2$ 的实验中则增加。这些变化与溶质的质量摩尔浓度大致呈线性变化。

为了解释这种不同的分馏行为，Taube 等（1954）假定水化过程中水的同位素特性之间存在不同同位素效应的阳离子球体和剩余的散装水。水化球是高度有序的，而外层是无序的。这两层的相对大小取决于溶解离子周围电场的大小。溶解的离子和水分子之间相互作用的强度取决于与离子结合原子的原子量。

2. CO_2-H_2O 系统中的分馏

同样重要的是 CO_2-H_2O 体系中的氧同位素分馏。早期的研究主要集中在气态 CO_2 和 H_2O 之间的氧同位素分配。Beck（2005）和 Zeebe（2007）等的研究表明，单个碳酸盐物质的氧同位素组成具有同位素差异，这与 McCrea（1950）和 Usdowski（1993）

的实验结果相一致。表 2-3 总结了 5～40℃之间温度依赖关系的方程参数。同时，氧同位素组成的 pH 依赖关系在碳酸-水体系中对氧同位素温度的推导具有重要意义。

表 2-3　5～40℃时热力学平衡分馏过程温度依赖关系的方程参数
[$10^3\ln\alpha = A(10^6/T^{-2}) + B$，T 为热力学温度，A、B 为特征常数]

物　质	*A*	*B*
HCO_3^-	2.59	1.89
CO_3^{2-}	2.39	−2.70
$CO_2(aq)$	2.52	12.12

3. 矿物分离中的分馏

岩石中的氧同位素组成取决于组成矿物的物质和矿物的比例，^{18}O 含量可以从晶体结构的化学键类型和强度来解释。根据半经验式的计算方法，化学键中的氧具有类似的同位素行为，而不管化学键所在的矿物是什么，这种方法对于估计分馏系数是有用的。但是这种方法的准确性是有限的，因为假设同位素分馏只取决于与氧结合的原子，而不取决于矿物的结构，这是不完全正确的。

虽然在矿物-水系统中氧同位素分馏因子的实验测定方面已做了大量的工作，但使用水作为氧同位素的交换介质有些许缺点。一些矿物在高温高压下与水接触时变得不稳定，导致熔融、破坏和水化反应；不一致的溶解度和不明确的淬火产物可能会带来额外的不确定性。但是，利用方解石作为交换介质可以克服水的大多数缺点。

4. 三氧同位素组成

$R(^{17}O/^{16}O)$ 比值的测量可能会扩大 $R(^{18}O/^{16}O)$ 研究的用途，后者由于难以区分温度和水的组成而受到阻碍。$^{17}O/^{16}O$ 的自然氧同位素比值接近 $R(^{18}O/^{16}O)$ 比值的 1/2，在过去一般都认为没有必要测量罕见的^{17}O。然而，随着分析技术的改进，^{17}O 的精确测量可能提供地球水分馏过程的额外信息。

例如，对于水，三氧同位素组成的特征是液态水和水蒸气之间的平衡分馏指数为 0.529，而水蒸气扩散值为 0.518。全球气象水线的斜率为 0.528（Luz et al，2010）[类似于 δD-$\delta^{18}O$ 气象水线的斜率为 8]。岩石和矿物坡度 λ 在 0.524～0.526 之间，大气水中斜率为 0.528。Pack 等（2014）进一步的分析改进表明，单一质量分馏线（TFL）的概念是无效的，地球上不同储库的特征是具有不同斜率和截距的单个质量分馏线。

5. 流体相互作用

氧同位素比值分析为研究水岩相互作用提供了有力的工具。水与岩石或矿物之间这种相互作用的地球化学效应是由于岩石和/或水的组成不平衡导致岩石和/或水的氧同位素比值偏离其初始值。

矿物与流体之间氧同位素交换的动力学和机理的详细研究表明，存在三种可能的交换机制（Matthews et al.，1983）。

（1）溶解-沉淀过程　在溶解-沉淀过程中，较大的颗粒通过较小的颗粒而生长。较小的晶粒在较大的晶粒表面溶解再结晶，降低了体系的总表面积与总自由能。当物质处于溶液中时，与流体发生同位素交换。

（2）化学反应　流体和固体的一个组分在两相中化学活性的不同，导致化学反应的发生，意味着原始晶体有限部分的分解和新晶体的形成。新的晶体将在与流体的同位素平衡处或附近形成。

（3）扩散　在扩散过程中，同位素交换在晶体和流体之间的界面上几乎没有变化。反应物颗粒形态学的驱动力是原子在浓度或活性梯度内的随机热运动。

Sheppard 等（1971）和 Taylor（1974）首次尝试量化水与岩石之间的同位素交换过程。通过使用一个简单的封闭系统物质平衡方程，能够计算累积流体/岩石比：

$$W/R=\frac{\delta_{岩,f}-\delta_{岩,i}}{\delta_{H_2O,i}-(\delta_{岩,f}-\Delta)'} \tag{2-10}$$

该方程要求对系统的初始（i）和最终（f）同位素状态有足够的了解，并描述了有限体积岩石与流体的相互作用。但是只有在特殊条件下，模型才能得到实际流过岩石的流体量的信息。如果岩石和渗透流体同位素相差不大，平衡后计算出的流体/岩石比接近无穷大。因此，该方程只对较小的流体/岩石比敏感。这个方程可以约束流体源，描述岩石和流体的同位素组成如何随时间和空间变化。

（三）氧稳定同位素变化

氧同位素变化和同位素分馏机理的汇编已经发表。大气 O_2 的 $\delta^{18}O$ 在分析测量不确定度范围内为常数（Dole et al.，1954）；陆地水体 $\delta^{18}O$ 值的变化与 δ^2H 值的变化基本一致，主要由蒸发和凝结过程引起；植物和动物的 $\delta^{18}O$ 反映了环境中大气降水的 $\delta^{18}O$；在自然水域中，根据相对于 SMOW 的 $n(^{17}O)/n(^{16}O)$ 测量值，发现 $\delta^{17}O$ 的变化是 $\delta^{18}O$ 的变化的 52.81%±0.15%（Meijer et al.，1998）。

相对氧同位素比值是基于 $n(^{18}O)/n(^{16}O)$ 的测量值。自 1993 年以来，IUPAC 推荐，氧同位素比值表示为相对于参考物质 SMOW（NIST RM 8535）或相对于 VPDB 标准化的 δ 值（图 2-8）（Coplen et al.，1994）。

（四）氧元素同位素地球化学

1. 大气圈中的氧同位素

在大气中，观察到水分子氧和对流层二氧化碳的氧同位素的质量相关分馏行为。此外，在较小程度的分子氧化物和二氧化碳中可以观察到非质量相关分馏效应（Thiemens et al.，2006；Farquhar et al.，2008），以及在大气中的 O_3、O_2、NO、H_2O_2、CO 和 CO_2 中已经观察到与质量无关的 $\delta^{17}O$ 和 $\delta^{18}O$ 同位素的变化（Valley，1986），这是由于在光化学反应中对称和非对称测量的同位素种类的区别（Gao et al.，2001）。

2. 水圈中的氧同位素

海水是氧同位素标准（SMOW），因此其定义为 $\delta^{17,18}O_{SMOW}=0‰$，但海水的 $\delta^{18}O_{SMOW}$ 会发生微小的变化（±1‰），并与盐度变化有关，盐度变化与蒸发或沉淀以及与陨星水混合有关。陨星水最终来自海水的蒸发，由于瑞利蒸馏过程消耗了陨星水，因此其 $\delta^{18}O_{SMOW}$ 值为负（Gat et al.，1981）。氧同位素的变化与年平均气温和氢同位素有关，这种关系称为大气水线（MWL）。

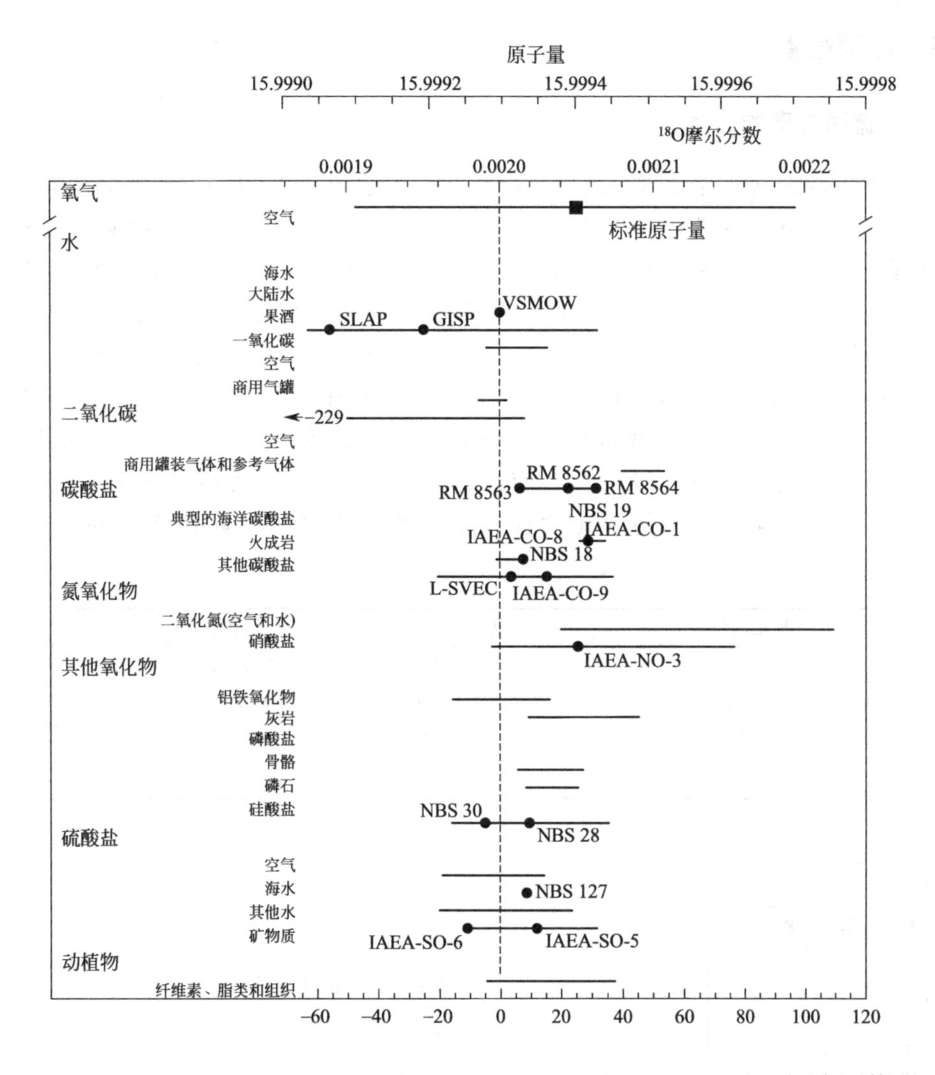

图 2-8 常见自然物质和标准物质的相应 A_r(O) 值和稳定同位素组成（Coplen et al.，2002）

3. 岩石圈中的氧同位素

根据地球的平均组成——大洋中脊玄武岩（MORB）和新形成的超基性的上地幔岩石——其中范围狭窄的^{18}O 推断，$\delta^{18}O_{SMOW}=(5.7\pm0.5)$‰，沉积岩中自生微量元素的原始氧同位素组成反映了矿物与形成矿物的水之间的同位素分馏。因此，它们是有价值的古环境指标，记录了温度和水的 δ^{18}O（Urey，1948），这对碳酸盐沉积物特别有用（Ghosh et al.，2006；Earth et al.，2007）。变质岩氧同位素组成反映变质过程中流体与岩石的相互作用。因此，变质岩 δ^{18}O 广泛分布于花岗岩和沉积岩上。

（五）氧同位素的应用

氧同位素在地球科学中广泛用于确定成岩成矿物质来源及成岩成矿温度，并且在生物学和医学上有广泛应用前景。同时，氧同位素在地理学中被用作年代确定的参考，常用于冰川的断代。

五、硫同位素

（一）硫同位素的分类

硫是生物体和地球的组成部分之一，标准原子量为 32.065。硫有 24 个同位素，其中大多数不稳定，并经历放射性衰变（图 2-9）。稳定同位素是在实验可观测的时间范围内不衰变的同位素。稳定同位素本质上具有相同的化学特性，因此，它们的行为在化学上几乎是相同的。在化学、物理，特别是生物反应中，不同的质量会导致同位素分馏。自然界中存在四种硫的稳定同位素：^{32}S（95.02%）、^{33}S（0.75%）、^{34}S（4.21%）和 ^{36}S（0.02%）。

放射性硫同位素：硫有 14 个不稳定的同位素。原子量为 35 的放射性硫是在大气中由原子量为 40 的氩的宇宙射线散裂形成的，其半衰期为 87 天。因此，它被用于水文研究中生物活性较低的表面环境。^{35}S 标记的硫化合物常用于实验以确定在微生物异化硫酸盐还原过程中硫的微生物和化学周转率。其他放射性硫同位素存在时间都是较短的。

稳定同位素	原子量	摩尔分数
^{32}S	31.972071174	[0.9441,0.9529]
^{32}S	32.971458910	[0.007929,0.00797]
^{34}S	33.9678670	[0.0396,0.0477]
^{36}S	35.967081	[0.000129,0.000187]

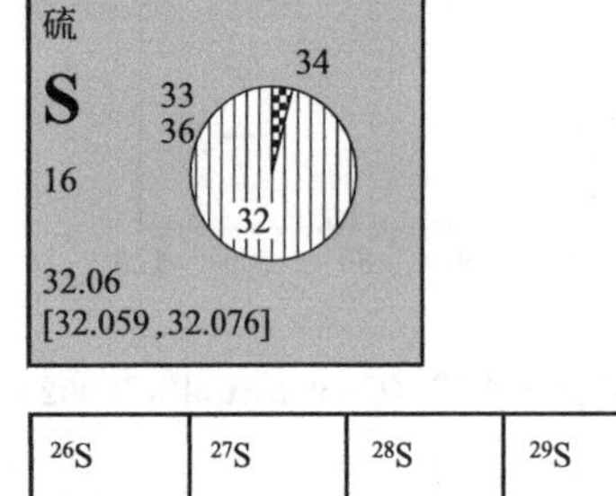

放射性同位素的半衰期
小于1h
在1h～1a之间

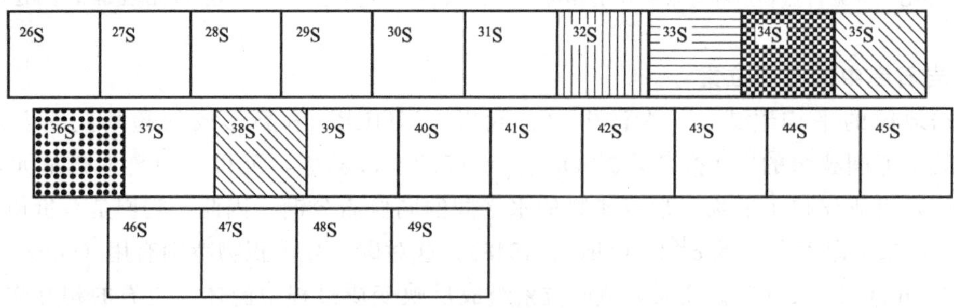

图 2-9 硫元素的同位素（Holden et al.，2018）

（二）硫稳定同位素分馏

硫同位素可通过微生物和非生物硫转化进行分馏，同位素信息可保存在含硫化物和硫酸盐的沉积固体、有机物中，也可少量保存在单质硫中（Canfield，2001）。硫同位素的地球化学和微生物研究大多集中在^{32}S～^{34}S之间的分馏过程。最重要的同位素分馏步骤发生在细菌细胞内溶解硫酸盐的异化还原过程中。纯培养物中硫价态的总体变化导致较轻的同位素在硫化氢中富集。同位素分馏的大小取决于细胞硫酸盐还原速率、底物和硫酸盐浓度以及生物体等条件。在自然环境中，孔隙水模型可以得到硫酸盐还原后的最大分馏量，最高可达70‰，该数值接近于热平衡条件下的预测值。硫化氢的进一步部分或完全氧化只与很小的同位素分馏有关，但可能导致（亚稳态）硫中间体的形成。这些化合物在细菌作用下的歧化反应（例如单质硫、硫代硫酸盐、亚硫酸盐）产生硫化氢，与原始硫化物相比，导致较轻的同位素在硫化氢中进一步富集（图 2-10）。

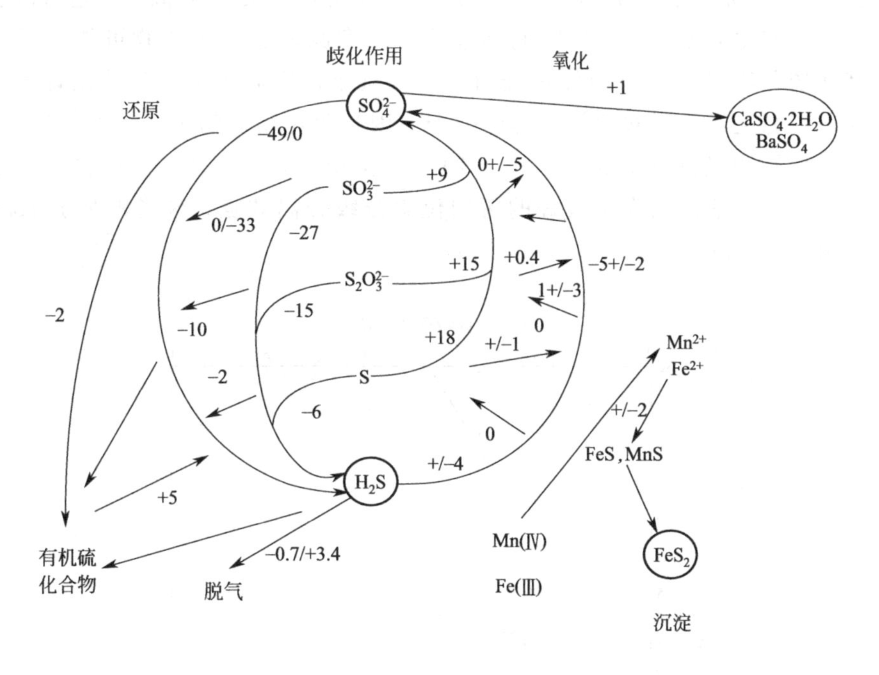

图 2-10　硫元素的微生物和生物转化过程

陆地硫同位素分馏的主要机理是低温细菌的还原，$^{32}SO_4^{2-}$ 的反应速率可能比$^{32}SO_4^{2-}$ 快1.07 倍。随着还原过程的进行，未反应的硫酸盐和未与较早生成的硫化物混合的产物硫化物，可以获得 $\delta^{34}S$ 的高值且为正值。虽然大多数硫同位素的同位素分馏是质量相关的，但是在硫酸盐和硫化物岩石中已经观察到与质量无关的同位素变化。

1. 平衡反应

已有许多理论和实验测定了温度影响共存硫化物相态之间的硫同位素分馏。Sakai (1968) 和 Bachinski (1969) 对硫化物之间的分馏进行了理论研究，他们报道了硫化物矿物的配分函数比和键强度降低，并描述了这些参数与同位素分馏的关系。与硅酸盐中的氧类似，共存的硫化物中富集^{34}S的顺序是相对的（表 2-4）。最常见的硫化物矿物是黄铁矿、闪锌矿、方铅矿，在同位素平衡条件下，黄铁矿始终是最富集^{34}S 的矿物，闪锌矿对^{34}S 的富集程度次之，方铅矿是这三者中^{34}S 最贫化的矿物。

表 2-4 共存的硫化物中富集^{34}S的顺序

矿物	化学组成	A	矿物	化学组成	A
黄铁矿	FeS_2	0.40	铜蓝	CuS	−0.40
闪锌矿	ZnS	0.10	方铅矿	PbS	−0.63
磁黄铁矿	FeS	0.10	钙钛矿	Cu_2S	−0.75
黄铜矿	$CuFeS_2$	−0.05	辉银矿	Ag_2S	−0.80

不同硫化物间硫同位素分馏的实验测定结果不一致。最适合测定温度的矿物对是闪锌矿-方铅矿对。Rye（1974）认为 Czamanske 和 Rye 分馏曲线与流体包裹体在 125～370℃温度范围内的充填温度最吻合。相比之下，黄铁矿-方铅矿对似乎不适合瞬变电磁法测定，因为黄铁矿比方铅矿沉积的时间间隔更大，意味着这两种矿物可能常常不是同时存在的。其他硫化物对的平衡同位素分馏一般都很小，因此不能作为地温计使用。来自矿床的硫同位素温度经常引起争议，其中一个原因是硫化物矿物中强烈的^{34}S带已经被激光探针和离子探针测量到（Valley et al.，1998）。Ohmoto 等（1979）严格审查了可用的实验数据，并总结了他们认为是最好的硫同位素分级分离数据。这些相对于 H_2S 的硫同位素分馏如图 2-11 所示。

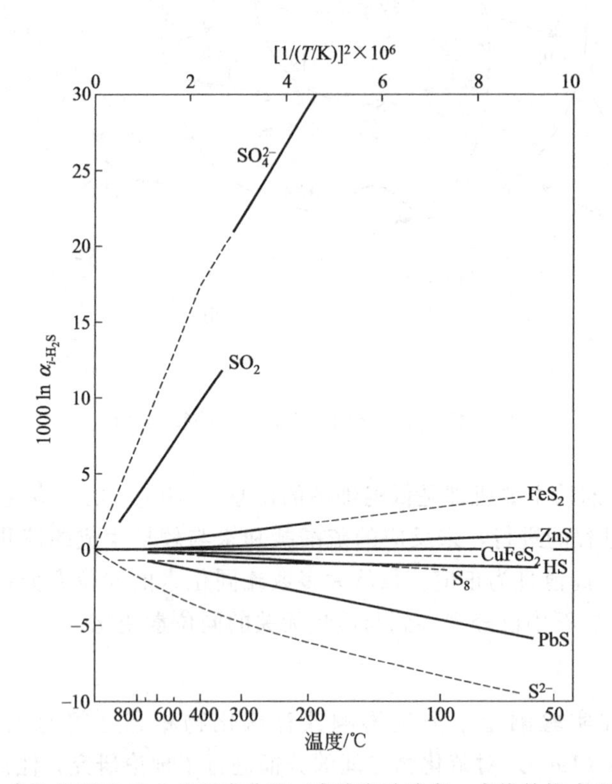

图 2-11 硫化合物相对于 H_2S 的平衡分馏（实线实验确定，虚线外推或理论计算确定）（Ohmoto et al.，1979）

2. 异化硫酸盐还原

异化硫酸盐还原是在一大群生物体（目前已知超过 100 种）作用下进行的，这些生物体在氧化有机碳（或 H_2）的同时，通过还原硫酸盐来获得生长所需的能量。硫酸盐还原剂广泛分布于缺氧环境中，它们能忍受−1.5℃到 100℃以上的温度，以及从淡水到咸水的盐度。

尽管经过几十年的深入研究，决定细菌硫酸盐还原过程中硫同位素分馏程度的因素仍存在争论。同位素分馏的大小取决于硫酸盐还原速率，其中低分馏速率分馏程度较高，高分馏速率分馏程度较低。然而，很清楚的是硫酸盐还原速率是由溶解有机化合物的可利用性控制的，硫酸盐浓度是一个尚不清楚的参数。一个被认为很重要的参数是温度，因为它在自然种群中调节硫酸盐还原群落。此外，分馏过程中温度的差异与嗜中温硫酸盐还原菌体内酶动力学的特异性温度响应、细胞特性及细胞内外相应的硫酸盐交换速率相关联。然而，考虑到硫酸盐还原剂的不同类型（包括其他嗜热型），Canfield 等（2006）发现，与早期认为的在低温和高温范围内分馏率高而在中温范围内分馏最低的观点相反。

Goldhaber 等（1975）详细描述了厌氧硫酸盐还原过程中的反应链。一般情况下，限速步骤是打破第一个 S—O 键，即硫酸盐还原为亚硫酸盐。早期实验室研究纯培养中嗜硫酸盐还原菌产生的硫化物中 ^{34}S 贫化了 4‰～47‰，几十年来，这一最大值被认为是微生物异化过程的一个可能极限。最近，已从含有自然种群的沉积物中确定了硫同位素的分馏，这些沉积物具有广泛的环境范围（从快速代谢微生物到缓慢代谢沿海沉积物），Sim 等（2011）发现，有机电子供体类型对于控制纯培养硫酸盐还原菌硫同位素分馏量至关重要，复杂的底物导致硫同位素分馏超过 47‰。

另一个对天然硫化物硫同位素性质具有重要意义的因素是硫酸盐还原是否发生在相对溶解硫酸盐的开-闭体系中。一个开放的系统有无限的硫酸盐还原率，在这个系统中，连续地从源头中去除不会产生可检测到的物质损失，典型的例子是黑海和当地的深海。在这种情况下，^{34}S 在 H_2S 中消耗殆尽，对于硫酸盐 ^{34}S 的变化可以忽略不计（Neretin et al.，2003）。在封闭系统中，储层中含有较轻同位素的硫化物优先反应，导致剩余原料的同位素组成发生变化。当储层的 2/3 左右被消耗时，H_2S 的同位素比原始硫酸盐重。总硫化物的 $\delta^{34}S$ 曲线渐近地接近原始硫酸盐的初值。然而，值得注意的是，共变硫酸盐和硫化物 $\delta^{34}S$ 值明显的封闭系统行为也可以用不同硫同位素种类的开放系统差异扩散来解释。

3. 硫酸盐的热化学还原

与细菌还原不同，热化学硫酸盐还原是一种非生物过程，硫酸盐在热而非细菌的影响下还原为硫化物。关键的问题是，热化学硫酸盐还原是否可以在低于 100℃ 的温度下进行，这刚好高于微生物还原的极限。自然现象越来越多的证据表明，有机化合物在低至 100℃ 的温度下也能发生硫酸盐水溶液的还原，只要有足够的时间进行还原。S 同位素分馏在热化学还原一般应小于细菌硫酸盐还原，尽管实验（Kiyosu et al，1990）指出 S 同位素分馏的 10‰～20‰的温度范围为 200～100℃。也就是说热成因硫酸盐还原导致的 ^{34}S 消耗更小且更均匀。

4. 四重硫同位素

四重硫同位素的研究，必须在太古宙硫化物和硫酸盐中观察到较大的与质量无关的硫同位素分馏与以小质量相关硫分馏为特征的生物合成途径之间作出区别。长期以来，人们认为 $\delta^{33}S$ 和 $\delta^{36}S$ 值没有提供额外的信息，因为硫同位素分馏严格遵循质量相关分馏定律。通过对所有硫同位素的高精度研究，表明细菌硫酸盐还原反应与平衡分馏反应的质量相关关系略有不同。在 $\delta^{33}S$ 和 $\delta^{34}S$ 同位素图上，两个硫储层的混合在这些坐标下是非线性的（Young，2002）。因此，相同 $\delta^{34}S$ 值的样本可以有不同的 $\delta^{33}S$ 和 $\delta^{36}S$ 值，这为区分不同的分馏机制和生物合成途径提供了可能。细菌硫酸盐还原反应与硫歧化反应的分馏关系略有不同。例如，对 1.8Ga 硫酸盐的硫同位素多次测量表明微生物硫歧化最早开始。因此，多种硫同位素分析在确定现代环境中存在或不存在特定代谢产物方面具有很大的潜力，或可作为地质记录中某一特定硫代谢发展的代表。

5. 硫同位素变化

相对硫同位素比值是基于 $n(^{34}S)/n(^{32}S)$ 的测量值。这些测量的历史参考材料，来自 Diablo 陨石的 CDT 陨硫铁（FeS），$\delta^{34}S$ 的变化多达 0.4‰。因此，国际原子能机构的一个咨询委员会在 1993 年建议，通过设立 VCDT（维也纳 CDT）比额表，将国际原子能机构参考材料 IAEA-S-1（以前称为 NZ-1）的 $\delta^{34}S$ 值精确地指定为－0.3‰。单质硫、闪锌矿、多种元素、诸多钡硫酸盐和银硫化物分布可参考国际原子能机构和/或 NIST 的资料。

（三）硫元素同位素地球化学

1. 生物圈中的硫同位素

硫酸盐具有硫和氧两种生物地球化学同位素体系。Boettcher（1984）和 Quispe-Condori（2005）认为，不存在碳特征的 $\delta^{34}S$-$\delta^{18}O$ 分馏斜率，但同位素共变离子依赖于细胞特异性硫酸盐还原速率和与细胞水相关的氧同位素交换速率。尽管硫酸盐与环境水的氧同位素交换非常缓慢，但硫酸盐中的 $\delta^{18}O$ 明显依赖于亚硫酸盐与水交换后的 $\delta^{18}O$。Bottcher 等（2001）和 Antler（2013）证明了分馏坡度如何依赖于净硫酸盐还原速率：速率越高，坡度越低，意味着硫同位素相对于氧同位素增长得更快。硫酸盐中氧和硫同位素演化的关键参数是硫酸盐还原速率与细胞内亚硫酸盐氧化速率的相对差异。

2. 大气圈中的硫同位素

Bao（2015）讨论了沉积硫酸盐的三氧同位素组成，表明硫酸盐携带着古大气 O_2 和 O_3 的直接信号。在太古代硫化物和硫酸盐中观察到的大量独立的硫同位素分馏是 24 亿年以上沉积岩的一个显著特征。一般认为，它们表明太古代大气中几乎不存在 O_2 和还原性气体（CH_4 和/或 H_2）。$\delta^{33}S$ 的地质记录具有的时间依赖性：太古代硫化物早期 $\delta^{33}S \leq 4‰$，太古代中期变化更小，太古代晚期变化非常大（12‰）。大量硫化物的 $\delta^{33}S$ 值记录在约 24 亿年处突然终止。此外，$\delta^{33}S$、$\delta^{36}S$ 记录也得到了大量的关注，指出 $\delta^{36}S$ 优先为负值。

3. 水圈中的硫同位素

沉积物和富盐水域中自然存在的硫化物的 $\delta^{34}S$ 通常增加 70‰（Jørgensen，2004），涵盖了硫酸盐还原菌实验的范围（Sim et al.，2011）。在海洋沉积物中，硫酸盐排出过程中产生的硫化物有 90%被再氧化。虽然硫化物氧化的途径是鲜为人知的，但包括生物和非生物氧化到硫酸盐、单质硫和其他中间化合物（Fry et al.，1988）。硫化物的再氧化通常是通过硫具有中间氧化态（亚硫酸盐、硫代硫酸盐、单质硫、聚硫酸盐）的化合物发生的，这些化合物不积累，但很容易转化，并且可以被细菌厌氧歧化。因此，Canfield 等（1994）提出，通过硫化物氧化到单质硫等硫中间体的反复循环，进而发生歧化反应，细菌可以额外产生 ^{34}S 的贫化，这可能会增加海洋硫化物的同位素组成。

4. 岩石圈中的硫同位素

通过极负 $\delta^{34}S$ 值，人们发现生物 H_2S 和金属硫化物的环境中硫酸盐还原的比例很小，例如，$\delta^{34}S$为−50‰的生物HS^-分布在温泉水域和水井，黄铁矿分布在一些深海钻探的沉积物中，黄铁矿结核在沉积岩中和河胶硫铁矿沉积物中。

在一个包含13000多个天然样品的数据库中，大部分氧化型样品的硫（^{34}S）含量在5‰～25‰之间，而还原型样品的硫含量在−5‰～+15‰之间。虽然陆地$\delta^{34}S$值的总变化范围从−55‰～+135‰，但大多数可用S最终来自两个储层——下地壳硫化物（平均+2‰）和海洋硫酸盐（随地质时间变化，从10‰至25‰）。约40种实验室试剂的$\delta^{34}S$值在−4‰～+26‰之间，其分布峰值在0‰附近。不幸的是，带有制造商和目录号的工作列表可能会被证明具有误导性，因为在1973年和1985年分别购买来自同一制造商和目录号的$BaSO_4$时发现有$\delta^{34}S$值，分别为+2.7‰和+11.5‰。

（四）硫同位素的应用

1. 地表环境中的应用

这可能有助于在浅层自然环境和化石记录中发现同位素划分的大小（Canfield et al.，2010）。与维也纳峡谷辉绿岩（V-CDT）标准（834s/mil，1mil=25.4μm）相反，采用传统的δ法测量并表示了丰富的硫同位素。相对于V-CDT标准，在好氧的地表环境中，硫酸盐的硫同位素组成常被用于水源识别（例如，雨、河和地下水中的人为硫酸盐和地球成因硫酸盐）。近年来，小同位素^{33}S和^{36}S的分馏也被引入硫同位素生物地球化学。

2. 宇宙化学中的应用

验证太古宇宙记录中$\delta^{33}S$和$\delta^{36}S$值较大的实验涉及气态SO_2（Farquhar et al.，2000；Claire et al.，2014）。在太古宙样品中观察到的产生这种效应的具体化学反应是未知的，但涉及SO_2的气相反应可能是原因之一。如果大气中O_2的浓度非常高，大气中SO_2的光解会产生非质量相关分馏非常低。大多数$\delta^{33}S$和$\delta^{36}S$值在0附近分布，但当$\delta^{33}S$和$\delta^{36}S$较大时，表现出较大的变异性。Farquhar等（2013）将这些变化归因于火山硫气体组成和氧化态的变化。太古宙样品和实验室光化学实验产品中的$\delta^{33}S/\delta^{36}S$比值产生了可以用作指纹图谱的特征斜率，可作为足迹用以示踪。

六、溴同位素

（一）溴稳定同位素

溴是ⅦA族元素（卤素）的第三位，位于元素周期表第4周期的硒和氪之间。它的原子核中有35个质子，其中两种稳定同位素^{79}Br和^{81}Br的原子核中分别含有44个与46个中子。两种稳定同位素的丰度大致相当，尽管较轻的^{79}Br的含量略多于较重的^{81}Br，分别占50.69%和49.31%（图2-12）（Berglund et al.，2011）。

（二）溴稳定同位素变化

以熟悉的δ符号来表示溴同位素数据的变化，溴的定义是：

$$\delta^{81}Br=\frac{R(^{81}Br/^{79}Br)_{样品}-R(^{81}Br/^{79}Br)_{标准品}}{R(^{81}Br/^{79}Br)_{标准品}}\times 1000‰ \quad (2\text{-}11)$$

尚无正式定义的标准，且与氯的情况不同的是尚无测量海洋中溴化物自然变化的详尽研究。尽管缺乏这方面的知识，2000 年 Eggenkamp 和 Coleman 建议将海水中溴的同位素比值作为溴的稳定同位素国际标准。他们认为海洋中这一比值与溴化物在海洋中的停留时间一样都是恒定的，为 1.3×10^8 年（Broeker et al.，1982），这甚至比氯化物在海洋中的停留时间 8.7×10^7 年还要长（Berner et al.，1987）。这些数值表明，海洋是一个混合良好且均匀的溴化物储存库。他们建议将这一参考物质称为“标准平均海洋溴化物（standard mean ocean bromide，SMOB)”，与氯的参考物质为“标准平均海洋溴化物（SMOC）”类似。

稳定同位素	原子量	摩尔分数
^{79}Br	78.918338	[0.505,0.508]
^{81}Br	80.916288	[0.492,0.495]

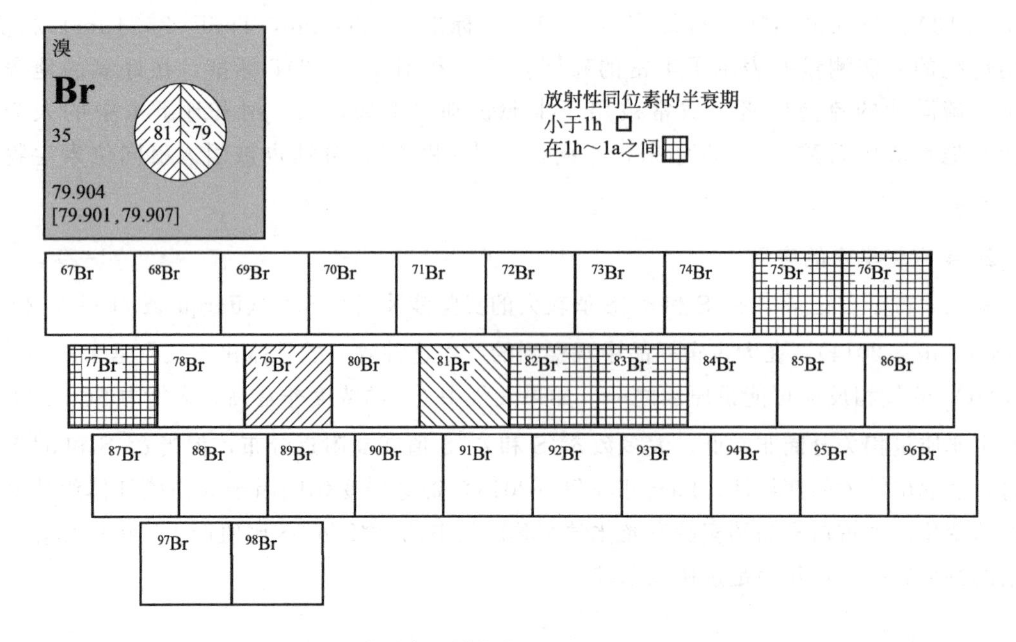

图 2-12 溴元素的同位素（Holden et al.，2018）

（三）溴元素同位素分馏——有机物中溴的同位素分馏

目前只开发了几种分析有机物中溴同位素的方法（Aeppli et al.，2010；Hitzfeld et al.，2011）。自从 1980 年 Willey 等（1980）的早期研究以来，在这些有机化合物的产生或分解过程中，只开展了很少的研究来确定溴同位素分馏。2011 年，Carrizo 等（2011）首次尝试估算天然和人类起源的有机溴化合物之间的同位素差异。尽管这项研究没有测量由原材料形成化合物过程中的实际分馏，但研究比较了工业合成和天然来源的 2,4-二溴苯酚，结果表明两个样本之间存在约 1.4‰的统计学显著性差异。结论显示这些化合物不同的形成途径导致了不同的同位素组成，说明其形成过程中存在着显著的同位素分馏。

另一个研究案例显示，在溴化酚的光降解过程中，溴和碳同位素都发生了分馏。2013年，Zakon 等观测到溴同位素分馏的值高达+5.1‰，这与分馏值在−12.6‰和−23.4‰之间的碳同位素分馏情况相反。这些结果可归因于碳—溴键断裂过程中质量相关和非质量相关同位素分馏的共存。在溶于乙醇而不溶于水的不同溴代苯酚中发现了这些效应。在水中，只发现了4-溴苯酚有这种效应，而2-溴苯酚没有观察到分馏效应，在3-溴苯酚中只观察到了溴的分馏效应。分析原因可能是，在2-溴苯酚降解过程中碳溴键断裂不是限速步骤，以及在3-溴苯酚降解过程中会发生非质量相关的分馏效应。

（四）溴元素同位素地球化学

1. 生物圈中的溴同位素

溴同位素在生物圈中也展现出一定程度的同位素分馏效应。2014年，Horst 等（2014）试图测定溴甲烷（CH_3Br）从植物中释放过程的同位素分馏。Horst（2013，2014）在2013年和2014年研究了（用KBr强化的）果胶和一种具有高盐含量的盐生植物海蓬子（*Salicornia fruticosa*）形成的溴甲烷。他们发现，从果胶和海蓬子中释放出的溴甲烷的δ^{81}Br值比原始的KBr低2‰左右，表明在溴甲烷的形成过程中发生了显著的溴同位素分馏。

2. 大气圈中的溴同位素

在所有有机溴化物中，溴甲烷的浓度是大气中所有长时间存在的有机溴化物中最高的（Schauffler et al.，1993），并且溴甲烷的起源来自自然和人为。由于溴甲烷分解大气臭氧的效率大约是氯甲烷的50倍，即使平流层中存在的低浓度溴甲烷也可能导致多达5%的全球平流层臭氧损失（Bojkov et al.，1995；WRI，1995）。因此蒙特利尔议定书在很大程度上禁止溴甲烷的生产（Cincinelli et al.，2012）。然而，考虑到溴甲烷也是自然产生的，因此，了解平流层中溴甲烷的起源是非常重要的，且已经开展了一些同位素研究以帮助了解其起源。但这些研究只关注溴甲烷的碳同位素变化，而不是溴同位素变化（Bill et al.，2004）。

在平流层中的所有有机溴化物中，溴甲烷是造成平流层臭氧损耗的最重要原因。2013年，Horst 等（2013）测定了瑞典两个地区溴甲烷的溴同位素组成。瑞典北部亚北极地区的样本比斯德哥尔摩地区的样本溴同位素δ值更低，这表明后一地区可能受到工业污染。与植物中的溴相比，工厂排放的CH_3Br的^{81}Br贫化约为2‰（Horst et al.，2014）。

3. 水圈中的溴同位素

在大多数地质环境中，由于溴化物的浓度太低而不能进行精确的同位素测量，但一个重要的例外是沉积地层水。尽管没有已知盐类矿物的Br同位素直接测量结果，但来自孔隙水的间接证据表明蒸发岩的δ^{81}Br值范围为0.5‰～1.0‰（Eggenkamp，2014）。值得注意的是，来自古老的结晶高盐度深层地下水中溴的浓度较高。Shouakar-Stash 等（2007）与Stotler 等（2010）观测到了从−0.80‰至+3.35‰的非常大的Br同位素变化区间，这并不表明简单的海洋起源，而偏向于说明水与岩石复杂的相互作用过程。

4. 岩石圈中的溴同位素

溴稳定同位素存在于岩石圈中，同时放射性的溴同位素也存在于岩石圈当中。除了两种稳定同位素外还有 30 种已知的放射性溴同位素，它们的原子量为 66～97，因此含有 31～62 个中子。从同位素^{69}Br 变为^{66}Br 的衰变为质子衰变，它们的半衰期极短，小于 24ns。它们在质子滴线之外被发现，可以认为质子滴线是稳定放射性同位素的边缘。同位素^{77}Br 变为^{70}Br 的衰变主要是正电子或 β^+ 衰变，而同位素^{94}Br 变为^{82}Br 的衰变是电子或 β^- 衰变。^{78}Br 和^{80}Br 可以进行 β^+ 或 β^- 衰变。所有这些同位素的半衰期都很短，其中寿命最长的是半衰期只有 57.036 h 的^{77}Br。同位素^{97}Br 变为^{95}Br 的衰变方式目前还未知。与氯同位素不同的是，没有半衰期足够长的具有地质学意义的溴放射性同位素。

（五）溴同位素的应用

溴最常见的天然形式是溴离子（Br^-）。尽管自然界中存在更高氧化态的溴，但尚不明确溴含氧阴离子溴同位素组成。2000 年，Eggenkamp 等（2000）测定了气态 CH_3Br 中的 Br 同位素值。1993 年，Xiao 等（1993）使用正热电离质谱法测量 Cs_2Br^+ 中的 Br 同位素值。有机化合物中的溴已用 MC-ICP-MS 技术进行分析（Aeppli et al.，2010；Hitzfeld et al.，2011）。目前溴同位素在实际领域中的应用较少，主要集中在测量方法的测试和寻找过程中。

七、氯同位素

（一）氯稳定同位素

如图 2-13 所示，氯有 25 个同位素，质量数从^{28}Cl 到^{52}Cl 不等，只有两种稳定的同位素^{35}Cl 和^{37}Cl，分别占 75.76%和 24.24%（Berglund et al.，2011）。寿命最长的放射性氯同位素为^{36}Cl（半衰期为 30.1 万年）；所有其他的同位素半衰期小于 1h。

稳定同位素	原子量	摩尔分数
^{35}Cl	34.9688527	[0.775,0.761]
^{37}Cl	36.9659026	[0.239,0.245]

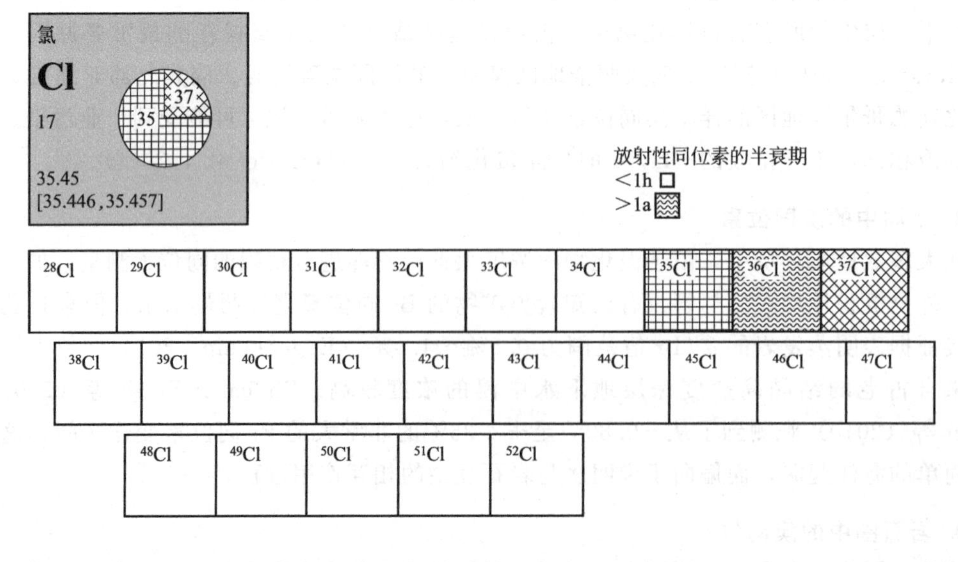

图 2-13 氯元素的同位素（Holden et al.，2018）

（二）氯同位素分馏

许多物理或化学过程可能会根据单个元素的原子量且遵循热力学平衡定律或动力学过程产生同位素分馏。基于从头计算的理论研究报告了对地球化学或环境具有重要性的不同含氯分子之间的平衡分馏，包括氯盐（如 NaCl、KCl、RbCl）、气相分子（如 HCl 和 Cl_2 或大气中的相关分子如 ClO、ClO_2 等）、溶解离子及 $FeCl_2$、$MnCl_2$ 和含 Cl 硅酸盐等之间的平衡分馏（Czarnacki et al.，2012）。研究发现：①当 Cl 处于负一价氧化状态时（大多数地质样品），氯同位素平衡分馏仅限于几个千分比，分馏程度随着温度的升高而降低；②预测分馏的大小将随着氯的氧化状态价态增加而增加（例如 ClO_4^- 在 25℃下相对于氯化物盐富集约 75‰）；③与共存盐水相比，在硅酸盐中氯同位素预计相对富集（25℃时从 2‰到 3‰）。平衡分馏的实验工作仅限于氯化物盐沉淀（Eggenkamp et al.，2016），该实验证实了在 22℃条件下理论预测的分馏小于 0.5‰。或与含水氯化物平衡的气态 HCl（Sharp et al.，2010a），证实了在 50℃时约 1.5‰氯同位素富集。此外，动力学分馏被认为是在低温下发生的，例如：①扩散过程（^{35}Cl 扩散比 ^{37}Cl 扩散快）；②离子过滤过程［该过程是由于流体流动迫使溶质离子（如 Cl^-）通过带负电的低渗透介质/膜（如黏土）导致 ^{37}Cl 比 ^{35}Cl 更有效地选择通过，通过膜的溶液中富集了 ^{37}Cl，而流入侧溶液中 Cl^- 富集，但 ^{37}Cl 相对贫化］；③HCl 动态逸出的酸性溶液体系。

（三）氯稳定同位素变化

氯的国际参考标准为陆地海洋标准平均海洋氯（SMOC），$\delta^{37}Cl=0‰$（Godon et al.，2004）。大多数氯同位素的相对丰度测量都是相对于海水氯化物（SMOC 或标准平均海水氯化物）来表达的，一些研究者认为海水氯化物的同位素均质性接近于±0.15‰。同位素基准物质 NIST SRM 975 是氯同位素绝对同位素比值测定的基础。对于 SRM 975，使用相对于海水氯化物 SMOC $\delta^{37}Cl$ 值+0.43‰，可以计算出海水氯化物的绝对同位素丰度。但是由于 SRM 975 的供应将耗尽，因此 SRM 975 目前已被 SRM 975a 所取代，其中 ^{37}Cl 相对于 SRM 975 贫化约 0.23‰。Xiao 等（2002）报告了印度洋中脊海水的 $\delta^{37}Cl$ 值最高达到+0.94‰，他们的研究结果表明，SMOC 应根据国际上分布的均匀氯同位素参考物质来定义，而不是随机抽取的海水样本。肖应凯等（2002）从海水中提纯了氯化钠，作为一种新的氯同位素分析的参考物质，并将其命名为 ISL 354。国际原子能机构将分发这些参考材料，它可以作为 SMOC 尺度的锚定物，ISL 354 相对于海水氯化物的 $\delta^{37}Cl$ 值为（+0.05±0.02）‰。Eggenkamp（2014）在其新书中总结了氯同位素地球化学的相关知识。图 2-14 总结了观测到的天然氯同位素变化，给出了约 15‰的氯同位素组成的自然变化范围，俯冲带孔隙水的 $\delta^{37}Cl$ 值低至 8‰，而 Cl 取代 OH 矿物的 $\delta^{37}Cl$ 值高至 7‰。

尽管氯的同位素组成在 20 世纪 90 年代就已经可以通过热电离质谱（TIMS）测量，且具有很高的分析精度（Xiao et al.，2002），但以 Cs_2Cl^+ 为工作物质的热电离质谱方法的前处理过程需要多步离子交换和转化过程，前处理方法相对较复杂，对样品前处理过程的操作要求较高。现在氯同位素的 $\delta^{37}Cl$ 测量主要是通过气体同位素比值质谱（GC-IRMS）对气态氯甲烷进行测量。这需要事先将可溶性氯化物 Cl^- 沉淀到 AgCl(s) 中，然后通过 AgCl 与过

量的 CH_4(g) 反应生成 CH_3Cl(g)(Eggenkamp et al. ,1995)。当采用双进样口或连续流进样方式时，该方法在 δ^{37}Cl 测量中可以达到最佳的精度，一般为±0.04‰和±0.3‰(Eggenkamp,2014)。

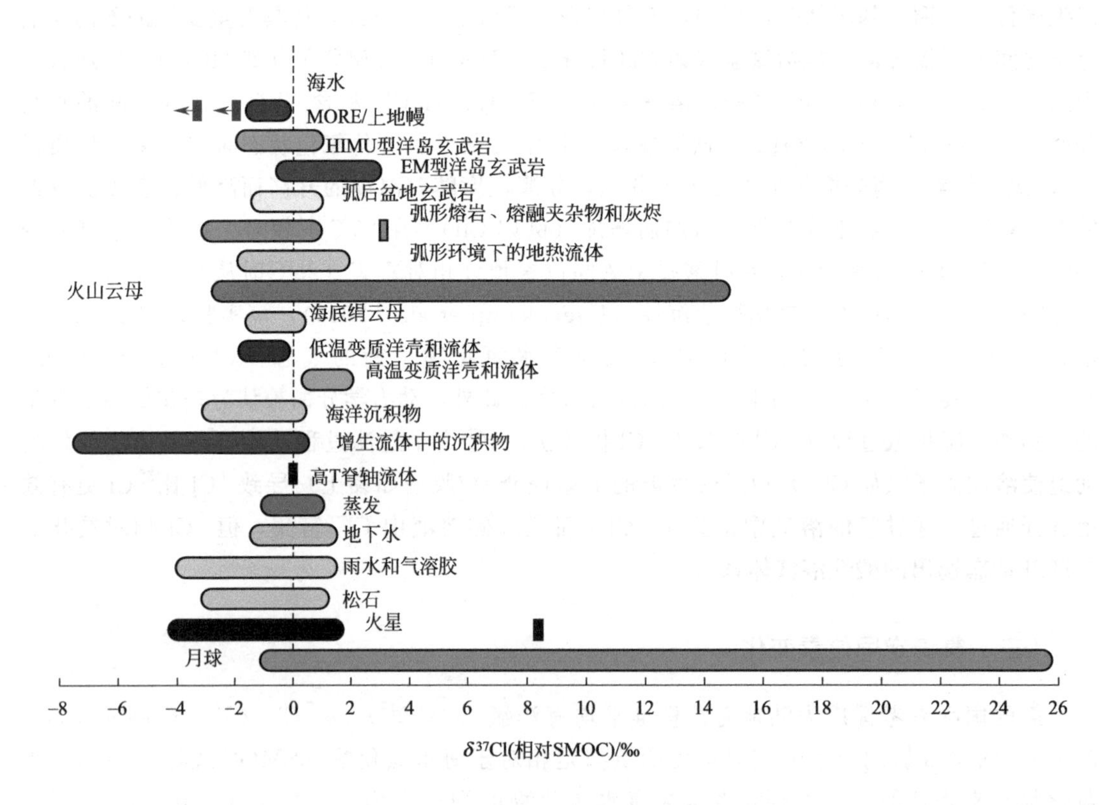

图 2-14 大多数 Cl 同位素的相对丰度测量

(四) 氯同位素地球化学

1. 大气圈中的氯同位素

火山气体和相关的热液水域 δ^{37}Cl 值波动范围很大，从−2‰到+12‰，排气孔中^{37}Cl 的富集可能是水中的 Cl 和 HCl 气体中的^{37}Cl 两者之间的同位素分馏所致 (Barnes, 2006)。

2. 水圈中的氯同位素

在缓慢流动的地下水中发现了较大的同位素差异，其中的氯同位素分馏归因于扩散过程 (Kaufmann et al. , 1990)。Desaulniers (1986) 研究了一个地下水系统，其中氯从盐水向上扩散到淡水沉积物中，结果表明^{35}Cl 的移动速度比^{37}Cl 快 1.2‰。Eggenkamp 等 (1995) 测定了盐矿物与卤水之间的氯同位素分馏，盐岩相对于卤水的富集率为 0.3‰，而钾和氯化镁相对于卤水几乎没有分馏。Liu 等 (1997) 对柴达木盆地盐湖卤水岩盐、油田水和河流水共存中氯的同位素组成进行了研究。结果显示 δ^{37}Cl 值具有较大的范围，在−2.05‰～+2.9‰之间变化，其中温泉水中的 δ^{37}Cl 平均值高达+2.94%，河流水中 δ^{37}Cl 的平均值为+1.35‰，油田盐水中 δ^{37}Cl 的平均值为−0.38‰，盐水中氯同位素相对贫化，δ^{37}Cl 平均值为−0.40‰，盐湖盐水中氯同位素最贫化，$\delta^{37}Cl$平均值为－0.63%，证明盐湖卤水中氯在盐沉淀过程中具有显著的同位素分馏作用。盐湖$\delta^{37}Cl$值的变化主要与卤水蒸发、岩盐沉淀以及输入水的水化学作用有关，氯同位素组成可反映盐湖卤水的蒸发程度，可用于区分与沉淀盐处于平衡状态的卤水和较早溶解的卤水。在一些孔隙水中检测到的^{37}Cl耗竭是由离子过滤、蚀变和脱水等过程造成的反应与黏土矿物形成（Eastoe et al.，2001）。Hesse等（2006）提出氯同位素在孔隙水中显著贫化约－4‰。在来自俯冲带环境的孔隙水中，甚至报告了更低的$\delta^{37}Cl$值（Spivack et al.，2002）。

天然样品$\delta^{37}Cl$的范围为－8‰～＋16‰（图2-14）。氯化溶剂的$\delta^{37}Cl$值范围介于－6‰（氯化甲酯）～＋4.4‰（三氯乙烯）之间。在地下水中发现的氯化溶剂越来越多，如果$\delta^{37}Cl$将来超过这些极值也不足为奇。相关文献报道了俯冲带孔隙水，一种自然存在的陆地物质最低$\delta^{37}Cl$值为－7.7‰，这一较低的数值归因于黏土的形成，这些黏土的结构中优先吸附了^{37}Cl同位素，从而在孔隙水中富集了^{35}Cl同位素。

3. 岩石圈中的氯同位素

氯在硅酸盐熔融过程中具有挥发性和不相容行为。由于这些原因，地质过程（包括部分熔融、岩浆脱气、热液活动和风化）主要集中在地球表面，特别是在海洋、蒸发岩和地壳卤水中。－1价态的氯是氯元素最常见、最稳定的状态，氯是大多数地质流体的主要阴离子。

地质样品中氯稳定同位素的变化最早见于墨西哥湾地层水域（Chung et al.，1984）。从那时起，氯稳定同位素就被用作追踪来自地球表面和内部（如流体沉积盆地的运动、岩浆脱气、俯冲岩石圈进入地幔的循环）的类流体和岩石起源和命运的工具。除火山喷气孔外，迄今为止分析的绝大多数陆地样品中的$\delta^{37}Cl$在－2‰～＋2‰之间（图2-14），需要精确的分析方法才能识别出微小的变化。微正的$\delta^{37}Cl$值代表低温条件下典型的海水水化状态，负$\delta^{37}Cl$值是与上覆沉积物的反流体相互作用的结果。

(五)氯同位素的应用

氯离子（Cl^-）是海水和热液中最丰富的阴离子，是成矿环境中最主要的金属络合剂（Qiao et al.，2005）。天然水体中氯同位素的变化虽有一定的规律性，但其变化幅度较小，且与海洋氯同位素组成关系密切。氯同位素研究的目的是了解人为有机化合物的环境化学，如氯化有机溶剂或氯代联苯。这些研究的主要目标是确定和量化来源和环境中的生物降解过程。为了成功做到这一点，不同的化合物和制造商之间的氯同位素值应该有所不同，事实上，报道的$\delta^{37}Cl$值的范围从－5‰至＋6‰不等，不同的供应商提供的有机氯化合物有不同的氯同位素组成特征（Jendrzejewski et al.，2001）。

高氯酸盐是另一种可能污染地表水和地下水的污染物。高氯酸盐在环境中广泛存在，为了更好地对高氯酸盐进行污染管控，因此有必要区分环境中的高氯酸盐是人工合成还是自然生成（Böhlke et al.，2005）。天然高氯酸盐仅存在于极端干燥的环境中，如阿塔卡马沙漠。人工合成的高氯酸盐是由电解质氧化反应生成，而天然高氯酸盐多是由涉及大气臭氧的光化学反应生成。John等（2005）研究表明，天然高氯酸盐的$\delta^{37}Cl$值最低，而合成的高氯酸盐的正常$\delta^{37}Cl$值很高。Sturchio等（2003）和Ader等在微生物降解高氯酸盐的过程中，观察到较大的动力学同位素效应，这用于评估高氯酸盐的原位生物修复过程。

参考文献

黎彤，梅孜文， 1990. 华北三重构造层的沉积演变和岩石化学特征［J］. 大地构造与成矿学， 14（4）：275-282.

刘卫国，肖应凯，孙大鹏， 1996. 柴达木盆地氯同位素组成特征［J］. 地球化学，（3）：296-303.

肖应凯，周引民，刘卫国，等， 2002. 海水的氯同位素组成特征［J］. 地质论评.

ADER M， THOMAZO C， SANSJOFRE P， et al.， 2016. Interpretation of the nitrogen isotopic composition of Precambrian sedimentary rocks：Assumptions and perspectives [J]. Chemical Geology， 429：93-110.

AEPPLI C， HOLMSTRAND H， ANDERSSON P， et al.， 2010. Direct compound-specific stable chlorine isotope analysis of organic compounds with quadrupole GC/MS using standard isotope bracketing [J]. Analytical Chemistry， 82（1）：420-426.

ANTLER G， TURCHYN A V， RENNIE V， et al.， 2013. Coupled sulfur and oxygen isotope insight into bacterial sulfate reduction in the natural environment [J]. Geochimica et Cosmochimica Acta， 118：98-117.

BACHINSKI D J， 1969. Bond strength and sulfur isotope fractionation in coexisting sulfides [J]. Economic Geology， 64（1）：56-65.

BAERTSCHI P， 1976. Absolute ^{18}O content of standard mean ocean water [J]. Earth and Planetary Science Letters， 31：341-344.

BAO H. 2015. Sulfate：A time capsule for Earth's O_2， O_3 and H_2O [J]. Chemical Geology，2015，395：108-118.

BECK W C， GROSSMAN E L， MORSE J W， 2005. Experimental studies of oxygen isotope fractionation in the carbonic acid system at 15℃， 25℃， and 40℃ [J]. Geochimica et Cosmochimica Acta， 69（14）：3493-3503.

BARNES J D， SHARP Z D， FISCHER T P， 2006. Chlorine stable isotope systematics and geochemistry along the Central American and Izu-Bonin-Mariana volcanic arc [J]. Agu Fall Meeting Abstracts， 87（52）， Fall Meet Suppl V52B-08.

BARNES Jr， Melvin， L， 2009. System， method， and computer program product for providing location based services and mobile e-commerce [P]. US7487112 B2.

BERGLUND M， WIESER M E， 2011. Isotopic compositions of the elements 2009（IUPAC Technical Report） [J]. Pure and Applied Chemistry， 83（2）：397-410.

BERNER E K， BERNER R A， 1987. The global water cycle：Geochemistry environment [J]. Ambio， 17（1）：80-80.

BILL M， CONRAD M E， GOLDSTEIN A H， 2004. Stable carbon isotope composition of atmospheric methyl bromide [J]. Geophysical Research Letters， 31（4）：235-250.

BOETTCHER A L， 1984. The system SiO_2-H_2O-CO_2：Melting， solubility mechanisms of carbon， and liquid structure to high pressures [J]. American Mineralogist， 69：823-833.

BOJKOV R D， FIOLETOV V E， BALIS D S， et al.， 1995. Further ozone decline during the Northern Hemisphere winter-spring of 1994-1995 and the new record low ozone over Siberia [J]. Geophysical Research Letters， 22（20）：2729-2732.

BÖHLKE J K， STURCHIO N C， GU B H， et al.， 2005. Perchlorate isotope forensics [J]. Analytical Chemistry， 77（23）：7838-7842.

BÖTTCHER M E， THAMDRUP B， VENNEMANN T W， 2001. Oxygen and sulfur isotope fractionation during anaerobic bacterial disproportionation of elemental sulfur [J]. Geochimica et Cosmochimica Acta， 65（10）：1601-1609.

BRENNA J T， CORSO T N， TOBIAS H J， et al.， 1997. High-precision continuous-flow isotope ratio mass spectrometry [J]. Mass Spectrometry Reviews， 16（5）：227-258.

BROEKER W， PENG T， 1982. Tracers in the sea：Palisades. NY（Lamont-Doherty Geol. Observ. Publ.）.

BUSIGNY V， BEBOUT G E， 2013. Nitrogen in the silicate earth：Speciation and isotopic behavior during mineral-fluid interactions [J]. Elements， 9（5）：353-358.

CANFIELD D E, 2001. Biogeochemistry of sulfur isotopes [J]. Stable Isotope Geochemistry, 43 (1): 607-636.

CANFIELD D E, FARQUHAR J, ZERKLE A L, 2010. High isotope fractionations during sulfate reduction in a low-sulfate euxinic ocean analog [J]. Geology, 38: 415-418.

CANFIELD D E, TESKE A, 1996. Late proterozoic rise in atmospheric oxygen concentration inferred from phylogenetic and sulphur-isotope studies [J]. Nature, 382 (6587): 127-132.

CANFIELD D E, THAMDRUP B, 1994. The production of ^{34}S depleted sulfide during bacterial disproportion to elemental sulfur [J]. Science, 266: 1973-1975.

CARRIZO D, UNGER M, HOLMSTRAND H, et al., 2011. Compound-specific bromine isotope compositions of one natural and six industrially synthesised organobromine substances [J]. Environmental Chemistry, 8 (2): 127.

CHUNG T C, KAUFMAN J, HEEGER A, et al., 1984. Charge storage in doped poly (thiophene): Optical and electrochemical studies [J]. Physical Review B Condensed Matter, 30: 702.

CINCINELLI A, PIERI F, ZHANG Y, et al., 2012. Compound Specific Isotope Analysis (CSIA) for chlorine and bromine: A review of techniques and applications to elucidate environmental sources and processes [J]. Environmental Pollution, 169: 112-127.

CLAIRE M W, KASTING J F, DOMAGAL-GOLDMAN S D, et al., 2014. Modeling the signature of sulphur mass-independent fractionation produced in the Archean atmosphere [J]. geochimica et Cosmochimica Acta, 141: 365-380.

CLAUER N , CHAUDHURI S, 1995. Clays in Crustal Environments [M]. Springer Berlin Heidelberg.

COPLEN T, BRANDT W A, GEHRE M, et al., 2006. New guidelines for $\delta^{13}C$ measurements.

COPLEN T B, 2002. Compilation of minimum and maximum isotope ratios of selected elements in naturally occurring terrestrial materials and reagents [R]. US Geological Survey.

COPLEN T B, BÖHLKE J K, DE BIÈVRE P, et al., 2002. Isotope-abundance variations of selected elements (IUPAC Technical Report) [J]. Pure and Applied Chemistry, 74 (10): 1987-2017.

COPLEN T B, HOPPLE J A, BÖHLKE J K, et al., 2002. Compilation of minimum and maximum isotope ratios of selected elements in naturally occuring terrestrial materials and reagents [EB/OL].

COPLEN T B, 1995. Reporting of stable hydrogen, carbon, and oxygen isotopic abundances [J]. Geothermics, 24 (5/6): 707-712.

CORSO T N, BRENNA J T, 1997. High-precision position-specific isotope analysis [J]. PNAS, 94 (4): 1049-1053.

CRAIG H, 1961. Isotopic variations in meteoric waters [J]. Science, 133 (3465): 1702-1703.

CRISS R E, 1999. Principles of stable isotope distribution [M]. Oxford: Oxford University Press.

CZARNACKI M, HAŁAS S, 2012. Isotope fractionation in aqua-gas systems: Cl_2-HCl-Cl^-, Br_2-HBr-Br^- and H_2S-S^{2-} [J]. Isotopenpraxis Isotopes in Environmental and Health Studies, 48: 55-64.

DESAULNIERS D E, KAUFMANN R S, CHERRY J A, et al., 1986. ^{37}Cl-^{35}Cl variations in a diffusion-controlled groundwater system [J]. Geochimica et Cosmochimica Acta, 50 (8): 1757-1764.

DE LAETER J R, BÖHLKE J K, DE BIÈVRE P, et al., 2003. Atomic weights of the elements. Review 2000 (IUPAC Technical Report) [J]. Pure and Applied Chemistry, 75 (6): 683-800.

DENIRO M J, EPSTEIN S, 1981. Influence of diet on the distribution of nitrogen isotopes in animals [J]. Geochimica et Cosmochimica Acta, 45 (3): 341-351.

DOLE M, LANE G A, RUDD D P, et al., 1954. Isotopic composition of atmospheric oxygen and nitrogen [J]. Geochimica et Cosmochimica Acta, 6 (2/3): 65-78.

DE WIT J, VAN DER STRAATEN C, MOOK W, 1980. Determination of the absolute hydrogen isotopic ratio of V-SMOW and SLAP [J]. Geostandards Newsletter, 4: 33-36.

EASTOE C, LONG A, LAND L S, et al., 2001. Stable chlorine isotopes in halite and brine from the Gulf Coast Basin: brine genesis and evolution [J]. Chemical Geology, 176 (1): 343-360.

EILER J M, 2007. "Clumped-isotope" geochemistry—The study of naturally-occurring, multiply-substituted isotopologues [J]. Earth and Planetary Science Letters, 262 (3/4): 309-327.

EGGENKAMP H G M, 2014. The geochemistry of stable chlorine and bromine isotopes [EB/OL].

EGGENKAMP H G M, BONIFACIE M, ADER M, et al., 2016. Experimental determination of stable chlorine and bromine isotope fractionation during precipitation of salt from a saturated solution [J]. Chemical Geology, 433: 46-56.

EGGENKAMP H G M, COLEMAN M L, 2000. Rediscovery of classical methods and their application to the measurement of stable bromine isotopes in natural samples [J]. Chemical Geology, 167 (3/4): 393-402.

EGGENKAMP H, KREULEN R, van GROOS A K, 1995. Chlorine stable isotope fractionation in evaporites [J]. Geochimica et Cosmochimica Acta, 59 (24): 5169-5175.

ELSNER M, ZWANK L, HUNKELER D, et al., 2005. A new concept linking observable stable isotope fractionation to transformation pathways of organic pollutants [J]. Environmental Science & Technology, 39 (18): 6896-6916.

ETIOPE G, SHERWOOD LOLLAR B, 2013. Abiotic methane on earth [J]. Reviews of Geophysics, 51 (2): 276-299.

FARQUHAR J, BAO H, THIEMENS M, 2000. Atmospheric influence of earth's earliest sulfur cycle [J]. Science, 289: 756-759.

FARQUHAR J, JOHNSTON D T, 2008. The oxygen cycle of the terrestrial planets: Insights into the processing and history of oxygen in surface environments [J]. Reviews in Mineralogy and Geochemistry, 68 (1): 463-492.

FARQUHAR J, KIM S T, MASTERSON A, 2007. Implications from sulfur isotopes of the Nakhla meteorite for the origin of sulfate on Mars [J]. Earth and Planetary Science Letters, 264 (1/2): 1-8.

FARRELL J W, PEDERSEN T F, CALVERT S E, et al., 1995. Glacialá¤-interglacial changes in nutrient utilization in the equatorial Pacific Ocean [J]. Nature, 377 (6549): 514-517.

FOGEL M L, CIFUENTES L A, 1993. Isotope fractionation during primary production [M]. New York: Plenum Press: 73-98.

FONTES J C, GONFIANTINI R, 1967. Comportement isotopique au cours de l'evaporation de deux bassins sahariens [J]. Earth and Planetary Science Letters, 3: 258-266.

FRY B, RUF W, GEST H, et al., 1988. Sulphur isotope effects associated with oxidation of sulfide by O_2 in aqueous solution [J]. Isotope Geoscience, 73 (3): 205-210.

FÜRI E, MARTY B, 2015. Nitrogen isotope variations in the Solar System [J]. Nature Geoscience, 8 (7): 515-522.

GAO Y Q, MARCUS R A, 2001. Strange and unconventional isotope effects in ozone formation [J]. Science, 293 (5528): 259-263.

GAT J R, 1981. Groundwater, in stable isotope hydrology: Deuterium and Oxygen-18 in the water cycle [EB/OL].

GHOSH P, ADKINS J, AFFEK H, et al., 2006. $^{13}C-^{18}O$ bonds in carbonate minerals: A new kind of paleothermometer [J]. Geochimica et Cosmochimica Acta, 70 (6): 1439-1456.

GODON A, JENDRZEJEWSKI N, EGGENKAMP H G M, et al., 2004. A cross-calibration of chlorine isotopic measurements and suitability of seawater as the international reference material [J]. Chemical Geology, 207 (1/2): 1-12.

GOLDHABER M B, KAPLAN I R, 1975. Apparent dissociation constants of hydrogen sulfide in chloride solutions [J]. Marine Chemistry, 3 (2): 83-104.

HASTINGS M G, CASCIOTTI K L, ELLIOTT E M, 2013. Stable isotopes as tracers of anthropogenic nitrogen sources, deposition, and impacts [J]. Elements, 9 (5): 339-344.

HASTINGS M G, JARVIS J C, STEIG E J, 2009. Anthropogenic impacts on nitrogen isotopes of ice-core nitrate [J]. Science, 324 (5932): 1288.

HAYES J, 1983. Organic geochemistry of contemporaneous and ancient sediments. Meinschein, WG, Ed, 5-1.

HAYES J M, 2001. Fractionation of carbon and hydrogen isotopes in biosynthetic processes [J]. Reviews in Mineralogy and Geochemistry, 43 (1): 225-277.

HESSE E, MAIN M, 2006. Frightened, threatening, and dissociative parental behavior in low-risk samples: Description, discussion, and interpretations [J]. Development & Psychopathology, 18 (02): 309-343.

HEATON T H E, 1986. Isotopic studies of nitrogen pollution in the hydrosphere and atmosphere: a review [J]. Chemical Geology: Isotope Geoscience Section, 59: 87-102.

HITZFELD K L, GEHRE M, RICHNOW H H, 2011. A novel online approach to the determination of isotopic ratios for organically bound chlorine, bromine and sulphur [J]. Rapid Communications in Mass Spectrometry, 25 (20): 3114-3122.

HOEFS J, 2009. Stable isotope geochemistry [J]. Jochen Hoefs, 26: 573-576.

HOLDEN N E, COPLEN T B, BÖHLKE J K, et al., 2018. IUPAC periodic table of the elements and isotopes (IPTEI) for the education community (IUPAC technical report) [J]. Pure and Applied Chemistry, 90 (12): 1833-2092.

HONMA H, 1996. High ammonium contents in the 3800 Ma Isua supracrustal rocks, central West Greenland [J]. Geochimica et Cosmochimica Acta, 60 (12): 2173-2178.

HORITA J, WESOLOWSKI D J, COLE D R, 1993. The activity-composition relationship of oxygen and hydrogen isotopes in aqueous salt solutions: I. Vapor-liquid water equilibration of single salt solutions from 50 to 100℃ [J]. Geochimica et Cosmochimica Acta, 57 (12): 2797-2817.

HORITA J, WESOLOWSKI D J, 1994. Liquid-vapor fractionation of oxygen and hydrogen isotopes of water from the freezing to the critical temperature [J]. Geochimica et Cosmochimica Acta, 58 (16): 3425-3437.

HORST A, HOLMSTRAND H, ANDERSSON P, et al., 2014. Stable bromine isotopic composition of methyl bromide released from plant matter [J]. Geochimica et Cosmochimica Acta, 125: 186-195.

HORST A, THORNTON B F, HOLMSTRAND H, et al., 2013. Stable bromine isotopic composition of atmospheric CH_3Br [J]. Tellus B: Chemical and Physical Meteorology, 65 (1): 21040.

INSTITUTE W R, 1992. Global biodiversity strategy [M]. Washington: World Resources Institute.

JAVOY M, KAMINSKI E, GUYOT F, et al., 2010. The chemical composition of the earth: Enstatite chondrite models [J]. Earth and Planetary Science Letters, 293 (3/4): 259-268.

JENDRZEJEWSKI N, EGGENKAMP H, COLEMAN M, 2001. Characterisation of chlorinated hydrocarbons from chlorine and carbon isotopic compositions: Scope of application to environmental problems [J]. Applied Geochemistry, 16: 1021-1031.

Jørgensen B B, Böttcher M A, Lüschen H, et al., 2004. Anaerobic methane oxidation and a deep H_2S sink generate isotopically heavy sulfides in Black Sea sediments [J]. Geochimica et Cosmochimica Acta, 2004, 68 (9): 2095-2118.

John K, Böhlke Neil C, Sturchio, et al., 2005. Perchlorate isotope forensics. [J]. Analytical Chemistry, 77 (23): 7838-7842.

JOUZEL J, LORIUS C, PETIT J R, et al., 1987. Vostok ice core: A continuous isotope temperature record over the last climatic cycle (160,000 years) [J]. Nature, 329 (6138): 403-408.

JUNGHANS M, TICHOMIROWA M, 2009. Using sulfur and oxygen isotope data for sulfide oxidation assessment in the freiberg polymetallic sulfide mine [J]. Applied Geochemistry, 24 (11): 2034-2050.

KAUFMANN S, SCHOEL B, WAND-W RTTENBERGER A, et al., 1990. T-cells, stress proteins, and pathogenesis of mycobacterial infections. [M]. Springer Berlin Heidelberg.

LETOLLE R, 1980. Nitrogen-15 in the natural environment [J]. Handbook of Environmental Isotope Geochemistry, 1: 407-433.

LIS D C, WOOTTEN A, GERIN M, et al., 2010. Nitrogen isotopic fractionation in interstellar ammonia [J]. The Astrophysical Journal Letters, 710 (1): L49-L52.

LIU W G, XIAO Y K, WANG Q Z, et al., 1997. Chlorine isotopic geochemistry of salt lakes in the Qaidam Basin, China [J]. Chemical Geology, 136 (3/4): 271-279.

LUZ B, BARKAN E, 2010. Variations of $^{17}O/^{16}O$ and $^{18}O/^{16}O$ in meteoric waters [J]. Geochimica et Cosmochimica Acta, 74: 6276-6286.

MARIOTTI A, 1983. Atmospheric nitrogen is a reliable standard for natural ^{15}N abundance measurements [J]. Nature, 303 (5919): 685-687.

MATTHEWS A, GOLDSMITH J R, CLAYTON R N, 1983. Oxygen isotope fractionation between zoisite and water [J]. Geochimica et Cosmochimica Acta, 47 (3): 645-654.

McCrea J M, 1950. On the isotopic chemistry of carbonates and a paleotemperature scale [J]. Journal of Chemical Physics, 18 (6): 849-857.

MCKEEGAN K D, LESHIN L A, 2001. Stable isotope variations in extraterrestrial materials [M]. Reviews in Mineralogy and Geochemistry: 279-318.

MEIJER H A J, LI W J, 1998. The use of electrolysis for accurate $\delta^{17}O$ and $\delta^{18}O$ isotope measurements in water [J]. Isotopes in Environmental and Health Studies, 34 (4): 349-369.

MILLS I, 1993. IUPAC physical chemistry division, "quantities, units and symbols in physical chemistry 2nd ed.". Blackwell Scientific Pub.

MINAGAWA M, WADA E, 1984. Stepwise enrichment of ^{15}N along food chains: Further evidence and the relation between $\delta^{15}N$ and animal age [J]. Geochimica et Cosmochimica Acta, 48 (5): 1135-1140.

MULLER P, 1994. Glossary of terms used in physical organic chemistry (IUPAC Recommendations 1994) [J]. Pure and Applied Chemistry, 66 (5): 1077-1184.

NERETIN L N, SCHIPPERS A, PERNTHALER A, et al., 2003. Quantification of dissimilatory (bi) sulphite reductase gene expression in Desulfobacterium autotrophicum using real-time RT-PCR [J]. Environmental Microbiology, 5 (8): 660-671.

OHMOTO H, RYE R O, 1979. Isotopes of sulfur and carbon. In: Geochemistry of hydrothermal ore deposits, 2nd ed. Holt Rinehart and Winston, New York.

PACK A, HERWARTZ D, 2014. The triple oxygen isotope composition of the Earth mantle and $\Delta^{17}O$ variations in terrestrial rocks [J]. Earth and Planetary Science Letters, 390: 138-145.

QIAO L Y, ZHI M L, JIAO J Z, et al., 2005. Structure, pattern and mechanisms of formation of seed banks in sand dune systems in northeastern Inner Mongolia, China [J]. Plant and Soil, 277: 175-184.

QUISPE-CONDORI S, SÁNCHEZ D, FOGLIO M A, et al., 2005. Global yield isotherms and kinetic of artemisinin extraction from Artemisia annua L leaves using supercritical carbon dioxide [J]. The Journal of Supercritical Fluids, 36 (1): 40-48.

REDLING K, ELLIOTT E, BAIN D, et al., 2013. Highway contributions to reactive nitrogen deposition: tracing the fate of vehicular NO_x using stable isotopes and plant biomonitors [J]. Biogeochemistry, 116 (1/2/3): 261-274.

RICHARDS M P, TRINKAUS E, 2009. Out of Africa: modern human origins special feature: isotopic evidence for the diets of European Neanderthals and early modern humans [J]. PNAS, 106 (38): 16034-16039.

RÖCKMANN T, LEVIN I, 2005. High-precision determination of the changing isotopic composition of atmospheric N_2O from 1990 to 2002 [J]. Journal of Geophysical Research Atmospheres, 110 (D21): D21304.

RUTHERFORD E, 1911. The scattering of α and β particles by matter and the structure of the atom [J]. The London, Edinburgh, and Dublin Philosophical Magazine and Journal of Science, 21 (125): 669-688.

SACHSE D, BILLAULT I, BOWEN G J, et al., 2012. Molecular paleohydrology: Interpreting the hydrogen-isotopic composition of lipid biomarkers from photosynthesizing organisms [J]. Annual Review of Earth and Planetary Sciences, 40 (1): 221-249.

SAKAI H, 1968. Isotopic properties of sulfur compounds in hydrothermal processes [J]. Geochemical Journal Gj, 2008, 2 (1): 29-49.

SCHAUFFLER S M, HEIDT L E, POLLOCK W H, et al., 1993. Measurements of halogenated organic compounds near the tropical tropopause [J]. Geophysical Research Letters, 20 (22): 2567-2570.

SCHIMMELMANN A, SESSIONS A L, MASTALERZ M, 2006. Hydrogen isotopic (d/h) composition of organic matter during diagenesis and thermal maturation [J]. Annual Review of Earth and Planetary Sciences, 34 (1): 501-533.

SHANKS W C, 2001. Stable isotopes in seafloor hydrothermal systems: Vent fluids, hydrothermal deposits, hydrothermal alteration, and microbial processes [J]. Reviews in Mineralogy and Geochemistry, 43 (1): 469-525.

SHARP Z D, BARNES J D, FISCHER T P, et al., 2015. An experimental determination of chlorine isotope fractionation in acid systems and applications to volcanic fumaroles [J]. Geochimica et Cosmochimica Acta, 74 (1): 264-273.

SHEPPARD S, NIELSEN R L, TAYLOR H P, 1971. Hydrogen and oxygen isotope ratios in minerals from porphyry copper deposits [J]. Economic Geology, 66: 4 (4): 515-542.

SHINJIRO M, SHAO J, ZHANG Q, 1989. The Nadanhada terrane in relation to Mesozoic tectonics on continental margins of East Asia [J]. Acta Geologica Sinica, 3: 204-216.

SHOUAKAR-STASH O. Origin and evolution of waters from Paleozoic formations, Southern Ontario, Canada: Additional evidence from δ^{37}Cl and δ^{81}Br isotopic signatures. Proceedings of the 12th International Symposium on Water-Rock Interaction Kunming, 2007. Taylor and Francis Group, 537-542.

SIM M S, BOSAK T, ONO S, 2011. Large sulfur isotope fractionation does not require disproportionation [J]. Science, 333 (6038): 74-77.

SPIVACK, ARTHUR J, 2002. Elemental and isotopic chloride geochemistry and fluid flow in the nankai trough [J]. Geophysical Research Letters, 29 (14): 61-64.

STOTLER R L, FRAPE S K, SHOUAKAR-STASH O, 2010. An isotopic survey of δ^{81}Br and δ^{37}Cl of dissolved halides in the Canadian and Fennoscandian Shields [J]. Chemical Geology, 274 (1/2): 38-55.

STÜEKEN E E, BUICK R, SCHAUER A J, 2015. Nitrogen isotope evidence for alkaline lakes on late Archean continents [J]. Earth and Planetary Science Letters, 411: 1-10.

STÜEKEN E E, KIPP M A, KOEHLER M C, et al., 2016. The evolution of Earth's biogeochemical nitrogen cycle [J]. Earth-Science Reviews, 160: 220-239.

STURCHIO N C, HATZINGER P B, ARKINS M D, et al., 2003. Chlorine isotope fractionation during microbial reduction of perchlorate [J]. Environmental Science & Technology, 37 (17): 3859-3863.

TAUBE H, 1954. Use of oxygen isotope effects in the study of hydration of ions [J]. The Journal of Chemical Physics, 58.

TAYLOR H P, 1974. The application of oxygen and hydrogen isotope studies to problems of hydrothermal alteration and ore deposition [J]. economic geology, 69 (6): 843-883.

THIEMENS M H, 2006. History and applications of mass-independent isotope effects [J]. Annual Review of Earth and Planetary Sciences, 34 (1): 217-262.

TRUESDELL A H, 1974. Oxygen isotope activities and concentrations in aqueous salt solutions at elevated temperatures: Consequences for isotope geochemistry [J]. Earth and Planetary Science Letters, 23 (3): 387-396.

UREY H C, 1948. Oxygen isotopes in nature and in the laboratory [J]. Science, 108 (2810): 489-496.

UREY H C, RITTENBERG D, 1933. Some thermodynamic properties of the $^{1}H^{2}H$, $^{2}H^{2}H$ Molecules and compounds containing the ^{2}H Atom [J]. The Journal of Chemical Physics, 1 (2): 137-143.

USDOWSKI E, HOEFS J, 1993. Oxygen isotope exchange between carbonic acid, bicarbonate, carbonate, and water: a re-examination of the data of McCrea (1950) and an expression for the overall partitioning of oxygen isotopes between the carbonate species and water [J]. Geochimica et Cosmochimica Acta, 57: 3815-3818.

VALLEY J W, 1986. Stable isotope geochemistry of metamorphic rocks [J]. Reviews in Mineralogy and Geochemistry, 16 (6): 445-489.

WERNER R A, BRAND W A, 2001. Referencing strategies and techniques in stable isotope ratio analysis [J]. Rapid Communications in Mass Spectrometry, 15 (7), 501-519.

WILLACH S, LUTZE H V, ECKEY K, et al., 2018. Direct photolysis of sulfamethoxazole using various irradiation sources and wavelength ranges-insights from degradation product analysis and compound-specific stable isotope analysis [J]. Environmental Science & Technology, 52 (3): 1225-1233.

WILLEY J F, TAYLOR J W, 1980. Temperature dependence of bromine kinetic isotope effects for reactions of *n*-butyl and tert-butyl bromides [J]. Journal of the American Chemical Society, 102 (7): 2387-2391.

XIAO Y K, LIU W G, QI H P, et al., 1993. A new method for the high precision isotopic measurement of bromine by thermal ionization mass spectrometry [J]. International Journal of Mass Spectrometry and Ion Processes, 123 (2): 117-123.

XIAO Y K, LIU W G, ZHOU Y M, et al., 1997. Isotopic compositions of chlorine in brine and saline minerals [J]. Chinese Science Bulletin, 42 (5): 406-409.

XIAO Y K, ZHOU Y M, WANG Q Z, et al., 2002. A secondary isotopic reference material of chlorine from selected seawater [J]. Chemical Geology, 182 (2/3/4): 655-661.

YANG S, LIU L, CHEN H, et al., 2021. Variability and environmental significance of organic carbon isotopes in ganzi loess since the last interglacial on the eastern tibetan plateau [J]. Catena, 196.
YOUNG E D, GALY A, NAGAHARA H, 2002. Kinetic and equilibrium mass-dependent isotope fractionation laws in nature and their geochemical and cosmochemical significance [J]. Geochimica et Cosmochimica Acta, 66: 1095-1104.
ZEEBE R E, 2007. An expression for the overall oxygen isotope fractionation between the sum of dissolved inorganic carbon and water [J]. Geochemistry Geophysics Geosystems, 8 (9).
ZINNER E, AMARI S, GUINNESS R, et al., 2007. NanoSIMS isotopic analysis of small presolar grains: Search for Si_3N_4 grains from AGB stars and Al and Ti isotopic compositions of rare presolar SiC grains [J]. Geochimica et Cosmochimica Acta, 71 (19): 4786-4813.

第三章

生物化学反应过程与稳定同位素效应

随着分析技术的不断进步和发展，环境中有机污染物的监测分析工作不断取得新的进展。在许多情况下，如果不是得益于气相色谱（gas chromatography，GC）或高效液相色谱（high performance liquid chromatography，HPLC）对环境污染物的分离，对复杂环境样品中单一有机污染物的定性定量分析几乎是不可能的，而色谱与质谱联用或串联质谱（GC-MS，LC-MS/MS）则可以进一步获得污染物分子及其产物的准确化学结构信息。燃烧或热解炉与专用同位素比值质谱仪（GC-IRMS，LC-IRMS）的联用，使得分析环境样品中有机污染物的自然同位素比值（如$^{13}C/^{12}C$、$^{15}N/^{14}N$、$^{2}H/^{1}H$、$^{37}Cl/^{35}Cl$）成为可能（Meyer et al.，2008；Li et al.，2018）。

分析方法进步使得进一步建立环境污染清单成为可能，例如：饮用水中检测到哪些有机化合物？它们的浓度是多少？虽然这种检测对于建立环境污染清单是必不可少的，但只有了解导致污染物消除的自然衰减反应途径，才能预测有机污染物的长期环境影响（Centler et al.，2013）。GC-MS 可以测量挥发性和半挥发性有机化合物及其浓度的衰减。然而，仅依靠这种浓度衰减动力学有时无法区分化合物的降解过程和稀释扩散过程（Jin et al.，2018）。LC-MS/MS 可以分析极性降解产物及其代谢物，其结果往往比单纯的浓度分析更具说服力，但如果产物被迅速进一步代谢，以致无法进行分析时，这种分析方法则可能会失去作用。即使污染物及其产物都能被检测到，也只能推测其降解途径，对于污染物代谢的潜在转化机制是什么、微生物在酶化学水平上分解难降解污染物的策略是什么等一系列的问题，还需要新的分析思路和分析技术才能给予进一步的解答（Ehrl et al.，2019）。

在这种背景下，一种新分析方法的发展使解析有机污染物在自然系统中所经历的过程得以实现。近年来，单体稳定同位素分析（compound-specific stable isotope analysis，CSIA）技术在污染物水文学和有机地球化学（bio-geochemistry）中的新应用得到了迅速发展。通过单体稳定同位素分析测定碳、氢等元素的稳定同位素分馏是一种评价环境中污染物降解的新方法

(Reinnicke et al.，2012)。单体稳定同位素分析可以提供污染物降解的可靠证据，即使在没有检测到代谢产物的情况下，也可以指示有机污染物在环境中的代谢衰减，并且能够长时间研究污染物在地下水中迁移转化的潜力（Thouement et al.，2019)。有机污染物降解的有关证据来自对有机污染物中天然同位素丰度的分析，即污染物中同位素比率（例如$^{13}C/^{12}C$、$^{15}N/^{14}N$等)。动力学同位素效应（kinetic isotope effect，KIE）通常有利于轻同位素（如^{12}C）的转化，导致重同位素（^{13}C）在残留污染物中富集，稳定同位素比值增加。因此，残留污染物中$^{13}C/^{12}C$同位素比值的增加提供了其降解的直接证据（Ojeda et al.，2020)。

本章将重点对有机污染物转化过程中的稳定同位素分馏、动力学同位素效应等相关基本理论进行重点论述，以解决稳定同位素分馏的测量能给我们提供怎样的信息，以及如何利用稳定同位素分馏解析有机污染物的生物地球化学中的转化过程等问题。

第一节 化学反应过程与同位素效应

同位素效应（isotope effects）一词涵盖了具有不同同位素分子的生物化学行为的诸多方面。同位素效应涉及^{3}H、^{14}C和^{35}S等放射性同位素，也包含^{1}H、^{13}C和^{15}N等具有核磁共振活性且在化学研究中最常用的稳定同位素。有关稳定同位素效应的理论背景已经在前面章节有论述。本章关注的是化学反应动态过程中的同位素效应，特别地，将重点讨论（生物）化学过程中的动力学同位素效应。因此，本章只简单介绍基本理论、动力学同位素效应及相关分馏模型。

一、平衡同位素效应

平衡同位素效应（EIE）最直接的定义来自同位素的平衡常数，也就是只在同位素组成中起作用的分子的影响。考虑底物配体L与受体酶E的可逆结合过程：

$$E+L \rightleftharpoons E \cdot L \tag{3-1}$$

平衡过程以平衡常数K为特征，这里主要关注生化过程酶的催化反应情况。对于含有轻（l）和重（h）同位素的配体的同位素组分，式(3-1)可以分别写成：

$$E+L_l \rightleftharpoons E \cdot L_l \tag{3-2}$$

$$E+L_h \rightleftharpoons E \cdot L_h \tag{3-3}$$

因此，平衡常数K_l和K_h可以分别定义为：

$$K_l=\frac{[L_l \cdot E]}{[L_l][E]} \tag{3-4}$$

$$K_h=\frac{[L_h \cdot E]}{[L_h][E]} \tag{3-5}$$

因此，平衡同位素效应 EIE 可以定义为：

$$\mathrm{EIE}=\frac{K_1}{K_h}=\frac{\dfrac{[L_l\cdot E]}{[L_l][E]}}{\dfrac{[L_h\cdot E]}{[L_h][E]}}=\frac{[L_l\cdot E][L_h]}{[L_h\cdot E][L_l]} \tag{3-6}$$

式中中括号内的内容表示各组分浓度，它们可以由自由和结合配体的同位素浓度来确定。但是，到目前为止，一种更好的方法是采用所谓的同位素比率 $R_L=[L_h]/[L_l]$ 和 $R_{EL}=[E\cdot L_h]/[E\cdot L_l]$，这些比率可以用同位素比率质谱法非常精确地测量。EIE 也可以通过化学反应热力学，利用关系式 $\Delta G=-RT\ln K$ 来确定：

$$\mathrm{EIE}=e^{-(\Delta G_l-\Delta G_h)/RT} \tag{3-7}$$

式中 G——吉布斯自由能（$\Delta G_i=G_i^{E\cdot L}-G_i^L$）；

i——角标；

R——摩尔气体常数；

T——热力学温度。

方程式也用于 EIE 的理论预测，特别是当氢同位素受到关注时。假设同位素原子在自由配体中的结合比在受体上的结合更强烈。如图 3-1(a) 所示，与左边（自由配体）的同位素原子键的强度相对应的抛物线比右边（配体与受体结合）的抛物线陡。谐波近似下键的强度与运动函数中能量的二阶导数有关，因此，抛物线越陡，力常数越大、键越强。假设只有零点能量（ZPE）对同位素敏感，则 $\Delta G_l-\Delta G_h$ 可近似为：

$$\begin{aligned}\Delta G_l-\Delta G_h&=(\mathrm{ZPE}_l^{E\cdot L}-\mathrm{ZPE}_l^L)-(\mathrm{ZPE}_h^{E\cdot L}-\mathrm{ZPE}_h^L)\\&=(\mathrm{ZPE}_l^{E\cdot L}-\mathrm{ZPE}_h^{E\cdot L})-(\mathrm{ZPE}_l^L-\mathrm{ZPE}_h^L)=\Delta\mathrm{ZPE}^{E\cdot L}-\Delta\mathrm{ZPE}^L\end{aligned} \tag{3-8}$$

式中 ZPE——零点能量；

l，h——含轻、重同位素的组分分子；

G——吉布斯自由能；

Δ——不同状态下分子能量的变化。

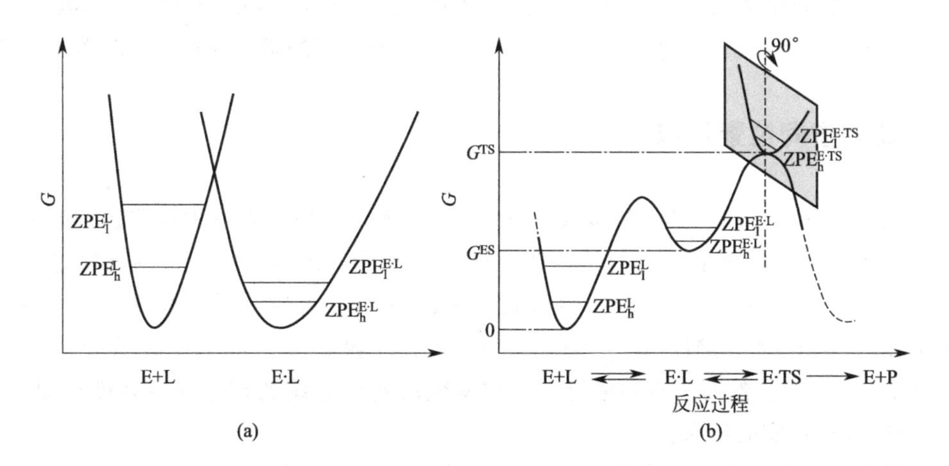

图 3-1 零点能（zero-point energy，ZPE）对平衡同位素的贡献（a）和简化的酶促反应的能量学，垂直面表示与反应坐标正交的模式（b）

TS—过渡态分子；P—产物；l，h—含轻、重同位素的组分分子

在所考虑的情况下，$\Delta ZPE^{E\cdot L}$ 小于 ΔZPE^{L}，因此 $\exp\{(\Delta ZPE^{E\cdot L}-\Delta ZPE^{L})/RT\}$ 和 EIE 大于 1，这时 EIE 被称为“正常”。显然，当考虑到反方向的反应（$E\cdot L \rightleftharpoons E+L$）时，EIE<1，这时同位素效应则称为“逆”。应注意，式(3-2) 和式(3-3) 的下角标显示了同位素的交换：

$$L_l + E\cdot L_h \xrightleftharpoons{k_{equ}} L_h + E\cdot L_l \tag{3-9}$$

平衡常数等于 EIE。因此，EIE 可以定义为同位素分布偏离热力学平衡时化合物之间的等概率分布。根据统计热力学，EIE 可由配分函数计算：

$$\mathrm{EIE}=\left(\frac{M_l^{E\cdot L}}{M_h^{E\cdot L}}\times\frac{M_h^{L}}{M_l^{L}}\right)^{3/2}\left(\frac{I_{xl}^{E\cdot L}I_{yl}^{E\cdot L}I_{zl}^{E\cdot L}}{I_{xh}^{E\cdot L}I_{yh}^{E\cdot L}I_{zh}^{E\cdot L}}\times\frac{I_{xh}^{L}I_{yh}^{L}I_{zh}^{L}}{I_{xl}^{L}I_{yl}^{L}I_{zl}^{L}}\right)^{1/2}\left[\prod_i^{3_n^L-6}\frac{\sinh(\mu_{il}^{L}/2)}{\sinh(\mu_{ih}^{L}/2)}\Big/\prod_i^{3_n^{EL}-6}\frac{\sinh(\mu_{il}^{EL}/2)}{\sinh(\mu_{ih}^{EL}/2)}\right] \tag{3-10}$$

$$\mu_i = h\nu_i/(k_B T)$$

式中　M——分子量；

x，y，z——分子振动的三维坐标轴；

I——主惯性矩；

ν_i——同位素频率；

h——普朗克常量；

k_B——玻尔兹曼常数。

Bigleisen 引入的式(3-10) 可以在特勒-雷德利布规则（Teller-Redlich）的基础上进一步简化为：

$$\mathrm{EIE}=\left[\prod_i^{3_n^L-6}\frac{\mu_{ih}^{L}\sinh(\mu_{il}^{L}/2)}{\mu_{il}^{L}\sinh(\mu_{ih}^{L}/2)}\Big/\prod_i^{3_n^{EL}-6}\frac{\mu_{ih}^{E\cdot L}\sinh(\mu_{il}^{E\cdot L}/2)}{\mu_{il}^{E\cdot L}\sinh(\mu_{ih}^{E\cdot L}/2)}\right] \tag{3-11}$$

假设使用纯谐波频率，在波恩-奥本海默近似下简化是有效的。平衡同位素效应（EIE）与任何达到平衡的物理过程或化学反应均有关。需要指出的是配体（底物、抑制剂）与宿主分子（酶）结合过程的同位素效应被称为结合同位素效应（binding isotope effects，BIE）。BIE 是 EIE 的一个亚类，在 Widerek 等（2013）的综述文章中有详细的阐述（本书不做详细介绍）。

二、动力学同位素效应

虽然文献中有大量动力学同位素效应（KIE）的例子，但在本章中仅描述了它们最重要的方面，以解释后面部分中介绍的一些研究的主要概念。此外，由于生物反应过程大多数 KIE 的研究只涉及酶系统，因此对这些过程的 KIE 进行了讨论。同位素效应在酶系统中的应用始于 20 世纪 60 年代初，并在 20 世纪 80 年代中期成熟，成为一种重要的实验工具（Long et al.，1993）。然而，直到最近，同位素效应对酶系统的理论研究才变得足够精确，足以支持和/或替代实验结果。

酶促反应的简化过程包括将底物 L 与酶 E 结合形成所谓的 Michaelis 络合物，该络合物随后转化为酶活性位点内的产物：

$$E+L \xrightleftharpoons{k_1/k_{-1}} E\cdot L \xrightarrow{k_2} P \tag{3-12}$$

在稳态近似下，反应的表观速率常数（$k_{表}$）由下式给出：

$$k_{表}=\frac{k_1k_2}{k_{-1}+k_2} \tag{3-13}$$

因此，表观动力学同位素效应(AKIE，AKIE=$^{l}k_{表}/^{h}k_{表}$)取决于三个速率常数：k_1，底物与酶结合的速率；k_{-1}，底物从酶中释放的速率；k_2，它既可以是酶活性部位化学转化的微观速率，也可以是组成 Michaelis 络合物后所有步骤的净速率。对于 k_{-1} 比 k_2 快得多的酶系统，建立了自由底物及其与酶络合物之间的平衡，式(3-13) 简化为：

$$k_{表}=\frac{k_1k_2}{k_{-1}}=Kk_2 \tag{3-14}$$

式中　K——结合平衡常数。

当 k_2 表示化学转化的速率常数，或其他对净速率常数没有贡献的步骤时，表观动力学同位素效应（AKIE）取决于两种同位素效应：酶催化步骤的结合同位素效应（BIE）和动力学同位素效应（KIE），后者又称为固有同位素效应（$KIE_{固}$）：

$$AKIE=BIE\times KIE_2=BIE\times KIE_{固} \tag{3-15}$$

通过从平衡常数中排除反应坐标，可以从类似于式(3-11) 的方程中计算出反应的 KIE［式(3-16)］：

$$KIE=\frac{^{l}k}{^{h}k}=\frac{\nu_l^{\neq}}{\nu_h^{\neq}}\prod_i^{3_n^{L}-6}\frac{\mu_{ih}^{L}\sinh(\mu_{il}^{L}/2)}{\mu_{il}^{L}\sinh(\mu_{ih}^{L}/2)}\Bigg/\prod_i^{3_n^{TS}-7}\frac{\mu_{ih}^{TS}\sinh(\mu_{il}^{TS}/2)}{\mu_{il}^{TS}\sinh(\mu_{ih}^{TS}/2)} \tag{3-16}$$

式中　$\nu^{\neq}$——沿反应坐标的振动频率；

　　TS——过渡态。

图 3-1(b) 显示了一个典型的简单的酶促反应能量学，并说明了 KIE 与反应物过渡态的性质有关。方程式表明，当 KIE 用于酶促反应过程机理研究时，适当考虑结合同位素效应的重要性。

三、同位素效应测量的注意事项

下面简要介绍用于测量结合同位素效应的实验技术。理论上，BIE 的实验测定非常简单。从式(3-17) 可以看出：

$$BIE=\left(\frac{R_L}{R_{E\cdot L}}\right)_{eq} \tag{3-17}$$

式中　R_L——配体中同位素比率；

　　$R_{E\cdot L}$——酶与配体结合络合物中同位素比率。

因此，BIE 可以由配体在平衡条件下自由态和结合态的同位素比值来确定。然而，在实践中，这些浓度的测量通常并不是那么简单，正如对同位素效应的任何研究一样，特定的实验方案取决于所用同位素的类型、丰度和化学形式。在将配体与酶结合的最简单情况下，该溶液包含自由配体和结合配体的混合物。通常在配体浓度超过酶浓度的条件下工作是很方便的，这样可以确保所有的活性位点都被底物占据，并且可以在溶液中找到自由配体分子。配体的很大一部分应为结合态，这使得对酶的需求远远高于典型的酶促反应研究。为了测量自由配体和结合配体的同位素比值，有必要从溶液中分离出这两种形式。用于此目的的一种技术是通过不渗透酶-配体络合物的膜对溶液进行过滤。然而，通过低剪切膜的过滤通常是缓慢的，并且自由配体的同位素比率可能在过程中发生变化。因此，只有相对快速的等温过程，防止平衡扰动（如压力过滤），才是用于 BIE 测量的首选方法。此外，离心过滤法从膜下不可逆地去除溶液，可能导致配体从酶中分离，使分析复杂化。BIE 研究中使用的主要替代方法是平衡透析，在平衡透析中，膜将仅含有游离配体的溶液从含有游离和结合配体混合物的溶液中分离出来。与前面达到平衡需要很长时间的方法相反，使用这种方法分离可能是快速和容易的。然而，只有 $(R_L)_{eq}$ 可以容易地确定。在这种情况下，通过比较 $(R_L)_{eq}$ 与原始材料的同位素组成来实现 BIE 的测量，并且需要额外精确地测定结合配体的分数。

BIE 实验中最常用的同位素比值测定方法是同位素比值质谱（IRMS）和双通道液体闪烁计数（LSC）。其他特殊方法，如传统质谱法（MS）、凝胶色谱法或荧光滴定法也有报道。方法的选择取决于实验中使用的同位素。Schramm 课题组研究的大多数 BIE 是使用双计数 LSC 技术测定的，其中两种不同能量谱的放射性同位素，例如^3H 和^{14}C，在不同的通道中计数，计数比作为同位素比。原则上，如果使用有效的放射性样品，透析池两个隔间的小份样品可直接使用这些方法。上述方法的主要缺点是需要多同位素合成，因为其中一种放射性同位素经常充当在另一位置引入的稳定同位素的报告者（所谓的远程标记程序）。采用天然同位素组成时，IRMS 是首选方法。用这种方法测定同位素比值的极端精密度是以样品中有限的气态形式（如 N_2、CO_2 或 SF_6）为分析介质的，这些气态形式适合于分析过程。因此，在分析之前，所讨论的同位素必须转换成适当的气体。这种方法在克林曼的实验室中被广泛用于测量氧分子与其载体蛋白结合的同位素效应。一条特殊的真空线被用来将在线的二氧化合物转换成适合 IRMS 分析的二氧化碳。如果感兴趣的同位素位置不能很容易地转换成合适的气体形式，可以采用传统的质谱法。

第二节 动力学同位素效应与 Rayleigh 分馏模型

一、单体稳定同位素分析（CSIA）与分馏参数的测量

CSIA 测量单体化合物中目标元素的天然同位素组成且由重同位素与较轻的同位素比值（例如$^{13}C/^{12}C$、$^2H/^1H$、$^{15}N/^{14}N$）给出，而这种同位素特征通常可以作为特定化合物的指纹特征。稳定同位素的比值通常表达成一个相对于国际标准物质的值，前章已有详细介绍，如式(3-18）所示：

$$\delta_X=\left(\frac{R_X}{R_{标}}-1\right)\times 1000‰ \tag{3-18}$$

式中 R_X——化合物 X 的重同位素与轻同位素的比值；

$R_{标}$——国际标准物质中重同位素与轻同位素的比值。

这种稳定同位素的比值可以作为有机化合物的指纹特征，用于环境中有机污染物的来源识别及行为预测。因为原材料及合成工艺路线的原因，可能导致即使是同一种物质，其稳定同位素指纹特征也会出现显著差异，使稳定同位素指纹特征能够识别有机物的生产厂商与污

染物来源。同时，对污染物分子中稳定同位素比值变化的监测，可以确定浓度的衰减是由降解过程导致还是由非降解过程（如吸附、蒸发、扩散过程）导致。对于不同种类的有机污染物，如甲苯（Vieth et al.，2005）、氯化烃（Thullner et al.，2012b）、硝基芳族化合物（Bernstein et al.，2014）或MTBE（甲基叔丁基醚）（Bombach et al.，2015），伴随着降解过程，剩余底物中碳元素和氢元素的重同位素会出现显著的富集，并且更轻同位素会富集在产物中（Fischer et al.，2016；Vogt et al.，2016）。相比之下，对于非降解过程而言则不会出现显著的稳定同位素分馏。化合物转化过程中发生反应的化学键的动力学同位素效应（KIE）导致了较重同位素的富集。KIE是一种物理现象，由于在化学反应中，具有轻同位素的分子通常比具有重同位素的分子反应更快，导致了重同位素在母体化合物中富集，而轻同位素更多地富集在反应产物中。这是质量依赖性的分子能量差异导致的，主要是由于分子振动的差异，同时由于目标原子的旋转和平移运动。此外，重同位素分子具有比轻同位素分子更低的零点能量（Gawlita et al.，1996；Rodriguez-Fernandez et al.，2018）。这意味着由轻同位素形成的键弱于涉及重同位素的键，在相同的条件下由轻同位素组成的键更容易发生化学反应。因此反应过程中的动力学同位素效应可以描述为轻同位素的反应速率常数（${}^{l}k$）与重同位素的反应速率常数（${}^{h}k$）的比值，如式(3-19)：

$$\mathrm{KIE}=\frac{{}^{l}k}{{}^{h}k} \tag{3-19}$$

KIE值的大小取决于反应物与过渡态化学键的变化（Paneth et al.，1991）。考虑一个特定的化学键断裂反应时，参与反应的元素通常会表现出正常的同位素效应（normal isotope effects），也就是说，在这个特定位置上，同位素较重的分子会比同位素较轻的分子反应慢，即KIE>1。在一些情况下可能观测到KIE<1，称之为逆同位素效应（inverse isotope effects），例如在化学反应的限速步骤中或者化学键被加强的情况。直接发生化学反应的成键原子的同位素效应称之为一级同位素效应（primary isotope effects），而发生在反应位点相邻键原子的同位素效应称之为二级同位素效应（secondary isotope effects）（Elsner，2010）。

在生物地球化学中，两个化合物之间的平均同位素分馏可以由分馏因子 α 或富集因子 ε 表示。在假设同位素反应为一级动力学的情况下可以写出以下速率定律（以碳同位素为例）：

$$\frac{\mathrm{d}[{}^{12}\mathrm{C}]}{\mathrm{d}t}=-{}^{12}k[{}^{12}\mathrm{C}] \tag{3-20}$$

$$\frac{\mathrm{d}[{}^{13}\mathrm{C}]}{\mathrm{d}t}=-{}^{13}k[{}^{13}\mathrm{C}] \tag{3-21}$$

通过对封闭系统的情况进行整合，并将式(3-20)除以式(3-21)，得到以下表达：

$$\frac{\dfrac{{}^{13}\mathrm{C}_t}{{}^{12}\mathrm{C}_t}}{\dfrac{{}^{13}\mathrm{C}_0}{{}^{12}\mathrm{C}_0}}=\left(\frac{{}^{12}\mathrm{C}_t}{{}^{12}\mathrm{C}_0}\right)^{\frac{{}^{13}k}{{}^{12}k}-1}=\left(\frac{{}^{12}\mathrm{C}_t}{{}^{12}\mathrm{C}_0}\right)^{\mathrm{KIE}^{-1}-1} \tag{3-22}$$

式中 ${}^{12}k$，${}^{13}k$——2种稳定碳同位素的一级反应动力学常数；

${}^{13}\mathrm{C}_t$，${}^{12}\mathrm{C}_0$——2种同位素在反应时间 t 和0时的浓度。

表达成瑞利方程的形式如式(3-23)所示：

$$\frac{R_t}{R_0}=\frac{R_0+\Delta R}{R_0}=f^{\alpha-1} \tag{3-23}$$

瑞利方程将化合物的同位素分馏因子 α 与化合物的浓度变化建立了数量关系，其中 R_t 和 R_0 是在给定时间和反应开始时化合物分子中重同位素对轻同位素的比值。$\Delta R=(R-R_0)$ 是同位素比率的变化，而 C_t/C_0 是剩余化合物的分数 f。线性拟合该方程，可以通过确定斜率来获得分馏因子 α 的值（见图 3-2）。

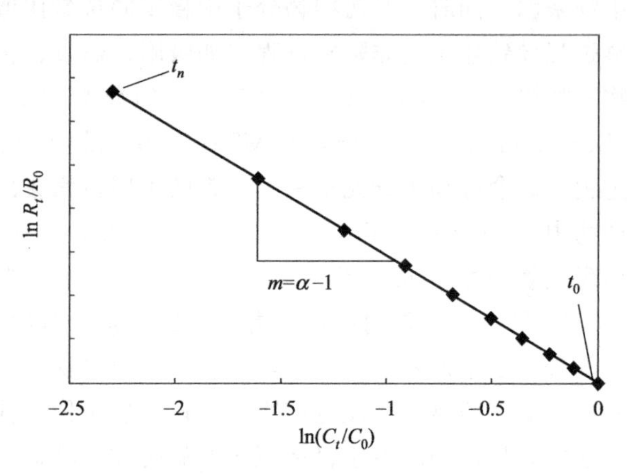

图 3-2 模拟在降解过程中残留底物中的同位素分馏 $m=\alpha-1$ 的线性回归斜率

同位素的分馏可以按照式(3-24) 用同位素富集因子的形式表示，以千分数表达。

$$\frac{\varepsilon}{1000}=(\alpha-1)=m \qquad (3\text{-}24)$$

ε 的显著性在图 3-2 中可以观察到。在反应过程中，所有瞬时形成的产物的平均同位素比值总是与在给定转化时间下的剩余底物的同位素比例不同，例如四氯化碳的还原脱氯过程（图 3-3）说明了在不可逆化学反应中，在给定时间内，重同位素在剩余底物中的富集以及在产物中的贫化都可以提供研究体系中转化反应发生的合适证据。可以在受控条件（例如纯培养物、已知化学反应途径）的实验室实验中用污染物测量这种同位素分馏。然后，

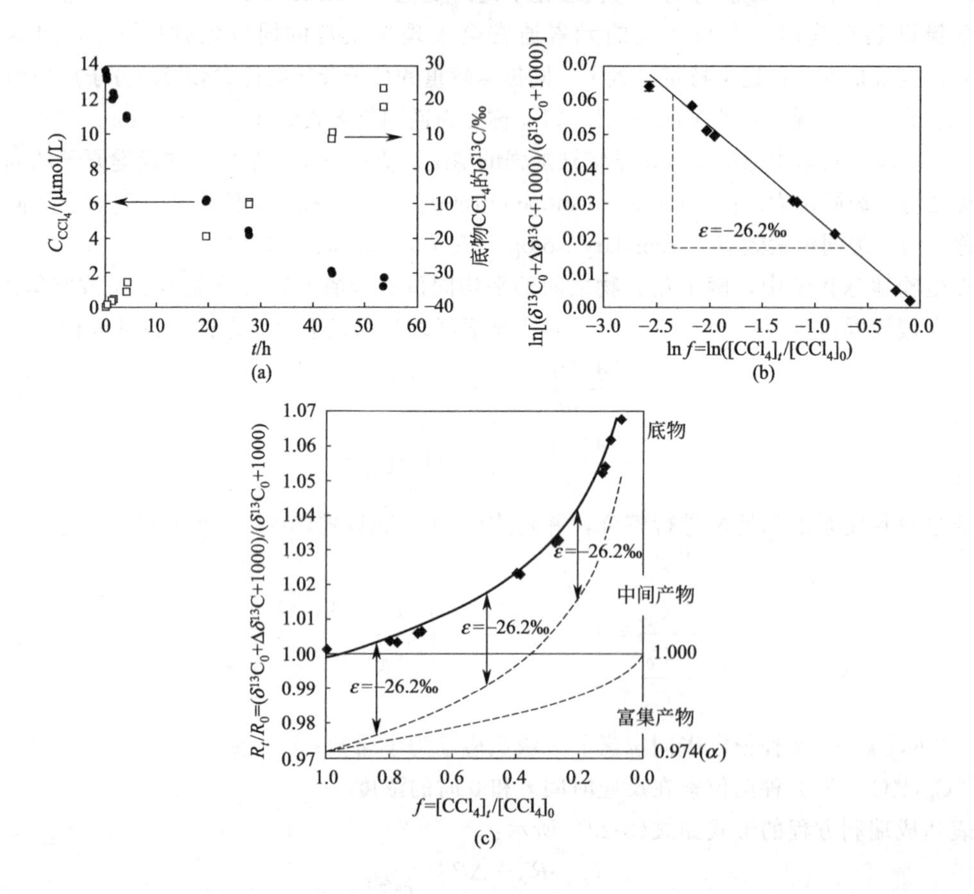

图 3-3 还原铁卟啉催化四氯化碳（CCl_4）脱卤过程测量的碳同位素分馏（Pause et al.，2000）

可以如图 3-2 所示对该实验的数据进行评估及线性拟合以获得分馏因子 α 或富集因子 ε。如果在不同环境条件下的化学反应过程中 α 或 ε 的数值是稳定的，则可以利用这些值经过式 (3-25) 来定量评估污染物生物降解的程度 B，其中 B 以百分比表示。在许多情况下，这些从污染场地测量的同位素比率拟合得到的富集因子值可以成功地用于生物降解程度 B 的估算 (Griebler et al.，2004；Aeppli et al.，2010；Thullner et al.，2012a)。

$$B=1-f=\left[\frac{R_t}{R_0}\right]^{\frac{1}{\alpha-1}}\times 100\% \tag{3-25}$$

二、同位素效应定性预测的一些经验法则

同位素效应由对质量敏感的分子能量的变化产生，特别是振动能量的变化（由分子内原子的振动引起）。它不依赖于电子能量，而电子能量是确定给定反应活化能的关键。因此，动力学同位素效应一般与反应速率没有直接关系。然而，有时这两种观测值可能同时依赖于第三个参数，如温度、过渡态结构等。由于分子的振动能量强烈依赖于原子量和化学键强度，而这又由振动键的力常数表示，所以这些参数对动力学同位素效应的影响最大。在过渡态理论的框架下，利用所谓的“零点能量近似”，可以得出以下经验法则可用于对同位素效应进行定性预测。

（一）同位素质量的影响

元素同位素的质量差异对于稳定同位素分馏有显著影响。元素 E 的重、轻同位素 ^{h}E 和 ^{l}E 之间的相对质量差越大，其同位素的分馏率也越高。例如，氢的同位素效应通常比碳的同位素效应大得多，因为氢同位素的质量差异为 100% ($m_H=1$，$m_D=2$)，而碳元素的同位素差异仅为 8% [$m(^{12}C)=12$，$m(^{13}C)=13$]（表 3-1）。

（二）成键原子的影响

对于以同等强度的共价键形式存在的给定元素，如果该元素与较重的原子结合，同位素效应往往更大。例如，一般化学反应过程中，C—O 键或 C—Cl 键的碳同位素效应比 C—H 键更大（表 3-1）。

表 3-1 实验确定的几种重要反应类型的动力学同位素效应 (Elsner et al.，2005b)

反应类型	同位素	KIE
涉及氢的反应	$^{12}C/^{13}C$ $^{1}H/^{2}H$	1.015 通常>2，典型 3～8，最高 40～50
二级动力学亲核取代反应 C—Cl 键、C—N 键、C—O 键	$^{12}C/^{13}C$ $^{1}H/^{2}H$(二级)	1.03～1.09 0.95～1.09
一级动力学亲核取代反应 C—Cl 键、C—N 键、C—O 键	$^{12}C/^{13}C$ $^{1}H/^{2}H$(二级)	1.00～1.03 1.1～1.2 1.05～1.15
C═C 键氧化	$^{12}C/^{13}C$	1.024
C═C 键环氧化	$^{12}C/^{13}C$	1.11

（三）键强度的变化

在反应过程中，基态和过渡态化学键的强度变化越大，同位素效应就越大。在与化学键断裂相关的初级同位素效应中，如果化学键在过渡态完全断裂，这种变化是最大的。因此，同位素效应随着初始化学键合力常数的增大而增大，并且在过渡状态下随着键断裂程度的增大而增大。值得注意的是，根据哈蒙德假说，在具有底物性质的早期过渡态中，预期成键会发生小的变化，而成键的较大变化则与后期的产物化过渡态结构有关。例外情况是，一个旧化学键的断裂伴随着一个新化学键的形成（例如，以任何形式的氢的转移质子/氢化物/自由基）以及二级动力学亲核取代反应。在这里，转化元素（H 或 C）的最大同位素效应被观察到处于对称过渡状态，包括相等比例的键断裂和形成（Zimmermann et al.，2020）。

（四）二级同位素效应

与初级同位素效应相比，二级同位素效应的键合变化要小得多，在二级同位素效应的情况下，与反应键相邻的位置仅受反应中心附近的轻微影响，例如坐标几何形状的变化。因此，对于元素来说，二级同位素效应通常至少比初级同位素效应小一个数量级（Merrigan et al.，1999）。相邻化学键使反应位置稳定，尽管含有相同元素的相同反应位置可能以类似的方式反应，但相邻化学键在稳定过渡态结构方面可以发挥不同的作用。反应位置的净同位素效应是由所有参与的化学键贡献产生的。例如，如果 C—Cl 键在氯化烷烃的水解过程中断裂，那么反应的 C 原子上的碳同位素效应可能会对协同取代机制产生影响，但在解离-缔合机制中，碳同位素效应要小得多。在解离-缔合机制中，化学键的损失可以通过增加与反应 C 原子的所有相邻键的稳定性来补偿（表 3-2）。

表 3-2　同位素效应的 Streitwieser 半经典极限估算（Elsner，2005）

化学键	频率/cm^{-1}	同位素	KIE
C—H	2900	$^{12}C/^{13}C$	1.021
C—H	2900	$^{1}H/^{2}H$	6.4
C—C	1000	$^{12}C/^{13}C$	1.049
C—Cl	750	$^{12}C/^{13}C$	1.057
C—Cl	750	$^{35}Cl/^{37}Cl$	1.013
C—N	1150	$^{12}C/^{13}C$	1.060
C—N	1150	$^{14}N/^{15}N$	1.044
C—O	1100	$^{12}C/^{13}C$	1.061
C—O	1100	$^{16}O/^{18}O$	1.067

（五）协同反应：在几个位置的同位素效应

虽然化学键的变化通常只局限于一个反应键，但在更复杂的情况下，一个反应可能是协同的，同位素效应同时在几个位置发生。例如，氯化乙烷和乙烯的还原转化可能只涉及一个 C—Cl 键的初始裂解，或者同时使两个碳原子结合（Roberts et al.，1994）。在双键或芳香族化合物的氧化过程中，反应可能只局限于一个碳原子，也可能涉及两个相邻的原子，例如在环氧化过程中（Singleton et al.，1997；Hirschi et al.，2009）。在这样的协同反应中，两个中心在键合上的变化程度相同，反应是同步的。而如果一个中心比另一个中心更紧密，则反应是异步的。利用标记的底物或核磁共振分馏（核磁共振光谱对位点特异性天然同位素的分馏）有时甚至可以在如此复杂的情况下确定每个反应位置的同位素效应，从而研究反应是逐步进行、异步进行还是同步进行的（Singleton et al.，1995)。然而，利用天然同位素丰度的底物结合 GC-IRMS 的同位素分析，人们只能确定平均同位素分馏，而如果没有先前的反应机理的知识，这种分馏必须归因于所有潜在的反应位置，无论它们是否涉及速率限制步骤。

（六）动力学同位素效应的半定量估计

根据上述经验法则，可以估计典型化学键断裂的近似最大动力学同位素效应（半经典 Streitwieser 极限）。这些数字来自非常简化的假设，即只考虑了断裂键的振动能量，忽略了其他重要因素：附加键的贡献；其他形式的能量（旋转、平移）；转移原子的运动（由虚振动频率描述，称为温度无关因子）(Paneth et al.，1991；Marlier，2001)；氢隧穿效应（即氢原子等小质量粒子能穿入或穿过位势能垒的行为）(Markovic et al.，2020)。与考虑到这些贡献的更为复杂的方法相比，Streitwieser 极限仅具有半定量特征。表 3-1 总结了一些重要化学键的典型数值。注意，这些值是考虑无限长时间状态反应位置中化学键完全断裂的估计值。现实中在约 50% 的键裂解时，过渡态的 KIE 值为预计的 1/2，例如 $KIE_C=1.01$（C—H 键）和 $KIE_C=1.03$（C—Cl 键）。

（七）动力学同位素效应的典型值

对于几种重要的化学反应类型，动力学同位素效应已被广泛研究，典型值汇总见表 3-2 与表 3-1。表中列的 Streitwieser 极限值确实有助于确定预期同位素效应的近似大小。然而，如表 3-2 所列，KIE 的实际值不仅取决于化学键的类型，而且还很大程度上取决于反应机理的类型。根据上述经验法则，C—O 键或 C—Cl 键断裂的同位素效应在一级动力学亲核取代反应中较小，而在二级动力学亲核取代反应中较大。此外，由于转移原子的运动和隧穿的贡献，实际值甚至可能大于计算的 Streitwieser 极限，这些方面在估计值中并没有考虑到。最后，表 3-2 说明，即使对于同一类型的反应，由于同位素效应依赖于过渡态的确切结构，也可能发生相当大的变化。

（八）速率限制步骤对催化反应的贡献

当将这种 KIE 数据与更复杂系统中测量值进行比较时，必须认识到只有当涉及元素 E 的化学键变化代表整个过程中的速率限制步骤时，才能直接观察到固有同位素效应 $KIE_{固}$。化学键转化之前偶尔会有一个非或仅轻微的分馏过程，例如底物转移到反应位点吸附到反应表面过程，或在生物转化中形成酶-底物复合物的过程。如果上述过程的反向步骤非常缓慢，那么到达反应位点的每一个底物分子基本上都将被转化，而不管其同位素组成如何。因此，在剩余的底物中不会观察到或仅观察到少量同位素差异。测得的表观动力学同位素效应(AKIE) 将接近 1，尽管在实际的化学键转化过程中会有一个明显的固有动力学同位素效应 $KIE_{固}$，有些学者称之为固有同位素分馏被掩蔽。这一现象在不同的学科有不同的名称。在地质学中，定量转化一词的意思是：迁移/吸附步骤定量地向前进行，而前一步骤的反向可以忽略不计。但是，考虑到掩蔽效应这一点，前一步骤的动力学是重要的。在生物化学中，

Northrop（1981）引入了“对催化贡献”，如果对催化作用的贡献很高，与之前所有过程的相反步骤相比，涉及元素 E 的化学键变化很快，如上所述，化学反应固有的同位素效应将被掩蔽。根据标记底物（labeled substrate，LS）的研究情况导出了以下关系式：

$$\mathrm{AKIE_{LS}}=\frac{A+\mathrm{KIE}}{A+1} \tag{3-26}$$

式中　A——一个数学表达式，是对催化作用的一种度量。

在生物化学文献中，AKIE 通常表示为$(v_{\max}/K_{\mathrm{m}})^{\mathrm{l}}/(v_{\max}/K_{\mathrm{m}})^{\mathrm{h}}$ 的比率。其中 $v_{\max}$ 是在不同批次中用不同标记分子测量的最大反应速率，K_{m} 是相应的 Michaelis-Menten 常数（Schuerner et al.，2015）。如式(3-26) 所示，在催化作用非常小的情况下（$A\approx 0$），掩蔽效应可以忽略不计，则观测到的表观同位素效应与固有同位素效应相同（$\mathrm{AKIE}\approx\mathrm{KIE}_{固}$）。虽然这一数学概念已被用于酶促反应动力学，但重要的是要认识到它也可以很容易地被用来理解其他零级和分数级反应涉及表面催化或传质限制的情况。

第三节 同位素分馏定量：平均富集与瑞利方程

为了说明如何以相对简单的方式量化反应过程中发生的底物同位素特征变化，首先从一个反应开始，在该反应中观测到的同位素分馏可直接与相应的 KIE 值关联。在均相水溶液铁卟啉对四氯化碳（CCl_4）的还原脱卤化反应中，C—Cl 键在解离电子转移反应的速率限制步骤中被破坏（Pause et al.，2000）。根据几何平均的规则，^{13}C 和^{12}C 在 C—^{35}Cl 键中的区别与在 C—^{37}Cl 键中的区别相同，因此在这两种情况下都可以用$^{13}k/^{12}k$ 的比率来描述。从图 3-3 所示的 δ^{13}C 值可以看出，反应过程中，在未反应的 CCl_4 中观察到$^{13}CCl_4$ 分子的碳同位素持续显著富集。因为在这种情况下，只有一个碳原子存在于反应发生位点，而且因为反应定义明确，所以可以使用固有动力学同位素效应方法分析：

$$\frac{\mathrm{d}[^{13}\mathrm{CCl_4}]}{\mathrm{d}[^{12}\mathrm{CCl_4}]}=\frac{^{13}k\,[^{13}\mathrm{CCl_4}]}{^{12}k\,[^{12}\mathrm{CCl_4}]}=\alpha\,\frac{[^{13}\mathrm{CCl_4}]}{[^{12}\mathrm{CCl_4}]} \tag{3-27}$$

式中 α 为分馏因子，为 KIE 倒数，即 $\alpha=\mathrm{KIE_C}^{-1}$。在地质和环境科学中，与经典同位素（生物）化学相比，通常使用重、轻同位素的比值表示：

$$\frac{R_t}{R_0}=\left[f\,\frac{(1+R_0)}{(1+R_t)}\right]^{\alpha} \tag{3-28}$$

式中　R_t，R_0——时间为 t 和 0 时^{13}C/^{12}C 比率；

f——时间为 t 时 CCl_4（总）的剩余部分，$f=[\mathrm{CCl_4}]_t/[\mathrm{CCl_4}]_0$。

使用 δ^{13}C 符号可以重写和简化等式，使其写成：

$$\frac{R}{R_0}=\left[\frac{1000+\delta^{13}\mathrm{C}}{1000+\delta^{13}\mathrm{C_0}}\right]=\frac{(1000+\delta^{13}\mathrm{C_0}+\Delta\delta^{13}\mathrm{C})}{(1000+\delta^{13}\mathrm{C})}=f^{(\alpha-1)}=f^{\varepsilon/1000} \tag{3-29}$$

写成对数形式为：

$$\ln\left(\frac{R}{R_0}\right)=\ln\left[\frac{1000+\delta^{13}C}{1000+\delta^{13}C_0}\right]=\ln\left[\frac{(1000+\delta^{13}C_0+\Delta\delta^{13}C)}{(1000+\delta^{13}C)}\right]$$

$$=(\alpha-1)\ln f=\frac{\varepsilon}{1000}\ln f \tag{3-30}$$

式中　$\Delta\delta^{13}C$——时间为 t 和 0 时的同位素特征之间的差异，$\Delta\delta^{13}C=(\delta^{13}C_t-\delta^{13}C_0)$；

ε——富集因子，并以千分数表示，$\varepsilon=1000(\alpha-1)$。

式(3-29) 和式(3-30) 通常被称为瑞利方程（Elsner et al.，2005b）。图 3-3 显示，瑞利方程可以很好地拟合反应过程中的同位素数据，在反应过程中，从 $\ln(R/R_0)$ 与 $\ln f$ 的线性回归得到的斜率为－0.0262，或者，用千分数表示 ε 值为－26.2‰。这相当于分馏系数 α 为 1.000－0.026＝0.974，意味着在整个过程中，$^{13}CCl_4$ 分子的反应比 $^{12}CCl_4$ 分子平均慢了 26‰。因此，该反应的动力学同位素效应为 1.027（1/0.974＝1.027）。

如图 3-3 所示，反应过程中同位素分馏的另一个直接结果是：所有瞬时形成产物的平均同位素比值总是比在底物的特定反应位点的同位素比值小［图 3-3(c) 中的虚线］。虽然这种瞬时比值不能直接观察到，但有时可以测量所有累积产物的平均同位素比值，这反映了仅在反应开始时的瞬时同位素分馏，并且在完全转化后与原始底物的同位素分馏相同［图 3-3(c) 中的虚线］。如果只形成一种产物，就很容易认识到这种趋势。然而，如果一个反应同时生成多个产物，它们的同位素比值可能具有很大差异，只有所有产物比值的加权平均值才能如图 3-3 所示的同位素变化趋势。

第四节
瑞利方程在复杂情况下的应用

目前，在污染水文学中，同位素数据通常以瑞利图的形式呈现，而报道的平均富集因子通常不用化学反应速率常数来解释。问题是在何种情况下，简单分子（如 CCl_4）的瑞利方程可以被推广，并用于评估更复杂系统（如非一级动力学）和更复杂分子（如在不同位置含有多 C 原子的化合物）。在大多数情况下，在简单化学反应过程中的假设似乎是合理的，即在无限短的时间内消失的一小部分污染物的平均同位素比值，始终是由某个不同于剩余底物的同位素（通常是较轻同位素）决定的。即使在更复杂的情况下，如自然环境中的微生物降解过程中，也可以观察到这种相关性。瑞利方程具有很大的实用价值，因为如果有微观或纯培养实验的数据，就有可能在实验室中确定某种污染物降解的同位素富集因子值。在实验室封闭反应系统中，浓度变化（C/C_0）和 $\delta^{13}C$ 可在任何反应时间点进行测量，通过瑞利方程得到对应的同位素富集因子（图 3-2）。然而在现场情况下，通常很难从有限数量的取样井中建立质量平衡，但是可以根据现场样品中测得的同位素比值，结合实验室测得的平均富集因子 ε 值，来评估原位生物降解程度 B：

$$B=(1-f)=\left[\frac{(1000+\delta^{13}C_0+\Delta\delta^{13}C)}{(1000+\delta^{13}C_0)}\right]^{1000/\varepsilon} \tag{3-31}$$

这一概念的适用性已在越来越多的案例中得到证明，而且该方法正迅速发展成为监测受污染地点自然衰减的有力工具（Thullner et al.，2012b）。然而，作为一个前提条件，瑞利方程必须是有效的。在许多研究中，必须确定在某些条件下，某种污染物的平均富集因子在降解过程中是可靠的和可重复的。因此，对于污染物水文学中瑞利方程的一般理解，以下问题至关重要：①瑞利方程在涉及高阶动力学和/或具有缓慢非反应性步骤的复杂过程中是否普遍有效？②瑞利方程是否也适用于在反应位置以外的位置含有相关元素的更复杂分子？③对于给定类型的反应，获得、观察或导出的平均富集因子的变异性有多大？如针对不同化合物和/或在不同条件下测定这些富集因子值，如何比较这些值？

一、瑞利方程对非一级反应动力学的有效性

瑞利方程的推导最初是基于具有轻和重同位素的分子根据一阶速率定律进行反应的假设下进行的，如式(3-20)所示。然而，对于自然丰度较低的重同位素，瑞利方程也适用于二阶和高阶动力学。两个具有重同位素的分子同时参与反应的概率很低，如式(3-20)所示，相应速率方程的比率可以再次简化为类似于式(3-32)的表达式：

$$\frac{d[^{h}S]}{d[^{l}S]}=\frac{^{h}k(^{h}[S])(^{l}[S])^{(i-1)}}{^{l}k(^{l}[S])(^{l}[S])^{(i-1)}}=\frac{^{h}k(^{h}[S])}{^{l}k(^{l}[S])} \tag{3-32}$$

式中 $^{l}[S]$——含有轻同位素的底物分子；

$^{h}[S]$——含有重同位素的底物分子；

i——动力学速率定律的阶。

此外，Michaelis-Menten动力学模型如对于更一般的情况，如果反应较慢的步骤先于实际的化学键催化转化步骤，并且对催化速率的贡献是不可忽略的，例如在许多生物转化中，瑞利方程甚至是适用的。式(3-32)给出了这种零级和分数级反应的处理方法，表示在这些情况下也可能会出现适用瑞利模型的分馏过程。

二、将平均富集因子转化为表观动力学同位素效应（AKIE）

在大多数情况下，污染水文学中的目标化合物中相关的同位素可能存在于几个位置，其中只有一些是反应性的。因此，许多同位素不直接参与反应。由于非反应同位素的稀释效应，观测的平均富集因子将变小。显然，这种表观富集因子不再直接反映动力学同位素效应的大小及固有的同位素分馏，正如上面所考虑的CCl_4例子中的情况一样。因此，为了解决实验平均富集因子的意义和可变性，这些值需要与表观动力学同位素效应相关联，然后才能与上述定义明确的反应过程的固有动力学同位素效应$KIE_{固}$值进行比较。然而，到目前为止还没有一个通用的方案能够弥补污染物转化测量的平均分馏与特定位置同位素效应之间的差距。下文提出了一个评估方法，该方法修正了由CSIA确定的平均值大小的“琐碎”方面：①分子内非反应位置存在重同位素，它们稀释了反应位置（reactive position，RP）的同位素分馏，导致平均同位素特征的可观测变化小得多；②在同一分子不可区分的反应位置同时存在重同位素和轻同位素。由于等位点之间的分子内竞争，重同位素的反应在很大程度上被回避了。尽管这两种修正都将以一种说明性的方式引入，但应该强调的是，它们实际上是从瑞利方程的基本速率定律出发的一般数学推导，直接导出相应的方程。这些方程适用于任何具有低自然丰度重同位素的元素（H、C、N、O），但不适用于S、Cl。

（一）非反应位置同位素分馏校正

非反应位置同位素分馏校正将以甲基叔丁基醚（MTBE）在好氧条件下的微生物转化为例直接说明。在这种情况下，假定的初始反应是甲基上 C—H 键氧化裂解。对于该反应，已经观测了很多 $\delta^{13}C$ 和 $\delta^{2}H$ 数据（Hunkeler et al.，2001b）。首先考虑 $\delta^{13}C$ 值，对于 $\delta^{13}C$ 值的变化，必须对非反应位置进行校正（Gray et al.，2002a）。考虑到反应开始时底物在反应池中分布均匀，重同位素自然丰度较低，1/5 含有 ^{13}C 的 MTBE 分子只在甲基中有 ^{13}C，反应速率比纯 ^{12}C-MTBE 分子慢，从而导致同位素分馏：

$$\frac{-d[^{13}CH_3—O—C_4H_9]}{-d[CH_3—O—C_4H_9]}=\alpha_{RP}\frac{[^{13}CH_3—O—C_4H_9]}{[CH_3—O—C_4H_9]} \tag{3-33}$$

相反，4/5 含有 ^{13}C 的 MTBE 分子（其中 ^{13}C 在非反应叔丁基中）的反应不会导致分馏，因为同位素离反应化学键太远，无法产生影响：

$$\frac{-d[CH_3—O—^{13}C_4H_9]}{-d[CH_3—O—C_4H_9]}=\frac{[CH_3—O—^{13}C_4H_9]}{[CH_3—O—C_4H_9]} \tag{3-34}$$

因此，如果分析平均同位素比值，这个平均比值的变化将远小于反应位置同位素比值的变化。此外，由于在甲基上显示 ^{13}C 原子的分子比在叔丁基上显示 ^{13}C 原子的分子反应慢，因此前者在反应过程中更易富集 ^{13}C，从而导致分馏的分子比例随着时间的推移而增加，如果用 GC-IRMS 测量平均同位素比率，可表明是在反应过程中分馏增加。因此，对平均同位素比值的大多数传统评估甚至都不能期望遵循瑞利模型，因为根据式(3-23) 绘制的曲线应导致具有向上曲率的非线性回归。从未观察到这一影响的事实表明，在分析精度范围内预期的富集量通常是不相关的，而且平均富集因子为实际目的提供了有价值的描述参数。然而，具有“真实”瑞利行为、导致具有物理意义的位置特异性富集因子（可根据反应速率常数解释）只能是所有位置都可能具有反应性的对称分子（例如 CCl_4 或 1,2-二氯乙烷、$CH_2Cl—CH_2Cl$ 以及苯）或经过适当校正后的非反应位置富集因子。这种校正可以通过将平均同位素特征 $\delta^{13}C$ 转化为反应性的甲基位置特异性的同位素特征 $\delta^{13}C$ 来实现，例如在 MTBE 氧化的情况下（Gray et al.，2002a）：

$$\Delta\delta^{13}C_{RP}=(5/1)\Delta\delta^{13}C_{主体} \tag{3-35}$$

类似地，对于氢分馏，12 个原子中有 3 个位于反应甲基上，修正如下：

$$\Delta\delta(^{12}H)_{RP}=(12/3)\Delta\delta(^{2}H)_{主体} \tag{3-36}$$

（二）分子内同位素分布的影响

在上述两种情况下，假设同位素最初均匀地分布在整个分子上。经证明这种假设并不完全正确，不同分子位置之间确实存在一些偏差。一般来说，这些变化在合成化合物中要大于天然化合物，对于氢同位素等轻同位素（通常为 20%，极端情况 +100%/−50%）的同位素分馏明显大于碳元素等较重元素（通常为 1%～2%，极端情况偏差 5%）。尽管这可能并不常见，但即使是不同实验室公布的平均同位素富集值的简单比较，也依赖于前提假设，即同位素在所研究化合物中均匀分布。考虑到该近似值引入的不确定性，误差传播表明，当分子内同位素变化为 5%（这对于碳相当于极端情况），反应位置的相对误差也为 5%。这些相对较小的偏差说明，对于碳等相对较重的元素，随机同位素分布的假设通常是合理的，而对于氢元素，这些同位素变化有时可能变得重要。对非反应位置的校正首次理解了该偏差并将其考虑在内：当知道初始同位素分布时［例如，对于通过 GC-IRMS 分析化合物碎片得到的碳（Monson et al.，1982；Rossmann et al.，1991）或者对于经过 SNIF-NMR（核磁共振光谱测量的现场特定天然同位素分馏）测量得到的氢同位素分布（Martin，1998）］，可以使用测量的分布情况替换校正因子 5/1 和 12/3，进而计算出无偏差的反应位点的稳定同位素富集因子值。

（三）位置特异性富集因子的计算

在 MTBE 氧化过程中，根据反应动力学可以得到碳同位素和氢同位素分馏的瑞利方程表达式：

$$\ln\left(\frac{R}{R_0}\right)=\ln\left[\frac{(1000+\delta^{13}C_0+5\Delta\delta^{13}C_{主体})}{(1000+\delta^{13}C_0)}\right]=\frac{\varepsilon_{RP}^{C}}{1000}\ln f \tag{3-37}$$

和

$$\ln\left(\frac{R}{R_0}\right)=\ln\left[\frac{(1000+\delta^{2}H_0+4\Delta\delta^{2}H_{主体})}{(1000+\delta^{13}H_0)}\right]=\frac{\varepsilon_{RP}^{H}}{1000}\ln f \tag{3-38}$$

可以得到两种元素反应位点的同位素富集因子 ε_{RP}^{C} 和 ε_{RP}^{H} 值，同时也可以得到不使用原始数据而只使用报告的 $\varepsilon_{主体}$ 值的近似值。

$$\varepsilon_{RP}\approx\frac{n}{x\varepsilon_{主体}} \tag{3-39}$$

式中　n——所考虑元素的原子数；

　　　x——位于反应位点的原子数。

对于甲基中的碳同位素而言，$n=5$ 和 $x=1$，而对于氢同位素而言，$n=12$ 和 $x=3$。对于碳同位素，ε_{methyl} 的近似值非常接近通过原始数据得出的值，而对于氢同位素则偏差很明显（Hunkeler et al.，2001b；Gray et al.，2002a）。然而，如果只有 $\varepsilon_{主体}$ 值可用，则式(3-39）可用于以合理精度近似任何 ε 值。结果表明对碳同位素近似的 ε_{RP} 高估了表观同位素效应，$AKIE_C=1.09$，当 $n/x=8$ 时的值高达 15%（即 12.3‰），评估值低至 $\ln f=-4$。同样的，它也显示了对氢同位素系统误差是如何变成 100%甚至更大的（Hunkeler et al.，2001b；Gray et al.，2002a）。

如果分子中只有一个反应位点，则可直接计算该位置和元素的表观动力学同位素效应（AKIE）：

$$AKIE_E=\left(\frac{{}^{l}k}{{}^{h}k}\right)_{表}=\frac{1}{\alpha_{RP}}=\frac{1}{1+\varepsilon_{RP}/1000} \tag{3-40}$$

这符合甲基叔丁基醚中甲基碳的氧化（$AKIE_C=1.01$）以及铁卟啉对四氯化碳中碳的还原的情况，其获得较大的 $AKIE_C$ 值为 1.027。

（四）分子内同位素竞争

与甲基碳相比，对于甲基叔丁基醚中的甲基氢，必须进行额外的校正以获得适当的 AKIE 值。在这种情况下，不同分子的轻（即—CH_3）和重（即—CDH_2）甲基之间不仅存在分子间同位素竞争，而且两个氢和同一甲基中的氘之间也存在分子内竞争。在不考虑掩蔽效应的情况下，这种分子内竞争可以根据相关速率常数表达的相对位置来判断：

$$\frac{-d[-CH_2D]/dt}{-d[-CH_3]/dt}=\alpha_{RP}\frac{[-CH_2D]}{[-CH_3]}=\frac{2\,{}^{1}k+{}^{2}k}{3\,{}^{1}k}\times\frac{[-CH_2D]}{[-CH_3]} \tag{3-41}$$

所以可以得到

$$\frac{\varepsilon_{RP}}{1000}=\alpha_{RP}-1=\frac{1}{3}\left(\frac{^2k}{^1k}-1\right) \tag{3-42}$$

因此氢同位素的表观动力学同位素效应有以下关系：

$$AKIE_H=\left(\frac{^1k}{^2k}\right)_{表}=\frac{1}{1+\varepsilon_{RP}/1000} \tag{3-43}$$

在这种处理过程中由于氘靠近断裂的 C—H 键而产生的二次同位素效应被忽略了（即—CH_2D 和—CH_3 的氧化速率常数^1k 被认为是等同的）。由于二次同位素效应比实际化学键裂解引起的一次同位素效应小得多（Merrigan et al.，1999），这种近似似乎是合理的。然而，在特别考虑到氢同位素的情况下，如果没有发生初级同位素效应，则不能忽略氢同位素的二级同位素效应。

在对称分子如 1,2-二氯乙烷（$CH_2Cl—CH_2Cl$）或苯（C_6H_6）的情况下，仍然需要对分子内竞争进行校正，而不需要对非活性位置进行校正，因为所有原子都处于等效的反应位置。如果在不可区分的活性位点之间存在分子内竞争，式(3-44）可适用于具有低天然丰度同位素的任何元素：

$$AKIE_H=\left(\frac{^1k}{^hk}\right)_{表}=\frac{1}{1+\varepsilon_{RP}/1000} \tag{3-44}$$

对于如 1,2-二氯乙烷（$CH_2Cl—CH_2Cl$）的分子，同位素富集因子 ε_{RP} 可以简单地从传统的瑞利方程的应用中获得。然而，对于具有非反应位置的分子，ε_{RP} 必须来自上述原始同位素特征数据或近似于 $\varepsilon_{主体}$ 值。在后一种情况下，由于对于初级同位素效应 $z=x$，AKIE 值可近似为（仅对于非确定反应中的初级同位素效应）：

$$AKIE_E\approx\frac{1}{1+n\varepsilon_{主体}/1000} \tag{3-45}$$

在大多情况下，只使用近似的 ε 和相应的 AKIE 值，因为在文献中通常只报道 $\varepsilon_{主体}$ 而不报道原始同位素数据。

第五节
CSIA 方法评估污染物自然降解程度

污染物单体稳定同位素分析不仅提供了定性示踪降解途径的可能性，而且可以定量评估污染物降解的程度。由于降解过程导致稳定同位素分馏，有机污染物同位素值较大的变化意味着发生了更大程度的降解。因此需要一个模型，将由降解引起的同位素比值的变化与导致它们的降解程度联系起来。这种关系由瑞利方程给出，以碳同位素为例：

$$\frac{(^{13}C/^{12}C)}{(^{13}C/^{12}C)_0}=\frac{\delta^{13}C+1}{\delta^{13}C_0+1}=f^{\alpha-1}=f^{\varepsilon} \tag{3-46}$$

$(^{13}C/^{12}C)_0$ 是给定有机化合物尚未降解时的碳同位素比值。$(^{13}C/^{12}C)$是同一化合物在发生一定程度降解后的碳同位素比值，f 是该化合物在降解阶段剩余的部分。$\delta^{13}C_0$ 和 $\delta^{13}C$

是用 δ 表示的同位素比值。同位素比值和 f 由分馏因子 α（或富集因子 ε）连接，该因子可通过双对数图中的实验数据进行评估：

$$\ln\left[\frac{1+\delta^{13}C}{1+\delta^{13}C_0}\right]=(\alpha-1)\ln f=\varepsilon\ln f \tag{3-47}$$

α 和 ε 的数值可在实验中，通过模拟含水层、沉积物或微生物培养物的条件试验确定，也可在文献中查阅。接近污染源（$\delta^{13}C_0$）和污染含水层（$\delta^{13}C$）下游的同位素值可根据瑞利方程［式(3-48)］评估污染物降解程度：

$$B=(1-f)=1-\left[\frac{(1+\delta^{13}C)}{(1+\delta^{13}C_0)}\right]^{1/\alpha-1}=\left[\frac{(1+\delta^{13}C)}{(1+\delta^{13}C_0)}\right]^{1/\varepsilon} \tag{3-48}$$

同位素比值的变化可以在确定的监测井中按时间序列进行测量，以调查正在进行的污染场地下水原位修复的效果。这种方法的可行性已经在许多被烃类化合物、氯化烃、石油烃或RDX 污染的现场得到了成功的证明（Thullner et al.，2012b）。同时美国 EPA 已经发布了官方指南，建议使用稳定同位素分馏测量来估计受污染场地的生物降解程度。

目前有许多研究涉及评估不确定性，一般不确定性分别与 ε 或 α 的值有关。文献中报道的数值是否适用于特定场地原位环境？这样的 ε 值有多大或可变性如何？决定它们大小的潜在因素是什么？另一个不确定因素是，在含水层中流动的水层并不像在实验室中那样是封闭的反应容器。相反，污染物会被吸附、挥发或通过分散而混合。即使这些物理过程可能不会直接导致显著的同位素分馏，它们的存在仍然可能会影响降解程度估计的准确性。具体来说，如果水层混合在一起，其中的同位素发生了不同程度的降解，则混合物的同位素值将始终低估真正的降解程度。此外，如果在非降解过程已经降低了污染物浓度之后开始转化，基于同位素的估计值可能会高估降解的真实程度。原因是，降解可能只对部分污染物负荷起作用，而同位素值不会反映这一事实。这些效应的重要性已在理论处理中进行了考虑，利用污染场地的水文地质知识，可以导出进一步限制这些不确定性的方程。

第六节
超越监测：稳定同位素分馏对降解机理的洞察

上述例子表明同位素测量是一种实用的方法，使自然系统不再作为一个黑箱去研究。相反地，需要了解有机污染物的降解过程以减少不确定性，并了解自然衰减的机制，以作为预测自然衰减长期有效性的基础。因此，需要考虑到：可观察到的同位素分馏能否通过什么转化机制或降解途径来解释污染物被降解？有氧或厌氧过程是否起作用？这些信息是否可以用来定量限定生物降解过程的 α 值和 ε 值，甚至有可能区分生物降解和非生物降解吗？

本节通过讨论共同产生可观测同位素分馏的不同因素来回答这些问题：（生物）化学转化过程中的过渡状态；位置特定同位素效应如何反映在 GC-IRMS 测量的化合物同位素分馏的平均值中；自然多步反应过程的速率限制步骤；在同时发生、竞争性降解途径情况下的产物生成。本节主要阐明自然转化机制的前景和局限性，并对下一步的发展进行了展望。

一、通过同位素分馏洞察转化机理

当有机化合物特定位置的轻同位素被重同位素取代时（例如，^{13}C 取代 ^{12}C），就会产生动力学同位素效应：

$$^{13}\mathrm{C}-\mathrm{KIE}=\mathrm{KIE_C}=\frac{^{12}k}{^{13}k} \tag{3-49}$$

式中 ^{13}k——反应位点为 ^{13}C 的反应速率常数；

^{12}k——反应位点为 ^{12}C 的反应速率常数。

根据它们的化学性质（核电荷、电子数），同一元素的同位素的行为应该相同。然而，如果它们以不同的速率进行化学反应可能因为附加中子的存在影响原子运动中涉及的质量，从而导致质量相关的分馏。此外，原子核的磁矩或核体积可能发生变化，从而导致质量无关的分馏。然而，与质量无关的分馏在有机化合物的生物降解中并没有起主要作用。磁同位素效应（Gao et al.，2001）或光激发态的分解在光化学转变中占主要地位（Hartenbach et al.，2008），而原子核的体积效应仅对非常重的元素，如汞同位素有重要意义（Schauble，2007）。

污染物转化过程中的动力学同位素效应导致了较重同位素在剩余产物中的富集。KIE是一种物理现象，由于在化学反应过程中，发生化学反应的化学键中具有轻同位素的分子通常比具有重同位素的分子反应更快，导致了重同位素在化合物母体中富集，而轻同位素更多地富集在生成产物中。这是质量依赖性的分子能量差异导致的，主要是分子振动的差异导致，同时由目标原子的旋转和平移运动引起（Swiderek et al.，2013）。此外，具有重同位素的分子具有比轻同位素分子更低的零点能量，这意味着由轻同位素形成的键弱于涉及重同位素的键，在相同的条件下由轻同位素组成的键更容易发生化学反应。反应过程中的动力学同位素效应（KIE）可以描述为轻同位素的反应速率常数（^{l}k）与重同位素的反应速率常数（^{h}k）的比值，如式(3-50)：

$$\mathrm{KIE}=\frac{^{l}k}{^{h}k} \tag{3-50}$$

KIE 值的大小取决于反应物与过渡态化学键的变化，其精确值可以通过细致的计算得到。

对于与质量相关的分馏，根据阿伦尼乌斯（Arrhenius）方程，速率常数 k 和活化能 E_a 取决于反应物 Q 和过渡态 TS 之间的能量差：

$$k=A\exp(-E_a/RT)=A\exp[-(\Delta G_{TS}-\Delta G_Q)/(RT)] \tag{3-51}$$

因此，同位素效应可以由以下方程定义（以碳同位素为例）：

$$\mathrm{KIE_C}=\frac{A^{12}}{A^{13}}\exp[-\Delta E_a/(RT)]=\frac{A^{12}}{A^{13}}\exp\{-[\Delta(\Delta G_{TS})-\Delta(\Delta G_Q)]/(RT)\} \tag{3-52}$$

式中 A——阿仑尼乌斯方程的指数前因子；

R——摩尔气体常数；

T——热力学温度；

$\Delta(\Delta G_Q)$——包含不同同位素的反应分子间的吉布斯自由能的差值；

$\Delta(\Delta G_{TS})$——过渡态中包含不同同位素分子间的吉布斯自由能的差值；

ΔE_a——导致动力学同位素效应的活化能的差值。

对于氢同位素的情况，同位素效应可能变得更大，因为较轻的同位素可以优先穿过活化屏障（Kohen et al.，1999）。

如图 3-4 所示，通过同位素之间的能量差异可以帮助理解动力学同位素效应。由重同位素组成的分子通常比由轻同位素组成的分子稳定，在反应过程中，由轻同位素组成的化学键强度比由重同位素组成的化学键的强度要弱，使得过渡态分子的吉布斯自由能差 $\Delta(\Delta G_{TS})$ 小于反应物分子吉布斯自由能差 $\Delta(\Delta G_{Q})$。因此，轻同位素活化能较低，通常反应更快。当 KIE＞1 时称为正常同位素效应（normal isotope effects），反之，当 $\Delta(\Delta G_{TS})>\Delta(\Delta G_{Q})$ 即 KIE＜1 对应于过渡态中更强的化学键时（高能量的振动），同位素效应被称为逆同位素效应（inverse isotope effects）。化学和地球科学已经创造了不同的惯例来表达同位素分馏的程度和方向。为了避免含糊不清，如果重同位素在反应物中富集（这是动力学同位素分馏的常见情况），则有助于讨论正常同位素分馏；如果重同位素在产物中富集，则有助于讨论反向分馏（Elsner et al.，2005b）。这种能量差 $\Delta(\Delta G)$ 又是由分子结构内同位素的原子运动决定的，具体通过分子振动、分子旋转和分子平移产生（Hartshorn et al.，1972）。例如，如果分子振动更强烈地涉及同位素替代的位置，如果这个分子振动的能量更大（对应于更强的化学键），将导致更大的 $\Delta(\Delta G)$ 差异。因为这种对分子几何结构的强烈依赖，同位素效应成为研究（生物）化学反应过渡态的一种方便方法；与计算相比，该方法基本上可以让我们看到过渡态结构。许多（生物）化学研究在特定的分子位置，合成了同位素标记的分子，进行了特定位置的核磁共振测量。随后对动力学同位素效应的测定使阐明有机反应的过渡态和揭示酶催化的机理成为可能。在这种解释中，多维隧道变分过渡态理论是最先进的理论处理方法，而不是上述简单的阿伦尼乌斯模型。

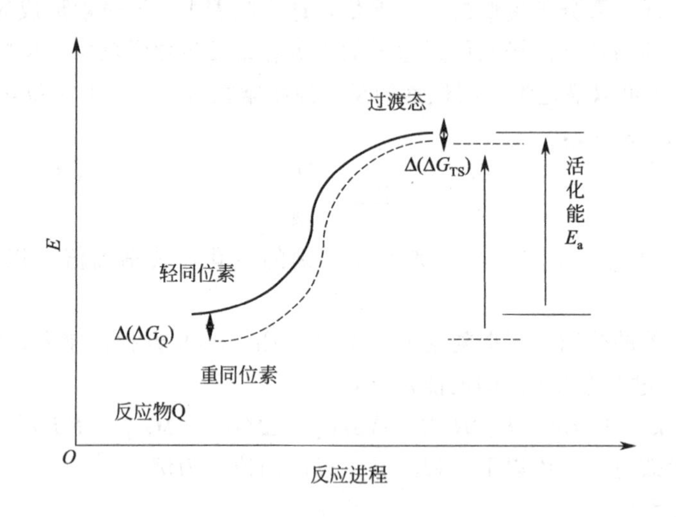

图 3-4 污染物转化过程中同位素（含轻同位素和重同位素的分子）之间的能量变化差异

二、化合物平均同位素分馏值如何计算反应位点的同位素效应

以下用阿特拉津的例子说明如何用 GC-IRMS 测量的化合物平均同位素分馏值来表示特定位点的同位素效应。阿特拉津是最主要的地下水污染物之一，脱氯反应是其脱毒的重要步

骤。研究表明，阿特拉津在生物和非生物水解过程中的主要途径可能是氢氧根离子直接进行亲核取代三嗪环上的氯原子，实现阿特拉津的脱氯脱毒，或者是三嗪环上的氮原子经过质子活化后，进行的亲核取代反应实现脱氯过程。之前的研究通过稳定同位素分馏研究了阿特拉津的降解途径及机理（Hartenbach et al.，2008；Meyer et al.，2009；Meyer et al.，2013）。同位素分馏的结果表明，水解过程中稳定同位素分馏主要发生在反应的 C—Cl 键上（Grzybkowska et al.，2014），碳、氮、氯稳定同位素均观测到显著的同位素分馏过程。碳稳定同位素在生物催化水解和非生物水解过程中均表现出正常的同位素分馏，而氮同位素在非生物酸性水解过程和生物催化水解过程中均表现出逆同位素效应，在碱性条件下表现出正常的同位素分馏。碳同位素的这种反应化学键中的强同位素效应称为一级同位素效应（Meyer et al.，2009；Chen et al.，2020）。相比之下，相邻位置的氮同位素变化差别较小，这些靠近反应键的较小同位素效应称为二级同位素效应。这个例子说明在较远位置的同位素差别是可以忽略的。为了解释用 GC-IRMS 测量的同位素分馏，有必要了解根据方程确定的分馏因子 α 如何反映特定位置的同位素效应。参数 α 应该更准确地称为“化合物 Q 转化为产物 P 的动力学同位素分馏因子 $\alpha_{P,Q}^{kin}$（^{13}C，^{12}C）”，根据前述定义可以表达成为：

$$\alpha_{P,Q}^{kin}(^{13}C,^{12}C)=\frac{(^{13}C/^{12}C)_P^{instantaneous}}{(^{13}C/^{12}C)_Q}=\frac{(^{13}C/^{12}C)_Q^{reacting}}{(^{13}C/^{12}C)_Q}=\frac{d^{13}C_Q/^{13}C_Q}{d^{12}C_Q/^{12}C_Q} \tag{3-53}$$

式中，$(^{13}C/^{12}C)_Q$ 为反应污染物 Q 的同位素比值；$(^{13}C/^{12}C)_P^{instantaneous}$ 和 $(^{13}C/^{12}C)_Q^{reacting}$ 分别为瞬时生成物 P 和消失反应物 Q 的同位素比值。当对这个表达式进行积分时，可以直接得到瑞利方程。Delta 表示法中的相应表达式是：

$$\alpha_{P,Q}^{kin}(^{13}C,^{12}C)=[\alpha_{P,Q}-1]=\left[\frac{\delta^{13}C_P+1}{\delta^{13}C_Q+1}-1\right]\approx\delta^{13}C_P-\delta^{13}C_Q \tag{3-54}$$

这些表达式对动力学同位素效应的定义有两个重要区别：在动力学同位素效应中轻同位素出现在分子中，而在分馏因子中轻同位素出现在分母中。如果轻同位素反应更快，同位素分馏正常，那么 KIE 值大于 1，α 值小于 1，在正常同位素效应的情况下，ε 值为负值，动力学同位素效应是反应位置特异性的。相反，GC-IRMS 测量将目标化合物转换为 CO_2、N_2 或 H_2，从而使位置特异性的信息在测量的化合物平均同位素值中丢失。如果同位素比值的变化很小，例如通常对于 C 和 N，根据化合物平均数据计算出的体同位素分馏因子近似等于所有分子位置 i 中 $1/KIE_i$ 的平均值。对于图 3-5 中阿特拉津在碱性水解过程的例子：

$$\alpha_{P,Q}^{kin}(^{13}C,^{12}C)\approx\frac{1}{8}\sum\left(\frac{1}{KIE_{C,i}}\right) \tag{3-55}$$

$$\alpha_{P,Q}^{kin}(^{15}N,^{14}C)\approx\frac{1}{5}\sum\left(\frac{1}{KIE_{N,i}}\right) \tag{3-56}$$

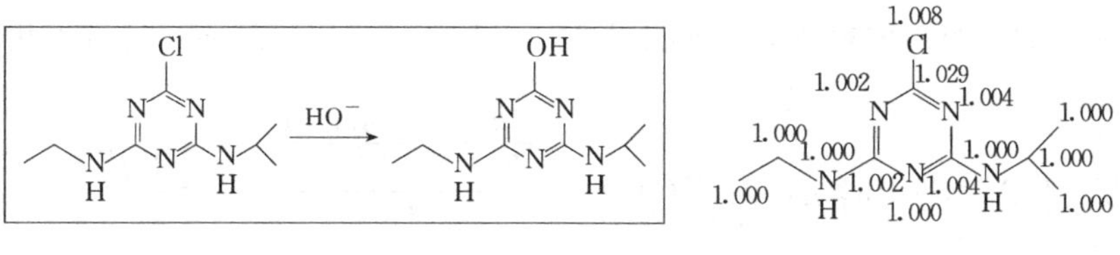

图 3-5 根据密度泛函理论(DFT)计算的阿特拉津碱性水解过程中的动力学同位素分馏效应

该计算假设在整个反应过程中同位素比值的分子内差异很小。如果化合物被同位素标记，标记位置的动力学同位素效应 KIE_i 将主导可观察的同位素分馏因子 α。

使用图 3-5 所示反应过程的密度泛函理论的计算值（Grzybkowska et al.，2014），计算结果 $\varepsilon_{P,Q}^{kin}(^{13}C,^{12}C)\approx-4‰$ 和 $\varepsilon_{P,Q}^{kin}(^{15}N,^{14}C)\approx-1.2‰$。计算出的 $\varepsilon_{P,Q}^{kin}(^{13}C,^{12}C)\approx-4‰$ 的平均碳同位素分馏明显小于计算出的 29‰反应位点的同位素效应（即 $KIE_C=1.029$），但它仍然表明存在一级动力学同位素效应。相比之下，计算出的 $\varepsilon_{P,Q}^{kin}(^{15}N,^{14}C)\approx-1.2‰$，说明了氮同位素的二级同位素效应。该同位素效应很小，虽然它们同时出现在一个以上的位置，但加起来，在存在初级同位素效应的情况下其贡献相对较小，这两个数值与 $\varepsilon_{P,Q}^{kin}(^{13}C,^{12}C)=-5.6‰$ 和 $\varepsilon_{P,Q}^{kin}(^{15}N,^{14}C)=1.2‰$ 的实验结果定性一致（Meyer et al.，2008）。这种情况说明，单体稳定同位素分析不能提供与位置特异性同位素效应相同的洞察力。例如，根据 α 或 ε 值不可能直接判断反应发生在哪个分子位置。尽管如此，可观察到的同位素分馏保留了特定位置同位素效应的性质。具体而言，阿特拉津碱性水解的化合物数据表明，碳的同位素效应是主要的，氮的同位素效应是次要的，它们是正常的同位素效应，而不是相反的逆同位素效应。由此可以得出结论，碱性水解过程主要受影响的是碳原子，而不是氮原子，而且在化学反应过渡态中碳原子的化学成键强度减弱了。因此，稳定同位素分馏在某种程度上保留了对过渡状态的洞察力。

三、将观测的同位素分馏与转化机制联系起来

自 21 世纪以来，越来越多的同位素富集因子 ε^{kin} 被发表（Elsner et al.，2005b）。因此，出现了关于这些富集因子的变异性和代表性的问题。特别令人感兴趣的是，在污染场地的富集培养物中，测量了氯代烷烃溶剂 1,2-二氯乙烷（1,2-DCA）的需氧生物降解的碳同位素分馏情况。考虑到 1,2-DCA 中的两个碳原子在化学上是等价的，1,2-DCA 中的任何 ^{13}C 同位素都必须与其双碳中心竞争，而不是恒定或随机变化，碳的 ε^{kin} 值呈二项分布，聚集在 −4‰或 −29‰附近（Hunkeler et al.，2000）。由于在自然丰度下，两个中心碳原子中只有一个被 ^{13}C 占据，下面的方程式适用：

$$-\frac{d[^{12}CH_2Cl—^{12}CH_2Cl]}{dt}={}^{12}k[^{12}CH_2Cl—^{12}CH_2Cl]-\frac{d[^{13}CH_2Cl—^{12}CH_2Cl]}{dt}$$

$$=\left(\frac{^{13}k}{2}+\frac{^{12}k_{next\ to\ ^{13}C}}{2}\right)[^{13}CH_2Cl—^{12}CH_2Cl] \tag{3-57}$$

$$\alpha_{P,Q}^{kin}(^{13}C,^{12}C)=\frac{\frac{^{13}k}{2}+\frac{^{12}k_{next\ to\ ^{13}C}}{2}}{^{12}k} \tag{3-58}$$

忽略碳原子的二级同位素效应（即假设 $^{13}k={}^{12}k_{next\ to\ ^{13}C}$）可以将上述方程化简为：

$$\varepsilon_{P,Q}^{kin}(^{13}C,^{12}C)=\alpha_{P,Q}^{kin}(^{13}C,^{12}C)-1=\frac{\frac{^{13}k}{2}+\frac{^{12}k_{next\ to\ ^{13}C}}{2}}{^{12}k}-1=\frac{1}{2}\left(\frac{^{13}k}{^{12}k}-1\right) \tag{3-59}$$

$$\frac{^{12}k}{^{13}k}=\frac{1}{2\varepsilon_{P,Q}^{kin}(^{13}C,^{12}C)+1} \tag{3-60}$$

结合 −4‰和 −29‰的富集因子值，动力学同位素效应估计为 1.01 和 1.06（Hirschorn

et al.，2004）。第一个值应与C—H键氧化一致，尽管第二种反应高度显示了二级亲核取代，但几乎没有其他类型的反应与如此大的碳动力学同位素效应相关。利用已知转化机制的纯菌株进行碳同位素分馏测量确认分析结果，并随后用于探索硝酸盐还原条件下的机理。通过对位置特异性同位素效应的仔细分析，富集因子的二项分布可能与不同的潜在转化机制有关（Hirschorn et al.，2007）。

同样的方法能够第一次推断甲基叔丁基醚（MTBE）厌氧降解的转化机理。MTBE取代汽油中的四乙基铅后，已成为重要的地下水污染源，其自然衰减一直备受关注。MTBE的碳ε_C^{kin}值在好氧降解菌群中为－2‰左右，在厌氧降解菌群中为－9‰左右；氢的ε_H^{kin}值则呈相反趋势，在好氧降解菌群中为－40‰左右，在厌氧降解菌群中仅为－10‰左右（Gray et al.，2002b；Thornton et al.，2011）。根据动力学同位素效应进行的仔细分析表明，在好氧反应条件下氢同位素分馏较大而碳同位素分馏较小，与C—H键的断裂过程相一致。相比之下，碳同位素分馏较大和氢同位素分馏较小的二级同位素效应可以确定二级动力学亲核取代反应是厌氧条件下MTBE唯一可能的反应机制（Haderlein et al.，2005）。

这项工作的另一个重要推动作用是在双（二维）同位素图中显示不同的污染物降解途径，该图采用了在地球化学中已确立的实践（图3-6）。从图中所观察到的斜率与富集因子的比值近似相等，甚至与潜在的动力学同位素效应有关：

$$\frac{\delta^2 H}{\delta^{13} C}=\frac{\varepsilon_H}{\varepsilon_C} \tag{3-61}$$

许多研究都遵循这一方法，对涉及苯（Mancini et al.，2008）、甲苯（Mancini et al.，2006）硝基苯（Hofstetter et al.，2008b；Hofstetter et al.，2008a）、RDX（Fuller et al.，2016）、阿特拉津（Meyer et al.，2013；Meyer et al.，2009）、异丙隆（Penning et al.，2008；Penning et al.，2010）和氯化乙烯（Abe et al.，2009a）的各种污染物进行了大量的

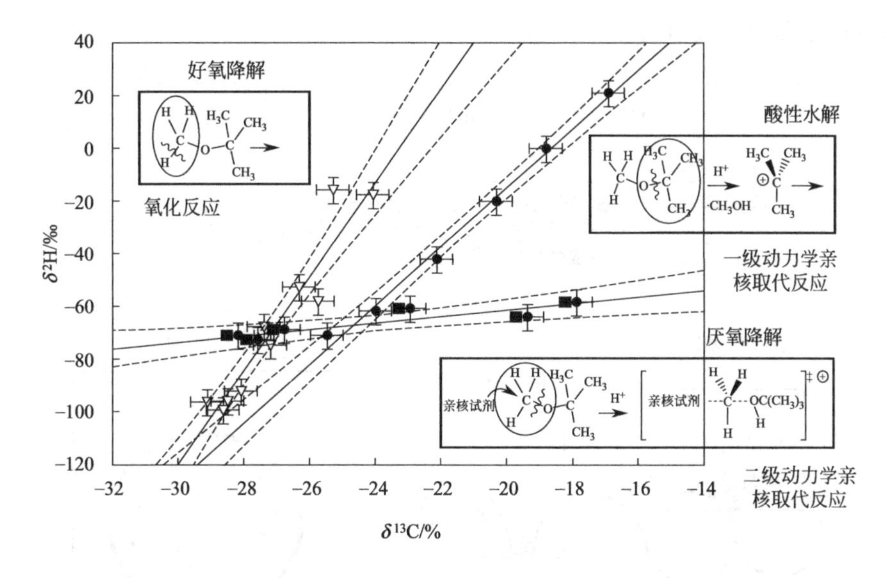

图3-6 甲基叔丁基醚（MTBE）分别在好氧条件（三角形）、酸性水解（实心圆点）和厌氧条件下（实心方框）观察到的碳和氢同位素分馏

虚线表示95%的线性回归置信区间。对每种转化过程相应的反应机制由一个围绕反应位置的圆圈和一条穿过断裂键的蜿蜒线来表示（Elsner et al.，2007）

动力学双同位素研究（Vogt et al.，2008），对MTBE的研究发现，在好氧反应条件下，取代机制的差异或挥发过程会导致同位素分馏存在一些变异性。尽管这可能使MTBE的双同位素图的斜率范围扩大，如图3-6所示（彩图见书后），双同位素图斜率仍然有效，即氢同位素的微弱分馏和碳同位素的较大分馏强烈地表明厌氧MTBE的降解（Haderlein et al.，2005）。MTBE不同的降解转化机制具有显著不同的碳氢双同位素图斜率。

第七节 环境中多步化学反应的同位素效应

污染物在自然环境中的降解过程往往由多个连续的步骤组成，污染物从纯相NAPL（非水相液体）中溶解，分子受到平流-弥散传输，并扩散到微生物或活性矿物的表面（图3-7）。在生物反应过程中污染物可能需要通过细胞壁。在反应界面或酶活性中心，污染物与其他分子竞争有限数量的反应位点，从而使整个动力学从一级转移到零级。酶促反应本身包括污染物与底物结合、活化、化学键转化、产物释放等几个步骤（Ehrl et al.，2018）。最后，即使是纯化学转化也可能需要一个以上步骤，如上文所述阿特拉津的酸性水解（Schuerner et al.，2015）。问题是这些步骤如何反映在可观测同位素分馏中？必须考虑多少步骤？它们以什么方式表示？哪一个步骤是最重要的？这对同位素数据的解释有何影响？为了回答这些问题，多步骤过程中的同位素分馏将首先在概念上采用稳态处理。对于环境中的实际反应过程，即使反应物和产物浓度随时间而变化，只要一个或多个瓶颈步骤决定了总转化率，这种稳态处理通常是合适的。在这种情况下（如酶-底物复合物、代谢物等），中间产物的常备库存、浓度在短时间内不会改变。我们将注意这种数学处理，因为它描绘了不同过程如何影响可观测同位素分馏的“大局”。

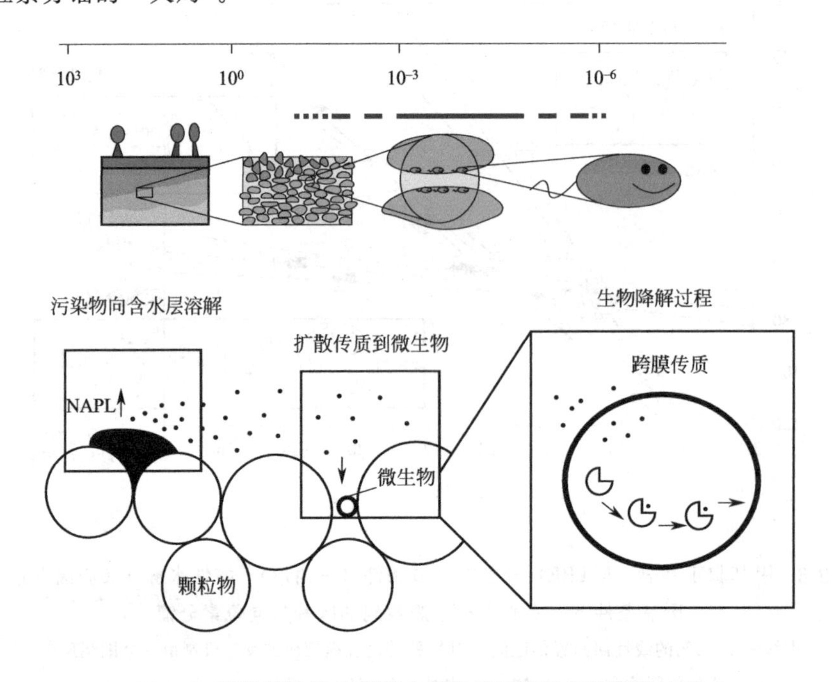

图3-7 有机污染物在环境中的传质迁移及生物降解过程

一、多步化学反应过程的理想化处理

考虑稳态条件下多步化学反应过程中的同位素分馏，在不同学科中或多或少地独立地得出了相同的概念理解。派生词通常看起来很复杂，并且遵循它们自己的命名法，因此不容易辨别出共同的基本原理。因此，这里提出一个推导，旨在以一种通俗的方式传达一般的想法。随后，说明该处理如何容纳迄今为止导出的不同表达式。

首先，一般考虑只有当分子从第一步返回到第二步，以便“报告”化学反应发生时才能在反应物 Q 中观察到反应步骤 i 的同位素效应。因此，稳定状态下多步化学反应过程中的同位素分馏反映并包含了导致第一个不可逆步骤的所有步骤。此外，给定步骤 i 的平衡同位素效应可定义为（例如碳）：

$$(\mathrm{EIE_C})=\frac{{}^{12}K_i}{{}^{13}K_i}=\frac{({}^{12}k_i/{}^{12}k_{-i})}{({}^{13}k_i/{}^{13}k_{-i})}=\frac{({}^{12}k_i/{}^{13}k_i)}{({}^{12}k_{-i}/{}^{13}k_{-i})}=\frac{(\mathrm{EIE_C})_i}{(\mathrm{EIE_C})_{-i}} \tag{3-62}$$

式中　k_i——步骤 i 的正向反应速率常数；

k_{-i}——步骤 i 的反向反应速率常数；

K_i——轻同位素和重同位素的平衡常数。

分馏因子 α_i^{equ} 和富集因子 $\varepsilon_i^{\mathrm{equ}}$ 的类似表达式如下：

$$\alpha_i^{\mathrm{equ}}=\alpha_i^{\mathrm{kin}}/\alpha_{-i}^{\mathrm{kin}} \tag{3-63}$$

$$\varepsilon_i^{\mathrm{equ}}=\alpha_i^{\mathrm{equ}}-1=\alpha_i^{\mathrm{kin}}/\alpha_{-i}^{\mathrm{kin}}-1=(\alpha_i^{\mathrm{kin}}-\alpha_{-i}^{\mathrm{kin}})/\alpha_{-i}^{\mathrm{kin}}\approx\varepsilon_i^{\mathrm{kin}}-\varepsilon_{-1}^{\mathrm{kin}} \tag{3-64}$$

二、两步稳态反应过程的表达式

如表 3-3 和表 3-4 所列，两步稳态反应过程的表达式如下所示：

$$\mathrm{Q}\underset{k_{-1}}{\overset{k_1}{\rightleftharpoons}}\mathrm{I}\xrightarrow{k_2}\mathrm{P} \tag{3-65}$$

经稳态处理的表观（可观察到的）动力学同位素效应 AKIE 可表示为：

$$\mathrm{AKIE}=\frac{(\mathrm{EIE_1\,EIE_2})+\dfrac{k_2}{k_{-1}}\mathrm{KIE_1}}{1+\dfrac{k_2}{k_{-1}}} \tag{3-66}$$

因此，在转化为中间体 I 的分子中，分数 $k_{-1}/(k_{-1}+k_2)$ 代表返回到反应物 Q，而分数 $k_2/(k_{-1}+k_2)$ 表示传递到产物 P。对于分子的 $k_2/(k_{-1}+k_2)$，第一步是不可逆的。因此，它们对 Q 同位素效应的贡献由 $\mathrm{KIE_1}$ 简单地给出，其方式与一步反应的方式大致相同。相比之下，分子的 $k_{-1}/(k_{-1}+k_2)$ 是向反应物 Q 方向。因此，它们可以使作用于 I 的所有分子上的 $\mathrm{KIE_2}$ 在 Q 中可见。此外，它们受 Q 和 I 之间平衡同位素效应 $\mathrm{EIE_1}$ 的影响，因此它们的总贡献是 $\mathrm{EIE_1KIE_2}$。$k_{-1}/(k_{-1}+k_2)$ 和 $k_2/(k_{-1}+k_2)$ 可以解释为 I 反作用的概率 p_{-1}：

$$p_{-1}=k_{-1}/(k_{-1}+k_2) \tag{3-67}$$

以及 I 的向前反应概率 p_2：

$$p_2=1-p_{-1}=k_2/(k_{-1}+k_2) \tag{3-68}$$

因此式(3-66) 可以重写为：

$$\mathrm{AKIE}=p_{-1}(\mathrm{EIE}_1\mathrm{KIE}_2)+p_2\mathrm{KIE}_2 \tag{3-69}$$

分馏因子的类似表达式是：

$$\alpha_{\mathrm{app}}=p_{-1}(\alpha_1^{\mathrm{equ}}\alpha_2^{\mathrm{equ}})+p_2\alpha_1^{\mathrm{kin}} \tag{3-70}$$

对于富集因子：

$$\begin{aligned}\varepsilon_{\mathrm{app}}&=\alpha_{\mathrm{app}}-1=[p_{-1}(\alpha_1^{\mathrm{equ}}\alpha_2^{\mathrm{equ}})+p_2\alpha_1^{\mathrm{kin}}]-1\\&=p_{-1}[(\varepsilon_1^{\mathrm{equ}}+1)(\varepsilon_2^{\mathrm{equ}}+1)]+p_2(\varepsilon_1^{\mathrm{kin}}+1)-1\\&\approx[p_{-1}(\varepsilon_1^{\mathrm{equ}}+\varepsilon_2^{\mathrm{equ}}+1)+p_2(\varepsilon_1^{\mathrm{kin}}+1)]-1\\&=[p_{-1}(\varepsilon_1^{\mathrm{equ}}+\varepsilon_2^{\mathrm{equ}})+p_2\varepsilon_1^{\mathrm{kin}}]-(p_{-1}+p_2-1)\\&=p_{-1}(\varepsilon_1^{\mathrm{equ}}+\varepsilon_2^{\mathrm{equ}})+p_2\varepsilon_1^{\mathrm{kin}}\end{aligned} \tag{3-71}$$

其中正向和反向反应的组合概率为 $1(p_{-1}+p_2=1)$。然而，当考虑到平衡同位素效应是由正向和反向反应的动力学同位素效应组成时，ε 的值可能会得到不同的表达式：

$$\varepsilon_1^{\mathrm{equ}}=\varepsilon_1^{\mathrm{kin}}-\varepsilon_{-1}^{\mathrm{kin}} \tag{3-72}$$

$$\begin{aligned}\varepsilon_{\mathrm{app}}&=p_{-1}(\varepsilon_1^{\mathrm{equ}}+\varepsilon_2^{\mathrm{kin}})+p_2\varepsilon_1^{\mathrm{kin}}=p_{-1}(\varepsilon_1^{\mathrm{kin}}-\varepsilon_{-1}^{\mathrm{kin}}+\varepsilon_2^{\mathrm{kin}})+p_2\varepsilon_1^{\mathrm{kin}}\\&=\varepsilon_1^{\mathrm{kin}}(p_{-1}+p_2)+(\varepsilon_2^{\mathrm{kin}}-\varepsilon_{-1}^{\mathrm{kin}})p_{-1}=\varepsilon_1^{\mathrm{kin}}+(\varepsilon_2^{\mathrm{kin}}-\varepsilon_{-1}^{\mathrm{kin}})p_{-1}\end{aligned} \tag{3-73}$$

类似的表达式通常存在于地球化学中。

表 3-3 和表 3-4 总结了各种情况下的表达式及同位素效应对应的表达式。

三、涉及更多步骤的过程

当考虑到第二步由两个子步骤组成时，该处理很容易扩展为三步反应：

$$\mathrm{Q}\underset{k_{-1}}{\overset{k_1}{\rightleftharpoons}}I\xrightarrow{k_2}\mathrm{P} \tag{3-74}$$

$$\mathrm{Q}\underset{k_{-1}}{\overset{k_1}{\rightleftharpoons}}\mathrm{I}_1\underset{k_{-2}}{\overset{k_2}{\rightleftharpoons}}\mathrm{I}_2\xrightarrow{k_3}\mathrm{P} \tag{3-75}$$

则：

$$\begin{aligned}\mathrm{AKIE}&=p_{-1}[\mathrm{EIE}_1(p_{-2}(\mathrm{EIE}_2\mathrm{KIE}_3)+p_3\mathrm{KIE}_2)]+p_2\mathrm{KIE}_1\\&=p_{-1}\,p_{-2}\mathrm{EIE}_1\mathrm{EIE}_2\mathrm{KIE}_3+p_{-1}\,p_3\mathrm{EIE}_1\mathrm{KIE}_2+p_2\mathrm{KIE}_1\end{aligned} \tag{3-76}$$

类似的，同位素分馏因子和富集因子可以分别表达成：

$$\alpha_{\mathrm{app}}=p_{-1}p_{-2}\alpha_1^{\mathrm{equ}}\alpha_2^{\mathrm{equ}}\alpha_3^{\mathrm{kin}}+p_{-1}p_3\alpha_1^{\mathrm{equ}}\alpha_2^{\mathrm{equ}}+p_2\alpha_1^{\mathrm{kin}} \tag{3-77}$$

$$\varepsilon_{\mathrm{app}}\approx p_{-1}p_{-2}(\varepsilon_1^{\mathrm{equ}}+\varepsilon_2^{\mathrm{equ}}+\varepsilon_3^{\mathrm{kin}})+p_{-1}p_3(\varepsilon_1^{\mathrm{equ}}+\varepsilon_2^{\mathrm{equ}})+p_2\varepsilon_1^{\mathrm{kin}} \tag{3-78}$$

而在有机（生物）化学中，首选以反应速率常数形式的表达式：

$$\mathrm{AKIE}=\frac{\mathrm{EIE}_1\mathrm{EIE}_2\mathrm{KIE}_3+\mathrm{EIE}_1\mathrm{KIE}_2\dfrac{k_3}{k_{-2}}+\mathrm{KIE}_1\dfrac{k_2}{k_{-1}}\times\dfrac{k_3}{k_{-2}}}{1+\dfrac{k_3}{k_{-2}}+\dfrac{k_2}{k_{-1}}\times\dfrac{k_3}{k_{-2}}} \tag{3-79}$$

很容易看出，这个概念可以扩展到包括多步骤过程中的任何其他步骤。

表 3-3　多步反应过程中可能的基本过程步骤及其速率表达式和动力学同位素效应表达式

作用于 Q 的过程	反应过程	速率方程	表观速率常数	Q 的同位素微分方程	动力学同位素效应
单分子反应	$Q \xrightarrow{k_1} P$	$-\dfrac{d[Q]}{dt}=k_1[Q]$	$k_{表}=k_1$	$\dfrac{d[^lQ]}{d[^hQ]}=\dfrac{^lk_1}{^hk_1}\times\dfrac{[^lQ]}{[^hQ]}$	$KIE_1=\dfrac{^lk_1}{^hk_1}$
传质过程①	$Q_A \xrightarrow{k_{ex}} Q_B$	$F_{net}=k_{ex}\dfrac{V}{A}[Q_B-Q_A]$	$k_{ex}=D\dfrac{V}{\delta A}$	$\dfrac{d[^lQ]}{d[^hQ]}=\dfrac{^lk_{ex}}{^hk_{ex}}\times\dfrac{[^lQ_B-{}^lQ_A]}{[^hQ_B-{}^hQ_A]}$	$KIE_1=\dfrac{^lk_{ex}}{^hk_{ex}}$
双分子反应（两反应物）	$Q+S \xrightarrow{k_1} P$	$-\dfrac{d[Q]}{dt}=k_1[Q][S]$	$k_{表}=k_1[S]$	$\dfrac{d[^lQ]}{d[^hQ]}=\dfrac{^lk_1}{^hk_1}\times\dfrac{[^lQ]}{[^hQ]}\times\dfrac{[S]}{[S]}$	$KIE_1=\dfrac{^lk_1}{^hk_1}$
双分子反应（一反应物）②	$Q+Q \xrightarrow{k_1} P$	$-\dfrac{d[Q]}{dt}=k_1[Q][Q]$	$k_{表}=k_1$（二级动力学）	$\dfrac{d[^lQ]}{d[^hQ]}=\dfrac{^lk_1}{^hk_1}\times\dfrac{[^lQ]}{[^hQ]}\times\dfrac{[^lQ]}{[^lQ]}$	$KIE_1=\dfrac{^lk_1}{^hk_1}$
催化的第一步（$C_{自}$为自由催化剂/酶）	$Q+C_{自} \xrightarrow{k_1} P$	$-\dfrac{d[Q]}{dt}=k_1[Q][C_{自}]$	$k_{表}=k_1[C_{自}]$	$\dfrac{d[^lQ]}{d[^hQ]}=\dfrac{^lk_1}{^hk_1}\times\dfrac{[^lQ]}{[^hQ]}\times\dfrac{[C_{自}]}{[C_{自}]}$	$KIE_1=\dfrac{^lk_1}{^hk_1}$

① F_{net}—净流量；V—考虑的隔室体积；A—界面面积；D—化合物扩散率；δ—夹层厚度。

② 低丰度重同位素的表达式，考虑到两个重同位素聚在一起进行反应的可能性很低。

表 3-4　多步骤反应过程中可能的复合过程、速率方程表达式和动力学同位素效应的表达式

作用于 Q 的过程	反应过程	速率方程	表观速率常数	Q 的同位素微分方程	Q 相关本征动力学同位素效应
两步稳态过程（第一步可逆，第二步不可逆）	$Q \underset{k_{-1}}{\overset{k_1}{\rightleftharpoons}} I \xrightarrow{k_2} P$	$-\dfrac{d[Q]}{dt}=\dfrac{d[P]}{dt}=k_2[I]=\dfrac{k_1k_2}{k_{-1}+k_2}[Q]$	$k_{表}=\dfrac{k_1k_2}{k_{-1}+k_2}$	$\dfrac{d[^lQ]}{d[^hQ]}=\dfrac{^lk_1{}^lk_2}{^hk_1{}^hk_2}\times\dfrac{^hk_{-1}+{}^hk_2}{^lk_{-1}+{}^lk_2}\times\dfrac{[^lQ]}{[^hQ]}$	$AKIE=\dfrac{^lk_1{}^lk_2}{^hk_1{}^hk_2}\times\dfrac{^hk_{-1}+{}^hk_2}{^lk_{-1}+{}^lk_2}$ $=\dfrac{EIE_1EIE_2+EIE_1{}^lk_2/{}^lk_{-1}}{1+{}^lk_2/{}^lk_{-1}}$
酶促反应（米氏方程）	$Q \underset{k_{-1}}{\overset{k_1[E_{自}]}{\rightleftharpoons}} EQ \xrightarrow{k_2} P$	$-\dfrac{d[Q]}{dt}=\dfrac{d[P]}{dt}=k_2[EQ]$	$k_{表}$	$\dfrac{d[^lQ]}{d[^hQ]}$	AKIE
	表达成 $[E_{自}]$，$[E_{tot}]=[E_{自}]+[EQ]$	$=\dfrac{k_1k_2[E_{自}]}{k_{-1}+k_2}[Q]$	$\dfrac{k_1k_2[E_{自}]}{k_{-1}+k_2}$	$=\dfrac{^lk_1{}^lk_2}{^hk_1{}^hk_2}\times\dfrac{^hk_{-1}+{}^hk_2}{^lk_{-1}+{}^lk_2}\times\dfrac{[^lQ]}{[^hQ]}$	$=\dfrac{EIE_1EIE_2+EIE_1{}^lk_2/{}^lk_{-1}}{1+{}^lk_2/{}^lk_{-1}}$
	表达成 $[E_{tot}]$	$=\dfrac{k_2[E_{tot}]}{(k_{-1}+k_2)/k_1+[Q]}[Q]$ $=\dfrac{V_{max}}{K_m+[Q]}[Q]$ $V_{max}=k_2[E_{tot}]$ $K_m=(k_{-1}+k_2)/k_1$	$\dfrac{k_2[E_{tot}]}{(k_{-1}+k_2)/k_1+[Q]}$ $=\dfrac{V_{max}}{K_m+[Q]}$	$=\dfrac{\dfrac{^lk_2}{(^lk_{-1}+{}^lk_2)/{}^lk_1}}{\dfrac{^hk_2}{(^hk_{-1}+{}^hk_2)/{}^hk_1}}\times\dfrac{[^lQ]}{[^hQ]}$ $=\dfrac{^l(V_{max}/K_m)}{^h(V_{max}/K_m)}\times\dfrac{[^lQ]}{[^hQ]}$	$=\dfrac{^l(V_{max}/K_m)}{^h(V_{max}/K_m)}$ $K_m=(k_{-1}+k_2)/k_1$

四、决定反应进行的方向因素

在计算 AKIE 时，哪些因素决定了各个步骤的权重可以用两步反应来说明。

$$\text{AKIE}=\frac{(\text{EIE}_1\text{KIE}_2)+\dfrac{k_2}{k_{-1}}\text{KIE}_1}{1+\dfrac{k_2}{k_{-1}}}=\frac{\dfrac{k_{-1}}{k_1}\times\dfrac{1}{k_2}(\text{EIE}_1\text{KIE}_2)+\dfrac{1}{k_1}\text{KIE}_1}{\dfrac{k_{-1}}{k_1}\times\dfrac{1}{k_2}+\dfrac{1}{k_1}} \tag{3-80}$$

用阿伦尼乌斯方程表示反应速率常数 k_i，则可以表示为：

$$k_1=A_1\exp\{-(\Delta G_{\text{TS1}}-\Delta G_{\text{Q}})/(RT)\} \tag{3-81}$$

$$k_2=A_2\exp\{-(\Delta G_{\text{TS2}}-\Delta G_{\text{intermediate1}})/(RT)\} \tag{3-82}$$

那么平衡速率常数（$K_1=k_1/k_{-1}$）可以表示成：

$$K_1=\frac{k_1}{k_{-1}}=\exp\{-(\Delta G_{\text{intermediate1}}-\Delta G_{\text{Q}})/(RT)\} \tag{3-83}$$

因此可以得到：

$$\frac{k_{-1}}{k_1}\times\frac{1}{k_2}=\exp\{(\Delta G_{\text{intermediate1}}-\Delta G_{\text{Q}})/(RT)\}\frac{1}{A_2}\exp\{(\Delta G_{\text{TS2}}-\Delta G_{\text{intermediate1}})/(RT)\}$$

$$=\frac{1}{A_2}\exp\{(\Delta G_{\text{TS2}}-\Delta G_{\text{Q}})/(RT)\} \tag{3-84}$$

所以，AKIE 可以表达如下式：

$$\text{AKIE}=\frac{(\text{EIE}_1\text{KIE}_2)\left[\dfrac{1}{A_2}\text{e}^{\frac{\Delta G_{\text{TS2}}-\Delta G_{\text{Q}}}{RT}}\right]+\text{KIE}_1\left[\dfrac{1}{A_1}\text{e}^{\frac{\Delta G_{\text{TS1}}-\Delta G_{\text{Q}}}{RT}}\right]}{1/A_2\text{e}^{\frac{\Delta G_{\text{TS2}}-\Delta G_{\text{Q}}}{RT}}+1/A_1\text{e}^{\frac{\Delta G_{\text{TS1}}-\Delta G_{\text{Q}}}{RT}}} \tag{3-85}$$

换言之，各贡献的权重由各步骤 i 的过渡态与初始污染物 Q 之间的能量差决定，在很大程度上与两者之间的任何中间体无关。对同位素效应的贡献也可以作类似的考虑。如图 3-8 所示，KIE_1 由反应物 Q、$\Delta(\Delta G_{\text{Q}})$ 和过渡态 1(TS1)、$\Delta(\Delta G_{\text{TS1}})$ 的同位素分子之间的能量差确定：

$$\text{KIE}_1=\frac{{}^{1}A}{{}^{\text{h}}A}\Delta\exp\{-[\Delta(\Delta G_{\text{TS1}})-\Delta(\Delta G_{\text{Q}})]/(RT)\} \tag{3-86}$$

EIE_1 KIE_2 是 EIE_1 和 KIE_2 的表达式组合，由反应物 Q、$\Delta(\Delta G_{\text{Q}})$ 和过渡态 2(TS2) 的 $\Delta(\Delta G_{\text{TS2}})$ 同位素的能量差决定：

$$\text{EIE}_1\text{KIE}_2=\exp\{-([\Delta(\Delta G_{\text{intermediate1}})-\Delta(\Delta G_{\text{Q}})])/(RT)\}\frac{{}^{1}A_2}{{}^{\text{h}}A_2}\exp\{-[\Delta(\Delta G_{\text{TS2}})-\Delta(\Delta G_{\text{intermediate1}})]/(RT)\}$$

$$=\frac{{}^{1}A_2}{{}^{\text{h}}A_2}\exp\{-[\Delta(\Delta G_{\text{TS2}})-\Delta(\Delta G_{\text{Q}})]/(RT)\} \tag{3-87}$$

也就是说，没有必要把同位素效应的贡献作为平衡同位素效应和动力学同位素效应的产物来说明。或者，这些贡献可能再次被认为是由过渡态 i 和初始污染物 Q 之间同位素能量的差异引起的，在很大程度上独立于两者之间的任何中间产物。对于涉及任意步骤的进程，可以导出类似的表达式。这种概念上的理解将一个通常相当复杂的数学框架简化为一个非常简单的处理成为可能，如下面假设的六步反应的情况所示（图 3-8）。可观察到的同位素分馏源于活化能最高的台阶，在图 3-8 所示的情况下，它们是步骤 5、3、1 和 6。相比之下，步骤 2 和步骤 4 的贡献可以忽略不计，因为活化能要小得多。换言之，多步反应中的同位素分馏反映了整个级联反应的速率限制步骤或瓶颈。在这些步骤中，只有步骤 3 和步骤 6 产生了显著的同位素效应。相反，如图 3-8 中箭头所示，过渡态 1 和过渡态 5 中含不同同位素中间体之间的能量差与原始反应物 Q 的能量差相似，因此不会产生显著的动力学同位素效应。综上所述，可观察到的动力学同位素分馏效应（AKIE）将是四个步骤的加权平均值，与步骤 3 和步骤 6 的 KIE 相比，将显著降低（掩蔽）。因此我们可以得到以下几个原则：

① 同位素分馏在多步化学反应过程中是由反应瓶颈或决速步骤所控制的。

② 如果这种决速步骤显示非常小的同位素分馏，则不可逆化学键转换的本征同位素效应（例如在步骤 6 中）将在可观测的 AKIE 值中变小（即被掩盖）。

③ 如果几个步骤是速率限制的，它们的同位素分馏以相似的比例进入，这样就可以控制多个步骤。

④ 如果其中几个步骤显示同位素效应，那么 AKIE 值中的同位素分馏也可能源于多个步骤，例如图 3-8 中的步骤 3 和步骤 6。

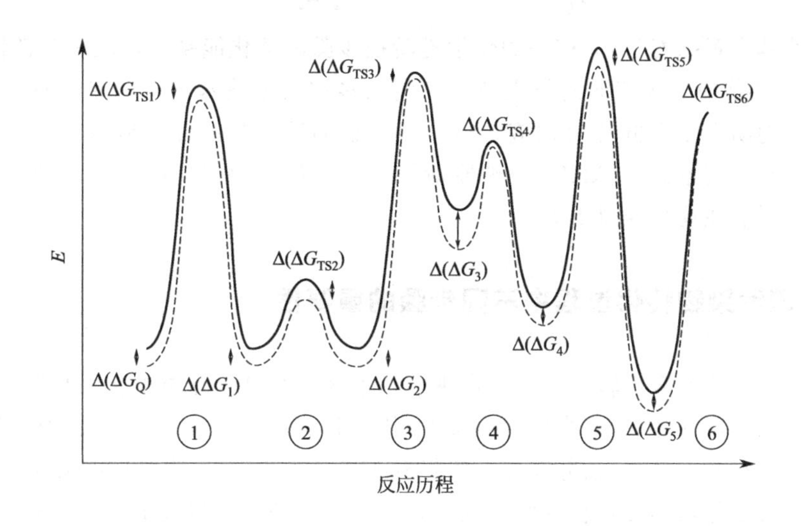

图 3-8 假设六步反应的活化能

实线表示轻同位素，虚线表示重同位素。各反应物和过渡态同位素之间的能量差用箭头表示

第八节 自然过程中的多步反应

考虑到以上情况，并非所有的自然过程都是一级动力学化学反应。这些关于污染物处理的问题也适用于其他过程，如零级变换、高反应级数的反应或传质过程。

一、文献中多步转化的表达式

在生物化学文献中，通常认为反应过程的一个定速步骤与同位素效应有关（例如步骤3），因此：

$$\mathrm{AKIE}=\frac{\mathrm{EIE_1\,EIE_2\,KIE_3}+\mathrm{EIE_1\,KIE_2}\,\frac{k_3}{k_{-2}}+\mathrm{KIE_1}\,\frac{k_2}{k_{-1}}\times\frac{k_3}{k_{-2}}}{1+\frac{k_3}{k_{-2}}+\frac{k_2}{k_{-1}}\times\frac{k_3}{k_{-2}}} \tag{3-88}$$

可以简化为：

$$\mathrm{AKIE}=\frac{\mathrm{KIE_3}+\frac{k_3}{k_{-2}}+\frac{k_2}{k_{-1}}\times\frac{k_3}{k_{-2}}}{1+\frac{k_3}{k_{-2}}+\frac{k_2}{k_{-1}}\times\frac{k_3}{k_{-2}}}=\frac{\mathrm{KIE_3}+A}{1+A} \tag{3-89}$$

总速率常数项通常被称为催化活性 A，AKIE 通常被解释为对 Michaelis-Menten 参数 $^{l}(V_{max}/K_{m})/^{h}(V_{max}/K_{m})$ 的动力学同位素效应（见表 3-4），因此文献中的等效表达式为：

$$\frac{^{l}(V_{max}/K_{m})}{^{h}(V_{max}/K_{m})}=\frac{(^{l}k_3/^{h}k_3)_{固}+A}{1+A} \tag{3-90}$$

酶的活性越高意味着与 k_3 相关的化学键转换步骤的活化能越低，反应非常快速而有效，参数 A 越大，越能掩盖固有的同位素效应。利用多重标记技术进行的专门研究能够解决给定的酶促反应的动力学和同位素效应。这一观点说明即使在酶促反应水平上，反应固有的 KIE 可能已经在可观察到的 AKIE 中被掩蔽了，并且如果酶促反应使内在的化学键转化更加有效，这种影响往往会变得更大。

二、环境污染物转化过程中不同步骤的重要性

对于有机污染物的多步转化过程，也观察到了这些经典研究中概念化的类似效应。特别是在自然生物降解反应中并不总是观察到给定（生物）化学转化机制的固有同位素效应（Elsner et al.，2005）。同位素分馏在一些好氧 MTBE 降解、还原氯化乙烯或异丙隆脱甲基的情况下甚至可以忽略不计，在这些情况下，预计会有较大的同位素效应（Penning et al.，2008；Philp，2008；Abe et al.，2009）。以下部分通过讨论有机污染物转化的多步骤反应的重要案例研究，进一步阐明不同反应步骤的相关性。

最近的研究假设表明，向细菌细胞内的传质步骤可能成为整个降解过程的瓶颈，如四氯乙烯（PCE）和三氯乙烯（TCE）在不同微生物菌株、无细胞膜提取物和纯钴胺素（这是大多数还原脱卤酶中存在的辅助因子）中的还原脱氯反应（Nijenhuis et al.，2005；Danuta et al.，2007；Cretnik et al.，2013）研究显示，随着细胞完整性的降低，同位素分馏增加的趋势表明底物摄取或运输到细胞膜中的过程可能是速率决定因素（Tobler et al.，2008）。在铁还原条件下甲苯生物降解的研究中提出了类似的假设（Dinkla et al.，2001）。当微生物附着在固态铁（Ⅲ）相上时，其同位素分馏比在溶液中溶解铁（Ⅲ）时小，甲苯进入细胞的传质过程成为速率限制步骤（Mancini et al.，2006）。针对酶促反应中的催化作用，在甲苯

被假单胞菌降解的情况下，同位素分馏可直接与酶活性相关。研究表明，在铁缺乏的条件下生长时，该生物体会形成一种活性较低的酶。在铁限制的条件下测量了甲苯中的碳和氢同位素分馏，发现其明显大于铁存在时的值。因此，只有脱辅酶才能观察甲苯转化的本征同位素效应。相比之下，正常功能的酶有更大程度上的贡献，这意味着固有同位素效应在某种程度上被掩蔽了。

同时，污染物在非水相液体中的分解或向水体中溶解的过程也可能成为自然转化的瓶颈。通过在纯十四烷有机相中向水溶液中缓慢释放 TCE 过程，模拟了这种情况下 TCE 微生物降解过程中的碳同位素分馏程度。在十四烷存在的情况下，同位素分馏比不存在十四烷的情况下要小得多。这一结果对多环芳烃等有机污染物的研究具有启示作用，它们因吸附能力强可能被困在天然有机物中，因此不易被生物利用。然而，当污染物从其自身的纯相态向水环境中溶解时，这通常不会成为自然生物降解的瓶颈——因为接近纯有机相的浓度通常很高，不会限制微生物的降解。如果有的话，新溶解的污染物可以混入已经经历某种降解的水包中，这样由降解引起的同位素值的变化就会被稀释（Aeppli et al.，2009），降解程度将被低估（Kopinke et al.，2005；Fischer et al.，2007a）。这种影响是由水文混合引起的，而不是由多步骤过程中的反应速率瓶颈引起的。

参考文献

ABE Y，ARAVENA R，ZOPFI J，et al.，2009. Carbon and chlorine isotope fractionation during aerobic oxidation and reductive dechlorination of vinyl chloride andcis-1,2-dichloroethene [J]. Environmental Science & Technology，43 (1)：101-107.

AEPPLI C，BERG M，CIRPKA O A，et al.，2009. Influence of mass-transfer limitations on carbon isotope fractionation during microbial dechlorination of trichloroethene [J]. Environmental Science & Technology，43 (23)：8813-8820.

AEPPLI C，HOFSTETTER T B，AMARAL H I，et al.，2010. Quantifying in situ transformation rates of chlorinated ethenes by combining compound-specific stable isotope analysis，groundwater dating，and carbon isotope mass balances [J]. Environmental Science & Technology，44 (10)：3705-3711.

BERNSTEIN A，GELMAN F，RONEN Z，2014. Stable isotope tools for tracking in situ degradation processes of military energetic compounds [M]. Springer International Publishing.

BOMBACH P，NÄGELE N，ROSELL M，et al.，2015. Evaluation of ethyl tert-butyl ether biodegradation in a contaminated aquifer by compound-specific isotope analysis and in situ microcosms [J]. Journal of Hazardous Materials，286：100-106.

CENTLER F，HEßE F，THULLNER M，2013. Estimating pathway-specific contributions to biodegradation in aquifers based on dual isotope analysis：Theoretical analysis and reactive transport simulations [J]. Journal of Contaminant Hydrology，152：97-116.

CHEN S S，ZHANG K，JHA R K，et al.，2020. Impact of atrazine concentration on bioavailability and apparent isotope fractionation in Gram-negative *Rhizobium* sp. CX-Z [J]. Environmental Pollution，257：113614.

CICHOCKA D，SIEGERT M，IMFELD G，et al.，2007. Factors controlling the carbon isotope fractionation of tetra- and trichloroethene during reductive dechlorination by *Sulfurospirillum* ssp. and *Desulfitobacterium* sp. strain PCE-S [J]. FEMS Microbiology Ecology，62 (1)：98-107.

CRETNIK S，THORESON K A，BERNSTEIN A，et al.，2013. Reductive dechlorination of TCE by chemical model systems in comparison to dehalogenating bacteria：insights from dual element isotope analysis ($^{13}C/^{12}C$，$^{37}Cl/^{35}Cl$) [J]. Environmental Science & Technology，47 (13)：6855-6863.

DINKLA I J，GABOR E M，JANSSEN D B，2001. Effects of iron limitation on the degradation of toluene by Pseudomonas strains carrying the tol (pWWO) plasmid [J]. Applied and Environmental Microbiology, 67 (8): 3406-3412.

EHRL B N, GHARASOO M, ELSNER M, 2018. Isotope fractionation pinpoints membrane permeability as a barrier to atrazine biodegradation in gram-negative *polaromonas* sp. nea-C [J]. Environmental Science & Technology, 52 (7): 4137-4144.

EHRL B N, KUNDU K, GHARASOO M, et al., 2019. Rate-limiting mass transfer in micropollutant degradation revealed by isotope fractionation in chemostat [J]. Environmental Science & Technology, 53 (3): 1197-1205.

ELSNER M, 2010. Stable isotope fractionation to investigate natural transformation mechanisms of organic contaminants: principles, prospects and limitations [J]. Journal of Environmental Monitoring, 12 (11): 2005-2031.

ELSNER M, MCKELVIE J, LACRAMPE COULOUME G, et al., 2007. Insight into methyltert-butyl ether (MTBE) stable isotope fractionation from abiotic reference experiments [J]. Environmental Science & Technology, 41 (16): 5693-5700.

ELSNER M, ZWANK L, HUNKELER D, et al., 2005. A new concept linking observable stable isotope fractionation to transformation pathways of organic pollutants [J]. Environmental Science & Technology, 39 (18): 6896-6916.

FISCHER A, MANEFIELD M, BOMBACH P, 2016. Application of stable isotope tools for evaluating natural and stimulated biodegradation of organic pollutants in field studies [J]. Current Opinion in Biotechnology, 41: 99-107.

FISCHER A, THEUERKORN K, STELZER N, et al., 2007. Applicability of stable isotope fractionation analysis for the characterization of benzene biodegradation in a BTEX-contaminated aquifer. Environmental Science & Technology, 41: 3689-3696.

FULLER M E, HERATY L, CONDEE C W, et al., 2016. Relating carbon and nitrogen isotope effects to reaction mechanisms during aerobic or anaerobic degradation of RDX (hexahydro-1, 3, 5-trinitro-1, 3, 5-triazine) by pure bacterial cultures [J]. Applied & Environmental Microbiology, AEM: 00073-16.

GAO Y Q, MARCUS R A, 2001. Strange and unconventional isotope effects in ozone formation [J]. Science, 293: 259-263.

GAWLITA E, SZYLHABEL-GODALA A, PANETH P, 1996. Kinetic isotope effects on the Menshutkin reaction: Theory versus experiment [J]. Journal of Physical Organic Chemistry, 9: 41-49.

GRAY J R, LACRAMPE-COULOUME G, GANDHI D, et al., 2002. Carbon and hydrogen isotopic fractionation during biodegradation of methyl tert-butyl ether [J]. Environmental Science & Technology, 36: 1931-1938.

GRIEBLER C, SAFINOWSKI M, VIETH A, et al. 2004. Combined application of stable carbon isotope analysis and specific metabolites determination for assessing in situ degradation of aromatic hydrocarbons in a tar oil-contaminated aquifer [J]. Environmental Science & Technology, 38: 617-631.

GRZYBKOWSKA A, KAMINSKI R, DYBALA-DEFRATYKA A, 2014. Theoretical predictions of isotope effects versus their experimental values for an example of uncatalyzed hydrolysis of atrazine [J]. Physical Chemistry Chemical Physics, 16: 15164-15172.

HADERLEIN S B, SCHMIDT T C, ELSNER M, et al., 2005. New evaluation scheme for two-dimensional isotope analysis to decipher biodegradation processes: application to groundwater contamination by MTBE [J]. Environmental Science & Technology, 39: 8543-8544.

HARTENBACH A E, HOFSTETTER T B, TENTSCHER P R, et al., 2008. Carbon, hydrogen, and nitrogen isotope fractionation during light-induced transformations of atrazine [J]. Environmental Science & Technology, 42: 7751-7756.

HARTSHORN S R, SHINER V J, 1972. Calculation of H/D carbon-12/carbon-13, and carbon-12/carbon-14 fractionation factors from valence force fields derived for a series of simple organic molecules [J]. Journal of the American Chemical Society, 94: 9002-9012.

HIRSCHI J S, TAKEYA T, HANG C, et al., 2009. Transition-state geometry measurements from C-13 isotope effects. The experimental transition state for the epoxidation of alkenes with oxaziridines [J]. Journal of the American Chemical Society, 131: 2397-2403.

HIRSCHORN S K, DINGLASAN-PANLILIO M J, EDWARDS E A, et al., 2010. Isotope analysis as a natural reaction probe to determine mechanisms of biodegradation of 1,2-dichloroethane [J]. Environmental Microbiology, 9 (7): 1651-1657.

HIRSCHORN S K, DINGLASAN M J, ELSNER M, et al., 2004. Pathway dependent isotopic fractionation during aerobic biodegradation of 1, 2-dichloroethane [J]. Environmental Science & Technology, 38: 4775-4781.

HOFSTETTER T B, NEUMANN A, ARNOLD W A, et al., 2008. Substituent effects on nitrogen isotope fractionation during abiotic reduction of nitroaromatic compounds [J]. Environmental Science & Technology, 42 (6): 1997-2003.

HOFSTETTER T B, SPAIN J C, NISHINO S F, et al., 2008. Identifying competing aerobic nitrobenzene biodegradation pathways by compound-specific isotope analysis [J]. Environmental Science & Technology, 42: 4764-4770.

HUNKELER D, ANDERSEN N, ARAVENA R, et al., 2001. Hydrogen and carbon isotope fractionation during aerobic biodegradation of benzene [J]. Environmental Science & Technology, 35: 3462-3467.

HUNKELER D, ARAVENA R, 2000. Evidence of substantial carbon isotope fractionation among substrate, inorganic carbon, and biomass during aerobic mineralization of 1, 2-dichloroethane by xanthobacter autotrophicus [J]. Applied and Environmental Microbiology, 66: 4870-4876.

HUNKELER D, BUTLER B J, ARAVENA R, et al., 2001. Monitoring biodegradation of methyl tert-butyl ether (MTBE) using compound-specific carbon isotope analysis [J]. Environmental Science & Technology, 35: 676-681.

JIN S, YAO X, XU Z, et al., 2018. Estimation of soil-specific microbial degradation of alpha-cypermethrin by compound-specific stable isotope analysis [J]. Environmental Science & Technology, 25: 22736-22743.

KOHEN A, KLINMAN J P, 1999. Hydrogen tunneling in biology [J]. Chemistry and Biology, 6: R191-R198.

KOPINKE F D, GEORGI A, VOSKAMP M, et al., 2005. Carbon isotope fractionation of organic contaminants due to retardation on humic substances: implications for natural attenuation studies in aquifers [J]. Environmental Science & Technology, 39: 6052-6062.

KUDER T, PHILP P, 2008. Modern geochemical and molecular tools for monitoring in situ biodegradation of MTBE and TBA [J]. Reviews in Environmental Science and Bio/Technology, 7 (1): 79-91.

LI Z, LI L, XING L, et al., 2018. Development of new method for D/H ratio measurements for volatile hydrocarbons of crude oils using solid phase micro-extraction (SPME) coupled to gas chromatography isotope ratio mass spectrometry (GC-IRMS) [J]. Marine and Petroleum Geology, 89: 232-241.

LONG A, EASTOE C J, KAUFMANN R S, et al., 1993. High-precision measurement of chlorine stable isotope ratios [J]. Geochimica et Cosmochimica Acta, 57 (12): 2907-2912.

MANCINI S A, DEVINE C E, ELSNER M, et al., 2008. Isotopic evidence suggests different initial reaction mechanisms for anaerobic benzene biodegradation [J]. Environmental Science & Technology, 42 (22): 8290-8296.

MANCINI S A, HIRSCHORN S K, ELSNER M, et al., 2006. Effects of trace element concentration on enzyme controlled stable isotope fractionation during aerobic biodegradation of toluene [J]. Environmental Science & Technology, 40 (24): 7675-7681.

MARIOTTI A, GERMON J C, HUBERT P, et al., 1981. Experimental determination of nitrogen kinetic isotope fractionation: Some principles; illustration for the denitrification and nitrification processes [J]. Plant and Soil, 62 (3): 413-430.

MARKOVIĆ A K, BRALA C J, PILEPIĆ V, et al., 2020. Kinetic isotope effects and hydrogen tunnelling in PCET oxidations of ascorbate: new insights into aqueous chemistry? [J]. Molecules, 25 (6): 1443.

MARLIER J F, 2001. Multiple isotope effects on the acyl group transfer reactions of amides and esters [J]. Accounts of Chemical Research, 34 (4): 283-290.

MARTIN G J, 1998. Recent advances in site-specific natural isotope fractionation studied by nuclear magnetic resonance [J]. Isotopes in Environmental and Health Studies, 34: 233-243.

MERRIGAN S R, LE GLOAHEC V N, SMITH J A, et al., 1999. Separation of the primary and secondary kinetic isotope effects at a reactive center using starting material reactivities. Application to the $FeCl_3$-Catalyzed oxidation of C—H bonds with tert-butyl hydroperoxide [J]. Tetrahedron Letters, 40 (20): 3847-3850.

MEYER A H, ELSNER M, 2013. C-13/C-12 and N-15/N-14 isotope analysis to characterize degradation of atrazine: evidence from parent and daughter compound values [J]. Environmental Science & Technology, 47: 6884-6891.

MEYER A H, PENNING H, ELSNER M, 2009. C and N isotope fractionation suggests similar mechanisms of microbial atrazine transformation despite involvement of different enzymes (AtzA and TrzN) [J]. Environmental Science & Technology, 43: 8079-8085.

MEYER A H, PENNING H, LOWAG H, et al., 2008. Precise and accurate compound specific carbon and nitrogen isotope analysis of atrazine: critical role of combustion oven conditions [J]. Environmental Science & Technology, 42: 7757-7763.

MONSON K D, HAYES J M, 1982. Carbon isotopic fractionation in the biosynthesis of bacterial fatty acids. Ozonolysis of unsaturated fatty acids as a means of determining the intramolecular distribution of carbon isotopes [J]. Geochimica et Cosmochimica Acta, 46: 139-149.

MORASCH B, RICHNOW H H, SCHINK B, et al., 2002. Carbon and hydrogen stable isotope fractionation during aerobic bacterial degradation of aromatic hydrocarbons [J]. Applied and Environmental Microbiology, 68: 5191-5194.

NIJENHUIS I, ANDERT J, BECK K, et al., 2005. Stable isotope fractionation of tetrachloroethene during reductive dechlorination by sulfurospirillum multivorans and *Desulfitobacterium* sp. Strain PCE-S and abiotic reactions with cyanocobalamin [J]. Environmental Science & Technology, 71 (7): 3413-3419.

NORTHROP D B, 1981. The expression of isotope effects on enzyme-catalyzed reactions [J]. Annual Review of Biochemistry, 50 (1): 103-131.

OJEDA A S, PHILLIPS E, LOLLAR S B, 2020. Multi-element (C, H, Cl, Br) stable isotope fractionation as a tool to investigate transformation processes for halogenated hydrocarbons [J]. Environmental Science-Processes and Impacts, 22: 567-582.

PANETH P, OLEARY M H, 1991. Nitrogen and deuterium isotope effects on quaternization of *N*,*N*-dimethyl-p-toluidine [J]. Journal of the American Chemical Society, 113 (5): 1691-1693.

PAUSE L, ROBERT M, SAVEANT J M, 2000. Reductive cleavage of carbon tetrachloride in a polar solventAn example of a dissociative electron transfer with significant attractive interaction between the caged product fragments [J]. Journal of the American Chemical Society, 122: 9829-9835.

PENNING H, CRAMER C J, ELSNER M, 2008. Rate-dependent carbon and nitrogen kinetic isotope fractionation in hydrolysis of isoproturon [J]. Environmental Science & Technology, 42: 7764-7771.

PENNING H, SORENSEN S R, MEYER A H, et al., 2010. C, N, and H isotope fractionation of the herbicide isoproturon reflects different microbial transformation pathways [J]. Environmental Science & Technology, 44: 2372.

REINNICKE S, JUCHELKA D, STEINBEISS S, et al., 2012. Gas chromatography/isotope ratio mass spectrometry of recalcitrant target compounds: performance of different combustion reactors and strategies for standardization [J]. Rapid Communications in Mass Spectrometry, 26 (9): 1053-1060.

ROBERTS A L, M GSCHWEND P, 1994. Interaction of abiotic and microbial processes in hexachloroethane reduction in groundwater [J]. Journal of Contaminant Hydrology, 16 (2): 157-174.

RODRÍGUEZ-FERNÁNDEZ D, TORRENTÓ C, GUIVERNAU M, et al., 2018. Vitamin B_{12} effects on chlorinated methanes-degrading microcosms: Dual isotope and metabolically active microbial populations assessment [J]. Science of the Total Environment, 621: 1615-1625.

ROSSMANN A, BUTZENLECHNER M, SCHMIDT H L, 1991. Evidence for a nonstatistical carbon isotope distribution in natural glucose [J]. Plant Physiology, 96 (2): 609-614.

SCHAUBLE E A, 2007. Role of nuclear volume in driving equilibrium stable isotope fractionation of mercury, thallium, and other very heavy elements [J]. Geochimica et Cosmochimica Acta, 71 (9): 2170-2189.

SCHÜRNER H K, SEFFERNICK J L, GRZYBKOWSKA A, et al., 2015. Characteristic isotope fractionation patterns in s-triazine degradation have their origin in multiple protonation options in the s-triazine hydrolase TrzN [J]. Environmental Science & Technology, 49 (6): 3490-3498.

SINGLETON D A, MERRIGAN S R, LIU J, et al., 1997. Experimental geometry of the epoxidation transition state [J]. Journal of the American Chemical Society, 119 (14): 3385-3386.

SINGLETON D A, THOMAS A A, 1995. High-precision simultaneous determination of multiple small kinetic isotope effects at natural abundance [J]. Journal of the American Chemical Society, 117 (36): 9357-9358.

ŚWIDEREK K, PANETH P, 2013. Binding isotope effects [J]. Chemical Reviews, 113 (10): 7851-7879.

THORNTON S F, BOTTRELL S H, SPENCE K H, et al., 2011. Assessment of MTBE biodegradation in contaminated groundwater using ^{13}C and ^{14}C analysis: Field and laboratory microcosm studies [J]. Applied Geochemistry, 26 (5): 828-837.

THOUEMENT H A A, KUDER T, HEIMOVAARA T J, et al., 2019. Do CSIA data from aquifers inform on natural degradation of chlorinated ethenes in aquitards? [J]. Journal of Contaminant Hydrology, 226: 103520.

THULLNER M, CENTLER F, RICHNOW H H, et al., 2012. Quantification of organic pollutant degradation in contaminated aquifers using compound specific stable isotope analysis - Review of recent developments [J]. Organic Geochemistry, 42 (12): 1440-1460.

TOBLER N B, HOFSTETTER T B, SCHWARZENBACH R P, 2008. Carbon and hydrogen isotope fractionation during anaerobic toluene oxidation by Geobacter metallireducens with different Fe(Ⅲ) phases as terminal electron acceptors [J]. Environmental Science & Technology, 42 (21): 7786-7792.

VIETH A, KÄSTNER M, SCHIRMER M, et al., 2005. Monitoring in situ biodegradation of benzene and toluene by stable carbon isotope fractionation [J]. Environmental Toxicology and Chemistry, 24 (1): 51-60.

VOGT C, CYRUS E, HERKLOTZ I, et al., 2008. Evaluation of toluene degradation pathways by two-dimensional stable isotope fractionation [J]. Environmental Science & Technology, 42 (21): 7793-7800.

VOGT C, DORER C, MUSAT F, et al., 2016. Multi-element isotope fractionation concepts to characterize the biodegradation of hydrocarbons—from enzymes to the environment [J]. Current Opinion in Biotechnology, 41: 90-98.

ZIMMERMANN J, HALLORAN L J S, HUNKELER D, 2020. Tracking chlorinated contaminants in the subsurface using compound-specific chlorine isotope analysis: a review of principles, current challenges and applications [J]. Chemosphere, 244: 125476.

第四章

有机化合物稳定同位素样品的采集及前处理技术

有机化合物稳定同位素样品通常有 3 种用途：①自然丰度下物质的同位素比值作为指纹特征可以表征化合物的来源（Annable et al.，2007；孔晓乐 等，2018）；②根据动力学同位素效应，通过化合物的分馏特征可以计算物质在自然条件下的降解程度和降解效率（Thullner et al.，2012；彭学伟，2019）；③特定元素特定化学键的断裂会产生特定的分馏特征，以此可以判断化合物的反应路径（李静 等，2020）。当两种或多种元素的同位素比值同时被测定时，这条证据链会更为确凿（Ojeda et al.，2020）。

对于有机化合物稳定同位素最常见的 GC-IRMS 等分析手段，当前技术条件下物质的稳定同位素比值测定检测限较高（以碳元素的稳定同位素为例，通常进样的碳物质的量需要达到至少 1nmol）（Blessing et al.，2008）。在自然环境中采集的样品，就需要利用大体积进样富集目标化合物，以满足较高浓度的检测限。但这个过程可能会同时引入更多的基质干扰测定（matrix interference）（Torrento et al.，2019）。因此，当前对样品的稳定同位素值进行测定的过程中，优化前处理方法是十分重要的，这同时包括优化样品的富集方法和基质消除方法。

以当前 GC-IRMS 应用最多的小分子挥发性有机化合物（VOCs，包括 C、H、O 和 Cl 元素）为例，这些化合物通常有以下几个特点：①具有较好的色谱性能，如沸点低，色谱峰不易拖尾等（Lollar et al.，2007）；②由于分子量相对较小，同位素分馏特征不易被其他原子稀释，易观察降解过程（Elsner et al.，2005）；③由于这些化合物通常来自人工生产，常以高浓度点源污染形式出现，因此同位素分析所需进样量小，基质干扰小（Bergmann et al.，2011）。但是，仅对传统的小分子 VOCs 实现稳定同位素分析是不够的，现在越来越多的研究关注到环境中的有机微污染物，如农药、药物等。这些化合物易在环境中扩散，并且在环境样品中常以纳克级的浓度出现（Chen et al.，2020）。不仅如此，就算是禁用几十年，它们依然能在环境中被检出。例如，自从 1991 年，阿特拉津（Atz）在德国就被禁止使用，但是，它和它的降解产物二丁基阿特拉津（DEA）至 2013 年仍是当地检出率最高的农药类别，甚至在一些点位出现了浓度的持续上升（Schreglmann et al.，2013）。

对于此类微污染物环境行为的研究，传统方法已经难以满足。浓度的测定无法将物质物理稀释过程和生物化学降解过程区分开，尤其是在流域尺度发生面源污染时，这些物质难以在开放环境中保持质量守恒，从浓度层面也就无法提供足够的环境信息（Bhandari et al.，2020）。从前文提到的三条用途可以看出，CSIA 能够较好地弥补传统研究方法的不足。但是，该方法在环境微污染物应用的瓶颈主要是样品的前处理，因此，当前对各类样品稳定同位素分析的前处理方法进行归纳总结十分重要，尤其是对于环境中的这些微污染物。

当前最常见的稳定同位素测定手段是 GC-IRMS，这也是本章叙述的重点。环境中部分物质在测定过程中还面临着一个问题，即它们可能无法被气相色谱有效分离，例如大多数极性有机化合物，在达到沸点之前，这些化合物就会受到高温而发生分解（Melsbach et al.，2019）。为了利用气相色谱分离分析这些易分解的有机物的稳定同位素值，最常用的方法是先进行衍生化，用相对温和的衍生化试剂给化合物增加某一基团，如甲基，可选用的衍生化试剂包括三甲基氢氧化硫（TMSH）或三氟化硼-甲醇等（Valdez et al.，2018）。衍生化后的物质可以达到 GC-IRMS 的分析条件。这些引入甲基的 $\delta^{13}C$ 值通常是可以测定的，并且可以通过特定的公式换算出化合物真实的 $\delta^{13}C$ 值（Maier et al.，2013）。但是，部分低反应活性的基团通常难以被衍生化，这给衍生化方法带来一定的局限性。

基于上述问题，本章内容将首先叙述各类典型稳定同位素样品的采集与保存方法，然后进一步重点论述当前研究进展下常见的稳定同位素样品的前处理手段，对该技术的应用和发展做全面的总结和归纳。

第一节 样品的采集

一、概述

取样不仅是一种独立活动，还是测试程序的一部分（刘澄静 等，2018）。有机化合物 CSIA 分析中的样品处理程序同样如此。由于 CSIA 的应用领域非常广泛，其样品基质涉及的类型也多种多样：有的是气体，如空气中的挥发性有机化合物；有的是液体，如地下水和地表水中的污染物、尿液中药物或兴奋剂的代谢物；还有的是固体，如土壤中的氨基糖或古陶瓷中的脂肪酸。

由于样品（尤其是固体样品）基质类型的多样性和不均匀性，其取样策略及程序需要依据具体问题做相应调整。对同种目标化合物而言，一种较好的取样操作应满足后续同位素分析与浓度分析之间不能存在显著差异的要求。然而，实验者应尽量避免取样过程中的质量歧视效应，同时核实有可能出现的同位素分馏效应。

设计取样策略应确保样品的代表性，如采用重抽方法同时应报道取样操作导致同位素丰度的不确定度。为此，欧洲分析化学活动中心和分析化学国际溯源性合作组织等机构发布了化学分析中不确定度的评估指南（Ramsey et al.，2007），其提倡的以下几点事件逻辑顺序应被分析化学家所熟悉：

① 通过不确定度检验确保方法的有效性；

② 核实不确定度是否达到目标；

③ 通过质量控制程序核实不确定度在日常使用该方法的过程中是否变差。

在取样过程中，应记录所有与后面数据解释相关的潜在参数，以地下水中挥发性有机化合物分析取样过程为例，相关参数应包括：

① 取样日期和取样时间；

② 取样点或取样井的地理坐标（采用全球定位系统、地图和地理信息系统等获取的数据）；

③ 天气状况；

④ 地下水位深度，取样深度，泵的类型和流速，试管材料及长度，预采样清洗体积，井状况，雨量计状况；

⑤ 化学和物理数据，如水温、pH 值、碱度、导电性、现场测量的氧含量值，氧化还原敏感成分的浓度，如 Fe^{2+}、H_2S 等，该类数据对后期数据解释有帮助，需要单独取样和测定。

二、不同样品的采集

（一）气体样品

气体取样需要专门的取样瓶，要是用气袋取样，应保证有标准的接口，并且容易转移（曾梓琪 等，2019）。

（二）液体样品

制备液体样品（如水样）需在采集时将液体立即密封，采集好的液体（如雨水、河水等）应装在密封的小瓶子里，确保液体没有泄漏和蒸发，避免分析前因蒸发导致的同位素分馏（杨柳 等，2019）。

（三）固体样品

对于土壤、古生物和岩石等固体样品，取样时要确保样品的代表性，即样本量要充足。例如土壤样品，应多点重复取样，满足时空要求。

采集的样品首先需要干燥处理（如果需要预先进行酸处理的土壤样品则不用），样品可以放在透气性好，而且耐一定高温的器具或取样袋中，然后在 60℃左右的干燥箱内干燥 24～48h。干燥温度不能过高，否则会造成样品同位素值的变化。烘干后的样品要及时研磨或者保持干燥，否则会有返潮现象，给磨样造成困难，而且影响同位素数据。

（四）生物样品

对于动植物组织样品，可在采样时对不同的个体进行取样，然后混合作为一个样品，减少人为误差。为避免有机物损失，需将样品尽快冷冻并冻干，或在中等温度下快速干燥，然后研磨至通过40目筛。

三、不同元素的稳定同位素采样及处理要求

（一）土壤碳稳定同位素样品的酸处理

采集的土壤样品中通常含有无机碳，无机碳的稳定碳同位素组成一般较高，这会影响到我们需要的数据。所以，在干燥前应该先进行酸处理。

将土壤样品适当粉碎（以便充分反应），放在小烧杯中，倒入适量浓度为1mol/L的盐酸（也可以磷酸代替），用玻璃棒搅拌使反应更完全，可以间隔1h搅拌一次使之充分反应。搅拌后沉淀，反应至少6h后，倒掉上层清液，除去土壤中的无机碳；再用去离子水搅拌洗涤，沉淀，倾倒上层清液，重复3～4次，充分洗净过量盐酸。然后烘干，经过烘干的样品再经研磨，过60目筛备用。

（二）动植物组织氢稳定同位素样品的硝化处理

对于动植物组织，一般情况下，测量D/H值只需不到3mg干有机物。在分析D/H值之前，有机物的样品需经过硝化处理，去除可能与环境交换的氢原子。

（三）植物氮稳定同位素样品的采集

由于^{15}N自然丰度法基于固氮植物和非固氮植物之间$\delta^{15}N$值的微小差异，所以，植物样品取样方法具有其特殊性，取样的每一个细节都必须确保最终测定结果的误差最小。植物取样时须注意以下问题。

① 重视非固氮参照植物的选择。入选非固氮参照植物与固氮植物吸收的非大气N的^{15}N丰度必须相同。为此，选择与固氮植物根生长模式、吸收氮素土体部位与吸收氮素时期相近的参照植物，尤为重要。

② 取样时，为使所取样品更有代表性，每个样地、每个种先要从5～10个单株上分别取样，然后合而为一，形成该种的一个样品。

③ 对固氮植物和参照植物要尽可能就近配对取样，这样有利于它们从土壤中吸氮的氮库趋于一致，而确保最后测量结果的准确性。

④ 在生态系统研究中，植物叶片和茎通常是最合适的取样组织，一般叶片要收集相当于200g干物质的量。由于茎和叶的^{15}N丰度不同（茎＜叶），取样时，参照植物和固氮植物都要取可比组织（都取茎或叶）。

⑤ 由于幼小的植物和未成熟的组织内N同化过程中的同位素分馏尚没有完成，^{15}N的自然丰度还没有最后稳定。因此，在取样时要注意选取已经充分展开的并且成熟的叶片和成熟的枝茎。

四、单个样品需要量

对于不同测试目的，单个稳定同位素样品量的大小往往取决于样品中目标元素的含量以

及测试仪器的精度要求。

如进行碳稳定同位素的分析，每个样品一次需要纯碳量至少 1nmol。所以样品需要量通常与样品的含碳量有关，但一般样品在 1～10mg 就可以满足测样要求。

稳定氮同位素的测试可直接从烘干粉碎后的材料中称取样品，一次需要的纯氮量是 60μg，所以需要提供的样品量视样品含氮（或蛋白质）量而定。如样品的含氮量是 6%，则最少需要 1mg。一般在包样过程中，10～15mg 即可满足要求。

第二节 样品的保存

稳定同位素样品储存的容器必须单独作标记，如项目编码、摆放位置、日期、样品编号、采集者姓名和分析类型等，这些信息也必须与笔记本记录和样品采样表关联起来。一般来说，对同一基质中同种目标化合物而言，用于浓度分析的样品储存容器也适合同位素分析。多数情况下，因不同稳定同位素分析所需样品量有所不同，其对样品储存容器体积的要求至少要相同或更大一些，这一点在多元素同位素分析中尤为重要，因为每一种元素都需要单独测定。

用于同位素分析的样品通常应尽可能被快速地处理和测定。若样品必须储存，通常在暗条件且低于 4℃下保存（Blessing et al.，2008）。条件许可的话，对需长期保存或对环境因素十分敏感的样品，建议冰冻保存（Elsner et al.，2006），这也通常用于兴奋剂检测中尿样的保存（Piper et al.，2008）。为避免微生物降解，还需要更多的样品储存方法，例如：对于碳元素同位素分析，建议采用浓盐酸溶液（调节至 pH＜2）或磷酸三钠溶液（调节至 pH＝10.5）保存样品（Hunkeler et al.，2008）；对于许多化合物来说，浓盐酸和磷酸三钠两种方法均可使用；对醚类物质，因在低 pH 值环境下可发生生物水解反应，最好采用磷酸三钠法；而对氯代烃类物质，因在高 pH 值环境下生物脱卤化氢反应更快，则需要酸性条件保存即浓盐酸法；对苯乙烯、一氯甲烷和一溴甲烷等少数几个化合物浓度分析，没有发现适用的储存控制办法（Hunkeler et al.，2008）。到目前为止，还没有对其他元素同位素分析过程中样品储存有效性的确证报道。对环境水质样品，一般不建议使用汞盐或叠氮化钠保存样品，原因在于分析后样品还必须以危险废物方式进行处理。

第三节 样品的制备

一、概述

样品制备如提取、纯化、预浓缩等（若有必要，还需进行衍生化）是整个分析处理中最重要的方面之一，通常也是CSIA分析中最耗时的步骤。样品制备发生的误差在后续分析过程中无法得到纠正（Meier-Augenstein，2004），因此它是最重要的步骤。根据目标分析物和基质的特点，样品制备成为独立的操作程序。使用GC或LC与IRMS联用技术对复杂体系中难以分辨的复杂混合物（unresolved complex matter，UCM）进行CSIA分析时，建立一种较好的分离方法（通常需要纯化手段）是必要前提（Meier-Augenstein，1999）。此外，IRMS配置的质谱检测器，其固有的灵敏度不及有机质谱仪，后者通常配有电子倍增器用于信号的放大。在样品浓度方面，基于现代质谱技术的仪器可以十分轻易地完成ng/L级别目标化合物的测定，但这种浓度级别却远未达到稳定同位素分析所要求的最低浓度水平。因此，为了能为随后的同位素分析提供足够的柱分离化合物样品，应该将重点集中于预浓缩技术的改进和确认方面，以寻求最佳的设计方案。

与样品制备相关的方法多种多样，总体而言，实验者应遵循以下两条原则。

必须尽可能仔细核实样品制备过程中每一步骤（如取样、提取、纯化、预浓缩和衍生化等）所存在的潜在质量歧视效果，以避免分析物同位素歧视效应的发生（Meier-Augenstein，1999；Brenna et al.，1997）。确认过程通常以向干净基质添加有同位素特征的目标化合物作为单独工作标准而开始，但最终以尽可能接近研究对象的基质而结束。到目前为止，仍缺乏对样品制备过程潜在同位素分馏效应的一般性解释或可能预测，因此对于每一种全新目标化合物的同位素分析还是需要专门的验证实验。

分析条件［分流比、提取时间、吸附或脱附参数（Blessing et al.，2008；Elsner et al.，2006；Piper et al.，2008；Hunkeler et al.，2008）等］会引起同位素组成的变化，且同样条件对不同化合物之间的影响也不尽相同（Zwank et al.，2003）。因此，若这种同位素分馏效应的可能性不能被确切地排除，在样品制备前，应该在分析样品中添加至少一种由已知同位素组成的内标物质或类似化学性质的物质（Meier-Augenstein，1999）。

采用GC-IRMS技术分析目标化合物之前的提取与预浓缩方法主要取决于化合物的极性，之后是挥发性。挥发性和半挥发性化合物的这些特性有所不同，可采用化合物在样品基质和空气之间的分配常数值加以描述。

二、挥发性化合物样品的制备

（一）提取与纯化

对于挥发性化合物，即具有较大空气-水分配系数的物质（或干试样为空气-固体分配系数），最好的纯化方法是在样品上面的顶空部分取一点空气样品（通常为250～1000μL），从而非挥发性基质成分就被排除而不需要进一步的纯化步骤。在许多研究中，尤其是对苯、甲苯、乙苯和二甲苯等单环芳烃化合物（Gray et al.，2002；Mancini et al.，2003；Slater et al.，1999；Ward et al.，2000）的研究证明：顶空分析不会产生明显的碳或氢同位素效应，但也有挥发性氯代烷烃（Hunkeler et al.，2000）的碳同位素分馏效应最大可达1.3‰，以及MTBE（Smallwood et al.，2001）碳同位素分馏效应最大达4‰等精密度不好的报道。因此，即使是顶空分析，也有必要开展详细的实验加以验证。对气体样品中挥发性化合物的分析，首先需要用合适的吸附剂进行主动或被动采集样品，然后通过热解析手段脱附样品。已出现采用Tenax TA作吸附剂对苯及烷基苯同系物进行分析的详细研究（von

Eckstaedt et al.，2011)。

（二）预浓缩

如果样品中目标化合物的浓度水平太低，难以满足直接顶空分析的需求，顶空预浓缩手段就显得很有必要。在过去的几年中，有采用吸附萃取方法，特别是固相微萃取（solid-phase microextraction，SPME）和吹扫捕集技术（purge and trap，P&T）考察少数挥发性化合物的研究报道。图 4-1 是采用这些方法与经典方法（液体和顶空进样）能达到的检测限(limit of detection，LOD）比较数据，希望能为实验者选择合适的预浓缩技术提供指导。

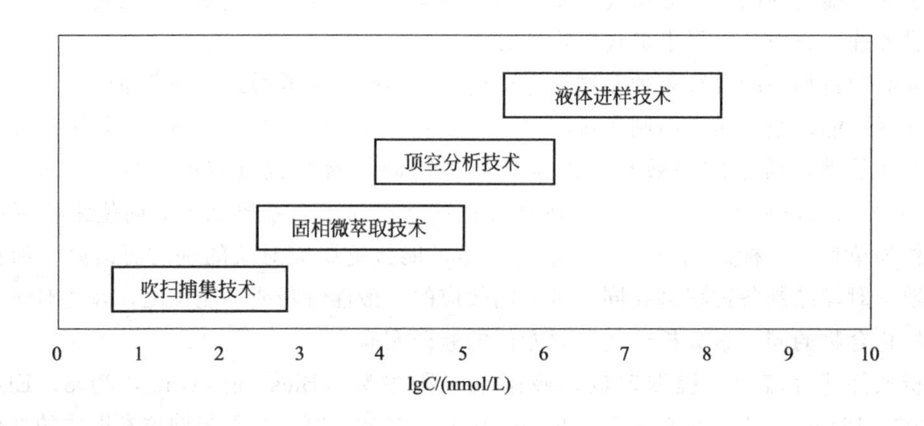

图 4-1 不同预浓缩技术在挥发性化合物碳同位素分析中达到的检测限纵览图

大多数情况下，顶空和直接浸入两种 SPME 方法产生同位素分馏效应的标准误差可以忽略不计（Hunkeler et al.，2000；Dayan et al.，1999)，但对四氯化碳而言，Zwank 等(2003）发现其与标准值比较，有较大的同位素偏离（达$-7.1‰$）和较差的精密度（标准差$2.2‰$)，其原因难以解释。四氯化碳更明显的同位素偏离现象后来得到 Palau 等（2007）的进一步证实，原因仍难以解释。同位素偏离稍小但依然明显的实例在乙醇和乙醛（Yamada et al.，2010)、叔丁醇（Butler et al.，2001)、某些硝基芳香烃及苯胺（Berg et al.，2007）中相继有所发现。绝大多数情况下，同位素偏离是负偏差，例如，由固相微萃取测定得到的$\delta^{13}C$值与标准值比较更加贫乏。与标准值比较，已发现苯胺中$\delta^{15}N$的偏差更加明显且为正偏差（Berg et al.，2007)，而固相微萃取与同位素数据之间的结论也在之后对取代胺质子化反应（萃取条件稍有不同）的研究中得到进一步证实，且观察到的$^{15}N/^{14}N$同位素平衡效应更为强烈，该项研究工作也证明了萃取过程中 pH 条件的改变与同位素数据存在潜在联系。但是，到目前为止，所有基于目标化合物分子结构式对这种同位素效应给出的一般性结论甚至预测的尝试均宣告失败（Palau et al.，2007)。所有讨论的结论均强调了前面采用同位素特征工作标准品进行方法验证的必要性。单一吸附材料（如聚二甲基硅氧烷）和复合吸附材料（碳分子筛-聚二甲基硅氧烷）两种固相微萃取头材料之间的同位素数据没有观察到明显的差异。需要注意的是，复合吸附材料萃取头对基质成分产生的吸附竞争效应可能会影响萃取效率和同位素分馏行为（Zwank et al.，2003)。因此，对于研究与油或燃料相关的污染物等复杂混合分析底物时，因其浓度水平一般差异较大，进行仔细的方法验证变得尤为重要。

尽管P&T技术存在许多相转移过程，几个不同研究却表明该方法即使在痕量浓度水平下，实验均能得到可靠稳定的同位素检测数据（Zwank et al.，2003；Smallwood et al.，2001；Jochmann et al.，2006）。其中部分原因在于这种近乎无背景的分析过程可得到稳定基线（柱流失除外）。从已有文献报道看，在CSIA分析的样品处理方法中，商品化吹扫捕集技术的检测限最低，比实验室自制系统更低，某些情况下，可以达到1μg/L（Zwank et al.，2003；Jochmann et al.，2006）。恒流模式的P&T系统可以用于大体积和变化的水体系样品。为便于水与氦吹扫之间的交换，水需要通过一种超声雾化器以形成气溶胶形式（Auer et al.，2006），另外一种方式是在进入商品化吹扫捕集之前，采用真空萃取作为第一步预浓缩手段（Amaral et al.，2010），但这种方式与商品化吹扫捕集比较，并没有得到广泛应用，且没有实现完全的自动化操作。

在大气挥发性含卤化物与氧化物的碳同位素分析过程中，如果要检测自然背景浓度，检测限则需要用ng/L表示。如此低的检测限已通过多床吸附试管（Mead et al.，2008）或低温冷阱与吸附试管组合等手段实现（Archbold et al.，2005；Giebel et al.，2010）。

仅有少量研究提及低浓度VOCs中氢元素的稳定同位素测定，偶尔可见P&T技术在燃料含氧物质测定中的应用（Kujawinski et al.，2010；Kuder et al. 2005）。在类似研究过程中，Kujawinski等（2010）强调了在干燥吹扫之前的热脱附过程中将水从冷阱很好分离出来的必要性。水进入裂解单元可导致不可重现的结局，部分原因在于该操作损耗还原能力，以及使同时馏出的目标化合物产生额外的氢虚假信号。在大气样品热脱附烷基苯系物之后进行氢与碳元素同位素分析的过程中，水处理工作也是比较关键的问题（von Eckstaedt et al.，2011）。

三、半挥发性化合物样品的制备

（一）提取

对半挥发性化合物来说，常见的提取方式包含有机溶剂提取（液体与固体样品）和固相萃取（液体与气体样品）。

对液体（通常是水溶液）样品，液液萃取（liquid-liquid extraction，LLE）和固相萃取（solid-phase extraction，SPE）辅以之后的有机溶剂洗脱是相对常用的两种方式。运用半透膜采样器（semi-permeable membrane devices，SPMD），即在水分区隔室直接填充三油酸甘油酯制备而成，可同时完成取样和样品提取工作（Wang et al. ，2004），而且该技术能实现目标化合物的时间平均同位素组成测定。在正构烷烃和多环芳烃（polycyclic aromatic hydrocarbons，PAHs）碳及氢元素的同位素分析中，采用这种前处理技术，未发现同位素分馏效应（即使后续有大量的纯化步骤）。对固体样品（包括空气中粒相物），索氏提取仍是常用技术，新技术包含超声辅助萃取、微波辅助萃取和加速溶剂萃取（accelerated solvent extraction，ASE）等。Graham等（2006）在对不同提取方法的系统研究中发现：采用二氯甲烷的加速溶剂萃取是最适合PAHs的萃取方法，原因在于共提取物质和干扰物质的量较少。ASE在沉积物萃取正构烷烃中的应用也比较成功（Zech et al.，2008）。

（二）纯化

样品包含复杂的混合分析底物或相对强烈的基质干扰成分，因此，除提取方法之外，通常需要对粗提取样品进一步纯化。一般来说，如果目标化合物的信号变小，或者目标分析物与 UCM（即目标化合物的共馏分）之间的同位素组成有较大差异，通常会带来背景校正的问题（Meier-Augenstein，1999）。这在土壤、沉积物和气溶胶样品 PAHs 同位素的分析中已有详细研究。

常见的纯化步骤包含几种固相萃取的进一步提取步骤，通常是采用不同有机溶剂进行分级洗脱，如正戊烷、正己烷、甲苯和二氯甲烷等。纯化中最常用的固定相是氧化铝和硅胶，有时是两种混合材料做固定相或系列应用。在许多情况中，可以看见色谱柱顶端采用活化铜除去残留硫元素的应用。采用氨丙基和/或氰丙基的活化硅胶及离线馏分收集器（Mazeas et al.，2002；Yanik et al.，2003）的 HPLC 分离系统——凝胶渗透色谱法，可以去除大量干扰物质（Kim et al.，2005），制备型薄层色谱法也有应用（Kim et al.，2005）。然而，Yan 等（2006）对用 HPLC 进行洗脱的处理方式提出了质疑，因为这种彻底的回收方式可导致目标化合物同位素观测值的明显漂移，对低分子量化合物尤其明显。在储存之前，实验者需要核实与样品有关的可能污染物。

即使经过大量的纯化步骤，UCM 与非目标化合物色谱峰仍会在提取物的色谱峰中出现，很大程度上可能是主要色谱峰。这种情况下，需要对 δ 值进行十分严格的评估。在污染源解析研究领域，通常需要对同位素特征的细小差异进行辨识和利用，但共馏分色谱峰和 UCM 会造成极具价值的信息模糊化。因此，在污染源解析研究中，对同位素丰度细微差异的过度阐释应被明确地反对（即使在小于 1‰的最佳情况下）。这一点在某些仅基于少数样品、较低浓度的化合物或较弱的同位素信号开展的研究中显得尤为重要。

（三）样品制备程序的验证

正如前文所述，所有的提取和纯化步骤，同位素数据的真实性，即样品处理过程中同位素分馏效应的排除（Meier-Augenstein，1999；Brenna et al.，1997），需要进一步确认。为达到此目的，采用研究基质中目标化合物对应的已知同位素组成的认证标准品（certified reference materials，CRMs）是最适合的方法，然而目前这种物质均难以获取。因此，绝大多数验证方法采用的是对化合物（受 UCM 影响不是很强烈的物质）经纯化与未纯化处理前后同位素组成进行比较的途径（Graham et al.，2006）。

另一种替代方法是采用已知同位素组成的 PAHs 混合标准品以核实纯化步骤是否存在同位素歧视现象。然而，这种方法无法捕捉到任何的基质效应，因此，其仅能作为一种补充的验证方法。在缺乏 CRMs 时，一种更好的替代方法是在提取和纯化过程之前，向真实样品中添加已知同位素组成且该样品不存在的 PAHs，以确保这些添加物质能与样品中其他成分实现较好的色谱分离。这种方法在 Abrajano 及其同事的研究中已有详细的描述（Stark et al.，2003），通常，实验添加的芳香化合物是经核实后样品不存在的物质，如苊和苊烯等。除此之外，他们还使用两种正构烷烃（正二十五烷和正三十烷）来监测背景校正的可靠性。Walker 等（2005）采用的是正二十烷，其结果更好：在线与离线 $\delta^{13}C$ 测定值之间均有很好的一致性，前者标准差为±0.2‰，后者标准品的标准差平均为±0.5‰。Okuda 等（2002）采用苊-d^{10}、对三联苯-d^{14} 和正三十四烷得到的结论相同。也可采用目标化合物标准添加法。在该实验中，一般向待测样品中添加不同浓度的具有同位素特征的目标化合物后，需要分别进行独立的测定，这样，通过同位素丰度或改进型凯林曲线中的数据，就可以计算出原始样品中目标化合物的同位素组成，该方法的不足就是需要对每个样品进行大量的检测工作。

类似方法可用在诸如藿烷类烷烃及甾体等烷烃和生物标记物的纯化和洗脱步骤中。已有实验证实：采用分子筛作为择形色谱分离系统对样品进行纯化处理不会影响正构烷烃（Grice et al.，2008）和生物标记物（Kenig et al.，2000）的碳同位素分馏。在发生漏油事件后，有学者建议使用中空纤维液相微萃取模式一步法用于样品提取和纯化等前处理，分析水中原油正构烷烃同位素（Li et al.，2009）。目前，虽尚无在石油泄漏应用中的确切报道，但膜萃取技术因具备有效且简便地去除大量有机物干扰的优势，其在水体系样品中的应用必然会得到重视和研究。二维气相色谱技术是另外一种在复杂基质中存在共馏出成分及 UCM 干扰下，对目标化合物进行分离的改进方法。

（四）液体进样

在同位素分析中，保证样品的一致性极为重要，因此，有必要适当掌握 GC-IRMS 中的进样技术。换句话说，样品从进样针转移到气相色谱分离柱中时必须确保无同位素分馏现象的发生（Meier-Augenstein，1999；Sessions，2006）。下列因素可引起样品成分的变化：①样品化合物的质量歧视效应；②热分解反应；③选择性吸附或活化过程中的催化分解反应；④必须避免进样过程中的样品污染，如进样针清洗不彻底、通路残留（橡胶隔垫、沉淀）和橡胶隔垫溢出等。

与这些要求一样，在样品分析过程中，为防止必要的色谱峰变宽现象发生，有必要准备小体积的空白溶液。

分流/不分流进样系统是液体进样使用最广泛的进样器类型，可以采用以下两种模式：①在不分流进样中，1～2μL 含有分析底物的有机溶剂采用微升进样针，并通过隔垫衬管进入连接有进样口的加热汽化室。进样口温度取决于化合物的化学特性，但出于快速蒸发需要，该温度至少比溶剂沸点高 50℃，且要超过主要高沸点成分的沸点，更高的温度可更快地蒸发，若温度选择过高，目标化合物有可能发生热分解。理想的蒸发温度和化合物可能的分解现象可以参考与气相色谱方法开发相关的文献。②在分流进样中，仅有已知的部分汽化样品被转移到色谱柱顶部，而剩下的绝大部分汽化样品则通过分流出口线从进样口直接被放空排除。

分流/不分流进样系统常有两种设计原则，第一种基于柱后压控制，第二种基于柱前压控制。连接有 Agilent 或 Varian 系统的仪器适合配置第一种类型的进样器，而由热电制造的 Trace GC 系统的仪器适合配置第二种类型的进样器。现代进样器一般也会配置隔垫吹扫，通过这种小流量控制可以阻止隔垫流失进入色谱柱。为达到非歧视性快速汽化目的，控制进样针针尖与分离色谱柱的相对位置十分重要，其取决于所配置进样器的类型，而且，要依据进样器类型及进样模式正确调节色谱柱的深度。根据制造商建议来确定色谱柱在进样器中的恰当位置和进样针刺穿深度，是对实验操作者强制性的要求。溶剂汽化体积不能超过衬管容积也是十分重要的，否则，就有可能产生倒流行为，在浓缩过程中，隔垫、载气线污染及隔垫吹扫逆扩散等现象就会发生，导致的结果包括鬼峰出现或碳背景值变高，从而影响同位素比值测定的准确度和精密度。

不过，也有与分流进样结论相反的同位素分馏效应报道（Sessions，2006）。已有报道表明：气体和液体样品的分流进样方式可能会导致同位素分馏效应（Schmitt et al.，2003）。在某一项针对进样条件的专项研究中，Schmitt 等（2003）的实验发现：在分流比小于 1∶120 条件下，同位素分馏效应很大程度上取决于分析底物中纯二氧化碳或正己烷而非甲苯的进样量；分流比为 1∶12 条件下，与二氧化碳标准品的偏差达到 6‰。相反地，其他研究人员（Wang et al.，2001；Li et al.，2001）却发现任何分流比均不会产生显著的同位素分馏效应。Smallwood 等（2001）用 GC-IRMS 分析 MTBE 样品时，对双路进样模式与四种不同进样技术进行了比较研究，结果表明：在大分流比（100∶1）条件下，纯 MTBE 采用分流与顶空两种模式进入进样器后，均能提供准确的 $\delta^{13}C$ 测定值，包括笔者在内的其他用户也发现分流比低（20∶1）时可能会出现同位素分馏的相关问题（Sessions，2006）。一种可能的解释是：在大分流比时，流速控制更为准确，小分流比时，进样器中的流速条件可能会导致一种质量相关同位素分馏效应的出现。

（五）预浓缩

半挥发性化合物的预浓缩通常涉及进样之前对样品进行温和条件下的溶剂蒸发处理步骤。如果溶剂-空气分配系数较小，目标化合物就有可能损失，若蒸发损失超过 90%，显著的同位素分馏效应就有可能产生。虽然有大量微萃取技术用于浓度分析的研究文献，时至今日，该技术在半挥发性化合物提取及之后同位素分析方面的研究报道却十分少见。一种明显的例外是：采用 SPME 从水溶液体系中萃取硝基芳香烃化合物（Berg et al.，2007）及苯胺（Skarpeli-Liati et al.，2011）后，进行碳和氮元素的同位素分析。很明显，固相微萃取及相关技术在半挥发性化合物同位素分析中的研究报道还远远不够。

最终溶剂提取物的大体积进样（large volume injection，LVI）（50～150μL）方式可以显著提升半挥发性化合物同位素分析的灵敏度。与经典不分流进样模式下采用 1μL 进样体积相比，LVI 方法可将色谱响应因子提升到 50～150（假设色谱峰形状相同）。实际上，Mikolajczuk 等科学家在不同 PAHs 的实验研究中就证实了上述结论——溶剂提取物的 LOD 达到 0.1～0.3mg/L。进行 LVI 的前提是能提供足量高纯度萃取物，这样才能不损失实验测定的准确性。LVI 技术已成功应用于气溶胶（Mikolajczuk et al.，2009）和土壤（Blessing et al.，2008）样品的研究中。这些研究证明恰当溶剂和进样条件的仔细选择是十分必要且强制性的，唯有如此，才能避免以下问题：①挥发性分析底物的部分或全部损失；②严重的同位素分馏效应。例如，萘和苊就不能采用环己烷作为溶剂进行 LVI，因为这 3 种物质之间的沸点差异不是很明显，而正戊烷却是更好的溶剂选择，但必须采用冷却程序升温蒸发进样模式(一种程序升温蒸发进样器)。值得庆幸的是，在进样口温度为 20℃时，2 环及 3 环多环芳烃物质的回收率和同位素准确度结果均较为理想；在同样条件下，4 环多环芳烃及更多环物质同位素特征的重现性较差，而环己烷对那些挥发性更低的目标化合物来说，是更适合的溶剂选择（Blessing et al.，2008）。然而，采用 45℃程序升温蒸发进样时，Mikolajczuk 等成功采用正戊烷作为溶剂用于比蒽挥发性更低的多环芳烃物质的大体积进样。尽管 LVI 技术的应用报道还比较少，但从 CSIA 受灵敏度较低限制的角度出发，该技术在半挥发化合物同位素分析中的重要性应该得到实验者应有的重视。

（六）案例介绍

本小节将以阿特拉津（Atz）及其降解产物二丁基阿特拉津（DEA）的碳、氮稳定同位素值的前处理过程为例，进一步介绍样品的制备过程。Schreglmann 等（2013）测定了地下水中 Atz 及其降解产物 DEA 的碳、氮稳定同位素值，验证了大体积水体样品中半挥发性有机物 SPE 提取方法的回收率，优化了进样方法，利用 HPLC 提高方法灵敏度并消除基质效应。

首先，研究分析 SPE 富集大体积水样中的有机物可能会导致固相萃取小柱的穿透，这主要可能由两个原因造成：①SPE 小柱的吸附容量达到饱和；②大体积过水导致吸附的化合物被冲洗。这些原因可能会导致 SPE 富集有机物的回收率偏低。因此，研究者分别针对 Atz、DEA 和脱异丙基阿特拉津（DIA）三种物质，在 1L 和 10L 水的条件下依次进行了 5μg、25μg、50μg 有机物载荷的三组实验，该浓度梯度涵盖了相同体积地下水中可能存在的有机物的实际浓度范围，以此来模拟地下水中有机物的 SPE 富集过程。结果发现，对于 Atz 和 DEA 来说，不同过水体积和不同载荷的有机物回收率都没有显著性差异，1L 水溶液中有机物的回收率分别是 88% ± 8%（Atz）和 79% ± 6%（DEA），10L 水溶液中有机物的回收率则分别是 95% ± 6%（Atz）和 76% ± 4%（DEA）。这一结果表明在≤10L 水体和 50μg 有机物载荷情况下，该方法是合适的。但是，DIA 的萃取结果为：过 1L 水体其回收率是 75%，过 10L 水体其回收率仅为 41%，表明其回收率随着过水量的增加出现明显下降，由于实际地下水环境中 Atz 的降解过程未出现这一代谢产物，因此后续研究没有再对 DIA 进行稳定同位素分析。

对提取并洗脱后的 Atz 和 DEA 进一步测定其碳、氮稳定同位素值。结果发现，当峰信号强度低至 135mV，Atz 的 $\delta^{13}C$ 值的精确度可以达到 0.9‰（$n=85$，95%置信区间范围的精确度是 0.19‰）；当峰信号强度低至 120mV 时，DEA 的 $\delta^{13}C$ 值的精确度可以达到 0.9‰（$n=84$，95%置信区间范围的精确度是 0.20‰）。对于 $\delta^{15}N$ 来说，当峰信号强度低至 125mV 时，Atz 的精确度可以达到 0.3‰（$n=24$，95%置信区间范围的精确度是 0.11‰）；当峰信号强度低至 200mV 时，DEA 的精确度可以达到 0.4‰（$n=26$，95%置信区间范围的精确度是 0.14‰）。同时，研究结果还发现，在检测限以上，随着样品浓度的增加，同位素值不发生改变，这给 Atz 和 DEA 测定同位素值需要的样品量提供了较为准确的参照。

在实际的环境样品中，基质干扰一般比较严重，尤其是经过大体积富集后，目标物的峰可能会被干扰物严重覆盖。研究利用 HPLC 作为有效的纯化手段分离出目标物，消除基质干扰。如图 4-2 所示，在 HPLC 纯化之前，基质干扰导致的背景值很高，DEA 的信号峰甚至被完全遮蔽；经过 HPLC 纯化后，样品的 Atz 和 DEA 的色谱峰都能够清晰显示。此外，实验还验证了 HPLC 纯化过程是否对物质的稳定同位素值发生偏移。结果表明，与 EA-IRMS 测定的标准物质的稳定同位素值结果相比，经过 HPLC 纯化后，再经 GC-IRMS 测定 Atz 和 DEA 的 $\delta^{13}C$ 测定值仅相差 0.5‰和 0.1‰，Atz 的 $\delta^{15}N$ 测定值则相差 0.8‰，都处于误差允许的范围内（$\delta^{13}C$ 波动在±0.5‰，$\delta^{15}N$ 波动在±1‰）。

四、衍生化

（一）总则与校正

GC 检测仅限于沸点足够低、在进样器和分析色谱柱气化过程中不会发生分解的化合物

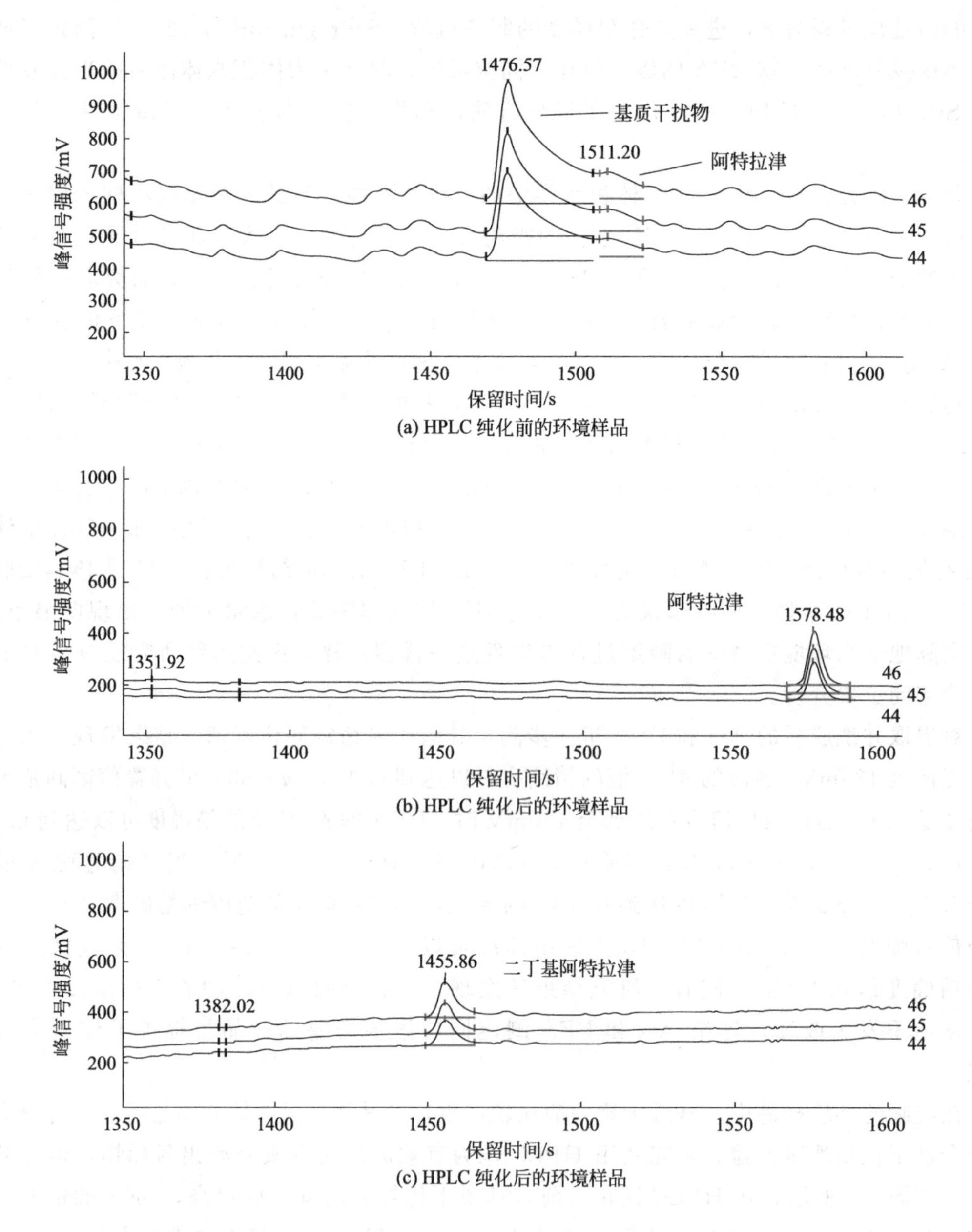

图 4-2 HPLC 纯化前后的地下水样品 $\delta^{13}C$ 峰信号强度变化（Schreglmann et al. ，2013）

（刘瑀等，2018）。然而，一些高分子量物质（蛋白质、糖类或脂类）及其他不同极性的化学功能物质（杀虫剂、药物和兴奋剂）也越来越成为 CSIA 技术的关注目标。为使这些与生化有关的大分子化合物能适用于 GC-IRMS 分析，必须将它们转化为氨基酸、单糖和脂肪酸等一些小分子亚结构单元。这些亚结构单元的分解通常依靠水解反应实现。然而，这些亚结构单元的单体分子一般具有一个或更多的带有氢供体和氢受体的双极性官能团，如羟基、氨基、巯基或羧基等。这种化合物在进行 GC-IRMS 分析之前，必须经过衍生化处理。

涂有硝基对苯二酸改性的聚乙二醇强极性固定相（所谓 FFAP 或 WAX 等聚乙二醇固定相）的气相色谱柱，主要用于分离未衍生化的有机酸和醇类物质，可从商业渠道获得。然而，这类色谱柱最高操作温度约为 250℃，这样容易导致大量的柱流失，长时间分析还会使色谱峰变宽、分离度下降，这在碳原子数超过 24 的化合物分析中表现尤为突出（Rieley，1994），因此，它限制了目标化合物的分子大小（Meier-Augenstein，1999）。在这种情况下，将极性化合物化学修饰衍生为极性更小和更容易挥发的衍生物，可提升色谱分离效果。但利用 GC-IRMS 进行 CSIA 时，若需要采用衍生化手段，必须仔细对待，虽然在 GC 分析中有大量可用的衍生化方法，但其中只有少数可用在 GC-IRMS 技术中（Corr et al.，2007；徐春英 等，2009）。

衍生化反应一般遵循如式(4-1) 所示方程：

$$化合物+衍生化试剂\longrightarrow 衍生化合物 \tag{4-1}$$

例如，氨基酸通过加入衍生化试剂可以转化为氨基酸衍生物，反应产物就是衍生化氨基酸。在本章以后的论述中，为简化需要，将以简写字母 c 代表化合物，d 代表衍生化试剂，dc 代表衍生化合物。衍生化的前提条件包括：①被引入衍生化官能团的同位素组成必须是恒定且可重现的；②衍生化试剂不能对转化为待测气体的过程产生不利影响；③对待测物质要求能够完全实现色谱基线分离（Docherty et al.，2001）。

在进行 CSIA 分析时，引入衍生化反应会带来各种不确定度，因此，应用衍生化反应时需首先考虑到如图 4-3 所描述的各种不同情形，然后做出慎重的选择。

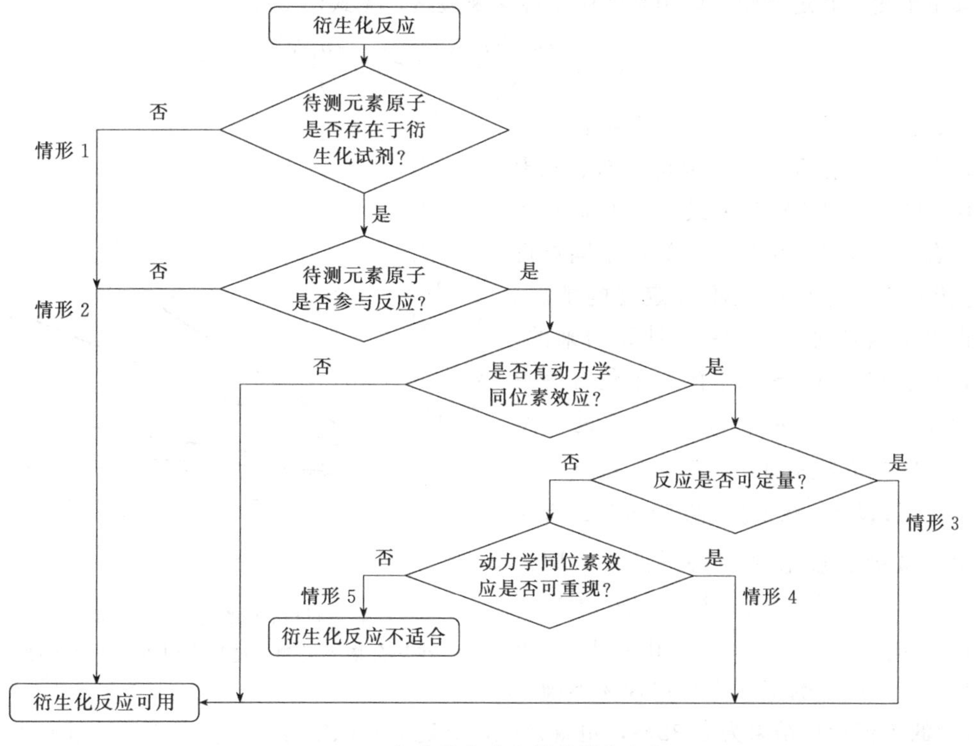

图 4-3 衍生化方法应用的判定方案

情形 1：如果使用的衍生化试剂不包含待测元素的原子，就无 KIE 产生，化合物的同位素特征不会因衍生试剂引入而受到影响，因此，该反应就可以直接使用而不需要校正。

情形 2：如果使用的衍生化试剂包含待测元素的原子，但该元素形成的化学键并不参与衍生化反应的速率限制步骤，也无 KIE 产生，对该化合物同位素值进行校正是必要的。同位素值的变化仅源于添加同种元素后，原始同位素信号值被稀释所致。例如，氨基和烃基的硅烷衍生化就属于这种情况（Rieley，1994）。这种情形中，与硅原子反应的是化合物官能团中的氧原子或氮原子。

待测元素引入额外的原子时，需通过校正来获取目标化合物的原始同位素特征。在仅有一种衍生化试剂的官能团添加到某种化合物官能团的情况下，可简单采用式(4-2) 质量平衡方程来校正化合物的 δ 值：

$$\delta^{h}E_{c}=\frac{n_{dc}\delta^{h}E_{dc}-n_{d}\delta^{h}E_{d}}{n_{c}} \tag{4-2}$$

式中 n_c——化合物中待测元素所包含的原子数目；

n_d——衍生化试剂中待测元素所包含的原子数目；

n_{dc}——衍生化合物中待测元素所包含的原子数目；

$\delta^{h}E_{c}$——化合物的 δ 值；

$\delta^{h}E_{d}$——衍生化试剂的 δ 值；

$\delta^{h}E_{dc}$——衍生化合物的 δ 值。

需要指出的是，如果化合物中有超过一种待测官能团，n_d 代表的是引入衍生试剂所包含待测元素的所有原子总数，这时，需要单独对衍生化试剂和衍生化合物的同位素进行校正，其衍生化不确定度则可以用高斯误差传递来表达，见式(4-3)：

$$\sigma^{2}_{\delta^{h}E_{c}}=\sigma^{2}_{\delta^{h}E_{dc}}\left(\frac{n_{c}+n_{d}}{n_{c}}\right)^{2}+\sigma^{2}_{\delta^{h}E_{d}}\left(\frac{n_{d}}{n_{c}}\right)^{2} \tag{4-3}$$

由式(4-3) 可知：引入此化合物 δ 值的不确定度取决于化合物与衍生化试剂的元素丰度比。图 4-4 以 CSIA 中最重要的碳元素为例，表明了通过衍生化试剂添加不同数目的衍生碳原子 n_d 而引入不确定度的情况。所获得的曲线是通过式(4-3) 计算而来的，其中，通过 GC-IRMS 测定的衍生化合物不确定度 $\sigma_{\delta^{h}E_{dc}}$ 假设为 ±0.3‰，通过 EA-IRMS 或双进样系统测定的衍生化试剂不确定度 $\sigma_{\delta^{h}E_{d}}$ 假设为±0.1‰。以脂肪酸最常用的衍生化试剂三氟化硼-甲醇溶液在碳同位素测定中为例加以说明。对棕榈酸（C16：0）而言，$n_c=16$，$n_d=1$，运用式(4-3) 可以估算出上述的不确定度，其化合物不确定度 $\sigma_{\delta^{h}E_{c}}$ 的 δ 值计算结果为 0.32‰，也就是说，测定的不确定度几乎不会随衍生化试剂的引入而有所改变。当引入衍生化试剂的碳原子数目增加时，意味着化合物与衍生化试剂的元素丰度比变小，其不确定度增加，因此，建议引入衍生化试剂的碳原子数越少越好。

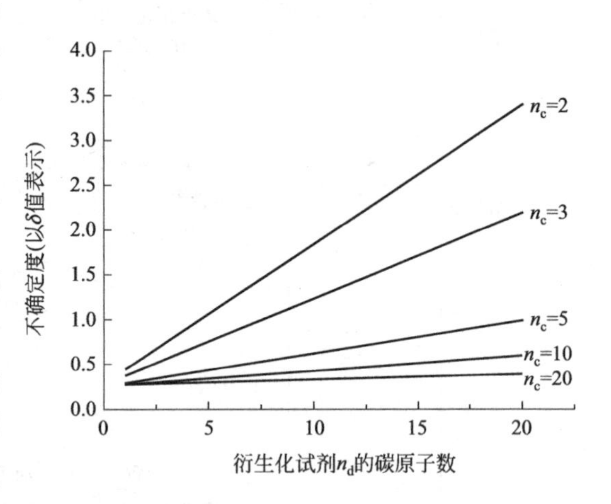

图 4-4 通过衍生化试剂碳原子的添加在化合物 δ 值测定过程中引入的不确定度

有时，出于需要，可能出现对多个官能团进行衍生化的情况。某种化合物如果需要 z 种衍生化试剂完成 z 种不同官能团的衍生化（Rieley，1994），那么其化合物 δ 值可通过式(4-4) 计算得到：

$$\delta^{h}E_{c}=\frac{\left(n_{c}+\sum_{i=1}^{z}n_{d_{i}}\right)\delta^{h}E_{dc}-\sum_{i=1}^{z}n_{d_{i}}\delta^{h}E_{d_{i}}}{n_{c}} \tag{4-4}$$

相关参数的数据获取完成后，就可以通过式(4-5) 得出对不确定度的贡献：

$$\sigma_{\delta^{h}E_{c}}^{2}=\sum_{i=1}^{z}\frac{\sigma_{\delta^{h}E_{d_{i}}}^{2}n_{d_{i}}^{2}}{n_{c}^{2}}+\sigma_{\delta^{h}E_{dc}}^{2}\left(\frac{n_{c}+n_{d}}{n_{c}}\right)^{2} \tag{4-5}$$

情形 3：衍生化反应与 KIE 有关。这种效应可导致可预见的同位素分馏，从而在衍生化过程中改变化合物原始的同位素比值。对于只有初级 KIE 比较显著的衍生化反应，其待测元素包含了参与衍生化反应速率限制步骤的化学键（Rieley，1994；Docherty et al.，2001）。如果该反应伴随某种 KIE，但与目标化合物有关的反应是可定量的，即同位素差异 $\Delta\delta^{h}E_{c/dc}=0$，与目标化合物相关的同位素分馏效应也就不会发生，这种情况下的质量平衡可考虑情形 2，式(4-2) 和式(4-5) 可以组合用于待测元素所含原子和未含原子的测定。

情形 4：如果与目标化合物有关的反应不可定量，则必须对衍生化反应的 KIE 进行校正。KIE 校正因子可被定义为：通过衍生化过程，引入的衍生化试剂中参与反应的元素的稳定同位素组成，该因子考虑到了反应的同位素分馏效应（Docherty et al.，2001）。

如果与衍生化反应相关的 KIE 是可重现的，其校正因子可通过目标分子标准品未衍生（如闭管燃烧和双进样的同位素比值质谱技术或 EA-IRMS）和衍生后（通过 GC-IRMS）δ 值的检测分析及修正质量平衡方程而间接决定。如果要间接测定衍生化试剂官能团的 δ 值，可使用式(4-6)：

$$\delta^{h}E_{d}=\frac{n_{ds}\delta^{h}E_{ds}-n_{s}\delta^{h}E_{s}}{n_{d}} \tag{4-6}$$

式中　n_{d}——添加衍生化试剂中待测元素所包含的原子总数；

n_{ds}——衍生化试剂标准品相关元素所含的原子总数；

n_{s}——目标分子标准品相关元素所含的原子总数；

$\delta^{h}E_{ds}$——衍生化试剂标准品的 δ 值；

$\delta^{h}E_{s}$——目标分子标准品的 δ 值。

随之，天然物质中单个化合物的 $\delta^{h}E_{c}$ 值就可通过式(4-6) 中 $\delta^{h}E_{d}$ 的运算，并结合式(4-2) 计算得到。当存在可重现的动力学同位素效应时，间接测定 $\delta^{h}E_{c}$ 相关的不确定度可由式(4-7) 计算得到（Docherty et al.，2001）：

$$\sigma_{\delta^{h}E_{c}}^{2}=\sigma_{\delta^{h}E_{s}}^{2}\left(\frac{n_{s}}{n_{c}}\right)^{2}+\sigma_{\delta^{h}E_{ds}}^{2}\left(\frac{n_{s}+n_{d}}{n_{c}}\right)^{2}+\sigma_{\delta^{h}E_{dc}}^{2}\left(\frac{n_{c}+n_{d}}{n_{c}}\right)^{2} \tag{4-7}$$

在多数情况下，n_{s} 和 n_{c} 一般相等，也就是说使用了相同化合物作为衍生化校正因子的标准品。现以一种脱氧糖，如鼠李糖为例加以说明，其碳原子数 $n_{s}=n_{c}=6$。鼠李糖 5 位上含有羟基，其常通过乙酰化手段完成衍生反应，如采用 10 个碳的衍生化试剂即 $n_{d}=10$。同样，上述衍生化不确定度则可以用式(4-7) 这样的高斯误差传递来表达，计算出的化合物 δ 值的总不确定度 $\delta^{h}E_{c}$ 为 1.3‰。Sauvinet 等（2009）在血糖方面的研究就是进行必要校正时采用间接途径的一个较好例证。作为间接方法的一般性规律，当采用多种衍生化试剂时，其不确定度可用式(4-8) 来表达：

$$\sigma_{\delta^{h}E_{c}}^{2}=\sum_{i=1}^{z}\frac{\sigma_{\delta^{h}E_{s_{i}}}^{2}n_{s}^{2}}{n_{c}^{2}}+\sum_{i=1}^{z}\frac{\sigma_{\delta^{h}E_{sd_{i}}}^{2}\left(n_{s}+n_{d_{i}}\right)^{2}}{n_{c}^{2}}+\sigma_{\delta^{h}E_{dc}}^{2}\left(\frac{n_{c}+\sum_{i=1}^{z}n_{d_{i}}}{n_{c}}\right)^{2} \tag{4-8}$$

同样，氨基酸另外一个常见的例子——丙氨酸，其碳原子数 $n_s = n_c = 6$，采用三氟乙酸/异丙醇作为衍生化试剂（$n_{d1} = 2$，$n_{d2} = 3$）。采用式(4-8）计算出化合物 δ 值的总不确定度 $\delta^h E_c$ 为 1.3‰。

情形 5：最后，如果动力学同位素效应不具可重现性，这种方法就不适用于衍生化反应，那就必须设计另外一种衍生化方案。

（二）衍生化反应概述

1. 通过还原反应进行验证

通过还原反应形成配体常在利用气相色谱-电感耦合等离子体质谱技术分析（类）金属有机化合物时使用。例如，式(4-9）就是通过硼氢化钠还原三甲基氧化砷生成挥发性三甲基砷的一个实例。在利用气相色谱与其他挥发性金属有机化合物分离之前，三甲基砷可经过氦蒸气得到净化，同时通过冷阱实现富集。

$$\mathrm{TMAsO + NaBH_4 + HCl + 2H_2O \longrightarrow TMAs\uparrow + B(OH)_3 + NaCl + 3H_2\uparrow} \quad (4\text{-}9)$$

由于没有额外的碳原子引入分子中，该反应可应用于挥发性化合物碳同位素比值的分析。即便在复杂基质中，衍生化试剂也可以直接与（类）金属反应，从而实现衍生化定量反应。因此，无预期的碳同位素分馏效应发生，因为衍生化后生成的衍生化合物很容易从基质中实现分离。

Corso 等（1998）曾采用氢化锂铝将脂肪酸甲酯还原成脂肪醇完成色谱分离后，对其热裂解产物进行了 PSIA 研究。

2. 通过氧化进行验证

某些情况下，化合物进行氧化而不是还原反应产生的衍生化合物更适合 GC-IRMS 分析。利用重铬酸钾将羟基氧化成酮官能团，同时消除 17β 的侧链羟基（Bourgogne et al.，2000；Buisson et al.，2009），从而将糖皮质激素转化为对应的三酮化物，常用于甾体的分析中。这种方法的优势在于不会因衍生化步骤而引入额外的碳原子，且不会因侧链消除时导致碳-碳键破坏而观察到同位素分馏效应。

3. 脱羧反应

Zaideh 等（2001）利用酶催化脱羧反应将酪氨酸和苯丙氨酸转化为挥发性更强的化合物，从而通过 GC-IRMS 进行 $\delta^{15}N$ 值分析，这种酶催化反应具有高度专一性且不易发生副反应。

4. 硅烷化反应

在气相色谱-质谱（GC-MS）分析中，硅烷化反应是十分常见的一种衍生化技术（Toyo′Oka，1999）。硅烷化反应的优点在于反应可定量，且为一步快速完成，反应产物不需要进一步纯化处理（Corr et al.，2007）。硅烷化试剂对绝大多数的羟基和氨基官能团均可完成衍生化，很重要的一点是它们不会与固定相所包含的官能团（如聚乙二醇）发生接触。利用 GC-IRMS 进行氨基酸碳元素和氮元素的同位素比值分析过程中，三甲基氯硅烷、叔丁基二甲基氯硅烷或 *N*,*O*-双(三甲基硅烷基)三氟乙酰胺等硅烷化试剂被广泛应用于氨基酸的衍生化反应（Hofmann et al.，2003；Reinnicke et al.，2010），同样也用于脂肪酸的衍生化反应（Meier-Augenstein，2002）。

在反应底物中添加吡啶或三甲胺等碱性物质可以促进硅烷化反应，同时实现反应的可定量化（Meier-Augenstein，2002）。对于碳同位素比值分析而言，该方法在硅烷化过程中，因碳键不会受到影响，具有无同位素分馏效应发生的优势（Meier-Augensteinm，2004；Rieley，1994）。硅烷化通常是在衍生化试剂大量过剩条件下进行的，由于目标化合物可完全反应，因此，不太可能发生氮和氧元素的同位素分馏效应（Meier-Augenstein，2002）。然而，对每个衍生化官能团来说，硅烷化反应却引入了过量的碳原子，如三甲基氯硅烷过量3个碳原子，叔丁基二甲基氯硅烷过量6个碳原子，因此，降低了碳元素的同位素测定精度（Gross et al.，2004），同时导致化合物的不完全转化（Meier-Augenstein，1999），在具有6个羟基官能团的糖类物质测定时尤为突出（Gross et al.，2004）。同样值得怀疑的是，硅原子对氧化催化剂有不利影响，可形成二氧化硅，或也可能燃烧炉中的金刚砂导致同位素值的额外不确定度（Shinebarger et al.，2002）。当使用三甲基氯硅烷衍生化氨基酸或α-酮基酸时，有可能形成几种不同的化合物，如单甲基、双甲基或三甲基硅烷酯的顺/反异构体。通过硅烷化试剂实现衍生化反应，色谱分析柱仅限于非极性柱，这会存在复杂混合物难分离的问题（Meier-Augenstein，2004）。该方法的另外一个不利之处是衍生化试剂的不稳定性——衍生化试剂在有水分存在时容易分解，必须在氮气保护下保存在隔膜密封的样品瓶中，而且，衍生化处理后的样品保存周期有限（即使在低于0℃的黑暗环境中也只能保存几天）（Meier-Augenstein，2004）。

5. 酯化反应

甲酯化、乙酰化、异丙基化和酯交换化等反应均可归纳为酯化反应。所有这些反应均涉及碳原子中心，其也存在于最终的衍生化合物中，因此KIE可能会影响到碳同位素比值的测定（Sauvinet et al.，2009）。

在大多数酯化反应中，衍生化试剂（通常是一种醇和一种催化剂）的添加是过量的，化合物中反应原子启动的反应是快速且可定量的，化合物本身的KIE是不会被观察到的，只有根据式(4-2)和式(4-3)进行校正是必要的。对甲基化反应请参考后面单独的论述。

在乙酰化反应中这种情形有所不同：存在于衍生化试剂中的原子参与了速率限制步骤，基于此，即便感兴趣的化合物发生了定量反应，乙酰基中碳原子也有可能存在KIE（Rieley，1994）。乙酰化衍生手段常常被应用于甾体和糖类物质的碳同位素比值分析中（Macko et al.，1998）。乙酰化反应经常是在过量酸（如乙酸）或酸酐条件下，采用碱性物质［如吡啶（Macko et al.，1998）或N-甲基噻唑（Docherty et al.，2001）］调控完成反应的。

在这类反应中，KIE是恒定不变的，进行额外的碳原子校正却是必要的。但如果测定的是糖醇，例如一般需要硼氢化钠还原羰基官能团，在乙酰化过程中信息丢失的情况就会发生。两种不同的戊糖和己糖会得到相同的产物。这种信息丢失现象可先通过甲基-溴乙酰化，再经过随后的三甲基氯硅烷进行硅烷化处理等综合步骤消失，该反应是可定量的，且无预见的KIE发生（Gross et al.，2004）。

三氟乙酸/异丙醇已成为氨基酸碳同位素分析中最常用的两步法衍生化试剂（Silfer et al.，1991），然而对KIE的校正也是必要的。因为在三氟乙酸衍生化合物燃烧/热转移过程中形成的氟化氢，可与燃烧炉中氧化铜及氧化镍金属丝反应产生稳定的氟化铜和氟化镍，从而对铂金属丝造成不可逆转的损害（Meier-Augenstein，2004）。Corr等（2007）考察研究了15种氨基酸通过衍生化手段转化为 N-乙酰甲酯（NACE）、N-乙酰异丙酯（NAIP）、三氟乙酰异丙酯（TFA-IP）、N-新戊酰甲酯（NPME）、N-新戊酰正丙酯（NPNP）和 N-新戊酰异丙酯（NPIP）等衍生化合物的情况。结果证实：N-乙酰甲酯（NACME）是最适合的衍生化产物，主要是因为这类物质具有最高的化合物与衍生化试剂元素丰度比，因此，其在氨基酸 $\delta^{13}C$ 值测定过程中的分析误差最小，苯丙氨酸、亮氨酸和异亮氨酸为±0.6‰，丝氨酸和甘氨酸为±1.1‰。

针对 γ-羟基丁酸，为避免衍生化试剂引入额外的碳原子，Saudan 等（2007）报道了一种分子内酯化反应，可将 γ-羟基丁酸转化为相应的 γ-丁内酯后进行 GC-IRMS 分析。

6. 甲基化反应

在 GC-MS 分析中，三氟化硼-甲醇和重氮甲烷常用于甲基化反应中（Toyo′Oka，1999）。碳元素测定时，甲基化具有仅在衍生化官能团上引入一个碳原子的优势（Reinnicke et al.，2010；Meier-Augenstein，2002）。总体来说，从商业途径获取的三氟化硼-甲醇试剂已经用于脂肪酸转化为相应脂肪酸甲酯的衍生化过程中（Meier-Augenstein，2004）。

该反应集中于脂肪酸的碳原子中心，故原则上碳元素测定时其 KIE 是可预料的。然而，当反应物中的醇类物质过量使用时该反应一般是彻底的，因此不会在碳原子中心观察到同位素分馏现象。此方法的另一个优势是：三氟化硼-甲醇混合物可从商业渠道获取（Meier-Augenstein，2002），且容易处理，用于催化反应的路易斯酸三氟化硼不具有腐蚀性，并且十分容易挥发，因此在分析衍生化合物之前通过吹扫就可以排除。采用三氟化硼而不是盐酸或氢溴酸，可以避免分析系统被腐蚀的问题（Meier-Augenstein，2002）。可是，也有报道指出：当采用三氟化硼-甲醇时也会有伪现象和副反应出现，因此也需要谨慎对待三氟化硼-甲醇衍生化试剂（Reinnicke et al.，2010）。

Reinnicke 等（2010）将三甲基氢氧化硫用于 3-异丙基(^{1}H)-苯并-2,1,3-噻二嗪-4-酮-2,2-二氧化物和 2-甲基-4-氯苯氧乙酸等杀虫剂的甲基化反应中。这种甲基化反应比较吸引人的地方在于：在大体积进样时，衍生化反应可在程序升温蒸发进样器的玻璃珠填充衬管中自动完成，为达此目的，在进样前，目标化合物与衍生化试剂及溶剂（甲醇）需要预混合在一起，进样后，溶剂通过分流出口就可以排除，在进样口之后的快速加热过程中，就发生了衍生化反应，最后，衍生化合物被转移到气相分离色谱柱上（Reinnicke et al.，2010）。由于该衍生化过程无氮元素引入，这种通过化学计量比添加三甲基氢氧化硫的方式可以得到准确且可重现的氮同位素值。相反地，要获得可重现的碳同位素值则需要超过250倍的过量三甲基氢氧化硫（Reinnicke et al.，2010）。

采用重氮甲烷作为衍生化试剂完成甲基化反应快速且不可逆转，同时要求衍生化试剂过量使用，与三氟化硼-甲醇比较，在重氮甲烷碳原子中心会有速率限制步骤的发生，这将导致不可重现的动力学同位素效应。因此，该衍生化方法不适合特定化合物稳定同位素中碳元素的测定，并且，重氮甲烷也具有爆炸性和强毒性等不利因素（Reinnicke et al.，2010）。

Melsbach 等（2019）分别利用 LC-IRMS 和 GC-IRMS 测定了农药杀草敏的降解产物脱氯杀草敏（DPC）的 $\delta^{13}C$ 值和 $\delta^{15}N$ 值，其中在测定 $\delta^{15}N$ 值的时候，利用三甲基硅烷基-重氮甲烷（TMSD）进行甲基化。相对于重氮甲烷来说，TMSD 更为温和且不易爆，由于引入的甲基不含氮原子，因此在测定 $\delta^{15}N$ 的过程中衍生化引入的甲基的稳定同位素值对其 $\delta^{15}N$ 的测定结果是不影响的。TMSD 先反应生成重氮甲烷，随后目标化合物被甲基化形成甲基-脱氯杀草敏（MDPC），反应过程如图 4-5 所示。MDPC 用 GC-IRMS 进行 $\delta^{15}N$ 值的测定，经过验证，衍生化过程不会发生氮稳定同位素的偏移。

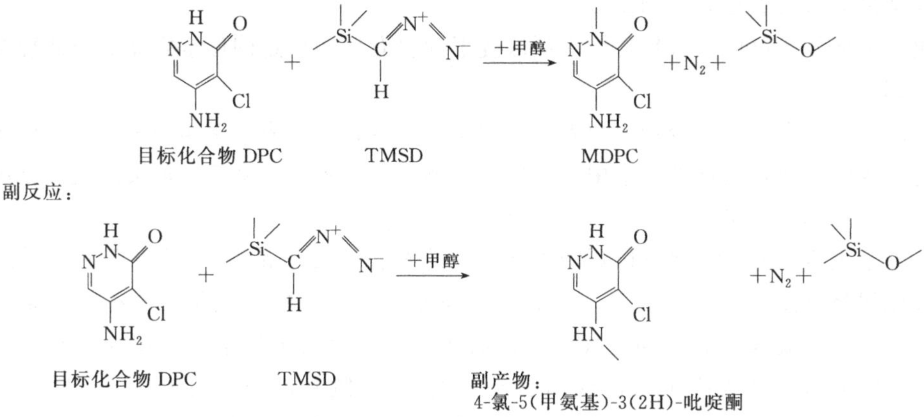

目标化合物 DPC + TMSD —+甲醇→ MDPC $+N_2+$

副反应：

目标化合物 DPC + TMSD —+甲醇→ 副产物：4-氯-5(甲氨基)-3(2H)-吡啶酮 $+N_2+$

图 4-5 TMSD 作为衍生化试剂对 DPC 进行衍生化的反应示意（甲醇作为催化剂）(Melsbach et al. ,2019)

总之，衍生化扩展了 GC-IRMS 技术的应用范围，同时有必要注意衍生化反应苛刻的条件及潜在的同位素分馏效应。只有极少数有同位素特征标记的衍生化试剂，如邻苯二甲酸和乙酸酐（达到国际标准品认可要求的两个物质）可从印第安纳大学获取，该机构明确指出：将来对这类标准品的需求还很大（Sessions，2006）。直到如今，绝大多数衍生化试剂仍需要使用者进行同位素特征标记。

第四节 测试气体的制备

GC-IRMS 等仪器是近年来开发出的可在线分析稳定同位素比值的质谱设备，能够有效快速测定有机化合物的碳、氢、氧、氮同位素特征（陆燕 等，2018）。如不能实现在线分析，需将稳定同位素元素制成气体进样，经过气化、纯化和分离后用质谱仪测定分析。

如氢同位素样品，将测量材料装入材料管，加入催化剂（1g CuO、1g Cu 和一小片银），将材料管与真空系统连接，抽到真空后封管，然后放入炉内燃烧。燃烧后的材料管内混杂有各种气体，须在特制的系统中分离，使所需的气体纯化，然后收集到测试管中。

氮同位素样品通过转化为气态 N_2 进行分析。目前，有 2 种方法可将有机氮转化成 N_2。

（1）直接燃烧法　将所测样品装入材料管，加入 CuO（短细线状）和 Cu（细颗粒状）各 1g 以及一小片银作催化剂，密封材料管，放入炉内燃烧，一般在 520℃下燃烧 34h，燃烧后管内的材料被分解成 N_2，最后用次溴酸钠或次溴酸锂将 NH_4^+ 氧化成 N_2。

（2）凯式消化法　先将样品消化转化为 NH_4^+，再将消化液加浓 NaOH 或 KOH 蒸馏到硼酸中，然后用标准酸液滴定确定 N 量，再浓缩，抽至真空移走大气中的 N_2，最后用次溴酸钠或次溴酸锂将 NH_4^+ 氧化成 N_2。

硫同位素样品双路测量气体质谱法需要将纯净的硫化物和硫酸盐离线制备成二氧化硫或六氟化硫气体。石油、植物、干酪根等样品可以通过氧弹燃烧法转化为硫酸钡进行分析，也可以使用连续流质谱法直接分析测试。

现在也有一些技术可以为自然环境中低浓度下含氯有机物稳定同位素样品的前处理提供经验（Eggenkamp，2014）。

使用金属锂还原有机氯化合物。两者在真空密封石英管中反应，金属锂可以将有机物中的氯元素还原为氯化锂，氯化锂在水中溶解后可以测定其稳定同位素值，据报道这一方法的精密度可以达到0.15‰（Tanaka et al.，1991）。

无水条件下的高温转化方法可以同时分析氯元素和碳元素的稳定同位素值。样品用铜（Ⅱ）氧化线将碳元素氧化为CO_2，将氯元素还原为氯化亚铜，氯化亚铜在特定条件下与碘代甲烷反应，生成碘化亚铜和氯代甲烷，氯代甲烷分离后可用于氯稳定同位素值的测定。该方法对氯元素的回收率可以达到80%～100%，含氯有机物结构越复杂，回收率越低。该方法的精密度和准确度良好，精密度可以达到0.05‰以内，准确度可以达到0.1‰以内（Holt et al.，1997）。

用在线IRMS对环境样品中有机氯稳定同位素分析。这一在线技术直接将氯代甲烷和碘代甲烷注入填充Porapack Q的2m GC柱，这两种气体可以在其中分离，氯代甲烷直接进入质谱系统测定其稳定同位素值，碘代甲烷会被排出，这一方法的精密度可以达到0.06‰，主要优势在于节省时间，前处理过程不需要进行额外的分离操作（Wassenaar et al.，2004）。

对于含溴有机物稳定同位素样品的前处理，其难点主要在于不同卤素元素的分离（Eggenkamp，2014b）。由于溴元素和氯元素常常是混合存在的，因此，要想测定物质中溴元素的稳定同位素值，关键在于将其从氯元素中分离出来。目前使用的前处理方法主要是基于卤素原子之间氧化还原特性的差异。随着原子序数的增加，卤素离子的还原性随之增强。因此，溴离子的还原性强于氯离子（Eggenkamp et al.，2000）。基于这一特性，含溴物质的稳定同位素样品的前处理通常先用沸腾的重铬酸钾（$K_2Cr_2O_7$）和硫酸（H_2SO_4）混合溶液，将溴离子氧化为溴单质，此时氯离子未被氧化。接下来利用蒸馏手段将溴单质从溶液中分离出来，分离后的溴单质重新溶于碱溶液（如氢氧化钾），并生成次溴酸盐（BrO^-）和溴离子，BrO^-再与锌粉反应生成溴离子，利用银离子进一步与溴离子结合生成溴化银沉淀，溴化银再与碘代甲烷反应，生成溴代甲烷，溴代甲烷可进入IRMS对其稳定同位素值进行测定，进样过程与氯元素相似。

参考文献

孔晓乐，王仕琴，丁飞，等，2018. 基于水化学和稳定同位素的白洋淀流域地表水和地下水硝酸盐来源［J］. 环境科学，39（6）：2624-2631.

李静，薛冬梅，王义东，等，2020. 稳定同位素动力学分馏模型研究进展［J］. 矿物学报，40（3）：248-254.

刘澄静，角媛梅，刘歆，等，2018. 基于氢氧稳定同位素的哈尼水稻梯田湿地水源补给分析［J］. 生态学杂志，37（10）：3092-3099.

刘瑀，赵新达，张旭峰，等，2018. 大连刺参氨基酸碳稳定同位素组成特征的分析［J］. 环境化学，37（2）：239-248.

陆燕，王小云，曹建平，2018. 沉积物中16种多环芳烃单体碳同位素GC-C-IRMS测定［J］. 石油实验地质，40（4）：

532-537.

彭学伟， 2019. 邻苯二甲酸二乙酯芬顿降解中的碳同位素分析［J］. 环境科学与技术，42（7）：95-99.

徐春英，李玉中，梅旭荣，等. 2009. 小麦籽粒氨基酸碳氮稳定同位素的测定与分析［J］. 中国农业科学，42（2）：446-453.

杨柳，刘正文， 2019. 基于^{15}N稳定同位素示踪技术的太湖梅梁湾浮游植物群落氮吸收动力学研究［J］. 湖泊科学，31（2）：449-457.

曾梓琪，肖红伟，黄启伟，等，2019. 南昌市$PM_{2.5}$中稳定碳同位素组成特征［J］. 地球化学，48（3）：303-310.

AMARAL H I F，BERG M，BRENNWALD M S，et al.，2010. $^{13}C/^{12}C$ analysis of ultra-trace amounts of volatile organic contaminants in groundwater by vacuum extraction [J]. Environmental Science & Technology，44（3）：1023-1029.

ANNABLE W K，FRAPE S K，SHOUAKAR-STASH O，et al.，2007. ^{37}Cl,^{15}N,^{13}C isotopic analysis of common agrochemicals for identifying non-point source agricultural contaminants [J]. Applied Geochemistry，22（7）：1530-1536.

ARCHBOLD M E，REDEKER K R，DAVIS S，et al.，2005. A method for carbon stable isotope analysis of methyl halides and chlorofluorocarbons at pptv concentrations [J]. Rapid Communications in Mass Spectrometry，19（3）：337-342.

AUER N R，MANZKE B U，SCHULZ-BULL D E，2006. Development of a purge and trap continuous flow system for the stable carbon isotope analysis of volatile halogenated organic compounds in water [J]. Journal of Chromatography A，1131（1/2）：24-36.

BERG M，BOLOTIN J，HOFSTETTER T B，2007. Compound-specific nitrogen and carbon isotope analysis of nitroaromatic compounds in aqueous samples using solid-phase microextraction coupled to GC/IRMS [J]. Analytical Chemistry，79（6）：2386-2393.

BERGMANN F D，ABU LABAN N M，MEYER A H，et al.，2011. Dual（C，H）isotope fractionation in anaerobic low molecular weight（poly）aromatic hydrocarbon（PAH）degradation：potential for field studies and mechanistic implications [J]. Environmental Science & Technology，45（16）：6947-6953.

BHANDARI G，ATREYA K，SCHEEPERS P T J，et al.，2020. Concentration and distribution of pesticide residues in soil：Non-dietary human health risk assessment [J]. Chemosphere，253：126594.

BLESSING M，JOCHMANN M A，SCHMIDT T C，2008. Pitfalls in compound-specific isotope analysis of environmental samples [J]. Analytical and Bioanalytical Chemistry，390（2）：591-603.

BOURGOGNE E，HERROU V，MATHURIN J C，et al.，2000. Detection of exogenous intake of natural corticosteroids by gas chromatography/combustion/isotope ratio mass spectrometry：application to misuse in sport [J]. Rapid Communications in Mass Spectrometry，14（24）：2343-2347.

BRENNA J T，CORSO T N，TOBIAS H J，et al.，1997. High-precision continuous-flow isotope ratio mass spectrometry [J]. Mass Spectrometry Reviews，16（5）：227-258.

BUISSON C，MONGONGU C，FRELAT C，et al.，2009. Isotope ratio mass spectrometry analysis of the oxidation products of the main and minor metabolites of hydrocortisone and cortisone for antidoping controls [J]. Steroids，74（3）：393-397.

BUTLER B J，ARAVENA R，BARKER J F，2001. Monitoring biodegradation of methyltert-butyl ether（MTBE）using compound-specific carbon isotope analysis [J]. Environmental Science & Technology，35（4）：676-681.

CHEN C，ZOU W B，CHEN S S，et al.，2020. Ecological and health risk assessment of organochlorine pesticides in an urbanized river network of Shanghai，China [J]. Environmental Sciences Europe，32（1）：42.

CHEN C，ZOU W B，CUI G L，et al.，2020. Ecological risk assessment of current-use pesticides in an aquatic system of Shanghai，China [J]. Chemosphere，257：127222.

CORR L T，BERSTAN R，EVERSHED R P，2007. Optimisation of derivatisation procedures for the determination of delta ^{13}C values of amino acids by gas chromatography/combustion/isotope ratio mass spectrometry [J]. Rapid Communications in Mass Spectrometry，21（23）：3759-3771.

CORSO T N，LEWIS B A，BRENNA J T，1998. Reduction of fatty acid methyl esters to fatty alcohols to improve volatility for isotopic analysis without extraneous carbon [J]. Analytical Chemistry，70（18）：3752-3756.

DAYAN H，ABRAJANO T，STURCHIO N C，et al.，1999. Carbon isotopic fractionation during reductive dehalogenation of chlorinated ethenes by metallic iron [J]. Organic Geochemistry, 30 (8): 755-763.

DOCHERTY G, JONES V, EVERSHED R P, 2001. Practical and theoretical considerations in the gas chromatography/combustion/isotope ratio mass spectrometry $\delta^{13}C$ analysis of small polyfunctional compounds [J]. Rapid Communications in Mass Spectrometry, 15 (9): 730-738.

EGGENKAMP H, 2014a. Preparation techniques for the analysis of stable chlorine isotopes [M] //The Geochemistry of Stable Chlorine and Bromine Isotopes. Berlin, Heidelberg: Springer Berlin Heidelberg: 27-60.

EGGENKAMP H, 2014b. Preparation techniques for the analysis of stable chlorine isotopes [M] //The Geochemistry of Stable Chlorine and Bromine Isotopes. Berlin, Heidelberg: Springer Berlin Heidelberg.

EGGENKAMP H G M, COLEMAN M L, 2000. Rediscovery of classical methods and their application to the measurement of stable bromine isotopes in natural samples [J]. Chemical Geology, 167 (3/4): 393-402.

ELSNER M, COULOUME G L, SHERWOOD LOLLAR B, 2006. Freezing to preserve groundwater samples and improve headspace quantification limits of water-soluble organic contaminants for carbon isotope analysis [J]. Analytical Chemistry, 78 (21): 7528-7534.

ELSNER M, ZWANK L, HUNKELER D, et al., 2005. A new concept linking observable stable isotope fractionation to transformation pathways of organic pollutants [J]. Environmental Science & Technology, 39 (18): 6896-6916.

GIEBEL B M, SWART P K, RIEMER D D, 2010. $\delta^{13}C$ stable isotope analysis of atmospheric oxygenated volatile organic compounds by gas chromatography-isotope ratio mass spectrometry [J]. Analytical Chemistry, 82 (16): 6797-6806.

GRAHAM M C, ALLAN R, FALLICK A E, et al., 2006. Investigation of extraction and clean-up procedures used in the quantification and stable isotopic characterisation of PAHs in contaminated urban soils [J]. Science of the Total Environment, 360 (1/2/3): 81-89.

GRAY J R, LACRAMPE-COULOUME G, GANDHI D, et al., 2002. Carbon and hydrogen isotopic fractionation during biodegradation of methyl *tert*-butyl ether [J]. Environmental Science & Technology, 36 (9): 1931-1938.

GRICE K, DE MESMAY R, GLUCINA A, et al., 2008. An improved and rapid 5A molecular sieve method for gas chromatography isotope ratio mass spectrometry of *n*-alkanes (C_8—C_{30+}) [J]. Organic Geochemistry, 39 (3): 284-288.

GROB K, 1986. Classical split and splitless injection in capillary gas chromatography: with some remarks on PTV injection [M]. Alfred Huethig Verlag.

GROB K, 2001. Split and splitless injection for quantitative gas chromatography: concepts, processes, practical guidelines, sources of error [M]. 4th ed. Chichester: Wiley-VCH, Weinheim.

GROSS S, GLASER B, 2004. Minimization of carbon addition during derivatization of monosaccharides for compound-specific $\delta^{13}C$ analysis in environmental research [J]. Rapid Communications in Mass Spectrometry, 18 (22): 2753-2764.

HOFMANN D, GEHRE M, JUNG K, 2003. Sample preparation techniques for the determination of natural $^{15}N/^{14}N$ variations in amino acids by gas chromatography-combustion-isotope ratio mass spectrometry (GC-C-IRMS) [J]. Isotopes in Environmental and Health Studies, 39 (3): 233-244.

HOLT B D, STURCHIO N C, ABRAJANO T A, et al., 1997. Conversion of chlorinated volatile organic compounds to carbon dioxide and methyl chloride for isotopic analysis of carbon and chlorine [J]. Analytical Chemistry, 69 (14): 2727-2733.

HUNKELER D, ARAVENA R, 2000. Determination of compound-specific carbon isotope ratios of chlorinated methanes, ethanes, and ethenes in aqueous samples [J]. Environmental Science & Technology, 34 (13): 2839-2844.

HUNKELER D, MECKENSTOCK R U, LOLLAR B S, et al., 2008. A guide for assessing biodegradation and source identification of organic ground water contaminants using compound specific isotope analysis (CSIA) [J]. USEPA Publication, EPA 600/R- (December): 1-82.

JOCHMANN M A, BLESSING M, HADERLEIN S B, et al., 2006. A new approach to determine method detection limits for compound-specific isotope analysis of volatile organic compounds [J]. Rapid Communications in Mass Spectrometry, 20 (24): 3639-3648.

KENIG F, POPP B N, SUMMONS R E, 2000. Preparative HPLC with ultrastable-Y zeolite for compound-specific carbon isotopic analyses [J]. Organic Geochemistry, 31 (11): 1087-1094.

KIM M, KENNICUTT M C, QIAN Y, 2005. Polycyclic aromatic hydrocarbon purification procedures for compound spe-

cific isotope analysis [J]. Environmental Science & Technology, 39 (17): 6770-6776.
KUDER T, WILSON J T, KAISER P, et al., 2005. Enrichment of stable carbon and hydrogen isotopes during anaerobic biodegradation of MTBE: microcosm and field evidence [J]. Environmental Science & Technology, 39 (1): 213-220.
KUJAWINSKI D M, STEPHAN M, JOCHMANN M A, et al., 2010. Stable carbon and hydrogen isotope analysis of methyl *tert*-butyl ether and *tert*-amyl methyl ether by purge and trap-gas chromatography-isotope ratio mass spectrometry: Method evaluation and application [J]. Journal of Environmental Monitoring, 12 (1): 347-354.
LI M W, HUANG Y S, OBERMAJER M, et al., 2001. Hydrogen isotopic compositions of individual alkanes as a new approach to petroleum correlation: case studies from the Western Canada Sedimentary Basin [J]. Organic Geochemistry, 32 (12): 1387-1399.
LI Y, XIONG Y, FANG J, et al., 2009. Application of hollow fiber liquid-phase microextraction in identification of oil spill sources [J]. Journal of Chromatography A, 1216 (34): 6155-6161.
LIU J, WU L P, KÜMMEL S, et al., 2018. Carbon and hydrogen stable isotope analysis for characterizing the chemical degradation of tributyl phosphate [J]. Chemosphere, 212: 133-142.
LOLLAR B S, HIRSCHORN S K, CHARTRAND M M, et al., 2007. An approach for assessing total instrumental uncertainty in compound-specific carbon isotope analysis: implications for environmental remediation studies [J]. Analytical Chemistry, 79 (9): 3469-3475.
MACKO S A, RYAN M, ENGEL M H, 1998. Stable isotopic analysis of individual carbohydrates by gas chromatographic/combustion/isotope ratio mass spectrometry [J]. Chemical Geology, 152 (1/2): 205-210.
MAIER M P, QIU S R, ELSNER M, 2013. Enantioselective stable isotope analysis (ESIA) of polar herbicides [J]. Analytical and Bioanalytical Chemistry, 405 (9): 2825-2831.
MANCINI S A, ULRICH A C, LACRAMPE-COULOUME G, et al., 2003. Carbon and hydrogen isotopic fractionation during anaerobic biodegradation of benzene [J]. Applied and Environmental Microbiology, 69 (1): 191-198.
MAZEAS L, BUDZINSKI H, RAYMOND N, 2002. Absence of stable carbon isotope fractionation of saturated and polycyclic aromatic hydrocarbons during aerobic bacterial biodegradation [J]. Organic Geochemistry, 33 (11): 1259-1272.
MEAD M I, KHAN M A H, BULL I D, et al., 2008. Stable carbon isotope analysis of selected halocarbons at parts per trillion concentration in an urban location [J]. Environmental Chemistry, 5 (5): 340-346.
MEIER-AUGENSTEIN W, 1999. Applied gas chromatography coupled to isotope ratio mass spectrometry [J]. Journal of Chromatography A, 842 (1/2): 351-371.
MEIER-AUGENSTEIN W, 2002. Stable isotope analysis of fatty acids by gas chromatography-isotope ratio mass spectrometry [J]. Analytica Chimica Acta, 465 (1): 63-79.
MEIER-AUGENSTEIN W, 2004. Handbook of stable isotope analytical techniques [M]. Amsterdam: Elsevier Press.
MELSBACH A, PONSOIN V, TORRENTÓ C, et al., 2019. ^{13}C and ^{15}N isotope analysis of desphenylchloridazon by liquid chromatography-isotope-ratio mass spectrometry and derivatization gas chromatography-tsotope-ratio mass spectrometry [J]. Analytical Chemistry, 91 (5): 3412-3420.
MIKOLAJCZUK A, GEYPENS B, BERGLUND M, et al., 2009. Use of a temperature-programmable injector coupled to gas chromatography-combustion-isotope ratio mass spectrometry for compound-specific carbon isotopic analysis of polycyclic aromatic hydrocarbons [J]. Rapid Communications in Mass Spectrometry Rcm, 23 (16): 2421-2427.
OJEDA A S, PHILLIPS E, LOLLAR B, 2020. Multi-element (C, H, Cl, Br) stable isotope fractionation as a tool to investigate transformation processes for halogenated hydrocarbons [J]. Environmental Science: Processes & Impacts, 22 (3): 567-582.
OKUDAA T, KUMATAB H, NARAOKAC H, et al., 2002. Origin of atmospheric polycyclic aromatic hydrocarbons (PAHs) in Chinese cities solved by compound-specific stable carbon isotopic analyses [J]. Organic Geochemistry, 33 (12): 1737-1745.
PALAU J, SOLER A, TEIXIDOR P, et al., 2007. Compound-specific carbon isotope analysis of volatile organic compounds in water using solid-phase microextraction [J]. Journal of Chromatography A, 1163 (1-2): 260-268.
PIPER T, MARECK U, GEYER H, et al., 2008. Determination of $^{13}C/^{12}C$ ratios of endogenous urinary steroids: method validation, reference population and application to doping control purposes [J]. Rapid Communications in Mass

Spectrometry, 22 (14): 2161-2175.

RAMSEY M H, ELLISON S L R, 2007. Eurachem/EUROLAB/CITAC/Nordtest/AMC Guide: Measurement uncertainty arising from sampling: a guide to methods and approach, Second Edition [M].

REINNICKE S, BERNSTEIN A, ELSNER M, 2010. Small and reproducible isotope effects during methylation with trimethylsulfonium hydroxide (TMSH): a convenient derivatization method for isotope analysis of negatively charged molecules [J]. Analytical Chemistry, 82 (5): 2013-2019.

RIELEY G, 1994. Derivatization of organic compounds prior to gas chromatographic-combustion-isotope ratio mass spectrometric analysis: ldentif ication of isotope fractionation processes [J]. The Analyst, 119: 915-919.

SAUDAN C, AUGSBURGER M, MANGIN P, et al., 2007. Carbon isotopic ratio analysis by gas chromatography/combustion/isotope ratio mass spectrometry for the detection of *gamma*-hydroxybutyric acid (GHB) administration to humans [J]. Rapid Communications in Mass Spectrometry Rcm, 21 (24): 3956-3962.

SAUVINET V, GABERT L, QIN D, et al., 2009. Validation of pentaacetylaldononitrile derivative for dua ^{12}H gas chromatography/mass spectrometry and ^{13}C gas chromatography/combustion/isotope ratio mass spectrometry analysis of glucose [J]. Rapid Communications in Mass Spectrometry, 23 (23): 3855-3867.

SCHMITT J, GLASER B, ZECH W, 2003. Amount-dependent isotopic fractionation during compound-specific isotope analysis [J]. Rapid Communications in Mass Spectrometry, 17 (9): 970-977.

SCHREGLMANN K, HOECHE M, STEINBEISS S, et al., 2013. Carbon and nitrogen isotope analysis of atrazine and desethylatrazine at sub-microgram per liter concentrations in groundwater [J]. Analytical and Bioanalytical Chemistry, 405 (9): 2857-2867.

SESSIONS A L, 2006. Isotope-ratio detection for gas chromatography [J]. Journal of Separation Science, 29 (12): 1946-1961.

SHINEBARGER S R, HAISCH M, MATTHEWS D E, 2002. Retention of carbon and alteration of expected ^{13}C-tracer enrichments by silylated derivatives using continuous-flow combustion-isotope ratio mass spectrometry [J]. Analytical Chemistry, 74 (24): 6244-6251.

SILFER J A, ENGEL M H, MACKO S A, et al., 1991. Stable carbon isotope analysis of amino acid enantiomers by conventional isotope ratio mass spectrometry and combined gas chromatography/isotope ratio mass spectrometry [J]. Analytical Chemistry, 63 (4): 370-374.

SKARPELI-LIATI M, TURGEON A, GARR A N, et al., 2011. pH-dependent equilibrium isotope fractionation associated with the compound specific nitrogen and carbon isotope analysis of substituted anilines by SPME-GC/IRMS [J]. Analytical Chemistry, 83 (5): 1641-1648.

SLATER G F, DEMPSTER H S, SHERWOOD LOLLAR B, et al., 1999. Headspace analysis: a new application for isotopic characterization of dissolved organic contaminants [J]. Environmental Science & Technology, 33 (1): 190-194.

SMALLWOOD B J, PHILP R P, BURGOYNE T W, et al., 2001. The use of stable isotopes to differentiate specific source markers for MTBE [J]. Environmental Forensics, 2 (3): 215-221.

STARK A, ABRAJANO T Jr, HELLOU J Jr, et al., 2003. Molecular and isotopic characterization of polycyclic aromatic hydrocarbon distribution and sources at the international segment of the St. Lawrence River [J]. Organic Geochemistry, 34 (2): 225-237.

TANAKA N, RYE D M, 1991. Chlorine in the stratosphere [J]. Nature, 353 (6346): 707.

THOMPSON M, 2008. Measurement uncertainty arising from sampling: the new eurachem guide [M]. London: Royal Society of Chemistry.

THOMPSON M, 2009. The duplicate method for the estimation of measurement uncertainty arising from sampling [M]. London: Royal Society of Chemistry.

THULLNER M, CENTLER F, RICHNOW H H, et al., 2012. Quantification of organic pollutant degradation in contaminated aquifers using compound specific stable isotope analysis-review of recent developments [J]. Organic Geochemistry, 42 (12): 1440-1460.

TORRENTÓ C, BAKKOUR R, GLAUSER G, et al., 2019. Solid-phase extraction method for stable isotope analysis of pesticides from large volume environmental water samples [J]. The Analyst, 144 (9): 2898-2908.

TOYO'OKA T, 1999. Modern derivatization methods for separation sciences [J]. Proteomics.

VALDEZ C A, MARCHIORETTO M K, LEIF R N, et al., 2018. Efficient derivatization of methylphosphonic and aminoethylsulfonic acids related to nerve agents simultaneously in soils using trimethyloxonium tetrafluoroborate for their enhanced, qualitative detection and identification by EI-GC-MS and GC-FPD [J]. Forensic Science International, 288: 159-168.

VON ECKSTAEDT C V, GRICE K, IOPPOLO-ARMANIOS M, et al., 2011. δD and $\delta^{13}C$ analyses of atmospheric volatile organic compounds by thermal desorption gas chromatography isotope ratio mass spectrometry [J]. Journal of Chromatography A, 1218 (37): 6511-6517.

WALKER S E, DICKHUT R M, CHISHOLM-BRAUSE C, et al., 2005. Molecular and isotopic identification of PAH sources in a highly industrialized urban estuary [J]. Organic Geochemistry, 36 (4): 619-632.

WANG Y, HUANG Y S, 2001. Hydrogen isotope fractionation of low molecular weight n-alkanes during progressive vaporization [J]. Organic Geochemistry, 32 (8): 991-998.

WANG Y, HUANG Y, HUCKINS J N, et al., 2004. Compound-specific carbon and hydrogen isotope analysis of sub-parts per billion level waterborne petroleum hydrocarbons [J]. Environmental Science & Technology, 38 (13): 3689-3697.

WARD J A M, AHAD J M E, LACRAMPE-COULOUME G, et al., 2000. Hydrogen isotope fractionation during methanogenic degradation of toluene: potential for direct verification of bioremediation [J]. Environmental Science & Technology, 34 (21): 4577-4581.

WASSENAAR L I, KOEHLER G, 2004. On-line technique for the determination of the $\delta^{37}Cl$ of inorganic and total organic Cl in environmental samples [J]. Analytical Chemistry, 76 (21): 6384-6388.

YAMADA K, HATTORI R, ITO Y, et al., 2010. Determination of carbon isotope ratios of methanol and acetaldehyde in air samples by gas chromatography-isotope ratio mass spectrometry combined with headspace solid-phase microextraction [J]. Isotopes in Environmental and Health Studies, 46 (3): 392-399.

YAN B Z, ABRAJANO T A, BOPP R F, et al., 2006. Combined application of $\delta^{13}C$ and molecular ratios in sediment cores for PAH source apportionment in the New York/New Jersey harbor complex [J]. Organic Geochemistry, 37 (6): 674-687.

YANIK P J, O'DONNELL T H, MACKO S A, et al., 2003. The isotopic compositions of selected crude oil PAHs during biodegradation [J]. Organic Geochemistry, 34 (2): 291-304.

ZAIDEH B I, SAAD N M, LEWIS B A, et al., 2001. Reduction of nonpolar amino acids to amino alcohols to enhance volatility for high-precision isotopic analysis [J]. Analytical Chemistry, 73 (4): 799-802.

ZECH M, GLASER B, 2008. Improved compound-specific $\delta^{13}C$ analysis of n-alkanes for application in palaeoenvironmental studies [J]. Rapid Communications in Mass Spectrometry, 22 (2): 135-142.

ZWANK L, BERG M, SCHMIDT T C, et al., 2003. Compound-specific carbon isotope analysis of volatile organic compounds in the low-microgram per liter range [J]. Analytical Chemistry, 75 (20): 5575-5583.

第五章

单体稳定同位素分析技术

原则上来讲，以天然丰度存在的大多数元素都能够进行单体同位素比值测定，但是根据目前质谱技术的发展，一些常见污染物，例如燃料、氯代溶剂、农业化学用品和炸药等，其中C、H和N元素的同位素分析已经成为常规的方法（Ek et al.，2018），而另外一些有机化合物中O、S、Cl和Br元素的同位素在线测试都遇到了困难，尽管国内外同位素领域的研究者们正在开发相关的设备和方法。由于分析仪器的改进、发展和开发，有机氯化物同位素在线测试已取得了突破性的成果（Chen et al.，2018）；而有机溴化物同位素在线测试技术进展不大（方晶晶 等，2013）。

第一节 测定稳定同位素的仪器

一、测定稳定同位素的质谱仪

质谱仪器是利用离子光学和电磁原理，按照质荷比（m/z）进行分离，从而测定样品的同位素质量和相对含量的仪器。同位素质谱仪主要用以测定同位素丰度，对测量的准确度、精密度与丰度灵敏度的要求较高；在稳定同位素分析中以气体形式进行质谱分析，因此常有气体质谱仪之称（Perini et al.，2019）。

人们利用质谱仪进行了原子量测定、同位素分离与分析、有机物结构分析和其他科学实验，形成质谱法（mass spectrometry 或 mass spectrography），该法在现代分离、分析研究领域中占有重要地位。质谱仪器的主要特点有：①擅长同位素分析；②可以进行多种形态样品（气体、液体、固体，常温、高温，常量、微量等）分析；③可以同时（或顺序）检测多种成分；④可以连续（或间歇）进样、连续分析；⑤可以提供丰富的结构信息；⑥可以进行快速分析与实时检测；⑦既可进行定性分析，也可进行定量分析；⑧样品用量少，灵敏度很高；⑨测量准确度与精密度较高；⑩仪器结构复杂，造价较高，同位素比值质谱仪是利用离子光学和电磁原理按照质荷比（m/z）进行分离从而测定同位素质量和相对含量的科学实验仪器。

（一）热电离质谱（TIMS）分析

传统来讲，尽管需要投入大量的样品和较长的测量时间才能获得可靠的数据，但热电离质谱（thermal ionization mass spectrometer，TIMS）一直是精确测量同位素比值的首选技术（Garçon et al.，2018）。TIMS 是基于经分离纯化的试样在铼、钽、铂等高熔点的金属带表面上，通过高温加热产生热致电离的一门质谱技术。热电离的基本原理为：将滴涂在金属带上的样品进行蒸发电离，一部分失去电子成为正离子，称为正热电离（PTI），另一部分因具有较高的电子亲和势而获得电子成为负离子，称为负热电离（NTI）。PTI 的离子产率取决于金属带的功函数、元素的电离电位和电离温度，因此常选用功函数和熔点高的铼、钽和钨等金属做带材料，一般实验室常用的金属带是铼带和钽带。PTI 的这种电离方式特别适合电离电位较低的碱金属、碱土金属、稀土和锕系元素的同位素分析。

TIMS 主要应用于地球化学、宇宙化学及地质年代学等领域的高精度同位素比值的测定，也可应用于原子量测定及高精度的同位素稀释分析。近年来，表面热电离质谱的研究又发展到环境和医学领域，用于痕量物质的准确定量以及提供同位素的有关信息。

TIMS 由离子源、磁分析器、离子检测器三个基本部件以及真空器械、电子部件、计算机等辅助部分构成。仪器采用表面热电离的方法使样品电离；然后将样品离子引出、聚焦和加速，使其进入磁分析器，按离子的质荷比分离；最后，分别检测各种离子流的强度，以计算同位素比值。

TIMS 主要经历了由单接收器到多接收器的发展过程。多接收器型的代表性仪器主要有 Finnigan 公司的 MAT261/262 及后来推出的 Triton TI 和 VG 公司的 VG354、VG356、VG Sector54、VG Sector54-30 等。多接收质谱的问世，使得高精度、高准确度、快速的同位素比值测定成为可能。

（二）同位素比值质谱（IRMS）仪

1. IRMS 仪的基本结构

IRMS 仪与其他质谱仪一样，其结构主要可分为进样系统、离子源、质量分析器和离子检测器四部分，此外还有数据处理系统、电气系统和真空系统支持。IRMS 的基本结构如图 5-1 所示。

（1）进样系统　即把待测气体导入质谱仪的系统。它要求导入样品但不破坏离子源和分析室的真空，为避免扩散引起的同位素分馏，要求在进样系统中形成黏滞性气体流，即气体分子的平均自由路径小于储样器和气流管道的直径。因此气体分子之间能够彼此频繁碰撞，分子间相互作用形成一个整体。

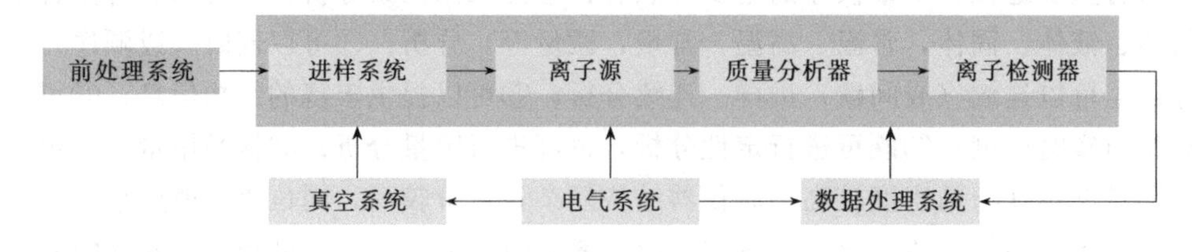

图 5-1 IRMS 仪基本结构示意

(2) 离子源　在离子源中，待测样品的气体分子发生电离，加速并聚焦成束。针对某种元素，往往可以采用不止一种离子源测定同位素丰度。对离子源的要求是电离效率高，单色性好。

(3) 质量分析器　接收来自离子源的具有不同质荷比的离子，使其分开，主体为一扇形磁铁，要求其分离效果好，聚焦效果好。

(4) 离子检测器　接收来自质量分析器的具有不同质荷比的离子束，并加以放大和记录，由离子接收器和放大测量装置组成。离子通过磁场且待分析离子束通过特别的狭缝后，重新聚焦落到接收器上并收集起来。接收器一般为法拉第筒。现代质谱仪都有两个或多个接收器，以便同时接收不同质量数的离子束，交替测量样品和标准品的同位素比值，并将两者加以比较，可以得到高的测量精度。对检测器部分的要求是灵敏度高、信号不畸变。

(5) 真空系统　保证样品中的分子（原子）在进样系统与离子源中正常运行，保证离子在离子源中产生与在分析系统中相同的状态，消减不必要的粒子碰撞、散射效应、复合效应和离子-分子效应，减小平底与记忆效应。

(6) 真空泵　机械泵（一级泵）、涡轮分子泵（二级泵）。

2. IRMS 测量的基本过程

IRMS 测量的基本过程包括以下几点：①将被分析的样品以气体形式送入离子源；②把被分析的元素转变为电荷为 e 的阳离子，应用纵电场将离子束准直成为一定能量的平行离子束；③利用电、磁分析器将离子束分解成不同 m/z 比的组分；④记录并测定离子束每一组分的强度；⑤应用计算机程序将离子束强度（离子流信号强度）转化为同位素丰度；⑥将待测样品与工作标准相比较，得到相对于工作标准的同位素比值。

3. IRMS 的基本原理

IRMS 的原理是：首先将样品转化成气体（如 CO_2、N_2、SO_2 或 H_2）；在离子源中将气体分子离子化（从每个分子中剥离一个电子，导致每个分子带有一个正电荷），接着将离子化气体打入飞行管中（飞行管是弯曲的磁铁），置于其上方，带电分子依质量不同而分离，含有重同位素的分子弯曲程度小于含轻同位素的分子，在飞行管的末端有 1 个法拉第收集器，用以测量经过磁体分离之后，具有特定质量的离子束强度。由于它是把样品转化成气体才能测定，所以又叫气体同位素比值质谱仪。以 CO_2 为例，需要有 3 个法拉第收集器来收集质量数分别为 44、45 和 46 的离子束，不同质量的离子束同时收集，从而可以精确测定不同质量离子之间的比率。带电粒子在磁场中运动时发生偏转，偏转程度与粒子的质荷比成反比，带电离子携带电荷 e'，通过电场时获得能量 $e'V$，它应与该离子动能相等：

$$\frac{1}{2}m'v'^2=e'V \tag{5-1}$$

式中　m'——粒子的质量；

v'——粒子的速度；

e'——粒子电荷；

V——电压。

带电粒子沿垂直磁力线方向进入磁场时，受到洛仑兹力作用，此力垂直于磁场方向和运动方向，力的大小为：

$$F=\frac{e'VB}{c} \tag{5-2}$$

式中　B——磁场强度；

c——光速。

合并式(5-1) 和式(5-2) 得到：

$$F=\frac{m'v'^2B}{2c} \tag{5-3}$$

显然，F 为粒子质量的函数，确切来说是质荷比的函数。据此，带电粒子在磁场中运动时因洛仑兹力而偏转，导致不同质量同位素的分离，重同位素偏转半径大，轻同位素偏转半径小。实际测定中，不是直接测定同位素的绝对含量，因为这一点很难做到，而是测定两种同位素的比值，例如$^{18}O/^{16}O$ 或$^{34}S/^{32}S$ 等，用作稳定同位素分析的质谱仪是将样品和标准的同位素比值做对比进行测量。

（三）四极杆质谱（qMS）仪

四极杆质谱（quadrupole mass spectrometer，qMS）的名字来源于其四极杆质量分析器（quadrupole mass analyzer，qMA），四极杆质量分析器是一种基于离子的质荷比使离子轨道在振荡电场中趋于稳定的设备（Eschenbach et al.，2018）。以四极杆质量分析器为主要质量分析设备的质谱仪被称为四极杆质谱仪。qMS 仪是最常见的质谱仪器，其定量能力突出，在 GC-MS 中占绝大多数。在四极杆中，四根电极杆分为两两一组，分别在其上施加射频（radio frequency，RF）反相交变电压。位于此电势场中的离子，被选择的部分稳定后可到达检测器，或者进入之后的空间进行后续分析。

1. 质量选择器及其原理

虽然现实中使用的四极杆质量选择器大多为圆柱形，然而理想的质量分析器外形为双曲线形（图 5-2)。质量选择器的大小通常在几厘米到几十厘米之间。

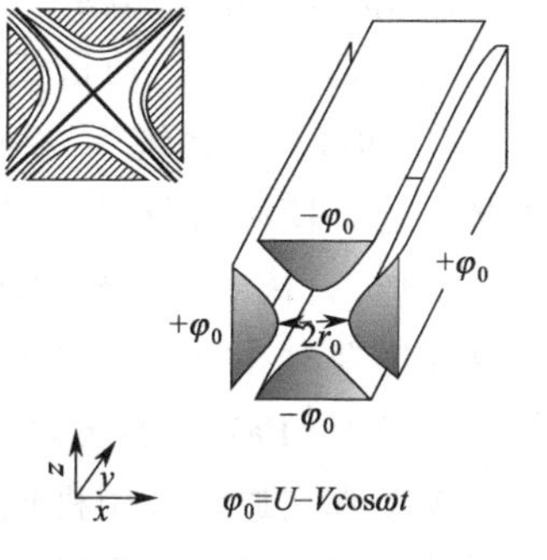

$-\varphi_0$ $+\varphi_0$ $+\varphi_0$ $2r_0$ $-\varphi_0$ z y x $\varphi_0=U-V\cos\omega t$

图 5-2　理想的四极杆示意

四极杆质量选择器的四根极杆被对应地分为两组，分别施加反相射频高压。其中两组电压（φ）随时间（t）变化的表达式分别为：

$$\varphi_0=U-V\cos(\omega t) \tag{5-4}$$

$$\varphi_0'=-[U-V\cos(\omega t)] \tag{5-5}$$

式中　U——直流（DC）电压分量，V，在通常情况下 U 的值为 500～2000V；

ω——角频率；

V——射频（达到发射频率的交流电，RF）分量的振幅（在此处用到的是 V_{RMS} 而不是 $V_{p\text{-}p}$），V，在通常情况下 V 的值为 0～3000V。

两组电压只有符号相反，在这样的电场环境下会产生离子振荡。然而，只有特定质荷比的离子可以稳定地通过电场。当极杆上的电压被指定时，质量过小的离子会受到很大的电压影响，从而产生非常激烈的振荡，导致碰触极杆失去电荷而被真空系统抽走；质量过大的离子因为不能受到足够的电场牵引，最终导致碰触极杆或者飞出电场而无法通过质量选择器。

在四极杆质量选择器的硬件中，通常的做法是调整射频工作频率 ω 来选择离子的质量，调整 U 与 V 的比值来调整离子的通过率。如图 5-3 所示，三角形区域为对应质量的离子稳定的区域，U 与 V 的比值在此图上体现为斜率。可见，U/V 值越大，离子的选择精度越高，仪器的解析能力越强，但是能稳定通过的离子数量减少；而 U/V 值越小，离子通过的数量多，但是解析度下降。经过权衡之后，大多数四极杆质谱仪的解析能力大约是 1Th，体现在质谱图上就是半峰宽度大约为 1Th 或者 1Da。

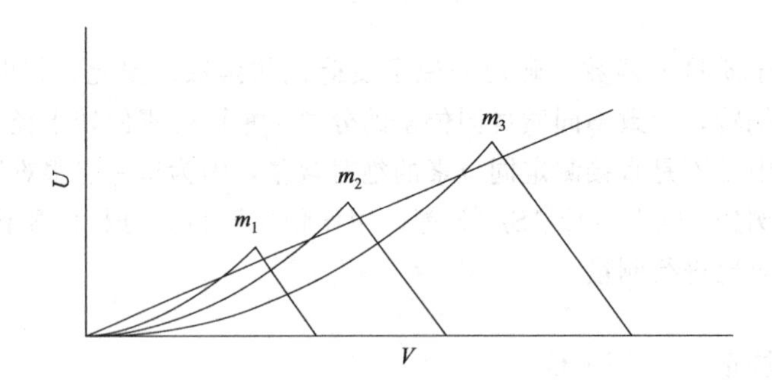

图 5-3　质量稳定区间函数

值得指出的是，当 U 值为零，即四极杆上仅施加射频电压时，所有离子均可通过。这样操作的意义是，可以使离子束更加聚拢。聚拢后的离子束通常当作离子镜使用。最典型的扩展就是八极杆和六极杆的出现，实际是源自四极杆的基本工作特性。

2. qMS 的基本结构

（1）真空系统　质谱仪的真空系统通常分为初级真空和二级真空两级。

① 初级真空系统为二级真空系统提供基本真空支持。二级真空系统通常直接与质谱仪腔体相连，使质谱仪达到真空状态。值得注意的是，四极杆质谱仪的真空并非高真空（0.001Pa）。离子在极杆中运动，大量的能量从电场中获得。为形成稳定的离子云，四极杆质谱中需要存在极微量的气体用来吸收过量的动能。四极杆质谱仪的真空通常为飞行时间质谱（1×10^{-5}Pa）的百分之一，为轨道离子阱质谱（1×10^{-14}Pa）的百亿分之一。

初级真空通常采用机械泵或卷泵，真空程度大约为 1mTorr（0.13Pa）。机械泵相对卷泵价格低廉，然而需要润滑油才能操作。在进行气体敏感的分析时，尤其是大气科学领域，通常选择使用卷泵而不是机械泵。

② 二级真空通常采用涡轮分子泵或分散泵。分子泵体积小，效率相对分散泵要高。通常的分子泵都可以支持 350L/min 的气流速度，较为高端的分子泵可以实现 1×10^{-14}Pa 的

超高真空。分散泵体积庞大，可达到 1～2m^3。在现代仪器中，分散泵基本已经被涡轮分子泵取代。对于四极杆质谱仪所需的真空条件，通常涡轮分子泵在 30min 内即可达到，分散泵则需要 20～80h。

(2) 电源系统　因为四极杆系统对于高频电压的需求，在四极杆质谱的核心供电系统中通常不使用磁芯，而使用空气芯变压器以便保证电路对于高频射频的响应。早期的起振元器件采用电容-电感-三极管的自激振荡方式，随电子技术的发展，振荡源多采用电压控制振荡器（voltage controlled oscillator，VCO）或采用直接数字合成（direct digital synthesis，DDS）方式。

二、测定稳定同位素的光谱仪——腔衰荡光谱（CRDS）

分子光谱学自诞生以来一直是一门重要的学科，而且随着科技的飞速发展在不断地进步，帮助人们不断了解分子的结构和性质。现在这门学科已被广泛地应用于光化学、天文和环境科学等研究领域。特别是关于大气分子的研究，对于更好地了解温室效应产生的细节，大气分子的光化学性质和对臭氧层的影响，以及大气污染机制都有较大的帮助。

激光光谱技术是基于连续波长的红外波谱被待测气体吸收之后的红外吸收光谱特征来定量测定气体含量和同位素组成。

腔衰荡光谱（cavity ring-down spectroscopy，CRDS）技术是近几年迅速发展起来的一种吸收光谱检测技术。CRDS 技术测量光在衰荡腔中的衰荡时间，该时间仅与衰荡腔反射镜的反射率和衰荡腔内介质的吸收有关，而与入射光强的大小无关。因此，测量结果不受脉冲激光涨落的影响，具有灵敏度高、信噪比高、抗干扰能力强等优点。

CRDS 技术的原理如图 5-4 所示。光源为脉冲激光器，衰荡腔由两个反射率在 99%以上的反射镜组成，衰荡腔中为被测气体，脉冲激光束入射衰荡腔，并在两个反射镜之间来回反射，衰荡腔外部采用高响应速率的探测器接受随时间变化的输出光强。该输出光强与反射镜的透过率、腔内物质的吸收率以及反射镜的衍射效应等有关。由于选用的反射镜的反射率很高，光在衰荡腔中来回振荡的次数可以达到很大，即吸收光程很大，因此可以大大提高气体的检出限，实现痕量气体的检测。

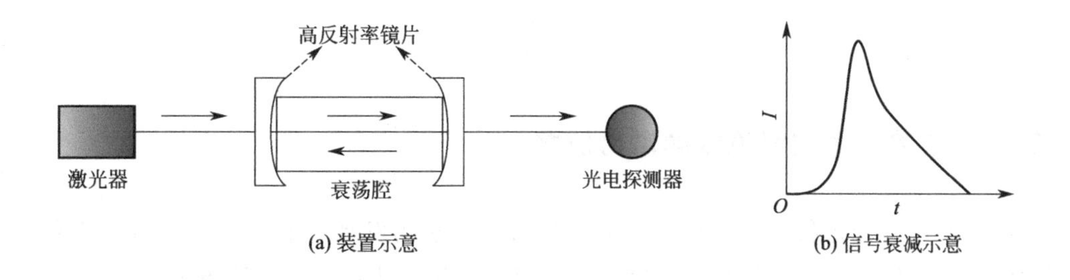

图 5-4　CRDS 技术的工作原理

根据吸收光谱比尔定律，随着光波的衰荡，在腔外可以探测到随指数衰减的光强信号（I_t）。光强信号随时间（t）变化的关系式如式(5-6) 所示：

$$I_t = I_0 \exp\left(-\frac{t}{f}\right) \tag{5-6}$$

式中　I_0——入射到腔中的初始光强；

　　f——光在腔中的衰荡时间。

由于激光光源具有较好的单色性，散射引起的损耗与腔镜的透射损耗相比非常小，因此可以认为其他损耗即为腔镜的透射损耗。则：

$$f=\frac{L}{c(T\times C\times TL+\ln R)} \tag{5-7}$$

式中　L——腔长；

　　c——光速；

　　T——物质的吸收系数；

　　C——被测介质的浓度；

　　R——两腔镜的反射率；

　　TL——介质的吸收损耗；

　　$\ln R$——腔镜的透射损耗。

因为衰荡腔反射镜的反射率一般都在99%以上，所以有 $\ln R\approx 1-R$，即：

$$f=\frac{L}{c[T\times C\times TL+(1-R)]} \tag{5-8}$$

由上可见，衰荡时间与衰荡腔的长度 L、介质的吸收系数 T、介质的浓度 C 以及腔镜的反射率 R 有关。当衰荡腔中不存在吸收介质，即为真空时，则式(5-8) 可以写为：

$$f_0=\frac{L}{c(1-R)} \tag{5-9}$$

由上可见，激光衰荡时间依赖于荡腔的长度 L 和腔镜的反射率 R。

当腔镜的反射率一定，在衰荡腔中加入吸收介质，测量衰荡时间 f，则可以得到介质的吸收损耗。

$$TCL=\frac{L}{c}\left(\frac{1}{f}-\frac{1}{f_0}\right) \tag{5-10}$$

对于特定的波长，介质的吸收系数 T 是一定的，因此根据式(5-10)，通过测量存在吸收介质和不存在吸收介质时的衰荡时间 f 和 f_0，可以计算出被测介质的浓度 C。

$$C=\frac{1}{cT}\left(\frac{1}{f}-\frac{1}{f_0}\right) \tag{5-11}$$

三、测定单体稳定同位素的常用仪器

质谱技术成为分析科学的重要组成部分是从同位素的发现开始的，并伴随同位素分析、研究和应用而发展。随着质谱仪器性能改进和测量方法进步，元素周期表中的大多数元素的核素质量、同位素丰度和原子量测量，都借助同位素质谱完成。

（一）气相色谱/液相色谱-同位素比值质谱仪（GC/LC-IRMS）

1. 气相色谱-同位素比值质谱仪（GC-IRMS）

气相色谱-同位素比值质谱仪（GC-IRMS）是目前使用最广泛的用于有机污染物同位素分析的仪器（Hofstetter et al.，2011），例如 MAT 252、MAT 253 和 Delta Plus 质谱仪都配备了气相色谱仪或色谱柱，我国已大批引进了这种仪器。该仪器一般配备了四种辅助设备，即 GasBenchⅡ、GC-Isolink、元素分析仪（EA）和磷酸盐分析装置，有时还配备了硅酸盐制样系统和激光烧蚀装置，这些辅助装置的特点是都安装了色谱柱，可用来对样品进行预富集、引进、分离和转化（表 5-1）。由于微量污染物结构上的多样性和需要以化合物为基础进行单独开发和校正，所以到目前为止仅对几种有机化合物进行了单体分析。有机化合物的单体稳定同位素分析（CSIA）通常要求有效的预富集阶段，例如吹扫捕集、固相微萃取和真空提取，以便在高浓度下对土壤和地下水等环境介质中的污染物进行同位素比值分析。如在使用 GC-Isolink-IRMS 分析地下水有机污染物氯代烃 ^{13}C 同位素时，必须使用吹扫捕集或者固相微萃取进行预富集才能完成测试。

表 5-1 单体有机污染物稳定同位素比值分析的仪器装置

仪器	分离方式	装置系统	分析物	电离作用	质量分析/离子检测	同位素比值
GC-IRMS	GC GC×GC③	燃烧① 燃烧/还原④ 热解⑤ 热解	CO_2 N_2 H_2 CO	EI②	扇形磁铁/法拉第杯	$^{13}C/^{12}C$ $^{15}N/^{14}N$ $^{2}H/^{1}H$ $^{18}O/^{16}O$
LC-IRMS	LC	湿氧化	CO_2	EI	扇形磁铁/法拉第杯	$^{13}C/^{12}C$
GC-IRMS⑥	GC	—	碎片离子	EI	扇形磁铁/法拉第杯	$^{37}Cl/^{35}Cl$ $^{81}Br/^{79}Br$
GC-qMS	GC	—	分子离子和碎片离子	EI	四极电子倍增器	$^{37}Cl/^{35}Cl$
GC-MC-ICPMS	GC	ICP⑦	Cl Br S	ICP	扇形磁铁/法拉第杯	$^{37}Cl/^{35}Cl$ $^{81}Br/^{79}Br$ $^{34}S/^{32}S$
GC-CRDS⑧	GC	燃烧	CO_2	—	红外光谱	$^{13}C/^{12}C$

① 在 900～950℃下燃烧。
② 电离。
③ 为分析碳同位素专门报道的应用。
④ 燃烧后在 600～650℃下还原。
⑤ 在 1200～1450℃下热解。
⑥ 直接引进 GC-IRMS，详细情况见正文。
⑦ 电感耦合等离子体。
⑧ 由于使用燃烧装置也用 GC-C-CRDS 表示。

2. 液相色谱-同位素比值质谱仪（LC-IRMS）

为了进行有机化合物的 $^{13}C/^{12}C$ 值测定，已经研制出液相色谱-同位素比值质谱仪（LC-IRMS）（Godin et al.，2007）。在 LC-IRMS 系统中，首先把有机化合物氧化成 CO_2，随后用 He 载气将 CO_2 引进质谱仪内进行同位素分析（Krummen et al.，2004）。目前这种方法应用范围有限，只能实现碳稳定同位素的分析。图 5-5 展示了气相色谱/液相色谱-同位素比值质谱仪（GC/LC-IRMS）的工作原理及装置示意（Elsner et al.，2012）。

Schreglmann 等（2013）报道了对地下水中阿特拉津及其降解产物二丁基阿特拉津的碳、氮稳定同位素值的测定。阿特拉津和二丁基阿特拉津在地下水中的浓度处于 100～1000ng/L，研究利用固相萃取对高达 10L 的地下水中的有机物进行富集，再利用高效液相色谱对富集后的样品进行纯化，消除基质效应，最后利用 GC-IRMS 进行稳定同位素值的分析。该研究的进样方法采用了冷柱头进样方式，相比传统的大体积进样，该方法的

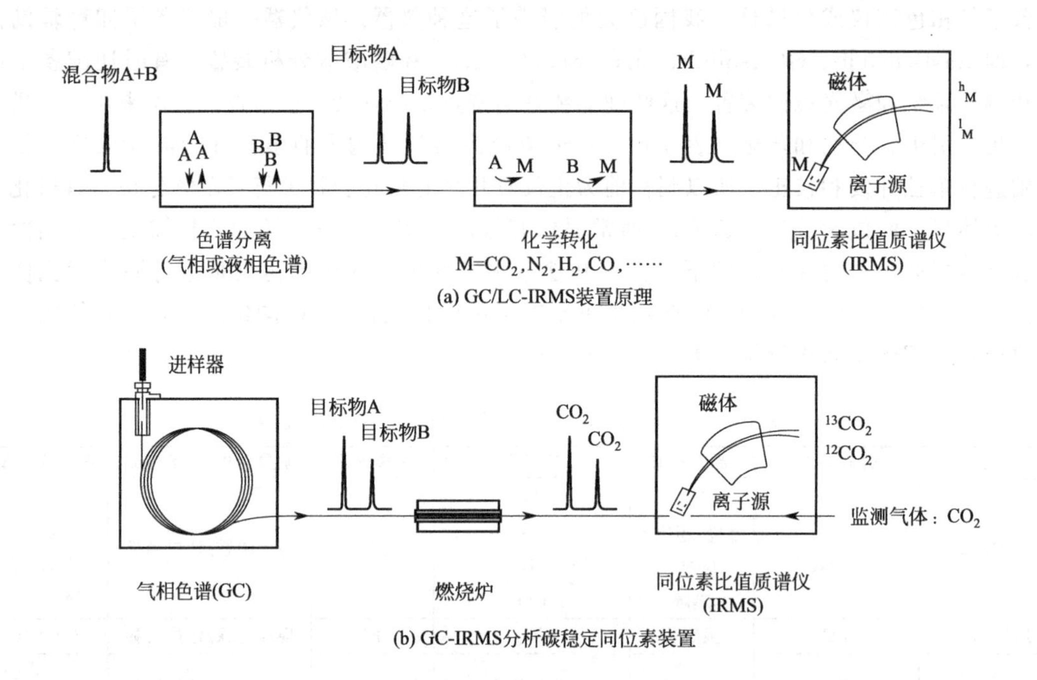

图 5-5 GC/LC-IRMS 的工作原理及装置示意（Elsner et al.，2012）

灵敏度提高了 6～8 倍。该案例具体的分析过程和质量控制在第四章中有详细介绍，在此不再赘述。

（二）气相色谱-四极杆质谱仪（GC-qMS）

气相色谱-四极杆质谱仪（GC-qMS）是一种常规的仪器，用它来测试有机氯化合物的氯同位素是由 Sakaguchi-Söder 等（2007）开创的。2010 年 Aeppli 等（2010）提出了改进方案，并使用 GC-qMS 测定了四氯乙烯（PCE）、五氯酚（PCP）和 DDT 的氯同位素组成。氯元素的两个同位素有相似的丰度，^{35}Cl 为 75.78%，^{37}Cl 为 24.22%（Horfs，2009），这种特征可以简化四极杆质谱仪的扫描，以便精确地记录质谱，从而计算同位素比值（Elsner et al.，2008）。

Jin 等（2011）使用 GC-qMS 测定了四氯乙烯（PCE）、三氯乙烯（TCE）和顺式-二氯乙烯（cDCE）的氯稳定同位素值，溶液浓度是 20～500μg/L（进样的物质的量是 3.2～115pmol）。GC-qMS 技术可以避免烦琐的样品前处理过程，但是需要在仪器测定结果基础上进一步采用数学方法计算氯稳定同位素值。该研究修正并提出了新的计算方法，对比了其与目前应用的氯同位素值计算方法的结果差异，系统地测试并校正了重要的实验过程，例如分流比、电离能、保留时间等仪器参数。研究结果取得了令人满意的氯同位素精确度，相对标准偏差是 0.4‰～2.1‰，同时研究发现氯稳定同位素值的精确度与计算方法、仪器参数、目标物等因素都密切相关，系统地评价这些参数有助于进一步优化 GC-qMS 技术测定含氯有机物的氯稳定同位素值的方法。

（三）气相色谱-多收集器-电感耦合等离子体质谱（GC-MC-ICPMS）

把气相色谱（GC）连接到多接收器电感耦合等离子体质谱计（MC-ICPMS）上构成GC-MC-ICPMS是当前最流行、应用最广泛的分析有机氯和溴同位素比值的方法（Lihl et al.，2019；Renpenning et al.，2018）。图5-6展示了以氯稳定同位素测定为例的GC-MC-ICPMS装置原理示意（Horst et al.，2017）。目前，已经开发了有机化合物中溴同位素测试的一些技术（Shouakar-Stash et al.，2005；Eggenkamp et al.，2000），但是最有希望的技术是Sylva等（2007）提出的MC-ICPMS技术，借助于气相色谱分离，它能够高精度地分析单体有机溴化合物的溴同位素比值。

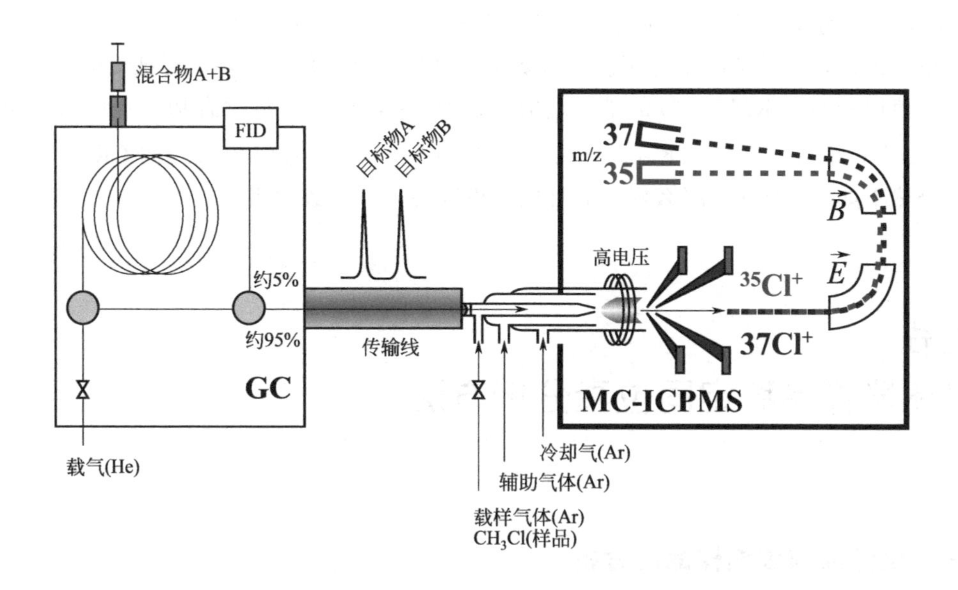

图5-6 分析氯稳定同位素比值的GC-MC-ICPMS装置原理示意

Horst等（2017）使用GC-MC-ICPMS测定了挥发性脂肪族化合物的氯稳定同位素值，这个方法克服了以往研究中的种种限制，如样品需求量大、前处理操作复杂、适用物质少和精确度不高等。同时，该研究使用了一系列标准物质进行质量控制和方法评估。不同于以往使用ICP方法进行氯同位素值的测定，该研究使用等离子体条件将^{36}Ar-H与^{37}Cl二聚体造成的同质异位素干扰尽可能地最小化。进样的样品中包含2～3nmol的Cl元素，精密度达到了0.1‰，经过GC分离后有机物的氯稳定同位素值重现性良好，准确度达到0.3‰。该研究还使用两点标准化法对测定结果进行校正，尽管仪器造成的同位素值的偏移很小，但是研究仍然使用了内标法对其进行了校正。研究中展示的测定方法提供了一种直接、普遍的过程，适用于测定各种有机物中的氯稳定同位素值，具有较高的灵敏度和准确度。

（四）气相色谱-光腔衰荡光谱仪（GC-CRDS）

光腔衰荡光谱（cavity ring-down spectrometry，CRDS）技术为同位素的质谱检测提供了一种新的选择。其基本原理是通过测量光在高反射腔中的衰荡速率来获得腔内不同物质的吸收系数（Krupp et al.，2004；Kerstel et al.，2008）。这一技术的灵敏度以通过高反射镜而达数千米的吸收途径长度为基础，在大量反射的空腔内，高反射镜可维持激光光束。在空腔内存在或者不存在气体样品时，中断光输入以后，激光光束能量呈指数衰减，被称为环下降速率（ring down rate），并且提供测定同位素的信息。这种新生的技术目前能够对不同气体分子的各种同位素进行分析，例如 H_2O（$^2H/^1H$、$^{18}O/^{16}O$）（Lis et al.，2008）、CO_2 和 CH_4（$^{13}C/^{12}C$）、N_2O（$^{15}N/^{14}N$、$^{18}O/^{16}O$）（Wang et al.，2009）、SO_2（$^{34}S/^{32}S$）（Christensen et al.，2007）。需要在预先规定波长时使用 CRDS 系统。与同位素比值质谱仪相比较，该方法有许多缺点，但是这种仪器体积小、价格便宜。

使用 CRDS 进行单体同位素分析尚处于早期发展阶段。通过激光光谱同位素检测的是固有的单体化合物，样品的相对丰度很大，而且目标分子数又很少（例如，生物气体样品中 CH_4 的 $^{13}C/^{12}C$ 分析），那么目标分析物就不需要分离（Krestel，2004）。然而，对大多数环境微污染物来说，这种情况不适用。一般要用 CSIA 进行研究。此外，要把 CRDS 与 GC 连接起来，使用和 GC-IRMS 一样的带有燃烧装置的 GC，在将烃类化合物燃烧以后，用 CO_2 来测量 $^{13}C/^{12}C$ 值（表 5-1）（Keppler et al.，2010）。然而，连续流模式的 CRDS 的准确度和精度仍然不如 GC-IRMS 那么好，而且检测极限要大一个数量级。

第二节
常见环境样品稳定同位素分析方法

一、稳定碳同位素样品的分析

碳元素作为自然界的常见元素，它的同位素在环境领域的研究中有广泛的应用。常用于稳定碳同位素测定的有植物样品、土壤样品、古生物和岩石样品等。样品经过干燥处理和酸处理后，提取样品里的目标碳元素，常制备成二氧化碳气体，进行质谱分析。

单体稳定同位素分析时，可以在样品前处理后采用 GC-IRMS 等在线分析的稳定同位素比值质谱设备，能够有效快速测定有机化合物的碳同位素特征。其在代谢流研究、特征化合物同位素组成分析和食品真实性鉴别领域具有重要应用（Spangenberg et al.，2001；Hattori et al.，2010；陈祖林 等，2013；钟其顶 等，2013）。

二、稳定氢同位素样品的分析

环境样品（如水、有机物）在分析 D/H 值之前，有机物的样品需经过硝化处理，去除可能与环境交换的氢原子。样品经过气化、纯化和分离，进入质谱仪进行分析。

在同位素比值质谱仪中，纯的 H_2 从飞行管一端导入。在此处，离子源撞击气体外层的一个电子，使气体离子化。离子化的气体束被加速，并在强大的磁场作用下沿飞行管发生偏转。因为含有不同同位素的气体离子电荷相同而重量不同，有不同的质荷比，因而发生不同的偏转，可以被磁场区分出来。飞行管的另一端是一系列收集器（法拉第杯），这些位置固定的收集器可捕捉不同质量的带电荷离子。与法拉第杯连在一起的DC放大器将离子的冲撞转变为电压信号，然后再转变为频率信号。

冲撞法拉第杯的信号的绝对量并不重要，因为它取决于导入质谱仪的气体总量等因素。重要的是不同的法拉第杯测到的信号之比。氢同位素的测定需两个法拉第杯，因其离子化的气体只有2种，即$^1H^1H$和$^2H^1H$。样品和标准气体通过对称排列的插入物导入质谱仪。使用转换值在标准气体和样品气体间转换，二者之间信号的不同用以计算样品的同位素比值。通常，质谱仪在计算机辅助下能直接给出同位素比值。

三、稳定氧同位素样品的分析

水中氧同位素比值在食品真实性识别中具有重要应用，当前主要是用于食品的掺水检测分析中。实验室条件下研究建立水中氧同位素比值（$\delta^{18}O$）测定方法来研究食品中的$\delta^{18}O$，以及其在食品生产过程中的变化规律，最终用于食品真伪鉴别研究显得尤为重要（王道兵，2015）。

测定水中$\delta^{18}O$的方法有红外光谱法、高温裂解-稳定同位素比值质谱法和H_2O-CO_2同位素交换稳定同位素比值质谱法三种。H_2O-CO_2同位素交换稳定同位素比值质谱法被美国分析化学家协会（AOAC）、欧洲标准化委员会（CEN）和国际葡萄与葡萄酒组织（OIV）等国际组织采纳为标准方法。该方法由Epstein等（1953）于1953年开发，其原理是利用水与纯二氧化碳在特定条件下进行氧原子交换［式(5-12)］，反应达到平衡后提取二氧化碳并测其氧同位素组成，然后通过一定的方法推导出水中$\delta^{18}O$。

$$\underset{m=44}{C^{16}O_2}+H_2{}^{18}O \xrightleftharpoons[(8\sim12h,25℃)]{T\,cost.} \underset{m=46}{C^{16}O^{18}O}+H_2{}^{16}O \tag{5-12}$$

随着科学技术的发展，该方法也不断得到改进。目前H_2O-CO_2同位素交换测定水中$\delta^{18}O$主要有两种操作方法：一种是离线平衡，通过真空设备排除空气后导入高纯二氧化碳气体，在负压下进行交换反应，待反应达到平衡后在真空设备中提纯二氧化碳气体，然后用双路进样-稳定同位素比值质谱仪测定二氧化碳中的$^{18}O/^{16}O$；另一种是在线平衡，如借助前处理设备Gas-Bench（王道兵 等，2014），用He吹扫样品水样排除空气后导入高纯二氧化碳气体，在常压下进行交换反应，待反应达到平衡后用稳定同位素比值质谱仪（IRMS）测定二氧化碳中的$^{18}O/^{16}O$，最后经由计算公式（中华人民共和国地质矿产部，1993）或线性校正（Nelson，2000）得出水中$\delta^{18}O$。离线平衡-双路进样-稳定同位素比值质谱仪是测定水中$\delta^{18}O$最经典的装置、方法，其分析精度高，准确性也较好，但存在实验过程流程长、步骤烦琐、耗时较长的缺点，同时也要求操作人员具有较高的实验技能；在线平衡技术则由于操作简单避免了对实验人员的依赖，十分适用于大量样品的连续测定，但目前该前处理装置比较昂贵。

对于单体化合物的稳定氧同位素，可用GC-IRMS等在线分析的稳定同位素比值质谱设备进行有效快速测定。

四、稳定氮同位素样品的分析

（一）将样品转化为气态N_2

在常规稳定同位素分析时，所有的样品必须先转化为纯气体产物（如CO_2、H_2、N_2、

SO_2 等）后才能在同位素比值质谱仪上进行分析，氮同位素分析也不例外。目前，有两种方法可将有机氮转化成气态 N_2，如第四章第四节所述。

（二）质谱仪测定

稳定同位素的测定大致分为 3 个步骤：①收集和制备样品；②将材料转化成具有所测元素的纯气体；③用质谱仪测定同位素比值。产生的纯气体 N_2 最终收集在测试管中，便可在质谱仪上进行同位素测定。通常，质谱仪在计算机辅助下直接给出同位素比值，更先进的仪器已可以进行自动化分析。

五、稳定硫同位素样品的分析

硫在自然界中分布广泛，普遍存在于空气、水、岩石、土壤、煤、石油等介质中，其赋存状态多样，呈自然硫、硫酸盐、硫化物、气相及液相中氧化态、还原态硫离子和有机硫等多种形态。不同介质、不同价态的硫同位素组成研究，被大量应用于古环境、生物学、环境科学和矿物学等多个领域（韩娟 等，2015）。

硫同位素的分析研究起源于 20 世纪 40～50 年代，经过半个多世纪的发展，目前已有多种分析测试方法，如气体质谱法、连续流质谱法、等离子体质谱法、二次离子质谱法及热电离质谱法等，其中双路测量气体质谱法和连续流质谱法应用最为广泛，尤其在地质样品分析领域。这一部分内容就气体质谱法和连续流质谱法中涉及的样品提取和待测气体制备技术做简要概述。

（一）硫同位素样品的提取

双路测量气体质谱法需要将纯净的硫化物和硫酸盐离线制备成二氧化硫或六氟化硫气体，其中氧化法的研究对象为高纯度的硫化物，还原法以硫酸盐为主，五氟化溴法适合高纯度的硫化物分析。连续流质谱法对样品的含硫量要求较低，不但可以对高纯度的硫化物和硫酸盐进行分析测试，还可以针对低含量、低样品量的样品开展分析工作。

针对不同介质中的硫同位素，其提取方法也不同。矿石、岩石中结晶态的硫化物，通过分选、挑纯，可以直接用于硫同位素的测试❶；各种含硫酸根的矿物以及含硫全岩和自然硫的硫同位素通过艾士卡法将样品中的硫转化为硫酸钡；水样可以过滤出清液，加入 $BaCl_2$，固定溶液中的硫酸根，从而进行进一步研究❷。具体需求的样品量和要求可参见刘汉彬等（2013）的研究。

石油、植物、干酪根等样品可以通过氧弹燃烧法转化对硫酸钡进行分析，也可以使用连续流质谱法直接分析测试。其中石油样品的前处理也可采用 Na_2CO_3-MnO_2 加热氧化灼烧，热水浸取硫酸根，之后转化为硫酸钡，该方法测量精度为±0.2‰（郑冰 等，2006）。EA-IRMS 分析干酪根中硫同位素组成的重复性实验偏差在±0.3‰（张文龙，2009）。

气态硫化物的测定需先将其从气态转换为固态。二氧化硫气体可以用碳酸钾处理过的玻

---

❶ 《硫化物中硫同位素组成的测定》（DZ/T 0184.14—1997）。

❷ 《硫酸盐中硫同位素组成的测定》（DZ/T 0184.15—1997）。

璃纤维固定为硫酸根，然后转化为硫化银或者硫酸钡。硫化氢气体中硫同位素可以通过醋酸镉将硫化氢气体固定为 CdS，然后加入 Ag^{+}，将其转化为硫化银。大气中微量硫化氢的硫同位素组成用 GC-IRMS 直接测定法分析的标准偏差为 0.6‰（李立武，2012）。

由于不同形式的硫同位素组成能够指示不同硫的来源，因此分析不同形式的硫（而不是总硫）同位素组成可能更具有研究意义。储雪蕾等（1993）根据 Cr^{2+} 能够定量还原黄铁矿，提出一个提取和制备煤和沉积岩中不同价态硫同位素样品的新流程，能够分离结晶硫化物、单硫化物、硫酸盐、微粒黄铁矿和有机硫，可以进一步分别测试不同价态和赋存状态的硫同位素组成。

此外还有一些特殊样品的硫同位素提取方法，如碳酸盐晶格硫（CAS）的提取，酸化释放碳酸盐晶格中的硫酸根并转化为硫酸钡（Burdett et al.，1989；王大波 等，2011）。

（二）气体制备方法

进行硫化物和硫酸盐的硫同位素组成分析时，需要将样品中的硫转化为二氧化硫，少数将硫化物转化为六氟化硫（郑淑蕙，1986）。二氧化硫法和六氟化硫法，两者各有优势。二氧化硫法具有操作简单、安全性高等优点，但是由于二氧化硫样品具有黏滞性、氧同位素干扰等缺陷，其准确性和精确性较六氟化硫法稍差（Rees，1978）。

随着分析技术的提高，连续流分析方法得到了迅速的发展。连续流分析方法最先由 Pichimayer 等（1988）提出。硫化物、土壤、植物和干酪根等不同样品均可以通过连续流的方法实现快速、批量化测试（Giesemann et al.，1994；Kester et al.，2001；金贵善 等，2014）。样品以锡杯包裹的形式，通过固体自动进样器，进入元素分析仪的高温燃烧管，在 He 气保护下，通过吹氧技术将样品氧化为二氧化硫，二氧化硫气体通过 WO_3 与 Cu 的填充柱和高氯酸镁过滤装置，随后通过色谱柱进一步纯化，进入质谱测量。Giesemann 等（1994）测试含量不低于 20μg S 的 Ag_2S 和 $BaSO_4$，样品的连续分析再现性分别为±0.22‰和±0.24‰。Grassineau 等（2001）用连续流质谱技术分析硫化物和硫酸盐矿物的硫同位素，分析结果的再现性达到±0.1‰。在连续流分析过程中应该注意氧同位素对实验的影响（Fry et al.，2002；Yun et al.，2010）。

随着微区原位分析方法的发展，出现了激光微区硫同位素分析方法。该方法分两种：一种是二氧化硫法；另一种是六氟化硫法。分析装置由激光取样装置、样品转化和纯化装置、气体同位素质谱仪和监视系统组成（Crowe et al.，1990；丁悌平，2003）。相对于传统离线法，激光微区可以提高对样品的空间分辨率（5～200μm），需要的样品的量更少（nmol），其精确度与传统方法相当。Ono 等（2006）优化了实验流程，利用激光六氟化硫法结合 GC-MS 法精确测定了 nmol 尺度的 ^{32}S、^{33}S、^{34}S、^{36}S 的同位素组成。

（三）硫同位素提取和待测气体制取时需要注意的问题

硫同位素提取和待测气体制取时需要注意以下几点问题。

① 应该注意规避前期处理过程引起硫同位素的分馏，避免化学反应过程中硫同位素的分馏，例如制取二氧化硫气体时，三氧化硫的生成会造成硫同位素的分馏，影响测量结果的准确性；氟化法过程中，样品不纯可能会生成 SCF_2、SOF_2 等化合物引起同位素的分馏。

② 二氧化硫气体的黏滞性。二氧化硫的制取装备需要保证一定的温度或者采用特殊材质，减少对二氧化硫气体的吸附，防止硫同位素的分馏。

③ 制取二氧化硫气体时，应该注意氧同位素的干扰，保证样品二氧化硫气体的氧同位素与标准二氧化硫气体的氧同位素的一致性。

六、稳定溴同位素样品的分析

Br同位素组成的测定始于1920年，Aston（1920）发现Br有两种丰度大约相等的稳定同位素^{79}Br和^{81}Br。目前，Br同位素组成的测定方法主要有气体同位素比值质谱法（IRMS）、热电离质谱法（TIMS）和多接收电感耦合等离子体质谱法（MC-ICP-MS）等，可以检测Br^+、$Br_2{}^+$、Br^-、CH_3Br^+和Cs_2Br^+等离子。Xiao等（1993）、刘卫国等（1993）利用P-TIMS法测定Cs_2Br^+的溴同位素；刘玲等（2010）、杨杰等（2011）和DU等（2013）利用Gas-Bench Ⅱ联用同位素比值质谱仪（Gas-Bench Ⅱ-IRMS）测定地下水中的Br同位素；Wei等（2015）利用MC-ICP-MS法测定溴化物（NaBr、HBr、KBr和Cs-Br）中的Br同位素。但由于Gas-Bench Ⅱ-IRMS离线样品的制备过程烦琐、耗时、费用高，且需使用有毒试剂，阻碍了其应用的范围；而采用MC-ICP-MS法分析时，由于引入的无机溴化物水溶液雾化时会产生$^{40}Ar^{38}ArH^+$（$m/z=79$）、$^{40}Ar^{40}ArH^+$（$m/z=81$）干扰离子，增加了Br同位素$m/z=79$和$m/z=81$信号，因此必须对其进行校正才能得到准确的Br同位素比值；对于P-TIMS法测定Br同位素，因其受质量数范围的限制，并未得到广泛研究。马云麒等（2016）通过对热电离质谱仪Triton的加速电压单元进行改造改装后，可将其加速电压降低至8kV，使仪器检测的质量数扩展到350，同时建立了对应的质量校正曲线（3～350），实现了对Cs_2Br^+（$m/z=345$、347）稳定Br同位素静态双接收的测定，可为高质量数离子的Br同位素测定提供方法参考。

Br同位素测定采用CsBr形式涂样，即将样品中的Br转化成CsBr形式。称取一定量含Br样品于4mL洁净离心管中，用高纯水稀释，控制Br含量为10g/L，保证有2～3mL待处理样品溶液即可。首先将含Br样品溶液通过200～400目已用2mol/L HNO_3再生后的Dowex 50W×8强酸性阳离子交换树脂柱（2cm×0.4cm），制得HBr溶液；再将制得的HBr溶液通过Cs型阳离子交换树脂柱（1.6cm×0.4cm），收集流出液，获得CsBr溶液，待测（马云麒 等，2016）。

七、稳定氯同位素样品的分析

稳定氯同位素的测试结果通常以δ^{37}Cl表达：

$$\delta^{37}Cl_{样}=(R_{样}/R_{SMOC}-1)\times1000‰ \quad (5\text{-}13)$$

R样和R_{SMOC}分别表示样品和参考物质标准平均海洋氯SMOC（standard mean ocean chloride）的氯同位素比率R（$^{37}Cl/^{35}Cl$）（Holmstrand et al.，2004）。Xiao等（2002）提取多处海水样本制取的氯化钠晶体样本ISL 354已被国际原子能机构确定为国际二级参考物质。针对氯同位素分析技术的发展现状，本节主要介绍单体氯同位素分析技术、双路-同位素比值质谱与热电离质谱分析技术以及在线氯同位素测试方法及相关样品制备要求。

（一）单体氯同位素分析技术

近年来流行的同位素测定方法多以特定化合物作为分析对象，称为单体同位素分析（CSIA）（Schmidt et al.，2004）。现阶段，单体碳同位素分析技术较为成熟，应用研究较多（Elsner，2010），美国环保署（US EPA）以单体稳定碳同位素的应用为主，制定了 CSIA 技术在地下水有机污染物研究中的应用指南。

单体稳定同位素分析首先要确保待测化合物有一定纯度，需采用一定的制样手段排除基质成分对后续分析中氯同位素的干扰。如已有研究采用固相微萃取（Shouakar-Stash et al.，2006）和吹扫捕集法（Mchugh et al.，2011）等将目标化合物从液相环境样品中分离出来，并联用气相色谱（GC）进行在线同位素分析。在样品的预处理过程中，由于实际样品的复杂性，特定有机氯污染物的富集和纯化较为困难，需增加样品量以满足仪器分析的需要（Holmstrand et al.，2007）。样品预处理过程中应避免氯同位素的分馏，保证测试结果的精度（Warmerdam et al.，1995）。

单体同位素分析契合环境有机化学研究中以有机化合物分子为单元进行分析的思路，从而在环境有机污染物研究中有着更广的应用范围。最近的研究趋势在于联合分析污染物中的碳和氯等同位素信息进行源解析和环境过程研究（Hunkeler et al.，2017），进行单体多维同位素分析（multi-dimensional isotopic analysis）将有助于进一步解析有机污染物的环境行为（Meckenstock et al.，2004）。

（二）双路-同位素比值质谱与热电离质谱分析技术

目前，双路同位素比值质谱（dual inlet-isotope ratio mass spectrometry，DI-IRMS）（Hofstetter et al.，2007；Long et al.，1993；Jendrzejewski et al.，1997；Ader et al.，2001）和热电离质谱（thermal ionization mass spectrometry，TIMS）（Xiao et al.，1992；Magenheim et al.，1994；Numata et al.，2002；Rosenbaum et al.，2000；Holmstrand et al.，2004）是测试精度较高的两种同位素质谱分析方法，在氯同位素分析中得到了广泛应用。这两种方法都要求样品在仪器分析前经过专门制备，可称为离线（off-line）方法。

DI-IRMS 要求待测物质必须制成氯甲烷（CH_3Cl），质谱检测目标离子为氯甲烷在质谱中电离生成的 $CH_3{}^{35}Cl^+$ 及 $CH_3{}^{37}Cl^+$（Hofstetter et al.，2007；Long et al.，1993）。TIMS 测试氯同位素需要使目标物中氯同位素转置为适宜测试的氯盐晶体如氯化铯，并在质谱中检测离子如 $Cs^{35}Cl^+$ 和 $Cs^{37}Cl^+$（Holmstrand et al.，2004）[或采用 $Cs_2{}^{35}Cl^+$ 和 $Cs_2{}^{37}Cl^+$（Xiao et al.，1992)]。

Rosenbaum 等（2000）对比了 DI-IRMS 和 TIMS 的测试性能，结果显示 DI-IRMS 有更好的重现性（$\leqslant 0.1‰$，2σ），并且不像 TIMS 那样受质量效应和记忆效应干扰，但需要更大的样品量（氯同位素含量$>10\mu mol$）；TIMS 可检测 $0.1\mu mol$ 级的氯同位素，但重现性稍差（$\leqslant 0.2‰$，2σ）。Godon 等（2004）报道了对海水样本中氯同位素分析的实验室间仪器交叉验证，结果显示 IRMS 和 TIMS 两种方法具有良好的相关性（$R^2=0.996$）。然而，有研究者认为 TIMS 灵敏度高易导致分析错误。DI-IRMS 方法的前处理过程耗时且样品量大（$40\sim100\mu mol$ Cl）（Wassenaar et al.，2004；Long et al.，1993；Cincinelli et al.，2012），从而导致两者在环境样品的痕量分析上受到了一定的限制。

（三）在线测试技术

在线测试技术相对于离线方法，可联结 GC 等进样和分离设备对样品进行联机处理和测试，为单体同位素分析提供了便捷高效的测试方法。

连续流-同位素比值质谱（continuous flow-isotope ratio mass spectrometry，CF-IRMS）（Teffera et al.，1996）是一种重要的在线测试技术。CF-IRMS 结合 GC 技术，使待测目标物按一定色谱保留时间得到联机分离并进入质谱中分析，为单体同位素分析提供了便利。

CF-IRMS 分析方法可配合不同的样品预处理方式。如 Shouakar-Stash 等（2006）采取气体进样或固相微萃取（SPME）进样的方式，对四氯乙烯（PCE）、三氯乙烯（TCE）和二氯乙烯（DCE）进行氯同位素分析。Mchugh 等（2011）在 GC 进样系统配置了吹扫捕集装置，开发了 PT-GC-IRMS，在线测试空气中 TCE 氯同位素，使空气中的挥发性氯代烃得以富集，提高了进样量。

然而，这些在线方法需要对仪器进行特别配置，如 GC-CF-IRMS 需配置专门的法拉第杯阵列等，限制了可以检测的化合物种类，而且测试精度较 DI-IRMS 略低。除 GC-CF-IRMS 技术外，还有研究者选用了其他质谱仪与 GC 联用进行了氯同位素测试。van Acker 等（2005）将 GC 与多接收杯电感耦合等离子质谱（mcICP-MS）联用直接测试氯代脂肪烃中的 $^{37}Cl/^{35}Cl$，但受限于氯离子产率低，且需要较高的质谱分辨率去除 ^{36}Ar-H 干扰（Aeppli et al.，2010）。

近来还有研究者采用 GC 与四极杆质谱联用（GC-qMS）（Jin et al.，2011；Kaori et al.，2007）。通过设定质谱参数并选取特定的碎片离子质量扫描，最后计算积分结果得到对应化合物中的氯同位素比值。此法优点在于样品量需求较小，可以在毫秒级的时间内扫描较广的质量范围，提高了灵敏度和分析速度（Aeppli et al.，2010），从而降低了环境样品氯同位素分析的难度（Laube et al.，2010）。但是，参考物质的选择与使用以及计算策略也可能会对结果产生影响（Jin et al.，2011）。

第三节 同位素数据质量控制

一、数据的准确度、不确定度、精密度和误差

所有物理量的测量都会受不确定度的影响，譬如本节讨论到的同位素比值和 δ 值（图 5-7）。为了得出合理的结论和正确地进行数据分析，恰当地阐明不确定度是必不可少的。因此，测量由两个重要的方面构成：①被测定量数据的最佳估值；②估值相关的不确定度。所以，不确定度代表了这样一组数据：在该组数据中，真实数据的数值取决于一个已被定义的可能性（如 2σ 水平）。此外，阐明有多少测量值被用于获取最终结果也是很重要的。

以碳同位素数据测定为例，当 $\delta^{13}C=-29.4‰\pm0.3‰$（$2\sigma$，$n=6$）或 $\delta^{13}C=$

-0.0294 ± 0.0003 时，表明被测量值最接近$-29.4‰$，但在可能性为95%的情况下，被测量值也有可能是$-29.7‰$或$-29.1‰$。在评估综合不确定度时，应考虑所有可能对结果有影响的误差因素，无论是系统误差还是随机误差。只有包含所有的误差来源时，不确定度才是测量结果准确度表达的最合适方法。若只有随机误差被包含进不确定度中，则只能反映出被测量值的精密度。随机误差的来源可以是多种多样的，例如不同操作者的标样制备过程、测量噪声或是其他因素。校正随机误差是不可能的，研究者只有通过重复观察才能确定出随机误差在不确定度中所占的比重大小。这种只能通过对随机误差的重复观察才能确定其贡献度的不确定度被称为A类不确定度，而所谓的B类不确定度则是由系统误差引起，且无法通过重复测量确定其贡献度。正如图5-7右下角圆心图所示，系统误差会以系统方式将所有测量值平移，从而导致测量结果的平均值往往与预期值有所差异。整体系统误差也被称为方法偏差，反之亦然，如果不存在偏差则被定义为真实值。在CSIA中，系统误差相当于分析过程中可重现同位素分馏导致的重复漂移。如果已知的话，这样的误差应被阐明和校正，或被包含在不确定度的估计中。综合标准不确定度 u_c 可以通过式(5-14) 计算而得：

$$u_c = \sqrt{u_{\text{type A}}^2 + u_{\text{type B}}^2} \quad (5\text{-}14)$$

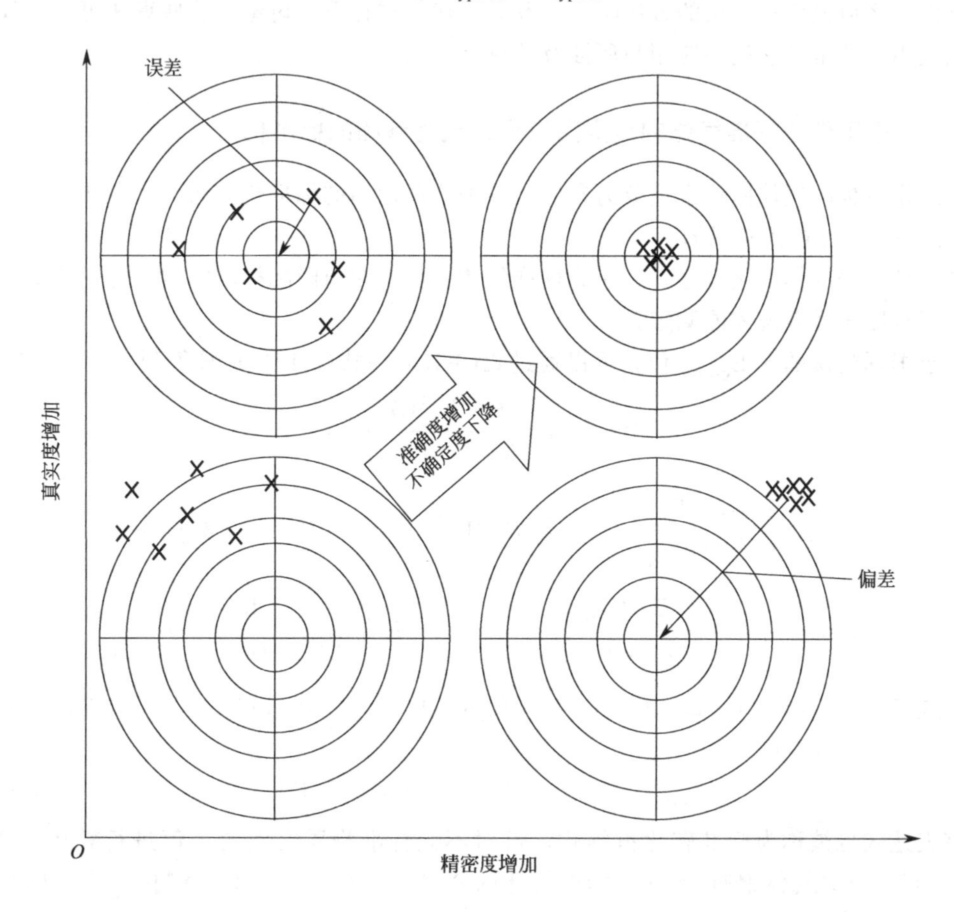

图 5-7 精密度、真实度、准确度和不确定度等几个广泛使用术语之间的差异性描述

二、稳定同位素数据的标准化

本章结尾部分将讨论现有的国际标度、校准及标准物质。需要指出的是，这些物质需依据国际使用标度来表达所检测的同位素数据。将测量数据转化为具有国际参照数据的过程，通常被称为标准化。这里有几种标准化算法可将原始 δ 值（即实验室测定出样品与工作参比物质的比较数据）转化为国际标度表示的值即 $\delta^{h}E_{c,i\text{-}ref}$（Paul et al.，2007）。定位标准物质的数目不同，标准化的算法也有所差异，而各种算法相关的标准化误差也就不同。通常，样品也必须按照标准物质处理方法的相等条件进行测定（Werner et al.，2001）。

Paul 等（2007）对目前 6 种广泛使用的标准化方法进行了总结：

①某个化合物同位素比值的标准化，以某种工作或标准气体的标准化同位素组成为参照；②以某种标准物质为参照的标准化；③以某种标准物质为参照的修正标准化；④依据两种（认证）标准物质测量值和国际认可值之间的差异性，通过线性位移计算的标准化；⑤两点标准化；⑥多点标准化。

下面，将以最广泛使用的方法①、②及⑤为代表进行重点讨论。这些算法可通过仪器软件直接应用。通常，它们的应用与所涉及的仪器无关。

（一）以工作或标准气体的真实同位素组成为参照的标准化

以工作或标准气体同位素组分为参照是一种广泛运用的标准化方法。此方法通常是通过 IRMS 软件自动计算而实现的。

像这种方法的标准化程序，工作或标准气体 δ 值及它与国际标准物质的对比值 $\delta^{h}E_{rg,i\text{-}ref}$ 必须采用双路进样系统才能测定。

对于国际公认的 $\delta^{h}E_{c,i\text{-}ref}$ 值，可以通过式(5-15)～式(5-17) 运算得到：

$$\delta^{h}E_{c,i\text{-}ref}=\frac{R(^{h}E/^{l}E)_{c}}{R(^{h}E/^{l}E)_{i\text{-}ref}}-1 \tag{5-15}$$

$$\delta^{h}E_{c}=\frac{R(^{h}E/^{l}E)_{c}}{R(^{h}E/^{l}E)_{rg}}-1 \Longrightarrow R(^{h}E/^{l}E)_{c}=R(^{h}E/^{l}E)_{rg}(\delta^{h}E_{c}+1) \tag{5-16}$$

$$\delta^{h}E_{rg,i\text{-}ref}=\frac{R(^{h}E/^{l}E)_{rg}}{R(^{h}E/^{l}E)_{i\text{-}ref}}-1 \Longrightarrow R(^{h}E/^{l}E)_{i\text{-}ref}=\frac{R(^{h}E/^{l}E)_{rg}}{(\delta^{h}E_{rg,i\text{-}ref+1})} \tag{5-17}$$

将式(5-16) 的 $R(^{h}E/^{l}E)_{c}$ 和式(5-17) 的 $R(^{h}E/^{l}E)_{i\text{-}ref}$ 代入式(5-15)，可以得到标准化的表达方程式(5-18)：

$$\delta^{h}E_{c,i\text{-}ref}=\delta^{h}E_{c}+\delta^{h}E_{rg,i\text{-}ref}+\delta^{h}E_{c}\delta^{h}E_{rg,i\text{-}ref} \tag{5-18}$$

该表达式也被称为标准转化恒等式，可对不同标准物质之间的 δ 值进行转化（Craig，1957）。假设压缩气体钢瓶中 CO_2 标准气体的 $\delta^{13}C=-0.0375$，某待测化合物与标准气体的对比值 $\delta^{13}C_{c}=0.0126$，通过式(5-18) 可计算得到国际公认的 δ 值为 -0.0254，即 $0.0126+(-0.0375)+[0.0126\times(-0.0375)]=-0.0254$。如果质谱软件中没有输入气体配置的 $\delta^{i}E_{rg,i\text{-}ref}$，可将此值设置为 0，则式(5-18) 中的 $\delta^{h}E_{rg,i\text{-}ref}$ 和 $\delta^{h}E_{c}\delta^{h}E_{rg,i\text{-}ref}$ 均为 0，结

果只计算了 $\delta^{h}E_{c}$ 值。在式(5-18) 中的 $\delta^{h}E_{c}\delta^{h}E_{rg,i\text{-}ref}$，可发现分母放大了 1000 倍，或所谓的缩放标尺。这里建议使用标准化方法是为了得到清晰的数据，以避免不必要的混乱和误差(Coplen，2011)。该标准化方法一般存在两个问题：第一，标准化偏差随 $\delta^{h}E_{c,i\text{-}ref}-\delta^{h}E_{rg,i\text{-}ref}$ 增加而增加，因此标准气体值应与样品值相近；第二，当采用气瓶分装 CO_2 或 SO_2 时，气瓶中可能发生质量相关的同位素分馏（Grootes et al.，1969)。产生该分馏的原因是气瓶中同时存在液相和气相。当气瓶置于室外被暴露在日照或严寒的不同温度下时，可能会产生十分明显且可变的分馏效应。因此，建议尽量将气瓶和脱气站放在同一实验室，以便通过空调保持恒温。根据德国耶拿马普生物地球化学研究所 Willi Brand 的建议（Jochmann et al.，2012)，CO_2 气瓶温度最好保持在 40℃，即高于 CO_2 气体临界温度（31°C)。当进行标准气体与某种国际标准物质同位素组成对照时，需采用碳酸盐标准物质进行日常校准。

然而，强烈建议用户不要依赖此标准化策略。用户几乎不必测定注射到分析仪器（如 EA-IRMS 仪或 GC-IRMS 仪）中标准气体的 δ 值（Coplen，2011)，而应该将同位素标准物质分散在未知物质中，以及将未知物质相对于同位素标准物质的 δ 值进行标准化。

（二）以某种标准物质为参照的标准化

当对某个样品或化合物与某种标准物质（单点定位）的数据进行标准化时，未知样品和具有国际认可 δ 值（$\delta^{h}E_{i\text{-}ref}$）的标准物质应采用同样的处理方法进行测定。标准物质和样品使用同样的工作气体，故可以获得各台仪器上公认标准物质的 δ 测定值即 $\delta^{h}E_{m\text{-}ref}$。其标准化计算公式如式(5-19) 所示（Verkouteren et al.，2001)：

$$\delta^{h}E_{c,i\text{-}ref}=\left[\frac{(\delta^{h}E_{c}+1)(\delta^{h}E_{i\text{-}ref}+1)}{\delta^{h}E_{m\text{-}ref}+1}\right]-1 \tag{5-19}$$

当采用以工作或标准气体为参照的标准化方法时，如果样品与标准物质的同位素组成差别越大，则标准化误差越大。假如没有严格按照同等处理原则进行分析，误差也会增加(Paul et al.，2007)。Paul 等（2007）给出了式(5-19) 的具体推导过程。

（三）以两种标准物质为参照的标准化

两点标准化法是对两个标准物质的测量值（$\delta^{h}E_{m\text{-}ref1}$，$\delta^{h}E_{m\text{-}ref2}$）和国际认可值（$\delta^{h}E_{i\text{-}ref1}$，$\delta^{h}E_{i\text{-}ref2}$）进行线性回归，从而实现样品 $\delta^{h}E_{c}$ 值的数据标准化。其中，线性关系式的斜率 m 可用两点间形成的直线来表示，计算公式见式(5-20)：

$$m=\frac{\delta^{h}E_{c,i\text{-}ref}-\delta^{h}E_{i\text{-}ref2}}{\delta^{h}E_{c}-\delta^{h}E_{m\text{-}ref2}}=\frac{\delta^{h}E_{i\text{-}ref1}-\delta^{h}E_{i\text{-}ref2}}{\delta^{h}E_{m\text{-}ref1}-\delta^{h}E_{m\text{-}ref2}} \tag{5-20}$$

对式(5-20) 进行重排得到式(5-21)，利用该式，可以计算出样品的标准化值：

$$\delta^{h}E_{c,i\text{-}ref}=\frac{\delta^{h}E_{i\text{-}ref1}-\delta^{h}E_{i\text{-}ref2}}{\delta^{h}E_{m\text{-}ref1}-\delta^{h}E_{m\text{-}ref2}}(\delta^{h}E_{c}-\delta^{h}E_{m\text{-}ref2})+\delta^{h}E_{i\text{-}ref2} \tag{5-21}$$

采用该计算方法的前提条件是，由质谱分析引入的系统误差在动态范围内应为线性关系。斜率 m 也被称为放大因子，与 y 轴的截距 b 被称为附加校正因子，代表工作或标准气

体的 δ 值。

采用第二定位点的两点标准化法的优点在于它可以弥补 δ 标尺的差异，因为 δ 值经常被压缩，而很少被放大（Coplen，2011；Jochmann et al.，2006）。鉴于此，使用两点标准化法的测定结果往往比单点定位法更为准确。因此，若有可能应尽量使用两点校正（Coplen，1988；Brand et al.，2001）。

多点标准化法的应用是两点标准化法的扩展。Paul 等（2007）指出，当分析用于定位线性标尺的标准物质所产生的相关随机误差，其回归直线的斜率将与预期有所不同。产生这种随机误差的原因可能是样品在分析仪器（如元素分析仪）中的不完全燃烧。此误差会进入未知样品同位素组成的标准化计算中，其影响大小与样品在回归直线中的位置有关。因此，当样品点接近随机误差影响的标准点时这种误差将变大。在此情况下，可以通过两个以上定位点的最佳拟合回归直线法降低该误差。但是，必须谨慎使用该方法，并不是所有使用的标准物质都具有已知的相同精密度和准确度。因此，多点参照也可能比实际情况更加糟糕。相反地，当运用两点标准化法明显发现两点数据需要重新计算时，应当重新调整其中一个校正标准物质的参考值（Jochmann et al.，2006）。事实上，研究人员很少使用拟合回归多点校正法。

三、 CSIA 中的质量保证和质量控制

在 CSIA 分析时，为获得准确测定结果，仪器的灵敏度必须低于 2000 分子/离子，同时仪器的线性必须优于 0.01‰ nA^{-1}。当利用 CSIA 对单一化合物同位素比值进行测定时，为保证分析数据的可靠性，有必要在测定前、测定中及测定后进行有关的检测程序。为确保 CSIA 测定数据质量，必须在一定时间间隔内开展仪器的定期复检，对于实验人员理解准确度和精密度方面可能出现的错误和变化，尽快采取措施重新实施最佳操作条件，以及长时间内持续进行质量保证或质量控制等十分有用。此外，图表自动生成电子表格也非常有用。为确保检测准确度，在开展测定工作之前，建议质量保证采用 US EPA 在相关应用指南中推荐的流程（Hunkeler et al.，2008）。

① 样品在进行 CSIA 分析前，应采用 GC/LC-MS 或 FID 进行扫描，避免 GC/LC-IRMS 系统中非目标分析底物过载，以重新调整浓度至仪器线性范围内；同时排除污染物，以及通过样品主要成分降低反应器容量（Blessing et al.，2008）。

② 为确保系统无高柱流失和鬼峰出现，在样品检测前需运行色谱空白样。

③ 为排除干扰化合物的存在，在样品运行前，应进行溶剂空白及富集设备（吹扫捕集器、固相微萃取纤维头等）空白的测定。

④ 应在常规操作条件下，采用特定的工作标准物质，对仪器的线性范围进行测试。操作条件包括浓度范围、分流比或流速的设定，以及所使用的样品制备技术，如 HS、SPME 或 P&T 等。

⑤ 理论上，每个样品应重复进行 3 次检测；同时，为保证准确度，每运行 9 次应采用具有同位素特征标记的多种工作标准物质进行 1 次校准。但此方法仅适用于科学研究，对于商业实验室，因样品数量有限，此原则通常难以接受。即使在商业检测中，每个样品应当进行至少 5 次重复检测，且每运行 10 次还需采用特定的工作标准物质进行 1 次校准。

⑥ 所有样品浓度均应在之前建立的可接受线性范围内及检测限之上，若样品浓度超出可接受范围，应调整分析底物浓度，尽可能在线性范围内对样品进行再次检测。

参考文献

陈祖林，张敏，刘海钰，2013. 芳烃单体烃 GC/IRMS 分析分离的便捷柱色谱法 [J]. 石油实验地质，35 (3)：347-350.

储雪蕾，赵瑞，臧文秀，等，1993. 煤和沉积岩中各种形式硫的提取和同位素样品制备 [J]. 科学通报，38 (20)：1887-1890.

丁悌平，2003. 激光探针稳定同位素分析技术的现状及发展前景 [J]. 地学前缘，10 (2)：263-268.

方晶晶，周爱国，刘存富，等，2013. 有机污染物稳定同位素在线测试技术研究 [J]. 岩矿测试，32 (2)：192-202.

韩娟，刘汉彬，金贵善，等，2015. 硫同位素组成的样品提取和制备 [J]. 地质学报，89 (S1)：82-84.

金贵善，刘汉彬，张建锋，等，2014. 硫化物中硫同位素组成的 EA-IRMS 分析方法 [J]. 铀矿地质，30 (3)：187-192.

李立武，李中平，杜丽，等，2012. 混合气体中硫化氢硫同位素的 GC-IRMS 直接测定法 [P]. CN 101936964A. 2011.

刘汉彬，金贵善，李军杰，等，2013. 铀矿地质样品的稳定同位素组成测试方法 [J]. 世界核地质科学，30 (3)：174-179.

刘玲，马腾，刘存富，等，2010. 稳定溴同位素（^{81}Br）测试新技术与其在水文地质中的应用前景 [J]. 地质科技情报，29 (3)：104-109.

刘卫国，肖应凯，祁海平，等，1993. 高精度正热电离质谱法测定 Br 同位素 [J]. 盐湖研究，1 (3)：57-61.

马云麒，彭章旷，韩凤清，等，2016. TIMS (Triton)测定质量范围的扩展及其在溴同位素测定中的应用 [J]. 质谱学报，37 (5)：465-470.

王大波，宋虎跃，邱海鸥，等，2011. 碳酸盐晶格硫同位素分析前处理的影响 [J]. 地质科技情报，30 (1)：31-33，79.

王道兵，2015. 固态酿造白酒的稳定同位素特征研究及鉴真技术体系建立 [D]. 北京：中国矿业大学.

王道兵，钟其顶，高红波，等，2014. GasBench Ⅱ-IRMS 测定葡萄酒水中 $\delta^{18}O$ 方法研究 [J]. 质谱学报，35 (4)：355-360.

杨杰，马腾，刘玲，等，2011. Gas Bench Ⅱ-IRMS 测定地下水中溴同位素新技术 [J]. 地球科学与环境学报，33 (4)：397-401.

张文龙，2009. 干酪根中各种元素的稳定同位素分析 [J]. 现代科学仪器，(2)：102-104.

郑冰，高仁祥，2006. 塔里木盆地原油碳硫同位素特征及油源对比 [J]. 石油实验地质，28 (3)：281-285.

郑淑蕙，等，1986. 稳定同位素地球化学分析 [M]. 北京：北京大学出版社.

中华人民共和国地质矿产部，1993. 地下水质检验方法—CO_2-H_2O 平衡法测定氧同位素：DZ/T 0064. 77—93 [P].

钟其顶，李国辉，王道兵，等，2013. 气相色谱-燃烧-同位素质谱仪 (GC-C-IRMS)测定游离氨基酸的 $\delta^{13}C$ 值 [J]. 酿酒科技，(9)：7-10.

ADER M, COLEMAN M L, DOYLE S P, et al., 2001. Methods for the stable isotopic analysis of chlorine in chlorate and perchlorate compounds [J]. Analytical Chemistry, 73 (20): 4946-4950.

AEPPLI C, HOLMSTRAND H, ANDERSSON P, et al., 2010. Direct compound-specific stable chlorine isotope analysis of organic compounds with quadrupole GC/MS using standard isotope bracketing [J]. Analytical Chemistry, 82 (1): 420-426.

ASTON F W. LXXII, 1920. The mass-spectra of chemical elements. (Part 2) [J]. The London, Edinburgh, and Dublin Philosophical Magazine and Journal of Science, 40 (239): 628-634.

BLESSING M, JOCHMANN M A, SCHMIDT T C, 2008. Pitfalls in compound-specific isotope analysis of environmental samples [J]. Analytical and Bioanalytical Chemistry, 390 (2): 591-603.

BRAND W A, COPLEN T B, 2001. An interlaboratory study to test instrument performance of hydrogen dual-inlet isotope-ratio mass spectrometers [J]. Fresenius' Journal of Analytical Chemistry, 370 (4): 358-362.

BURDETT J W, A ARTHUR M, RICHARDSON M, 1989. A neogene seawater sulfur isotope age curve from calcareous pelagic microfossils [J]. Earth and Planetary Science Letters, 94 (3/4): 189-198.

CHEN G, SHOUAKAR-STASH O, PHILLIPS E, et al., 2018. Dual carbon-chlorine isotope analysis indicates distinct anaerobic dichloromethane degradation pathways in two members of Peptococcaceae [J]. Environmental Science & Technology, 52 (15): 8607-8616.

CHRISTENSEN L E, BRUNNER B, TRUONG K N, et al., 2007. Measurement of sulfur isotope compositions by tunable laser spectroscopy of SO_2 [J]. Analytical Chemistry, 79 (24): 9261-9268.

CINCINELLI A, PIERI F, ZHANG Y, et al., 2012. Compound specific isotope analysis (CSIA) for chlorine and bromine: a review of techniques and applications to elucidate environmental sources and processes [J]. Environmental Pollution, 169: 112-127.

COPLEN T B, 1988. Normalization of oxygen and hydrogen isotope data [J]. Chemical Geology: Isotope Geoscience Section, 72 (4): 293-297.

COPLEN T B, 2011. Guidelines and recommended terms for expression of stable-isotope-ratio and gas-ratio measurement results [J]. Rapid Communications in Mass Spectrometry, 25 (17): 2538-2560.

CRAIG H, 1957. Isotopic standards for carbon and oxygen and correction factors for mass-spectrometric analysis of carbon dioxide [J]. Geochimica et Cosmochimica Acta, 12 (1/2): 133-149.

CROWE D E, VALLEY J W, BAKER K L, 1990. Micro-analysis of sulfur-isotope ratios and zonation by laser microprobe [J]. Geochimica et Cosmochimica Acta, 54 (7): 2075-2092.

DE LAETER J R, BÖHLKE J K, DE BIÈVRE P, et al., 2003. Atomic weights of the elements. Review 2000 (IUPAC Technical Report) [J]. Pure and Applied Chemistry, 75 (6): 683-800.

DU Y, MA T, YANG J, et al., 2013. A precise analytical method for bromine stable isotopes in natural waters by GasBench II-IRMS [J]. International Journal of Mass Spectrometry, 338: 50-56.

EGGENKAMP H G M, COLEMAN M L, 2000. Rediscovery of classical methods and their application to the measurement of stable bromine isotopes in natural samples [J]. Chemical Geology, 167 (3/4): 393-402.

EK C, HOLMSTRAND H, MUSTAJÄRVI L, et al., 2018. Using compound-specific and bulk stable isotope analysis for trophic positioning of bivalves in contaminated Baltic sea sediments [J]. Environmental Science & Technology, 52 (8): 4861-4868.

ELSNER M, HUNKELER D, 2008. Evaluating chlorine isotope effects from isotope ratios and mass spectra of polychlorinated molecules [J]. Analytical Chemistry, 80 (12): 4731-4740.

ELSNER M, JOCHMANN M A, HOFSTETTER T B, et al., 2012. Current challenges in compound-specific stable isotope analysis of environmental organic contaminants [J]. Analytical and Bioanalytical Chemistry, 403 (9): 2471-2491.

ELSNER M, 2010. Stable isotope fractionation to investigate natural transformation mechanisms of organic contaminants: principles, prospects and limitations [J]. Journal of Environmental Monitoring, 12 (11): 2005-2031.

EPSTEIN S, MAYEDA T, 1953. Variation of ^{18}O content of waters from natural sources [J]. Geochimica et Cosmochimica Acta, 4 (5): 213-224.

ESCHENBACH W, WELL R, DYCKMANS J, 2018. NO reduction to N_2O improves nitrate ^{15}N abundance analysis by membrane inlet quadrupole mass spectrometry [J]. Analytical Chemistry, 90 (19): 11216-11218.

FRY B, SILVA S R, KENDALL C, et al., 2002. Oxygen isotope corrections for online delta ^{34}S analysis [J]. Rapid Communications in Mass Spectrometry, 16 (9): 854-858.

GARÇON M, BOYET M, CARLSON R W, et al., 2018. Factors influencing the precision and accuracy of Nd isotope measurements by thermal ionization mass spectrometry [J]. Chemical Geology, 476: 493-514.

GIESEMANN A, JAEGER H J, NORMAN A L, et al., 1994. Online sulfur-isotope determination using an elemental analyzer coupled to a mass spectrometer [J]. Analytical Chemistry, 66 (18): 2816-2819.

GODIN J P, FAY L B, HOPFGARTNER G, 2007. Liquid chromatography combined with mass spectrometry for ^{13}C isotopic analysis in life science research [J]. Mass Spectrometry Reviews, 26 (6): 751-774.

GODON A, JENDRZEJEWSKI N, EGGENKAMP H G M, et al., 2004. A cross-calibration of chlorine isotopic measurements and suitability of seawater as the international reference material [J]. Chemical Geology, 207 (1/2): 1-12.

GRASSINEAU N V, MATTEY D P, LOWRY D, 2001. Sulfur isotope analysis of sulfide and sulfate minerals by continuous flow-isotope ratio mass spectrometry [J]. Analytical Chemistry, 73 (2): 220-225.

GROOTES P M, MOOK W G, VOGEL J C, 1969. Isotopic fractionation between gaseous and condensed carbon dioxide

[J]. Zeitschrift Für Physik A Hadrons and Nuclei, 221 (3): 257-273.
HATTORI R, YAMADA K, SHIBATA H, et al., 2010. Measurement of the isotope ratio of acetic acid in vinegar by HS-SPME-GC-TC/C-IRMS [J]. Journal of Agricultural and Food Chemistry, 58 (12): 7115-7118.
HOFSTETTER T B, BERG M, 2011. Assessing transformation processes of organic contaminants by compound-specific stable isotope analysis [J]. TrAC Trends in Analytical Chemistry, 30 (4): 618-627.
HOFSTETTER T B, REDDY C M, HERATY L J, et al., 2007. Carbon and chlorine isotope effects during abiotic reductive dechlorination of polychlorinated ethanes [J]. Environmental Science & Technology, 41 (13): 4662-4668.
HOLMSTRAND H, ANDERSSON P, GUSTAFSSON O, 2004. Chlorine isotope analysis of submicromole organochlorine samples by sealed tube combustion and thermal ionization mass spectrometry [J]. Analytical Chemistry, 76 (8): 2336-2342.
HOLMSTRAND H, MANDALAKIS M, ZENCAK Z, et al., 2007. First compound-specific chlorine-isotope analysis of environmentally-bioaccumulated organochlorines indicates a degradation-relatable kinetic isotope effect for DDT [J]. Chemosphere, 69 (10): 1533-1539.
HORFS J, 2009. Stable isotope geochemistry [M]. Berlin, Heidelberg: Springer Berlin Heidelberg.
HORST A, RENPENNING J, RICHNOW H H, et al., 2017. Compound specific stable chlorine isotopic analysis of volatile aliphatic compounds using gas chromatography hyphenated with multiple collector inductively coupled plasma mass spectrometry [J]. Analytical Chemistry, 89 (17): 9131-9138.
HUNKELER D, VAN BREUKELEN B M, ELSNER M, 2009. Modeling chlorine isotope trends during sequential transformation of chlorinated ethenes [J]. Environmental Science & Technology, 43 (17): 6750-6756.
HUNKELER D, MECKENSTOCK R U, LOLLAR B S, et al., 2008. A guide for assessing biodegradation and source identification of organic ground water contaminants using compound specific isotope analysis (CSIA) [J]. USEPA Publication, EPA 600/R- (December): 1-82.
JENDRZEJEWSKI N, EGGENKAMP H G M, COLEMAN M L, 1997. Sequential determination of chlorine and carbon isotopic composition in single microliter samples of chlorinated solvent [J]. Analytical Chemistry, 69 (20): 4259-4266.
JIN B, LASKOV C, ROLLE M, et al., 2011. Chlorine isotope analysis of organic contaminants using GC-qMS: method optimization and comparison of different evaluation schemes [J]. Environmental Science & Technology, 45 (12): 5279-5286.
JOCHMANN M A, BLESSING M, HADERLEIN S B, et al., 2006. A new approach to determine method detection limits for compound-specific isotope analysis of volatile organic compounds [J]. Rapid Communications in Mass Spectrometry, 20 (24): 3639-3648.
KEPPLER F, LAUKENMANN S, RINNE J, et al., 2010. Measurements of $^{13}C/^{12}C$ methane from anaerobic digesters: comparison of optical spectrometry with continuous-flow isotope ratio mass spectrometry [J]. Environmental Science & Technology, 44 (13): 5067-5073.
KERSTEL E, GIANFRANI L, 2008. Advances in laser-based isotope ratio measurements: selected applications [J]. Applied Physics B, 92 (3): 439-449.
KESTER C L, RYE R O, JOHNSON C A, et al., 2001. On-line sulfur isotope analysis of organic material by direct combustion: preliminary results and potential applications [J]. Isotopes in Environmental and Health Studies, 37 (1): 53-65.
KRESTEL E, 2004. Chemicals commonly used for stable isotope analytical preparations [M] //Handbook of Stable Isotope Analytical Techniques. Amsterdam: Elsevier: 1035-1042.
KRUMMEN M, HILKERT A W, JUCHELKA D, et al., 2004. A new concept for isotope ratio monitoring liquid chromatography/mass spectrometry [J]. Rapid Communications in Mass Spectrometry, 18 (19): 2260-2266.
KRUPP E M, PÉCHEYRAN C, MEFFAN-MAIN S, et al., 2004. Precise isotope-ratio determination by CGC hyphenated to ICP- MCMS for speciation of trace amounts of gaseous sulfur, with SF_6 as example compound [J]. Analytical and Bioanalytical Chemistry, 378 (2): 250-255.
LAUBE J C, KAISER J, STURGES W T, et al., 2010. Chlorine isotope fractionation in the stratosphere [J]. Science, 329 (5996): 1167.

LIHL C, RENPENNING J, KÜMMEL S, et al., 2019. Toward improved accuracy in chlorine isotope analysis: synthesis routes for in-house standards and characterization via complementary mass spectrometry methods [J]. Analytical Chemistry, 91 (19): 12290-12297.

LIS G, WASSENAAR L I, HENDRY M J, 2008. High-precision laser spectroscopy D/H and $^{18}O/^{16}O$ measurements of microliter natural water samples [J]. Analytical Chemistry, 80 (1): 287-293.

LONG A, EASTOE C J, KAUFMANN R S, et al., 1993. High-precision measurement of chlorine stable isotope ratios [J]. Geochimica et Cosmochimica Acta, 57 (12): 2907-2912.

MAGENHEIM A J, SPIVACK A J, VOLPE C, et al., 1994. Precise determination of stable chlorine isotopic ratios in low-concentration natural samples [J]. Geochimica et Cosmochimica Acta, 58 (14): 3117-3121.

MCHUGH T, KUDER T, FIORENZA S, et al., 2011. Application of CSIA to distinguish between vapor intrusion and indoor sources of VOCs [J]. Environmental Science & Technology, 45 (14): 5952-5958.

MECKENSTOCK R U, MORASCH B, GRIEBLER C, et al., 2004. Stable isotope fractionation analysis as a tool to monitor biodegradation in contaminated acquifers [J]. Journal of Contaminant Hydrology, 75 (3/4): 215-255.

NELSON S T, 2000. A simple, practical methodology for routine VSMOW/SLAP normalization of water samples analyzed by continuous flow methods [J]. Rapid Communications in Mass Spectrometry, 14 (12): 1044-1046.

NUMATA M, NAKAMURA N, KOSHIKAWA H, et al., 2002. Chlorine stable isotope measurements of chlorinated aliphatic hydrocarbons by thermal ionization mass spectrometry [J]. Analytica Chimica Acta, 455 (1): 1-9.

ONO S, WING B, RUMBLE D, et al., 2006. High precision analysis of all four stable isotopes of sulfur (^{32}S, ^{33}S, ^{34}S and ^{36}S) at nanomole levels using a laser fluorination isotope-ratio-monitoring gas chromatography-mass spectrometry [J]. Chemical Geology, 225 (1/2): 30-39.

PAUL D, SKRZYPEK G, FÓRIZS I, 2007. Normalization of measured stable isotopic compositions to isotope reference scales——a review [J]. Rapid Communications in Mass Spectrometry, 21 (18): 3006-3014.

PERINI M, PIANEZZE S, STROJNIK L, et al., 2019. C and H stable isotope ratio analysis using solid-phase microextraction and gas chromatography-isotope ratio mass spectrometry for vanillin authentication [J]. Journal of Chromatography A, 1595: 168-173.

PICHLMAYER F, BLOCHBERGER K, 1988. Isotopenhäufigkeitsanalyse von Kohlenstoff, Stickstoff und Schwefel mittels Gerätekopplung Elementaranalysator-Massenspektrometer [J]. Fresenius' Zeitschrift Für Analytische Chemie, 331 (2): 196-201.

REES C E, 1978. Sulphur isotope measurements using SO_2 and SF_6 [J]. Geochimica et Cosmochimica Acta, 42 (4): 383-389.

RENPENNING J, HORST A, SCHMIDT M, et al., 2018. Online isotope analysis of $^{37}Cl/^{35}Cl$ universally applied for semi-volatile organic compounds using GC-MC-ICPMS [J]. Journal of Analytical Atomic Spectrometry, 33 (2): 314-321.

ROSENBAUM J M, CLIFF R A, COLEMAN M L, 2000. Chlorine stable isotopes: a comparison of dual inlet and thermal ionization mass spectrometric measurements [J]. Analytical Chemistry, 72 (10): 2261-2264.

SAKAGUCHI-SÖDER K, JAGER J, GRUND H, et al., 2007. Monitoring and evaluation of dechlorination processes using compound-specific chlorine isotope analysis [J]. Rapid Communications in Mass Spectrometry, 21 (18): 3077-3084.

SCHMIDT T C, ZWANK L, ELSNER M, et al., 2004. Compound-specific stable isotope analysis of organic contaminants in natural environments: a critical review of the state of the art, prospects, and future challenges [J]. Analytical and Bioanalytical Chemistry, 378 (2): 283-300.

SHOUAKAR-STASH O, DRIMMIE R J, ZHANG M, et al., 2006. Compound-specific chlorine isotope ratios of TCE, PCE and DCE isomers by direct injection using CF-IRMS [J]. Applied Geochemistry, 21 (5): 766-781.

SHOUAKAR-STASH O, FRAPE S K, DRIMMIE R J, 2005. Determination of bromine stable isotopes using continuous-flow isotope ratio mass spectrometry [J]. Analytical Chemistry, 77 (13): 4027-4033.

SPANGENBERG J E, OGRINC N, 2001. Authentication of vegetable oils by bulk and molecular carbon isotope analyses with emphasis on olive oil and pumpkin seed oil [J]. Journal of Agricultural and Food Chemistry, 49 (3): 1534-1540.

SYLVA S P, BALL L, NELSON R K, et al., 2007. Compound-specific $^{81}Br/^{79}Br$ analysis by capillary gas chromatography/multicollector inductively coupled plasma mass spectrometry [J]. Rapid Communications in Mass Spectrometry, 21 (20): 3301-3305.

TEFFERA Y, KUSMIERZ J J, ABRAMSON F P, 1996. Continuous-flow isotope ratio mass spectrometry using the chemical reaction interface with either gas or liquid chromatographic introduction [J]. Analytical Chemistry, 68 (11): 1888-1894.

VAN ACKER M R M D, SHAHAR A, YOUNG E D, et al., 2006. GC/multiple collector-ICPMS method for chlorine stable isotope analysis of chlorinated aliphatic hydrocarbons [J]. Analytical Chemistry, 78 (13): 4663-4667.

VERKOUTEREN R M, LEE J N, 2001. Web-based interactive data processing: application to stable isotope metrology [J]. Fresenius' Journal of Analytical Chemistry, 370 (7): 803-810.

WANG L, CAYLOR K K, DRAGONI D, 2009. On the calibration of continuous, high-precision delta ^{18}O and delta ^{2}H measurements using an off-axis integrated cavity output spectrometer [J]. Rapid Communications in Mass Spectrometry, 23 (4): 530-536.

VAN WARMERDAM E M, FRAPE S K, ARAVENA R, et al., 1995. Stable chlorine and carbon isotope measurements of selected chlorinated organic solvents [J]. Applied Geochemistry, 10 (5): 547-552.

WASSENAAR L I, KOEHLER G, 2004. On-line technique for the determination of the delta ^{37}Cl of inorganic and total organic Cl in environmental samples [J]. Analytical Chemistry, 76 (21): 6384-6388.

WEI H Z, JIANG S Y, ZHU Z Y, et al., 2015. Improvements on high-precision measurement of bromine isotope ratios by multicollector inductively coupled plasma mass spectrometry [J]. Talanta, 143: 302-306.

WERNER R A, BRAND W A, 2001. Referencing strategies and techniques in stable isotope ratio analysis [J]. Rapid Communications in Mass Spectrometry, 15 (7): 501-519.

XIAO Y K, LIU W G, QI H P, et al., 1993. A new method for the high precision isotopic measurement of bromine by thermal ionization mass spectrometry [J]. International Journal of Mass Spectrometry and Ion Processes, 123 (2): 117-123.

XIAO Y K, ZHANG C G, 1992. High precision isotopic measurement of chlorine by thermal ionization mass spectrometry of the Cs_2Cl^+ ion [J]. International Journal of Mass Spectrometry and Ion Processes, 116 (3): 183-192.

XIAO Y K, ZHOU Y M, WANG Q Z, et al., 2002. A secondary isotopic reference material of chlorine from selected seawater [J]. Chemical Geology, 182 (2/3/4): 655-661.

YUN M, MAYER B, TAYLOR S W, 2005. Delta ^{34}S measurements on organic materials by continuous flow isotope ratio mass spectrometry [J]. Rapid Communications in Mass Spectrometry, 19 (11): 1429-1436.

第六章

污染物迁移途径和来源解析

第一节 概述

一、污染物的稳定同位素示踪机理

污染源来源解析的传统方法主要是基于污染源的化学组成以及分布特征、生物标记物和化学计量法等证据，然而由于环境中的污染源是非常复杂的体系，同一化学组成或分布特征的物质有可能来源于不同物质的降解或不同污染源的相互作用，因而利用传统方法示踪有机污染来源具有一定的不确定性（刘运德，2013）。

有机物中同位素的组成是变化的，这取决于合成该污染物的原料和合成工艺。不同来源的污染物通常具有特定的同位素组成，即使是同种污染物因其来源不同也会显示出不同的同位素组成。这种同位素组成的差异主要由质量同位素效应造成，轻同位素较重同位素反应更快，更先进入另一相中，造成显著的同位素分馏。这会反映在有机物的生产、再生产等过程中，同时同位素比值在非反应过程中的变化不显著，因此可根据污染物的同位素组成来判断其来源（陈柳竹，2017）。

在不同环境条件下相同物质的稳定同位素组成会有一定的差异。根据同位素分馏的原理，在特定的条件下不同物质的稳定同位素组成有大致固定的变化范围。例如，膏岩和灰泥的硫同位素比值（$\delta^{34}S$）介于15‰～35‰，而汽车排放废气的$\delta^{34}S$波动于12‰～17‰。大气沉降物的$\delta^{15}N$值一般在2‰～8‰，人类和动物排泄物的$\delta^{15}N$值为10‰～20‰，而人工合成的化学肥料的$\delta^{15}N$值接近0‰（−3‰～3‰）。利用N、S等元素稳定同位素比率的变异规律，可以追踪环境的污染状况，进而对污染程度进行定量评价（Elsner et al.，2005；王艳红 等，2010；罗绪强 等，2007；白志鹏 等，2007；郭照冰 等，2010）。

由于不同来源的含氮物质具有不同的氮同位素组成（图 6-1），因此氮同位素是一种很好的污染物指示剂。目前，在农业生产中化肥的使用非常普遍，土壤中的氮肥及其他的含氮有机物随着水土流失而进入江河湖海，因此 $\delta^{15}N$ 值可以作为水域环境污染程度指标（罗绪强 等，2007）。此外，氮稳定同位素还可用于生物对多氯联苯（PCBs）、敌敌畏（DDVP）、氯丹（CHL）等持久性有机污染物（POPs）的生物富集研究以及微生物修复过程研究（Elsner et al.，2005；刘慧杰 等，2007）。稳定同位素示踪技术还有效地应用于赤潮的研究中，通过追踪引起赤潮主要物种的发展变化，可以研究赤潮的产生机理、发展过程和对水体及生态系统营养层次的影响，了解赤潮发生的原因及赤潮的预防手段（Teichberg et al.，2010）。硫作为大气和水体中污染物的主要成分，确定其来源对于含硫污染物的控制有着重要意义。利用硫稳定同位素组成示踪污染物的来源具有准确方便的特点，使之成为研究的热点（郭照冰 等，2010）。

污染物在环境中的迁移转化过程受到各种环境因子的影响，其中包括生物和非生物环境因子。例如，绿色植物对大气污染物的吸收、吸附、滞尘以及杀菌作用，土壤-植物系统的净化功能，植物根系和土壤微生物的降解、转化作用以及生物对水体污染的净化作用。利用稳定同位素示踪的方法，与常规污染物调查相结合来研究陆源污染物的扩散运移规律以及在食物网中的生物放大和积累作用，可为环境污染的综合治理提供科学技术支持。

基于上述原理，稳定同位素技术在追踪水体污染物、大气氮、硫化合物、土壤等的无机污染物示踪研究方面已取得了大量的成果，有许多的应用研究实例（Hunkeler et al.，2012，Berens et al.，2020，Zimmermann et al.，2020）。

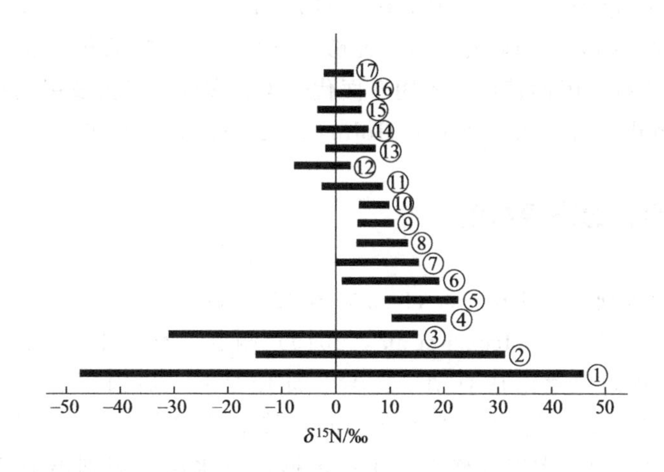

图 6-1 不同天然和污染氮化物的 $\delta^{15}N$ 值分布图（罗绪强 等，2007）

①—天然气；②—火成岩；③—火山气；④—受粪肥污染土壤中的氮；⑤—动物粪便（厩肥）或污水中的 NO_3^-；⑥—沉积岩中的有机质；⑦—石油；⑧—非豆科植物；⑨—垦殖土壤和受生活污水污染土壤中的氮；⑩—土壤有机氮矿化形成的 NO_3^-；⑪—天然土壤中的氮；⑫—雨水；⑬—煤；⑭—受化肥和工业废水污染土壤中的氮；⑮—含氮化肥的 NO_3^-；⑯—豆科植物；⑰—泥炭

二、有机污染物来源示踪

有机污染物同位素特征通常可用于从区域到全球范围内追踪污染物来源。在区域范围内，通常需要识别污染物排放来源，以便必要时采取适当的降低风险的措施以及在诉讼中识别责任方。后一领域的工作在美国被称为环境取证（Morrison，2000）。环境取证中的传统方法包括化学指纹图谱、生物标记分析和化学计量学（Kaplan et al.，1997；Stout et al.，1998）。然而，由于有机污染物降解过程的复杂性，以及污染物代谢产物的标识物专一性问题，采用传统溯源方法识别污染源具有一定的不确定性（马红枣 等，2017）。对单体污染物稳定同位素特征的探究证明，CSIA 技术在污染物溯源方面具有很好的潜力（Fenner et al.，2013）。由于污染物的同位素特征会显示出制造商基于不同条件和合成化合物途径的差异，即不同来源的分析物具有始终不同的同位素组成，因此可以追踪化学品的来源或追踪污染物释放的时间。

通过 CSIA 技术测定有机污染物中单体化合物特定元素的稳定同位素比值，可将传统的以污染化合物为基本研究单元的模式拓展为以化合物分子为单位的模式（Coffin et al.，2001），从而避免了环境中其他化合物或元素对测定结果的干扰，故其测定结果的准确性与可靠性均得到大幅提高（Schmidt et al.，2004）。稳定的同位素信息可能有助于：①区分当地不同的潜在污染物；②在区域范围内确定具体的排放源；③在全球范围内量化挥发性有机化合物和温室气体（Brenninkmeijer et al.，2003；Goldstein et al.，2003）。由于高分子量物质化学与生物过程中不会发生显著的同位素分馏效应，所以在运用稳定碳同位素比值技术作为解析指标识别有机污染物来源时，多使用高碳数化合物的稳定同位素，其中多环芳烃（polycyclic aromatic hydrocarbons，PAHs）和石油烃应用广泛（Elsner et al.，2012）。CSIA 技术以有机化合物分子为研究单位，能够定量分析有机物的转化规律，可避免其他化合物对测定结果的干扰，因而被广泛应用于卤代烃类、多环芳烃类及甲基叔丁基醚等有机污染物的研究中（Hunkeler et al.，2012；Holmstrand，et al.，2006）。

三、有机化合物的来源数值

目前，已有许多研究（Drenzek et al.，2002；Berens et al.，2020；Phillips et al.，2020，Willach et al.，2020；Heckel et al.，2019）测定了不同种类的有机物同位素组成，结果表明不同有机物同位素组成有明显差异，即使是同一种有机物，由于其来源不同，也呈现不同的同位素组成。这为有机污染物的迁移途径和来源解析工作奠定了坚实的基础（陈柳竹，2017）。加拿大安大略省一小镇的砂质含水层中识别出 PCE 污染羽的存在，初步判断该污染物是来自多种污染源。不同断面的地下水样品中 PCE 含量和碳同位素组成显示，该污染中 A、B、C 三个污染区域呈现显著不同的碳同位素组成，进一步区别出该地区历史上不同时期、不同生产厂商的 PCE 使用情况，C 区低浓度区轻微的富集轻同位素可能是由 PCE 的水平扩散引起（Hunkeler et al.，2004）。Hunkeler 等（2012）对从森林土壤中收集的气体和地下水样品中的三氯乙烯的 $\delta^{13}C$ 值进行测定，发现两者的 $\delta^{13}C$ 值的范围为－26.2‰～－22.8‰，该变化范围在土壤有机质 $\delta^{13}C$ 值（－28.2‰～－22.6‰）的变化范围内，但高于工业三氯乙烯的 $\delta^{13}C$ 值（－63.6‰～－43.2‰），据此可判断该样品中的三氯乙烯并非工业产品。亦有研究测定了美国马萨诸塞州动物组织中的部分 PCB 单体碳同位素以及试剂 Aroclor1242、1254、1260 和 1262 的单体碳同位素组成，结果暗示单体碳同位素有潜力示踪污染物 PCB 在环境中的迁移转化（Yanik et al.，2003）。此外，有机单体碳同位素技术还帮助识别原油开采导致的污染（Ahad et al.，2015；Suneel et al.，2015）等。

基于同位素数据对人为产生有机化合物进行来源辨识的一个前提就是研究者需整体把握所有潜在的来源数值。然而，许多环境影响的研究并未给出参比化合物的同位素数据，相反地，还会作为污染物被添加到商业化学品相关的同位素数据库中。尽管获取这样一个公开资源的数据库将十分有用，但获取庞大的数据具有较大的困难。这里，需要将讨论范围限制在某些选择性的研究领域，即针对工业产品中单体有机化合物进行同位素组成的特定研究。表 6-1 收集了绝大多数挥发和半挥发卤代化合物的研究结果。造成商品同位素信号差异的原因可能是前体物质的同位素组分或合成工艺中产生的同位素分馏。已有研究结果证实：对于一些含氯溶剂来说，同位素分析可以区分不同的生产商（Warmerdam et al.，1995；Beneteau et al.，1999；Jendrzejewski et al.，2001），特别是通过双元同位素信息的使用。Beneteau 等（1999）研究了 4 年前 Warmerdam 等（1995）使用的源于同一制造商的相同含氯溶剂，区别只是样品批次的不同。在不同批次样品间，碳稳定同位素比值相差高达 4.4‰，而氯稳定同位素比值相差 2.5‰。如此大的差异很容易被误解为是不同生产商的证据。

表 6-1　工业产品环境相关污染物的同位素分布范围概述

化合物	同位素	同位素范围/‰	制造商数量/来源	参考文献
TCE、PCE、1,1,1-TCA、二氯甲烷(DCM)、CF	C	−57.1～−24.1	4	Jendrzejewski et al.,2001
	Cl	−2.7～+3.4		
	H	459～692(TCE) −23.1～+22.2(TCA)		
DCE,TCE,PCE	Cl	−3.2～+5.9	6	Shouakar-Stash et al.,2006
PCBs	C	−28.6～−18.9	14 个商品混合物	Jarman et al.,1998
PCBs	C	−33.1～−14.5	4 个 Aroclor	Yanik et al.,2003
PCBs	C	−34.4～−22.0	18 个商品混合物	Horii et al.,2005
PCBs	Cl	−3.5～−1.3	3 个商品混合物	Mandalakis et al.,2008
31 个氯代有机农药	C	−38.2～−22.9	9	Drenzek et al.,2002
	H	−352～−1.0		
DDT	Cl	−5.4～−3.5	3	Vetter et al.,2006
17 个聚溴联苯醚(BDEs)	C	−34.4～−26.7	1	Holmstrand et al.,2007
BTEX	C	−28.6～−26.0	3	Vetter et al.,2008
BTEX	C	−29.4～−23.9	最多达 6 家	Dempster et al.,1997
苯	C	−27.9～−24.9	3(4)批次	Harrington et al.,1999
	H	−94.9～−24.9		
MTBE	C	−30.7～−28.8	3	Hunkeler et al.,2001
	H	−56.8～−36.9		
MTBE	C	−33.0～−27.4	源于汽油样品和 MTBE 源区污染羽	Smallwood et al.,2001
MTBE	C	−28.8～−27.6	4	O'Sullivan et al.,2008
	H	−103.0～−60.8		
19 个汽油成分	C	−34.4～−16.4	全球 28 个汽油样品	O'Sullivan et al.,2008

注：大多数数据通过离线程序或 EA-IRMS 获取（迈克·约赫曼 等，2018）。

第二节 水体污染物的稳定同位素示踪研究

一、地下水中氮化物源的识别

据资料显示，北京 95%以上的居民饮用地下水，地下水一旦受到污染，后果不堪设想（宋秀杰 等，1999）。地下水污染来源主要有工业废物（废水、废渣、废气）、城市和乡镇居民排放的生活污水、大量施用化肥和农药、土地填埋污染、燃料和石油的泄漏以及地质环境造成的地下水污染。硝酸盐污染容易引起高铁血红蛋白血症，导致食管癌等（罗玉芳，2001）；工业废水中的砷污染会引起人中毒，并可以致癌；氟化物污染引起“氟骨症”“氟斑牙”等；六价铬污染引起农作物减产，使幼苗发育受阻等（宋国慧 等，2001）。

基于不同来源的硝酸盐有不同的氮同位素组成和含氮物质间的分馏机理（Kohl et al.，1971），用 $\delta^{15}N$ 研究了地下水中硝酸盐的污染。Mariotti 等（1977）率先提出以 $\delta^{15}N$ 作为示踪硝酸盐中氮来源的示踪剂，地下水中 NH_4^+ 的来源不同，$\delta^{15}N$ 值也有一定差异（Fogg et al.，1998；Panno et al.，2001）。根据这一原理，通过测定水样中 NO_3^- 中 N 的 $\delta^{15}N$ 值，结合其他手段和数据，可以初步推测地下水中硝酸盐污染的主要来源（金赞芳 等，2004）。但必须指出这一方法还有不少缺陷。例如水体中的反硝化作用可使残留的 NO_3^- 富集 ^{15}N，使产物的 ^{15}N 减少，从而使 NO_3^- 中 N 的 $\delta^{15}N$ 值增高（Xing et al.，2002；张翠云 等，2003），制约了这一方法判断氮来源的准确性。硝酸盐 $\delta^{18}O$ 同位素在某些情况下可以弥补氮同位素组成无显著差别的不足，更有效地识别反硝化作用（张翠云 等，2003）。因此，在分析硝酸盐的源汇时，大多同时测定硝酸盐中 $\delta^{15}N$ 和 $\delta^{18}O$（Wassenaar，1995；朱琳 等，2003）。

稳定同位素在地下水环境中不受外界条件影响，且具有指纹特征，可以方便地确定地下水污染的来源，从而显示出其在地下水污染源追踪方面的优越性，在地下水污染治理方面有良好的应用前景。下面以氢、氧等稳定同位素为例来说明稳定同位素在地下水污染物的监测、污染与防治中的应用。

二、不同水体之间的污染物迁移

由于地表水流及水体的水面暴露在大气中，蒸发作用明显，因此地表水中的 D 和 $\delta^{18}O$ 含量总是高于大气降水和地下水。这样就可根据水中的 δD 及 $\delta^{18}O$ 值以及 δD-$\delta^{18}O$ 图上的斜率来判断它们之间是否存在水力联系。因为在通常情况下的降水直线为 $\delta D=8\delta^{18}O+10$，如果降水转为地表水并经过蒸发后，其直线斜率会发生变化。有学者曾利用同位素对莱州湾海水入侵的成因和变化发展做了研究。结果表明，莱州湾西部的广饶地区属于卤水（古海水）入侵区，该区地下水变咸是由地下水超量开采导致地下水位降低，使地下卤水入侵所致；莱州湾东部的龙口地区属于现代海水入侵区；莱州地区则既存在海水入侵又存在卤水入侵（潘曙兰 等，1997）。

如果地下水有几种不同地区的降水补给来源，而且在不同地区形成这些降水的蒸发凝结条件也各不相同，那么在不同地区降水来源的 δD-$\delta^{18}O$ 图上的直线就会出现不同的斜率和截距，据此可以判断地下水的补给来源。如太原地区大气降水线（MWL）为 $\delta D=7.6\delta^{18}O+10$；汾河水的氢、氧同位素平均值分别为 $\delta D=-62.3‰\pm2.8‰$，$\delta^{18}O=-8.32‰\pm0.4‰$；西山岩溶水的 δD 和 $\delta^{18}O$ 之间的线性关系方程为 $\delta D=5.56\delta^{18}O-16.1$。可见，西山岩溶水中混入了具有强烈蒸发作用的汾河水及浅层水，它与汾河渗漏水及上覆石炭、二叠系裂隙水有明显的水力联系。利用这一原理，可以进行地下水污染源的追踪。地下水源如果遭到地表污水的影响，地下水与地表水的 δD 和 $\delta^{18}O$ 会存在一定的联系，就可以利用稳定同位素方法判定该地下水与地表水之间的水力联系，确定污水的地表来源（沈照理，1983）。用同位素法确定各种污水来源的混合比例时，必须具备 3 个基本条件：①参加混合的两种以上的 D 或 ^{18}O 含量必须存在明显差异；②同位素含量必须在时间上保持稳定；③水的同位素成分不因与含水层岩石相互作用而发生改变。

三、近海水体污染物迁移

近海水域和河口地区是地球上 N 富集最严重的地区之一，水体富营养化是导致生长快速的海洋藻类急剧增殖、扩散的一个原因。许多研究表明，藻类 ^{15}N 能作为溶解无机氮（DIN）输入水域生态系统的指示剂。Teichberg 等（2009）在温带和热带海域利用赤潮藻类——石莼，研究 N、P 元素（两个主要的潜在生长限制营养元素）和不同 N 浓度对藻类生长的影响。研究人员在 7 个海岸体系中开展 N 和 P 富集实验，由于其中一个海岸体系包括 3 个不同河口区，所以共计 9 个实验位点。实验结果表明，石莼的生长率与年均 DIN 浓度直接相关，并随着 DIN 浓度的增加而增加。藻体 N 库还与 DIN 输入的增加有关，且藻类生长率与其体内 N 库密切相关。藻类 $\delta^{15}N$ 随着 DIN 增加而升高说明 DIN 的增加与这些近海水域废水输入增加有关。N 和 P 富集实验表明，当藻类周围 DIN 浓度低的时候，藻类生长率受到 DIN 供给的调控，当周围 DIN 浓度较高的时候受到 P 的调控，而与纬度和地理位置无关。Teichberg 等建议了解藻类赤潮的基本原理及对有害现象进行管理，需要确定营养源信息并开展实际行动去降低近海水域 N 和 P 的输入。

由于城市污水和水产养殖业排放污水对近海环境影响的日益加剧，导致分布于近海环境中的海草床有不断退化的迹象（Kang et al.，1999）。目前，对水体营养程度的监测一般采用传统的物理化学方法，监测项目通常为氮盐（铵盐、硝酸盐、亚硝酸盐）、活性磷酸盐、盐度、浮游植物的生物量等（Pennisi，1997）。但是传统的监测方法很多时候并不奏效，因为河口海湾处的营养盐受到潮流、水流运动的影响，同时浮游藻类和大型水生植物对营养盐的快速吸收也会影响到监测的有效性和准确性（Barile，2004）。另外，由于海草对人为因素引起的水质变化相当敏感（Cloern，2001），在海草床水域中，即使是很微小的 DIN 增量（$\Delta DIN\geqslant1.0\mu mol/L$）也会改变水体中的藻类优势种，从而使海草床遭受严重的破坏，而传统的监测方法并不能对这样小的增量做出有效的判断（Gartner et al.，2002）。因此，寻找一种对氮源敏感的指示方法作为预防人为排污而破坏海草床的有效手段是十分必要的。

氮稳定同位素分析在环境监测中有着独特的作用，通过分析海草 $\delta^{15}N$ 值能有效揭示地下水和污水对近岸海域的影响（Holmer et al.，2003）。海草的 $\delta^{15}N$ 值有效地反映了海草对外界氮源利用的时间综合尺度，而不仅仅是反映水体中瞬时的无机氮浓度，因此，即使氮浓度增量很微弱，甚至不足以对水体中的浮游藻类产生任何可观察到的影响，$\delta^{15}N$ 值仍然能有效地指示水体中氮源的增加（McClelland et al.，1997）。对海草 $\delta^{15}N$ 值的分析，弥补了传统方法无法有效监测水体中导致海草床退化的 N 微小增量的缺陷（Yamamuro et al.，2004）。海草 $\delta^{15}N$ 值还能够作为海洋中陆源污染物分布的示踪剂，这是因为不同污染源的硝酸盐有不同的 $\delta^{15}N$ 值，例如来源于大气沉降的地下水中硝酸盐的 $\delta^{15}N$ 值为 2‰～8‰（McClelland et al.，1997），污水的 $\delta^{15}N$ 值一般为 10‰（Costanzo et al.，2001），而来源于人类和动物排泄物的地下水硝酸盐的 $\delta^{15}N$ 值一般为 10‰～20‰，这样的高值主要是这些废物的早期分解，导致富含 ^{14}N 的氨流失（McClelland et al.，1997）。相反，人工合成的化学肥料的 ^{15}N 则是比较贫化的，它们的 $\delta^{15}N$ 范围是－3‰～3‰（Raven et al.，2002）。研究显示，在没有受到人为排污影响的天然水体中，海草中的 N 通常是通过固氮作用而获得的，生长在这种环境中的海草的 $\delta^{15}N$ 值一般为－2‰～0‰（Wada et al.，1990）。而当有污水排放到近岸海域时通常会导致海草 $\delta^{15}N$ 值的增加，因为海草的 $\delta^{15}N$ 值跟它利用的 DIN 有直接的联系（Udy et al.，1997）。

四、流域内污染物迁移过程

流域地表的物理和生物地球化学过程具有独特的同位素信息，在开展关于量化和减少人类活动对流域生态系统影响方面的监测和评估项目中，同位素技术是一种潜在的强有力的辅助工具，尤其是在对大河流域、湿地和大气中各种污染的源汇追踪方面，稳定同位素技术极为有效（Kendall et al.，2008）。图 6-2 显示了水域中主要的生物地球化学过程是如何影响 DIC 的 $\delta^{13}C$、硝酸盐的 $\delta^{15}N$、藻类的 $\delta^{13}C$ 和 $\delta^{15}N$ 以及悬浮颗粒有机物（POM）的 $\delta^{13}C$ 和 $\delta^{15}N$（Kendall et al.，2010）的。例如，藻类在生长过程中会同化（吸收）C 和 N，使残余溶解物中的 $\delta^{13}C$ 和 $\delta^{15}N$ 逐渐累积升高。因此，河流中的水华很可能会形成一个同位素的热点，在该点可观测溶解物和藻类的 $\delta^{13}C$ 和 $\delta^{15}N$。有研究发现，美国大河流中很大比例的 POM 来源于水体的初级生产者（Volkmar et al.，2006），分析收集 POM 样品的 $\delta^{13}C$ 和 $\delta^{15}N$ 是确定水华位点的一种简单方法。

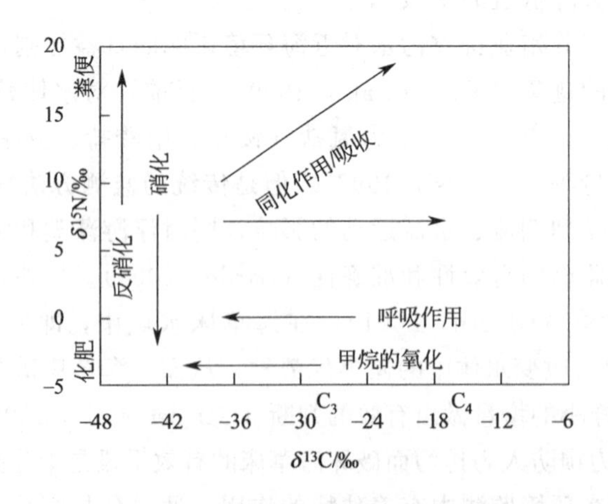

图 6-2 控制水体中 DIC 的 $\delta^{13}C$、硝酸盐的 $\delta^{15}N$、水生植物的 $\delta^{13}C$、$\delta^{15}N$ 和 POM 的 $\delta^{13}C$、$\delta^{15}N$ 在主要生物地球化学过程中的概念模型（Kendall et al.，2010）

一般情况下，由于 NO_3^- 来源和循环的变化，大河流域、湿地和大气中 NO_3^- 浓度和 $\delta^{15}N$ 的纵向梯度导致藻类 $\delta^{15}N$ 的空间分布也具有类似格局。水体中 $\delta^{15}N$、NO_3^- 和 POM 纵向梯度突然改变的可能原因包括人为影响（如化肥、动物排泄物、发电厂排放物）、近海区域影响（如潮汐引起的营养物质交换）、氧化还原反应（如反硝化，铵态氮的硝化）及藻类对硝酸盐的吸收利用。尤其是硝酸盐、藻类、POM 和生物群落的 $\delta^{15}N$ 可能受到城区污水处理厂排放的污水、密集动物饲养作业和耕地区农田径流的影响。

第三节
土壤中多环芳烃等有机污染物的同位素溯源

多环芳烃（PAHs）化合物碳稳定同位素组成与其产生源、形成方式有密切关系。O'Malley 等（1997）研究认为，C_3 植物燃烧产物中 PAHs 的 $\delta^{13}C$ 值在 −28.8‰～−28.0‰ 范围内，而 C_4 植物燃烧释放 PAHs 的 $\delta^{13}C$ 值要大得多，介于 −17.1‰～−15.8‰。化石燃料来源（包括燃烧产物和直接输入）的 PAHs，其 $\delta^{13}C$ 值为 −32.0‰～−24.0‰。例如，我国大庆油田和环渤海湾各油田原油芳烃馏分的 $\delta^{13}C$ 值分别为 −29.5‰ 和 −26.8‰～−25.6‰（田克勤 等，2000；王大锐，2000），烃类生物降解产生的 PAHs 碳稳定同位素较轻，$\delta^{13}C$ 值为 −62‰～−31‰（McRae et al.，2000a）。Okuda 等（2002a）曾报道，从汽油车和柴油车尾气中抽提出的 PAHs 富集重碳同位素，$\delta^{13}C$ 值为 −26.6‰～−12.9‰，而木材燃烧烟中 PAHs 相对富集轻碳同位素，$\delta^{13}C$ 值为 −31.6‰～−26.8‰。硫化床燃煤后，得到的 PAHs 碳同位素组成变化范围较小（$\delta^{13}C$ 值为 −31‰～−25‰）（McRae et al.，2000a）。因此，环境中的 PAHs 污染物往往可能有多种不同污染源的输入，PAHs 单体化合物的碳稳定同位素组成分析是示踪污染源的一种有效手段。例如，苑金鹏等（2005）利用天津市不同功能区土壤中多环芳烃的碳稳定同位素组成特征，发现化石燃料燃烧产物的干/湿沉降是土壤 PAHs 的最主要来源之一，其他可能的来源有污水携带的油污、农作物茎秆及薪柴不完全燃烧的产物等。

Hu 等（2010）还利用氮稳定同位素技术发现多溴联苯醚（PBDEs）在河北白洋淀淡水生态系统中的不同生物体内有不同程度的积累，而且通过食物链传递具有生物放大效应。他们的研究成果对全面系统了解新型持久性有机污染物（POPs）的特性及其综合管理具有重要意义。PBDEs 是一类环境中广泛存在的全球性有机污染物，由于其具有环境持久性、远距离传输性、生物可累积性及对生物和人体具有毒害效应等特性，对其环境问题的研究已成为当前环境科学的一大热点。已有的研究资料主要集中在 PBDEs 的环境行为研究方面，而关于这类化合物在淡水生态系统中水生生物体内生物积累的研究资料有限，并且与通过食物链传递产生生物放大效应的研究结果并不一致。针对上述问题，Hu 等（2010）以白洋淀生态系统为研究对象，开展处于不同营养级水生生物体内 PBDEs 的积累放大研究。结果显示，PBDEs 能在浮游动物、底栖动物、甲壳动物、鱼类及水禽组织中不同程度积累。白洋淀水生生物体内 PBDEs 的含量和利用氮（$\delta^{15}N$）稳定同位素估算的营养级之间显著相关。

稳定同位素技术在追踪水体污染物、土壤有机与无机污染物等污染生态学研究方面已显示出传统方法不具备的优势，从新的角度揭示了不同污染物在自然界的转移和转化过程，从机理层面阐明了各类污染物对生物生理或生态的影响，可为有效降低环境污染对人类健康、生物种群以及生态系统的负面影响提供科学依据。

第四节 大气污染物的稳定同位素示踪研究

随着经济活动和生产的迅速发展，人类在大量消耗能源的同时，也将大量的废气、烟尘物质排放到大气中，严重影响了大气环境的质量，对生态系统与人类正常生存和发展造成严重危害。追踪这些污染物的来龙去脉一直是污染生态学研究的重点。稳定同位素作为生物监测指示剂，在确定大气污染物来源、研究大气污染对生态系统的影响中起着十分重要的作用。

硫元素以多种形态存在于大气中，包括气态硫（二氧化硫）、液态硫（溶解的硫酸盐）和固态硫（硫酸盐颗粒），它们是现代大气的组成部分。大气中的硫主要来自：①海洋产生的硫酸盐气溶胶；②人类活动产生的二氧化硫；③生物作用产生的硫化氢和二甲基硫；④火山释放出的硫化氢和二氧化硫（Shiro，1985；Ohizumi et al.，1997）。其中，人类活动产生的二氧化硫及其二次硫酸盐是最主要的污染物。在沿海地区，海洋硫也是主要污染物。目前，含硫气溶胶污染物的来源解析多是利用其化学组成，通过数学模式计算的化学-统计分析方法。这些受体模型多数停留在污染源识别上，对污染源的定量表达较差，更难以揭示含硫气溶胶污染物的形成和转化过程。运用硫同位素则可以弥补通过化学组成分析溯源时的缺陷。一般情况下，来自不同硫源的 $\delta^{34}S$ 差异较大，如不同产地煤的 $\delta^{34}S$ 可以从－30‰到＋30‰（Luther，1993），生物硫一般相对富集轻硫同位素，其 $\delta^{34}S$ 一般小于 0‰（Calhoun et al.，1991），海洋 $\delta^{34}S$ 约为 20‰（Wadleigh et al.，1994；Pichlmayer et al.，1998）。因此，通过对可能的源汇中含硫物质进行 $\delta^{34}S$ 测定就可以确定所测地区大气中硫酸盐的来源（Mast et al.，2001；Norman et al.，2006）。

一、东亚地区大气中的硫污染源

东亚地区大气硫酸盐不仅存在浓度季节性变化，其 $\delta^{34}S$ 也呈现夏季低、冬季高的特点。通过对 1996 年及 1997 年冬夏两季大气硫酸盐的测量，发现中国许多城市夏季 $\delta^{34}S$ 要比冬季低 1‰～3‰（Mukai et al.，2001）。日本一些城市冬夏两季大气硫酸盐的 $\delta^{34}S$ 最大差值可达到 11.4‰（Ohizumi et al.，1997）。燃煤是中国使用的主要能源之一，这些煤的 $\delta^{34}S$ 大多高于 0‰，全国的平均 $\delta^{34}S$ 值为 6.9‰（Ohizumi et al.，1997）。冬季是传统的采暖季节，中国大部分地区尤其是北方普遍采用燃煤来取暖，从而造成冬季北方地区大气中含硫物质 $\delta^{34}S$ 偏高（Mukai et al.，2001）。日本使用石油的 $\delta^{34}S$ 约为－1‰（Maruyama et al.，2000）。Toyama 等（2013）通过与气溶胶 $\delta^{34}S$ 比较，认为石油燃烧是日本夏季的主要硫源。韩国大气沉降的$\delta^{34}S$值也显示出韩国大气沉降的硫酸盐主要源于本国石油燃烧（Mukai et al.，2001）。因此，东亚地区大气中的硫同位素与本地区所使用的煤、石油等化石能源有关，并表现出明显的季节性差异。

二、欧洲地区大气中的主要硫污染源

与东亚地区相似，欧洲地区大气气溶胶也存在季节性变化，但同东亚地区的夏低冬高相比，欧洲部分区域夏季空气中硫普遍要高于冬季，这一现象依然归结于化石能源的使用。欧洲地区所使用的煤具有较低的$\delta^{34}S$（Novak et al.，2001）。冬季，人们大规模的燃煤采暖，使得煤炭中低$\delta^{34}S$的硫进入空气，降低了大气中硫的$\delta^{34}S$值水平。夏季由于缺少大规模的燃煤采暖，大气污染物显现出重硫同位素的特征。通过对阿尔卑斯山上常年积雪的$\delta^{34}S$测定发现，工业化之前欧洲大气沉降中$\delta^{34}S$高达11.5‰（Pichlmayer et al.，1998），而现在西班牙夏季降水的$\delta^{34}S$本底值只有7.2‰（Otero et al.，2002），说明即使在相对干净的地区，人为活动对大气环境也已造成明显影响。

由于SO_2容易被氧化，其在大气中的停留时间只有几天（Wojcik et al.，1997），因此它反映的是小范围区域硫污染情况。通过测量大气中SO_2的$\delta^{34}S$就可以判断出当地的硫污染源，且很少受邻近地区干扰物质的影响（Torfs et al.，1997）。硫同位素溯源是建立在从源头到样品的过程中不发生硫同位素分馏的基础上，而SO_2的氧化过程一般都会有硫同位素分馏效应（均相反应使$\delta^{34}S$下降，异相反应使$\delta^{34}S$升高）（Saltzman et al.，1983）。因此，当经由SO_2氧化生成的硫酸盐占多数时，$\delta^{34}S$就不能直观指示出污染源。相对于SO_2，硫酸盐在大气中的停留时间较长，它所体现的是相对广阔的区域污染源特征。因此，在研究硫酸盐的同位素组成时要考虑硫的远距离传输。例如，在意大利Bologna地区的大气中来自地中海远程输送的硫酸盐总会占有一定比例（Panettiere et al.，2000）。从20世纪末开始，欧洲各国的发电厂都陆续安装了除硫设备（Bridges et al.，2002），这一举措对降低大气中硫酸盐浓度起到了立竿见影的效果（Zimmermann et al.，2006），但气溶胶和河流中的$\delta^{34}S$并没有大的变化。Tichomirowa等（2007）认为气溶胶的S相对稳定可能是多重硫源叠加的结果，而文献中把河流$\delta^{34}S$的相对稳定归结为土壤对硫酸盐的吸附性（Moldan et al.，2004）。

第五节
卤代烃污染物的稳定同位素示踪研究

原油和精制产品中正构烷烃馏分的化学指纹结合单个同系物中碳的同位素表征已成功用于分配沉积物污染源（Rogers et al.，1999）和鸟羽油（Mansuy et al.，1997；Mazeas et al.，2002）。Pond等（2002）建议优先使用较长链烷烃（n-C_{19}至n-C_{27}）的氢同位素组成进行源识别，因为原油组分中氢的同位素特征与碳相比变化更大，并且在风化过程中几乎没有变化。然而，到目前为止尚未报道基于氢同位素数据源分配的应用。

不仅高分子量物质可用来进行来源示踪，一些较低碳数的有机化合物如正构烷烃、甲基叔丁基醚也被用于污染物的来源示踪（彭林 等，1998；成玉 等，1998）。彭林等（1998）利用正构烷烃的单化合物稳定碳同位素组成研究了兰州大气环境中飘尘、烟尘和尾气排放物中正构烷烃单分子碳同位素组成特征及分布规律，结合化石燃料（石油和煤）的分析得出工业区大气污染主要为燃油源，市区内取暖期燃煤源输入率高，非取暖期主要来自燃油源，以汽车尾气为主。其中兰州市大气污染物中燃油源占60%以上，这与用石油作为主要能源所造成的大气环境污染密切相关。

早在1995年，van Warmerdam 等（1995）就探究了4个不同制造商生产的氯代有机溶剂 PCE（perchloroethylene）、TCE（trichloroethylene）及 TCA（trichloroacetic acid）的氯、碳同位素特征，发现不同制造商的产品之间 TCE 的 $\delta^{37}Cl$ 值相差较大，TCA 和 TCE 的 $\delta^{37}Cl$ 值相差较小，而3种不同类型溶剂之间 $\delta^{13}C$ 值虽然差异不大，但仍可进行区分。据此他们认为，由于不同制造商的产品及不同溶剂类型之间具有不同的 $\delta^{37}Cl$ 和 $\delta^{13}C$ 值，因而可根据化合物中特定的 $\delta^{37}Cl$ 和 $\delta^{13}C$ 值来区分其来源。Hunkeler 等（2012）对从森林土壤中收集的气体和地下水样品中的三氯乙烯的 $\delta^{13}C$ 值进行测定，发现两者的 $\delta^{13}C$ 值范围为－26.2‰～－22.8‰，该变化范围在土壤有机质 $\delta^{13}C$ 值（－28.2‰～－22.6‰）的变化范围内，但高于工业三氯乙烯的 $\delta^{13}C$ 值（－63.6‰～－43.2‰），据此可判断该样品中的三氯乙烯并非工业产品。Henry 等（2006）利用单体氯稳定同位素分析技术，与放射性碳及黑炭分析技术相结合，研究了高聚物中多氯代二苯并-对-二噁英（polychlorinated dibenzo-*p*-dioxins，PCDDs）的起源，发现 $\delta^{37}Cl$ 值（－0.2‰）远高于由氯化物、过氧化物、酶生物氯化后所得 $\delta^{37}Cl$ 值（－11‰～－10‰），但在已知的非生物氯 $\delta^{37}Cl$ 值范围（－6‰～3‰）内，由此推出该高聚物中的 PCDDs 来源于自然非生物而非人为污染。

工业活动，如金属清除油渍或者衣服干洗过程中所排放的氯代烃，是局部范围内最丰富的人为污染物。过去15年的大量工作是围绕这些化合物转化过程中的自然衰减和同位素分馏开展的，而令人吃惊的是，关于工业区域潜在排放源的分布情况却很少见公开报道。Hunkeler 等（2004）调查了一个干洗地点的四氯乙烯排放情况，并假设有大量羽毛和不同浓度等因素导致的其他来源。根据四氯乙烯中碳元素明显不同的同位素特征，可以确定至少存在3种不同来源的四氯乙烯。由于地下蓄水层中的有氧条件，四氯乙烯不会发生降解行为，而且，其来源特征可以在超过200m的水流距离中得以保存。尽管存在部分降解行为，Eberts 等（2008）证实了采用类似方法可以辨别出之前某生产基地地下水中三氯乙烯的来源。三氯乙烯的碳同位素数据、主要降解产物可以和其他许多证据一起，用来纠正原先的待选地址方案，该方案揭示了一种独特的三氯乙烯来源，以及随后将该纯相化合物以重非水相液体（dense non-aqueous phase liquid，DNAPL）方式运输到受不同影响的地下蓄水层区域。借助于所有产品的同位素质量平衡，可以推断出四氯乙烯很可能是地下蓄水层中某个区域最有可能的污染来源，而工业三氯乙烯则是另一个区域的污染来源。Blessing 等（2009）研究了一片更为复杂的区域，该区域含有来自先前多个工业用途产生的四氯乙烯，通过垂直断层由液压连接的一些裂隙基岩蓄水层的水流，以及不同的地球化学条件。尽管地下蓄水层中有毒区域的四氯乙烯会发生降解（以锰溶解浓度等值线为代表），仍然可以描绘出至少6种不同的四氯乙烯污染物来源，其中有些在以前并不认为会排放。与之前区域讨论相似的是，来源描绘的结论只能通过四氯乙烯稳定同位素及降解产物和其他数据组合获得，包括历史、水力、地质化学和浓度等数据。图 6-3 描绘了地址的最终选择方案（彩图见书后）。

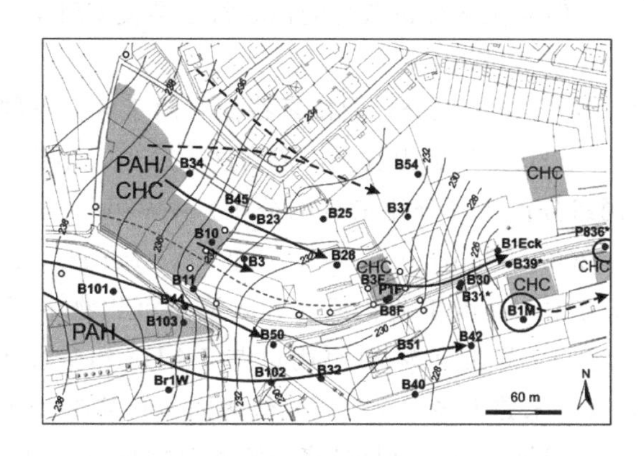

图 6-3　在复杂水文地质和地球化学条件下的多用途工业地点（描绘至少 6 种不同来源的四氯乙烯）（Blessing et al.，2009）

第六节
多环芳烃同位素溯源研究

多环芳烃（PAHs）是一类随处可见的环境污染物，广泛分布在人为源和自然源中。由于它们与毒性高度相关，因此成为环境化学领域中被研究最多的物质之一。环境中PAHs 的主要来源是石油源和热解燃烧源。石油源是有机物质在适合温度和压力条件下，经漫长年代缓慢成熟而形成的，热解燃烧源是近代化石有机物质不完全燃烧产生的（Walker et al.，2005）。在区域尺度上，利用 δ^{13}C 分析对大气和沉积物中的多环芳烃（PAHs）的源分配进行了深入研究。有趣的是，迄今尚未报道单个 PAHs 的 δ^{2}H 分析。通过浓度测量和来自伊利湖沉积物中各个 PAHs 的 δ^{13}C 同位素分析的组合，可以区分不同污染历史的三个区域。此外，可以证明 PAHs 的主要注入途径是河流输入（Smirnov et al.，1998）。

在一项研究中，各种 PAHs 来源在圣劳伦斯河沿岸的沉积物中得到了区分。例如，在一个区域中发现来自铝冶炼的三环 PAHs 的 δ^{13}C 值非常高（Stark et al.，2003）。McRae 等（1999，2006）表明，甚至可以将在不同热转化过程（燃烧、热解、气化）中释放的煤中的 PAHs 与得到的 δ^{13}C 值联系起来，并且这些同位素组成在土壤中是稳定的。在拉文纳附近的泻湖沉积物中，根据同位素极轻的多环芳烃（δ^{13}C＝－62‰～－31‰）可知，污染源主要来自使用生物甲烷（δ^{13}C＝－73‰～－69‰）作为原料而不是使用^{13}C 含量高得多的石油原料进行生产的化工厂（McRae et al.，2000a）。

通过使用指纹图谱和单个化合物的 δ^{13}C 分析，可以区分由自然燃烧过程产生的大气颗粒中的多环芳烃与各种人为燃烧过程产生的多环芳烃（Norman et al.，1999；Okuda et al.，2002b）。在中国城市地区，PAHs $\delta^{13}C$ 分析成功用于识别汽车尾气或煤炭燃烧为主要PAHs来源（Okuda et al.，2002a）。相比之下，PAHs指纹识别没有产生相同的信息。许多研究表明，必须结合化学指纹技术和化合物特异性同位素分析。通常情况下，CSIA和指纹识别都不能确定源分配，但同位素分析获得的信息肯定会使CSIA在未来的源分配调查中不可或缺。

PAHs（包括全样品和特定单体成分）同位素特征有助于区分不同的污染源。与石油源比较，热解燃烧源的同种PAHs ^{13}C 更为贫化，依据这一原理，多数情况下再结合其他源解析信息（如PAHs中不同组分占比百分比信息的分析）（Walker et al.，2005；Omalley et al.，1996；Stark et al.，2003；Smirnov et al.，1998；Yan et al.，2006）可以辨别不同的污染来源。在更深入的研究中，高度工业化河流和入河口沉积物中不同来源的PAHs的同位素特征也得以明晰。此外，煤的运输和使用也与PAHs污染物有关（Walker et al.，2005）。港口沉积物中PAHs来源更多的是热解燃烧源而非石油源（Omalley et al.，1994），甚至可以解析出不同时期沉积物中石油源与燃烧裂解源PAHs的贡献比例变化记录（Yan et al.，2006）。在该研究中，芘被用来作为最终混合组分，其 $\delta^{13}C$ 明确标记为纯石油源（−24‰）及纯热解燃烧源（−29‰）。假定只有这两种来源，通过简单的物质平衡就可以计算出这两种来源对总PAHs的贡献比例。

1999年，Mazeas等（2002）利用正构烷烃和PAHs的同位素信息来研究法国大西洋海岸重大油轮泄漏事件中的原油来源。在强有力的数据支持下，他们可以证实在南海岸一些海滩上的滞留焦油球团并不是来源于这次油轮泄漏，而是来源于其他情况。此外，他们还得出结论：单一化合物中的同位素组成受时间的影响很小。因此，即使受天气原因影响，化合物的分子量分布已经发生了变化，但仍可进行来源辨别。

Zhang等（2020；2009b）收集了中国东海地表沉积物并确定了其中PAHs的C、H同位素特征，基于双同位素方法定量确定了PAHs源分配。结果表明，煤燃烧是东海地表沉积物中PAHs的主要来源，但其他来源（即生物质燃烧、液体矿物燃料燃烧和石油源）也在东海中观察到（图6-4，彩图见书后）。

Peng等（2006）确定了中国两个城市空气中PAHs的碳同位素值，并发现了一些差异，特别是高分子量PAHs。还分析了一些来源样本，例如煤燃烧产生的烟尘或汽油汽车尾气或柴油汽车尾气。两个城市之间三角洲值的差异是汽车和燃煤对PAHs排放量的贡献差异导致的。

正如预想的一样，交通排放的PAHs是热解燃烧源产生的，因此，与来自石油源的PAHs相比，具有更加贫乏的 $\delta^{13}C$ 值。在汽油尾气中，$\delta^{13}C$ 的典型分布范围是−23.5‰～−18.6‰，而柴油尾气中的一般数值范围是−24‰～−23‰。而且，对这两种来源而言，一个清晰的趋势是随着分子量的增加，观察到更少的 ^{13}C 盈亏成分；相反地，对于来源于 C_3 木头燃烧产生的空气颗粒，其典型的 $\delta^{13}C$ 数值是−28‰，而且没有观察到随分子量变化的上述趋势（Okuda et al.，2002a；Okuda et al.，2002b；O'Malley et al.，1997）。一个完全相反的趋势来自流化床热解煤——随着分子量的增加，观察到的 ^{13}C 盈亏成分更多，这主要归结于环缩合反应中的KIE，从而产生更多的PAHs（McRae et al.，1998）。相反地，煤的加氢热解即被认为是维持煤结构的主要方式，却没有证据表明与分子量有关的趋势，或者也

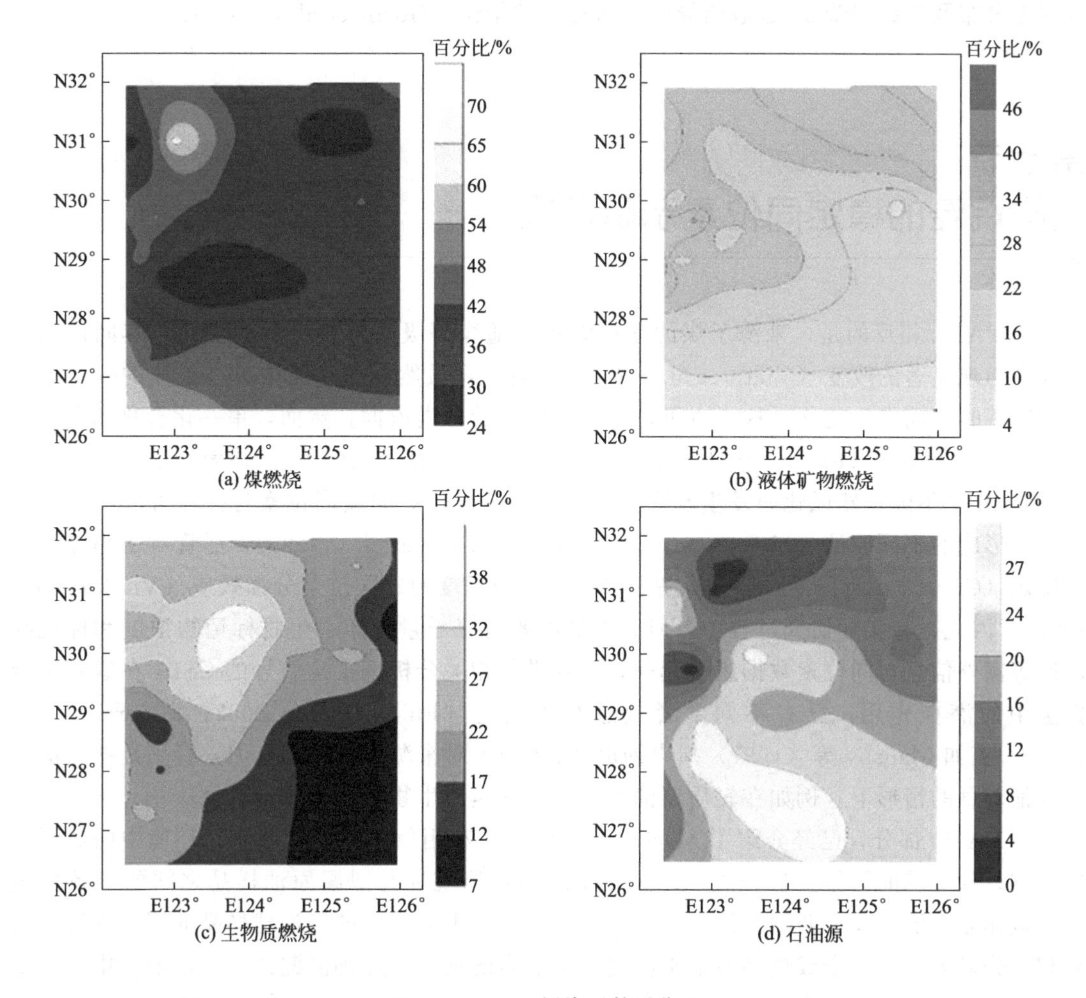

图 6-4 PAHs 污染贡献百分比

未观察到流化床热解煤的相关趋势（McRae et al.，1999）。基于这些考虑，并结合对大气颗粒中 PAHs 的进一步测量，Okuda 等（2002a）得以排除 1997 年印度尼西亚的一场森林火灾是造成邻国空气雾霾的主要原因。Zhang 等（2009a）的研究表明，应用单一 PAH 的同位素分析可以区别出两种常见的室内污染物来源，即烹饪油烟和环境烟气，源于这两种来源 PAHs 的碳同位素数值范围是－29.3‰～－21.8‰。

应用 PAHs 同位素特征进行来源解析的一个话题是辨别近代生物源和热解燃烧源中不同的 PAHs，尤其是土壤和沉积物中的二萘嵌苯。Silliman 等（2000）报道了在海洋和湖泊沉积物中不同寻常的浓度分布曲线，特别是在较浅区域典型有机物的消耗。他们通过比较二萘嵌苯和平均总有机碳同位素之间的差异，证明了这种假设，即生物（微生物）过程是二萘嵌苯成岩作用的成因。热带土壤和白蚁巢穴样品中的二萘嵌苯，与温带土壤中的二萘嵌苯及经热解燃烧产生污染沉积物中的 PAHs 相比，发现亏损更多的^{13}C。结合其他支撑性数据，可以部分归因于 C_3 植物近期产生二萘嵌苯的生化过程。相反地，对于萘，虽然也能观测到不同寻常的浓度分布，却无明显的同位素差异（Wilcke et al.，2002）。最近，已有一些初步证据表明温带下层土壤中存在着特定二萘嵌苯生物反应过程，这是依据二萘嵌苯和 PAHs

的浓度分布及二萘嵌苯 $\delta^{13}C$ 数值异常低所得出的结论（Gocht et al.，2007）。

第七节
正构烷烃的稳定同位素示踪研究

与PAHs相反的是，来源于煤的正构烷烃，随煤等级或转换机制的变化，其同位素组成并未出现显著的改变（Vieth et al.，2006）。而且，虽然石油产品中单一组分的分子量分布会随着时间而发生变化，这一点可作为降解状态的分类依据，然而，单一化合物的同位素组成，无论是碳（Hough et al.，2006；Mansuy et al.，1997）还是氢（Pond et al.，2002），几乎不随自然风化而发生改变。通过单一正构烷烃的碳同位素特征，可以区分不同条件下形成的不同原油（Mansuy et al.，1997；Dowling et al.，1995），尽管对于小分子正构烷烃（C_4～C_9）而言，因部分降解可能存在相当程度的碳同位素分馏效应（Vieth et al.，2006），因此，在实际研究过程中，研究人员需要将分子量分布、生物标记物浓度和标记物比值等额外信息与同位素数据组合起来，一并进行相关分析。正构烷烃的CSIA在这些组合方法中的潜在作用，已有不同学者做过有关论述（Philp et al.，2002；Rogers et al.，1999）。正如Mansuy等（1997）指出的那样，CSIA对来源解析特别有用，特别是在无法获取其他信息的情形下，例如在轻质石油案例中缺乏典型生物标记物的情况。

在PAHs部分，已经介绍了Mazeas等（2002）利用稳定同位素方法在环境中的典型应用案例。除了菲的同位素特征之外，大于 C_{18} 的正构烷烃与泄漏原油样品之间的一致性很好，该样品来源于北大西洋和沾油羽毛。不过，来自不同海岸的焦油球样品的同位素特征差异却十分显著，为一个或更多原油来源提供了清晰的证据。这种泄漏油和沾油羽毛中正构烷烃同位素之间相关性的潜在应用，已经得到Mansuy等（1997）相关研究的证实。

正构烷烃和直链羧酸同样也被当作气溶胶的示踪剂，用以分辨 C_3、C_4 和景天酸代谢植物的贡献。由于光合作用途径的差异，脂肪族化合物对每一个植物种类都表现出独特的同位素特征：C_3、C_4 和景天酸代谢植物中正构烷烃的碳同位素比值分别是－39‰～－31‰、－25‰～－18‰和－27‰～－25‰。气溶胶中正构烷烃的同位素特征主要来源于 C_3 植物，而源于景天酸代谢植物的同位素特征只占少数。在某些样品中发现了石油来源烷烃的叠加作用（Simoneit，1997）。

由于氢元素的同位素分布比碳元素广泛得多，Pond等（2002）认为应该优先研究正构烷烃中氢元素的同位素特征。通过大量正构烷烃的研究，他们发现转化过程和原油来源均可利用正构烷烃氢元素的同位素特征进行评估。低分子量正构烷烃（最大至正十八烷）因降解过程伴随着大量的氢同位素分馏效应，而分子量更大的正构烷烃则显示出恒定的氢同位素数值，因此它们可作为有用的来源标记物。为研究气候过程，该研究中有意义的数据已经能在可控实验室条件下产生。但是，原油在自然环境中的风化过程是否确实存在同种差异还有待进一步证实。

第八节
双同位素示踪研究

双重同位素方法结合了碳和氢、碳和氯，或者碳和氮的同位素分析，通过确定两种或更多元素的同位素组成可以更好地区分污染源。双同位素在降解研究中的应用正变得越来越广泛，但到目前为止，其在来源解析中的应用还很少，但它在该领域的研究一定会变得更受欢迎。Coffin 等（2001）首次利用碳和氮的同位素分析辨别某军事基地地下水中的炸药三硝基甲苯的来源，尽管这是一个作为概念证明的初步数据。Mancini 等（2008）非常清晰地辨别出在一个受污染区域两种截然不同的苯的来源，同样也是结合了碳和氢的同位素分析。Zhang 等（2020）利用 C、N 双同位素分析，解析了中国东海地表沉积物中 PAHs 的源分配。

氯和溴的化合物特异性同位素分析是审查阐明环境来源和过程的技术和应用。氯化物和溴化物属于有机卤素化合物类，因其广泛存在、使用和应用而受到关注。了解环境中这些污染物的来源和转化过程可以评估它们对人类和生态系统的可能影响。最近，新的和创新的化合物特异性同位素分析方法已经开始应用于表征化合物的来源和发展，以及它们的分解产物和不同环境区室中的降解速率。几乎所有的研究都集中在确定 C 和 H 的同位素，最近才开发出新的方法来测量 Cl 和 Br 的同位素。

随着双元素同位素方法的广泛应用，针对有机污染物的同位素模型研究也取得了一系列重要的进展，并实现了污染物降解过程中的多元素（C、N、H、Cl 和 Br）同位素分馏的同步模拟。模型涵盖的主要物质包括卤代烃类污染物和手性农药。多维同位素数学模型为定量分析污染物降解过程中稳定同位素信号的演化提供了有力工具。

参考文献

白志鹏，张利文，朱坦，等，2007. 稳定同位素在环境科学研究中的应用进展［J］. 同位素，20（1）：57-64.

陈柳竹，2017. 典型多溴联苯醚单体碳溴同位素效应研究［D］. 北京：中国地质大学.

成玉，盛国英，闵育顺，等，1998. 气溶胶中正构烷烃单体化合物稳定碳同位素分布特征初步研究［J］. 环境科学，19（2）：12-15.

郭照冰，董琼元，陈天，等，2010. 硫稳定同位素对环境污染物的示踪［J］. 南京信息工程大学学报（自然科学版），2（5）：426-430.

金赞芳，王飞儿，陈英旭，等，2004. 城市地下水硝酸盐污染及其成因分析［J］. 土壤学报，41（2）：252-258.

刘慧杰，田蕴，郑天凌，2007. 稳定同位素技术在污染环境生物修复研究中的应用［J］. 应用与环境生物学报，13（3）：443-448.

刘运德，2013. Fenton-like 反应降解三氯乙烯的碳氯同位素分馏及其环境意义［D］. 北京：中国地质大学.

罗绪强，王世杰，刘秀明，2007. 稳定氮同位素在环境污染示踪中的应用进展［J］. 矿物岩石地球化学通报，26（3）：295-299.

罗玉芳，2001. 污染水及对污染致病问题的研究［J］. 地下水，23（3）：121.

马红枣，潘立刚，李安，等，2017. 单体稳定同位素分析技术在有机污染物溯源中的应用研究进展［J］. 农药学学报，19（3）：282-289.

迈克·约赫曼，2018. 特定化合物稳定同位素分析［M］. 冒德寿，译. 北京:科学出版社.
潘曙兰，马凤山，1997. 海水入侵的同位素研究［J］. 地球学报，18：310-312.
彭林，沈平，文启彬，1998. 利用正构烷烃单分子碳同位素组成对兰州大气污染源的探讨［J］. 沉积学报，16（4）：159-162.
沈照理，1983. 水文地球化学基础（一）［J］. 水文地质工程地质，10（3）：54-57.
宋国慧，史春安，2001. 铬在包气带的垂直污染机理研究［J］. 西安工程学院学报，23（2）：56-58.
宋秀杰，丁庭华，1999. 北京市地下水污染的现状及对策［J］. 环境保护，27（11）：44-47.
田克勤，于志海，2000. 渤海湾盆地下第三系深层油气地质与勘探［M］. 北京:石油工业出版社.
王大锐，2000. 油气稳定同位素地球化学［M］. 北京:石油工业出版社.
王艳红，江洪，余树全，等，2010. 硫稳定同位素技术在生态学研究中的应用［J］. 植物生态学报，34（2）：179-185.
苑金鹏，钟宁宁，吴水平，2005. 土壤中多环芳烃的稳定碳同位素特征及其对污染源示踪意义［J］. 环境科学学报，25（1）：81-85.
张翠云，钟佐，沈照理，2003. 地下水硝酸盐中氧同位素研究进展［J］. 地学前缘，10（2）：287-291.
朱琳，苏小四，2003. 地下水硝酸盐中氮、氧同位素研究现状及展望［J］. 世界地质，22（4）：396-403.
AHAD J M E，JAUTZY J J，CUMMING B F，et al.，2015. Sources of polycyclic aromatic hydrocarbons（PAHs）to northwestern Saskatchewan lakes east of the Athabasca oil sands［J］. Organic Geochemistry，80：35-45.
BALLENTINE D C，MACKO S A，TUREKIAN V C，et al.，1996. Compound specific isotope analysis of fatty acids and polycyclic aromatic hydrocarbons in aerosols：implications for biomass burning［J］. Organic Geochemistry，25（1/2）：97-104.
BARILE P J，2004. Evidence of anthropogenic nitrogen enrichment of the littoral waters of east central Florida［J］. Journal of Coastal Research，204：1237-1245.
BENETEAU K M，ARAVENA R，FRAPE S K，1999. Isotopic characterization of chlorinated solvents—laboratory and field results［J］. Organic Geochemistry，30（8）：739-753.
BERENS M J，HOFSTETTER T B，BOLOTIN J，et al.，2020. Assessment of 2,4-dinitroanisole transformation using compound-specific isotope analysis after in situ chemical reduction of iron oxides［J］. Environmental Science & Technology，54（9）：5520-5531.
BLESSING M，SCHMIDT T C，DINKEL R，et al.，2009. Delineation of multiple chlorinated ethene sources in an industrialized area—a forensic field study using compound-specific isotope analysis［J］. Environmental Science & Technology，43（8）：2701-2707.
BRENNINKMEIJER C A，JANSSEN C，KAISER J，et al.，2003. Isotope effects in the chemistry of atmospheric trace compounds［J］. Chemical Reviews，103（12）：5125-5162.
BRIDGES K S，JICKELLS T D，DAVIES T D，et al.，2002. Aerosol，precipitation and cloud water chemistry observations on the Czech Krusne Hory plateau adjacent to a heavily industrialised valley［J］. Atmospheric Environment，36（2）：353-360.
CALHOUN J A，BATES T S，CHARLSON R J，1991. Sulfur isotope measurements of submicrometer sulfate aerosol particles over the Pacific Ocean［J］. Geophysical Research Letters，18（10）：1877-1880.
CHARTRAND M M G，HIRSCHORN S K，LACRAMPE-COULOUME G，et al.，2007. Compound-specific hydrogen isotope analysis of 1,2-dichloroethane：potential for delineating source and fate of chlorinated hydrocarbon contaminants in groundwater［J］. Rapid Communications in Mass Spectrometry，21（12）：1841-1847.
CLOERN J E，2001. Our evolving conceptual model of the coastal eutrophication problem［J］. Marine Ecology Progress Series，210：223-253.
COFFIN R B，MIYARES P H，KELLEY C A，et al.，2001. Stable carbon and nitrogen isotope analysis of TNT：Two-dimensional source identification［J］. Environmental Toxicology and Chemistry，20（12）：2676-2680.
COSTANZO S D，O'DONOHUE M J，DENNISON W C，et al.，2001. A new approach for detecting and mapping sewage impacts［J］. Marine Pollution Bulletin，42（2）：149-156.
DEMPSTER H S，SHERWOOD LOLLAR B，FEENSTRA S，1997. Tracing organic contaminants in groundwater：a new methodology using compound-specific isotopic analysis［J］. Environmental Science & Technology，31（11）：

3193-3197.

DOWLING L M, BOREHAM C J, HOPE J M, et al., 1995. Carbon isotopic composition of hydrocarbons in ocean-transported bitumens from the coastline of Australia [J]. Organic Geochemistry, 23 (8): 729-737.

DRENZEK N J, TARR C H, EGLINTON T I, et al., 2002. Stable chlorine and carbon isotopic compositions of selected semi-volatile organochlorine compounds [J]. Organic Geochemistry, 33 (4): 437-444.

EBERTS S M, BRAUN C, JONES S, 2008. Compound-specific isotope analysis: questioning the origins of a trichloroethene plume [J]. Environmental Forensics, 9 (1): 85-95.

ELSNER M, JOCHMANN M A, HOFSTETTER T B, et al., 2012. Current challenges in compound-specific stable isotope analysis of environmental organic contaminants [J]. Analytical and Bioanalytical Chemistry, 403 (9): 2471-2491.

ELSNER M, ZWANK L, HUNKELER D, et al., 2005. A new concept linking observable stable isotope fractionation to transformation pathways of organic pollutants [J]. Environmental Science & Technology, 39 (18): 6896-6916.

FABBRI D, VASSURA I, SUN C G, et al., 2003. Source apportionment of polycyclic aromatic hydrocarbons in a coastal lagoon by molecular and isotopic characterisation [J]. Marine Chemistry, 84 (1/2): 123-135.

FENNER K, CANONICA S, WACKETT L P, et al., 2013. Evaluating pesticide degradation in the environment: blind spots and emerging opportunities [J]. Science, 341 (6147): 752-758.

FOGG G E, ROLSTON D E, DECKER D L, et al., 1998. Spatial variation in nitrogen isotope values beneath nitrate contamination sources [J]. Ground Water, 36 (3): 418-426.

GARTNER A, LAVERY P, SMIT A J, 2002. Use of $\delta^{15}N$ signatures of different functional forms of macroalgae and filter-feeders to reveal temporal and spatial patterns in sewage dispersal [J]. Marine Ecology Progress Series, 235: 63-73.

GOCHT T, BARTH J A C, EPP M, et al., 2007. Indications for pedogenic formation of perylene in a terrestrial soil profile: Depth distribution and first results from stable carbon isotope ratios [J]. Applied Geochemistry, 22 (12): 2652-2663.

GOLDSTEIN A H, SHAW S L, 2003. Isotopes of volatile organic compounds: an emerging approach for studying atmospheric budgets and chemistry [J]. Chemical Reviews, 103 (12): 5025-5048.

HARRINGTON R R, POULSON S R, DREVER J I, et al., 1999. Carbon isotope systematics of monoaromatic hydrocarbons: vaporization and adsorption experiments [J]. Organic Geochemistry, 30 (8): 765-775.

HATAKEYAMA S, 1985. Emission of reduced-sulfur compounds into the atmosphere and oxidation of those compounds in the atmosphere contribution to the global sulfur cycle [J]. Journal of Japan Society of Air Pollution, 20 (1): 1-11.

HECKEL B, PHILLIPS E, EDWARDS E, et al., 2019. Reductive dehalogenation of trichloromethane by two different dehalobacter restrictus strains reveal opposing dual element isotope effects [J]. Environmental Science & Technology, 53 (5): 2332-2343.

HOLMER M, PÉREZ M, DUARTE C M, 2003. Benthic primary producers—a neglected environmental problem in Mediterranean maricultures? [J]. Marine Pollution Bulletin, 46 (11): 1372-1376.

HOLMSTRAND H, GADOMSKI D, MANDALAKIS M, et al., 2006. Origin of PCDDs in ball clay assessed with compound-specific chlorine isotope analysis and radiocarbon dating [J]. Environmental Science & Technology, 40 (12): 3730-3735.

HOLMSTRAND H, MANDALAKIS M, ZENCAK Z, et al., 2007. First compound-specific chlorine-isotope analysis of environmentally-bioaccumulated organochlorines indicates a degradation-relatable kinetic isotope effect for DDT [J]. Chemosphere, 69 (10): 1533-1539.

HOLMSTRAND H, GADOMSKI D, MANDALAKIS M, et al., 2006. Origin of PCDDs in ball clay assessed with compound-specific chlorine isotope analysis and radiocarbon dating [J]. Environmental Science & Technology, 40 (12): 3730-3735.

HOLT B D, STURCHIO N C, ABRAJANO T A, et al., 1997. Conversion of chlorinated volatile organic compounds to carbon dioxide and methyl chloride for isotopic analysis of carbon and chlorine [J]. Analytical Chemistry, 69 (14): 2727-2733.

HORII Y, KANNAN K, PETRICK G, et al., 2005. Congener-specific carbon isotopic analysis of technical PCB and PCN mixtures using two-dimensional gas chromatography-isotope ratio mass spectrometry [J]. Environmental Science &

Technology, 39 (11): 4206-4212.

HOUGH R L, WHITTAKER M, FALLICK A E, et al., 2006. Identifying source correlation parameters for hydrocarbon wastes using compound-specific isotope analysis [J]. Environmental Pollution, 143 (3): 489-498.

HU G C, DAI J Y, XU Z C, et al., 2010. Bioaccumulation behavior of polybrominated diphenyl ethers (PBDEs) in the freshwater food chain of Baiyangdian Lake, North China [J]. Environment International, 36 (4): 309-315.

HUNKELER D, ANDERSEN N, ARAVENA R, et al., 2001. Hydrogen and carbon isotope fractionation during aerobic biodegradation of benzene [J]. Environmental Science & Technology, 35 (17): 3462-3467.

HUNKELER D, CHOLLET N, PITTET X, et al., 2004. Effect of source variability and transport processes on carbon isotope ratios of TCE and PCE in two sandy aquifers [J]. Journal of Contaminant Hydrology, 74 (1/2/3/4): 265-282.

HUNKELER D, LAIER T, BREIDER F, et al., 2012. Demonstrating a natural origin of chloroform in groundwater using stable carbon isotopes [J]. Environmental Science & Technology, 46 (11): 6096-6101.

JARMAN W M, HILKERT A, BACON C E, et al., 1998. Compound-specific carbon isotopic analysis of aroclors, clophens, kaneclors, and phenoclors [J]. Environmental Science & Technology, 32 (6): 833-836.

JENDRZEJEWSKI N, EGGENKAMP H G M, COLEMAN M L, 1997. Sequential determination of chlorine and carbon isotopic composition in single microliter samples of chlorinated solvent [J]. Analytical Chemistry, 69 (20): 4259-4266.

JENDRZEJEWSKI N, EGGENKAMP H G M, COLEMAN M L, 2001. Characterisation of chlorinated hydrocarbons from chlorine and carbon isotopic compositions: scope of application to environmental problems [J]. Applied Geochemistry, 16 (9/10): 1021-1031.

KANG C K, SAURIAU P G, RICHARD P, et al., 1999. Food sources of an infaunal suspension-feeding bivalve Cerastoderma edule in a muddy sandflat of Marennes-Oléron Bay, as determined by analyses of carbon and nitrogen stable isotopes [J]. Marine Ecology Progress Series, 187: 147-158.

KAPLAN I R, GALPERIN Y, LU S T, et al., 1997. Forensic environmental geochemistry: differentiation of fuel-types, their sources and release time [J]. Organic Geochemistry, 27 (5/6): 289-317.

KOHL D H, SHEARER G B, COMMONER B, 1971. Fertilizer nitrogen: contribution to nitrate in surface water in a corn belt watershed [J]. Science, 174 (4016): 1331-1334.

KUDER T, WILSON J T, KAISER P, et al., 2005. Enrichment of stable carbon and hydrogen isotopes during anaerobic biodegradation of MTBE: microcosm and field evidence [J]. Environmental Science & Technology, 39 (1): 213-220.

LUTHER G W III, 1993. Stable isotopes: Natural and anthropogenic sulphur in the environment: H. R. Krouse and V. A. Grinenko (editors). SCOPE 43. John Wiley & Sons, Ltd., Chichester, 1991, 440 pp., UK £65.00, ISBN 0471926469 (hardcover) [J]. Chemical Geology, 103 (1/2/3/4): 295-296.

MANCINI S A, LACRAMPE-COULOUME G, LOLLAR B S, 2008. Source differentiation for benzene and chlorobenzene groundwater contamination: a field application of stable carbon and hydrogen isotope analyses [J]. Environmental Forensics, 9 (2/3): 177-186.

MANDALAKIS M, HOLMSTRAND H, ANDERSSON P, et al., 2008. Compound-specific chlorine isotope analysis of polychlorinated biphenyls isolated from Aroclor and Clophen technical mixtures [J]. Chemosphere, 71 (2): 299-305.

MANSUY L, PHILP R P, ALLEN J, 1997. Source identification of oil spills based on the isotopic composition of individual components in weathered oil samples [J]. Environmental Science & Technology, 31 (12): 3417-3425.

MARIOTTI A, LETOLLE R, 1977. Application of nitrogen-isotope studies to hydrology and hydrogeology-analysis of peculiar case of melarchez-basin (seine-et-marne, france) [J]. Journal of Hydrology, 33, 157-172.

MARUYAMA T, OHIZUMI T, TANEOKA Y, et al., 2000. Sulfur isotope ratios of coals and oils used in China and Japan [J]. Nippon Kagaku Kaishi, (1): 45-51.

MAST M A, TURK J T, INGERSOLL G P, et al., 2001. Use of stable sulfur isotopes to identify sources of sulfate in Rocky Mountain snowpacks [J]. Atmospheric Environment, 35 (19): 3303-3313.

MAZEAS L, BUDZINSKI H, 2001. Polycyclic aromatic hydrocarbon $^{13}C/^{12}C$ ratio measurement in petroleum and marine sediments: Application to standard reference materials and a sediment suspected of contamination from the Erika oil spill [J]. Journal of Chromatography A, 923 (1/2): 165-176.

MAZEAS L, BUDZINSKI H, 2002. Molecular and stable carbon isotopic source identification of oil residues and oiled bird feathers sampled along the Atlantic Coast of France after the Erika oil spill [J]. Environmental Science & Technology, 36 (2): 130-137.

MCCLELLAND J W, VALIELA I, MICHENER R H, 1997. Nitrogen-stable isotope signatures in estuarine food webs: a record of increasing urbanization in coastal watersheds [J]. Limnology and Oceanography, 42 (5): 930-937.

MCRAE C, SNAPE C E, FALLICK A E, 1998. Variations in the stable isotope ratios of specific aromatic and aliphatic hydrocarbons from coal conversion processes [J]. The Analyst, 123 (7): 1519-1523.

MCRAE C, SNAPE C E, SUN C G, et al., 2000. Use of compound-specific stable isotope analysis to source anthropogenic natural gas-derived polycyclic aromatic hydrocarbons in a lagoon sediment [J]. Environmental Science & Technology, 34 (22): 4684-4686.

MCRAE C, SUN C G, MCMILLAN C F, et al., 2000. Sourcing of fossil fuel-derived PAH in the environment [J]. Polycyclic Aromatic Compounds, 20 (1/2/3/4): 97-109.

MCRAE C, SUN C G, SNAPE C E, et al., 1999. $\delta^{13}C$ values of coal-derived PAHs from different processes and their application to source apportionment [J]. Organic Geochemistry, 30 (8): 881-889.

MIKOLAJCZUK A, PRZYK E P, GEYPENS B, et al., 2010. Analysis of polycyclic aromatic hydrocarbons extracted from air particulate matter using a temperature programmable injector coupled to GC-C-IRMS [J]. Isotopes in Environmental and Health Studies, 46 (1): 2-12.

MOLDAN F, SKEFFINGTON R A, MÖRTH C M, et al., 2004. Results from the covered catchment experiment at gårdsjön, Sweden, after ten years of clean precipitation treatment [J]. Water, Air, and Soil Pollution, 154 (1/2/3/4): 371-384.

MORRISON R D, 2000. Application of forensic techniques for age dating and source identification in environmental litigation [J]. Environmental Forensics, 1 (3): 131-153.

MUKAI H, TANAKA A, FUJII T, et al., 2001. Regional characteristics of sulfur and lead isotope ratios in the atmosphere at several Chinese urban sites [J]. Environmental Science & Technology, 35 (6): 1064-1071.

NORMAN A L, ANLAUF K, HAYDEN K, et al., 2006. Aerosol sulphate and its oxidation on the Pacific NW Coast: S and O isotopes in $PM_{2.5}$ [J]. Atmospheric Environment, 40 (15): 2676-2689.

NORMAN A L, HOPPER J F, BLANCHARD P, et al., 1999. The stable carbon isotope composition of atmospheric PAHs [J]. Atmospheric Environment, 33 (17): 2807-2814.

NOVÁK M, JACKOVÁ I, PRECHOVÁ E, 2001. Temporal trends in the isotope signature of air-borne sulfur in Central Europe [J]. Environmental Science & Technology, 35 (2): 255-260.

O'MALLEY V P, BURKE R A, SCHLOTZHAUER W S, 1997. Using GC-MS/Combustion/IRMS to determine the $^{13}C/^{12}C$ ratios of individual hydrocarbons produced from the combustion of biomass materials—application to biomass burning [J]. Organic Geochemistry, 27 (7/8): 567-581.

O'SULLIVAN G, KALIN R M, 2008. Investigation of the range of carbon and hydrogen isotopes within a global set of gasolines [J]. Environmental Forensics, 9 (2/3): 166-176.

OHIZUMI T, FUKUZAKI N, KUSAKABE M, 1997. Sulfur isotopic view on the sources of sulfur in atmospheric fallout along the coast of the sea of Japan [J]. Atmospheric Environment, 31 (9): 1339-1348.

OKUDA T, KUMATA H, NARAOKA H, et al., 2002. Origin of atmospheric polycyclic aromatic hydrocarbons (PAHs) in Chinese cities solved by compound-specific stable carbon isotopic analyses [J]. Organic Geochemistry, 33 (12): 1737-1745.

OKUDA T, KUMATA H, NARAOKA H, et al., 2004. Molecular composition and compound-specific stable carbon isotope ratio of polycyclic aromatic hydrocarbons (PAHs) in the atmosphere in suburban areas [J]. Geochemical Journal, 38 (1): 89-100.

OKUDA T, KUMATA H, ZAKARIA M P, et al., 2002. Source identification of Malaysian atmospheric polycyclic aromatic hydrocarbons nearby forest fires using molecular and isotopic compositions [J]. Atmospheric Environment, 36 (4): 611-618.

O'MALLEY V P, ABRAJANO T A Jr, HELLOU J Jr, 1994. Determination of the $^{13}C/^{12}C$ ratios of individual PAH from environmental samples: can PAH sources be apportioned? [J]. Organic Geochemistry, 21 (6/7): 809-822.

O'MALLEY V P, ABRAJANO T A, HELLOU J, 1996. Stable carbon isotopic apportionment of individual polycyclic aromatic hydrocarbons in St. John's harbour, Newfoundland [J]. Environmental Science & Technology, 30 (2): 634-639.

OTERO N, SOLER A, 2002. Sulphur isotopes as tracers of the influence of potash mining in groundwater salinisation in the Llobregat Basin (NE Spain) [J]. Water Research, 36 (16): 3989-4000.

PANETTIERE P, CORTECCI G, DINELLI E, et al., 2000. Chemistry and sulfur isotopic composition of precipitation at Bologna, Italy [J]. Applied Geochemistry, 15 (10): 1455-1467.

PANNO S V, HACKLEY K C, HWANG H H, et al., 2001. Determination of the sources of nitrate contamination in Karst springs using isotopic and chemical indicators [J]. Chemical Geology, 179 (1/2/3/4): 113-128.

PENG L, YOU Y, BAI Z P, et al., 2006. Stable carbon isotope evidence for origin of atmospheric polycyclic aromatic hydrocarbons in Zhengzhou and Urumchi, China [J]. Geochemical Journal, 40 (3): 219-226.

PENNISI E, 1997. ECOLOGY: brighter prospects for the world's coral reefs? [J]. Science, 277 (5325): 491-493.

PHILLIPS E, GILEVSKA T, HORST A, et al., 2020. Transformation of chlorofluorocarbons investigated via stable carbon compound-specific isotope analysis [J]. Environmental Science & Technology, 54 (2): 870-878.

PAUL PHILP R, ALLEN J, KUDER T, 2002. The use of the isotopic composition of individual compounds for correlating spilled oils and refined products in the environment with suspected sources [J]. Environmental Forensics, 3 (3/4): 341-348.

PICHLMAYER F, SCHÖNER W, SEIBERT P, et al., 1998. Stable isotope analysis for characterization of pollutants at high elevation alpine sites [J]. Atmospheric Environment, 32 (23): 4075-4085.

POND K L, HUANG Y, WANG Y, et al., 2002. Hydrogen isotopic composition of individual n-alkanes as an intrinsic tracer for bioremediation and source identification of petroleum contamination [J]. Environmental Science & Technology, 36 (4): 724-728.

RAVEN J A, JOHNSTON A M, KÜBLER J E, et al., 2002. Mechanistic interpretation of carbon isotope discrimination by marine macroalgae and seagrasses [J]. Functional Plant Biology, 29 (3): 355.

ROGERS K M, SAVARD M M, 1999. Detection of petroleum contamination in river sediments from Quebec city region using GC-IRMS [J]. Organic Geochemistry, 30 (12): 1559-1569.

SABER D, MAURO D, SIRIVEDHIN T, 2006. Environmental forensics investigation in sediments near a former manufactured gas plant site [J]. Environmental Forensics, 7 (1): 65-75.

SALTZMAN E S, BRASS G W, PRICE D A, 1983. The mechanism of sulfate aerosol formation: chemical and sulfur isotopic evidence [J]. Geophysical Research Letters, 10 (7): 513-516.

SATAKE H, YAMANE T, 1992. Deposition of non-sea salt sulfate observed at Toyama facing the Sea of Japan for the period of 1981—1991 [J]. Geochemical Journal, 26 (5): 299-305.

SCHMIDT T C, ZWANK L, ELSNER M, et al., 2004. Compound-specific stable isotope analysis of organic contaminants in natural environments: a critical review of the state of the art, prospects, and future challenges [J]. Analytical and Bioanalytical Chemistry, 378 (2): 283-300.

SHOUAKAR-STASH O, DRIMMIE R J, ZHANG M, et al., 2006. Compound-specific chlorine isotope ratios of TCE, PCE and DCE isomers by direct injection using CF-IRMS [J]. Applied Geochemistry, 21 (5): 766-781.

SHOUAKAR-STASH O, FRAPE S K, DRIMMIE R J, 2003. Stable hydrogen, carbon and chlorine isotope measurements of selected chlorinated organic solvents [J]. Journal of Contaminant Hydrology, 60 (3/4): 211-228.

SILLIMAN J E, MEYERS P A, OSTROM P H, et al., 2000. Insights into the origin of perylene from isotopic analyses of sediments from Saanich Inlet, British Columbia [J]. Organic Geochemistry, 31 (11): 1133-1142.

SIMONEIT B R T, 1997. Compound-specific carbon isotope analyses of individual long-chain alkanes and alkanoic acids in Harmattan aerosols [J]. Atmospheric Environment, 31 (15): 2225-2233.

SMALLWOOD B J, PHILP R P, BURGOYNE T W, et al., 2001. The use of stable isotopes to differentiate specific source markers for MTBE [J]. Environmental Forensics, 2 (3): 215-221.

SMIRNOV A, ABRAJANO T A Jr, SMIRNOV A, et al., 1998. Distribution and sources of polycyclic aromatic hydrocarbons in the sediments of Lake Erie, Part 1. Spatial distribution, transport, and deposition [J]. Organic Geochemistry,

29 (5/6/7): 1813-1828.

STARK A, ABRAJANO T Jr, HELLOU J Jr, et al., 2003. Molecular and isotopic characterization of polycyclic aromatic hydrocarbon distribution and sources at the international segment of the St. Lawrence River [J]. Organic Geochemistry, 34 (2): 225-237.

STOUT S A, UHLER A D, NAYMIK T G, et al., 1998. Peer reviewed: environmental forensics unraveling site liability [J]. Environmental Science & Technology, 32 (11): 260A-264A.

SUNEEL V, VETHAMONY P, NAIK B G, et al., 2015. Identifying the source of tar balls deposited along the beaches of Goa in 2013 and comparing with historical data collected along the West Coast of India [J]. Science of the Total Environment, 527/528: 313-321.

TEICHBERG M, FOX S, OLSEN Y, et al., 2010. Eutrophication and macroalgal blooms in temperate and tropical coastal waters: nutrient enrichment experiments with Ulva spp [J]. Global Change Biology, 16 (9): 2624-2637.

TICHOMIROWA M, HAUBRICH F, KLEMM W, et al., 2007. Regional and temporal (1992—2004) evolution of airborne sulphur isotope composition in Saxony, southeastern Germany, central Europe [J]. Isotopes in Environmental and Health Studies, 43 (4): 295-305.

TORFS K M, VAN GRIEKEN R E, BUZEK F, 1997. Use of stable isotope measurements to evaluate the origin of sulfur in gypsum layers on limestone buildings [J]. Environmental Science & Technology, 31 (9): 2650-2655.

TOYAMA K, ZHANG J, SATAKE H, 2013. Long-range transportation and deposition of chemical substances over the Northern Japan Alps mountainous area [J]. Geochemical Journal, 47 (6): 683-692.

TRUST HAMMER B, KELLEY C A, COFFIN R B, et al., 1998. $\delta^{13}C$ values of polycyclic aromatic hydrocarbons collected from two creosote-contaminated sites [J]. Chemical Geology, 152 (1/2): 43-58.

UDY J W, DENNISON W C, 1997. Growth and physiological responses of three seagrass species to elevated sediment nutrients in Moreton Bay, Australia [J]. Journal of Experimental Marine Biology and Ecology, 217 (2): 253-277.

VAN WARMERDAM E M, FRAPE S K, ARAVENA R, et al., 1995. Stable chlorine and carbon isotope measurements of selected chlorinated organic solvents [J]. Applied Geochemistry, 10 (5): 547-552.

VETTER W, ARMBRUSTER W, BETSON T R, et al., 2006. Baseline isotopic data of polyhalogenated compounds [J]. Analytica Chimica Acta, 577 (2): 250-256.

VETTER W, GAUL S, ARMBRUSTER W, 2008. Stable carbon isotope ratios of POPs—A tracer that can lead to the origins of pollution [J]. Environment International, 34 (3): 357-362.

VIETH A, WILKES H, 2006. Deciphering biodegradation effects on light hydrocarbons in crude oils using their stable carbon isotopic composition: a case study from the Gullfaks oil field, offshore Norway [J]. Geochimica et Cosmochimica Acta, 70 (3): 651-665.

VOLKMAR E C, DAHLGREN R A, 2006. Biological oxygen demand dynamics in the lower San Joaquin River, California [J]. Environmental Science & Technology, 40 (18): 5653-5660.

WADLEIGH M A, SCHWARCZ H P, KRAMER J R, 1994. Sulphur isotope tests of seasalt correction factors in precipitation: Nova Scotia, Canada [J]. Water, Air, and Soil Pollution, 77 (1/2): 1-16.

WALKER S E, DICKHUT R M, CHISHOLM-BRAUSE C, et al., 2005. Molecular and isotopic identification of PAH sources in a highly industrialized urban estuary [J]. Organic Geochemistry, 36 (4): 619-632.

WILCKE W, KRAUSS M, AMELUNG W, 2002. Carbon isotope signature of polycyclic aromatic hydrocarbons (PAHs): evidence for different sources in tropical and temperate environments? [J]. Environmental Science & Technology, 36 (16): 3530-3535.

WILLACH S, LUTZE H V, SOMNITZ H, et al., 2020. Carbon isotope fractionation of substituted benzene analogs during oxidation with ozone and hydroxyl radicals: how should experimental data be interpreted? [J]. Environmental Science & Technology, 54 (11): 6713-6722.

WOJCIK G S, CHANG J S, 1997. A Re-evaluation of sulfur budgets, lifetimes, and scavenging ratios for eastern North America [J]. Journal of Atmospheric Chemistry, 26 (2): 109-145.

XING G X, CAO Y C, SHI S L, et al., 2002. Denitrification in underground saturated soil in a rice paddy region [J]. Soil Biology and Biochemistry, 34 (11): 1593-1598.

YAN B Z, ABRAJANO T A, BOPP R F, et al., 2006. Combined application of $\delta^{13}C$ and molecular ratios in sediment cores for PAH source apportionment in the New York/New Jersey harbor complex [J]. Organic Geochemistry, 37 (6): 674-687.

YANIK P J, O'DONNELL T H, MACKO S A, et al., 2003. Source apportionment of polychlorinated biphenyls using compound specific isotope analysis [J]. Organic Geochemistry, 34 (2): 239-251.

ZHANG L W, BAI Z P, YOU Y, et al., 2009. Chemical and stable carbon isotopic characterization for PAHs in aerosol emitted from two indoor sources [J]. Chemosphere, 75 (4): 453-461.

ZHANG L, WANG J, ZHU G N, 2009. Pubertal exposure to bismerthlazol inhibits thyroid function in juvenile female rats [J]. Experimental and Toxicologic Pathology, 61 (5): 453-459.

ZHANG R, LI T G, RUSSELL J, et al., 2020. Source apportionment of polycyclic aromatic hydrocarbons in continental shelf of the East China Sea with dual compound-specific isotopes ($\delta^{13}C$ and $\delta^{2}H$) [J]. Science of the Total Environment, 704: 135459.

ZIMMERMANN F, MATSCHULLAT J, BRÜGGEMANN E, et al., 2006. Temporal and elevation-related variability in precipitation chemistry from 1993 to 2002, eastern Erzgebirge, Germany [J]. Water, Air, and Soil Pollution, 170 (1/2/3/4): 123-141.

ZIMMERMANN J, HALLORAN L J S, HUNKELER D, 2020. Tracking chlorinated contaminants in the subsurface using compound-specific chlorine isotope analysis: a review of principles, current challenges and applications [J]. Chemosphere, 244: 125476.

第七章

稳定同位素示踪有机污染物的转化途径

第一节
有机污染物的生物转化与表征方法概述

一、传统的表征方法

有机污染物在环境中的降解过程涉及微生物和植物作用下的生物降解和化学、光化学作用下的非生物降解（Singh et al.，2018）。有机污染物在环境中的转化过程取决于其对特定反应类型的结构亲和力、有机污染物分布和运输过程中的环境条件（Fenner et al.，2013）。在土壤、沉积物或含水层中的氧化还原物质浓度梯度通常决定了潜在的生物或非生物转化过程。有机污染物在水环境中受到各种生物和非生物因素的影响，会发生复杂的累积和降解行为（Penning et al.，2010b；Meyer et al.，2009；Navarro et al.，2013）。由于这些有机污染物及其代谢产物的浓度低，再加上复杂的微生物降解过程以及矿物质的催化吸附等作用（Gevao et al.，2000），使对这些污染物的分布和降解速率的预测十分困难（Fenner et al.，2013）。因此，阐明有机污染物在环境中复杂的迁移转化及衰减过程对于有机污染物污染风险评估、保障饮用水安全具有重要意义。

如图 7-1 所示，目前识别有机污染物转化的可行方法依赖于检测母体化合物和代谢产物的浓度变化，或者相关环境中转化潜力的证据（如生物群落、氧化还原物电位、pH 值）（Carreón-Diazconti et al.，2009；Fenner et al.，2007）。通过气相色谱-质谱（GC-MS）或液相色谱-串联质谱（LC-MS/MS）可以监测有机污染物的浓度变化与转化产物的结构信息。然而这种单一的浓度衰减动力学难以区分其他导致浓度变化的过程，如稀释或吸附等，除非建立相关研究区域严格的质量平衡模型（Annable et al.，2007）。尽管使用^{14}C标记的有机污染物能够实现质量平衡的建立（Poßberg et al.，2016），但在真实环境中很难进行放射性标记底物的研究。转化产物的监测可以证明有机污染物在环境中的降解反应，如果分析的目标产物有可以获得的标准物质，这种方法可以很容易实现，反之如果降解产物没有可以获得的标准物质，这种分析方法将遇到困难，分析结果将很难具有说服力。尽管通过高分辨质谱可以实现目标产物的筛查（Kern et al.，2009），结合相关模型可以推测可能的降解反应途径（Reemtsma et al.，2013），然而，对于有机污染物的内在转化机理依然难以阐明。化学探针化合物是表征自然系统中存在的非生物活性物质的有效方法，然而用这种方法推测有机污染物的转化速率还存在一定难度（Halladja et al.，2009；de Laurentiis et al.，2012）。目前^{13}C标记底物DNA探针技术越来越多地应用于土壤和沉积物中有机污染物生物转化潜力的研究中（Monard et al.，2013；Dumont et al.，2005）。这种方法的前提是降解基因的序列必须是已知的。通过降解基因研究相关降解酶的活性来判断降解的潜力。但是目前研究的大多数有机污染物的生物降解蛋白属于非常大的蛋白质家族，其绝大多数与目标酶具有不同的功能。此外，生物降解功能可以在进化中独立出现，使得具有完全不同序列的基因可以催化相同的反应（Bigley et al.，2013）。然而这种方法在真实环境中的应用受到局限（Radivojac et al.，2013）。虽然当前对于有机污染物等微污染物降解的大量信息已经从实验室与模拟人工环境中获得，并且在野外环境中监测污染物的降解方面取得了一定进展（Petrie et al.，2015b），如降解产物的筛查（Helbling et al.，2010b；Hübner et al.，2015）、降解途径的推测（Wick et al.，2011）以及降解速率的预测（Pomiès et al.，2013；Farlin et al.，2013a）。然而，传统的方法依然面临很大的挑战和应用范围上的限制，首先是在长时间尺度上对有机污染物等微污染物在环境中衰减的预测依然是个难题。其次是在环境监测之外，对流域尺度的综合研究遇到困难。

证据依据：	阴影表示在不同尺度环境中的应用潜力	不足
农药母体的转化	农药母体的定量化学分析 母体农药对映体分析	(1)难以区分物理吸附扩散与生物和非生物降解导致的浓度衰减； (2)生物对农药对应体的选择性降解使其失去特殊的指示意义
降解产物分析	转化产物的化学分析(目标/非目标) ^{14}C标记母体的转化产物/$^{14}CO_2$ ^{14}C标记母体的转化产物	(1)降解产物的进一步降解； (2)产物没有可供参照的标准物质； (3)标记化合物适用于微观中观尺度范围，无法应用于田野和流域环境调查
转化潜力	地球化学分析，表征pH值、氧化还原条件等 DNA/RNA/非靶基因的^{13}C稳定同位素探针 用于表征光氧化剂等的化学探针化合物	(1)不能直接指示降解过程； (2)依赖于已知降解途径的基因； (3)对转化率的评估面临很大挑战

图7-1 表征农药环境行为的常规方法

二、单体稳定同位素分析技术

随着有机物同位素技术的发展，单体稳定同位素分析（CSIA）技术的出现为有机污染物领域的研究提供新的解决方案（Schmidt et al.，2004；Hunkeler et al.，2005）。CSIA技术通过GC/LC-IRMS等分析方法可以精确检测有机分子中元素稳定同位素组成的微小变化（Shouakar-Stash et al.，2006）。单体稳定同位素分析已经成为污染物水文学和环境科学研究的经典方法（Hunkeler et al.，2009；Nijenhuis et al.，2016），被广泛应用于评价不同时间和空间尺度下（Lutz et al.，2017；Alvarez-Zaldivar et al.，2018）石油化工污染物（Schmidt et al.，2004）和新兴污染物的生物降解（Elsner et al.，2016）。因为物理过程（如吸附、扩散和挥发）一般不会导致显著的同位素分馏（Schuth et al.，2003；Slater et al.，2000），而生物降解过程涉及化学键的变化会产生显著的同位素分馏（Elsner et al.，2016），污染物分子同位素比值（如$^{13}C/^{12}C$）的变化可以直接揭示污染物的降解，甚至可以在不检测代谢物的情况下洞察生物转化途径（Zhang et al.，2019；Liu et al.，2019）。通过有机分子在迁移和降解过程中这些元素动力学同位素效应（KIE）的分析，可以深入研究有机物在生物和非生物作用下的反应机理和过程。从分子水平上，利用同位素示踪技术，深入了解有机污染物在水环境中的环境行为（Hoehener et al.，2014；Abe et al.，2006）。目前CSIA技术已成为研究有机污染物在水环境中的污染来源识别、迁移转化过程、降解机理以及迁移和转化模型建立等的强大工具，已成为有机物水环境污染研究的热点（Gharasoo et al.，2019；Hermon et al.，2018）。

CSIA评价有机污染物降解过程的核心概念是瑞利模型（Rayleigh model）（Elsner et al.，2005b），瑞利模型将生物降解过程中导致的同位素分馏与污染水环境中生物降解导致的浓度变化联系起来，利用稳定同位素的组成变化示踪和评价有机污染物的环境行为。CSIA的常规工作方式是通过实验室模拟研究得到稳定同位素的分馏特征、动力学同位素效应以及相关的稳定同位素富集因子或分馏因子，然后应用于流域或污染场地生物修复评价（Vogt et al.，2016）。然而，对于大多数自然环境下的生物降解过程，动力学同位素效应是未知的，可观察到的同位素分馏可能受到复杂的酶反应动力学、生物群落以及其他环境因子的影响（Skarpeli-Liati et al.，2011；Cincinelli et al.，2012）。同时，对于不同的有机污染物因其分子结构和理化性质不同，对于环境中的一些物理过程和微生物降解的敏感性程度也表现出极大差异。对某些有机污染物，在一定环境条件下，稀释、吸附、传质等物理过程可能会导致降解动力学的变化，从而最终使观测到的动力学同位素效应与固有反应过程出现很大偏差，影响CSIA方法的准确应用。

目前CSIA技术已经成为研究有机污染物在环境中迁移转化的新工具（Elsner et al.，2016b）。CSIA技术可以在不检测代谢产物的状态下识别有机污染物的转化，评估转化程度（Abe et al.，2006）甚至转化机理（Elsner，2010）。近年来，CSIA已被证明是研究污染物水文学和环境科学最先进的方法之一（Nijenhuis et al.，2016）。

三、同位素分馏的掩蔽效应与多元素同位素图

尽管CSIA可以识别有机污染物的转化过程，但有些情况下甚至在相同的转化途径观察到的稳定同位素分馏因子或富集因子也会不同，这种现象被称为掩蔽效应（masking effects）。当化学键的转化步骤不是唯一的限速步骤或者在生物转化步骤前的传质过程成为限速步骤时，就会出现掩蔽效应（Elsner，2010）。在污染物转化过程中，化学键断裂步骤之前存在定速步骤或限速步骤时化学键断裂步骤将相对变快，所有到达反应位点的分子将很快被转化（重同位素与轻同位素反应速率无差别），不管发生化学反应的化学键的同位素组

成如何。因此，观测到的同位素分馏效应将显著降低，此时观测到的同位素效应将难以反映相应的生物化学过程。在污染物生物转化过程中，上述限速步骤可能是物质转运、污染物的摄取、底物与酶的结合以及产物的释放过程等（Świderek et al.，2013；Thullner et al.，2013）。因此，在污染物生物转化过程中的很多因素都可能影响观测到的稳定同位素分馏效应，如微生物的种类和类型（如革兰氏阴性菌与革兰氏阳性菌）、生物膜的限制作用和污染物跨膜转运过程以及跨膜转运方式（被动扩散和主动运输）等（Ehrl et al.，2018；Qiu et al.，2014；Renpenning et al.，2015）。通过比较观测到的 AKIE 与生物化学文献中报道的反应类型的 AKIE 可以阐明掩蔽效应。在生物转化途径未知的情况下，可以将生物反应的 AKIE 与相对应的非生物反应的 AKIE 进行比较。因为非生物转化过程发生在均匀溶液中，不会受到物质传输过程和生物膜限制，非生物反应的 AKIE 可以作为反应实际同位素效应的一个强有力的指标，阐明掩蔽效应的发生和强度。

掩蔽效应导致识别污染物在环境中的转化途径变得困难，由于观测到的同位素富集因子数量级的变化，富集因子可能不再具有准确识别普遍反应机理的能力。此外，污染物在环境中可能同时存在不同的转化途径，从而在利用 CSIA 评估生物转化时难以选择一个恰当的分馏因子。在这种情况下，测量参与化学反应的两种元素同位素分馏特征的双同位素图有助于解释污染转化途径和机理（Jin et al.，2016）。因为两个元素经历相同的反应过程，受到相似的掩蔽效应，两者的同位素分馏被认为是相互关联呈线性变化的（Frank-Dieter et al.，2005），可以很好地识别不同的转化途径和机理。将实验室测得的双同位素图与野外测得的双同位素图进行比较，可以为污染物转化途径和机理提供直接证据（Maier et al.，2014；Palau et al.，2014；Penning et al.，2010b；Wiegert et al.，2012）。目前多元素稳定同位素分析已经越来越多地应用于有机污染物的来源解析和其在环境中的转化途径与机理研究（Vogt et al.，2016；Kuder et al.，2013）。

第二节 稳定同位素解析传统碳氢污染物的生物转化过程

饱和烃和芳香烃是化石燃料的主要成分，通过地下储层的自然渗漏和人为活动大量释放到生物圈中导致环境污染问题。一些生物降解研究正在处理矿物油中的（挥发性）烃类化合物，因为这些烃类化合物可以很容易地从水中提取，并最终通过已建立的 GC-IRMS 技术分析稳定的氢和碳同位素（Elsner et al.，2012b）。在过去的十多年中，单体稳定同位素分析（CSIA）已成为污染点自然衰减过程源解析和监测的标准方法（Nijenhuis et al.，2016），因为该方法基本上可以定性和定量地确定各种污染物的生物降解情况（Zimmermann et al.，2020）。CSIA 的工作方式如图 7-2 所示。在生物转化方面，CSIA 是基于酶促反应的速率限制步骤中能量限制导致的同位素反应速率差异。由于较轻的同位素反应通常更快，因此在反应过程中反应产物的同位素比例贫化，残余基质中的同位素比值富集，这一过程称为动力学同位素分馏。不同反应机制的同位素分馏程度可能会有很大的不同，例如，涉及不同质量的同位素或不同的生化反应类型的同位素分馏具有差异（Elsner，2010a）。在野外研究中应用的富集因子（$\varepsilon_{主体}$）通常由已知转化途径的实验室培养物确定。基于单一富集因子解释油气生物降解并不简单，因为在同位素敏感的反应步骤之前，单一元素可能会受到速率限制过程的显著影响（Elsner，2010；Thullner et al.，2012；Thullner et al.，2013）。相比之下，如果化学键断裂之前发生的速率限制过程不会导致显著的同位素分馏，则多元素化合物特定稳定同位素分析（multiple-element-compound specific stable isotope analysis，ME-CSIA）对同位素掩蔽效应不敏感（Northrop et al.，1981；Makeba et al.，2009）。最初引入 ME-CSIA 的概念用于 MTBE 的碳和氢同位素分析来检测地下水污染羽中特定的生物降解途径（Fischer et al.，2007；Haderlein et al.，2005）。烃类化合物的 ME-CSIA 依赖于双同位素图斜率值（Λ），该值表示烃类化合物转化反应过程中氢和碳同位素特征变化的斜率（$\delta^2H/\delta^{13}C$）。其他同位素的组合分析，例如 $\delta^{15}N/\delta^{13}C$（Masbou et al.，2018；Maier et al.，2014a）或 $\delta^{13}C/\delta^{37}Cl$（Renpenning et al.，2014），也被用于表征取代有机物或微污染物的降解过程。因此，ME-CSIA 已成为识别不同环境转化反应的最新方法。

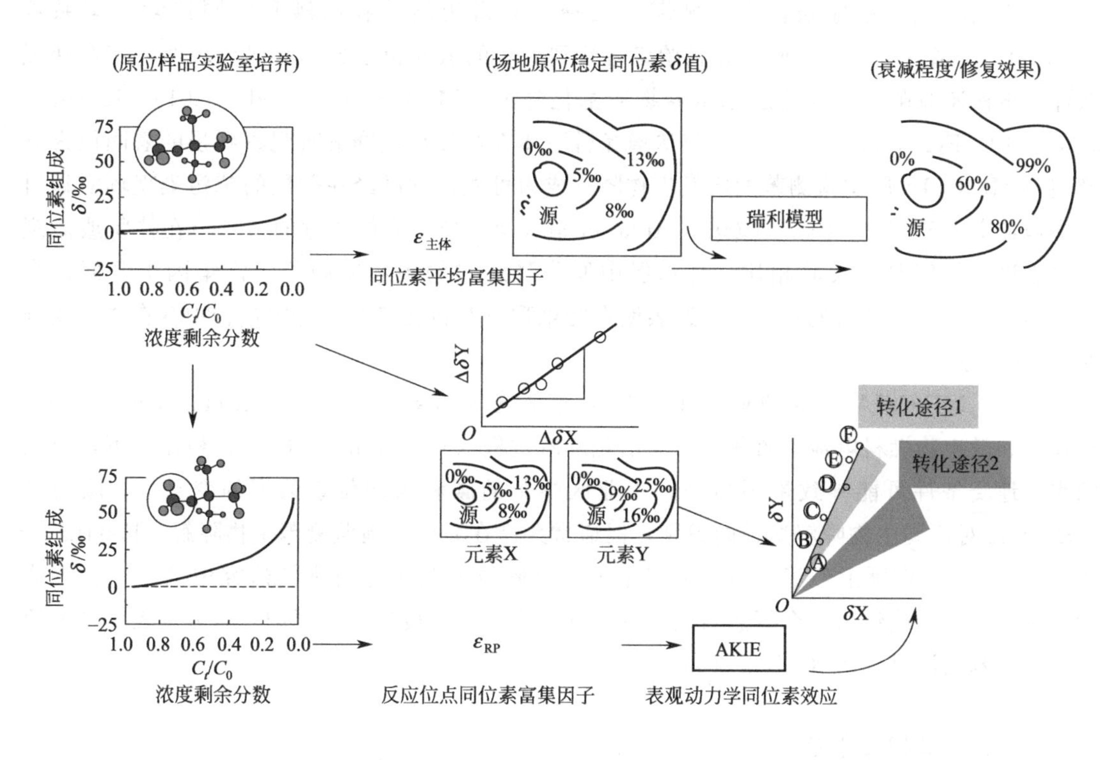

图 7-2 稳定同位素分析示踪环境中有机污染物生物转化途径的研究路线

在烃类化合物初始转化过程中，控制第一个不可逆步骤的微生物酶促反应（活化反应）主要对 ME-CSIA 敏感（见表 7-1）。在有氧条件下，单加氧酶或双加氧酶在不同位置引入 1 个或 2 个羟基；在缺氧条件下，有羧化、延胡索酸加成和羟基化 3 个主要的烃类化合物活化步骤（Heider et al.，2016；Johann et al.，2016；Meckenstock et al.，2016；Seyhan et al.，2016）。值得注意的是，氧在水中的溶解度较低，加上其快速消耗，通常会导致在烃类化合物污染环境中迅速建立缺氧条件，从而导致在含烃类化合物污染系统中厌氧生物降解反应占主导地位。因此，下面主要对碳氢转化酶催化有机污染物的碳、氢同位素分馏模式（重点是厌氧反应）的研究进行介绍，以评价这些因素对环境中烃类化合物生物降解的适用性。

一、芳烃及多环芳烃生物转化途径解析

许多ME-CSIA研究都涉及BTEX（苯、甲苯、乙苯、二甲苯），因为它们是石油中最易水溶和最易流动的烃类化合物。一般来说，有氧条件下单加氧酶和双加氧酶催化的苯环单羟基化和二羟基化导致轻微的碳同位素分馏和强烈的氢同位素分馏，其双同位素图斜率Λ值低于10（表7-1）。相反，在烷基的单氧加氧酶催化反应中报道了中等的碳同位素分馏和显著的氢同位素分馏，导致Λ值高于60（表7-1），并且可能与烷基侧链处厌氧初始转化反应的Λ值重叠。

（一）苯

在不同的氧化还原条件下，测定了几种缺氧富集培养物的碳和氢同位素富集系数（表7-1），Λ值在8～39之间，并且始终观察到显著的氢同位素分馏。研究表明，苯在缺氧条件下被铁还原菌和硝酸盐还原培养物羧基化降解（Meckenstock et al.，2016；Laban et al.，2010；Fei et al.，2014）。严格厌氧条件下苯在酶促反应降解时观察到强的氢同位素分馏使得ME-CSIA原位检测苯的厌氧生物降解成为可能，这已经在德国的苯污染现场实地研究中被证实（Fischer et al.，2007；Anko et al.，2009）。值得注意的是，与在柱状或微观结构中进行的实验室实验相比，含水层中原位降解时的碳和氢同位素富集因子要低得多（Anko et al.，2009）（见表7-1），这表明在污染现场有机污染物的降解过程中存在同位素分馏的掩蔽效应。

此外，ME-CSIA还成功地用于模型湿地系统（Rakoczy et al.，2011；Vogt et al.，2015）和微生物燃料电池中监测苯需氧活化降解过程（Wei et al.，2014）。相比之下，复杂的水文地质条件可能导致德国另一个工业区中苯的碳和氢同位素数据的变异性，阻碍了ME-CSIA对不同生物降解途径的识别，但通常允许在原位场地监测苯生物降解（Feisthauer et al.，2012）。实际上，苯是第一个应用碳和氢同位素联合分析现场研究中的一个模型底物，尽管没有明确作为一个概念引入来阐明降解途径。适度的碳和氢同位素分馏表明场地原位环境中苯的厌氧降解（Silvia et al.，2002）。

（二）甲苯和二甲苯

在缺氧条件下，甲苯和二甲苯异构体最初通过延胡索酸加成转化为琥珀酸苄酯，该反应由琥珀酸苄基合成酶（BSS）催化（Johann et al.，2016）。对于甲苯和二甲苯，反应伴随着中等强度的碳和氢同位素分馏（表7-1）。值得注意的是，在使用全细胞（Herrmann et al.，2016；Vogt et al.，2008）或细胞的粗提取物的实验中（Kummel et al.，2013），BSS同工酶转化甲苯过程中根据末端电子受体（TEA）的不同观察到显著不同的Λ值。ME-CSIA的这些变化表明各种BSS同工酶反应过程的过渡状态略有不同，因此，可以作为识别电子受体依赖的原位厌氧甲苯（可能还有二甲苯）生物降解的诊断工具。用固体铁（Ⅲ）和锰（Ⅳ）作为末端电子受体（Tobler et al.，2008；Dorer et al.，2016），观察到BSS引发的甲苯降解过程中碳和氢同位素分馏的掩蔽效应，这可能是生物

膜形成的传质限制作用导致的（Dorer et al.，2016）。与单一元素的同位素富集因子相比，Λ 值没有因为掩蔽效应而发生改变（Tobler et al.，2008；Dorer et al.，2016），说明了 ME-CSIA 识别有机污染物降解途径具有稳定性。据报道，在德国一个缺氧的有机物泄漏现场，邻二甲苯生物降解的碳和氢同位素分馏为中等到高强度不等，这表明 ME-CSIA 在识别厌氧转化反应方面的适用性。然而，有关甲苯或二甲苯生物降解的 ME-CSIA 的其他现场数据尚未报道（见表 7-1）。

（三）乙苯

乙苯生物降解的同位素分馏模式已被全面汇编（Kinnaman et al.，2007；Musat et al.，2016）。已知有两种乙苯的厌氧活化反应途径：首先是硝酸盐、铁（Ⅲ）和锰（Ⅳ）作为末端电子受体（Dorer et al.，2016b）的乙苯脱氢酶（EBDH）催化苄基乙苯羟基化反应（Heider et al.，2016）；其次是硫酸盐作为电子受体的烷基侧链延胡索酸加成反应（Kniemeyer et al.，2003）。在与氧无关的羟基化反应中，插入了来自水的羟基（Vogt et al.，2015），该反应与强的碳和氢同位素分馏有关，阻碍了使用传统瑞利法计算同位素分馏因子和 Λ 值。EBDH 催化反应的 Λ 值可能显著低于延胡索酸加成反应观测到的 Λ 值（Kniemeyer et al.，2003），这可能使 ME-CSIA 能够区分乙苯污染现场的两种不同反应途径。虽然乙基需氧及氧依赖性的乙苯羟基化反应可产生类似于 EBDH 催化反应的 Λ 值，但其数值要低得多（Kniemeyer et al.，2003）。这些不同于乙苯转化反应的 ME-CSIA 数据被用于重新分析在荷兰一个工业场地测定的乙苯的碳和氢同位素分馏特征（Silvia et al.，2002），这些同位素分馏特征与地球化学数据一起证明了该场地的厌氧乙苯生物降解（Dorer et al.，2016）。

（四）多环芳烃

ME-CSIA 分析多环芳烃的生物降解途径受到具有三个或更多芳香环的多环芳烃物理化学特性的限制：首先，多环芳烃在水中的溶解度降低将导致生物利用度降低，从而导致生物降解速率降低（Meckenstock et al.，2011），并可能掩盖观测到的同位素分馏程度（Thullner et al.，2013）；其次，不断增加的碳原子数和氢原子数会稀释观测到的同位素效应。此外，目前只有少数厌氧 PAHs 降解培养物可用于同位素分馏数据的获取（Steffen et al.，2015）。可能是由于这些原因，目前只研究了萘（最小的多环芳烃，具有两个芳香环）在好氧和厌氧模型培养物降解下的碳和氢同位素分馏（Kuemmel et al.，2016；Bergmann et al.，2011）。硫酸盐还原的淡水富集培养物 N47 被认为可通过羧化作用激活萘，降解过程产生了强烈的碳和氢同位素分馏（表 7-1）（Meckenstock et al.，2016）。与培养物 N47 相反，海洋纯培养物 NaphS2 和 NaphS6 对萘的生物降解伴随着显著较低的碳同位素分馏，但类似的氢同位素分馏导致 Λ 值的显著差异性（表 7-1）。值得注意的是，从双加氧酶（一种性质良好的二羟基化酶）激发的萘和 2-甲基萘的好氧降解过程观察到显著的氢同位素效应（Kuemmel et al.，2016），表明通过氢同位素分析可以在原位环境中区分萘的好氧和厌氧生物降解。尽管目前依然缺乏对多环芳烃生物降解过程氢同位素分析的现场研究。

表 7-1　碳氢污染物转化反应过程中的碳、氢稳定同位素富集因子 ε 及相应的双同位素图斜率 Λ 值

碳氢化合物	实验室尺度的有氧降解				实验室尺度的厌氧反应				原位环境尺度研究			数据来源
	反应途径	ε_C/‰	ε_H/‰	Λ	反应途径	ε_C/‰	ε_H/‰	Λ	ε_C/‰	ε_H/‰	Λ	
芳烃												
苯	环单加氧	−4.3～−1.7	−11～−17	3～11	未知	−3.6～−0.8	−79～−29	8～39	−0.6	−16	24	Anko et al.,2009;Rakoczy et al.,2011;Bergmann et al.,2011,;Fischer et al.,2008;Mancini et al.,2003;Mancini et al.,2008
	环双加氧	−1.3～−0.7	n.d.	n.a.					−2～−0.9	−20～−2	n.a.～9	
甲苯	环双加氧	−1.8～−0.4	n.d.	n.a.	延胡索酸化	−6.7～−0.7	−126～−17	4～41				Herrmann et al.,2016;Vogt et al.,2008;Kummel et al.,2013;Dorer et al.,2016;Tobler et al.,2008;Musat et al.,2016;Mancini et al.,2006
	甲基单加氧	−3.3～−0.4	−159～−9	16～68								
二甲苯	环单加氧	n.d.a.	n.d.a.	n.d.a.					−2.6	−30	约 12	Herrmann et al.,2016;Steinbach et al,2004
	环双加氧	n.d.a.	n.d.a.	n.d.a.								
	甲基单加氧	n.d.a.	n.d.a.	n.d.a.								
乙苯	环氧化	−0.6～−0.4	−6～−2	5～9	苄基羟化	−4.1～−1.3	−189～−78	24～32			43	Rakoczy et al.,2011;Vogt et al.,2008;Dorer et al.,2016;Dorer et al.,2014b;Dorer et al.,2014a
	环双加氧	−0.5	−4	7	延胡索酸化	−0.7～−0.6	−96～−76	168～278				
	侧链单加氧	−0.5	−28	35								
萘	双加氧反应	−1.6～−0.1	21～54	−18～−9	羧化	−5～−0.4	−100～−47	29～107				Bergmann et al.,2011;Kuemmel et al.,2016;Mancini et al.,2003
2-甲基萘	双加氧反应	−1.3～−1.2	15～71	−30～−15								Kuemmel et al.,2016
短链烷烃												
甲烷	单加氧反应	−28～−15	−232～−110	7～11	逆产甲烷过程	−36～−12	−230～−101	8～9	−21～−4	−137～−38	3～18	Feisthauer et al.,2011;Holler et al.,2010
乙烷	未鉴定	−28～−15	−62	8								Kinnaman et al.,2007
丙烷	未鉴定	−11～−4.8	−15	3	延胡索酸化	−8.7～−2.6	−92～−16	6～12	−4.8	−43	9	Jaekel et al.,2014;Kinnaman et al.,2007;Mastalerz et al.,2009
丁烷	未鉴定	−5.6～−2.9	n.d.a	n.d.a	延胡索酸加成	−5.6～−1.8	−47～−9	5～9				Jaekel et al.,2014;Kinnaman et al.,2007;Bouchard et al.,2008

注：n.d.—未检测；n.a.—不适用；n.d.a.—没有可获得的数据。

二、甲烷及正构烷烃生物转化途径解析

近几年已有对烷烃生物降解（不包括甲烷）的碳和氢同位素分馏因子的综述（Musat et al.，2016）。与多环芳烃类似，烷烃链长的增加伴随着生物利用度的降低（由于在水中的溶解度降低），碳、氢原子数量的增加会导致同位素稀释效应。因此，ME-CSIA 经常用于分析气态的短链烷烃。在原位和实验室尺度的实验中，这些物质的氧化会受到传质限制的强烈影响，从而导致同位素分馏的掩蔽效应，因此在此类研究中 ME-CSIA 才能克服掩蔽效应对单元素同位素分馏的影响，以更好地识别和区分烷烃的降解途径。

（一）甲烷

目前，由于甲烷在全球碳循环中的重要性，大多数关于甲烷的同位素数据集都能很容易获取。由于生物产甲烷作用导致强烈的碳和氢同位素分馏，有一些人员正在研究甲烷的碳和氢同位素分馏模式以确定其来源。类似地，好氧和厌氧条件下的甲烷氧化会导致相当大的碳和氢同位素分馏（Whiticar，1999）（表 7-1）。通过含有两种已知类型甲烷单加氧酶（pMMO 和 sMMO）的模型培养物转化甲烷过程（Whiticar，1999），可观测到甲烷氧化过程的 Λ 值在一个相当窄的范围内。类似地，甲烷在亚硝酸盐型厌氧氧化菌株（*Methylomirabilis oxyfera*）降解过程也报道了类似的 Λ 值（Rasigraf et al.，2012），该培养物通过单加氧酶和内部产生的氧气来激活甲烷的氧化过程。值得注意的是，由产甲烷古生菌和硫酸盐还原菌联合体通过逆产甲烷过程和直接电子转移进行甲烷厌氧氧化产生的碳和氢同位素分馏 Λ 值与缺氧条件下相似（Riedel et al.，2015；Shawn et al.，2015）。因此，甲烷的好氧氧化和厌氧氧化途径可能无法通过 ME-CSIA 进行区分。然而，同位素分馏模式可以很好地用来识别甲烷在野外研究中的生物降解，因为碳和氢同位素分馏与甲烷的生物降解有关，会导致甲烷中碳、氢同位素的显著富集（Feisthauer et al.，2012）。

（二）正构烷烃

最近的研究以几种硫酸盐为电子受体的纯菌和富集培养物探究了丙烷和正丁烷厌氧降解过程中的碳、氢同位素富集因子。在缺氧条件下，这些气态烷烃通过延胡索酸加成被激活，类似于延胡索酸酶激活的芳香族化合物降解，这一反应产生显著的碳和氢同位素效应（表 7-1）（Jaekel et al.，2014）。丙烷碳、氢双同位素斜率的 Λ 值在 6～12 之间，而正丁烷的 Λ 值在 5～9 之间，这主要取决于生长类型和培养条件（有没有连续混合，即有/无传质限制）（Jaekel et al.，2014）。在原位现场研究中，碳和氢同位素富集因子仅有海洋沉积物中丙烷的厌氧降解过程被研究，报道的 Λ 值为 9，处于富集培养物研究报道的数值范围内（Mastalerz et al.，2009）。

短链烷烃好氧降解过程的碳和氢同位素分馏因子仅在少数没有表征的土壤或沉积物样品中被报道（表 7-1）。对于乙烷和丙烷的好氧降解途径，Λ 值分别为 8 和 3（表 7-1）（Kinnaman et al.，2007）。对于正构烷烃中的丁烷到正癸烷的好氧降解过程，目前仅有碳同位素富集因子被报道（Kinnaman et al.，2007；Bouchard et al.，2008）。这些有限的可用数据集表明，气态烷烃的初始需氧转化途径可能产生强碳同位素效应和相当弱的氢同位素效应，导

致 Λ 值显著低于延胡索酸加成降解途径的 Λ 值，但需要更多的数据来验证这一假设（表 7-1）。然而，考虑到丙烷的生物降解有一个相当完整的数据集（表 7-1），ME-CSIA 可以用来区分丙烷好氧和厌氧降解途径。

对于许多与环境相关的碳氢化合物，表 7-1 中已经描述了已知降解途径的碳和氢同位素富集因子（表 7-1）。几乎所有与污染场地相关的厌氧反应都具有相当大的碳和/或氢同位素分馏特征，为 ME-CSIA 原位检测这些反应途径提供了数据集支持。这种观点需要进一步的实地研究支持，因为大多数研究都是在实验室条件下进行的（表 7-1）。此外，在实验室研究中发现了一些与酶促反应相关的限制因素，但它们在原位条件下的实际相关性尚不清楚。在氢同位素分馏强烈的情况下，Λ 值可能在生物转化反应过程中发生变化（Dorer et al.，2014a）。如果 ME-CSIA 数据不能单独证明原位生物降解，则应采用其他方法作为地球化学方法、代谢物分析、原位微观结构或功能基因表达分析（Fischer et al.，2016）。

第三节
稳定同位素解析有机微污染物生物转化途径

一、有机微污染物环境问题与生物降解

目前，地下水和地表水资源受到许多有机化学物质的影响。除了石油和氯化烃的场地污染外，极性有机化学品也越来越受到关注（表 7-1）（Schwarzenbach et al.，2006），这些污染物通常在低浓度（ng/L 级到 mg/L 级）下被检测到。这些新兴污染物或微污染物（Petrie et al.，2015a；Gavrilescu et al.，2015），如杀虫剂、药品和个人护理品，被广泛使用并通过农业投入或废水处理厂（WWTPs）处理后的废水排放进入环境（Schwarzenbach et al.，2006）。如果未来水资源短缺不断加剧，水循环再利用率会增加。此外，如果在工程水处理系统中未完全去除微污染物，它们可能会积聚在环境系统中，如地表水、沉积物和含水层（Benner et al.，2013；Pomies et al.，2013；Huebner et al.，2015）。虽然对微污染物的研究集中在毒性、可降解性、降解途径和转化产物上，但依赖其自然降解和工程降解并遵循预防原则的新型管理策略是有必要的（Fenner et al.，2013a；Regnery et al.，2015）。并且，尽管这些微污染物如除草剂等在使用之前要在实验室条件下进行降解性能测试，但最近在地下水中不断监测到农药的环境污染表明实验室系统的降解性能测试在推出微污染物在环境中转化途径上具有局限性（Huebner et al.，2015）。

大量有关微污染物降解的信息已经从实验室尺度测试和模拟研究中获得，并在识别环境条件下的微污染物降解（Fenner et al.，2013）、筛选其转化产物（Huebner et al.，2015；Helbling et al.，2010a）、确定转化途径和转化率（Stangroom et al.，2000；Kern et al.，2011；Wick et al.，2011）方面取得了较大进展（Pomies et al.，2013；Farlin et al.，2013）。然而，除了监管测试之外，目前的研究方法在预测环境中微污染物降解的能力方面还受到诸多限制。首先是在真实环境中微污染物长时间尺度的降解程度的预测，其次是除了环境监测

外还需要评估微污染物在集水区尺度内主要消散带中的迁移转化情况。最后，工程处理系统（饮用水生产、三级污水处理厂）中微污染物去除性能和可靠性的驱动因素等还需要更好的表征手段。

二、有机微污染物的生物转化过程同位素分馏

尽管 CSIA 对于污染场地遗留化合物的研究已经很成熟（Thullner et al.，2012；Elsner et al.，2012），但具有典型极性结构化合物的 CSIA 才刚刚出现（表 7-2）。在实验室尺度的研究中可以观察到微污染物同位素比值的显著变化（表 7-2）。然而，碳同位素比值的变化往往随着分子尺寸的增大而变小，因为在非反应位置相同元素的同位素值不会改变，反应位置化学键处的同位素效应会被稀释（Elsner，2010）。由于许多微污染物的分子尺寸大于典型的遗留污染物（C_2 氯代化合物、苯、甲苯），降解引起的微污染物中碳同位素比值变化可能由于不同商业来源的物质的同位素变异性而不容易观测到，除非污染源的同位素比值范围较窄（Spahr et al.，2013；Mogusu et al.，2015；Spahr et al.，2015）。多元素同位素分析提供了解决这个问题的新的可能性（表 7-2）。与场地遗留污染物相比，微污染物的结构中通常含有额外的杂原子，每种元素中只有少量的杂原子存在（通常为 1～3 个），因此杂原子的同位素稀释效应远比碳同位素的小得多。例如，当碳分馏不显著时，氮同位素分馏可以证明有氧双氯芬酸降解（Maier et al.，2014a）。对于手性微污染物，在所谓的对映体特异性稳定同位素分析（ESIA）中结合 CSIA 和对映体选择性分析，可以获得更多降解途径的见解，正如首次引入对 α-六氯环己烷（α-HCH）（Silviu-Laurentiu et al.，2009）的研究中，酶的运输和催化作用通常是对映体选择性的（Müller et al.，2004），因此，对映体富集可指示生物降解，类似于同位素富集。例如，结合 CSIA 和对映选择性分析（Jammer et al.，2014），发现苯氧基酸除草剂降解过程中存在强烈的对映体选择性和较小的同位素分馏，证明细胞壁转移是降解过程的速率限制步骤（Qiu et al.，2014）。

CSIA 可以进一步用于解释可控条件下实验室系统中的反应机理和生物化学过程（Elsner et al.，2005）。除了关于氯化乙烯和其他常见地下水污染物的大量数据集外（Hunkeler et al.，2000；Aeppli et al.，2009），大量研究观测到含有脱卤杆菌的培养物对氯仿（Chan et al.，2012）和二氯苯脱卤过程（Liang et al.，2014；Liang et al.，2011）以及 1,2-二氯乙烷生物脱氯过程的碳同位素富集因子（Schmidt et al.，2014）。这些结果扩展了监测和量化污染现场原位生物降解所需的数据集。虽然单一的碳元素稳定同位素分馏表明氯乙烯在不同微生物还原脱卤过程中存在差异（Cichocka et al.，2008；Lee et al.，2012），但多元素稳定同位素分析和进一步的生物化学分析可以对反应过程进行更深入的洞察，并为观察到的同位素富集因子的变化提供可靠的解释。双元素（如 C/Cl）同位素分析方法能够证实微生物系统和类咕啉的脱卤反应的相似性，类咕啉是还原脱卤酶的重要辅助因素（Cretnik et al.，2014；Renpenning et al.，2014；Cretnik et al.，2013）。然而，四氯乙烯（PCE）的 C/Cl 同位素分馏的典型双元素同位素图斜率表明存在两种类型的脱卤酶（Wiegert et al.，2013；Badin et al.，2014）。观察到的 PCE 单元素和双元素稳定同位素分馏的可变性可能是由于反应机制的差异以及速率限制因素等。研究观察到底物向微生物传质过程、跨膜转运以及底物与生物酶的结合导致的速率限制，由于与底物转运相比酶催化转化率相对较高，因此降低了观察到的同位素效应（Aeppli et al.，2009；Mundle et al.，2012；Renpenning et al.，2014；Renpenning et al.，2015）。

到目前为止，只有有限的报道研究溴化有机污染物的CSIA分析。在首次研究生物降解过程中溴稳定同位素效应的报道之后（Bernstein et al.，2012），最近的研究评估了溴化酚类和溴代阻燃剂三溴新戊醇在光降解过程中的碳和溴同位素效应，从而可以利用同位素效应区分不同的反应过程（Bernstein et al.，2012；Zakon et al.，2013；Kozell et al.，2015）。目前研究仍处于早期阶段，然而由于溴存在于许多新兴污染物中，例如溴化阻燃剂，因此溴元素的CSIA方法和应用在未来新兴污染物的研究中具有很好的前景。

三、稳定同位素解析有机微污染物转化途径的难点

与传统污染物相比，微污染物极低的浓度及极性是将CSIA方法推广到其中需要解决的两大分析挑战。第一个挑战是富集足够的分析物（通常几毫克，用于多次注射）需要提取大量的水。虽然分析物的低挥发性通常限制了其在固相萃取（SPE）过程中的损失，但也阻碍了净化和捕集中的基质切断。在固相萃取过程中，非挥发性基质组分与目标化合物一起富集，如果选择柱进样以获得最佳灵敏度则会增加基质效应（Kathrin et al.，2013）。三嗪类阿特拉津类除草剂及其转化产物脱乙基阿特拉津的CSIA可在通过制备高效液相色谱法净化提取物后进行（Kathrin et al.，2013）。CSIA之前的提取和净化策略还可以在批量土壤试验中检测拟除虫菊酯杀虫剂α-氯氰菊酯的降解情况（Xu et al.，2015），表明CSIA可以跟踪施用或沉积在土壤中的微污染物。然而，在土壤和沉积物中的连续吸附-解吸步骤中可能会出现小同位素分馏（Kopinke et al.，2005；Xu et al.，2015），在推导反应途径和机制解释时应予以考虑。第二个挑战在于微污染物的极性，要求在气相色谱分离之前使用选择性吸附相进行固相萃取和/或衍生步骤（表7-2）。由于氮等杂原子可增加对金属表面的吸附，因此在GC-IRMS燃烧炉中使用玻璃连接件和在线转换条件（即金属选择和操作温度）对精确和准确的CSIA至关重要（Spahr et al.，2013；Reinnicke et al.，2012）。当前低浓度和化合物极性带来的挑战也反映了手性微污染物环境影响评估应用的限制。即首先需要大量目标分析物（即每次注射10～100ng）；其次，手性气相色谱的操作温度较低（通常＜250℃），基质效应较强；第三，色谱分辨率差，基线分离不足（R＜3.0）（Badea et al.，2015）。

四、有机微污染物稳定同位素分析的应用前景

目前，尽管上述分析挑战限制了有机微污染物CSIA的现场研究，但是表7-2中总结的最新研究进展表明现在微污染物CSIA在环境中的应用是触手可及的，并且可以在日益复杂的不同情况下有望得到应用。首先，与石油或氯代烃的稳态评估类似，从点源连续释放农药的情况下有必要提供农药降解的证据（Tuxen et al.，2003）。其次，尽管更具挑战性，但在污染事件的研究中，相对于保守的示踪剂跟踪微污染物污染羽，以描绘环境热点和时刻也会寻求降解的证据（Riml et al.，2013）。第三，集水区规模的降解综合评估试图在一个季节内整合多个微污染源和污染事件，但通常无法检测降解发生的地点、时间和方式，需要创新研究方法（Moschet et al.，2013）。第四，也是最后一点，多年来对地下水中农药降解情况的调查还难以进行，因为目前的方法无法在较长时间的调查中明确地检测到农药降解情况。在下一节中，将讨论CSIA在这些日益复杂的不同情况下提供洞察力的潜力。

表 7-2 新兴污染物（有机微污染物）单体稳定同位素分析研究结果

微污染物种类	CSIA 方法开发	反应途径及同位素分馏(实验室尺度)	数据来源
除草剂			
	$^{13}C/^{12}C$，$^{15}N/^{14}N$：GC-IRMS		Meyer et al.，2008
阿特拉津		生物水解：ε_C=(−5.4～−1.8)‰，ε_N=(0.6～3.3)‰	Meyer et al.，2009；Chen et al.，2017
莠灭净		生物水解：ε_C=(−1.9±0.2)‰，ε_N=(4.3±0.4)‰	Schuerner et al.，2015
西玛津/阿特拉津		生物氧化脱烷基： ε_C=(−4.0/−4.1)‰，ε_N=(−1.4/−1.9)‰	Meyer et al.，2014a；Meyer et al.，2013
阿特拉津		直接光解：ε_C=(4.6±0.3)‰，ε_N=(4.9±0.2)‰，$\varepsilon_H\approx$0‰	Hartenbach et al.，2008
阿特拉津		间接光解：ε_C=(−1.7～−0.5)‰，ε_N=(−0.7～−0.3)‰， ε_C=(−51～−25)‰	
阿特拉津		碱性水解过程： ε_C=−(5.6±0.2)‰，ε_N=(−1.2±0.2)‰	Meyer et al.，2009
阿特拉津		ε_{Cl}=(−8.2～−0.9)‰	Grzybkowska et al.，2014；Dybala-Defratyka et al.，2008
2-甲基-4-氯苯氧基乙酸，2,4-D，苯氧丙酸，2,4-滴丙酸	衍生化＋GC-IRMS	好氧生物降解：ε_C=(−2～0)‰	Maier et al.，2013
		不同菌株的对应体选择性(ES)： ES=0.6～0.9 (*Sphingobium herbicidovorans* MH)	Qiu et al.，2014
		ES=−0.97～−0.7(*Delftia acidovorans* MCl)	
		生物水解反应：ε_C=(−3～−2)‰	Jammer et al.，2014
异丙甲草胺，乙草胺，甲草胺	GC-IRMS	人工湿地中的降解过程： ε_C=(−3～−2)‰	Elsayed et al.，2014
异丙隆		非生物水解： ε_C=(−5～−2)‰，ε_N=(−11～−9)‰	Penning et al.，2008
		生物水解过程： ε_C=(−5.7±0.2)‰，ε_N=(−3.3±0.4)‰，$\varepsilon_H\approx$0‰	
		真菌作用下的羟基化反应： ε_C=(−1.6～−1.0)‰，$\varepsilon_N\approx$0‰，ε_H=(−34～−21)‰	
		细菌作用下的脱甲基反应： $\varepsilon_C\approx$0‰，$\varepsilon_N\approx$0‰，$\varepsilon_H\approx$0‰	Penning et al.，2010a

续表

微污染物种类	CSIA 方法开发	反应途径及同位素分馏(实验室尺度)	数据来源
草甘膦，氨甲基膦酸	LC-IRMS $^{13}C/^{12}C$，GC-IRMS $^{15}N/^{14}N$，$^{18}O/^{16}O$	非生物氧化 (C, N) 光降解 (O)	Kujawinski et al.，2013 Emmanuel et al.，2015 Sandy et al.，2013
苯达松	$^{13}C/^{12}C$，$^{15}N/^{14}N$：衍生化 + GC-IRMS		Reinnicke et al.，2010
氯苯胺	$^{13}C/^{12}C$，$^{15}N/^{14}N$：GC-IRMS	直接光降解 pH 7：	
		2-氯苯胺：$\varepsilon_C=(+1.5\pm0.5)$ ‰，$\varepsilon_N=(-2.9\pm0.3)$ ‰	Skarpeli-Liati et al.，2011
		3-氯苯胺：$\varepsilon_C=(-0.4\pm0.1)$ ‰，$\varepsilon_N=(-1.7\pm0.2)$ ‰	Ratti et al.，2015a；Ratti et al.，2015b
		4-氯苯胺：$\varepsilon_C=(-1.2\pm0.2)$ ‰，$\varepsilon_N=(-1.2\pm0.2)$ ‰	
除草剂重要代谢产物			
2,6-二氯苯甲酰胺(BAM)	$^{13}C/^{12}C$，$^{15}N/^{14}N$：GC-IRMS	BAM 的好氧降解： $\varepsilon_C=(-7.8\sim-7.5)$ ‰，$\varepsilon_N=(-13.5\sim-10.7)$ ‰	Reinnicke et al.，2012；Ratti et al.，2015b
脱乙基阿特拉津(DEA)	$^{13}C/^{12}C$，$^{15}N/^{14}N$：GC-IRMS	氧化降解	Meyer et al.，2014b
N-亚硝基二甲基胺	$^{13}C/^{12}C$，$^{15}N/^{14}N$，$^{2}H/^{1}H$：GC-IRMS	—	Spahr et al.，2015
取代 N-烷基苯胺	$^{13}C/^{12}C$，$^{15}N/^{14}N$，$^{2}H/^{1}H$：GC-IRMS	氧化转化(过氧化物酶，MnO_2)： $\varepsilon_C=(-2.4\sim-0.1)$ ‰，$\varepsilon_N=(-7.4\sim+9.6)$ ‰， $\varepsilon_H=(-73\sim+11)$ ‰	Skarpeli-Liati et al.，2012；Skarpeli-Liati et al.，2011
杀虫剂			
六氯环己烷(HCH)异构体，林丹	$^{13}C/^{12}C$：GC-IRMS(ESIA)	厌氧降解（还原脱氯）：$\varepsilon_C=(-4\sim-3)$ ‰	Chartrand et al.，2015；Zhang et al.，2014b，2011；Bashir et al.，2013；Ivdra et al.，2014
		好氧降解（对映体选择性的同位素分馏）： $\varepsilon_C=(-1.7\sim-1.5)$ ‰ (ε-HCH)，$\varepsilon_C=(-3.3\sim-2.4)$ ‰ [(+) ε-HCH]，$(-1.0\sim-0.7)$ ‰ [(−) ε-HCH]	
		非生物转化： $\varepsilon_C=(-1.9\pm0.2)$ ‰（羟基自由基氧化）	

续表

微污染物种类	CSIA 方法开发	反应途径及同位素分馏(实验室尺度)	数据来源
六氯环己烷(HCH)异构体,林丹	$^{13}C/^{12}C$: GC-IRMS(ESIA)	ε_C=(−2.8±0.2)‰(直接光解),ε_C=(−7.6±0.4)‰(脱氯化氢),ε_C=(−5～−4)‰(还原脱氯)	
有机磷杀虫剂:敌敌畏、氧化乐果、乐果	$^{13}C/^{12}C$:GC-IRMS	非生物水解: ε_C=(−0.2±0.1)‰(敌敌畏), ε_C=(−1.0±0.1)‰(乐果)	Wu et al.,2014
		光降解:ε_C=(−3.7±1.1)‰(乐果)	
DDT 及代谢物	$^{13}C/^{12}C$: GC-IRMS; $^{37}Cl/^{35}Cl$: GC-MS, GC+TIMS	脱氯化氢降解: 分子内位置特异性同位素效应:ε_{Cl}=9‰	Ivdra et al.,2014; Aeppli et al.,2010; Holmstrand et al.,2004; Reddy et al.,2002
双氯芬酸	$^{13}C/^{12}C$, $^{15}N/^{14}N$: 衍生化 + GC-IRMS	河流沉积物中的好氧降解: ε_C≈0‰,ε_N=(−7.1±0.4)‰	Maier et al.,2014b
		还原降解:H_2/Pd: ε_C=(−2.0±0.1)‰,ε_N≈0‰	
磺胺甲噁唑	$^{13}C/^{12}C$: LC-IRMS	有氧降解(羟基化):ε_C=(−0.6±0.1)‰	Kujawinski et al.,2012;Birkigt et al.,2015
		直接光解:ε_C=(−3～−2)‰	
消费及护理品			
苯并三唑(缓蚀剂、洗碗剂)	$^{13}C/^{12}C$, $^{15}N/^{14}N$: GC-IRMS	活性污泥中的有氧降解: ε_C=(−1.9±0.1)‰,ε_N=(−1.1±0.2)‰	Spahr et al.,2013;Huntscha et al.,2014
三溴新戊醇(TBNPA)(阻燃剂)	$^{13}C/^{12}C$: GC-IRMS; $^{81}Br/^{79}Br$: GC-MC-ICPMS	碱性水解: ε_C=(−10.4±1.6)‰,ε_{Br}=(−0.4±0.1)‰	Gelman et al., 2010
		氧化降解 H_2O_2/CuO: ε_C=(−10.4±1.6)‰,ε_{Br}≈0‰	
		还原脱氯 Fe(O): ε_C=(−7.6±0.7)‰,ε_{Br}=(−1.9±0.2)‰	
邻苯二甲酸盐(增塑剂)	$^{13}C/^{12}C$:GC-IRMS	有氧降解:非常微弱的碳同位素分馏	Zhang et al.,2019;Peng et al.,2012

在稳态条件下，CSIA 能够区分六氯环己烷（HCH）来源并识别 HCH 的生物降解作用（Bashir et al.，2015）。为此，可使用对映体特定富集因子（Bashir et al.，2013）和可靠的仪器分析方法（Silviu-Laurentiu et al.，2011；Chartrand et al.，2015）来证明农药的降解。例如，对苯氧基酸除草剂降解（敌敌畏及其降解物 4-CPP）空间变化的识别证明了在地质复杂的垃圾填埋场环境中结合对映体比率的 CSIA 和 ESIA 的方法优势。作为现场研究的补充方法，在稳态或基于事件的条件下，较小规模的受控环境系统可用于开发、测试和验证 CSIA 方法的有效性（Milosevic et al.，2013；Elsayed et al.，2014）。例如，CSIA 能够识别实验室规模湿地中氯代乙酰苯胺除草剂的降解（Elsayed et al.，2014）。同样，在活性污泥试验中，CSIA 证明了缓蚀剂苯并三唑的好氧降解（Huntscha et al.，2014）。在复杂但受控系统中进行的此类实验室尺度的实验突出了微污染物 CSIA 方法对评估湿地或废水处理厂处理微污染物的性能和可靠性。

在基于事件的研究中，地表水中微污染物的同位素数据有助于解释污染物降解反应空间和转化途径的非均质性。尽管此类现场研究尚未报道，但结合 CSIA 数据的耦合地下-地表反应输运模型（水圈）在野外原位环境尺度上得到了应用（Lutz et al.，2013）。该模型表明，CSIA 可以支持降雨-径流事件中向河流或运输路线输送农药的识别，更大程度上评估扩散导致的河流污染。未来，包括 CSIA 在内的模型输出可以在集水区尺度或工程处理系统中以不同的时间和空间分辨率获取数据，并增强对扩散污染物来源和污染羽消散的解释。最近在中尺度含水层中证明了 CSIA 方法示踪瞬态污染脉冲降解的能力（Schuerner et al.，2016）。

未来，有机微污染物 CSIA 还可以在更大的空间尺度上对一个季节内的多个污染源和事件进行综合研究。对于硝酸盐而言，依赖同位素数据的综合战略已经实施了 30 多年，对制定水管理政策做出了重大贡献（Nestler et al.，2011；Fenech et al.，2012；Ohte，2013）。重要的经验是需要根据可能的来源、水文和土地利用情况制定详细的采样策略，其次，硝酸盐同位素数据应与物理化学和水文示踪数据一起解释以评估污染源和硝酸盐在集水区的滞留和迁移过程。有机微污染物 CSIA 还提供了一个独特的潜力，可以在更长的时间尺度上追踪持久性有机污染物的降解（Holmstrand et al.，2007），因为 CSIA 的信息独立于质量平衡和时间尺度。例如，CSIA 可能有助于理解为什么阿特拉津类的除草剂在欧洲被禁止使用几十年后仍然经常在地下水中被检测到。

第四节
应用案例研究：以阿特拉津水解脱氯过程为例

一、阿特拉津的使用与环境风险

阿特拉津（atrazine，2-chloro-4-ethylamino-6-isopropylamino-s-triazine，如图 7-3 所示）作为一种三嗪类除草剂被广泛应用于玉米、高粱、甘蔗等农作物生产中防治出苗前和出苗后的一年生杂草和阔叶杂草（Vonberg et al.，2014）。它的除草作用是通过与光合作用系统中的泛醌结合蛋白结合，从而抑制光合电子传递，影响其他依赖光合作用产生能量的过程（Huber，1993）。自从20世纪50年代被合成以来，阿特拉津以其优良的除草性能和低廉的价格，很快在世界各国得到了广泛的应用，成为应用最广的除草剂之一，根据2010年的统计数据，三嗪类除草剂的使用量占到世界农药年使用量的2.3%（Fenner et al.，2013）。我国于20世纪80年代开始引进使用阿特拉津，此后用量和使用面积快速增长，在东北地区，仅辽宁就有53万公顷土地使用阿特拉津，年使用量超过1600吨（Geng et al.，2013）。目前中国已成为阿特拉津重要的生产、使用和出口国（司友斌等，2007）。据估计，全球每年有7万～9万吨的阿特拉津应用于农业生产，其中，中国每年消费约2万吨阿特拉津，同时中国每年有约5万吨阿特拉津出口到美国和墨西哥等国家（Zheng et al.，2014）。

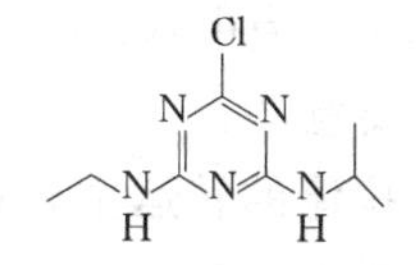

图7-3　阿特拉津的化学结构式

因为长期大规模的使用，阿特拉津及其代谢物的渗滤作用造成了全世界范围内地下水及土壤污染问题（Hertzman，2017；Sassine et al.，2016）。阿特拉津及其代谢产物在欧盟很多国家的地下水及饮用水源中被不断检出，浓度常常超过欧盟饮用水标准限值（0.1μg/L），且以接近标准限值的浓度长时间持续存在于地下水中（Vonberg et al.，2014）。在美国、加拿大的河流中，阿特拉津也是最常检出的农药之一，最高浓度常超过其环境标准限值（Hoffman et al.，2010；Jayachandran et al.，1994；Frank et al.，1979；Frank et al.，1990）。在中国，阿特拉津的使用同样造成了广泛的污染和残留问题。阿特拉津在中国的辽河流域（Gfrerer et al.，2002a；Gfrerer et al.，2002b；Geng et al.，2013；郑磊 等，2014）、淮河（王子健 等，2002）、官厅水库及杨河流域（Jin et al.，2002）、太湖（Na et al.，2006）和长江（Sun et al.，2017）等主要自然水体和饮用水源地都有不同程度的检出（徐雄 等，2016）。在辽河流域表现出较高的残留水平，东辽河流域地表水体中阿特拉津的含量平均为4.50～17.50μg/L，夏季最高浓度高达18.93μg/L。任晋 等（2002，2004）分别于2002年和2004年对北京官厅水库及其上游杨河流域阿特拉津的残留量进行了调查，最高浓度可达11.40μg/L，远远高于国家对饮用水源地的环境质量标准限值（3.00μg/L）。阿特拉津对许多水生生物都存在潜在的毒性，并且可能对水生环境产生长期的不良影响（Solomon et al.，2008），继而通过受污染的饮用水源对生态系统和人类健康构成威胁（Sai et al.，2019；Rimayi et al.，2018）。

二、阿特拉津的环境归趋

阿特拉津进入环境中主要是由于不恰当的除草剂施用方式，以及施用除草剂后随地表径流进入地表水或通过渗滤作用由土壤进入地下水中（Wang et al.，2018；Potter et al.，2005）。另一种输入途径是阿特拉津施用期间的挥发随后经大气降水沉积（Thurman et al.，2000；Yao et al.，2007）。然而，与不合理的施用方法造成的直接污染相比，阿特拉津的挥发扩散沉降污染是次要的。阿特拉津在土壤环境中的转归和环境行为涉及化学、生物（Neumann et al.，2004；Wu et al.，2018；Zhang et al.，2014a）以及光化学降解（Li et al.，2018）、物质转运、积累和吸附（Li et al.，2012）等多种不同的，且往往同时发生的过程，这些过程受到多种物理、物理-化学、生物-化学、土壤和气候因素的不同程度的影响。因此，区分由物理吸附和稀释过程导致的阿特拉津浓度的降低和化学-生物过程导致的阿特拉津在环境中真正的消除过程，对于评价阿特拉津在环境中的自然衰减以及污染修复效果具有重要意义。

阿特拉津的转运主要通过扩散、质量流，甚至吸附到载体物质如溶解性有机物或土壤胶体上进行（Barton et al.，2003；Flury，1996）。阿特拉津吸附在黏土矿物或土壤有机质等固定相上会导致除草剂在土壤层中积累，在土壤溶液中溶解浓度下降，降低阿特拉津在土壤溶液中的生物利用度，最终导致阿特拉津在土壤环境中生物降解程度较低（Chung et al.，2002；Park et al.，2003；Barriuso et al.，2004；Rigo et al.，2010），这将使阿特拉津及其代谢产物在土壤中长时间残留。从更大的时间范围内来看，吸附、残留在土壤中的阿特拉津可能会连续解吸并重新活化，再迁移到其他环境介质中去，这也解释了尽管阿特拉津在20世纪90年代被欧盟禁止后，仍可在欧洲各地的环境样品中检测到阿特拉津（Hertzman，2017；Vonberg et al.，2014）。研究表明，有机物和黏土矿物对阿特拉津及其降解产物的吸附量依次为：脱烷基阿特拉津（DEA和DIA）＜阿特拉津＜羟基阿特拉津。特别是脱烷基阿特拉津具有明显的可逆吸附行为，而对羟基阿特拉津来说不可逆吸附（结合残基）是其在表层土壤中最重要的吸附机制（And et al.，1996；Seybold et al.，1996）。阿特拉津在不同土壤中的吸附能力依次为：水稻土＞冲积土壤＞砖红壤（Cheng et al.，2017）。

一方面，只有真正的降解过程才能永久消除环境中的阿特拉津，但另一方面降解过程中产生的不同代谢物往往含有不同程度的毒性（Huber，1993；Singh et al.，2018）。因此，研究阿特拉津在环境中的降解程度和降解途径对于准确地评估阿特拉津在环境中的归宿至关重要。阿特拉津在土壤中可通过非生物和生物作用进行降解（Hui et al.，2017；Kumar et al.，2017；Lin et al.，2017），而在含水层和地下水中生物转化是阿特拉津降解的主要途径（Rodríguez et al.，1997；Talja et al.，2008）。微生物具有巨大而显著的代谢能力，可以利用阿特拉津及其产物作为碳氮源或能源物质。三嗪类除草剂在环境中的生物转化主要通过真菌（Kaufman et al.，1970；Marinho et al.，2017）和细菌（Hui et al.，2017；Kumar et al.，2017，Lin et al.，2018）两种途径进行。许多微生物种类和菌株都表现出代谢阿特拉津的能力，原核生物（革兰氏阳性菌和革兰氏阴性菌）和真核微生物在原位和体外条件下都参与了阿特拉津的生物降解（Choung et al.，2011）。

一般情况下，细菌和真菌通常将阿特拉津分子脱氯生成羟基阿特拉津（HAT）、脱异丙基阿特拉津（DIA）和脱乙基阿特拉津（DEA）。阿特拉津水解生成中间产物羟基阿特拉津的过程，首先在假单胞菌ADP菌株（*Pseudomonas* sp. ADP）中发现，由3个基因*AtzA*、*AtzB*和*AtzC*参与降解过程（de Souza et al.，1998b）。降解反应起始于阿特拉津C—Cl键的水解，其中氯原子通过亲核芳香取代反应被羟基取代（Meyer et al.，2009）。在阿特拉津氯水解酶催化下脱氯后，通过进一步去除*N*-烷基取代基生成三聚氰酸（de Souza et al.，1998a）。这3个基因分布广泛，几乎在所有降解阿特拉津的菌株中都具有这种降解途径（Singh et al.，2018）。已知阿特拉津的这种生物水解反应是由生物酶AtzA或TrzN催化的（Sajjaphan et al.，2004；de Souza et al.，1996），这两种酶都属于酰胺水解酶，然而，它们之间的氨基酸序列亲缘关系仅为27%，说明它们是从不同祖先独立进化而来的（Scott et al.，2009）。因此，了解AtzA和TrzN是否以相同的方式催化水解反应，对研究此类分解代谢酶的进化历史具有重要意义。第二种降解途径是通过氧化脱烷基作用，生成脱乙基阿特拉津（DEA）或脱异丙基阿特拉津（DIA），两种产物几乎同时生成，没有优先级，然后脱烷基产物进一步水解生成三聚氰酸（Behki et al.，1986；Hanioka et al.，2000；Gressel et al.，1983）。红球菌菌株 N186 和 SpTE1（*Rhodococcus strains* N186 和 SpTE1）通过产生 TriA 表现出氧化能力，这些酶能主动降解阿特拉津的代谢产物（Seffernick et al.，2001）。脱烷基化的阿特拉津通常由水解酶 AtzB 进行进一步的脱氯反应（Boundymills et al.，1997；Seffernick et al.，2007）。此外，在以上降解途径基础上，降解过程分别由 *AtzB* 和 *AtzC* 编码氨基水解酶进一步催化，最后由 *TrzF*/*AtzF*、*TrzD*/*AtzD*、*TrzE*/*AtzE* 基因编码的降解酶将三聚氰酸进一步转化，最终将阿特拉津矿化为二氧化碳（图 7-4，彩图见书后）。

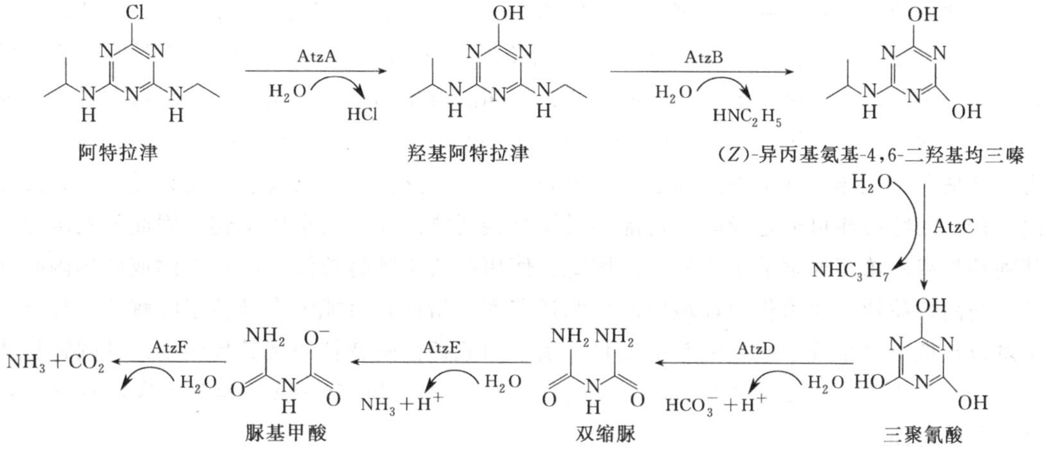

图 7-4 假单胞菌 ADP 菌株矿化阿特拉津的完整途径（de Souza et al.，1996）

阿特拉津的脱烷基化降解产物仍具有潜在的除草剂活性，且在水环境中具有更高的迁性，其生态毒性远大于丧失除草作用的羟基化代谢物（Ralstonhooper et al.，2009；Ralstonhooper，2009；Scialli et al.，2014），与脱烷基化产物相比，羟基化代谢产物在土壤中的吸附作用更强（Mersie et al.，1996）。因此，在水环境中羟基阿特拉津的浓度往往低于其在水相中的检测限（Vonberg et al.，2014），研究人员常用脱乙基阿特拉津（DEA）或脱异丙基阿特拉津（DIA）与阿特拉津的比值作为阿特拉津在环境中降解和迁移的指标（Adams et al.，1991；Spalding et al.，1994）。因为羟基阿特拉津没有被考虑在这个指数内，现有的研究结果可能导致阿特拉津的脱氯降解途径被严重低估。最近的研究表明羟基阿特拉津的形成在阿特拉津自然降解途径中占主导地位（Krutz et al.，2008），这意味着阿特拉津在自然系统中的降解消除过程目前还没有得到充分的评估（Wackett et al.，2002）。生物降解完全去除阿特拉津及其代谢产物在田间很少发现（Mandelbaum et al.，1995；Singh et al.，2018）。尽管在实验室及控制条件下对阿特拉津环境行为进行了大量的研究，但在地下水中建立完整的质量平衡几乎不可能，这使得在真实环境中研究阿特拉津的来源和环境行为面临很多的挑战（Fenner et al.，2013）。此外，检测和评估中间代谢物往往很困难，因为很多代谢中间体存在时间很短且会进一步降解，很多代谢产物没有可供分析的标准品，同时一部分代谢产物因为强烈的吸附作用被不可逆固定在环境介质中很难被分析检测。因此，亟待开发新的方法和研究手段以更好地评估阿特拉津的环境行为和在环境中的归趋。

三、阿特拉津生物和非生物水解过程中的碳、氮同位素分馏

（一）阿特拉津水解脱氯过程中的稳定同位素分馏

如图 7-5 所示（彩图见书后），阿特拉津在环境中的生物和非生物转化可通过两种初始转化机制发生：其一是氧化脱烷基途径生成脱乙基阿特拉津（DEA）和脱异丙基阿特拉津(DIA)；另一种是水解转化途径，导致阿特拉津脱氯生成脱卤产物羟基阿特拉津（HAT）。阿特拉津的水解脱氯产物羟基阿特拉津不再具有除草活性，是一种具有代表性的脱毒途径，而阿特拉津氧化脱烷基途径的两种产物依然具有除草剂活性，且在水环境中具有更强的迁移性。阿特拉津的这种水解过程可由氯水解酶 AtzA 和 TrzN 催化。虽然这些酶都是氨基水解酶家族的成员，但它们之间的氨基酸序列相关性只有 27%，这表明它们是由独立的不同祖先进化而来的。在这种情况下，有两个非常有趣的科学问题：一是为了解决这类分解代谢酶进化史上的关注点，了解 AtzA 和 TrzN 是否以相同的方式催化阿特拉津的水解反应；二是为了评估阿特拉津在环境中的命运，需要新的工具，这些工具与现有方法相辅相成。具体地说，羟基阿特拉津可通过吸附（可能通过结合残留物）在土壤中固定化，因此天然水样中羟基阿特拉津的浓度通常低于检测限。因此，使用脱乙基阿特拉津与阿特拉津或脱异丙基阿特拉津与阿特拉津的比值作为环境中降解和迁移率的指标，可能大大低估了降解的总程度。由于难以在地下水系统中建立完整的质量平衡，因此评估阿特拉津及其代谢物羟基阿特拉津的来源和归宿仍然是主要关注的问题。单体稳定同位素分析（CSIA）为解决这些科学问题提供了新的思路。

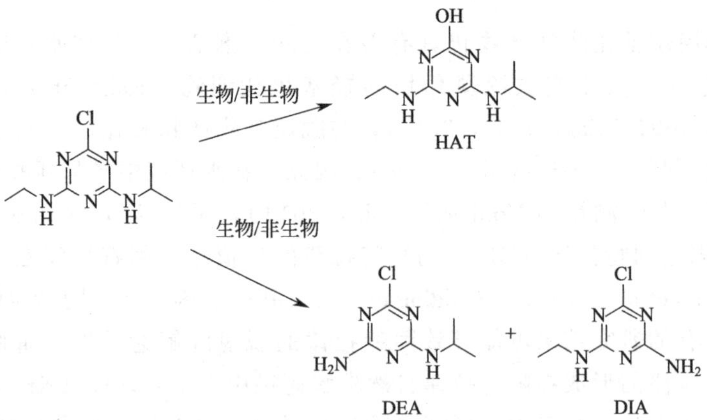

图 7-5　阿特拉津在环境中生物和非生物作用下的起始转化过程

研究发现阿特拉津在生物和非生物水解过程中观测到显著的碳、氮稳定同位素分馏（表 7-3）。阿特拉津在含不同降解酶 AtzA 和 TrzN 的纯培养物转化过程中均观测到显著的碳、氮稳定同位素分馏效应，碳同位素表现出了正常的同位素分馏，重同位素 ^{13}C 在剩余底物中相对富集；而氮同位素表现出了逆分馏现象，重同位素 ^{15}N 在剩余底物中相对贫化，观测到的碳、氮稳定同位素分馏符合瑞利模型（Scott et al.，2004）。阿特拉津生物转化过程中观测到的碳、氮稳定同位素分馏与阿特拉津在酸性水解过程中具有相同的分馏模式，都表

现为正常的碳同位素分馏和氮同位素的逆分馏效应（Meyer et al.，2008；Masbou et al.，2018）。而在碱性水解过程观测到的同位素分馏模式与之相反，碳稳定同位素表现为正常的富集，而氮稳定同位素也表现为富集。已经报道的含氯水解酶 AtzA 和 TrzN 的阿特拉津转化菌株具有相同的碳、氮稳定同位素分馏模式（Meyer et al.，2009；Schürner et al.，2015），且与酸性水解脱氯过程具体相同的分馏模式，表明生物水解过程与酸性水解过程具有相似的转化途径（Schmidt et al.，2004；Elsner et al.，2005），且与碱性水解脱氯过程具有不同的微观机制。

表 7-3　阿特拉津生物转化和非生物水解过程中观测到的碳、氮稳定同位素分馏因子、表观动力学同位素效应和二维同位素图斜率

水解脱氯	革兰氏	转化酶或温度	ε_C/‰	ε_N/‰	$\Lambda=\delta^{15}N/\delta^{13}C$	$AKIE_C$	$AKIE_N$	备注
剑菌属菌株(*Ensifer* sp.)CX-T	阴性	AtzA	−2.40±0.07	1.30±0.1	−0.55±0.05	1.020	0.994	a
中华根瘤菌属菌株(*Sinorhizobium* sp.)K	阴性	AtzA	−1.40±0.07	2.45±0.5	−1.17±0.1	1.011	0.988	a
根瘤菌属菌株(*Rhizobium* sp.)CX-Z	阴性	AtzA	−1.8±0.3	0.8±0.02	−0.40±0.05	1.015	0.996	a
螯合杆菌属(*Chelatobacter heintzii*)	阴性	AtzA	−3.7±0.2	2.3±0.4	−0.65±0.08	1.031	0.989	b
加单胞菌菌株(*Pseudomonas* sp.)ADP	阴性	AtzA	−1.8±0.2	0.6±0.2	−0.32±0.06	1.015	0.997	b
金黄节杆菌菌株(*Arthrobacter aurescens*)TCI	阳性	TrzN	−5.4±0.6	3.3±0.4	−0.61±0.02	1.045	0.984	b
纯酶 TrzN		TrzN	−5.0±0.2	2.5±0.1	−0.54±0.02	1.041	0.988	c
pH=3		60 ℃	−4.8±0.4	2.5±0.2	−0.52±0.04	1.040	0.988	b
pH=12		60 ℃	−3.7±0.4	−0.9±0.4	0.26±0.06	1.031	1.005	b
pH=12		20 ℃	−5.6±0.2	−1.2±0.2	0.22±0.4	1.047	1.006	e
pH=12		30 ℃	−5.6±0.4	−0.8±0.5	0.15±0.08	1.047	1.004	d

数据来源：a. 本研究；b. Meyer et al.，2009；c. Schuerner et al.，2015；d. Masbou et al.，2018；e. Meyer et al.，2008。

（二）动力学同位素效应与脱氯机制识别

为了进一步理解阿特拉津生物转化过程中的脱氯反应微观机制，根据式(3-40)（第三章）计算出了表观动力学同位素效应（AKIE）（表 7-3）。不同降解菌株的碳稳定同位素动力学同位素效应 $AKIE_C$ 范围为 1.011～1.045，而氮稳定同位素动力学同位素效应 $AKIE_N$ 变化范围是 0.984～0.997［根据式 3-40，$x=1$］。碳同位素分馏效应表明生物催化反应过程中反应过渡态分子中 C—Cl 化学键的强度比反应物中减弱（Dybala-Defratyka et al.，2008），而氮的逆同位素效应表明在阿特拉津生物催化脱氯过程中过渡态分子中的氮原子比反应物中更受限制，或过渡态分子中一个或者数个氮原子的键合增加（Plust et al.，1981）。一般情况下，非生物化学反应过程中的同位素分馏不易受到掩蔽效应的影响，可以直接反应出化学转化过程中化学键的变化过程，通过与非生物反应过程中的同位素分馏情况进行比较，可以帮助理解生物反应过程中的微观反应机理（Elsner et al.，2005）。基于阿特拉津在非生物水解过程中的碳、氮稳定同位素分馏特征，Meyer 等（2009）提出了阿特拉津生物转化过程中可能存在的两种化学反应机理（图 7-6）。生物水解阿特拉津生成羟基阿特拉津的反应要么是通过羟基直接取代三嗪环上的氯原子（机制 A），要么在亲和取代反应之前三嗪环先被活化，然后进行亲核取代反应（机制 B）。

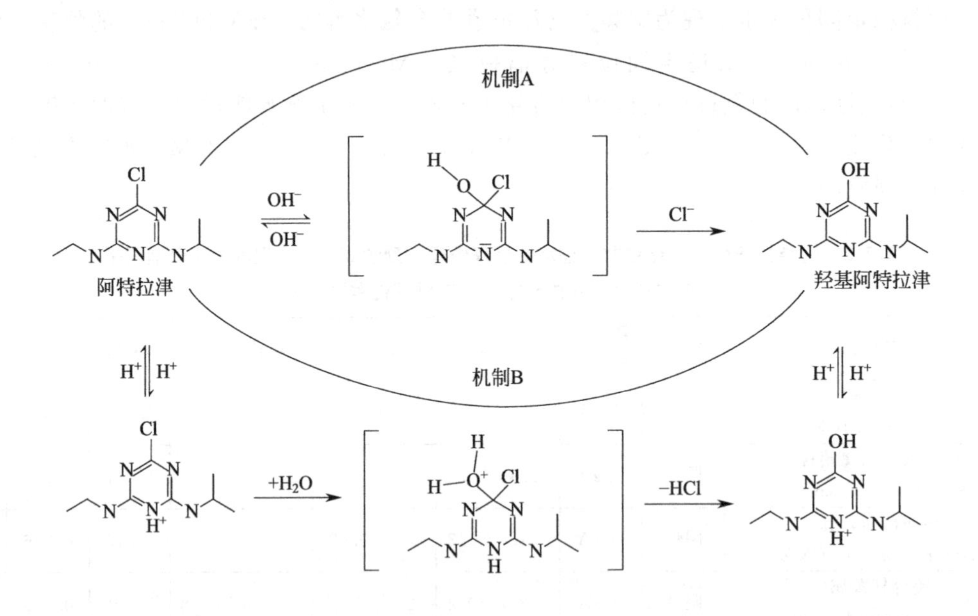

图 7-6 阿特拉津水解过程中两种可能的化学反应途径（Meyer et al.，2009）

结合生物和非生物转化过程中观测到的动力学同位素效应，Meyer 等（2009）认为阿特拉津生物水解脱氯过程遵循反应机制 B，即在亲核取代脱氯反应前三嗪环上的一个氮原子结合一个质子而先被质子活化，且转化酶 AtzA 和 TrzN 具有相同的转化途径，尽管两种菌株观测的同位素分馏存在变异性，且两种酶的氨基酸序列只有 27%的同源性。阿特拉津在三种微生物菌株转化过程中的碳、氮稳定同位素分馏模式与在酸性水解过程的分馏模式相同，都表现出正常的碳同位素分馏，氮同位素的逆分馏，而与碱性水解过程中的氮同位素分馏模式相反。且氮同位素分馏一般出现在阿特拉津的二级动力学亲核取代反应过程中（如图 7-6 中机制 A）（Dybala-Defratyka et al.，2008），而氮同位素逆分馏效应多出现在过渡态化学键比反应物中更稳定或更受限制的情况下（Schramm，2005）。除此之外，氯苯胺在酸性溶液光化学脱氯反应中观察到的氮同位素逆分馏效应也支持这一结论，在芳香取代反应前苯环上的氨基氮原子发生了质子化反应（Ratti et al.，2015b）。Schürner 等（2015）通过纯化的阿特拉津氯水解酶 TrzN 和其对应的突变体 TrzN-E241Q 证明了酶 TrzN 的氨基酸残基 E241 起到质子供体活化三嗪环的作用，同时在突变体 TrzN-E241Q 作用下阿特拉津同样表现出正常的碳同位素分馏和氮同位素的逆分馏效应，表明突变体存在氨基酸残基 E241 之外的其他质子供体活化了三嗪环上的氮原子（Seffernick et al.，2010）。

对于阿特拉津氯水解酶 TrzN 脱氯反应机理已经有了清晰的了解（Meyer et al.，2009；Schürner et al.，2015）。然而，对于阿特拉津氯水解酶 AtzA 脱氯反应的生物化学机理还有待进一步阐明，因为目前尚缺乏利用纯化的氯水解酶 AtzA 进行阿特拉津转化的碳、氮同位素分馏效应的研究，此外含有两种不同酶的降解菌株具有相似的碳、氮稳定同位素分馏模式，然而含氯水解酶 AtzA 的降解菌株的碳同位素富集因子分馏程度（ε_C＝－2.40‰，－1.40‰，－1.80‰，－3.70‰，－1.80‰）远小于含转化酶 TrzN 的菌株和转化酶 TrzN 转化阿特拉津过程中观测到的碳同位素富集因子（ε_C=－5.4‰，－5.0‰）（表 7-3）。这可能是掩蔽效应导致的，也可能是不同的反应机制导致的。尽管不同菌株转化阿特拉津过程中都表现出氮同位素逆分馏效应，然而氮稳定同位素分馏因子也出现了较大变异性，菌株 *Ensifer* sp. CX-T，*Rhizobium* sp. CX-Z 与菌株 *Pseudomonas* sp. ADP 转化过程中观察到相同数量但相比于酸性水解过程中很微弱的氮同位素分馏效应，而菌株 *Sinorihizobium* sp. K 和菌株 *Chelatobacter heintzii* 观察到与转化酶 TrzN 和其对应的菌株金黄节杆菌（*Arthrobater aurescens*）TCI 相同数量级的氮同位素的分馏（Meyer et al.，2009；Schürner et al.，2015）。虽然阿特拉津转化过程中的掩蔽效应可能会使稳定同位素分馏效应表现出差异（Meyer et al.，2009），使单独利用碳或者氮同位素分馏很难识别阿特拉津的生物转化过程。然而，掩蔽效应难以解释革兰氏阴性菌、含转化酶 AtzA 的降解菌株 *Sinorihizobium* sp. K 和降解菌株 *Chelatobacter heintzii* 碳同位素分馏受到其影响而氮同位素却没有受到其影响。

根据降解机制 B（图 7-6）反应过程中三嗪环上的一个氮原子受到质子活化作用［式(1-15)，$x=1$］计算的表观动力学同位素效应如表 7-3 所列。革兰氏阳性菌 *Atthrobacter aurescens* TCI 与降解酶 TrzN 在酸性水解过程中的 $AKIE_N$ 具有一致性，分布在 0.984～0.988 的狭窄范围内，对应的反应位点的氮同位素 δ 值贫化在 12‰～16‰之间。而革兰氏阴性菌（酶 AtzA）的 $AKIE_N$ 具有显著的差异性，在 0.997～0.988 之间，对应反应位点的氮同位素贫化在 3‰～12‰之间。且报道的几种革兰氏阴性菌反应位点的氮同位素富集因子呈 4‰～11‰二项分布（考虑到分析误差的平均值），这与几种菌株具有相同降解酶 AtzA 催化相同反应过程的事实相矛盾，表明根据反应机制 B 计算的动力学同位素效应 $AKIE_N$，显著放大了观测的动力学同位素效应的误差，通过阿特拉津在碱性水解过程中的动力学同位素效应也可以证明。如表 7-3 所示，在碱性水解条件下，计算 $AKIE_N$ 的值（1.004～1.006）显著高于 Grzybkowska 等（2014）通过密度泛函理论（DFT）在 pH＝12 的条件下计算的结果（1.0017～1.0021），也远高于在 pH＝12 条件下的实测结果 1.001±0.001（Grzybkowska et al.，2014；Masbou et al.，2018）。当考虑到碱性条件下，羟基亲核取代氯原子过程中三嗪环作为大 π 键，三嗪环上三个氮原子的电子云密度均受到影响，将观测到的氮同位素分馏平均到三个氮原子上时，即反应过程中三个氮原子受到影响（$x=3$）时，$AKIE_N$ 值为 1.002，与 DFT 计算结果和实测结果相吻合。这表明，按照反应机制 B 计算的革兰氏阴性菌的 $AKIE_N$ 值，将观测到平均同位素分馏反应到一个反应位点的氮原子上高估了动力学同位素效应 $AKIE_N$，且放大了不同菌株间测量过程的误差。换言之，即在革兰氏阴性菌降解阿特拉津的过程中，反应过渡态中不只一个氮原子受到了键合作用，即反应机制与 Meyer 等（2009）认为的机制 A 有差别，两种阿特拉津氯水解酶 AtzA 与 TrzN 具有不同的微观脱氯机制。

（三）碳-氮同位素图斜率与水解反应微观机制识别

一般认为在有机污染物转化过程中两种相关元素稳定同位素分馏被认为具有一致性，呈线性变化（Elsner et al.，2005），多元同位素图斜率应具有一致性。考虑到碳、氮稳定同位素富集因子在含相同降解基因的不同菌株之间显著的变异性，双同位素图斜率被认为可以有效区分不同的化学机理（Elsner，2010；Vogt et al.，2016），已经广泛应用于有机污染物的转化途径和机理研究，如甲基叔丁基醚（Lesser et al.，2008）、甲苯（Vogt et al.，2008）、氯化烃类化合物（Renpenning et al.，2014b；Palau et al.，2017；Torrento et al.，2017）和农用化学品（Hartenbach et al.，2008；Penning et al.，2010b）。断裂化学键的两种相关元素同位素的动力学同位素效应（KIE）经历相同的反应过程，同位素相对于彼此变化，双同位素图应呈线性变化，因此双同位素图斜率比同位素富集因子受到更小的影响（Zwank et al.，2005；Vogt et al.，2016；Vogt et al.，2008）。

尽管不同的阿特拉津降解菌株含有相同的降解基因，催化相同的反应过程，但观测到的碳、氮稳定双同位素图斜率（$\Delta=\delta^{15}N/\delta^{13}C$）却表现出很大的差异性。如图 7-7 所示（彩图见书后），三种菌株的双同位素图斜率（Δ）分别为－0.55（*Ensifer* sp. CX-T）、－1.17（*Sinorihizobium* sp. K）和－0.38（*Rhizobium* sp. CX-Z）。菌株 *Rhizobium* sp. CX-Z 的双同位素斜率与菌株 *Pseudomonas* sp. ADP 的双同位素图斜率相似（－0.32），但是都小于其他菌株［*Ensifer* sp. CX-T，*Chelatobacter heintzii*（－0.65），*Arthrobacter aurescens* TCI（－0.61）］和酸性水解过程中观察到的碳、氮双同位素图斜率（－0.52）（表 7-3）。含转化基因 *AtzA* 的菌株之间双同位素图斜率的差异性，表明在生物反应过程中生物酶催化化学键转化步骤前出现了引起同位素分馏的限速步骤（不涉及化学键变化），这些不涉及化学键变化的限速步骤影响了观测的同位素分馏过程。不同降解菌株的系统发育和酶催化机制的多样性可能导致了双同位素图斜率的差异。因为这些菌株都是革兰氏阴性降解菌株并具有相同的降解基因，且非反应性步骤导致的掩蔽效应不会改变双同位素图斜率。因此降解酶 TrzN 和 TrzN-型降解菌株与 AtzA-型降解菌的差异性很可能是微观脱氯机制的差异性导致。此外，AtzA-型降解菌株之间双同位素图斜率的差异可能是降解酶 AtzA 不同变种之间的差异导致的。据文献报道，AtzA 不同变种之间的米氏常数 K_m 值具有显著的差异性，变化范围在 49～153μmol/L 之间，野生型的 AtzA 的 K_m 值甚至大于 159μmol/L（Wang et al.，2013；Seffernick et al.，2001；Seffernick et al.，2002）。通过酶促反应动力学过程的表观动力学同位素效应可知，不同酶的米氏常数决定了酶促反应过程中结合同位素效应（BIE）的大小（Swiderek et al.，2013）。不同酶与底物亲和力常数的大小，可能导致不同的动力学同位素效应和双同位素图斜率。

两种氯水解酶 AtzA 与 TrzN 对于相同的底物阿特拉津其 K_m 具有显著差别，也表明两种酶与底物的结合性具有显著的差异性。与氯水解酶 AtzA（K_m＞159μmol/L）（Scott et al.，2009）相比，氯水解酶 TrzN 具有更小的米氏常数（K_m 约为 20μmol/L），表明 TrzN 的结构相比于 AtzA 能与底物阿特拉津更好地结合。米氏常数的差异性表明两种酶水解阿特拉津过程中酶促反应动力学的差异性，表明不同降解酶与底物亲和力的大小，这种差异很可能导致不同的同位素分馏过程。

碳、氮同位素图斜率在含转化基因 *AtzA* 与 *TrzN* 的菌株之间显著的差异性，也表明两种酶在脱氯反应机制上的差异性。因为掩蔽效应难以同时解释观察到的碳同位素分馏程度在含降解基因 *AtzA* 菌株中降低，而氮稳定同位素分馏程度却在某些菌株中降低（*Pseudomonas* sp. ADP、*Ensifer* sp. CX-T 和 *Rhizobium* sp. CX-Z），在有些菌株中却和酸性水解过程中具有相同的分馏程度（*Sinorihizobium* sp. K，*Chelatobacter* heintzii），并且在菌株 *Sinorihizobium* sp. K 转化反应过程中观察到的氮同位素的二级同位素分馏效应大于碳同位素的一级同位素分馏效应。菌株 *Rhizobium* sp. CX-Z 细胞粗提物转化阿特拉津过程中观测到的二维同位素图斜率（Δ＝－0.37）与之前报道的 *Pseudomonas* sp. ADP 菌株中观测值具有

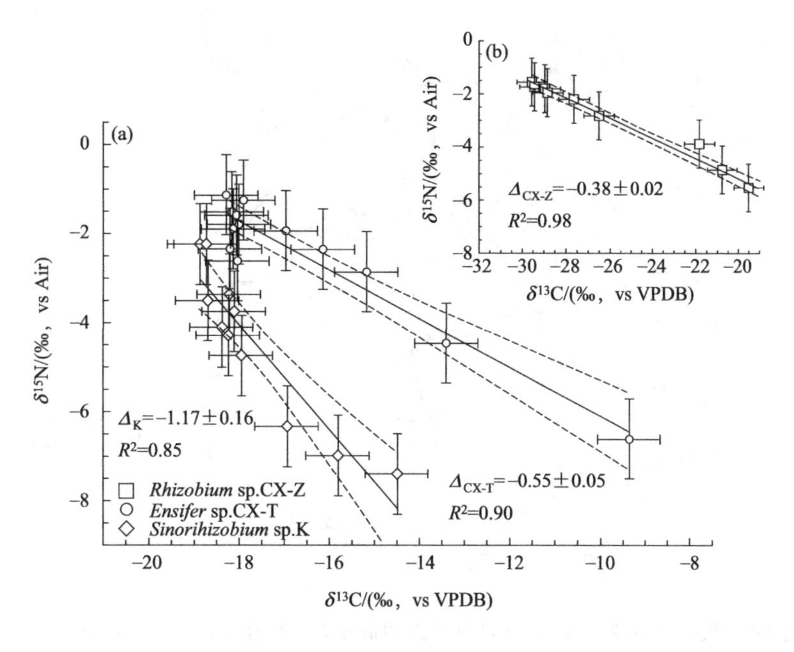

图 7-7 三种菌株的碳、氮双同位素图

(a) 图中圆圈代表菌株 *Ensifer* sp. CX-T，方块菱形代表菌株 *Sinorihizobium* sp. K；

(b) 方块代表菌株 *Rhizobium* sp. CX-Z，虚线代表线性拟合 95%的置信范围

一致性，表明含氯水解酶 AtzA 菌株间的同位素分馏的差异性由降解酶的进化差异导致。因为不同 AtzA 变体的米氏常数（K_m=49～153μmol/L）具有一定的差异性。

而阿特拉津氯水解酶 AtzA 与 TrzN 的双同位素斜率间的显著差异性，可能是两者脱氯机制的差异性导致的，尽管两者具有相似碳同位素分馏效应和氮同位素逆分馏效应。在阿特拉津脱氯反应过程中氮同位素的逆分馏效应（二级同位素效应）表明反应过渡态中氮原子有新的键合生成，对比酸性水解过程最可能的原因是三嗪环上的氮原子受到了质子化，这一点通过氯水解酶 TrzN 的结构得以证实（Seffernick et al.，2010）。虽然氯水解酶 AtzA 与 TrzN 具有相似的三级结构，然而 AtzA 和 TrzN 的单体重叠有很大差异，且金属结合组氨酸侧链和金属覆盖层具有较长的金属组氨酸距离。在氯水解酶 AtzA 立体结构中，Fe^{2+} 作为金属离子中心，His276 与 Fe^{2+} 和 Fe-Asp327 相互作用增加（图 7-8）（Seffernick et al.，2010）。对氯水解酶 AtzA 的结合区域研究表明，AtzA 很难像氯水解酶 TrzN 一样以一种允许活化水亲核攻击的方向与阿特拉津结合（Peat et al.，2015）。通过计算，Peat 等（2015）得到了一个最适合的阿特拉津 C 原子的位置，使 Cl 原子能够被金属结合水亲核攻击，其中底物的 *N*-乙基和 *N*-异丙基基团远离金属中心，与 Val92、Trp87、Leu88、Tyr85 和 Phe84 发生疏水接触，使阿特拉津的 Cl 原子和一个三嗪环上的 N 原子与中心离子 Fe^{2+} 配位，Fe^{2+} 使底物处于最理想的位置，使 Cl 原子能够被亲核攻击（图 7-8，彩图见书后）。因此，结合观测到的碳、氮稳定同位素分馏效应和氯水解酶 AtzA 的三维结构证据，可以证明氯水解酶 AtzA 与水解酶 TrzN 的脱氯反应微观过程具有很大差异，两种酶结构的差异性导致了催化转化阿特拉津脱氯反应机制的微观差异。

不同于 TrzN 对三嗪环上 N 原子质子化导致的氮逆同位素分馏效应，在 AtzA 与阿特拉津的结合过程中，最可能的原因是氯水解酶 AtzA 的中心离子 Fe^{2+} 或其他氨基酸

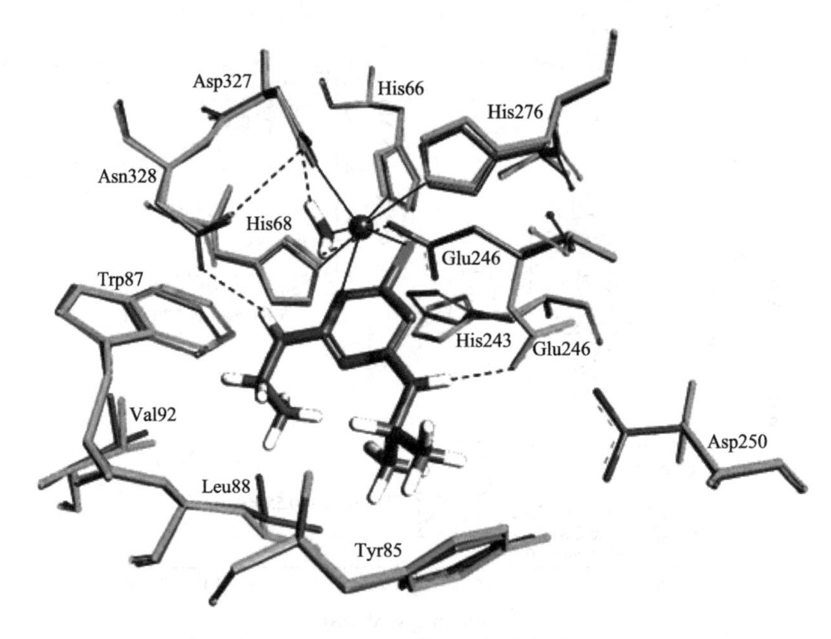

图 7-8 模拟阿特拉津与 AtzA 活性位点的最可能的结合方式（Peat et al.，2015）

残基与三嗪环上的 N 原子形成配位作用，导致了氮的逆同位素分馏效应（图 7-9，彩图见书后）。结合 Peat 等（2015）对于氯水解酶 AtzA 结构的研究结果，氯水解酶 AtzA 的脱氯机制可能有两种：第一种是基于图 7-7 描述的可能存在的酶 AtzA 催化阿特拉津发生亲核取代反应的双齿配位结合模式；第二种方式是酶 AtzA 与阿特拉津的单齿配位结合方式，这种结合方式能更好地使 Glu246 稳定三嗪环中 N 原子上的负电荷。在这两种结合方式中，Cl 原子与 Fe^{2+} 的配位使得 C—Cl 键的电子密度增大，增加了 C 原子对亲核攻击的敏感性。这对应了碳同位素正常的动力学同位素效应（KIE），表明结合态中的 C—Cl 化学键变弱。在第一种机制中，配位水被 Asp327 脱除质子，然后生成的活性氢氧根在与 Cl 原子结合的 C 原子处进行亲核攻击取代 Cl 原子，负电荷被稳定在 Fe^{2+} 配位的芳香族 N 原子上重新生成芳构化产物。第二种机制中阿特拉津与 AtzA 中的 Fe^{2+} 进行单齿配位，Glu246 对结合水去质子化，然后 Glu246 旋转，以氢键与阿特拉津三嗪环上 N 原子结合，三嗪环上的 N 获得负电荷然后通过质子化的 Glu246 的氢键稳定下来，随后按照第一种机制生成产物（Peat et al.，2015）。

阿特拉津
2-羟基阿特拉津
TrzN
T325 H274 E241
阿特拉津

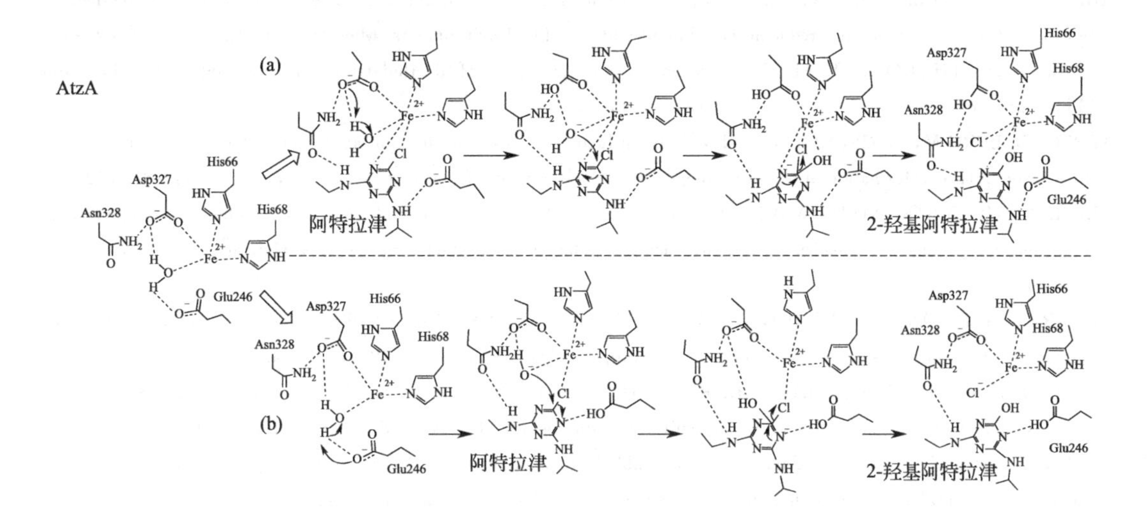

图 7-9 阿特拉津氯水解酶 AtzA 与 TrzN 对阿特拉津的脱氯反应机制

在两种可能的反应机制中，反应过渡态中三嗪环上的 N 原子都产生了新的键合，这解释了氮同位素的逆分馏效应。在两种反应途径中，三嗪环上的氮原子受到氢键作用的键合强度要小于氯水解酶 TrzN 三嗪环上氮原子质子化的键合作用，这也解释了 AtzA 动力学同位素效应 $AKIE_N$ 小于 TrzN。此外，在三嗪环被质子活化过程中三嗪环上的一个 N 原子受到强烈的键合作用。而在酶 AtzA 通过氢键作用的两种途径中，除了三嗪环上的氮原子受到氢键作用外，侧链 *N*-乙基和 *N*-异丙基基团上的氮原子同样会受到氢键作用，受到氢键键合作用的氮原子数至少为 3 个，且三个 N 原子受到的键合强度相似，氮原子的表观动力学同位素效应相似。根据 AtzA 的两种可能的降解途径，忽略 N 原子间动力学同位素效应的微观差异，$AKIE_N$ 均在 0.996～0.999 之间，不同菌株间的差异显著降低，且远小于降解酶 TrzN 与酸性水解过程观测到的 AKIE 值（0.984～0.988），得到的动力学同位素效应与实际反应过程相吻合。

参考文献

蔺中，杨杰文，蔡彬，等，2017. 根际效应对狼尾草降解土壤中阿特拉津的强化作用［J］. 农业环境科学学报， 36（3）：531-538.

任晋，蒋可，2004. 官厅水库水中莠去津及其降解产物残留的分析［J］. 分析试验室， 23（12）：17-20.

任晋，蒋可，周怀东，2002. 官厅水库水中阿特拉津残留的分析及污染来源［J］. 环境科学， 23（1）：126-128.

司友斌，孟雪梅，2007. 除草剂阿特拉津的环境行为及其生态修复研究进展［J］. 安徽农业大学学报， 34（3）：451-455.

王子健，吕怡兵，王毅，等，2002. 淮河水体取代苯类污染及其生态风险［J］. 环境科学学报， 22（3）：300-304.

徐雄，李春梅，孙静，等，2016. 我国重点流域地表水中 29 种农药污染及其生态风险评价［J］. 生态毒理学报， 11（2）：347-354.

郑磊，张依章，张远，等，2014. 太子河流域莠去津的空间分布及风险评价［J］. 环境科学， 35（4）：1263-1270.

ABE Y，HUNKELER D，2006. Does the Rayleigh equation apply to evaluate field isotope data in contaminant hydrogeology?［J］. Environmental Science & Technology，40（5）：1588-1596.

ABU LABAN N, SELESI D, RATTEI T, et al., 2010. Identification of enzymes involved in anaerobic benzene degradation by a strictly anaerobic iron-reducing enrichment culture [J]. Environmental Microbiology, 12 (10): 2783-2796.

ADAMS C D, THURMAN E M, 1991. Formation and transport of deethylatrazine in the soil and vadose zone [J]. Journal of Environmental Quality, 20 (3): 540-547.

AEPPLI C, BERG M, CIRPKA O A, et al., 2009. Influence of mass-transfer limitations on carbon isotope fractionation during microbial dechlorination of trichloroethene [J]. Environmental Science & Technology, 43 (23): 8813-8820.

AEPPLI C, HOLMSTRAND H, ANDERSSON P, et al., 2010. Direct compound-specific stable chlorine isotope analysis of organic compounds with quadrupole GC/MS using standard isotope bracketing [J]. Analytical Chemistry, 82 (1): 420-426.

ALVAREZ-ZALDÍVAR P, PAYRAUDEAU S, MEITE F, et al., 2018. Pesticide degradation and export losses at the catchment scale: Insights from compound-specific isotope analysis (CSIA) [J]. Water Research, 139: 198-207.

ANNABLE W K, FRAPE S K, SHOUAKAR-STASH O, et al., 2007. ^{37}Cl, ^{15}N, ^{13}C isotopic analysis of common agrochemicals for identifying non-point source agricultural contaminants [J]. Applied Geochemistry, 22 (7): 1530-1536.

BADEA S L, DANET A F, 2015. Enantioselective stable isotope analysis (ESIA)—A new concept to evaluate the environmental fate of chiral organic contaminants [J]. Science of the Total Environment, 514: 459-466.

BADEA S L, VOGT C, GEHRE M, et al., 2011. Development of an enantiomer-specific stable carbon isotope analysis (ESIA) method for assessing the fate of α-hexachlorocyclo-hexane in the environment [J]. Rapid Communications in Mass Spectrometry, 25 (10): 1363-1372.

BADEA S L, VOGT C, WEBER S, et al., 2009. Stable isotope fractionation of gamma-hexachlorocyclohexane (lindane) during reductive dechlorination by two strains of sulfate-reducing bacteria [J]. Environmental Science & Technology, 43 (9): 3155-3161.

BADIN A, BUTTET G, MAILLARD J, et al., 2014. Multiple dual C—Cl isotope patterns associated with reductive dechlorination of tetrachloroethene [J]. Environmental Science & Technology, 48 (16): 9179-9186.

BARTON C D, KARATHANASIS A D, 2003. Influence of soil colloids on the migration of atrazine and zinc through large soil monoliths [J]. Water, Air, and Soil Pollution, 143 (1/2/3/4): 3-21.

BASHIR S, FISCHER A, NIJENHUIS I, et al., 2013. Enantioselective carbon stable isotope fractionation of hexachlorocyclohexane during aerobic biodegradation bySphingobiumspp [J]. Environmental Science & Technology, 47 (20): 11432-11439.

BASHIR S, HITZFELD K L, GEHRE M, et al., 2015. Evaluating degradation of hexachlorcyclohexane (HCH) isomers within a contaminated aquifer using compound-specific stable carbon isotope analysis (CSIA) [J]. Water Research, 71: 187-196.

BEHKI R M, KHAN S U, 1986. Degradation of atrazine by Pseudomonas: *N*-dealkylation and dehalogenation of atrazine and its metabolites [J]. Journal of Agricultural and Food Chemistry, 34 (4): 746-749.

BENNER J, HELBLING D E, KOHLER H P E, et al., 2013. Is biological treatment a viable alternative for micropollutant removal in drinking water treatment processes? [J]. Water Research, 47 (16): 5955-5976.

BERGMANN F D, ABU LABAN N M, MEYER A H, et al., 2011. Dual (C, H) isotope fractionation in anaerobic low molecular weight (poly) aromatic hydrocarbon (PAH) degradation: potential for field studies and mechanistic implications [J]. Environmental Science & Technology, 45 (16): 6947-6953.

BERNSTEIN A, RONEN Z, LEVIN E, et al., 2013. Kinetic bromine isotope effect: example from the microbial debromination of brominated phenols [J]. Analytical and Bioanalytical Chemistry, 405 (9): 2923-2929.

BIGLEY A N, RAUSHEL F M, 2013. Catalytic mechanisms for phosphotriesterases [J]. Biochimica et Biophysica Acta (BBA) —Proteins and Proteomics, 1834 (1): 443-453.

BIRKIGT J, GILEVSKA T, RICKEN B, et al., 2015. Carbon stable isotope fractionation of sulfamethoxazole during biodegradation by microbacterium sp. strain BR1 and upon direct photolysis [J]. Environmental Science & Technology, 49 (10): 6029-6036.

BOUCHARD D, HUNKELER D, HÖHENER P, 2008. Carbon isotope fractionation during aerobic biodegradation of *n*-alkanes and aromatic compounds in unsaturated sand [J]. Organic Geochemistry, 39 (1): 23-33.

BOUNDY-MILLS K L, DE SOUZA M L, MANDELBAUM R T, et al., 1997. The *AtzB* gene of *Pseudomonas* sp. strain ADP encodes the second enzyme of a novel atrazine degradation pathway [J]. Appl Environ Microbiol, 63 (3): 916-923.

CARREÓN-DIAZCONTI C, SANTAMARÍA J, BERKOMPAS J, et al., 2009. Assessment of in situ reductive dechlorination using compound-specific stable isotopes, functional gene PCR, and geochemical data [J]. Environmental Science & Technology, 43 (12): 4301-4307.

CHAN C C H, MUNDLE S O C, ECKERT T, et al., 2012. Large carbon isotope fractionation during biodegradation of chloroform by dehalobacter cultures [J]. Environmental Science & Technology: 120827163222000.

CHARTRAND M, PASSEPORT E, ROSE C, et al., 2015. Compound specific isotope analysis of hexachlorocyclohexane isomers: a method for source fingerprinting and field investigation of in situ biodegradation [J]. Rapid Communications in Mass Spectrometry, 29 (6): 505-514.

CHEN S S, YANG P P, ROHIT KUMAR J, et al., 2017. Inconsistent carbon and nitrogen isotope fractionation in the biotransformation of atrazine by *Ensifer* sp. CX-T and *Sinorihizobium* sp. K [J]. International Biodeterioration & Biodegradation, 125: 170-176.

CHOUNG C B, HYNE R V, STEVENS M M, et al., 2011. Toxicity of the insecticide terbufos, its oxidation metabolites, and the herbicide atrazine in binary mixtures to ceriodaphnia cf dubia [J]. Archives of Environmental Contamination and Toxicology, 60 (3): 417-425.

CHUNG N, ALEXANDER M, 2002. Effect of soil properties on bioavailability and extractability of phenanthrene and atrazine sequestered in soil [J]. Chemosphere, 48 (1): 109-115.

CICHOCKA D, IMFELD G, RICHNOW H H, et al., 2008. Variability in microbial carbon isotope fractionation of tetra- and trichloroethene upon reductive dechlorination [J]. Chemosphere, 71 (4): 639-648.

CINCINELLI A, PIERI F, ZHANG Y, et al., 2012. Compound specific isotope analysis (CSIA) for chlorine and bromine: a review of techniques and applications to elucidate environmental sources and processes [J]. Environmental Pollution, 169: 112-127.

CRETNIK S, BERNSTEIN A, SHOUAKAR-STASH O, et al., 2014. Chlorine isotope effects from isotope ratio mass spectrometry suggest intramolecular C—Cl bond competition in trichloroethene (TCE) reductive dehalogenation [J]. Molecules (Basel, Switzerland), 19 (5): 6450-6473.

CRETNIK S, THORESON K A, BERNSTEIN A, et al., 2013. Reductive dechlorination of TCE by chemical model systems in comparison to dehalogenating bacteria: insights from dual element isotope analysis ($^{13}C/^{12}C$, $^{37}Cl/^{35}Cl$) [J]. Environmental Science & Technology, 47 (13): 6855-6863.

DE LAURENTIIS E, CHIRON S, KOURAS-HADEF S, et al., 2012. Photochemical fate of carbamazepine in surface freshwaters: laboratory measures and modeling [J]. Environmental Science & Technology, 46 (15): 8164-8173.

DE SOUZA M, SADOWSKY M, WACKETT L, 1999. Atrazine chlorohydrolase from *Pseudomonas* sp. strain ADP: gene sequence, enzyme purification, and protein characterization [J]. J Bacteriol, 181 (2): 695.

DE SOUZA M L, SEFFERNICK J, MARTINEZ B, et al., 1998a. The atrazine catabolism genes *AtzABC* are widespread and highly conserved [J]. Journal of Bacteriology, 180 (7): 1951-1954.

DE SOUZA M L, WACKETT L P, SADOWSKY M J, 1998b. The atzABC genes encoding atrazine catabolism are located on a self-transmissible plasmid in *Pseudomonas* sp. strain ADP [J]. Appl Environ Microbiol, 64 (6): 2323-2326.

DORER C, HÖHENER P, HEDWIG N, et al., 2014a. Rayleigh-based concept to tackle strong hydrogen fractionation in dual isotope analysis-the example of ethylbenzene degradation by Aromatoleum aromaticum [J]. Environmental Science & Technology, 48 (10): 5788-5797.

DORER C, VOGT C, KLEINSTEUBER S, et al., 2014b. Compound-specific isotope analysis as a tool to characterize biodegradation of ethylbenzene [J]. Environmental Science & Technology, 48 (16): 9122-9132.

DORER C, VOGT C, NEU T R, et al., 2016. Characterization of toluene and ethylbenzene biodegradation under nitrate-, iron (Ⅲ) - and manganese (Ⅳ) -reducing conditions by compound-specific isotope analysis [J]. Environmental Pollution, 211: 271-281.

DUMONT M G, MURRELL J C, 2005. Stable isotope probing—linking microbial identity to function [J]. Nature Reviews Microbiology, 3 (6): 499-504.

DYBALA-DEFRATYKA A, SZATKOWSKI L, KAMINSKI R, et al., 2008. Kinetic isotope effects on dehalogenations at an aromatic carbon [J]. Environmental Science & Technology, 42 (21): 7744-7750.

ELSAYED O F, MAILLARD E, VUILLEUMIER S, et al., 2014. Using compound-specific isotope analysis to assess the degradation of chloroacetanilide herbicides in lab-scale wetlands [J]. Chemosphere, 99: 89-95.

ELSNER M, 2010. Stable isotope fractionation to investigate natural transformation mechanisms of organic contaminants: principles, prospects and limitations [J]. Journal of Environmental Monitoring, 12 (11): 2005-2031.

ELSNER M, IMFELD G, 2016. Compound-specific isotope analysis (CSIA) of micropollutants in the environment—current developments and future challenges [J]. Current Opinion in Biotechnology, 41: 60-72.

ELSNER M, JOCHMANN M A, HOFSTETTER T B, et al., 2012. Current challenges in compound-specific stable isotope analysis of environmental organic contaminants [J]. Analytical and Bioanalytical Chemistry, 403 (9): 2471-2491.

ELSNER M, ZWANK L, HUNKELER D, et al., 2005. A new concept linking observable stable isotope fractionation to transformation pathways of organic pollutants [J]. Environmental Science & Technology, 39 (18): 6896-6916.

FARLIN J, GALLÉ T, BAYERLE M, et al., 2013. Predicting pesticide attenuation in a fractured aquifer using lumped-parameter models [J]. Ground Water, 51 (2): 276-285.

FEISTHAUER S, SEIDEL M, BOMBACH P, et al., 2012. Characterization of the relationship between microbial degradation processes at a hydrocarbon contaminated site using isotopic methods [J]. Journal of Contaminant Hydrology, 133: 17-29.

FEISTHAUER S, VOGT C, MODRZYNSKI J, et al., 2011. Different types of methane monooxygenases produce similar carbon and hydrogen isotope fractionation patterns during methane oxidation [J]. Geochimica et Cosmochimica Acta, 75 (5): 1173-1184.

FENECH C, ROCK L, NOLAN K, et al., 2012. The potential for a suite of isotope and chemical markers to differentiate sources of nitrate contamination: a review [J]. Water Research, 46 (7): 2023-2041.

FENNER K, CANONICA S, WACKETT L P, et al., 2013. Evaluating pesticide degradation in the environment: blind spots and emerging opportunities [J]. Science, 341 (6147): 752-758.

FENNER K, LANZ V A, SCHERINGER M, et al., 2007. Relating atrazine degradation rate in soil to environmental conditions: implications for global fate modeling [J]. Environmental Science & Technology, 41 (8): 2840-2846.

FISCHER A, GEHRE M, BREITFELD J, et al., 2009. Carbon and hydrogen isotope fractionation of benzene during biodegradation under sulfate-reducing conditions: a laboratory to field site approach [J]. Rapid Communications in Mass Spectrometry, 23 (16): 2439-2447.

FISCHER A, HERKLOTZ I, HERRMANN S, et al., 2008. Combined carbon and hydrogen isotope fractionation investigations for elucidating benzene biodegradation pathways [J]. Environmental Science & Technology, 42 (12): 4356-4363.

FISCHER A, MANEFIELD M, BOMBACH P, 2016. Application of stable isotope tools for evaluating natural and stimulated biodegradation of organic pollutants in field studies [J]. Current Opinion in Biotechnology, 41: 99-107.

FISCHER A, THEUERKORN K, STELZER N, et al., 2007. Applicability of stable isotope fractionation analysis for the characterization of benzene biodegradation in a BTEX-contaminated aquifer [J]. Environmental Science & Technology, 41 (10): 3689-3696.

FRANK R, CLEGG B S, SHERMAN C, et al., 1990. Triazine and chloroacetamide herbicides in Sydenham River water and municipal drinking water, Dresden, Ontario, Canada, 1981—1987 [J]. Archives of Environmental Contamination and Toxicology, 19 (3): 319-324.

FRANK R, SIRONS G J, THOMAS R L, et al., 1979. Triazine residues in suspended solids (1974—1976) and water (1977) from the mouths of Canadian streams flowing into the great lakes [J]. Journal of Great Lakes Research, 5 (2): 131-138.

GAVRILESCU M, DEMNEROVÁ K, AAMAND J, et al., 2015. Emerging pollutants in the environment: present and future challenges in biomonitoring, ecological risks and bioremediation [J]. New Biotechnology, 32 (1): 147-156.

GELMAN F, HALICZ L, 2010. High precision determination of bromine isotope ratio by GC-MC-ICPMS [J]. International Journal of Mass Spectrometry, 289 (2/3): 167-169.

GENG Y, JING M A, JIA R, et al., 2013. Impact of long-term atrazine use on groundwater safety in Jilin province, China [J]. Journal of Integrative Agriculture, 12 (002): 305-313.

GEVAO B, SEMPLE K T, JONES K C, 2000. Bound pesticide residues in soils: a review [J]. Environmental Pollution, 108 (1): 3-14.

GFRERER M, MARTENS D, GAWLIK B M, et al., 2002a. Triazines in the aquatic systems of the eastern Chinese rivers Liao-He and Yangtse [J]. Chemosphere, 47 (4): 455-466.

GFRERER M, WENZL T, QUAN X, et al., 2002b. Occurrence of triazines in surface and drinking water of Liaoning Province in Eastern China [J]. Journal of Biochemical and Biophysical Methods, 53 (1/2/3): 217-228.

GHARASOO M, EHRL B N, CIRPKA O A, et al., 2019. Modeling of contaminant biodegradation and compound-specific isotope fractionation in chemostats at low dilution rates [J]. Environmental Science & Technology, 53 (3): 1186-1196.

GRESSEL J, SHIMABUKURO R H, DUYSEN M E, 1983. *N*-Dealkylation of atrazine and simazine in Senecio vulgaris biotypes: a major degradation pathway [J]. Pesticide Biochemistry and Physiology, 19 (3): 361-370.

GRZYBKOWSKA A, KAMINSKI R, DYBALA-DEFRATYKA A, 2014. Theoretical predictions of isotope effects versus their experimental values for an example of uncatalyzed hydrolysis of atrazine [J]. Physical Chemistry Chemical Physics, 16 (29): 15164-15172.

HADERLEIN S B, SCHMIDT T C, ELSNER M, et al., 2005. Response to comment on "new evaluation scheme for two-dimensional isotope analysis to decipher biodegradation processes: application to groundwater contamination by MTBE" [J]. Environmental Science & Technology, 39 (21): 8543-8544.

HALLADJA S, TER HALLE A, PILICHOWSKI J F, et al., 2009. Fulvic acid-mediated phototransformation of mecoprop. A pH-dependent reaction [J]. Photochemical & Photobiological Sciences, 8 (7): 1066-1071.

HANIOKA N, JINNO H, TANAKA-KAGAWA T, et al., 1999. In vitro metabolism of simazine, atrazine and propazine by hepatic cytochrome P450 enzymes of rat, mouse and Guinea pig, and oestrogenic activity of chlorotriazines and their main metabolites [J]. Xenobiotica, 29 (12): 1213-1226.

HARTENBACH A E, HOFSTETTER T B, TENTSCHER P R, et al., 2008. Carbon, hydrogen, and nitrogen isotope fractionation during light-induced transformations of atrazine [J]. Environmental Science & Technology, 42 (21): 7751-7756.

HEIDER J, SZALENIEC M, MARTINS B M, et al., 2016a. Structure and function of benzylsuccinate synthase and related fumarate-adding glycyl radical enzymes [J]. Journal of Molecular Microbiology and Biotechnology, 26 (1/2/3): 29-44.

HEIDER J, SZALENIEC M, SÜNWOLDT K, et al., 2016b. Ethylbenzene dehydrogenase and related molybdenum enzymes involved in oxygen-independent alkyl chain hydroxylation [J]. Journal of Molecular Microbiology and Biotechnology, 26 (1/2/3): 45-62.

HELBLING D E, HOLLENDER J, KOHLER H P, et al., 2010. High-throughput identification of microbial transformation products of organic micropollutants [J]. Environmental Science & Technology, 44 (17): 6621-6627.

HERMON L, DENONFOUX J, HELLAL J, et al., 2018. Dichloromethane biodegradation in multi-contaminated groundwater: Insights from biomolecular and compound-specific isotope analyses [J]. Water Research, 142: 217-226.

HERRMANN S, VOGT C, FISCHER A, et al., 2009. Characterization of anaerobic xylene biodegradation by two-dimensional isotope fractionation analysis [J]. Environmental Microbiology Reports, 1 (6): 535-544.

HOFFMAN R S, CAPEL P D, LARSON S J, 2000. Comparison of pesticides in eight US urban streams [J]. Environmental Toxicology and Chemistry, 19 (9): 2249-2258.

HOLLER T, WEGENER G, KNITTEL K, et al., 2009. Substantial $^{13}C/^{12}C$ and D/H fractionation during anaerobic oxidation of methane by marine consortia enrichedin vitro [J]. Environmental Microbiology Reports, 1 (5): 370-376.

HOLMSTRAND H, ANDERSSON P, GUSTAFSSON O, 2004. Chlorine isotope analysis of submicromole organochlorine samples by sealed tube combustion and thermal ionization mass spectrometry [J]. Analytical Chemistry, 76 (8): 2336-2342.

HOLMSTRAND H，MANDALAKIS M，ZENCAK Z，et al.，2007. First compound-specific chlorine-isotope analysis of environmentally-bioaccumulated organochlorines indicates a degradation-relatable kinetic isotope effect for DDT [J]. Chemosphere，69 (10)：1533-1539.

HUBER W，1993. Ecotoxicological relevance of atrazine in aquatic systems [J]. Environmental Toxicology and Chemistry，12 (10)：1865-1881.

HÜBNER U，VON GUNTEN U，JEKEL M，2015. Evaluation of the persistence of transformation products from ozonation of trace organic compounds —A critical review [J]. Water Research，68：150-170.

HUNKELER D，ARAVENA R，2000. Determination of compound-specific carbon isotope ratios of chlorinated methanes，ethanes，and ethenes in aqueous samples [J]. Environmental Science & Technology，34 (13)：2839-2844.

HUNKELER D，ARAVENA R，BERRY-SPARK K，et al.，2005. Assessment of degradation pathways in an aquifer with mixed chlorinated hydrocarbon contamination using stable isotope analysis [J]. Environmental Science & Technology，39 (16)：5975-5981.

HUNTSCHA S，HOFSTETTER T B，SCHYMANSKI E L，et al.，2014. Biotransformation of benzotriazoles：insights from transformation product identification and compound-specific isotope analysis [J]. Environmental Science & Technology，48 (8)：4435-4443.

IVDRA N，HERRERO-MARTÍN S，FISCHER A，2014. Validation of user and environmentally friendly extraction and clean-up methods for compound-specific stable carbon isotope analysis of organochlorine pesticides and their metabolites in soils [J]. Journal of Chromatography A，1355：36-45.

JAEKEL U，VOGT C，FISCHER A，et al.，2014. Carbon and hydrogen stable isotope fractionation associated with the anaerobic degradation of propane and butane by marine sulfate-reducing bacteria [J]. Environmental Microbiology，16 (1)：130-140.

JAMMER S，VOLOSHENKO A，GELMAN F，et al.，2014. Chiral and isotope analyses for assessing the degradation of organic contaminants in the environment：Rayleigh dependence [J]. Environmental Science & Technology，48 (6)：3310-3318.

JAYACHANDRAN K，STEINHEIMER T R，SOMASUNDARAM L，et al.，1994. Occurrence of atrazine and degradates as contaminants of subsurface drainage and shallow groundwater [J]. Journal of Environmental Quality，23 (2)：311-319.

JIN R，KE J，2002. Impact of atrazine disposal on the water resources of the Yang River in Zhangjiakou area in China [J]. Bulletin of Environmental Contamination and Toxicology，68 (6)：893-900.

JUN J，YING W，et al.，2011. Polybrominated diphenyl ethers in atmosphere and soil of a production area in China：levels and partitioning [J]. Journal of Environmental Sciences，23 (3)：427-433.

KERN S，FENNER K，SINGER H P，et al.，2009. Identification of transformation products of organic contaminants in natural waters by computer-aided prediction and high-resolution mass spectrometry [J]. Environmental Science & Technology，43 (18)：7039-7046.

KERN S，SINGER H，HOLLENDER J，et al.，2011. Assessing exposure to transformation products of soil-applied organic contaminants in surface water：comparison of model predictions and field data [J]. Environmental Science & Technology，45 (7)：2833-2841.

KINNAMAN F S，VALENTINE D L，TYLER S C，2007. Carbon and hydrogen isotope fractionation associated with the aerobic microbial oxidation of methane，ethane，propane and butane [J]. Geochimica et Cosmochimica Acta，71 (2)：271-283.

KNIEMEYER O，FISCHER T，WILKES H，et al.，2003. Anaerobic degradation of ethylbenzene by a new type of marine sulfate-reducing bacterium [J]. Applied and Environmental Microbiology，69 (2)：760-768.

KOPINKE F D，GEORGI A，VOSKAMP M，et al.，2005. Carbon isotope fractionation of organic contaminants due to retardation on humic substances：implications for natural attenuation studies in aquifers [J]. Environmental Science & Technology，39 (16)：6052-6062.

KOZELL A，YECHESKEL Y，BALABAN N，et al.，2015. Application of dual carbon-bromine isotope analysis for investigating abiotic transformations of tribromoneopentyl alcohol (TBNPA) [J]. Environmental Science & Technology，49

(7): 4433-4440.

KRUTZ L J, SHANER D L, ACCINELLI C, et al., 2008. Atrazine dissipation in s-triazine-adapted and nonadapted soil from Colorado and Mississippi: implications of enhanced degradation on atrazine fate and transport parameters [J]. Journal of Environmental Quality, 37 (3): 848-857.

KUDER T, VAN BREUKELEN B M, VANDERFORD M, et al., 2013. 3D-CSIA: carbon, chlorine, and hydrogen isotope fractionation in transformation of TCE to ethene by a Dehalococcoides culture [J]. Environmental Science & Technology, 47 (17): 9668-9677.

KÜMMEL S, HERBST F A, BAHR A, et al., 2015. Anaerobic naphthalene degradation by sulfate-reducing Desulfobacteraceae from various anoxic aquifers [J]. FEMS Microbiology Ecology, 91 (3): 1-13.

KÜMMEL S, STARKE R, CHEN G, et al., 2016. Hydrogen isotope fractionation as a tool to identify aerobic and anaerobic PAH biodegradation [J]. Environmental Science & Technology, 50 (6): 3091-3100.

KUJAWINSKI D M, WOLBERT J B, ZHANG L J, et al., 2013. Carbon isotope ratio measurements of glyphosate and AMPA by liquid chromatography coupled to isotope ratio mass spectrometry [J]. Analytical and Bioanalytical Chemistry, 405 (9): 2869-2878.

KUJAWINSKI D M, ZHANG L, SCHMIDT T C, et al., 2012. When other separation techniques fail: compound-specific carbon isotope ratio analysis of sulfonamide containing pharmaceuticals by high-temperature-liquid chromatography-isotope ratio mass spectrometry [J]. Analytical Chemistry, 84 (18): 7656-7663.

KÜMMEL S, KUNTZE K, VOGT C, et al., 2013. Evidence for benzylsuccinate synthase subtypes obtained by using stable isotope tools [J]. J Bacteriol, 195 (20): 4660-4667.

LANGUAGE D, 2015. 用大数据评析莠去津 [J]. 农药市场信息, (15): 34-35.

LEE P K, WARNECKE F, BRODIE E L, et al., 2012. Phylogenetic microarray analysis of a microbial community performing reductive dechlorination at a TCE-contaminated site [J]. Environmental Science & Technology, 46 (2): 1044-1054.

LESSER L E, JOHNSON P C, ARAVENA R, et al., 2008. An evaluation of compound-specific isotope analyses for assessing the biodegradation of MTBE at Port Hueneme, CA [J]. Environmental Science & Technology, 42 (17): 6637-6643.

LI L, ZHU B, YAN X T, et al., 2018. Effect of silver sulfide nanoparticles on photochemical degradation of dissolved organic matter in surface water [J]. Chemosphere, 193: 1113-1119.

LIANG X, HOWLETT M R, NELSON J L, et al., 2011. Pathway-dependent isotope fractionation during aerobic and anaerobic degradation of monochlorobenzene and 1,2,4-trichlorobenzene [J]. Environmental Science & Technology, 45 (19): 8321-8327.

LIANG X M, MUNDLE S O C, NELSON J L, et al., 2014. Distinct carbon isotope fractionation during anaerobic degradation of dichlorobenzene isomers [J]. Environmental Science & Technology, 48 (9): 4844-4851.

LIN Z, ZHEN Z, REN L, et al., 2018. Effects of two ecological earthworm species on atrazine degradation performance and bacterial community structure in red soil [J]. Chemosphere, 196: 467-475.

LIU Y, WU L, KOHLI P, et al., 2019. Enantiomer and carbon isotope fractionation of α-hexachlorocyclohexane by sphingobium indicum strain B90A and the corresponding enzymes [J]. Environmental Science & Technology, 53 (15): 8715-8724.

LUO F, GITIAFROZ R, DEVINE C E, et al., 2014. Metatranscriptome of an anaerobic benzene-degrading, nitrate-reducing enrichment culture reveals involvement of carboxylation in benzene ring activation [J]. Applied and Environmental Microbiology, 80 (14): 4095-4107.

LUTZ S R, VAN DER VELDE Y, ELSAYED O F, et al., 2017. Pesticide fate on catchment scale: conceptual modelling of stream CSIA data [J]. Hydrology and Earth System Sciences, 21 (10): 5243-5261.

LUTZ S R, VAN MEERVELD H J, WATERLOO M J, et al., 2013. A model-based assessment of the potential use of compound-specific stable isotope analysis in river monitoring of diffuse pesticide pollution [J]. Hydrology and Earth System Sciences, 17 (11): 4505-4524.

MAIER M P, DE CORTE S, NITSCHE S, et al., 2014a. C & N isotope analysis of diclofenac to distinguish oxidative and

reductive transformation and to track commercial products [J] . Environmental Science & Technology, 48 (4): 2312.
MAIER M P, DE CORTE S, NITSCHE S, et al., 2014b. C & N isotope analysis of diclofenac to distinguish oxidative and reductive transformation and to track commercial products [J] . Environmental Science & Technology, 48 (4): 2312-2320.
MAIER M P, QIU S R, ELSNER M, 2013. Enantioselective stable isotope analysis (ESIA) of polar herbicides [J] . Analytical and Bioanalytical Chemistry, 405 (9): 2825-2831.
KAMPARA M, THULLNER M, HARMS H, et al., 2009. Impact of cell density on microbially induced stable isotope fractionation [J] . Applied Microbiology and Biotechnology, 81 (5): 977-985.
MANCINI S A, DEVINE C E, ELSNER M, et al., 2008. Isotopic evidence suggests different initial reaction mechanisms for anaerobic benzene biodegradation [J] . Environmental Science & Technology, 42 (22): 8290-8296.
MANCINI S A, HIRSCHORN S K, ELSNER M, et al., 2006. Effects of trace element concentration on enzyme controlled stable isotope fractionation during aerobic biodegradation of toluene [J] . Environmental Science & Technology, 40 (24): 7675-7681.
MANCINI S A, LACRAMPE-COULOUME G, JONKER H, et al., 2002. Hydrogen isotopic enrichment: an indicator of biodegradation at a petroleum hydrocarbon contaminated field site [J] . Environmental Science & Technology, 36 (11): 2464-2470.
MANCINI S A, ULRICH A C, LACRAMPE-COULOUME G, et al., 2003. Carbon and hydrogen isotopic fractionation during anaerobic biodegradation of benzene [J] . Applied and Environmental Microbiology, 69 (1): 191-198.
MARINHO G, BARBOSA B C A, RODRIGUES K, et al., 2017. Potential of the filamentous fungus Aspergillus Niger AN 400 to degrade Atrazine in wastewaters [J] . Biocatalysis and Agricultural Biotechnology, 9: 162-167.
MASBOU J, DROUIN G, PAYRAUDEAU S, et al., 2018. Carbon and nitrogen stable isotope fractionation during abiotic hydrolysis of pesticides [J] . Chemosphere, 213: 368-376.
MASTALERZ V, DE LANGE G J, DÄHLMANN A, 2009. Differential aerobic and anaerobic oxidation of hydrocarbon gases discharged at mud volcanoes in the Nile deep-sea fan [J] . Geochimica et Cosmochimica Acta, 73 (13): 3849-3863.
MCGLYNN S E, CHADWICK G L, KEMPES C P, et al., 2015. Single cell activity reveals direct electron transfer in methanotrophic consortia [J] . Nature, 526 (7574): 531-535.
MECKENSTOCK R U, BOLL M, MOUTTAKI H, et al., 2016. Anaerobic degradation of benzene and polycyclic aromatic hydrocarbons [J] . Journal of Molecular Microbiology and Biotechnology, 26 (1/2/3): 92-118.
MECKENSTOCK R U, MOUTTAKI H, 2011. Anaerobic degradation of non-substituted aromatic hydrocarbons [J] . Current Opinion in Biotechnology, 22 (3): 406-414.
MERSIE W, SEYBOLD C, 1996. Adsorption and desorption of atrazine, deethylatrazine, deisopropylatrazine, and hydroxyatrazine on levy wetland soil [J] . Journal of Agricultural and Food Chemistry, 44 (7): 1925-1929.
MEYER A H, DYBALA-DEFRATYKA A, ALAIMO P J, et al., 2014a. Cytochrome P450-catalyzed dealkylation of atrazine by *Rhodococcus* sp. strain NI86/21 involves hydrogen atom transfer rather than single electron transfer [J] . Dalton Transactions, 43 (32): 12175.
MEYER A H, DYBALA-DEFRATYKA A, ALAIMO P J, et al., 2014b. Cytochrome P450-catalyzed dealkylation of atrazine by *Rhodococcus* sp. strain NI86/21 involves hydrogen atom transfer rather than single electron transfer [J] . Dalton Transactions, 43 (32): 12175-12186.
MEYER A H, ELSNER M, 2013. $^{13}C/^{12}C$ and $^{15}N/^{14}N$ isotope analysis to characterize degradation of atrazine: evidence from parent and daughter compound values [J] . Environmental Science & Technology, 47 (13): 6884-6891.
MEYER A H, PENNING H, ELSNER M, 2009. C and N isotope fractionation suggests similar mechanisms of microbial atrazine transformation despite involvement of different enzymes (AtzA and TrzN) [J] . Environmental Science & Technology, 43 (21): 8079-8085.
MEYER A H, PENNING H, LOWAG H, et al., 2008. Precise and accurate compound specific carbon and nitrogen isotope analysis of atrazine: critical role of combustion oven conditions [J] . Environmental Science & Technology, 42 (21): 7757-7763.

MILOSEVIC N, QIU S, ELSNER M, et al., 2013. Combined isotope and enantiomer analysis to assess the fate of phenoxy acids in a heterogeneous geologic setting at an old landfill [J]. Water Research, 47 (2): 637-649.

MOGUSU E O, WOLBERT J B, KUJAWINSKI D M, et al., 2015. Dual element ($^{15}N/^{14}N$, $^{13}C/^{12}C$) isotope analysis of glyphosate and AMPA by derivatization-gas chromatography isotope ratio mass spectrometry (GC/IRMS) combined with LC/IRMS [J]. Analytical and Bioanalytical Chemistry, 407 (18): 5249-5260.

MONARD C, MARTIN-LAURENT F, LIMA O, et al., 2013. Estimating the biodegradation of pesticide in soils by monitoring pesticide-degrading gene expression [J]. Biodegradation, 24 (2): 203-213.

MOSCHET C, GÖTZ C, LONGRÉE P, et al., 2013. Multi-level approach for the integrated assessment of polar organic micropollutants in an international lake catchment: the example of lake Constance [J]. Environmental Science & Technology, 47 (13): 7028-7036.

MÜLLER T A, KOHLER H P E, 2004. Chirality of pollutants—effects on metabolism and fate [J]. Applied Microbiology and Biotechnology, 64 (3): 300-316.

MUNDLE S O, JOHNSON T, LACRAMPE-COULOUME G, et al., 2012. Monitoring biodegradation of ethene and bioremediation of chlorinated ethenes at a contaminated site using compound-specific isotope analysis (CSIA) [J]. Environmental Science & Technology, 46 (3): 1731-1738.

MUSAT F, VOGT C, RICHNOW H H, 2016. Carbon and hydrogen stable isotope fractionation associated with the aerobic and anaerobic degradation of saturated and alkylated aromatic hydrocarbons [J]. Journal of Molecular Microbiology and Biotechnology, 26 (1/2/3): 211-226.

NAVARRO S, VELA N, NAVARRO G, 2007. Review. An overview on the environmental behaviour of pesticide residues in soils [J]. Spanish Journal of Agricultural Research, 5 (3): 357.

NESTLER A, BERGLUND M, ACCOE F, et al., 2011. Isotopes for improved management of nitrate pollution in aqueous resources: review of surface water field studies [J]. Environmental Science and Pollution Research, 18 (4): 519-533.

NEUMANN G, TERAS R, MONSON L, et al., 2004. Simultaneous degradation of atrazine and phenol by Pseudomonas sp. strain ADP: effects of toxicity and adaptation [J]. Applied and Environmental Microbiology, 70 (4): 1907-1912.

NIJENHUIS I, RENPENNING J, KÜMMEL S, et al., 2016. Recent advances in multi-element compound-specific stable isotope analysis of organohalides: Achievements, challenges and prospects for assessing environmental sources and transformation [J]. Trends in Environmental Analytical Chemistry, 11: 1-8.

NORTHROP D B, 1981. The expression of isotope effects on enzyme-catalyzed reactions [J]. Annual Review of Biochemistry, 50: 103-131.

OHTE N, 2013. Tracing sources and pathways of dissolved nitrate in forest and river ecosystems using high-resolution isotopic techniques: a review [J]. Ecological Research, 28 (5): 749-757.

PALAU J, YU R, HATIJAH MORTAN S, et al., 2017. Distinct dual C—Cl isotope fractionation patterns during anaerobic biodegradation of 1,2-dichloroethane: potential to characterize microbial degradation in the field [J]. Environmental Science & Technology, 51 (5): 2685-2694.

PARANYCHIANAKIS N V, SALGOT M, SNYDER S A, et al., 2015. Water reuse in EU states: necessity for uniform criteria to mitigate human and environmental risks [J]. Critical Reviews in Environmental Science and Technology, 45 (13): 1409-1468.

PEAT T S, NEWMAN J, BALOTRA S, et al., 2015. The structure of the hexameric atrazine chlorohydrolase AtzA [J]. Acta Crystallographica Section D, Biological Crystallography, 71 (3): 710-720.

PENG X W, LI X G, 2012. Compound-specific isotope analysis for aerobic biodegradation of phthalate acid esters [J]. Talanta, 97: 445-449.

PENNING H, CRAMER C J, ELSNER M, 2008. Rate-dependent carbon and nitrogen kinetic isotope fractionation in hydrolysis of isoproturon [J]. Environmental Science & Technology, 42 (21): 7764-7771.

PENNING H, SØRENSEN S R, MEYER A H, et al., 2010a. C, N, and H isotope fractionation of the herbicide isoproturon reflects different microbial transformation pathways [J]. Environmental Science & Technology, 44 (7): 2372.

PENNING H, SØRENSEN S R, MEYER A H, et al., 2010b. C, N, and H isotope fractionation of the herbicide isoproturon reflects different microbial transformation pathways [J]. Environmental Science & Technology, 44 (7): 2372-2378.

PETRIE B, BARDEN R, KASPRZYK-HORDERN B, 2015. A review on emerging contaminants in wastewaters and the environment: current knowledge, understudied areas and recommendations for future monitoring [J]. Water Research, 72: 3-27.

PLUST S J, LOEHE J R, FEHER F J, et al., 1981. Kinetics and mechanism of hydrolysis of chloro-1, 3, 5-triazines. Atrazine [J]. The Journal of Organic Chemistry, 46 (18): 3661-3665.

POMIÈS M, CHOUBERT J M, WISNIEWSKI C, et al., 2013. Modelling of micropollutant removal in biological wastewater treatments: a review [J]. Science of the Total Environment, 443: 733-748.

POßBERG C, SCHMIDT B, NOWAK K, et al., 2016. Quantitative identification of biogenic nonextractable pesticide residues in soil by^{14}C-analysis [J]. Environmental Science & Technology, 50 (12): 6415-6422.

POTTER T L, BOSCH D D, JOO H, et al., 2007. Summer cover crops reduce atrazine leaching to shallow groundwater in southern Florida [J]. Journal of Environmental Quality, 36 (5): 1301-1309.

QIU S R, GÖZDERELILER E, WEYRAUCH P, et al., 2014. Small $^{13}C/^{12}C$ fractionation contrasts with large enantiomer fractionation in aerobic biodegradation of phenoxy acids [J]. Environmental Science & Technology, 48 (10): 5501-5511.

RADIVOJAC P, CLARK W T, ORON T R, et al., 2013. A large-scale evaluation of computational protein function prediction [J]. Nature Methods, 10 (3): 221-227.

RAKOCZY J, REMY B, VOGT C, et al., 2011. A bench-scale constructed wetland as a model to characterize benzene biodegradation processes in freshwater wetlands [J]. Environmental Science & Technology, 45 (23): 10036-10044.

RALSTON-HOOPER K, HARDY J, HAHN L, et al., 2009. Acute and chronic toxicity of atrazine and its metabolites deethylatrazine and deisopropylatrazine on aquatic organisms [J]. Ecotoxicology, 18 (7): 899-905.

RASIGRAF O, VOGT C, RICHNOW H H, et al., 2012. Carbon and hydrogen isotope fractionation during nitrite-dependent anaerobic methane oxidation by Methylomirabilis oxyfera [J]. Geochimica et Cosmochimica Acta, 89: 256-264.

RATTI M, CANONICA S, MCNEILL K, et al., 2015a. Isotope fractionation associated with the indirect photolysis of substituted anilines in aqueous solution [J]. Environmental Science & Technology, 49 (21): 12766-12773.

RATTI M, CANONICA S, MCNEILL K, et al., 2015b. Isotope fractionation associated with the photochemical dechlorination of chloroanilines [J]. Environmental Science & Technology, 49 (16): 9797-9806.

REDDY C M, DRENZEK N J, EGLINTON T I, et al., 2002. Stable chlorine intramolecular kinetic isotope effects from the abiotic dehydrochlorination of DDT [J]. Environmental Science and Pollution Research, 9 (3): 183-186.

REEMTSMA T, ALDER L, BANASIAK U, 2013. A multimethod for the determination of 150 pesticide metabolites in surface water and groundwater using direct injection liquid chromatography-mass spectrometry [J]. Journal of Chromatography A, 1271 (1): 95-104.

REGNERY J, BARRINGER J, WING A D, et al., 2015. Start-up performance of a full-scale riverbank filtration site regarding removal of DOC, nutrients, and trace organic chemicals [J]. Chemosphere, 127: 136-142.

REINNICKE S, BERNSTEIN A, ELSNER M, 2010. Small and reproducible isotope effects during methylation with trimethylsulfonium hydroxide (TMSH): a convenient derivatization method for isotope analysis of negatively charged molecules [J]. Analytical Chemistry, 82 (5): 2013-2019.

REINNICKE S, JUCHELKA D, STEINBEISS S, et al., 2012. Gas chromatography/isotope ratio mass spectrometry of recalcitrant target compounds: performance of different combustion reactors and strategies for standardization [J]. Rapid Communications in Mass Spectrometry, 26 (9): 1053-1060.

RENPENNING J, KELLER S, CRETNIK S, et al., 2014. Combined C and Cl isotope effects indicate differences between corrinoids and enzyme (sulfurospirillum multivorans PceA) in reductive dehalogenation of tetrachloroethene, but not trichloroethene [J]. Environmental Science & Technology, 48 (20): 11837-11845.

RENPENNING J, RAPP I, NIJENHUIS I, 2015. Substrate hydrophobicity and cell composition influence the extent of rate limitation and masking of isotope fractionation during microbial reductive dehalogenation of chlorinated ethenes [J]. Environmental Science & Technology, 49 (7): 4293-4301.

RIMAYI C, ODUSANYA D, WEISS J M, et al., 2018. Effects of environmentally relevant sub-chronic atrazine concentrations on African clawed frog (Xenopus laevis) survival, growth and male gonad development [J]. Aquatic Toxicology, 199: 1-11.

RIML J, WÖRMAN A, KUNKEL U, et al., 2013. Evaluating the fate of six common pharmaceuticals using a reactive transport model: Insights from a stream tracer test [J]. Science of the Total Environment, (458/459/460): 344-354.

SAI L L, LI L, HU C Y, et al., 2018. Identification of circular RNAs and their alterations involved in developing male Xenopus laevis chronically exposed to atrazine [J]. Chemosphere, 200: 295-301.

SAI L, QU B, ZHANG J, et al., 2019. Analysis of long non-coding RNA involved in atrazine-induced testicular degeneration of Xenopus laevis [J]. Environmental Toxicology, 34 (4): 505-512.

SAJJAPHAN K, SHAPIR N, WACKETT L P, et al., 2004. Arthrobacter aurescens TC1 atrazine catabolism genes *trzN*, *atzB*, and *atzC* are linked on a 160-kilobase region and are functional in *Escherichia* coli [J]. Appl Environ Microbiol, 70 (7): 4402-4407.

SANDY E H, BLAKE R E, CHANG S J, et al., 2013. Oxygen isotope signature of UV degradation of glyphosate and phosphonoacetate: Tracing sources and cycling of phosphonates [J]. Journal of Hazardous Materials, 260: 947-954.

SASSINE L, LE GAL LA SALLE C, KHASKA M, et al., 2017. Spatial distribution of triazine residues in a shallow alluvial aquifer linked to groundwater residence time [J]. Environmental Science and Pollution Research, 24 (8): 6878-6888.

SCHMIDT M, LEGE S, NIJENHUIS I, 2014. Comparison of 1,2-dichloroethane, dichloroethene and vinyl chloride carbon stable isotope fractionation during dechlorination by two *Dehalococcoides* strains [J]. Water Research, 52: 146-154.

SCHMIDT T C, ZWANK L, ELSNER M, et al., 2004. Compound-specific stable isotope analysis of organic contaminants in natural environments: a critical review of the state of the art, prospects, and future challenges [J]. Analytical and Bioanalytical Chemistry, 378 (2): 283-300.

SCHRAMM V L, 2005. Enzymatic transition states and transition state analogues [J]. Current Opinion in Structural Biology, 15 (6): 604-613.

SCHREGLMANN K, HOECHE M, STEINBEISS S, et al., 2013. Carbon and nitrogen isotope analysis of atrazine and desethylatrazine at sub-microgram per liter concentrations in groundwater [J]. Analytical and Bioanalytical Chemistry, 405 (9): 2857-2867.

SCHÜRNER H K, MAIER M P, ECKERT D, et al., 2016. Compound-specific stable isotope fractionation of pesticides and pharmaceuticals in a mesoscale aquifer model [J]. Environmental Science & Technology, 50 (11): 5729-5739.

SCHÜRNER H K, SEFFERNICK J L, GRZYBKOWSKA A, et al., 2015. Characteristic isotope fractionation patterns in s-triazine degradation have their origin in multiple protonation options in the s-triazine hydrolase TrzN [J]. Environmental Science & Technology, 49 (6): 3490-3498.

SCHÜTH C, TAUBALD H, BOLAÑO N, et al., 2003. Carbon and hydrogen isotope effects during sorption of organic contaminants on carbonaceous materials [J]. Journal of Contaminant Hydrology, 64 (3/4): 269-281.

SCHWARZENBACH R P, ESCHER B I, FENNER K, et al., 2006. The challenge of micropollutants in aquatic systems [J]. Science, 313 (5790): 1072-1077.

SCIALLI A R, DESESSO J M, BRECKENRIDGE C B, 2014. Developmental toxicity studies with atrazine and its major metabolites in rats and rabbits [J]. Birth Defects Research Part B, Developmental and Reproductive Toxicology, 101 (3): 199-214.

SCOTT C, JACKSON C J, COPPIN C W, et al., 2009. Catalytic improvement and evolution of atrazine chlorohydrolase [J]. Applied and Environmental Microbiology, 75 (7): 2184-2191.

SEFFERNICK J L, ALEEM A, OSBORNE J P, et al., 2007. Hydroxyatrazine *N*-ethylaminohydrolase (At_zB): an amidohydrolase superfamily enzyme catalyzing deamination and dechlorination [J]. Journal of Bacteriology, 189 (19): 6989-6997.

SEFFERNICK J L, MCTAVISH H, OSBORNE J P, et al., 2002. Atrazine chlorohydrolase from *Pseudomonas* sp. strain ADP is a metalloenzyme [J]. Biochemistry, 41 (48): 14430-14437.

SEFFERNICK J L, REYNOLDS E, FEDOROV A A, et al., 2010. X-ray structure and mutational analysis of the atrazine Chlorohydrolase TrzN [J]. The Journal of Biological Chemistry, 285 (40): 30606-30614.

SEFFERNICK J L, DE SOUZA M L, SADOWSKY M J, et al., 2001a. Melamine deaminase and atrazine chlorohydrolase: 98 percent identical but functionally different [J]. Journal of Bacteriology, 183 (8): 2405-2410.

SEFFERNICK J L, WACKETT L P, 2001b. Rapid evolution of bacterial catabolic enzymes: a case study with atrazine chlorohydrolase [J]. Biochemistry, 40 (43): 12747-12753.

SEYHAN D, FRIEDRICH P, SZALENIEC M, et al., 2016. Elucidating the stereochemistry of enzymatic benzylsuccinate synthesis with chirally labeled toluene [J]. Angewandte Chemie (International ed in English), 55 (38): 11664-11667.

SHOUAKAR-STASH O, DRIMMIE R J, ZHANG M, et al., 2006. Compound-specific chlorine isotope ratios of TCE, PCE and DCE isomers by direct injection using CF-IRMS [J]. Applied Geochemistry, 21 (5): 766-781.

SINGH S, KUMAR V, CHAUHAN A, et al., 2018. Toxicity, degradation and analysis of the herbicide atrazine [J]. Environmental Chemistry Letters, 16 (1): 211-237.

SKARPELI-LIATI M, PATI S G, BOLOTIN J, et al., 2012. Carbon, hydrogen, and nitrogen isotope fractionation associated with oxidative transformation of substituted aromatic *N*-alkyl amines [J]. Environmental Science & Technology, 46 (13): 7189-7198.

SKARPELI-LIATI M, TURGEON A, GARR A N, et al., 2011. pH-dependent equilibrium isotope fractionation associated with the compound specific nitrogen and carbon isotope analysis of substituted anilines by SPME-GC/IRMS [J]. Analytical Chemistry, 83 (5): 1641-1648.

SLATER G F, AHAD J M E, SHERWOOD LOLLAR B, et al., 2000. Carbon isotope effects resulting from equilibrium sorption of dissolved VOCs [J]. Analytical Chemistry, 72 (22): 5669-5672.

SOLOMON K R, CARR J A, DU PREEZ L H, et al., 2008. Effects of atrazine on fish, amphibians, and aquatic reptiles: a critical review [J]. Critical Reviews in Toxicology, 38 (9): 721-772.

SPAHR S, BOLOTIN J, SCHLEUCHER J, et al., 2015. Compound-specific carbon, nitrogen, and hydrogen isotope analysis of *N*-nitrosodimethylamine in aqueous solutions [J]. Analytical Chemistry, 87 (5): 2916-2924.

SPAHR S, HUNTSCHA S, BOLOTIN J, et al., 2013. Compound-specific isotope analysis of benzotriazole and its derivatives [J]. Analytical and Bioanalytical Chemistry, 405 (9): 2843-2856.

SPALDING R F, SNOW D D, CASSADA D A, et al., 1994. Study of pesticide occurrence in two closely spaced lakes in northeastern Nebraska [J]. Journal of Environmental Quality, 23 (3): 571-578.

STANGROOM S J, LESTER J N, COLLINS C D, 2000. Abiotic behaviour of organic micropollutants in soils and the aquatic environment. A review: I. partitioning [J]. Environmental Technology, 21 (8): 845-863.

STEINBACH A, SEIFERT R, ANNWEILER E, et al., 2004. Hydrogen and carbon isotope fractionation during anaerobic biodegradation of aromatic hydrocarbons—a field study [J]. Environmental Science & Technology, 38 (2): 609-616.

SUN J T, PAN L L, ZHAN Y, et al., 2017. Atrazine contamination in agricultural soils from the Yangtze River Delta of China and associated health risks [J]. Environmental Geochemistry and Health, 39 (2): 369-378.

ŚWIDEREK K, PANETH P, 2013. Binding isotope effects [J]. Chemical Reviews, 113 (10): 7851-7879.

TALJA K M, KAUKONEN S, KILPI-KOSKI J, et al., 2008. Atrazine and terbutryn degradation in deposits from groundwater environment within the boreal region in Lahti, Finland [J]. Journal of Agricultural and Food Chemistry, 56 (24): 11962-11968.

TA N, ZHOU F, GAO Z Q, et al., 2006. The status of pesticide residues in the drinking water sources in meiliangwan bay, Taihu lake of China [J]. Environmental Monitoring and Assessment, 123 (1/2/3): 351-370.

THULLNER M, CENTLER F, RICHNOW H H, et al., 2012. Quantification of organic pollutant degradation in contaminated aquifers using compound specific stable isotope analysis—Review of recent developments [J]. Organic Geochemistry, 42 (12): 1440-1460.

THULLNER M, FISCHER A, RICHNOW H H, et al., 2013. Influence of mass transfer on stable isotope fractionation [J]. Applied Microbiology and Biotechnology, 97 (2): 441-452.

THURMAN E M, CROMWELL A E, 2000. Atmospheric transport, deposition, and fate of triazine herbicides and their metabolites in pristine areas at isle royale National Park [J]. Environmental Science & Technology, 34 (15): 3079-3085.

TOBLER N B, HOFSTETTER T B, SCHWARZENBACH R P, 2008. Carbon and hydrogen isotope fractionation during anaerobic toluene oxidation by Geobacter metallireducens with different Fe (Ⅲ) phases as terminal electron acceptors [J]. Environmental Science & Technology, 42 (21): 7786-7792.

TORRENTÓ C, PALAU J, RODRÍGUEZ-FERNÁNDEZ D, et al., 2017. Carbon and chlorine isotope fractionation patterns associated with different engineered chloroform transformation reactions [J]. Environmental Science & Technology, 51 (11): 6174-6184.

TRIGO C, KOSKINEN W C, CELIS R, et al., 2010. Bioavailability of organoclay formulations of atrazine in soil [J]. Journal of Agricultural and Food Chemistry, 58 (22): 11857-11863.

TUXEN N, EJLSKOV P, ALBRECHTSEN H J, et al., 2003. Application of natural attenuation to ground water contaminated by phenoxy acid herbicides at an old landfill in sjoelund, Denmark [J]. Groundwater Monitoring & Remediation, 23 (4): 48-58.

VOGT C, CYRUS E, HERKLOTZ I, et al., 2008. Evaluation of toluene degradation pathways by two-dimensional stable isotope fractionation [J]. Environmental Science & Technology, 42 (21): 7793-7800.

VOGT C, DORER C, MUSAT F, et al., 2016. Multi-element isotope fractionation concepts to characterize the biodegradation of hydrocarbons—from enzymes to the environment [J]. Current Opinion in Biotechnology, 41: 90-98.

VONBERG D, VANDERBORGHT J, CREMER N, et al., 2014. 20 years of long-term atrazine monitoring in a shallow aquifer in western Germany [J]. Water Research, 50: 294-306.

WACKETT L, SADOWSKY M, MARTINEZ B, et al., 2002. Biodegradation of atrazine and related s-triazine compounds: from enzymes to field studies [J]. Applied Microbiology and Biotechnology, 58 (1): 39-45.

WANG H, LI L, CAO X, et al., 2017. Enhanced degradation of atrazine by soil microbial fuel cells and analysis of bacterial community structure [J]. Water, Air, & Soil Pollution, 228 (8): 1-10.

WANG Q H, LI C, CHEN C, et al., 2018. Effectiveness of narrow grass hedges in reducing atrazine runoff under different slope gradient conditions [J]. Environmental Science and Pollution Research, 25 (8): 7672-7680.

WANG Y, LI X, CHEN X, et al., 2013. Directed evolution and characterization of atrazine chlorohydrolase variants with enhanced activity [J]. Biochemistry (Moscow), 78 (10): 1104-1111.

WEGENER G, KRUKENBERG V, RIEDEL D, et al., 2015. Intercellular wiring enables electron transfer between methanotrophic archaea and bacteria [J]. Nature, 526 (7574): 587-590.

WEI M M, HARNISCH F, VOGT C, et al., 2015a. Harvesting electricity from benzene and ammonium-contaminated groundwater using a microbial fuel cell with an aerated cathode [J]. RSC Advances, 5 (7): 5321-5330.

WEI M M, RAKOCZY J, VOGT C, et al., 2015b. Enhancement and monitoring of pollutant removal in a constructed wetland by microbial electrochemical technology [J]. Bioresource Technology, 196: 490-499.

WHITICAR M J, 1999. Carbon and hydrogen isotope systematics of bacterial formation and oxidation of methane [J]. Chemical Geology, 161 (1/2/3): 291-314.

WICK A, WAGNER M, TERNES T A, 2011. Elucidation of the transformation pathway of the opium alkaloid codeine in biological wastewater treatment [J]. Environmental Science & Technology, 45 (8): 3374-3385.

WIEGERT C, MANDALAKIS M, KNOWLES T, et al., 2013. Carbon and chlorine isotope fractionation during microbial degradation of tetra- and trichloroethene [J]. Environmental Science & Technology, 47 (12): 6449-6456.

WU L P, YAO J, TREBSE P, et al., 2014. Compound specific isotope analysis of organophosphorus pesticides [J]. Chemosphere, 111: 458-463.

WU S H, HE H J, LI X, et al., 2018. Insights into atrazine degradation by persulfate activation using composite of nanoscale zero-valent iron and graphene: Performances and mechanisms [J]. Chemical Engineering Journal, 341: 126-136.

XU Z M, SHEN X L, ZHANG X C, et al., 2015. Microbial degradation of *alpha*-cypermethrin in soil by compound-specific stable isotope analysis [J]. Journal of Hazardous Materials, 295: 37-42.

YAO Y, GALARNEAU E, BLANCHARD P, et al., 2007. Atmospheric atrazine at Canadian IADN sites [J]. Environmental

Science & Technology, 41 (22): 7639-7644.

ZAKON Y, HALICZ L, GELMAN F, 2013. Bromine and carbon isotope effects during photolysis of brominated phenols [J] . Environmental Science & Technology, 47 (24): 14147-14153.

ZHANG D, WU L P, YAO J, et al., 2019. Carbon and hydrogen isotopic fractionation during abiotic hydrolysis and aerobic biodegradation of phthalate esters [J] . Science of the Total Environment, 660: 559-566.

ZHANG J J, LU Y C, YANG H, 2014. Chemical modification and degradation of atrazine in Medicago sativa through multiple pathways [J] . Journal of Agricultural and Food Chemistry, 62 (40): 9657-9668.

ZHANG N, BASHIR S, QIN J Y, et al., 2014. Compound specific stable isotope analysis (CSIA) to characterize transformation mechanisms of α-hexachlorocyclohexane [J] . Journal of Hazardous Materials, 280: 750-757.

ZHENG L, ZHANG Y Z, ZHANG Y, et al., 2014. Spatial distribution and risk assessment of atrazine in Taizi River basin, China [J] . Huanjing Kexue, 35 (4): 1263-1270.

ZIMMERMANN J, HALLORAN L J S, HUNKELER D, 2020. Tracking chlorinated contaminants in the subsurface using compound-specific chlorine isotope analysis: a review of principles, current challenges and applications [J] . Chemosphere, 244: 125476.

ZWANK L, BERG M, ELSNER M, et al., 2005. New evaluation scheme for two-dimensional isotope analysis to decipher biodegradation processes: application to groundwater contamination by MTBE [J] . Environmental Science & Technology, 39 (4): 1018-1029.

第八章

环境系统中有机污染物的环境过程研究

第一节 有机污染物在环境中的环境行为

环境中有机污染物浓度的降低是污染物的挥发、吸附和稀释等物理降解与生物、化学等降解过程共同作用的结果。然而，只有降解转化过程才能使有毒污染物真正从自然中去除，而扩散吸附等物理过程只是导致溶解态浓度的变化。实验室和现场研究均表明某些有机污染物降解过程伴随着显著的同位素分馏，应用这一特征可以辨识环境中污染物的降解行为。有机物在环境中的降解行为可以分为非生物降解过程和生物降解过程。

一、非生物降解过程

非生物降解的污染物是指不能或者不经过生物降解作用的污染物，一般不能持久存在，化学性质不稳定，可以经过光解、水解或挥发等理化作用在环境中转化为其他物质。最基础的非生物降解方式是光解，光解是光化作用的一种，物质由于光的作用而分解。光解作用是有机污染物真正的分解过程，因为它不可逆地改变了反应分子，强烈地影响水环境中某些污染物的归趋。一个有毒化合物的光化学分解产物可能还是有毒的，光解可分为直接光解、间接光解和自敏化光解，水体中普遍存在着污染物的直接光解、间接光解和自敏化光解。直接光解是环境水体中发生的最简单的光化学过程，是指化合物分子吸收光子跃迁至激发单线态，或者激发单线态系间窜越至激发三线态，这两种激发态发生均裂、异裂、光致电离等反应。间接光解在天然水体中是普遍存在的，它是指环境中原本存在的物质吸收光能，使自身呈激发状态后再诱发有机物降解的反应。自敏化光解是一种比较特殊的光化学过程，是水中有机污染物降解的有效方式之一。其原理是一个光吸收分子可能将它的过剩能量转移到一个接受体分子中，导致接受体反应，这种反应就是光敏化作用。2,5-二甲基呋喃就是可被光敏化作用降解的化合物，在蒸馏水中将其暴露于阳光中没有反应，但是它在含有天然腐殖质的水中降解很快，这是由于腐殖质可以强烈地吸收波长小于 500 nm 的光，并将部分能量转移给它，从而导致它的降解反应。

有机污染物在环境中的非生物降解主要是受光、热及化学因子作用引起的降解行为。在土壤、空气、水等环境要素中存在的有机污染物，有痕量分布也有大量分布的，取决于污染来源以及环境背景值。研究表明，存在于环境要素中的有机物的降解行为复杂多变且具有不稳定性因素，单纯的非生物因素，如物理因素（热）和化学因素的存在，就会导致环境中的有机污染物受热分解、受光分解，或者与相关化学因子在一定温度等条件下发生了化学反应而被分解迁移。例如在土壤中，土壤胶体与土壤溶液存在于一定的氧化还原缓冲体系中，且土壤环境具有酸碱缓冲性，影响土壤胶体吸附性的因素进一步影响土壤体系中的酸碱度、氧化还原性、透气性以及土壤胶体比表面积等多种不确定性因素，这也可能导致处于土壤体系中的有机污染物被非生物因素直接降解转化。因此，有机污染物非生物降解也是有机污染物在环境中的主要环境行为。

二、生物降解过程

有机物生物降解的机理主要是：在水中溶解的有机物能否扩散穿过细胞壁是由分子的大小和溶解度决定的。目前认为低于 12 个碳原子的分子一般可以进入细胞。至于有机物分子的溶解度则由亲水基和疏水基决定，当亲水基比疏水基占优势时其溶解度就大。溶于水的有机醇代谢开始时，羟基被氧化，醇便氧化为酸。在生物代谢中，酸是活化的中间产物，一部分酸被代谢为二氧化碳和水，所产生的能量使剩余酸转变为原生质的各种组分。不溶于水的有机质，其疏水基比亲水基占优势，代谢反应只限于生物能接触的水和烃的界面处，尾端的疏水基溶进细胞的脂肪部分并进行 β-氧化。有机物以这种形式从水和烃的界面处被逐步拉入细胞中并被代谢。微生物和不溶有机物之间的有限接触面，妨碍了不溶解化合物的代谢速度。有机物分子中碳支链对代谢作用有一定影响。一般情况下，碳支链能够阻碍微生物代谢的速度，如伯碳化合物比仲碳化合物更容易被微生物代谢，叔碳化合物则不易被微生物代谢。这是因为酶需要适应链的结构，在其分子支链处裂解，其中最简单的分子先被代谢。叔碳化合物有一对支链，这就要把分子做多次的裂解。代谢步骤越复杂，生化反应就越慢，代谢作用的速度是由微生物对有机物的适应能力和细胞中酶的浓度决定的。

有机物生物降解途径除上述脂肪族的 β-氧化途径外，对环状化合物和多环芳烃的代谢途径一般有 5 种：①在单一氧化酶的催化下氧化有机质；②二羟基化，即有机物降解开始时接受两个氧原子形成两个羟基；③在酶的催化下水中的氧原子作为羟基进入基质；④在苯环裂解时必需双氧化酶催化，使苯环带上两个羟基取代物；⑤对于带内酯的苯环裂解的代谢顺序是先形成内酯，然后水解内酯而使苯环裂解。研究有机物的降解途径和形式，可为阐明微生物降解能力，以及为合成生物可降解的农药和难降解的防腐剂提供依据。

酚是构成芳香物的基本单元，是一种常见的有机污染物。酚类化合物可通过苯型化合物直接羟基化，需要一个氧分子进行羟基化和环的裂解反应，所以用微生物处理酚的废弃物，可以采用强烈曝气法。如果不曝气，在处理生活污水时酚将转化为难闻的氯酚。多环芳烃污染对生物有致突变作用和致癌作用，因此也引起了人们的重视。微生物代谢多环芳烃的途径为顺式羟基化，需要双加氧酶的作用才能完成，而哺乳动物氧化这类化合物只要一个加氧酶就能完成。因此，微生物能氧化苯并［*a*］芘为顺式9,10-二羟基-9,10-二氢苯并［*a*］芘，能氧化苯并［*a*］蒽为顺式1,2-二羟基-1,2-二氢苯并［*a*］蒽，还能氧化联苯为顺式2,3-二羟基-1-苯基环己-4,6-二烯。微生物对萘、菲和蒽的降解途径与上述类似。

生物降解研究的未来发展趋势：研究自然环境中有机污染物和无机污染物的生物降解途径，寻找自然界中具有生物净化能力的特殊群体，探讨生物降解和污染物的相互作用关系，以便制定消除污染的措施。利用遗传学方法将多种有益的特性基因重组成具有多功能、高降解能力的菌株。利用酶的固定化技术制备成专一的或多功能的生物催化剂，以降解多种污染物。如将胰蛋白酶和核糖核酸酶吸附在硅胶或玻璃纤维上，以去除尘埃，阻留和溶化水中带病毒的粒子。又如将酶吸附在氧化铁粉末上，酶和污染物作用后借助磁铁回收利用。

生物降解是微生物把有机物质转化成为简单无机物的现象。自然界中各种生物的排泄物及尸体经微生物的分解作用转化为简单无机物。微生物还可降解人工合成有机化合物。如通过氧化作用，把艾氏剂转化为狄氏剂；通过还原作用，把含硝基的除虫剂还原为胺；芳香基的环裂现象也是微生物降解作用常见的一种反应。微生物降解作用使得生命元素的循环往复成为可能，使各种复杂的有机化合物得到降解，从而保持生态系统的良性循环。

第二节 环境系统中的同位素分馏效应

一、物理过程

研究表明，大部分物质中碳、氢等元素的气-液变化过程中同位素分馏通常是相当小的，只有在大量（如≥95%）起始化合物被蒸发的非平衡状态下，同位素分馏才会与残留分数相关。此外，三氯乙烯（TCE）蒸发过程中氯元素具有强烈的正向同位素效应，而同等条件下碳和氢元素的同位素效应却是相反的，目前对于其中的原因尚未有明确的解释（Harrington et al.，1999）。在一些特殊环境中，如浅层非承压含水层，或通过空气喷射或土壤生物释放进行深层修复过程的环境中，因蒸发诱导的同位素分馏可能与VOCs相关（Harrington et al.，1999；Wang et al.，2003）。

对源于水相的纯有机化合物溶解过程的研究再次表明：一步平衡实验中并没有发现可识别的同位素效应（Lollar et al.，1999）。然而，在一些特殊的过程中，如三氯乙烯被微生物还原成二氯乙烷的实验中发现，从非水相液体到水的传质阻力，可以掩盖固有的动力学同位素效应（KIE）（Aeppli et al.，2010）。水相吸附的研究表明：碳和氢具有不可识别的同位素效应（Harrington et al.，1999；Lollar et al.，1999；Schüth et al.，2003）。Kopinke等（2005）在多步吸附平衡或特别设计的色谱柱实验中发现，当质量损失超过95%时所诱导出的与吸附相关的同位素分馏显著。基于吸附实验的同位素分馏数值模拟已经可以定量地确定出污染羽非稳态前缘（而非侧边缘）的影响，但还没有清晰的证据表明农田尺度下与吸附相关的同位素分馏（van Breukelen et al.，2005）。因此，一般认为现场观察中与吸附相关的同位素分馏可能只具有有限的相关性。

LaBolle 等（2008）研究了水相扩散的同位素分馏效应，并指出需谨慎考察农田尺度下的研究因素。通常，小厚度含水层的高流速和非均流系统往往会放大分馏效应。Rolle 等（2010）开展了横向分散的研究表明：非氘代与全氘代乙苯相比，前者具有更强的分馏效应。在来源解析研究中，Hunkeler 等（2004）观察到在弱透水层底部的边缘区域附近，三氯乙烯的同位素变化达到 2.4‰，并认为这种变化至少部分是由于弱透水层的扩散同位素分馏效应，但不能排除边缘区域生物降解过程产生的影响。尽管不能排除叠加分馏或混淆来源识别的可能性，但目前还没有明确的证据表明农田尺度下的同位素分馏与扩散有关。在尚未达到稳定状态时，气相扩散会导致更加清晰的同位素分馏效应，故这一点在不饱和区域是明显不同的。伴随同位素分馏效应的扩散运输的相关性已经在甲烷（Visscher et al.，2004）和典型燃油相关污染物（Bouchard et al.，2008）的色谱柱实验中得到证实，而这一点在将污染源人为放于非承压含水层上方非饱和区域的后续现场研究中进一步得到了确认（Bouchard et al.，2008）。

总之，在两相之间（当地）平衡的相转移过程中没有观察到有关的同位素效应。除气相扩散之外，在现场研究中还没有明确的证据表明相转移与传输过程之间存在同位素分馏的相关性。但要记住，这种情况并不总是存在的，一些情况下的迁移等物理过程可能会出现同位素分馏。

二、转化和生物降解过程

特定有机物稳定同位素分析技术（CSIA）已广泛地应用在环境转化和生物降解过程中，目前已在没有或仅使用其他方法的少数情况下，提供环境转化反应的原位证据；运用同位素富集因子对转化化合物的比例进行量化；对转化和降解的反应机理进行直接研究等。

应用于污染物水文和现场管理中，以满足对污染地进行自然衰减（monitored natural attenuation，MNA）监测的需求，或提供有效补救措施的定性指标。美国 EPA 规定了应用 MNA 必须满足的 3 条标准：①随着时间推移，监测点污染物浓度和（或）质量不断降低的趋势已经得到证实，这表明存在一个稳定或消退的污染羽；②监测点地球化学数据能为潜在衰减过程提供相关的间接证据；③监测点现场或微观研究能提供导致自然衰减的（生物）降解过程的直接证据。

在利用 CSIA 评价时，通常可以提供符合标准①和③所要求的降解原位证据。如果不存在各种来源的混合，当碳同位素组成 2‰正值变化时，对这种质量评估就已经足够了。对多数监测点而言，这将是提供此类证据最简单和最具成本效益的方法（Coffin et al.，2001）。

对其他元素而言，目前还没有足够的数据库提供类似阈值，但对于碳元素，必须沿流路方向观察到重同位素异数体富集的显著趋势。研究表明，由于具有更大的同位素分馏效应，故氢元素更适合作为污染物降解的定性指标（如 BTEX 和 MTBE 的降解）（Ward et al.，2000；Hunkeler et al.，2001）。正如 Hunkeler 等（2001）所指出的那样，双元素同位素研究可为降解过程提供最具说服力的证据。

依据化合物在空间和/或时间上的同位素组成变化，利用 Rayleigh 方程（参见第六章）可以对降解过程进行量化，其简式如下：

$$[R(h_E/l_E)_{Q_t}]/[R(h_E/l_E)_{Q_0}]=f^{(\alpha-1)} \tag{8-1}$$

式中，R $(h_E/l_E)_{Q_t}$ 和 R $(h_E/l_E)_{Q_0}$ 分别为时间为 0 和 t 时反应物中重同位素与轻同位素的比值；f 为反应物在时间 t 时剩余反应物的含量；α 为分馏因子。

该式在重同位素自然丰度较低且分馏较小时的研究中可以得到很好的近似结果（Schmidt et al.，2004）。尤其值得一提的是，在微观研究中，Rayleigh 方程已经被用于生物降解同位素分馏因子的测定。Hunkeler 等（2001）和 Abe 等（2009）研究了两个重要地下水污染物 TCE 和苯的实例，明确得出：①化合物降解越多，剩余部分的同位素位移越大；②化合物（也可能是主要反应机理）之间的同位素位移和富集因子可能有明显差异；③因此，在不同程度的转化中（TCE 转化了 20%，苯转化了 60%）有显著的同位素位移（如大于 2‰）。

利用 Rayleigh 方程，在特定条件下可以测定许多有机污染物的分馏因子 α 或富集因子 ε。一些综述（Meckenstock et al.，2004；Schmidt et al.，2004）、USEPA 指南（Hunkeler et al.，2008）及书籍（Hunkeler et al.，2010）中给出了 α 值或 ε 值的列表。值得注意的是，同位素富集因子应当在实验室控制实验中测定，而非现场测定数据（Abe et al.，2006）。然而，将现场测定值与参考数据进行比较，可以用于某些主要降解途径的假设验证。

有些研究中采用是内部富集因子 ε_i 而非 ε，ε_i 简单考虑了化合物中同一元素非反应原子的稀释作用，即 $\varepsilon_i=\varepsilon n$，式中 n 为关注化合物中某元素的原子数目。这种稀释作用源于这样一种事实，即在典型仪器设置中，不论是否参与同位素分馏转化，分子中某元素的所有原子均将被转换成测量气体。换句话说，如果某分子中只有 1/10 的原子参与了速率限制反应，则同位素特征的测量变化将减少 9/10。因此，在 $C_{10}\sim C_{15}$ 之间的化合物降解通常不会产生可测量的碳同位素分馏。对于更大化合物，除了同一元素非反应位点的同位素信号稀释外，速率限制的传输步骤会部分掩盖观察到的同位素分馏效应（Meckenstock et al.，2004；Schmidt et al.，2004）。

假设 Rayleigh 方程在某个监测点是适用的，不需要结合浓度数据，按式(8-2) 就可以计算出化合物的降解程度 B（Visscher et al.，2004）：

$$B=1-[(\delta^h E_{Q_t}+1)/(\delta^h E_{Q_0}+1)]^{\frac{1}{\alpha-1}} \tag{8-2}$$

一般情况下，通过 CSIA 数据及实验室获取的分馏因子来估算降解程度是比较保守的，即会低估真实降解程度。Rayleigh 方程原则上仅适用于封闭系统中的不可逆反应。尽管如此，Rayleigh 方程还是被广泛应用于天然开放的环境体系。Abe 等（2006）详细研究了在哪些条件下可以使用这种方法，特别是考虑到物理异质性因素。通过对流-扩散传输模型，他们发现使用 Rayleigh 方程总是低估了富集因子和降解率，因此对污染物损失的估计是保守的。然而，利用 Rayleigh 方程进行估算带来的偏差，一般不会超过浓度数据或途径时间等其他输入参数引起的不确定度。而且，不采用同位素数据量化污染物损失的方法通常会产生更大的误差。Rayleigh 方程在现场（生物）降解过程中量化处理的适用性，已经在污染点的示踪实验中得到了证实，即通过注入氘代甲苯-d_8 和氘代甲苯-d_5 作为反应示踪剂，溴化物作为保守示踪剂。在这种情况下，通过运用 CSIA 和 Rayleigh 方程，或直接量化氘代化合物，均可以对注射井下游两个控制面中的生物降解过程进行定量分析，两种方法得到的生物降解率的一致性非常好（Fischer et al.，2006）。

在一项使用不同方法对污染点邻二甲苯降解的定量比较研究中表明：使用整体抽水试验碳同位素分析，或使用溴化物作为保守示踪剂的穿透曲线来定量生物降解性这两种方法的组合，均得到了一致的结果，从而证实了 Rayleigh 方程在现场研究中的适用性（Fischer et al.，2006）。van Breukelen（2007）采用稀释术语将简化 Rayleigh 方程扩展为：

$$\ln[(\delta^{h}E_{Q_t}+1)/(\delta^{h}E_{Q_0}+1)]=\varepsilon\ln f=\varepsilon\ln(f_{总}F) \quad (8\text{-}3)$$

式中，F 为稀释因子；$f_{总}$ 为经稀释和降解引起质量减少后的剩余总分数。

若 ε 已知，则 F 可以通过下式的重排进行计算：

$$F=\mathrm{e}\frac{(\delta^{h}E_{Q_t}+1)/(\delta^{h}E_{Q_0}+1)}{\varepsilon}/f_{总} \quad (8\text{-}4)$$

式(8-4) 提供了一种评估监测点稀释相关性的简单方法。van Breukelen 对苯污染羽的研究是对该方法的具体化，而且能够更加可靠地预测降解过程。

简化 Rayleigh 方程的另一个局限性是其仅适用于母体化合物（即在转化过程中不以中间体形式产生的化合物）。在复杂环境中，可能同时存在几个竞争性的转化途径。此时，简化 Rayleigh 方程就不一定适用，而需要扩展模型（van Breukelen，2007）或采用适当的反应性运输模型（Pooley et al.，2009）。

总之，简化 Rayleigh 方程常常足以满足实验室和现场监测点的定量转化过程研究。正如美国 EPA 指南（Hunkeler et al.，2008）中所建议的那样，第一步应该对 Rayleigh 方程的可行性进行检验。考虑到这些局限性，即使尝试 Rayleigh 方程失败，研究者也能获取污染物有用的定量信息。

假如在封闭体系中获得了所有相关的转化产物，体系中反应物和产物的总量将保持不变，其总同位素组成也将保持不变，故同位素质量将达到一种平衡（见第二章），即将每个化合物摩尔浓度乘以其同位素组成的结果进行加和，再除以所有化合物的总摩尔浓度。只要吸附程度有很大的不同，沿流路的某些化合物的浓度数据就不会产生偏差。如果同位素质量平衡显示出随着时间或空间不断增加的总 δ 值，则表明转化超出了量化的转化中间体。同位素质量平衡（Hunkeler et al.，2005；Aeppli et al.，2010）经常在现场研究中使用，尤以氯代乙烯（即保存于制造乙烯或乙烷过程的脱氯产品）中的碳元素分析最为显著。Abe 等（Abe et al.，2006）指出，这种方法可成功识别会累积氯乙烯的污染羽，以及那些会导致脱氯过程中有害中间体进一步转化的污染羽。

三、转化和降解的反应机理研究

利用同位素分馏对有机物反应机理的研究工作正在取得较大进展。Hirschorn 等（2005）对 1,2-二氯乙烷有氧降解过程中碳同位素分馏的研究就是早期的实例之一。他们在实验中意外地发现了这种现象：源于各种微生物、富集物和纯培养物的同位素富集因子呈现双峰分布特点，集中在−3.9‰和−29.2‰中心左右。重新计算动力学同位素效应（KIE）的数值为 1.01 和 1.06，分别是氧化和取代反应的典型数据。这些微生物之间不同的初始反应步骤随后被熟知的酶促降解途径的专用纯菌株所证实。这个实例展示了 CSIA 在解决主要反应机理方面起到的强大作用。

基于过去十年环境领域中化学和生物化学中同位素效应的知识，学者们建立了辨别环境转化过程中同位素分馏的概念性框架，并在一些具有里程碑意义的论文中对该框架进行了详细的论述（Elsner et al.，2005；Elsner et al.，2010）。此框架所展示出的主要发展之一，就是在观察同位素分馏因子 α 与表观动力学同位素效应（AKIE）之间架起了一座桥梁。

如果在引起同位素分馏的化学键转化过程之前有影响整个分子且不伴随同位素分馏的过程发生，则 KIE 会被部分或全部掩蔽，包括从转运到反应位点、表面吸附或酶底物复合物形成（Elsner et al.，2005）等过程。如果逆过程非常缓慢，所有分子都将在第 2 步中被转化，从而剩余底物不会留下同位素印记。例如，在以含有矿物质悬浮物的金属还原泥土杆菌，而非 Fe（Ⅲ）均相溶液作为最终电子受体时，在甲苯的无氧氧化反应中，观察到氢及碳的同位素分馏效应较小，主要是由于在前一种情况下运输限制了微生物活动（Tobler et al.，2008）。

但需注意的是，只要存在可测量的 AKIE，Rayleigh 方程仍然与浓度和同位素相关。Elsner 等（2010）总结了与机理有关的 6 个重要结论：①同位素分馏可以得到从产品分析中得不到的信息；②即使没有检测到产物，同位素分馏也可以阐明降解途径；③同位素分馏特别适用于机理研究；④在机理研究中，必须评估化合物特异性的同位素分馏；⑤对于较大分子，可观察的同位素分馏会变小；⑥需要 KIE 参考数据。

上述讨论提供了污染物在环境中转化识别以及基于富集因子的量化降解的基础（理论见第三章）。这表明在同等条件下的自然体系中，同位素信息能直接与反应机理阐释联系起来，而不需要加入人工示踪剂。这就使 CSIA 方法显得独一无二，也让环境污染领域的研究者感到兴奋。

在环境领域研究中，AKIE 的推导已成为常用手段（见第三章）。AKIE 考虑了 KIE 具有位置特定性的事实，即它们仅在某一元素中重同位素或轻同位素所处的反应位点起作用。在 CSIA 中，既然某一化合物中同一元素的所有 n 个原子都被转化成了气体进行测量，故信号也就被稀释过。以甲苯中甲基的氧化转化为例，由于甲苯中的 7 个碳原子中只有 1 个碳原子处于反应位点，所观察到的同位素组成变化要比（真实）特异位置的同位素组成低 6/7。在某些情况下，当反应位点超过 1 个原子时，稀释程度不太明显，且 n 需要根据反应位点的原子数目 x 进行校正。例如，乙烯分子（$x=2$ 个碳原子）中 C ═C 键的环氧化，或—CH_3（$x=3$ 个氢原子）中 C—H 键的裂解等协同反应就属于这种情况。

图 8-1 显示了不同反应机理中氢、碳元素的 AKIE 变化范围。很明显，氢的初级 KIE 比氢的二级 KIE 和碳的初级 KIE 高出几个数量级。对于碳而言，S_N2 反应观察到的 KIE 最高，因此很容易地将 S_N2 反应与其他反应的机理区分开来。除碳及氢元素以外，其他元素的 KIE 也是一个非常广阔的研究领域。例如，Hofstetter 等（2008）报道了两种不同途径下硝基苯转化过程中氮和碳元素的 KIE。一是在芳香环双氧化的速率限制步骤中，碳元素具有明显的同位素效应，而氮元素则几乎没有；二是在硝基的部分还原中，氮元素具有明显的同位素效应，而碳元素则很小。此外，该课题组还研究了取代基对氮元素 KIE 的影响，此类工作对于扩展环境转化反应中的 KIE 参考数据库十分有用。

与微生物降解不同，环境系统中光解转化过程的同位素效应研究几乎未见报道。部分原因是对机理的理解存在困难，因为此过程中的非质量分馏效应不可忽略（Elsner et al.，2007）。已有报道指出，蒽在太阳光照射后的前 2h 出现了明显的同位素分馏，但其结果不可重现（Omalley et al.，1996）。最近，Hartenbach 等（2006）利用羟基自由基、4-羧基二苯

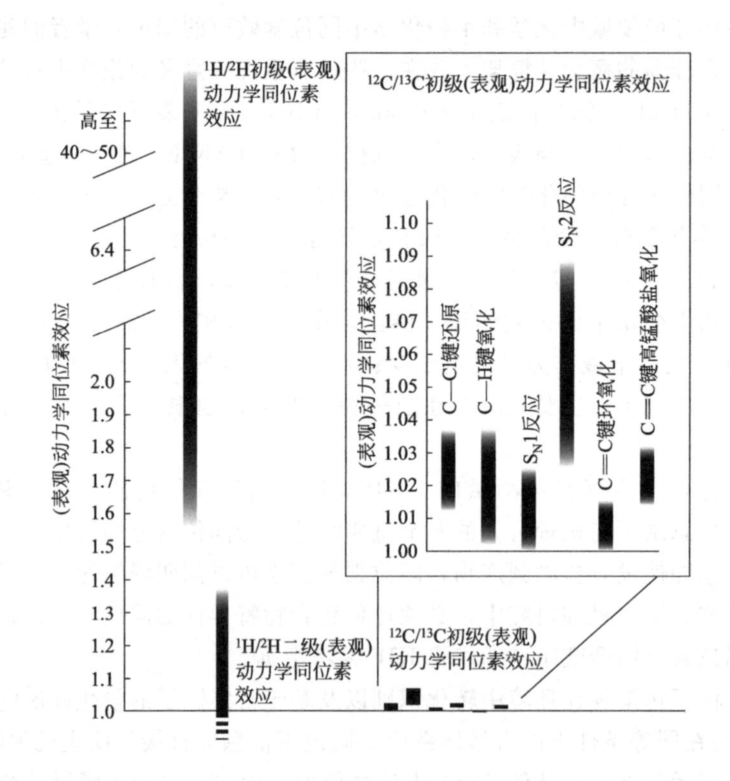

图 8-1 以反应机理为基础氢、碳元素的预期动力学同位素效应（Hofstetter et al.，2008）

甲酮以及直接光解，对阿特拉津的光氧化转化反应进行了综合研究，在前两次转化反应中，观察到了中等的氢同位素分馏，以及较小的碳、氮同位素分馏，但之后的反应结果却完全不同，即没有观察到可识别的氢同位素分馏，以及明显的碳、氮同位素逆分馏。

第三节 有机污染物降解过程中的稳定同位素分馏特征

一、有机污染物降解过程中的碳稳定同位素分馏

有机污染物环境行为过程中的动力学同位素分馏效应研究是 20 世纪 90 年代中期伴随同位素分析技术发展而兴起的一个新的研究领域。有机污染物中的主要元素为碳、氢、氮、硫、氧和卤素等，由于碳和氢是有机物中最主要的两种元素，因而当前主要集中对这两种元素的动力学同位素效应进行研究。产生同位素效应的根本原因是元素不同同位素之间的质量差异，导致零点能的差异，引起物理化学性质的差异，因此在物理、化学和生物过程中发生同一元素的各种同位素分别富集在不同相中的现象。

（一）有机氯溶剂

有机氯溶剂降解过程中碳同位素分馏特征是目前研究最为深入的领域，研究表明，有机氯溶剂生物降解过程有明显且可重复的碳同位素分馏效应。Slater 等（2001）实验测定微生物降解 PCE 全过程中反应物和产物的碳同位素组成，即 PCE 首先被转化为 TCE，TCE 再被转化为二氯乙烯（DCE），DCE 最后被转化为最终产物氯乙烯（VC）和乙烯。结果表明，随反应过程进行，反应物和产物持续富集重碳同位素，PCE 的 $\delta^{13}C$ 从初始的－26.5‰到实验结束时的－22.6‰，最终产物 VC 的 $\delta^{13}C$ 从生成时的－37.0‰变为反应基本结束时的－27.2‰，乙烯的 $\delta^{13}C$ 从－60.2‰变到－26.8‰，反应物转化成最终产物时，最终产物同位素组成与反应物初始同位素组成相似，整个过程中总的碳同位素组成保持平衡。污染物降解中的碳同位素分馏往往可以用瑞利模型进行拟合计算分馏因子和富集因子（Aggarwal et al.，1997；Sturchio et al.，1998；Bloom et al.，2000），同位素分馏因子或富集因子可用于比较不同环境和不同化合物降解过程的同位素分馏效应，Elsner 等（2005）报道的四氯化碳还原降解中碳同位素组成的变化过程和利用瑞利模型拟合的研究实例，具有较好的典型性，比较好地说明了反应过程中的同位素分馏过程。对于有机氯溶剂的研究突出关注同位素分馏效应与污染物生化反应过程之间的关联性，探索控制同位素动力学分馏的内在原因和机理（Slater et al.，2001）。

（二）苯系物和苯酚

对于苯系物（BTEX）生物降解过程中的碳同位素动力学分馏，不同研究报道的同位素分馏效应不尽一致。Lollar 等（1999）发现甲苯在好氧生物降解过程中基本没有同位素分馏；而 Ahad 等（2000）应用厌氧的甲烷菌和硫酸盐还原菌降解甲苯，转化率为 90％左右时，反应物中富集重碳同位素分别为 2.0‰和 2.4‰，表明存在较轻微的同位素分馏效应。而在硫酸盐还原菌降解原油烷基苯的实验中大约 70％邻二甲苯转化时，反应物碳同位素组成变化了 4‰；邻乙基甲苯转化率为 80％时，剩余反应物中的 $\delta^{13}C$ 富集了 6‰，表明有较明显的碳同位素分馏（Wilkes et al.，2000）。生物降解 BTEX 伴随的碳同位素分馏效应的差异可能受微生物种类和群落结构、环境介质等因素的影响，还需进一步深入研究。Hall 等（1999）用传统的离线方法——双路进样同位素比值质谱法，测定了苯酚微生物降解过程中生成的二氧化碳和微生物体的碳同位素组成，二氧化碳的 $\delta^{13}C$ 比苯酚的碳同位素比值低 3‰～6‰，拓展了该领域的研究范围。

相对于碳同位素分馏研究，氢同位素分馏的报道比较少。Ward 等（2000）发现甲苯在无氧生物降解转化 95％时，δD 值富集了 60‰以上，显然氢同位素分馏较碳同位素分馏大得多。

（三）氯联苯系列

PCBs 是一系列含氯联苯的总称，在工业中应用非常广泛，对人体和环境危害很大。Jarman 等（1998）测定了 4 种 PCBs 分子中碳同位素组成，发现含氯高的同系物富集重同位素。90％的 2,3,4,5-四氯联苯（2,3,4,5-CB）被微生物还原转化生成 2,3,5-三氯联苯（2,3,5-CB）时，反应物和生成物的碳同位素组成基本一样且保持恒定，表明降解过程中没有碳同位素分馏（Drenzek et al.，2001）。

（四）原油与石油烃类

原油及石油烃类是水环境和空气中广泛存在的一大类污染物。Mansuy 等（1997）和 Mazeas 等（2002）分别报道了生物降解过程中各碳数的正构烷烃和多环芳烃的碳同位素组成变化分析误差均在 0.5 ‰，表明原油生物降解过程中的碳同位素分馏很小或没有分馏。相对于碳同位素来说，生物降解过程伴随着较大的氢同位素分馏效应，Pond 等（2002）报道了 n-C_{15}～n-C_{18} 在生物降解过程中氢同位素分馏系数为 0.9811～0.9962。

（五）稳定同位素分析在有机污染物环境研究中的应用

大量含氯有机物和石油烃类被释放到环境中对土壤和水体造成污染，对环境和人体健康造成威胁。鉴定这些污染物来源，确定污染物在环境中迁移以及归属，区分污染物的降解和非降解环境行为，评价污染物生物和化学降解的有效性，对环境污染的自净或人工修复评价具有非常重要的意义。传统的地球化学方法包括：测定污染物在环境中的浓度变化；监测微生物出现的间接证据，如污染物和电子接受体含量的降低、溶解无机碳或甲烷的产生（Dempster et al.，1997）；监测环境中细菌数量的变化等（van Warmerdam et al.，1995）；对比实验室微生物学实验结果与现场测试结果，采用已知模型模拟结果（Slater et al.，2001）。然而，这些方法的难点在于很难在庞杂的地下水系统中获得有机污染物、电子供体和最终产物之间精确的质量平衡结果，很难区分生物降解效应和诸如吸附、挥发、稀释等物理过程所引起的污染物含量减少，很难将基于实验室条件下的微生物学实验结果推广到现场条件。

鉴于有机污染物经历的环境过程中伴随着不同特征的同位素分馏效应，随着分析技术的发展，应用 GC-C-IRMS 测定环境中污染物的同位素组成既快速又便宜，稳定同位素分析技术监测有机污染物的环境行为将是一项非常有前景的研究方法。早期的研究集中于分析不同来源有机污染物的同位素组成（碳、氢、氯）特征，建立特定污染物同位素组成分布范围，并逐渐建立有机污染物稳定同位素分析方法体系（van Warmerdam et al.，1995；Dempster et al.，1997；Jendrzejewski et al.，2001）。随后开展了大量的有机污染物在非降解过程和降解过程中的稳定同位素分馏效应研究，以期建立起污染物在环境行为过程中的同位素动力学分馏模型。近年来，除了不断拓展污染物的研究范围，深入研究影响因素和分馏机理，同时已将同位素分析技术应用到现场环境分析中。稳定同位素分析技术在有机污染物环境研究中应用在区分有机污染物的降解性和非降解性的环境行为、确定污染物的来源、估算污染物的降解程度、为污染物的转化途径提供有用信息四个方面。对于含氯有机溶剂来说，既然非降解性过程不会引起这些化合物碳同位素组成的明显变化，而降解过程一般伴随着明显的碳同位素分馏，应用同位素分析可以直接验证环境中这类物质是否被降解，并通过反应的碳同位素组成变化与污染物转化率之间的关系估算降解的程度。Singh 等（2008）、Vandtone 等（2005）、Lollar 等（2001）分别报道了加拿大和美国的三个有机氯溶剂污染源区和迁移方向上污染物以及可能的降解产物的碳同位素组成变化，现场污染物同位素组成的变化趋势与实验室研究结果相吻合，同位素分析直接证实了在这些地区存在着微生物降解。Lollar 等（1999）还估算了研究区内 TCE 的生物降解量；Kuder 等（2005）报道了 MTBE 污染场地同位素分析技术的应用情况；Song 等（2002）和 Vanstone 等（2005）应用碳同位素组成监测证实 TCE 微生物修复技术的有效性。对于石油烃类，包括烷烃（Mansuy et al.，1997）、烷基苯（Omalley et al.，1996）和多环芳烃（Omalley et al.，1996），由于在降解和非降解过程中碳同位素组成都非常稳定，因此可以应用碳同位素分析来鉴别污染物的来源。氢同位素组成由于对降解过程非常敏感，可直接用来指示污染物的降解过程（Ahad et al.，2000）。Abe 等（2006）总结了同位素分析技术在污染物水文地质学现场研究中的应用经验，并探索性地建立了数学模型，考虑非均质环境条件对该技术应用的影响。

二、有机污染物空间扩散的碳稳定同位素分馏

很多研究指出降解是有机污染物在土体中运移的一个重要因素（Mazeas et al.，2002）。多个实验研究结果均指出许多类型的有机污染物能在土体中发生剧烈的降解（Dempster et al.，1997；Bloom et al.，2000）。另外，土体中的生物降解也是减少土体污染的一个非常有效的办法（Hrapovic et al.，2002；Mitchell et al.，2005）。具有降解功能的生物屏障层被认为能最大程度地减少城市固体废物填埋场及危险填埋场对环境和公共健康的风险（Gallego et al.，2006）。因此，为了更有效地设计填埋场的衬垫系统，应着重考虑生物降解的作用。

同位素效应受两个因素影响：一个为相关系数（f），表示粒子跃迁后偏离纯的随机状态的程度；另一个为耦合常数（K），用来衡量粒子跃迁时与剩余其他原子之间频率的耦合度（Mullen et al.，2017），二者的乘积用来衡量同位素效应的大小。

三、有机污染物降解过程中的碳稳定同位素富集因子

有机污染物的单体同位素效应，可有效克服传统浓度定量分析的不足，已经成为识别有机污染物来源、示踪污染过程、揭示生物转化及降解机理的有力工具（Zwank et al.，2005；Carreon-Diazconti et al.，2009）。其中，碳元素是有机污染物的重要组成元素，碳元素的同位素研究开展较早，而有机单体稳定碳同位素分析技术亦较其他单体同位素更为成熟，应用更广（Elsner et al.，2005），其一般采用 GC-C-IRMS 技术来完成单体碳同位素测试。美国环保署（USEPA）制定了 CSIA 技术在地下水有机污染物研究中的应用指南（Hunkeler et al.，2008），也是以有机单体稳定碳同位素为主。环境中烃类污染物来源，如油源、煤源、生物输入源及燃烧源等，大都可通过有机单体碳同位素特征相互区别（Omalley et al.，1996）。综合看来，有机单体稳定同位素技术在环境污染防治中主要有：污染源解析、评价污染物降解程度和揭示污染物的降解路径三个作用。

准确识别污染源及污染物在环境中的迁移转化过程对环境中有机污染的风险评估至关重要。传统的浓度测试方法常常不能提供污染物来源及其降解程度的信息，因为环境中有机物的浓度极易受到稀释、挥发或吸附等作用的影响，且引起目标污染物浓度变化的原因也不能确定。合成试剂的原料和特定的化学过程会导致试剂稳定同位素组成的差异，因此可根据污染物的同位素组成来判断其来源。在自然状态下的净化过程或原位修复过程中，环境中的有机污染物降解时，稳定同位素比值常常会发生变化，因此可以将降解程度识别出来，而且还可以根据同位素比值预测降解程度。此外，不同降解过程中的同位素富集因子也可能呈现显著差异，这有助于识别污染物的降解途径。因此，有机单体稳定同位素技术在揭示污染场地有机污染物的环境行为方面有很大的应用前景，可有效克服传统的浓度定量分析的不足，更

好地理解污染物的行为，更好地选择修复措施。

稳定同位素之间在绝大多数化学和生物反应过程中具有相同的性质，而仅存在由中子数量不同导致的微小质量差异（Peterson et al.，1987）。正是该差异引发了稳定同位素在动物新陈代谢中的富集效应（enrichment），即消费者更容易同化食物中的重同位素而代谢排放轻同位素（Deniro et al.，1981；Minagawa et al.，1984）。

富集因子被广泛运用于生态系统食物链和营养级相关的定量分析，但在实际运用中对不同生态系统和不同生物种类开展针对性的测定受到许多条件限制而难以实现，使用模型估计值或经验值是最省时便捷的途径。据 Rosell 等（2007）统计，60%以上的模型分析使用了来自其他物种和组织的富集因子，在这种情况下富集因子经验值的精确性和代表性必须受到重视，因为其微小的差异可能会导致分析结果的巨大差异（McCutchan et al.，2005）。

第四节 同位素在评估环境过程中的应用

一、污染物降解程度评价

在许多污染场地，地下水中有机污染物的去除取决于对污染物来源的识别。在自然状态下的净化过程或原位修复过程中，环境中的有机污染物降解时稳定同位素比值常常会发生变化，因此可以将降解程度识别出来，而且还可以根据同位素比值预测降解程度，量化修复效果。这一过程是基于动力学同位素效应来实现的（Hunkeler et al.，2008）。动力学同位素效应是研究由同位素原子或原子团反应速率不同所造成的同位素分馏，常使用同位素分馏因子来表征有机化合物同位素分馏的程度，指产物和反应物（或两物相）之间的同位素比值。

一般认为，常见的扩散、稀释（吸附、挥发、相的转移）等非反应性的物理作用不会引起污染物显著的同位素分馏，因此可用同位素富集因子 ε 来评价有机污染物的降解程度（通过残留率 f 表征）。这是因为有机污染物在生物化学转化过程中，由于动力学同位素效应(KIE)，轻同位素转移得更快，这将使得残余的污染物更富集重同位素。污染物浓度的降低以及增加的同位素比值可用瑞利方程来表征，这也是利用同位素富集因子来评价污染物降解程度的前提。目前已经有很多研究开展利用 CSIA 技术评价野外场地污染物的降解程度。通常的做法是获取不同条件微生物降解下的同位素富集因子，结合野外场地评价其正在经历的生物修复过程，弥补了传统用含量来评判降解效果的不准确性（Griebler et al.，2004；Aeppli et al.，2010；Amaral et al.，2011）。涉及的污染物有乙烯（Mundle et al.，2012）、甲基叔丁基醚（MTBE）（Kuder et al.，2005）、氯代烃（PCE、TCE）（Aeppli et al.，2010；Amaral et al.，2011）、邻苯二甲酸酯（Liu et al.，2015）等，包括了有机单体稳定碳同位素、有机单体稳定氢同位素、有机单体稳定氯同位素等。

虽然 CSIA 技术在有机污染物修复过程中对污染物的降解评价有不可估量的作用，然而也必须注意到，该种评价方法也存在不可避免的局限性，分馏程度必须大于分析过程中的不确定度。除此之外，观察到的同位素组成差异必须大于时间和空间上不同污染源引起的或是地下水的混合作用或是典型的影响较小的过程如吸附或挥发引起的变化。如碳同位素分析的精度为±0.5‰，那么观察到的同位素分馏需大于1‰。为了得到可靠的解释，建议以2‰为准则来有效识别降解过程中的碳同位素分馏。此外，如果用分馏程度来预测降解过程，针对某一特定降解过程的同位素富集因子必须具有重现性。实验室研究表明，大部分有机污染物降解过程中会发生明显的同位素分馏。

这一基本准则已在许多有机污染物（包括氯乙烯、氯乙烷、芳香烃如苯系物、低分子烷类、甲基叔丁基醚、多环芳烃）的研究中得到证实，但是这并不是对所有的有机物在所有情况下都适用（Hunkeler et al.，2008）。例如，高分子芳香烃表现出碳同位素保守的倾向，任何一种降解引起的分馏效应都会被稀释，因为其有大量非反应性的碳原子（Drenzek et al.，2001）。对一些特定情况下的有机物（如甲苯），只有在降解过程中攻击甲基中的碳原子而不是攻击苯环上的碳原子时才可观察到显著的碳同位素分馏（Ahad et al.，2008）。在同一个系统中可能存在的生物和非生物过程使得识别其对同位素的影响难度加大。除了生物降解，化学过程也会导致显著的同位素分馏。各种隐藏作用的影响，使得研究某一单一反应机制的同位素富集因子很困难。由于根据瑞利方程测出来的微生物菌株和微生物群落引起的同位素富集因子有很大的变化范围，部分不同降解方式造成的富集因子会有重叠，所以评估富集因子是否代表真实的微生物催化反应很重要。因为在野外污染场地中微生物的组成以及生长环境也会影响同位素富集因子。如脱氯菌在每一步脱氯作用过程中同位素富集因子都会在一定范围内变化，并且同一属或同一种的微生物会导致显著不同的富集因子。此外，由微生物群落引起的同位素分馏会不同于由单一菌株引起的同位素分馏（Lee et al.，2007；Evershed，2008）。不恰当使用富集因子来预测降解过程会导致结果不准确。此外，应用同位素富集因子评价有机污染物降解程度是基于保守的瑞利模型，该模型认为，常见的扩散、稀释（吸附、挥发、相的转移）等非反应性的物理作用不会引起污染物显著的同位素分馏。然而随着对同位素富集因子研究的深入，很多研究都表明物理过程如扩散或吸附会引起同位素分馏（Outram et al.，2009）。稀释或扩散是野外污染场地特有的性质并且时空变化很大，即使对于中等非均质含水层，用保守的瑞利方程来估算生物降解程度也具有较高的不确定性。这也说明了在高度非均质含水层中不考虑其他引起同位素分馏的过程，只利用CSIA技术而不结合其他保守示踪剂来评价含水层中污染物的衰减是不可行的（Ahad et al.，2000；Berstan et al.，2004）。

二、解释污染物的降解路径

因为同位素富集因子的数量级取决于转化的第一步反应，所以需要明确反应机制来定量解释野外数据。对同种化合物用同样的降解方式降解，不同研究中得到的富集因子都较吻合，这说明控制同位素分馏的主要因素是反应机制（如化合键的断裂）。降解过程中有机物化学键的断开，会导致剩余有机物碳同位素组成发生变化，且碳同位素分馏与转化途径密切相关，因此也常用同位素分馏来识别有机物的降解途径（Ahad et al.，2000；Liang et al.，2009；Broholm et al.，2014；Birkigt et al.，2015）。虽然不同的反应机制通常会得到不同的同位素富集因子，但是仅依靠一种元素的同位素来识别反应过程通常还是不太可能。因为转化之外的一些物理过程也会影响污染物的浓度，所以计算的假定场地同位素富集因子不太实际。此外，如果污染物在场地同时发生多种途径的降解，观察到的同位素效应反映了这些不同降解方式的综合效应（Kuder et al.，2013）。不同的反应机制通常在反应第一步中涉及不同的化学键，因此多维同位素可以用于定量至少两种降解途径。二维或多维同位素可更好地评价降解途径，能帮助预测合适的同位素富集因子，增加识别可信度与准确度（Abe et al.，2009；Wiegert et al.，2012；Aeppli et al.，2013；Bernstein et al.，2013；Kuder et al.，2013；Meyer et al.，2013）。

三、地下水污染物评估监测

随着科技的发展，同位素分析技术取得了巨大进步，因其特殊的指纹效应，已被广泛应用到地下水的监测研究中，是水循环特征研究的重要手段。有机单体同位素分析（CSIA），即气相色谱-气体同位素质谱仪联用技术能够指示地下水有机污染物单体的同位素特征，利用CSIA技术可诊断地下水中有机污染的来源，并且可以作为污染源生物修复效率的指标。CSIA技术可以连续测定气相色谱流出的每一个生物标志化合物的碳、氢稳定同位素的组成，现已逐步应用于地下水有机污染领域。随着技术的发展，该技术已经可以进行氮、氧、氯、氢单体稳定同位素测试。随着仪器的改进和实验技术水平的提高，该技术已经逐渐应用于难挥发的多环芳烃、氯代烃、农药残留物、农用化学品等有机污染物检测方面的研究。

地下水研究中最常用的环境同位素主要包括稳定同位素D、^{18}O和放射性同位素^{3}H、^{14}C。其中，稳定同位素D、^{18}O主要反映地下水的来源、循环特征、古气候变化等，而放射性同位素^{3}H、^{14}C主要应用于地下水年龄的判断，而稳定同位素与放射性同位素的综合分析可以更有效地揭示不同水体之间的转化关系，是地下水监测工作的重要技术分析手段。稳定同位素技术在水污染中的应用主要集中于碳、氢、氮的稳定同位素，使用方法多是利用其作为示踪剂来追踪水体中的污染源，分析污染物质随时间的迁移与变化。有机化合物进入地下水环境中通常具有特定的同位素组成，在物质相转移过程中改变其同位素特征的各种作用非常明显。

以地下水有机污染物中的三氯乙烯（TCE）为例：采用直接进样的方式（进样为1pg/L），有机物质量浓度至少达到66mg/L才能进行碳同位素分析；有机物质量浓度至少达到1100mg/L才能进行氢同位素分析。然而大量的地下水有机物的质量浓度通常小于1mg/L，因此，CSIA技术只能用于高污染地区。为了克服其局限性，在现有的仪器灵敏度范围内，探寻有效可行的样品浓缩和预富集方法，使得目标物质量浓度能够适应仪器GC-IRMS（Robert et al.，2006）。

如图8-2所示，选取Daniel等（2018）利用碳和氯化合物特异性同位素分析评价地下水中二氯乙醚（BCEE）的厌氧生物降解过程为例。BCEE具有致癌特性，释放到地下水中具有持久性（Bednar et al.，2009），因此备受研究者的关注。地下水中BCEE的降解很难通过传统的方法进行记录，如通过降解产物CEE和DEG的检测，因为在低浓度下很难检测到降解产物，因此对于开展地下水中的BCEE监测必须采用新的技术。化合物特异性同位素分析可以对残留母体污染物中浓缩的特征重同位素（例如^{13}C）进行检测，评估污染物质原位质量的减少。尽管已知BCEE可以通过有氧生物降解（McClay et al.，2007），但该过程也经常发生在厌氧条件下的地下水中。因此，了解BCEE是否会发生厌氧生物降解将有利于研究BCEE自然衰减过程，这将是去除地下水中BCEE含量的重要途径。

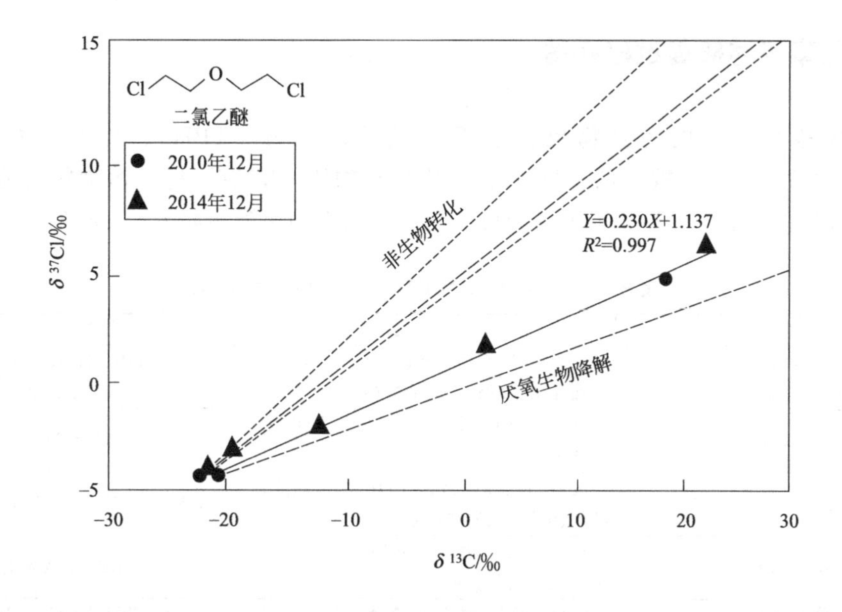

图 8-2 二氯乙醚厌氧生物降解过程中的 C、Cl 化合物特异性同位素分析（Daniel et al.，2018）

利用碳同位素分析方法，McKelvie 等（2007）将乙醇添加到被 MTBE 污染的含水层中，成功地促进了生物降解过程。他们在现场直接比较了两条通道，无修改的一条作为空白对照，释放乙醇的作为另一条。通过 $\delta^{13}C$ 分析，已有明确证据表明：在相对短的时间内，乙醇释放通道促进了 MTBE 的生物降解。但必须指出的是，乙醇的存在阻碍了这种污染含水层中常见共存物 BTEX 化合物的降解（Mackay et al.，2006）。

在另一项研究中，将在水和乳酸中的大豆油注射到混合污染羽流的含水层中（含 1,2-二氯乙烷和 TCE），提供的这些额外的电子供体，预计将刺激微生物生长，消耗残余的氧气，并最终导致无氧条件的出现，而这将有利于通过脱卤反应对污染物进行转化。在单一监测井中采用碳同位素分析方法，通过监测脱卤转化过程中 183 天的同位素数据，就可以获得有关原位过程的更为清晰的图像。在这里，1,2-二氯乙烷将形成乙烯，而 TCE 通过逐步还原脱卤反应将产生氯乙烯（vinyl chloride，VC），其不会进一步降解。在监测的前 90d 内可观察到转化过程，之后同位素特征恢复到其原始值，这表明电子供体已经耗尽，以及流入了未降解物或先前吸附的污染物。这些信息是将试点测试成功升级为全面现场治理的关键。在其他监测点，通过添加乳酸实现了地下水中 TCE 降解的有效生物刺激，以及通过注射特定的细菌培养物，在两个监测点实现了 TCE 的生物强化降解，这些研究均得到了类似结论（Chartrand et al.，2005；Morrill et al.，2005）。

另一种有效的地下水修复方案是通过单次或多次注入高锰酸盐对污染物进行非生物氧化，这种方法的有效性已由 TCE 在农田尺度下的 CSIA 研究所证实。相应的实验室研究发现这种氧化反应的浓缩因子很大（−25‰～27‰），即在注入高锰酸盐后，的确观察到 TCE 出现了强烈的同位素变化。然而，这种变化只是短暂的，TCE 的原始同位素组成将很快恢复到原始状态，这可以通过 DNAPL 的存在以及样品池中 TCE 的溶解来解释（Hunkeler et al.，1999）。

四、军事场地修复过程评估

军事场地常出现的污染物包括总石油烃类化合物（TPH）、挥发性有机化合物（VOCs）、含氯有机物、重金属（HM）、火炸药类物质（TNT）等，污染物可能因场地具体用途不同而有所差异。各类军事场的可能污染源和主要污染物如表 8-1 所列。

表 8-1 各类军事场地的可能污染源和主要污染物

场地类型	可能污染源	主要污染物
一般营区	二级厂、废弃物存放区	TPH、HM、VOCs
加油站、油槽	加油站、油槽区、废油桶存放区	TPH、HM
靶场/射击场	靶场、火炮射击场、扎射场及废弹拆解处理厂	TNT、HM
设备工厂、兵工厂	废弃物处理区、化学品存放区、制成品区、电镀厂、油料设施	HM、含氯有机物、TPH、VOCs
空军基地	航空器及车辆维修棚场、地动作业区、清洗区、各类工厂	VOCs、BTEX、含氯有机物
海军基地	船坞维修厂、油料库、各类工厂	TPH、VOCs、HM

以重金属的生物去除为例，军事场地修复中，对重金属的去除可以采用生物炭吸附去除的方法。但是生物炭施入土壤后很难分离和检测，因而难以直观研究生物炭在土壤中的环境行为，难以揭示生物炭吸附去除重金属的详细机理（Buttigieg et al.，2003）。因此利用同位素标记制备的生物炭，可以利用准二级动力学和吸附等温模型进一步研究生物炭对重金属的去除机理。利用稳定同位素标记法制备^{13}C 标记的生物炭，研究了^{13}C 标记生物炭的制备方法，以及标记前后生物炭的基本理化性质及其对 Cd^{2+} 和 Cu^{2+} 的吸附效果和吸附机理。^{13}C 标记的生物炭的 pH 值、阳离子交换量（CEC）、比表面积、表面官能团种类及数量等理化性质与未标记生物炭相似，说明脉冲标记法制备的^{13}C 标记生物炭基本理化性质不会改变。吸附动力学和吸附热力学实验结果表明，^{13}C 标记生物炭与未标记生物炭对 Cd^{2+}、Cu^{2+} 的吸附均符合准二级动力学方程和 Langmuir 等温吸附方程，且吸附平衡时间、最大吸附量基本相同。可以将^{13}C 标记生物炭作为探针来研究军事场地土壤中生物炭的迁移行为及生物炭与重金属的相互作用行为，为军事场地重金属的生物炭吸附去除提供机理支撑，为调控生物炭去除剂量、种类和结构提供科学依据，提升军事场地重金属去除效率（Curto et al. ，2019）。

迄今，van Stone 等（2005）开展的几项研究表明：碳同位素数据对渗透反应墙（PRBs）活性修复技术的原位探测是十分有用的。组合应用同位素数据和浓度数据的优势在于，不仅可以证明化合物的转化途径（因 PRB 中残留浓度低于 CSIA 的方法检测限，故其用途可能是有限的），而且还可以更好地理解转化过程。

针对污染物降解的污染场地活性修复，CSIA 具有预估污染地修复效果的潜力，是污染地污染物降解和生物修复效果评价的重要工具。在后一种情况下，同位素分析的结果可以节省无用支出。相反，单纯浓度分析的结果往往是不确定的（Hunkeler et al.，2008）。

五、二维（或双元）同位素方法

二维（或双元）同位素方法在目标化合物来源解析和转化反应表征方面的应用前景已被

人们逐渐认识。观察稀释和掩蔽效应（如采用催化剂消除各元素表观分馏影响）对剩余浓度的变化，可以绘制一种元素相对于另一种元素的同位素富集曲线，通过所得斜率就能更好地表征转化机理（Elsner et al.，2005）。Tobler 等（2008）的一项研究就证明了这一点，同位素的分馏程度取决于最终电子受体 Fe（Ⅲ）的性质。但是，在 $\Delta\delta^2H/\Delta\delta^2C$ 双元同位素分布图中发现了几乎相同的斜率，其支持相同反应机理和部分掩蔽 KIE 的假设。

现有的同位素数据库正在不断扩展，这个数据库主要是针对燃料相关的化合物和一些农药。尽管在测量方面还需付出很多努力，但该数据库已显示出同位素方法的巨大潜力。在确定双元重同位素法是否真正普遍适用以及存在哪些限制之前，需要大量扩展目标化合物（Elsner et al.，2010）。Vogt 等（2008）指出：双元同位素信息可以更好地识别甲苯微生物降解反应中开始阶段的反应途径，即是在环双氧酶、环单氧酶，还是在甲基单氧酶催化下引起的反应。MTBE 是迄今研究最多的有机化合物之一。多项研究表明，氢和碳的同位素分馏可以用三种不同的主要反应机理进行解释，氢与碳的双元同位素分布见图 8-3。显然，如果转化程度（即相应 $\Delta\delta^{13}C$ 和 $\Delta\delta^2H$ 的同位素位移）足够大，则可以很好地识别三种反应机理。在有氧降解过程中，甲基中 C—H 键的断裂是主要步骤。在这一步骤中，氢元素伴随着较大的初级 KIE，碳元素则为很小的初级 KIE。相反地，在代表无氧生物降解主要步骤的 S_N2 反应中，研究发现氢元素的二级 KIE 相当弱，而该步骤中的碳同位素分馏则非常强。非生物水解（S_N1 反应机理）的 KIE 处于上述两种 KIE 中间。van Breukelen（2007）进一步甄别了 Zwank 等（2005）从污染点得到的 MTBE 双元同位素数据，经进一步模拟，发现其并不是完全由无氧生物降解产生的。

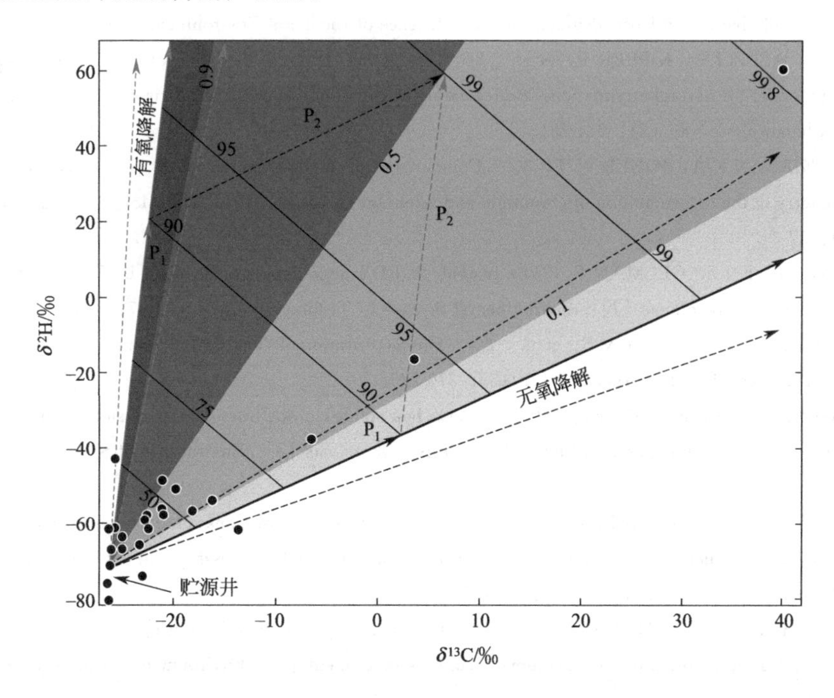

图 8-3 工业垃圾填埋场 MTBE 的双元同位素分布图（δ^2H 和 $\delta^{13}C$）（Zwack et al.，2005）

黑色圆圈为观察结果；箭头代表依据有氧和无氧降解文献值预期的 $\delta^2H/\delta^{13}C$ 斜率

（实线表示平均值；虚线表示最小值和最大值）；阴影区域表示有氧和无氧降解的分布 F；

计算出的生物降解率用黑实线表示（van Breukellen，2007）

参考文献

ABE Y, ARAVENA R, ZOPFI J, et al., 2009. Carbon and chlorine isotope fractionation during aerobic oxidation and reductive dechlorination of vinyl chloride andcis-1,2-dichloroethene [J]. Environmental Science & Technology, 43 (1): 101-107.

ABE Y, HUNKELER D, 2006. Does the Rayleigh equation apply to evaluate field isotope data in contaminant hydrogeology? [J]. Environmental Science & Technology, 40 (5): 1588-1596.

AEPPLI C, HOFSTETTER T B, AMARAL H I, et al., 2010. Quantifying in situ transformation rates of chlorinated ethenes by combining compound-specific stable isotope analysis, groundwater dating, and carbon isotope mass balances [J]. Environmental Science & Technology, 44 (10): 3705-3711.

AEPPLI C, TYSKLIND M, HOLMSTRAND H, et al., 2013. Use of Cl and C isotopic fractionation to identify degradation and sources of polychlorinated phenols: mechanistic study and field application [J]. Environmental Science & Technology, 47 (2): 790-797.

AGGARWAL P K, FULLER M E, GURGAS M M, et al., 1997. Use of stable oxygen and carbon isotope analyses for monitoring the pathways and rates of intrinsic and enhancedin SituBiodegradation [J]. Environmental Science & Technology, 31 (2): 590-596.

AHAD J, LOLLAR B S, EDWARDS E A, et al., 2000. Carbon isotope fractionation during anaerobic biodegradation of toluene: implications for intrinsic bioremediation [J]. Environmental Science & Technology, 26 (5): 892-896.

AHAD J M E, SLATER G F, 2008. Carbon isotope effects associated with Fenton-like degradation of toluene: Potential for differentiation of abiotic and biotic degradation [J]. Science of the Total Environment, 401 (1/2/3): 194-198.

AMARAL H I F, AEPPLI C, KIPFER R, et al., 2011. Assessing the transformation of chlorinated ethenes in aquifers with limited potential for natural attenuation: Added values of compound-specific carbon isotope analysis and groundwater dating [J]. Chemosphere, 85 (5): 774-781.

BEDNAR A J, KIRGAN R A, JONES W T, 2009. Comparison of standard and reaction cell inductively coupled plasma mass spectrometry in the determination of chromium and selenium species by HPLC-ICP-MS [J]. Analytica Chimica Acta, 632 (1): 27-34.

BERNSTEIN A, RONEN Z, GELMAN F, 2013. Insight on RDX degradation mechanism by *Rhodococcus* strains using ^{13}C and ^{15}N kinetic isotope effects [J]. Environmental Science & Technology, 47 (1): 479-484.

BERSTAN R, DUDD S N, COPLEY M S, et al., 2004. Characterisation of "bog butter" using a combination of molecular and isotopic techniques [J]. The Analyst, 129 (3): 270-275.

BIRKIGT J, GILEVSKA T, RICKEN B, et al., 2015. Carbon stable isotope fractionation of sulfamethoxazole during biodegradation by microbacterium sp. strain BR1 and upon direct photolysis [J]. Environmental Science & Technology, 49 (10): 6029-6036.

BLOOM Y, ARAVENA R, HUNKELER D, et al., 2000. Carbon isotope fractionation during microbial dechlorination of trichloroethene, *cis*-1,2-dichloroethene, and vinyl chloride: implications for assessment of natural attenuation [J]. Environmental Science & Technology, 34 (13): 2768-2772.

BOUCHARD D, HÖHENER P, HUNKELER D, 2008. Carbon isotope fractionation during volatilization of petroleum hydrocarbons and diffusion across a porous medium: a column experiment [J]. Environmental Science & Technology, 42 (21): 7801-7806.

BROHOLM M M, HUNKELER D, TUXEN N, et al., 2014. Stable carbon isotope analysis to distinguish biotic and abiotic degradation of 1,1,1-trichloroethane in groundwater sediments [J]. Chemosphere, 108: 265-273.

BUTLER B J, ARAVENA R, BARKER J F, 2001. Monitoring biodegradation of methyltert-butyl ether (MTBE) using compound-specific carbon isotope analysis [J]. Environmental Science & Technology, 35 (4): 676-681.

BUTTIGIEG G A, BAKER M E, RUIZ J, et al., 2003. Lead isotope ratio determination for the forensic analysis of military small arms projectiles [J] . Analytical Chemistry, 75 (19): 5022-5029.

CARREÓN-DIAZCONTI C, SANTAMARÍA J, BERKOMPAS J, et al., 2009. Assessment of in situ reductive dechlorination using compound-specific stable isotopes, functional gene PCR, and geochemical data [J] . Environmental Science & Technology, 43 (12): 4301-4307.

CHARTRAND M M G, MORRILL P L, LACRAMPE-COULOUME G, et al., 2005. Stable isotope evidence for biodegradation of chlorinated ethenes at a fractured bedrock site [J] . Environmental Science & Technology, 39 (13): 4848-4856.

COFFIN R B, MIYARES P H, KELLEY C A, et al., 2001. Stable carbon and nitrogen isotope analysis of TNT: Two-dimensional source identification [J] . Environmental Toxicology and Chemistry, 20 (12): 2676-2680.

CURTO A, MAURER A F, BARROCAS-DIAS C, et al., 2019. Did military orders influence the general population diet? Stable isotope analysis from Medieval Tomar, Portugal [J] . Archaeological and Anthropological Sciences, 11 (8): 3797-3809.

DEMPSTER H S, SHERWOOD LOLLAR B, FEENSTRA S, 1997. Tracing organic contaminants in groundwater: a new methodology using compound-specific isotopic analysis [J] . Environmental Science & Technology, 31 (11): 3193-3197.

DENIRO M J, EPSTEIN S, 1981. Influence of diet on the distribution of nitrogen isotopes in animals [J] . Geochimica et Cosmochimica Acta, 45 (3): 341-351.

DRENZEK N J, EGLINTON T I, WIRSEN C O, et al., 2001. The absence and application of stable carbon isotopic fractionation during the reductive dechlorination of polychlorinated biphenyls [J] . Environmental Science & Technology, 35 (16): 3310-3313.

ELSNER M, COULOUME G L, MANCINI S, et al., 2010. Carbon isotope analysis to evaluate nanoscale Fe (O) treatment at a chlorohydrocarbon contaminated site [J] . Ground Water Monitoring & Remediation, 30 (3): 79-95.

ELSNER M, MCKELVIE J, COULOUME G L, et al., 2007. Insight into methyl *tert*-butyl ether (MTBE) stable isotope fractionation from abiotic reference experiments [J] . Environmental Science & Technology, 41 (16): 5693-5700.

ELSNER M, ZWANK L, HUNKELER D, et al., 2005. A new concept linking observable stable isotope fractionation to transformation pathways of organic pollutants [J] . Environmental Science & Technology, 39 (18): 6896-6916.

EVERSHED R P, 2008. Organic residue analysis in archaeology: the archaeological biomarker revolution [J]. Archaeometry, 50 (6): 895-924.

FISCHER A, BAUER J, MECKENSTOCK R U, et al., 2006. A multitracer test proving the reliability of Rayleigh equation-based approach for assessing biodegradation in a BTEX contaminated aquifer [J] . Environmental Science & Technology, 40 (13): 4245-4252.

GALLEGO J R, GONZÁLEZ-ROJAS E, PELÁEZ A I, et al., 2006. Natural attenuation and bioremediation of Prestige fuel oil along the Atlantic Coast of Galicia (Spain) [J] . Organic Geochemistry, 37 (12): 1869-1884.

GRIEBLER C, SAFINOWSKI M, VIETH A, et al., 2004. Combined application of stable carbon isotope analysis and specific metabolites determination for assessing in situ degradation of aromatic hydrocarbons in a tar oil-contaminated aquifer [J] . Environmental Science & Technology, 38 (2): 617-631.

HALL J A, KALIN R M, LARKIN M J, et al., 1999. Variation in stable carbon isotope fractionation during aerobic degradation of phenol and benzoate by contaminant degrading bacteria [J] . Organic Geochemistry, 30 (8): 801-811.

HARRINGTON R R, POULSON S R, DREVER J I, et al., 1999. Carbon isotope systematics of monoaromatic hydrocarbons: vaporization and adsorption experiments [J] . Organic Geochemistry, 30 (8): 765-775.

HARTENBACH A, HOFSTETTER T B, BERG M, et al., 2006. Using nitrogen isotope fractionation to assess abiotic reduction of nitroaromatic compounds [J] . Environmental Science & Technology, 40 (24): 7710-7716.

HOFSTETTER T B, BERNASCONI S M, SCHWARZENBACH R P, et al., 2008. New methods for the environmental chemist's toolbox [J] . Environmental Science & Technology, 42 (21): 7727.

HOFSTETTER T B, NEUMANN A, ARNOLD W A, et al., 2008. Substituent effects on nitrogen isotope fractionation during abiotic reduction of nitroaromatic compounds [J] . Environmental Science & Technology, 42 (6): 1997-2003.

HRAPOVIC L, ROWE R K, 2002. Intrinsic degradation of volatile fatty acids in laboratory-compacted clayey soil [J].

Journal of Contaminant Hydrology, 58 (3/4): 221-242.

HUNKELER D, ARAVENA R, BERRY-SPARK K, et al., 2005. Assessment of degradation pathways in an aquifer with mixed chlorinated hydrocarbon contamination using stable isotope analysis [J]. Environmental Science & Technology, 39 (16): 5975-5981.

HUNKELER D, ARAVENA R, BUTLER B J, 1999. Monitoring microbial dechlorination of tetrachloroethene (PCE) in groundwater using compound-specific stable carbon isotope ratios: microcosm and field studies [J]. Environmental Science & Technology, 33 (16): 2733-2738.

HUNKELER D, CHOLLET N, PITTET X, et al., 2004. Effect of source variability and transport processes on carbon isotope ratios of TCE and PCE in two sandy aquifers [J]. Journal of Contaminant Hydrology, 74 (1/2/3/4): 265-282.

JARMAN W M, HILKERT A, BACON C E, et al., 1998. Compound-specific carbon isotopic analysis of aroclors, clophens, kaneclors, and phenoclors [J]. Environmental Science & Technology, 32 (6): 833-836.

JENDRZEJEWSKI N, EGGENKAMP H G M, COLEMAN M L, 2001. Characterisation of chlorinated hydrocarbons from chlorine and carbon isotopic compositions: scope of application to environmental problems [J]. Applied Geochemistry, 16 (9/10): 1021-1031.

KOPINKE F D, GEORGI A, VOSKAMP M, et al., 2005. Carbon isotope fractionation of organic contaminants due to retardation on humic substances: implications for natural attenuation studies in aquifers [J]. Environmental Science & Technology, 39 (16): 6052-6062.

KUDER T, VAN BREUKELEN B M, VANDERFORD M, et al., 2013. 3D-CSIA: carbon, chlorine, and hydrogen isotope fractionation in transformation of TCE to ethene by a Dehalococcoides Culture [J]. Environmental Science & Technology, 47 (17): 9668-9677.

KUDER T, WILSON J T, KAISER P, et al., 2005. Enrichment of stable carbon and hydrogen isotopes during anaerobic biodegradation of MTBE: microcosm and field evidence [J]. Environmental Science & Technology, 39 (1): 213-220.

LABOLLE E M, FOGG G E, EWEIS J B, et al., 2008. Isotopic fractionation by diffusion in groundwater [J]. Water Resources Research, 44 (7): W07405.

LEE P K, CONRAD M E, ALVAREZ-COHEN L, 2007. Stable carbon isotope fractionation of chloroethenes by dehalorespiring isolates [J]. Environmental Science & Technology, 41 (12): 4277-4285.

LIANG X M, PAUL PHILP R, BUTLER E C, 2009. Kinetic and isotope analyses of tetrachloroethylene and trichloroethylene degradation by model Fe (Ⅱ) -bearing minerals [J]. Chemosphere, 75 (1): 63-69.

LIU H, WU Z, HUANG X Y, et al., 2015. Carbon isotopic fractionation during biodegradation of phthalate esters in anoxic condition [J]. Chemosphere, 138: 1021-1027.

MACKAY D M, DE SIEYES N R, EINARSON M D, et al., 2006. Impact of ethanol on the natural attenuation of benzene, toluene, and *o*-xylene in a normally sulfate-reducing aquifer [J]. Environmental Science & Technology, 40 (19): 6123-6130.

MANSUY L, PHILP R P, ALLEN J, 1997. Source identification of oil spills based on the isotopic composition of individual components in weathered oil samples [J]. Environmental Science & Technology, 31 (12): 3417-3425.

MAZEAS L, BUDZINSKI H, 2002. Stable carbon isotopic study ($^{12}C/^{13}C$) of the fate of petrogenic PAHs (methylphenanthrenes) during an in situ oil spill simulation experiment [J]. Organic Geochemistry, 33 (11): 1253-1258.

MCCUTCHAN J H Jr, LEWIS W M Jr, KENDALL C, et al., 2003. Variation in trophic shift for stable isotope ratios of carbon, nitrogen, and sulfur [J]. Oikos, 102 (2): 378-390.

MCKELVIE J R, HIRSCHORN S K, LACRAMPE-COULOUME G, et al., 2007. Evaluation of TCE and MTBE in situ biodegradation: integrating stable isotope, metabolic intermediate, and microbial lines of evidence [J]. Groundwater Monitoring & Remediation, 27 (4): 63-73.

MECKENSTOCK R U, MORASCH B, GRIEBLER C, et al., 2004. Stable isotope fractionation analysis as a tool to monitor biodegradation in contaminated acquifers [J]. Journal of Contaminant Hydrology, 75 (3/4): 215-255.

MEYER A H, ELSNER M, 2013. $^{13}C/^{12}C$ and $^{15}N/^{14}N$ isotope analysis to characterize degradation of atrazine: evidence from parent and daughter compound values [J]. Environmental Science & Technology, 47 (13): 6884-6891.

MINAGAWA M, WADA E, 1984. Stepwise enrichment of ^{15}N along food chains: Further evidence and the relation between $\delta^{15}N$ and animal age [J] . Geochimica et Cosmochimica Acta, 48 (5): 1135-1140.

MITCHELL J K, SANTAMARINA J C, 2005. Biological considerations in geotechnical engineering [J] . Journal of Geotechnical and Geoenvironmental Engineering, 131 (10): 1222-1233.

MORRILL P L, LACRAMPE-COULOUME G, SLATER G F, et al. , 2005. Quantifying chlorinated ethene degradation during reductive dechlorination at Kelly AFB using stable carbon isotopes [J] . Journal of Contaminant Hydrology, 76 (3/4): 279-293.

MULLEN G M, EVANS E J Jr, SABZEVARI I, et al. , 2017. Water influences the activity and selectivity of ceria-supported gold catalysts for oxidative dehydrogenation and esterification of ethanol [J] . ACS Catalysis, 7 (2): 1216-1226.

MUNDLE S O, JOHNSON T, LACRAMPE-COULOUME G, et al. , 2012. Monitoring biodegradation of ethene and bioremediation of chlorinated ethenes at a contaminated site using compound-specific isotope analysis (CSIA) [J]. Environmental Science & Technology, 46 (3): 1731-1738.

O'MALLEY V P, ABRAJANO T A, HELLOU J, 1996. Stable carbon isotopic apportionment of individual polycyclic aromatic hydrocarbons in St. John's harbour, Newfoundland [J] . Environmental Science & Technology, 30 (2): 634-639.

OUTRAM S, HANSEN V, MACDONELL G, et al. , 2009. Still living in a war zone: Perceived health and wellbeing of partners of Vietnam veterans attending partners' support groups in New South Wales, Australia [J] . Australian Psychologist, 44 (2): 128-135.

PETERSON B J, FRY B, 1987. Stable isotopes in ecosystem studies [J] . Annual Review of Ecology and Systematics, 18 (1): 293-320.

POND K L, HUANG Y, WANG Y, et al. , 2002. Hydrogen isotopic composition of individual *n*-alkanes as an intrinsic tracer for bioremediation and source identification of petroleum contamination [J] . Environmental Science & Technology, 36 (4): 724-728.

POOLEY K E, BLESSING M, SCHMIDT T C, et al. , 2009. Aerobic biodegradation of chlorinated ethenes in a fractured bedrock aquifer: quantitative assessment by compound-specific isotope analysis (CSIA) and reactive transport modeling [J] . Environmental Science & Technology, 43 (19): 7458-7464.

ROBERT F, CHAUSSIDON M, 2006. A palaeotemperature curve for the Precambrian oceans based on silicon isotopes in cherts [J] . Nature, 443 (7114): 969-972.

ROLLE M, CHIOGNA G, BAUER R, et al. , 2010. Isotopic fractionation by transverse dispersion: flow-through microcosms and reactive transport modeling study [J] . Environmental Science & Technology, 44 (16): 6167-6173.

ROSELL M, BARCELÓ D, ROHWERDER T, et al. , 2007. Variations in $^{13}C/^{12}C$ and D/H enrichment factors of aerobic bacterial fuel oxygenate degradation [J] . Environmental Science & Technology, 41 (6): 2036-2043.

SCHÜTH C, TAUBALD H, BOLAÑO N, et al. , 2003. Carbon and hydrogen isotope effects during sorption of organic contaminants on carbonaceous materials [J] . Journal of Contaminant Hydrology, 64 (3/4): 269-281.

SCHMIDT T C, ZWANK L, ELSNER M, et al. , 2004. Compound-specific stable isotope analysis of organic contaminants in natural environments: a critical review of the state of the art, prospects, and future challenges [J] . Analytical and Bioanalytical Chemistry, 378 (2): 283-300.

SHERWOOD LOLLAR B, SLATER G F, AHAD J, et al. , 1999. Contrasting carbon isotope fractionation during biodegradation of trichloroethylene and toluene: Implications for intrinsic bioremediation [J] . Organic Geochemistry, 30 (8): 813-820.

SHERWOOD LOLLAR B, SLATER G F, SLEEP B, et al. , 2001. Stable carbon isotope evidence for intrinsic bioremediation of tetrachloroethene and trichloroethene at area 6, Dover Air Force Base [J] . Environmental Science & Technology, 35 (2): 261-269.

SINGH N, HENNECKE D, HOERNER J, et al. , 2008. Mobility and degradation of trinitrotoluene/metabolites in soil columns: effect of soil organic carbon content [J] . Journal of Environmental Science and Health Part A, Toxic/Hazardous Substances & Environmental Engineering, 43 (7): 682-693.

SLATER G F, LOLLAR B S, SLEEP B E, et al. , 2001. Variability in carbon isotopic fractionation during biodegradation of chlorinated ethenes: implications for field applications [J] . Environmental Science & Technology, 35 (5): 901-907.

SONG D L, CONRAD M E, SORENSON K S, et al. , 2002. Stable carbon isotope fractionation during enhanced in situ bioremediation of trichloroethene [J] . Environmental Science & Technology, 36 (10): 2262-2268.

STURCHIO N C, CLAUSEN J L, HERATY L J, et al. , 1998. Chlorine isotope investigation of natural attenuation of trichloroethene in an aerobic aquifer [J] . Environmental Science & Technology, 32 (20): 3037-3042.

SUCKER K, BOTH R, WINNEKE G, 2001. Adverse effects of environmental odours: reviewing studies on annoyance responses and symptom reporting [J] . Water Science and Technology, 44 (9): 43-51.

TOBLER N B, HOFSTETTER T B, SCHWARZENBACH R P, 2008. Carbon and hydrogen isotope fractionation during anaerobic toluene oxidation by Geobacter metallireducens with different Fe (Ⅲ) phases as terminal electron acceptors [J]. Environmental Science & Technology, 42 (21): 7786-7792.

VAN BREUKELEN B M, 2007. Extending the Rayleigh equation to allow competing isotope fractionating pathways to improve quantification of biodegradation [J] . Environmental Science & Technology, 41 (11): 4004-4010.

VAN BREUKELEN B M, HUNKELER D, VOLKERING F, 2005. Quantification of sequential chlorinated ethene degradation by use of a reactive transport model incorporating isotope fractionation [J] . Environmental Science & Technology, 39 (11): 4189-4197.

VANSTONE N, PRZEPIORA A, VOGAN J, et al. , 2005. Monitoring trichloroethene remediation at an iron permeable reactive barrier using stable carbon isotopic analysis [J] . Journal of Contaminant Hydrology, 78 (4): 313-325.

VAN WARMERDAM E M, FRAPE S K, ARAVENA R, et al. , 1995. Stable chlorine and carbon isotope measurements of selected chlorinated organic solvents [J] . Applied Geochemistry, 10 (5): 547-552.

VISSCHER D R, VAN AARDE R J, WHYTE I, 2004. Environmental and maternal correlates of foetal sex ratios in the African buffalo (Syncerus caffer) and savanna elephant (Loxodonta Africana) [J] . Journal of Zoology, 264 (2): 111-116.

VOGT C, CYRUS E, HERKLOTZ I, et al. , 2008. Evaluation of toluene degradation pathways by two-dimensional stable isotope fractionation [J] . Environmental Science & Technology, 42 (21): 7793-7800.

WANG Y J, FAN W M, ZHANG Y, et al. , 2003. Structural evolution and $^{40}Ar/^{39}Ar$ dating of the Zanhuang metamorphic domain in the North China Craton: constraints on Paleoproterozoic tectonothermal overprinting [J] . Precambrian Research, 122 (1/2/3/4): 159-182.

WARD J A M, AHAD J M E, LACRAMPE-COULOUME G, et al. , 2000. Hydrogen isotope fractionation during methanogenic degradation of toluene: potential for direct verification of bioremediation [J] . Environmental Science & Technology, 34 (21): 4577-4581.

WIEGERT C, AEPPLI C, KNOWLES T, et al. , 2012. Dual carbon-chlorine stable isotope investigation of sources and fate of chlorinated ethenes in contaminated groundwater [J] . Environmental Science & Technology, 46 (20): 10918-10925.

WILKES H, BOREHAM C, HARMS G, et al. , 2000. Anaerobic degradation and carbon isotopic fractionation of alkylbenzenes in crude oil by sulphate-reducing bacteria [J] . Organic Geochemistry, 31 (1): 101-115.

ZWANK L, BERG M, ELSNER M, et al. , 2005. New evaluation scheme for two-dimensional isotope analysis to decipher biodegradation processes: application to groundwater contamination by MTBE [J] . Environmental Science & Technology, 39 (4): 1018-1029.

第九章

稳定同位素在全球环境变化领域中的应用

第一节 全球碳循环和稳定同位素

一、大气中 CO_2 同位素研究

（一）全球尺度大气 CO_2 同位素守恒原理

大气中的碳是全球碳循环中重要的碳库。在全球碳平衡研究中，稳定同位素是一个很有价值的指标。大气 CO_2 的碳同位素比值 $\delta^{13}C$ 已被应用于全球碳平衡的研究中，包括确定全球碳汇的分布、量化海洋和陆地植物对大气圈碳迁移的相对贡献等方面（Battle et al.，2000）。

在全球尺度，大气 CO_2 浓度（C_a）随时间（t）的变化取决于陆地和海洋与大气之间不同通量（F_i）的总和：

$$\frac{dC_a}{dt}=M_a\sum_i F_i \tag{9-1}$$

式中 M_a——换算因子；

C_a——大气 CO_2 浓度，$\mu mol/mol$；

F_i——陆地与海洋大气间的通量。

M_a 为 Gt 与 $\mu mol/mol$ 之间的换算因子，$1\mu mol/mol$ CO_2 浓度的增加相当于 2.12 Gt 碳的通量大气。上式既适用于普通的 CO_2，也适用于带有重同位素的 CO_2，如 $^{13}C^{16}O_2$ 或

$C^{18}O^{16}O$。用“′”表示带有重同位素的 CO_2 及其相关参数，有：

$$\frac{dC'_a}{dt}=M_a\sum_i F'_i \tag{9-2}$$

因 $R_a=C'_a/C_a$，$R=F'_i/F$，所以：

$$\frac{d(C_aR_a)}{dt}=M_a\sum_i R_iF_i \tag{9-3}$$

根据 δ 的定义，$\delta=R/R_{std}-1$，上式可以改写为：

$$\frac{d(C_a\delta_a)}{dt}=M_a\sum_i\delta_iF_i \tag{9-4}$$

式中 δ_a——全球 CO_2 的平均同位素比值；

δ_i——每个 CO_2 通量相关的同位素比值；

i——不定代指。

因 $dC_aR_a=R_adC_a+C_adR_a$，式(9-4) 可以改写为：

$$C_a\frac{dR_a}{dt}=M_a\sum_i R_iF_i-R_aM_a\sum_i F_i=M_a\sum_i F_i(R_i-R_a) \tag{9-5}$$

用 Δ 表示，有：

$$\frac{d\delta_a}{dt}=\frac{M_a}{C_a}\sum_i F_i(\delta_i-\delta_a)=\frac{M_a}{C_a}\sum_i F_i\Delta_i \tag{9-6}$$

式中，$\Delta_i=\delta_i-\delta_a$ 为某一个碳通量与大气 CO_2 之间的同位素比值之差（类似于上述的生态系统同位素判别值）；$F_i\Delta_i$ 为某一个碳通量对大气 CO_2 同位素组成的改变值，称为同位素通量（isotope flux）。由此可见，大气 CO_2 同位素比值随时间的变化取决于所有同位素通量的总和。

值得注意的是，式(9-1) 与式(9-2) 中的 i 可以不等，这是因为有些时候两个值一样但方向相反的碳通量（即 $F_{in}=F_{out}$）虽然不会改变大气的 C_a，但会显著改变大气 CO_2 的值（即 $F'_{in}\neq F'_{out}$）。假设对 j 有这样的通量，式(9-6) 需要修改为：

$$\frac{d\delta_a}{dt}=\frac{M_a}{C_a}\left[\sum_i F_i(\delta_i-\delta_a)+\sum_j F_j(\delta_{j,in}-\delta_{j,out})\right] \tag{9-7}$$

$D_j(\delta_{j,in}-\delta_{j,out})$为同位素不平衡参数（isotopic disequilibria）。由于$C_a\delta_a$ 遵守质量守恒定律，D_j 保持不变，式(9-7) 可转化为：

$$\frac{d(C_a\delta_a)}{dt}=M_a\left(\sum_i\delta_iF_i+\sum_j D_j\right) \tag{9-8}$$

（二）利用大气 CO_2 碳同位素研究全球碳交换

研究表明陆地 C_3 植被对大气 CO_2 的碳同位素判别度平均为 17‰，C_4 植被的判别度为 4.4‰，而海洋与大气之间的 CO_2 交换仅产生 2‰的碳同位素分馏（Farquhar et al.，1989）。利用全球示踪运输模型和一些站点的连续多年或全球多点大气 CO_2 同位素组成监测结果（Francey et al.，1995；Keeling et al.，1995），可根据双重下推（double de-convolution）法来区分陆地和海洋与大气之间的 CO_2 交换量（Ciais et al.，1999；Battle et al.，2000），具体步骤如下：

$$\frac{dC_a}{dt}=F_o+F_b+F_f \tag{9-9}$$

式中，F_o 和 F_b 分别为海洋与大气、陆地与大气之间 CO_2 交换通量；F_f 为化石燃料使用释放的 CO_2 通量。其中，F_b 还可继续拆分为多种成分如生物质燃烧（F_{bur}）、燃烧地森林恢复生长（$F_{bur\text{-}regrow}$）、森林砍伐后转化为草地或草原（$F_{def\text{-}resp}$）、森林砍伐后植物新生长（$F_{def\text{-}assim}$），以及未知的陆地碳汇（F_{res}）所导致的 CO_2 通量：

$$F_b=F_{bur}+F_{bur\text{-}regrow}+F_{def\text{-}resp}+F_{def\text{-}assim}+F_{res} \tag{9-10}$$

考虑了它们各自的同位素比值，式(9-9）和式(9-10）可以转化为：

$$\frac{d\delta_a}{dt}=F_o\varepsilon_{ao}+F_b\Delta_b^{13}+F_f(\delta_f-\delta_a)+D_o+D_b+D_{bur}+D_{def} \tag{9-11}$$

式中，ε_{ao} 为海洋与大气 CO_2 交换产生的同位素分馏因子（约为 2‰）；Δ_b^{13} 为陆地植被对大气 CO_2 同位素组成的判别值（平均为 17‰），右边 4 个同位素不平衡参数分别为：

海-气同位素不平衡参数：

$$D_o=F_{oa}(\delta_o-\delta_o^e) \tag{9-12}$$

土壤呼吸同位素不平衡参数：

$$D_b=F_{HR}(\delta_b-\delta_b^e) \tag{9-13}$$

生物质燃烧同位素不平衡参数：

$$D_{bur}\approx F_{bur}(\delta_{bur}-\delta_{bur\text{-}regrow}) \tag{9-14}$$

土地利用改变同位素不平衡参数：

$$D_{def}=F_{def\text{-}resp}(\delta^*_{def\text{-}resp}-\delta^*_{def\text{-}assim}) \tag{9-15}$$

式中，HR 代表异养呼吸（heterotrophic respiration）。同位素不平衡参数值的准确估算对于区分全球碳通量非常重要。已有众多学者对这些参数开展了深入的研究（Ciais et al.，1999；Ciais et al.，2005），得到一些比较可靠的平均值及其时空变化趋势。Battle 等(2002）成功结合全球氧气和大气 CO_2 碳同位素数据量化了全球陆地和海洋 1990 年来碳净交换通量（碳汇）的变化趋势。

因为对流层的 CO_2 和陆地生态系统呼吸释放的 CO_2 有着不同的碳同位素比值（大约分别为−8‰和−27‰），利用稳定同位素技术对陆地和大气碳流的耦合研究也颇有进展(Lloyd et al.，1996)。利用碳同位素技术估测的全球碳汇分布与年际间的变化与其他方法如模型计算和大气氧气/氮气比率测定结果相近（Battle et al.，2000)。Hoag 等（2005）利用大气 CO_2 的 3 个氧同位素（^{18}O、^{17}O、^{16}O）组成拆分全球碳通量，而 Welp 等（2011）根据 3 年全球大气 CO_2 氧同位素比值的变化趋势改写了全球总初级生产力的估算值。

二、光合作用中的固碳同位素分馏效应

在植物中，碳主要通过光合作用途径获取。在光合作用中，二氧化碳通过植物叶片气孔进行扩散，溶解于气孔下腔，然后通过与叶绿体相邻的酶固定下来。目前研究发现，碳在三种主要植物（C_3、C_4 和景天酸代谢植物）光合作用过程中的碳固定途径有所不同。在 C_3 植物中，二氧化碳是在核酮糖-1,5-二磷酸羧化酶/加氧酶（也被称为 RuBisco）催化下生成 1,5-二磷酸核酮糖（RuBP，含有 5 个碳原子）步骤中实现固定的。这一步决定了光合作用过程中总体的同位素分馏效应，使 $^{13}C/^{12}C$ 比值衰减约−20‰，也就是说，从大气中二氧化

碳平均同位素组成的−8‰，变为 C_3 植物 8‰的平均值。羧基化的 1，5-二磷酸核酮糖迅速分解为两个 3-磷酸甘油酸分子，该分子含有 3 个碳原子，故被命名为 C_3 植物。由于该光合作用循环最早是由 Melvin Calvin 及其同事发现的，因此，光合作用循环有时也被称为 Calvin 循环。

C_4 植物为了适应高温和干旱的大气环境，形成了另外一种主要且更为复杂的二氧化碳固定途径。在其主要的步骤中，二氧化碳固定在磷酸烯醇式丙酮酸（PEP，含有 3 个碳原子）上，经过磷酸烯醇式丙酮酸羧化酶催化后，形成草酰乙酸，该物质含有 4 个碳原子，故被命名为 C_4 植物。与核酮糖-1,5-二磷酸羧化酶/加氧酶（Nogués et al.，2008）固定二氧化碳途径比较，该步骤导致的同位素分馏效应更小（−6‰～−2‰）。磷酸烯醇式丙酮酸羧化酶对氧的存在不敏感，故可以在低浓度二氧化碳条件下有效发挥催化功能。形成的草酰乙酸被转移至维管束鞘细胞后，重新释放出二氧化碳，之后通过核酮糖-1,5-二磷酸羧化酶/加氧酶将二氧化碳固定在 1,5-二磷酸核酮糖上，只有这个步骤属于 Calvin 循环。这种复杂的二氧化碳固定途径是由 M. D. Hatch 和 C. R. Slack 发现的，因此这个循环也被称 Hatch-Slack 循环。C_4 循环的完成需要更多的能量，因此在温和的温度和湿度环境下，C_3 植物占据主导，差不多 95％的植物利用的是 C_3 固定途径。

少量的植物物种采用第三种途径，即所谓的景天酸代谢途径（CAM，以其酸性代谢产物景天酸命名而来），生成六分子二氧化碳。在 C_4 植物主要的二氧化碳固定步骤中，形成的是草酰乙酸，而在景天酸代谢途径的植物中，草酰乙酸在另外一种酶作用下，会进一步转化为苹果酸，而后被转移到液泡中储存起来。景天酸代谢途径植物二氧化碳的固定主要在夜间完成，因为植物的气孔在白天是关闭的，这可有效阻止水分在蒸散过程中的损失。在白天，储存的苹果酸穿梭回到细胞叶绿体中，在酶催化下分裂为丙酮酸和二氧化碳，而二氧化碳就进入前述的 Calvin 循环。因此，采用景天酸代谢途径的植物，将碳固定的过程从时间上分开了，而不像采用 C_3 及 C_4 途径的植物将碳固定的过程从空间上分开，对应原始同位素分馏效应的覆盖范围比较广泛，与 C_3 及 C_4 植物均有重叠。通过植物体细胞间二氧化碳浓度及同位素组成的变化情况，可以很好地反映这种昼夜循环过程。在白天，植物气孔处于关闭状态，由于苹果酸的转化，二氧化碳浓度不断上升直至到夜晚，然后因 Calvin 循环碳固定逐渐下降，在之后的较短时间内，因二氧化碳固定过程中的同位素分馏效应，残留二氧化碳中的 ^{13}C 重新被富集起来。

景天酸代谢途径植物因可限制水分流失，比 C_4 植物更适应极端的干旱环境；同时，因仅在夜间完成二氧化碳固定，碳固定较少，限制了植物生长。表 9-1 是按二氧化碳固定途径对人类使用的重要植物进行的分类概述。

表 9-1 与二氧化碳固定途径相关的植物分类

植物类型	种类
C_3 植物	谷物（小麦、大麦、燕麦、黑麦、稻米）、甜菜、马铃薯、葡萄、柑橘类水果、棉花、树（枫槭树、橄榄树）、花生、十字花科植物、大豆、向日葵、可可、芝麻、大多数蔬菜
C_4 植物	甘蔗、玉米、小米、高粱、莎草、热带牧草
景天酸代谢植物	菠萝、香荚兰、龙舌兰、仙人掌、兰花

在光合作用途径中，三种主要二氧化碳固定方法中 KIE 的差异可在生物量同位素组成

中体现出来，C_3 植物的^{13}C 亏损最多。正如前文所述，环境因素及物种间差异在某种程度上也会影响分馏效应，部分归结于气孔开放吸收二氧化碳的结果，例如，气孔在更冷和/或更潮湿的条件下会更加开放，因此即使具体指定了某种植物观察到的碳同位素分布范围也会相对较宽。

植物叶片 $\delta^{13}C$ 值是叶片组织合成过程中各种活动的整个反映，反映了植物碳水关系各个方面的相互作用。植物组织的碳同位素分析可以作为整合跨越时空尺度的植物光合作用的一种手段（Dawson et al.，2002）。植物碳同位素组成，还可以解释物种如何通过调节自身气体交换过程、资源获取和利用策略，以及生活史格局在特定生境中得以生存并确保竞争优势（Ehleringer，1993）。大量研究表明植物气体代谢过程中环境因子对大多数植物也产生影响，其中包括降水量、土壤水分、湿度、温度、氮素有效性和大气 CO_2 浓度等。

三、生态系统中的碳循环

陆地生态系统碳-水关系显著影响着大气 CO_2 浓度和全球水分循环。随着全球变化趋势的日趋明显，陆地生态系统在碳的吸收、转移、储存和释放过程中以及在区城乃至全球水分循环过程中所起的作用越来越受到人们的关注。利用微气象法，人们已经能够测定生态系统 CO_2 或 H_2O 通量，但是不能精确量化不同生态过程（碳通量中的光合作用和呼吸作用，蒸散通量中的蒸腾和蒸发）对碳、水通量变化的相对贡献。

稳定同位素的组成可以指示生态系统碳储量与通量的变化，这为区分光合碳固定与呼吸碳释放提供了一个独特的方法（Yakir et al.，1996）。光合作用增加了陆地生态系统与近陆地生态系统大气中的$^{13}CO_2$，而呼吸作用却趋于稀释空气中的重同位素（Buchmann，2002）。呼吸释放 CO_2 与对流层 CO_2 同位素组成的显著差异被频繁用于估算生态系统呼吸的同位素组成（Flanagan et al.，1998）。

（一） Keeling 曲线法

美国科学家 Keeling（1961）发现碳同位素变化与大气 CO_2 物质的量浓度倒数之间存在一定关系，并且构建了两者之间的响应方程，即所谓的 Keeling 曲线法。这种方法以生物学过程前后的物质平衡原理为基础，将稳定同位素技术与物质（CO_2 或 H_2O）浓度测量相结合，利用冠层不同高度样点之间同位素组成和 CO_2 或 H_2O 浓度之间的差异，构建同位素组成与 CO_2 或 H_2O 浓度倒数之间的线性关系，该直线的截距即为生态系统呼吸或水分蒸散的同位素组成（图 9-1）。利用 Keeling 曲线法求得的生态系统呼吸释放 CO_2 的 $\delta^{13}C$ 值（$\delta^{13}C_R$），能够将叶片尺度的同位素判别外推到生态系统尺度（Yakir et al.，2000）。如结合全球植被模型，还能确定不同植被类型在全球碳循环中的源汇关系

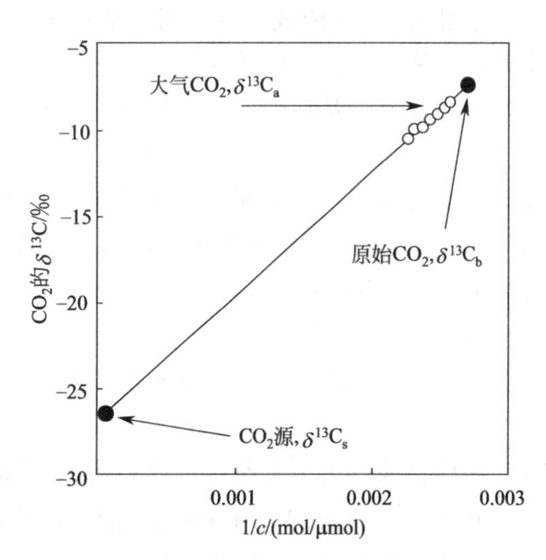

图 9-1 Keeling 曲线示意
（Pataki et al.，2003）

(Buchmann et al.，1998)。

Keeling 曲线法的基础是生态系统中气体交换前后的物质平衡，即群落冠层或相临边界层气体浓度是大气本底浓度与源增加的气体浓度之和（Keeling，1961）。这种关系（以 CO_2 为例）可以表示为：

$$C_a = C_b + C_s \tag{9-16}$$

式中，C_a、C_b 和 C_s 分别表示生态系统中大气的 CO_2 浓度、CO_2 浓度的本底值和源添加的 CO_2 浓度。式(9-16) 不仅适用于 CO_2，也适用于生态系统中的其他气体，如水蒸气或甲烷（Pataki et al.，2003)。将式(9-16) 的各项组分分别乘以各自的 CO_2 同位素比率 ($\delta^{13}C$)，就能够得到重同位素 ^{13}C 的质量平衡方程：

$$\delta^{13}C_a C_a = \delta^{13}C_b C_b + \delta^{13}C_s C_s \tag{9-17}$$

式中，$\delta^{13}C_a$、$\delta^{13}C_b$ 和 $\delta^{13}C_s$ 分别表示 3 个部分的同位素比值。将式(9-16) 和式(9-17) 合并之后，可以得到：

$$\delta^{13}C_a = C_b(\delta^{13}C_b - \delta^{13}C_s)\left(\frac{1}{C_a}\right) + \delta^{13}C_s \tag{9-18}$$

式中，$\delta^{13}C_s$ 为生态系统中自养呼吸和异养呼吸释放 CO_2 的整合同位素比值。由此可见，$\delta^{13}C_a$ 与 $1/C_a$ 之间的关系曲线在 y 轴的截距即为 $\delta^{13}C_s$。

生态系统中的植物夜晚呼吸释放 CO_2，导致森林边界层 CO_2 浓度升高。植物和土壤呼吸释放的是 ^{13}C 贫化的 CO_2，使得森林边界层大气 CO_2 的同位素比率降低。在冠层尺度，Keeling 曲线截距表示植被和土壤呼吸释放 CO_2 的 $\delta^{13}C$ 在空间上的整合。同时，它也表示植被和土壤不同年龄 C 库（周转时间和 $\delta^{13}C$ 值不同）在时间上的一种整合（Dawson et al.，2002)。Keeling 曲线法经过不断的修改和完善，已被广泛地应用于森林生态系统（Bowling et al.，2001)、农田生态系统（Buchmann et al.，1998）和草地生态系统碳通量研究（Ometto et al.，2002)。

应用 Keeling 曲线法时有两个基本假设：①每个呼吸源具有独特的同位素组成；②各个呼吸源对总呼吸量的相对贡献率在取样期间内不发生变化。在野外条件下，两种假设同时成立的情况很少，因此在实际运用该方法时，在时间和空间的选择上一定要慎重（Pataki et al.，2003)。另外，叶片呼吸并不是生态系统植物呼吸的唯一组分。植物的其他部分及生态系统其他组分（例如，树干、土壤自养呼吸，土壤异养呼吸）的贡献也很大（Damesin et al.，2003)。每个器官对呼吸作用的相对贡献率是随时间变化的，进而引起生态系统 $\delta^{13}C_R$ 的变化（Bowling et al.，2003)。因此，在自然条件下，如果环境条件发生变化，叶片呼吸 CO_2 的 $\delta^{13}C$、生态系统 $\delta^{13}C_R$ 也会发生很大变化。这些变化即使在短时间尺度（小时到天）也是很重要的。然而，在许多生态系统中为了构建可信的 Keeling 曲线需要较大的 CO_2 梯度（一般要求 75μmol/mol 以上），但因为系统活性较低，在短期内很难获得符合要求的 CO_2 浓度梯度。为了克服这一点，通常将取样时间延长至几小时，直至达到一个充分的梯度。因为 $\delta^{13}C$ 在叶片水平和生态系统水平呈现很高的动态变化，将夜间 Keeling 曲线的取样规则标准化和评估夜间的取样时段，对于得到一个具有代表性的 $\delta^{13}C_R$ 值具有重要意义（Mortazavi et al.，2005)。

由于分析方法的改进，现在可以更好地测定呼吸产生 CO_2 中 $\delta^{13}C$ 的时空变化。自动取样系统利用低成本的小气瓶可获取不同高度上的大气样品，还能与质谱仪直接联用，大幅度提高了采样和测定的速度（Ribas-Carbo et al.，2002）。同时，室外连续流动测定同位素质谱仪系统（Schnyder et al.，2004）、可调谐二极管激光优化系统（Bowling et al.，2003）和光腔衰荡激光光谱同位素分析仪解决了连续高频度测定大气 CO_2 中 $\delta^{13}C$ 的技术瓶颈，为更好地利用 Keeling 曲线了解生态系统 $\delta^{13}C_R$ 的变化格局和驱动机制提供了技术便利。

（二）碳同位素

不同生态系统的 $\delta^{13}C_R$ 值差异明显（图 9-2），单个测定值可介于－32.6‰～－19.0‰，热带雨林最低（Pataki et al.，2003）。另外，陆地生态系统的 $\delta^{13}C_R$ 也呈显著的季节变化，季节间的变幅可高达 8‰（McDowell et al.，2004）。相当幅度的 $\delta^{13}C_R$ 变化也可发生在更短的时间尺度，如降雨前后的一周内（Mortazavi et al.，2005）。在不同陆地生态系统中，森林生态系统的 $\delta^{13}C_R$ 变化较大，而其他生态系统 $\delta^{13}C_R$ 变化较小（McDowell et al.，2004）。

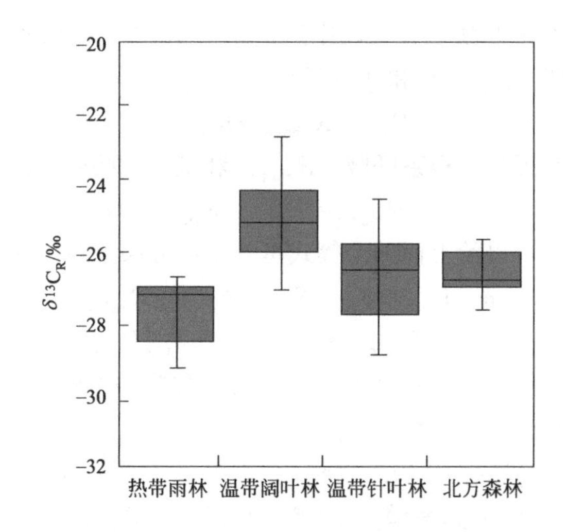

图 9-2 不同陆地生态系统呼吸 CO_2 的碳同位素组成（$\delta^{13}C_R$）（Pataki et al.，2003）

Ogée 等（2003）和 Schnyder 等（2004）的研究结果均表明 $\delta^{13}C_R$ 在夜间没有显著变化。然而，Bowling 等（2003）却发现 $\delta^{13}C_R$ 在夜间有较大变化（高达 6‰）。夜间 $\delta^{13}C_R$ 变化有 3 个可能原因：①呼吸作用底物的变化。白天光合作用分馏的变化可能会引起夜间呼吸释放 CO_2 的 $\delta^{13}C$ 值的变化，即呼吸作用底物的变化可能会引起 $\delta^{13}C_R$ 的变化。如果最近生成的光合产物在夜间较早地就被呼吸释放掉，呼吸作用的底物可能会发生变化，即呼吸作用底物变为在夜间储存碳。②不同呼吸组分贡献率的变化，即叶片呼吸、土壤呼吸和根系呼吸的相对贡献率发生变化，从而引起 $\delta^{13}C_R$ 的变化。③呼吸过程中碳同位素分馏程度的变化。越来越多的证据表明自然条件下叶片暗呼吸的 $\delta^{13}C$ 值会经历一个显著的日变化，其变化值约为 5‰～10‰（Prater et al.，2006）。

生态系统 $\delta^{13}C_R$ 的短期变化可能反映出前几天内植被光合分馏程度的变化，主要受到许多环境因子，如饱和水蒸气压力亏缺（vapor pressure deficit，VPD）、降水、辐射、温度等的影响。这些环境因子主要是通过影响叶细胞内外 CO_2 浓度比而影响光合作用，因此最近同化产物的同位素特征值及糖类库的变化都会造成 $\delta^{13}C_R$ 的变化。然而，同化作用与呼吸作用间通常存在大约几天的时滞效应，导致呼吸释放 CO_2 的同位素组成与环境变化间也存在时滞效应。大多数环境因子对 $\delta^{13}C_R$ 的影响不是恒定不变的，可随着碳分配比例、组织代谢速率以及对干旱等胁迫的适应程度等的变化而变化（Pataki et al.，2003）。

（三）生态系统呼吸组分的稳定同位素拆分

生态系统呼吸组分的拆分通常是通过气体交换方法对每个组成部分（根、土壤、茎、叶等）的呼吸测定而拆分的，但这种方法不仅费时，也很难准确地从一些点上的测定推到整个群落或生态系统尺度上。近年来，稳定同位素技术不仅可用于拆分具有不同光合途径更换（如从 C_3 植物到 C_4 植物）的生态系统（或者经过特殊 CO_2 处理后生态系统总呼吸的不同组分），也可用来区分自然生态系统中不同的呼吸源（Hungate et al.，1997；Rochette et al.，1999）。Tu 等（2005）比较了一个典型森林生态系统不同组分呼吸释放 CO_2 的碳同位素比值，各组分之间的差异均在 1‰以上，土壤有机质分解释放的 CO_2 值最正，而树冠底层叶片的呼吸值最负。

一般情况下，生态系统呼吸（R_{eco}，注意这里的 R 代表呼吸通量而不是同位素比率，下同）可拆分为地上呼吸（R_{above}）和地下呼吸（R_{below}）：

$$R_{eco}=R_{above}+R_{below} \tag{9-19}$$

地下呼吸可以进一步拆分为根系呼吸（R_{root}）和微生物呼吸（R_{mic}）：

$$R_{below}=R_{root}+R_{mic} \tag{9-20}$$

遵循物质守恒定律，可以给上面两个等式里各个组分乘上对应的碳同位素比值：

$$\delta_{eco}R_{eco}=\delta_{above}R_{above}+\delta_{below}R_{below} \tag{9-21}$$

$$\delta_{below}R_{below}=\delta_{root}R_{root}+\delta_{mic}R_{mic} \tag{9-22}$$

重新排列上式，可以给出地上呼吸占生态系统总呼吸的比例（$F_{above}=R_{above}/R_{eco}$）和根系呼吸占地下呼吸的比例（$f_{root}=R_{root}/R_{below}$）：

$$F_{above}=(\delta_{eco}-\delta_{below})/(\delta_{above}-\delta_{below}) \tag{9-23}$$

$$f_{root}=(\delta_{below}-\delta_{mic})/(\delta_{root}-\delta_{mic}) \tag{9-24}$$

而生态系统总呼吸中的地下呼吸比例（F_{below}）、根系呼吸比例（F_{root}）和微生物呼吸比例（F_{mic}）可表示为：

$$F_{below}=1-F_{above} \tag{9-25}$$

$$F_{root}=f_{root}F_{below} \tag{9-26}$$

$$F_{mic}=1-F_{above}-F_{root} \tag{9-27}$$

四、土壤有机质中的碳稳定同位素

（一）土壤中的碳

土壤碳库是陆地生态系统最大的碳库（1500 Pg），大约是大气碳库（780 Pg）的 2 倍和植被碳库（550 Pg）的 3 倍（林光辉，2013）。土壤的碳累积通常主要发生在由植物性的碳分解和输入所驱动的生态系统的发育过程。大气 CO_2 浓度升高会促进植被生长，使输入土壤的碳量增加但品质下降。土壤呼吸是土壤与大气之间碳交换的主要途径，每年通过植被输入土壤的碳量和通过土壤呼吸输出的碳量分别约为 60 Pg 和 58 Pg。土壤有机质（soil organic matter，SOM）具有很高的 ^{14}C 年龄，一些土壤碳的 ^{14}C 年龄可以追溯到距今 14 万年前最近的一次冰期（Wang et al.，1996）。土壤碳的存储时间是陆地生态系统碳库中最长的。土地利用方式会影响土壤的碳储量及其循环周期，通过有效的土地利用管理可使土壤成为一个碳汇。土壤储存碳的过程就是土壤有机碳动态平衡的过程。传统上，对土壤碳的理解主要来源于总体水平上土壤碳的简单输入-输出模型。基于这种总体水平的土壤碳模型，利用三种碳库的不同寿命（时间尺度），如一年、十年和一千年来描述土壤碳的动态（Parton et al.，1987）。但是，这些模型忽略了源于 SOM 分子水平的研究，如碳不同化学形式的存在方式，即具有不同抗分解能力的糖类和木质素等方面的信息（Gleixner et al.，2001），也忽略了土壤剖面中化学物质变化（Hedges et al.，1997）以及土壤剖面碳分布中溶解碳的作用（Neff et al.，2001）。因此，要揭示土壤碳循环过程及其调控机制就有必要认识土壤有机碳的动态变化。

土壤碳主要来源于植物固定的大气 CO_2，并通过凋落物和根的凋亡进入土壤。一些植物凋落物在土壤中保持原状，但大多数植物凋落物通过土壤生物的活动转变为 SOM，并释放大量的碳回到大气中。因此，在复杂的 SOM 形成过程中食物网具有重要作用，并且可能受到其物种组成的影响。土壤动物，如蚯蚓，会切碎凋落物（营养含量少），利用可被吸收的化合物。在这个过程中，凋落物的表面积增加了，分解者中的微生物进一步通过表面消化降解化合物。部分土壤动物，如线虫类、潮虫、跳虫或微小生物，通常以微生物为食，而肉食性动物捕食这些土壤动物，最终，这些死亡的土壤动物由分解者矿化，在土壤中形成一个封闭独立的碳循环。因此，土壤碳的形成和周转依赖于植物、土壤动物和土壤微生物之间的相互关系（Korthals et al.，2001），最终形成了 SOM 碳同位素沿土壤剖面深度逐渐富集 3‰～4‰的普遍情形（Gleixner et al.，2001）。土壤碳的稳定性和储量主要依赖于两个方面：①碳分子的化学结构；②它们与矿质土壤结构的关系（Kaiser et al.，2003）。

（二）土壤有机质碳的稳定同位素比率

土壤和沉积物中的碳稳定同位素组成，可以记录过去环境条件（如 C_4/C_3 陆地植物组成）的变化，因此被广泛应用于陆地生态系统和全球气候变化的重建中（Liu et al.，2019）。研究发现植物生物质具有不同的稳定同位素组成，C_3 和 C_4 光合途径植物间具有明显的 $\delta^{13}C$ 差异，为 12‰～15‰；而针叶和阔叶植物之间差异较小，约为 5‰。这种自然标记可以在植被更替后用来示踪新碳进入 SOM（Balesdent et al.，1987）。此外，分子间同位素也有区别。例如，木质素的 $\delta^{13}C$ 相对于纤维素贫化 6‰（Schmidt et al.，1998；Ma et al.，2011）。特定化学成分间分解速率的差别导致 SOM 的同位素变化，这与同位素效应或者由不同来源碳的差异引起的 SOM 同位素变化的情况相似。例如，分解残余的木材时，由于木质素含量的相对增加会导致 $\delta^{13}C$ 更贫化，因此，必须考虑土壤碳组分选择性保存和同位素转变带来的可能干扰（Gleixner et al.，1993）。如果从土壤中分离出来的分子与其对应的植物前体具有相同的同位素比率，则表示它们被选择性保存了（Kracht et al.，2000）。相应地，如果单种分子同位素比率发生了变化，则表示有其他正在进行的过程，如微生物降解、微生物合成或者碳来源物质的差异。

自然系统中，SOM 的主要来源是输入到地表的叶凋落物和输入到相应土层的根凋落物。Jobbágy 等（2001）利用分别取自全球数据库的 2721 份土壤和 117 份根系生物质样品，评估了土壤碳和根系生物量随深度的相对分布。这个数据库的样品来自地球所有主要生物区系，例如北方森林、农田、沙漠、硬叶灌木林、温带落叶林、温带常绿林、温带草原、热带落叶林、热带常绿林、热带草原、稀树草原和苔原。研究发现，在全球平均水平上，超过60%的根系生物量储存在地表20cm深的土层中，并随着土壤深度增加呈指数下降。仅仅14%的根系生物量储存在40cm以下的土层中。然而，土壤碳中仅有40%分布在20cm深的地表土壤中，也呈指数下降。而有36%的土壤碳在40cm以下的土层中。根系生物量分布与土壤碳分布的强相关性支持了根系碳对土壤碳的形成具有重要作用的观点。相对于根系生物量分布而言，土壤碳在表层20cm土层中比例较低，而在深层土壤中比例较高。这个结果强调了以下几点的重要性：①在表层20cm土壤中，生物量的微生物降解；②可溶性有机碳(DOC)随水的运动向下转移；③深层土壤对碳的吸附。这些发现认为受植物影响的根系碳分布，可能是控制土壤碳储存的一个因素。但是，在表层20cm土壤中，生物量的微生物降解(Cebrian，1999)，也就是土壤生物群落可能控制着碳储存，而在较深的土层中，土壤因素本身可能对碳储存更重要。然而，仅通过对总碳含量分析还无法区分土壤碳储存的不同过程。

土壤碳含量随着剖面深度的增加逐渐降低，土壤氮含量变化也是一致的，并且土壤中SOM的C/N值随着土壤深度逐渐变化。C/N值从超过30±15（植物凋落物）变化到10±2（微生物生物量）。C/N值降低意味着在表层几厘米的土壤剖面中，根系和叶凋落物或许是土壤有机质库的重要组成，而在深层土壤中，微生物碳可能决定土壤有机质库（林光辉，2013）。

（三）土壤碳源的稳定同位素确定

土壤碳储量依赖于碳源的输入、碳源的化学结构和SOM的分解率/周转率。利用稳定同位素标记实验可确定SOM的周转率。在这些实验中，利用结构相似但同位素有差异的植物替代现有植物。例如，利用C_4植物，如玉米（$\delta^{13}C$值约为−12‰）替代C_3植物，如小麦和黑麦（$\delta^{13}C$值约为−25‰）。初始时，所有SOM分子被C_3作物的同位素信号标记。植被改变几年后，新植被有差异地标记了一些类型的分子。参照临近对照组（没有植被变化）的土壤有机质$\delta^{13}C$值，可以计算剩余C_3植物碳的比例（Balesdent et al.，1996）。假设处于稳态的土壤碳以指数降解，可以估算总土壤碳或特定土壤有机质成分的滞留时间（Gleixner et al.，1999）。这个滞留时间表明新作物需要多少时间才能标记整个碳库。

研究表明，农田25cm深的土壤中，SOM的相应周转周期在10～100年间（Balesdent et al.，1996；Paul et al.，2001）。在森林生态系统中，由阔叶林转变为针叶林或FACE（free-air CO_2 enrichment）实验$^{13}CO_2$标记表明，仅有比例很小的新植物碳进入凋落物层（Schlesinger et al.，2001），大多数碳通过呼吸作用快速返回大气。这在德国费克特高原地区的瓦尔德斯坦进行的，从120年的榉木林转变为云杉林植被替代实验中尤其明显。计算得到的平均SOM滞留时间，从凋落物层的60年到10～30cm土层的大于5000年。

SOM中沙土组分或轻密度组分比泥土/黏土组分或重密度组分具有更高周转速率（Balesdent et al.，1996）。因为沙土或轻密度组分会很快被新植被标记，所以假设凋落物碳首先进入土壤的这些组分。在后续分解过程中形成的矿物-有机物复合体稳定了土壤碳，而这种复合体属于重密度或泥土/黏土组分，被新植物碳缓慢标记。通过特定化合物同位素比率研究，可以进一步确定是何种来源的碳，植物碳或微生物碳进入了更稳定的矿化组分。

（四）土壤有机质形成的分子机制

为了确定特定化合物同位素比率，可以通过溶解或加热的方式分别从有机质中提取特定化合物组分或者降解产物（Gleixner et al.，1998）。可溶组分（如烷烃）的同位素含量可以直接测定，或者极性基团（如磷脂酸）衍生之后，通过气相色谱-燃烧-同位素比率质谱仪（GC-C-IRMS）测定（Hilkert et al.，1999）。另外，非可溶组分（如蛋白质、糖类或木质素）通过加热产生分子碎片，并转移到在线 GC-C-IRMS 系统测定（Gleixner et al.，1999）。在高温分解条件下，分子内水被释放，不稳定分解产物（如来自呋喃和吡喃的碳水化合物衍生物和来自苯酚的木质素衍生物）分子间化学键断裂，然后可以分析它们的同位素含量。结合植被替代实验，可以估计特定化合物被新植物标记的情况。尽管现在关于 SOM 稳定性的认识还很少，能够证明植物源分子（如稳定的木质素和纤维素）周转时间小于 1 年（Gleixner et al.，2001），表明土壤中植物源碳骨架的物理化学性状都不稳定。而且，仅仅在土壤样品中而不在植物样品中的糖类和蛋白质的高温裂解产物具有出人意料的 20～100 年的周转时间，这与土壤的周转时间一致。然而，糖类和蛋白质在土壤中是不稳定的，它们也被认为是土壤生物的主要组成。碳周转可能受到土壤生物的控制，而且地下食物网的组成在提供 SOM 储存的主要碳源上可能比植物更为重要（Trojanowski et al.，1984）。

第二节
稳定同位素在全球氮循环研究中的应用

一、氮循环过程中的氮同位素

氮作为生命体必需的大量元素之一，全球氮循环过程的研究一直为环境科学中的重要研究领域，而利用稳定同位素分析技术作为工具，具有独特的作用。据估算，全球活性氮（氨、硝酸盐离子和氮氧化物）排放从 1860 年的 1.5×10^{7} t/a 增加到 1995 年的 1.56×10^{8} t/a，2005 年增加到 1.87×10^{7} t/a（Galloway et al.，2008）。大气氮沉降已经引起一些地区森林的富营养化和土壤酸化，并由氮限制逐渐转变为磷限制，影响到森林生态系统中树木的生长、碳储存以及生物多样性（Siddiqui et al.，2011）。植物和土壤的氮同位素组成是植物新陈代谢和氮循环影响因子的综合结果，在生态系统的氮循环研究中使用稳定同位素技术具有巨大的优势（Kahmen et al.，2008）。稳定同位素 ^{15}N 的应用主要局限于农业生态系统中的氮吸收、转化和分配状况研究和不受人为干扰的自然生态系统氮循环过程。氮在生态系统中的循环过程可分为氮的输入（主要是生物固氮以及氮沉降）、氮的转化（主要包括矿化——氨化与硝化、反硝化和固持）以及植物的氮吸收和其后氮沿食物网的营养级传递 3 个阶段。从 20 世纪以来，氮和氧稳定同位素（^{15}N 和 ^{18}O）还被用作鉴别地表水中硝酸盐污染的来源和归趋的有效工具（Liu et al.，2019）。

二、氮转化过程中的同位素分馏效应

环境中输入的氮同位素组成与氮转化、流失过程中的分馏作用共同决定着土壤的 $\delta^{15}N$ 值。对绝大多数土壤过程而言，原位（in situ）测定分馏因子是相当困难的，因此通常用观测到的判别效应值（$\delta^{15}N_{底物}-\delta^{15}N_{产物}$）来代替。对独立的各种转化过程，表观判别效应值呈现出相当大的差异（表 9-2）。Shearer 等（1993）以及 Högberg（1997）列举了产生这类差异的几项原因。①一项转化过程可能在底物充足时表现出明显判别效应，但当反应受底物限制时，所有底物都被转化为产物，则无法观测到判别效应。②对应同一产物可存在 $\delta^{15}N$ 不同的多种底物。例如，硝化与反硝化过程均可产生 N_2O 与 NO，所以两种气体的稳定同位素值会随着含氮气体主要生成过程的差异而改变。③某些底物如NH_4^+ 和 NO_3^- 会同时进行相互竞争的多重反应，而这些反应的分馏因子各不相同。④与同一过程相关的不同生物功能群会在判别效应值上存在轻微的差异。⑤生物与非生物因子间的交互作用所产生的效应难以预测，而这种效应可能在生态系统间，甚至同一位点内部存在差异。

表 9-2　氮循环转换过程中的稳定同位素表观判别效应值（Evans，2008）

转化过程	过程编号	判别值/‰
总矿化	B	0 ～ 5
硝化	D	0 ～ 35
$NH_4^+ \rightleftharpoons NH_3$		20 ～ 27
氮挥发	C	29
硝化过程中 N_2O 与 NO 的生成	D	0 ～ 70
反硝化过程中 N_2O 与 NO 的生成		0 ～ 39
硝态氮的固持	F	13
铵态氮的固持	F	14 ～ 20

（一）生物固氮

生物固氮是氮由非活化的气态形式（N_2）向生态系统输入的主要途径之一。一般认为，在生物固氮过程中发生的氮同位素分馏较小，所以其分馏效应可以忽略不计，这也是生物固定氮 $\delta^{15}N$ 值与大气 $\delta^{15}N$ 值相近的原因（Shearer et al.，1988）。然而，这一假定条件经常无法满足，因为实际固氮过程中观测到的判别效应值变异范围可达 0%～3%，所以体内氮主要来自生物固氮的生物体，其 $\delta^{15}N$ 值变异范围可达－3‰～0‰（Fry，1991）。

（二）矿化过程

矿化过程中分馏作用由比较根际外土壤与NH_4^+ 的 $\delta^{15}N$ 差值来估算。这项差异通常较小（0‰～5‰），且表观判别效应常被假定为可以忽略。鉴于人们对土壤氮循环理解的变化以及新技术的发展，生物可用的有效氮产生过程及其分馏作用需得到进一步研究。由于土壤氮库主要由大量不发生反应的惰性氮组成，根际外土的 $\delta^{15}N$ 值几乎不提供生物体所同化氮的信号。该领域研究受到了特定化合物同位素分析技术发展的促进，因为该项技术可测定单

独氨基酸的 $\delta^{15}N$ 值，而凋落物与土壤中的这些氨基酸是激发土壤反应的底物。各单独化合物的 $\delta^{15}N$ 值在植物体内会有巨大差异：与次生产物诸如叶绿素、脂类与氨基糖相比，蛋白质通常是 ^{15}N 富集的，而化合物间的 $\delta^{15}N$ 差异可高达 20‰（Werner et al.，2002），类似的差异也可在土壤中的氨基酸之间观测到（Bol et al.，2004）。

（三）硝化、反硝化与氨挥发过程

氮氧化物气体的同位素组成测定正日渐普遍，可以量化这些气体的全球收支范围，因为同海源 N_2O 相比，陆源 N_2O 的 ^{15}N 和 ^{18}O 值都是贫化的（Perez et al.，2001）。绝大多数此类研究与海洋生态系统相关，尽管据估算土壤向大气排放才是全球尺度上最大的来源。N_2O 与 NO 产生过程中的分馏因子难以估算，因为两种气体都是具有不同 $\delta^{15}N$ 底物的多重土壤转化过程产物。表 9-2 中展示了氮循环中此类转化过程观测到的部分稳定同位素表观判别效应（Evans，2008）。

从表 9-2 可以看出，在硝化过程中，氮同位素分馏程度比较显著，其同位素判别值介于 0‰～35‰，因此硝化产物的 ^{15}N 丰度相对于硝化前的反应底物均有很大程度的贫化（Nadelhoffer et al.，1994）。硝化过程中产生的 N_2O、NO 对 ^{15}N 的同位素判别值介于 0‰～70‰。同样地，反硝化作用也会产生 ^{15}N 显著贫化的气体，同时使剩余的 NO_3^- 库富集 ^{15}N，该过程中产生的 N_2O、N_2 对 ^{15}N 的同位素判别值介于 0‰～39‰。因此，反硝化作用的分馏因子低于硝化作用，故部分研究者已试图据此拆分这两种过程的相对贡献，其方法即假定具有较高 $\delta^{15}N$ 值的 N_2O 是反硝化过程产物，而该值较低则是硝化作用的标识。Perez 等（2001）观测到施肥后最初 5 天内产生的 N_2O 其 $\delta^{15}N$ 值较底物贫化了 45‰～55‰，并推测这很可能是因为排放源中硝化作用占主导。此后随着反硝化过程逐渐占优势，贫化值降至 10‰～35‰。

Högberg（1997）研究发现大多数森林生态系统中氨挥发过程的氮同位素分馏效应不明显。然而，土壤释放的 NH_3 其 $\delta^{15}N$ 值会随时间增加且通常吻合蒸馏动力学的瑞利方程（Evans，2008）。这种增加是由于挥发过程导致剩余土壤 NH_4^+ 发生富集的巨大表观判别效应。这种随时间的变化可在短期内变得显著。例如，Frank 等（2004）在人造尿斑后 10d 内观测到 NH_3 的 $\delta^{15}N$ 值增加了 25‰ 。以瑞利方程估算同期土壤NH_4^+ 的 $\delta^{15}N$，预测增量从第 1 天的 0‰直至第 10 天的 30‰。这种挥发过程的巨大表观判别效应可对土壤总氮的 $\delta^{15}N$ 产生显著影响。在另一项研究中，Frank 等（1997）观测到相较废弃放牧达 32～36 年的位点，仍在放牧的位点土壤 $\delta^{15}N$ 约增加 1‰，这归因于尿斑处氨挥发过程中形成的富集NH_4^+ 经由微生物固持作用得以保留在生态系统中。

三、植物在吸收、利用和同化过程中的氮同位素分馏

植物在吸收、利用同化NO_3^-、NH_4^+ 等无机盐的过程中也会发生氮同位素分馏，对 ^{15}N 的判别值介于 13‰～20‰。一般情况下，被吸收、同化后的氮化合物富集 ^{15}N。Falkengren-Grerup 等（2004）的研究还发现，$\delta^{15}N$ 可以作为林下植物吸收 NO_3^- 的相对指标，与氮有效性的其他指标相结合，在反映林下植物的 NO_3^- 吸收情况时效果尤佳。然而，植物吸收氮

引起的 $\delta^{15}N$ 变化有时非常复杂，不同植物种间可能存在巨大差异。例如，Tsialtas 等（2005）的研究得出，氮（尿素）添加虽然引起草地早熟禾（*Poa pratensis*）和高羊茅（*Festuca elata Keng ex E. Alexeev*）叶片 $\delta^{15}N$ 的增加，但 Tognetti 等（2003）发现药用蒲公英（*Taraxacum officinale*）叶片的 $\delta^{15}N$ 却显著降低。

另外，其他一些因素也会影响植物或土壤的 $\delta^{15}N$ 值，包括：①植物所吸收氮在土壤中的分布深度；②土壤可用氮的存在形式(有机氮、铵态氮和硝态氮)；③共生菌根的影响；④植物的物候；⑤林龄以及土地使用历史（Fang et al.，2011；Högberg，1997）。因此，使用 $\delta^{15}N$ 法时需要对已有方法、土壤和植物的状态进行深入分析（Falkengren-Grerup et al.，2004）。Nadelhoffer 等（1994）建立了一个定性模型（图 9-3）。虽然该模型最初是用于解释森林生态系统 ^{15}N 自然丰度格局发展与维持的，但也适用于其他陆地生态系统。

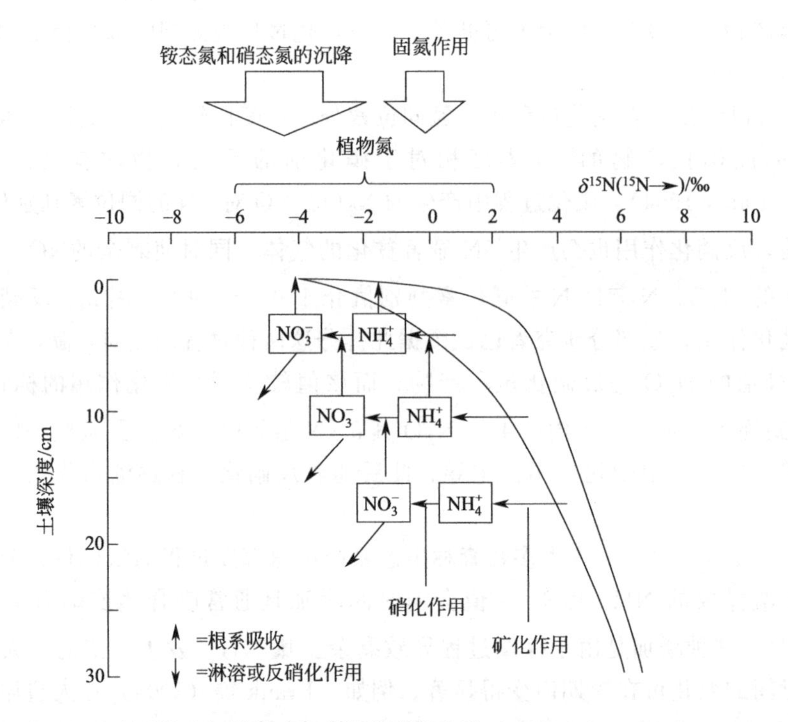

图 9-3　生态系统中氮转化过程的同位素效应模型（Nadelhoffer et al.，1994）

四、^{15}N 自然丰度法在生态系统氮循环研究中的应用

^{15}N 自然丰度法可以估算植物的固氮作用对其氮来源的贡献比率，进一步结合生产力与氮含量数据，便可以估算通过固氮作用输入生态系统中的氮量，是迄今估算无人为干扰自然生态系统固氮的研究中使用最多的方法。

（一）^{15}N 自然丰度法测定生物固氮的基本原理

大气 N_2 的 $\delta^{15}N$ 值接近 0，而土壤 N 的 $\delta^{15}N$ 值为 $-6‰\sim16‰$（Shearer et al.，1986）。因此，主要依靠从土壤中吸收氮维持生长的植物体，其 ^{15}N 丰度高于通过固氮作用从大气获取氮的植物。利用固氮植物和非固氮植物^{15}N自然丰度的差异即可估算前者的固氮量。$\delta^{15}N$自然丰度法本质上是一种同位素稀释法，只不过土壤标记在自然条件下发生。^{15}N自然丰度法可用于定量计算生物固氮对固氮植物氮营养的贡献，计算公式如下：

$$\%N_{fixed}=(\delta^{15}N_{ref}-\delta^{15}N_{field})/(\delta^{15}N_{ref}-\delta^{15}N_{hydro}) \tag{9-28}$$

式中，$\delta^{15}N_{ref}$为参照植物，即与固氮植物生长在相同环境下的非固氮植物组织的$\delta^{15}N$值；$\delta^{15}N_{field}$为野外固氮植物组织的$\delta^{15}N$值；$\delta^{15}N_{hydro}$为在无氮溶液中水培生长的固氮植物组织的$\delta^{15}N$值。对固氮植物进行无氮水培的目的是测定植物组织氮100%来源于固氮作用这一条件下的^{15}N同位素丰度。有关固氮植物水培方法及$\delta^{15}N_{hydro}$值的确定，可参考Unkovich等（1994）的研究。

结合生物量等数据，^{15}N自然丰度法还可以计算固氮植物在一个生长季内的总固氮量。总固氮量 = $\%N_{固氮}$×所有植物生物量×固氮植物所占比例×固氮植物氮含量，需要指出的是，此公式比较适用于估计草原生态系统的总固氮量，这是因为在草原生态系统中植物生物量和豆科植物所占比例的估算较为方便（Bolger et al.，1995）。

（二）^{15}N自然丰度法研究生物固氮

^{15}N自然丰度法在生态学中的应用始于对植物、动物、沉积物等生物材料^{15}N自然丰度差异程度的描述。研究发现，大多数土壤$\delta^{15}N$（−6‰～+15‰）高于大气N_2的$\delta^{15}N$。土壤和大气^{15}N自然丰度间的差异引起了许多学者的兴趣，他们尝试通过对植物组织和土壤进行同位素分析来研究共生固氮（Högberg，1986）。

Shearer等（1983）用^{15}N自然丰度法估算了南加利福尼亚索诺兰（Sonoran）沙漠生态系统中牧豆树属（*Prosopis* sp.）植物的固氮作用。在两个生长季中分别测定了牧豆树属5种树木组织、土壤及非固氮（对照）植物组织样品中的^{15}N自然丰度后，发现固氮植物组织^{15}N自然丰度明显低于土壤氮和对照植物相应组织，且土壤氮的^{15}N自然丰度也显著高于大气N_2，因而在此生态系统中，^{15}N自然丰度的差异可用来指示固氮作用。研究人员还测定了其他6处相同生境中固氮植物和对照植物叶片组织的^{15}N自然丰度，据此估计生物固氮对沙漠豆科植物氮收支的贡献比例在43%～61%。

Schulze等（1991）在纳米比亚用^{15}N自然丰度法研究了一处干旱梯度沿途树种的固氮作用，分别测定了含羞草属（*Mimosa*）与非含羞草属各11种木本植物的$\delta^{15}N$值。对所有物种的$\delta^{15}N$值求平均后，算得在此梯度上固氮作用对含羞草属植物叶氮浓度的贡献比例约为30%，但种内和种间差异很大。含羞草属木本植物和非含羞草科木本植物^{15}N自然丰度之间的差异被认为主要源于固氮作用。

（三）植物氮素来源

Abbadie等（1992）在Lamto稀树草原上测得草本植物的$\delta^{15}N$值远低于土壤有机质。为溯因他们分别测定了：①总降水中的氮沉降；②腐殖质的矿化作用；③气态N_2的固定；④植物凋落物的降解。这4种氮源的$\delta^{15}N$值，结果表明，氮源①（$\delta^{15}N$值为负）仅满足草本植物氮需求的7%，氮源②由于腐殖质矿化率很低，也只满足7%。由于在稀树草原上几乎没有豆科植物，氮源③（$\delta^{15}N$为0‰）主要来自微生物和草本植物间发生的非共生固氮，满足了氮需求的17%。所有这些过程都不能解释草本植物的低 $\delta^{15}N$ 值，分析发现植物同化的大部分氮来源于腐烂根系的分解。

Michelsen 等（1996）测定了瑞典北部地区 23 种维管植物的叶片、2 种地衣、土壤、雨水和雪水中的 ^{15}N 自然丰度。结果发现在极端贫营养条件下，共存物种的氮来源存在种间差异，这些来源主要包括铵态氮、硝态氮、土壤有机氮、大气氮和降水中的氮，而不同的菌根共生类型（兰科型菌根、内生菌根或外生菌根）可能是导致土壤氮来源差异的重要因素。除了确定氮的来源之外，^{15}N 自然丰度法还可以测定溪流中碎屑的来源，该技术与稳定同位素 ^{13}C 和 ^{34}S 结合时更为有效（McArthur et al.，1996）。

（四）氮循环的长期变化趋势

叶片和树轮的氮同位素可作为指示氮循环长期变化的指标。McLauchlan 等（2010）通过对植物标本馆在 1876～2008 年间收集的 545 种植物标本和 24 种维管植物叶片进行稳定氮同位素分析，建立了氮循环模型并对其进行了一系列敏感性分析，以研究北美中部草原植物 132 年来氮有效性的变化。该模型包括 4 个氮库（土壤有机氮库、土壤铵态氮库、土壤硝态氮库和植物氮库）和 8 项氮通量（净矿化、净硝化、沉降的氮转化为硝态氮、植物吸收铵态氮、植物吸收硝态氮、反硝化、氮淋溶以及植物中的氮向土壤有机质的转移）。研究结果显示，132 年来叶片的氮含量和 $\delta^{15}N$ 值出现了降低，这表明尽管 20 世纪人源氮沉降不断增加，但土壤氮的有效性仍表现出下降趋势，该结果与渐进性氮限制（progressive nitrogen limitation，PNL）假说相一致。这一假说认为：大气 CO_2 浓度升高使生态系统氮储量增加，进而引起土壤氮有效性的降低（Luo et al.，2004）。

氮同位素组成能反映生态系统氮循环的开放程度。生态系统的 $\delta^{15}N$ 值越低，氮循环越开放，反之则越封闭（Högberg，1997）。Hietz 等（2010）为评估偏远地区原始热带雨林（与温带相比氮沉降较高）氮含量和氮同位素组成的长期变化趋势，分析了巴西热带雨林中洋椿（*Cedrela odorata*）和大叶桃花心木（*Swietenia macrophylla*）的氮含量和 $\delta^{15}N$ 值。结果表明去除不稳定氮化合物后（以排除林龄以外的因素影响），树轮心材的 $\delta^{15}N$ 值随林龄增加而升高。Hietz 等（2011）在 2007 年从巴拿马巴罗科罗拉多岛收集了 40 年前的 158 种植物叶片标本，通过对 1968 年来植物叶片氮含量和 $\delta^{15}N$ 值的分析，研究了热带雨林氮循环的长期变化。为评价该研究得到的岛屿氮循环变化能否代表更广泛范围内的热带雨林，他们还研究了泰国和缅甸三种非豆科物种树轮 $\delta^{15}N$ 的变化。这部分研究结果与巴拿马雨林相一致，都表明区域氮有效性的增加应归因于人源氮沉降。

树轮的 $\delta^{15}N$ 值能够反映森林皆伐和土地利用变化对氮循环的影响。为确定永久性森林皆伐引起的土地利用变化是否对氮循环（记录在树轮 $\delta^{15}N$ 中）产生影响，Bukata（2005）对加拿大的两种硝酸盐偏好树种的树轮氮含量和 $\delta^{15}N$ 值进行了分析，结果显示伴随森林皆伐和土地利用变化，林分周边树轮的 $\delta^{15}N$ 值与林分中心处相比增加了 1.5‰～2.5‰。这种变化最可能与下列因素相关：森林皆伐、土地利用变化、长期水文变化、土地利用变化后化肥施用所引起的土壤硝化速率和硝酸盐淋溶增加。这表明，通过测定树轮的氮同位素组成，可确定森林生态系统的氮循环变化是否能归因于气候变化、土地利用变化或者其他环境因子变化，且可将树轮地球化学分析纳入人类活动对森林生态系统影响的长期监测研究中。

第三节
同位素解析食物网营养级

一、营养级的稳定同位素效应

（一）营养级的同位素分馏效应

研究表明消费者的$\delta^{13}C$值通常与食物较为接近，即个体在整条食物链传递中，$\delta^{13}C$值变化不大。但$\delta^{15}N$通常在消费者体内富集，主要原因是动物向体外分泌物质的过程中对^{15}N有排斥作用，导致消费者体内^{15}N含量逐步增加。这样，营养级越高，^{15}N的含量也越高（McCutchan Jr et al.，2003）。测定动物（组织）及其可能食物来源的同位素组成，不但可以确定动物的食物偏好、主要食物来源及食物季节变化和年变化，对于有多种食物来源的动物，还可以计算出每种食物网及群落结构等（BenDavid et al.，1997）。

稳定同位素能够应用于食物网研究基于以下假设：动物与其食物之间的稳定同位素值存在较为确定的判别值（discrimination，Δ），如$\Delta^{13}C=0‰\sim1‰$；$\Delta^{15}N=3‰\sim4‰$（图9-4）。上述判别值均来自对已发表数据进行综述的文章，例如碳、氮和硫随营养级的判别值详见McCutchan等（2003）的文章，这些判别值是室内实验结果与营养级富集度（trophic enrichment）野外实验数据结合得出的平均值，忽略了动物的分类地位、取样组织及其他变量的差异。该平均值的应用会掩盖诸多因素（研究对象的分类地位、栖息环境、取样及处理方法）对碳、氮等稳定同位素在营养级之间富集产生的影响（Post，2002），其中，食物稳定同位素的影响是最易受到忽略的因素。利用模型或公式估算食物贡献比例及营养级的关键在于确定营养级判别值，即使判别值很小的变化也会导致输出结果的大幅度偏差（Caut et al.，2009）。

稳定同位素已经成为研究动物食物源及营养关系的重要手段。但研究人员需要注意稳定同位素运用的前提假设，充分考虑导致同位素营养级富集度变化的诸多因素，同时需要通过更多的室内喂养控制实验来获取动物与其食物之间的营养关系（Martínez del Rio et al.，2009）。滨海河口地区因其独特性和复杂性，稳定同位素随营养级的富集可能表现出与其他生态系统不同的特征，Yokoyama等（2005）对河口大型底栖动物的研究表明，利用两种虾类肌肉得出的动物-食物的$\Delta\delta^{13}C$达到2‰～2.2‰，指出同位素分馏与物种及取样组织有关，因此需要更多的室内实验来确定河口特定物种或组织的同位素分馏情况，以更好地解释野外实验获得的稳定同位素数据。例如Mazumder等（2010）在澳大利亚红树林生态系统中的底栖动物体内所检测出的$\delta^{13}C$信号较红树植物低了3‰～4‰，并由此判定红树植物并非其主要食物来源。然而上述结果是在底栖动物碳同位素分馏作用较小（每级的判别值约1‰）的前提下得到的，一旦判别值超过1‰，就会显著低估该生态系统中红树植物对底栖动物的食物贡献率。因此，有必要得到具体动物种类的特定的判别值和分馏因子（α），从而更准确地估算该种类的食物源，而这只能依靠室内控制实验来解决。

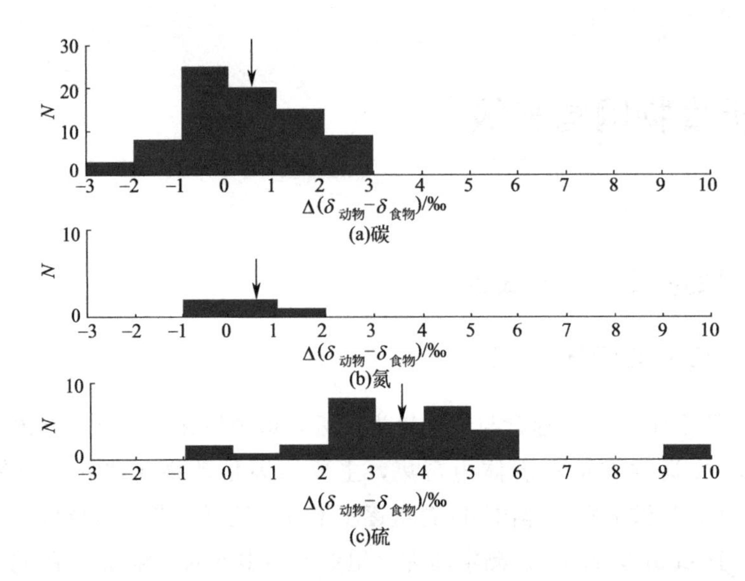

图 9-4 动物与食物之间碳、氮和硫同位素组成的判别值（Peterson et al.，1987）

（二）代谢过程的同位素分馏

动物在吸收利用食物的过程中存在一定程度的同位素分馏（Sponheimer et al.，2003），而且动物各组织对不同元素同位素的分馏效应也有很大差异。例如，Roth 等（2000）分析了红狐（*Vulpes vulpes*）不同组织（血清、血红蛋白、肝、肌肉和毛皮）与食物碳、氮稳定同位素组成，发现对于^{13}C，食物富集程度最大的组织是皮毛（2.6‰），其次是肌肉（1.1‰），最小的是肝和血红蛋白（0.4‰～0.6‰）。对于^{15}N，除血清（4.2‰）外，其他各组织间差异较小（肝、肌肉和毛皮为 3.3‰～3.5‰）。Kurle（2002）进一步研究了动物组织对食物的同位素分馏效应，发现海狗（*Callorhinus ursinus*）的血液各组分（血浆、血清、血红蛋白）中重同位素^{13}C 和^{15}N 富集程度也有明显差异：血清、血浆和血红蛋白^{13}C 分别平均增加了 0.6‰、1.0‰和 1.4‰；血红蛋白^{15}N 平均增加了 4.1‰，而血浆和血清增加了 5.2‰。

许多生物类群中存在着生态位随着个体发育而产生变化的现象。由于个体发育生态位（ontogenetic niche）的改变会引起种群、群落以及生态系统结构和动态过程的变化，因此有必要利用定量技术来甄别这一过程中食性的转变。稳定同位素技术对于动物食性的时空再现性使其成为研究个体发育生态位的重要工具（Layman et al.，2007）。已有许多研究通过利用稳定同位素技术定性或者从单个同位素的角度验证了个体发育生态位的改变这一事实（Post，2002）。同位素分析的即时性在鉴别自然状态下随着个体发育而产生的食性转变方面具有很大优势，有助于加深了解个体发育过程中生态位的宽度、位置和重叠生态位的可能变化及相互关系。Hammerschlag-Peyer 等（2011）结合单因素和多因素的分析方法，提出了验证个体发育生态位变化的研究框架。这个框架包含个体生态位 3 种可能变化情况：①生态位不发生改变；②生态位扩张或缩小；③不同大小个体之间的生态位变化相互独立。并且分别设置了 3 种情况各自的鉴别标准，3 个用来反映资源利用特征的参数——生态幅、生态位以及重叠生态位，并分别提供了经验性的例子。这个框架为个体发育生态位转变的进一步研究奠定了基础，也被应用于检验种群内其他因素对资源利用的影响（例如性别和表型）。

在应用这一框架时，应将研究中的 3 种假设视为连续状态的极端情况，大多个体可能落在这 3 个极端假设之间。而之前讨论过的有关同位素的诸多限制因素也应当被考虑（Layman et al.，2011）。例如，食物源库的同位素特征值之间需要有较大差异，对其时空变化很敏感。因此，在 $\delta^{13}C$-$\delta^{15}N$ 图中，将存在多种关于消费者摄入潜在食物源的解释。所以，尽管稳定同位素技术是非常有用的工具（Layman et al.，2007），但仍有必要结合传统直观的方法（例如胃含物分析、粪便分析以及直观观察法）来分析同位素信号值。另外，还需要特别注意的是，在解释数据时应注意到统计学上的显著差异并不总是等同于其具有重要的生物学意义。

二、食物来源的同位素模型

动物体同位素能够反映一段时间内动物的同位素组成，通过分析比较动物体（组织）和可能来源食物的碳、氮稳定同位素值，即可推断动物的摄食情况（Balasse et al.，2006）。由于动物摄食后对食物同化需要一定时间，所以动物体内稳定同位素值主要反映了动物当前甚至更长一段时期内的摄食情况（Cerling et al.，1999）。对于那些已灭绝的动物或大型珍稀动物，稳定同位素是研究它们食物来源及其生活环境变迁的理想工具（Fricke et al.，2011）。对于体型非常小的土壤动物、昆虫以及水生无脊椎动物，利用传统方法确定它们的食物来源及食性十分困难，而稳定同位素技术提供了一种有效手段（Hentschel，1998）。

对于有两种或两种以上食物来源的动物，可根据同位素质量平衡方程确定各种食物在动物摄入食物总体中所占的比例。同位素质量平衡方程可用下式表示：

$$\delta^{13}C_i=\sum_{j=1}^{n}[f'_{ij}(\delta^{13}C_j+\Delta'_C)] \tag{9-29}$$

$$\delta^{15}N_i=\sum_{j=1}^{n}[f'_{ij}(\delta^{15}N_j+\Delta'_N)] \tag{9-30}$$

$$\sum_{j=1}^{n}f'_{ij}=1 \tag{9-31}$$

式中，$\delta^{13}C_i$ 和 $\delta^{15}N_i$ 分别为消费者碳和氮同位素组成；$\delta^{13}C_j$ 和 $\delta^{15}N_j$ 分别为食物碳和氮同位素组成；Δ'_C 和 Δ'_N 分别为沿营养级的碳和氮同位素判别值；f'_{ij} 是各种食物在整体食物中所占比例；n 为消费者全部食物种类；i 为某种消费者；j 为消费者个数（Saito et al.，2001）。

从式(9-29)～式(9-31) 可以看出，当动物只有两种食物来源时，只需要分析单种元素（碳、氮或硫）的同位素就可以确定动物取食它们的相对比例。当有 3 种食物来源时，可以采用双同位素组合（如 ^{13}C 和 ^{15}N、^{13}C 和 ^{34}S、^{15}N 和 ^{34}S）测定确定取食食物所占的比例。当动物食物来源有 4 种时，需要分析 3 种元素（碳、氮和硫）的同位素组成。以此类推，从理论上讲，可以运用 n 种同位素确定 $n+1$ 种食物来源，n 值越大计算越复杂。有时当动物食物来源数量过多时，可以先合并一些同位素比值接近的食物来源，也可以直接利用 Isosource 软件计算各食物来源所占的比例范围（Phillips et al.，2005）。

三、稳定同位素研究动物食性

（一）陆地动物

Cerling 等（1999）比较了生活在稀树草原和森林中现存大象的同位素组成，发现两者均是食叶动物。Hilderbrand 等（1996）分析了棕熊（*Ursus arctos*）和已灭绝的穴居熊（*Ursus spelaeus*）骨骼同位素（$\delta^{13}C$ 和 $\delta^{15}N$）组成，研究结果表明穴居熊不仅是食草动物，而且肉类在它所利用的食物中占了很大比例（41%～78%）。

Boutton 等（1983）用碳稳定同位素分析了东非草原上白蚁（*Macrotermes michaelsini*）的食物组成，并分别计算出在卡贾多和鲁依鲁两个地点的白蚁食物中 C_4 植物分别占 70%和 64%。此外，Magnusson 等（1999）在亚马孙中部的热带稀树草原上研究了 C_3 和 C_4 植物对不同动物食物的贡献，并分别计算出 C_3 和 C_4 植物在多种动物食物中所占比例。如一种蝗虫（*Tropidacris collaris*）食物中 C_3 植物约占 90%，两种切叶蚁（*Acromyrmex laticeps nigrosetosus* 和 *Atta laevigata*）食物中 C_3 植物约占 70%；两种白蚁（*Syntermes molestus* 和 *Nasutitermes* sp.）主要以 C_4 植物为食，而以白蚁为食的青蛙和蜥蜴有超过 50%的食物源于 C_4 植物；杂食啮齿动物（*Bolomys lasiurus*）大约有 60%的食物来自 C_3 植物（Magnusson et al.，2014）。

Pascual 等（1996）研究北美白尾鹿（*Odocoileus virginianus*）食物组成时发现，即使在 C_4 植物占优势的旱季草原上，北美白尾鹿还是很少食用 C_4 植物（<10%）。此外，Ramsay 等（1991）对北极熊（*Ursus maritimus*）骨骼、肌肉和脂肪组织的 $\delta^{13}C$ 分析发现，虽然北极熊一年有 1/3 时间活动在陆地上，但它几乎不食用陆生食物。

易现峰等（2004）通过测定海北高寒草甸生态系统中主要物种的碳稳定同位素组成，研究了它们捕食与被捕食的关系，确定了高寒草甸生态系统中 5 条主要的食物链。碳稳定同位素的数据还表明，由于大规模灭鼠，大鵟的食性发生了较大变化，其食物主要来源由原来的小型哺乳类转变为雀形目鸟类。另外，沙丘动物群类、巨蜥（*Varanus mabitang*）、冰岛上的 6 种海鸟、地中海地区海鸟群落和热带雨林蚂蚁动物群落的营养级关系也都通过稳定同位素研究得到划分（Blüthgen et al.，2003；Forero et al.，2003）。

Wang 等（2010）就三峡库区陆地和岛屿两种生境的啮齿类动物种类组成和分布展开调查，并利用稳定同位素技术研究了两种生境啮齿类动物的食性。稳定同位素分析的结果揭示了岛屿上啮齿类动物取食种类较陆地上更多样。此外，岛屿不同啮齿类动物种群食谱的重叠程度要高于陆地，这说明岛屿上的啮齿类动物对食物的竞争比陆地更激烈。由此断定三峡大坝引起的生境破碎化增加了啮齿类动物种间和种内的竞争，进一步影响了生态系统的物种组成和生物多样性。

（二）水生动物

碳、氮稳定同位素在揭示浮游动物营养关系层面上起到了很好的示踪作用（Gu et al.，1997）。通过测定浮游动物稳定同位素，可以分析探究一些难以觉察的有机碳源。对许多浮游植物碳稳定同位素的测定发现其变化范围为－25.9‰～－19.2‰（蔡德陵 等，1999）或－24‰～－18‰（Fry，1988），并且随着季节变化，冬季和春季较负（Ben-David et al.，1997）。其变化原因尚无定论，但可能是水温变化对溶解在水中的二氧化碳分馏作用的影响。

莫宝霖等（2017）应用碳、氮稳定同位素技术对大亚湾紫海胆的食性进行分析，结果表明紫海胆在 8 月份摄食偏向碎屑食物链，主要食物来源为 POM，平均贡献率为 67.3%；其余摄食种类为沉积物（SOM）、裂叶马尾藻（*Scagassum siliquastrum*）、底栖硅藻、浮游动物及浮游植物，平均贡献率分别为 9.7%、9.3%、6.7%、3.7%及 3.3%。在分析水生生物的食性时，水体中的颗粒有机碳是一个不可忽略的影响因素。研究发现，外来有机碳的输入影响了水体的营养程度，从而影响浮游动物种群特征的变化，当水体的营养水平增高时浮游动物对外来有机碳源的依赖性降低（Gu et al.，2011）。因此在水环境生态系统调控和水产养殖过程中通过调控水体的营养程度，可在一定程度上调节水体浮游生物种群变动，进而使一些水体（尤其是养殖水体）的微环境处于良性循环。在海水中，溶解性无机碳（DIC）对浮游生物体内的碳同位素值影响较大，因为水中的部分植物在光合作用时，利用的是溶解在海水中的二氧化碳，而不是 HCO_3^-（Thimdee et al.，2004）。例如，一些底栖硅藻在生长过程中，虽然与浮游藻类利用同样的碳源，但是底栖硅藻的平均碳同位素值却高于浮游植物。Doi 等（2003）对日本的一个火山湖中底栖硅藻和浮游藻类的碳同位素值进行分析时发现，由于溶解二氧化碳的持续补充，该湖中颗粒有机碳的同位素平均值在很小的范围内（－26.4‰～－23.7‰）波动。因此，外源二氧化碳对水体中颗粒有机碳同位素值的影响不可忽略。

底栖动物在水环境生态系统中对食物链物质能量的传递和流动具有显著影响。潮间带水体底部环境较水体其他部位复杂，主要表现在理化因子和生物组成上，这决定了底栖动物摄食情况的复杂性。蔡德陵等（2001）对崂山湾潮间带底栖动物的碳同位素进行分析，发现其食物来源多样，食物组成复杂：双壳类等滤食性动物的主要食物来源为颗粒有机质，多数腹足类动物的主要食物来源为底栖硅藻，而甲壳动物的食物来源较为复杂。

鱼类摄食情况复杂，有些鱼类食性在生长过程中会发生多次转变。幼鱼阶段的食性转变显著影响幼鱼的成活率，因此对该阶段鱼类摄食状况的研究具有重要意义。Gu 等（2001）利用稳定同位素技术，探讨了浮游生物是否是鲢鳙鱼的主要食物来源，也对鲟鱼在河流停留期间的摄食情况进行了研究。这些研究均表明稳定同位素技术在鱼类摄食研究方面是很有效的。但是，在对某些鱼类进行食性分析时，由于食物间会发生相互作用，如受到浮游-底栖耦合作用的影响，可能会影响分析结果。

（三）河口湿地动物

Peterson 等（1985）发现，在碎屑食物链为主的生态系统中，由于无法清楚地确定碎屑来源，迫切需要找到指示有机质流向和食物链营养关系的示踪物。河口潮滩盐沼包含大面积高生产力的盐沼草本植物。例如，在以互花米草（*Spartina alterniflora*）为主的河口湿地，大量的互花米草碎屑被分解者和碎屑食物链利用，长期以来的研究认为这种碎屑的输出是河口盐沼湿地高次级生产力的主要原因。

通过稳定同位素分析可以验证互花米草碎屑是河口水体和消费者食物有机质主要来源的假设。互花米草相对于浮游植物和陆生 C_3 植物 ^{13}C 更富集（$\delta^{13}C$ 值分别为：互花米草－13‰，浮游植物－22‰，陆生 C_3 植物－28‰）。然而，Haines 等（1979）通过在美国佐治亚州萨佩洛岛的研究工作，提出潮沟的悬浮物同位素值落在浮游植物来源有机质同位素值范围内，与互花米草的差异较大。对消费者的研究也表明滤食性动物（比如牡蛎）的同位素组成与浮游植物更相似。其他消费者，例如贻贝的 $\delta^{13}C$ 值介于浮游植物与互花米草之间。碳同位素数据为互花米草很可能不是萨佩洛岛盐沼潮沟碎屑或者滤食性动物的主要食物来源提供了强烈证据。但是，由于可能受到其他有机质来源的干扰，如底栖微藻（$\delta^{13}C$：－17‰）或者河流带来的陆源有机质（$\delta^{13}C$：－28‰），单独用 $\delta^{13}C$ 值或许并不能准确区分出碎屑的来源（Montague et al.，1981）。当有两个以上食物来源，而样品值又位于两者之间，单独使用一种同位素比率是无法准确进行来源分析的，可以借助其他示踪物（硫或氮同位素），来提高同位素分析的准确性。

由于陆源植物、海洋浮游植物与互花米草有不同的^{34}S信号，可以反应硫的不同来源，因此硫较其他元素更适用于研究沼泽和河口湿地。浮游植物利用河口中的硫酸盐（$\delta^{34}S$值为21‰），而互花米草利用缺氧沉积物中硫酸盐还原形成的^{34}S贫化硫化物（Carlson et al.，1982），陆源植物利用沉降或者风化产生的硫酸盐，其^{34}S信号常介于互花米草和浮游植物之间。通过新英格兰地区的Sippewissett盐沼附近有机质来源的^{34}S-^{13}C信号散点图可以发现，这种双同位素方法在适当的情况下可以将食物来源在图表中清楚地分开（Peterson et al.，1987）。

多元素同位素分析技术可能会和更多元素的同位素分析或其他示踪物结合得到不断发展。例如，碳和硫同位素联用可以界定有机质的最终来源，$\delta^{15}N$值可用来估测营养级。但根据目前的研究水平，想要达成这一目标仍有困难。例如，河口的潜在食物来源，如底栖微藻，目前还没有测定出确定公认的同位素值，而碎屑的$\delta^{15}N$值会随时间变化（Zieman et al.，1984）。尽管如此，多元素同位素示踪技术显著提高了人们追踪河口盐沼碎屑食物网有机质流动问题的能力。由于沿海生态系统面临人类发展的巨大压力，因而确定盐沼湿地生产力对河口次级生产力的重要性非常关键，利用稳定同位素示踪技术可以帮助我们评估这种关系。

红树林在一定程度上为相邻水体水生生物食物网提供重要营养支持，Rodelli等（1984）最初沿红树林湾至开阔海域梯度分析不同消费者的碳同位素值，发现消费者的$\delta^{13}C$值有明显的梯度变化，岸边的消费者$\delta^{13}C$值最高，红树林湾内偏低，而入海口居中，这意味着红树林对潮间带近海食物网有重要贡献。然而，在其他地方的研究监测到红树林碳对近海食物网的贡献率很低（Macia et al.，2004）。但是，由于从红树林到近海，预期中微藻的$\delta^{13}C$值也是逐渐升高的，这一点与近海消费者同位素值逐渐升高的梯度很可能相混淆，使得以上研究都未能将红树林的贡献定量。Chong等（2001）和Hayase等（1999）的研究都间接证明了红树林湾中浮游植物具有较低的$\delta^{13}C$值。

四、动物的营养级位置与食物网

（一）消费者营养级的稳定同位素计算方法

在一定的环境内，动物组织$\delta^{15}N$值在相邻营养级间差值（$\Delta\delta^{15}N$）较大且较为恒定，为3.0‰～5.0‰（Peterson et al，1987）。测得已知相邻营养级间动物组织$\delta^{15}N$值，就可以划分动物的营养级位置，具体公式如下：

$$\lambda=\frac{\delta^{15}N_{消费者}-\delta^{15}N_{基线}}{\Delta\delta^{15}N}+1 \tag{9-32}$$

式中，$\delta^{15}N_{基线}$为食物链底层生物氮同位素比率（即初级生产者，但很多研究以初级消费者作为基线，此时λ为2）；$\Delta\delta^{15}N$为相邻营养级同位素富集度之差，即$\Delta\delta^{15}N=\delta^{15}N_{消费者}-\delta^{15}N_{食物}$。初级生产者的$\lambda$为1，而食草动物的$\lambda$为2。值得注意的是，$\delta^{15}N_{基线}$和$\Delta\delta^{15}N$值随环境条件（地理位置）和生态系统（陆地或海洋生态系统）而改变（Post，

2002)。$\Delta\delta^{15}N$ 值应根据实际观察的捕食关系或从统计学角度计算出与主要食物网间的差值来确定（Bocherens et al.，2003）。而且，当 $\lambda>2$ 时，λ 值通常不是整数，也就是说消费者所摄入的食物不仅仅在同一营养级内（McCutchan et al.，2003）。一些研究表明动物组织 $\delta^{13}C$ 值随营养级位置的升高也呈升高趋势，可以与 $\Delta\delta^{15}N$ 一起作为动物营养级位置的指示标准（Olive et al.，2003）。但有些研究认为相邻营养级间 $\delta^{13}C$ 值的差值（$\Delta\delta^{13}C$）较小，为 0.4‰～1.0‰，使 $\delta^{13}C$ 值在动物营养级研究方面的应用受到限制（Post，2002）。由于动物组织 δD 值受环境水源的影响很大，同时动物各组织间 δD 值差异也较大，所以 δD 在动物营养级研究方面应用很少（Cormie et al.，1994）。

从营养级的稳定同位素计算公式可以看出，系统的基线营养富集度对其计算结果有一定影响。目前对基线营养级富集度的计算方法有两种：一种方法是在室内严格控制的条件下，测量实验对象与其单一饵料间氮稳定同位素的差值；另一种方法是选用野外生态系统中食物相对简单的生物，测量其与食物间的氮稳定同位素的差值。室内实验虽然控制了实验对象的饵料组成，但在室内条件下生物的代谢活动与野外有较大差别。而在野外生态系统中，很难找到食物组成较单一的生物。由于生物对不同食物有不同的消化吸收率，因此生物相对于食物存在不同的氮稳定同位素营养富集度，这使得实验对象在特定环境中具有与其对应的基线营养富集度（France et al.，2011）。针对这种情况，许多研究者推荐采用基线营养富集度的统计平均值或几个统计平均值并用。

（二）典型生物的营养级

Vander Zanden 等（1997）根据加拿大 36 个湖区中 342 种鱼的营养级反推了一些浮游动物的营养级，以此计算了其中 8 种鱼的营养级，发现其与应用稳定同位素技术的研究结果非常相近，用这两种方法对同一个种群进行计算，结果只相差约 1 个营养级。Rybczynski 等（2008）同时采用稳定同位素和胃含量分析的方法研究了美国南卡罗来纳州 6 种淡水鱼的营养级，发现这两种方法的研究结果均存在种间差异，但只有 1 种鱼的营养级计算结果存在方法差异（$P<0.05$），营养级的变化和偏差随摄食生态类型发生变化。

Hobson 等（1995）对北极地区海洋食物网及格陵兰东北冰间湖营养关系的研究发现，$\delta^{13}C$ 值在第二个营养级之后并未表现出明显的富集现象，且在整个食物网中存在交叠；而 $\delta^{15}N$ 则随营养级表现出显著的富集现象，表明了 $\delta^{15}N$ 值更适于研究营养级结构和构建食物网。通过 $\delta^{15}N$ 值计算得出两个生态系统都包含有约 5 个营养级，而且根据同位素结果推测出格陵兰冰间湖水体与底栖生物之间通过微生物循环而耦合。

李忠义等（2010）利用氮稳定同位素示踪技术，对 2005 年 4～5 月长江口及南海毗邻水域拖网渔获物的营养级进行了研究。结果表明，长江口海域主要生物资源种类的营养级处于 3.19～5.11，而南海海域主要生物资源种类的营养级处于 2.46～4.88。由于系统基线生物稳定同位素比值的影响，与黄海南部相比，长江口海域 55%生物的相对营养级升高了 0.01～0.63，而其他 45%生物的营养级相对降低了 0.02～0.74。

蔡德陵等（2005）同时应用碳、氮两种稳定同位素对黄东海生态系统展开营养动力学研究，初步建立了从浮游植物到顶级捕食者的水体食物网连续营养谱，并结合底栖生物碳同位素资料勾勒出黄东海食物网营养结构图，这说明稳定同位素技术是研究海洋食物网及其稳定性的有力手段。在黄海南部海域中，11 种生物中有 7 种生物的营养级升高，4 种降低。除双斑鲟（0.23）、口虾蛄（0.27）和太平洋褶柔鱼（0.58）的营养变化幅度超过0.20外，其他8种生物的变化幅度基本上小于0.1，其中银鲳和鲵的营养级基本维持不变。在长江口海域中，17种共有生物中有11种生物的营养级升高，其中日本枪乌贼的营养级变幅最大，增加了1.20；变幅介于0.10～0.19的有5种，介于0.20～0.29的有4种，介于0.30～0.39的有2种，介于0.40～0.62的有3种，剩下的虻蛐和龙头鱼2种生物的营养级基本维持不变。

根据蔡德陵等（2005）的研究，可以将食物网中的水生生物划分为几个营养群：以中华哲水蚤、太平洋磷虾为代表的初级消费者；以强壮箭虫、双斑蟳等无脊椎动物和鳀鱼等草食性鱼类为代表的次级消费者；以带鱼、小黄鱼等经济鱼种为代表的中级消费者；以蓝点马鲛为代表的顶级消费者。结合过去应用碳稳定同位素研究崂山湾底栖食物网的资料（蔡德陵等，2001），可以勾勒出黄东海生态系统营养结构图（蔡德陵 等，2005）（图9-5）。这一完全根据稳定同位素数据描述的营养结构图与根据1985—1986年主要资源种群生物量绘制的黄海简化食物网和营养基本结构图基本一致并略有改进。王荦等（2017）分析了大连近岸北黄海海域中主要生物样品的碳、氮稳定同位素比值，计算出了其主要生物类群的营养结构，构建了食物结构网。

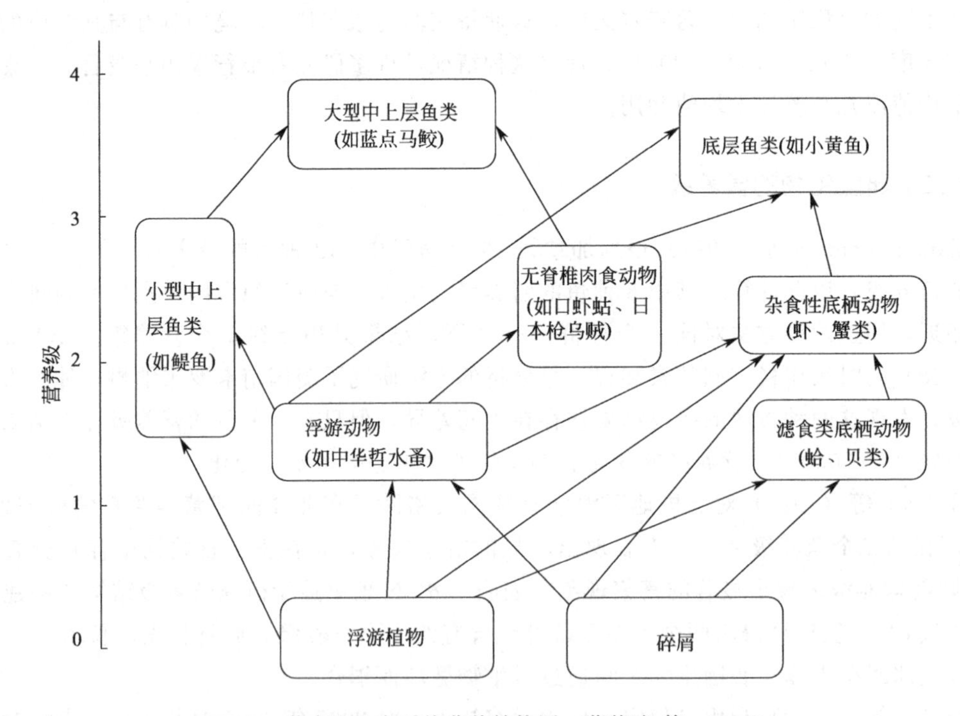

图9-5 黄东海生态系统营养结构图（蔡德陵 等，2005）

当所研究的生态系统包含多种初级生产者，有机物质来源较为复杂时，应用多同位素进行研究能更深刻地阐释食物网信息，分析各初级生产者在食物网物质传递和能量流动中的作用。Kwak等（1997）利用碳、氮和硫多种同位素对南加利福尼亚滨海湿地的研究发现，大型藻类、湿地微藻及多叶米草（*Spartina foliosa*）是无脊椎动物、鱼类和鸟类有机物质的主要来源。多源模型计算结果表明，鱼类有机物源于多叶米草，大型藻类则为无脊椎动物和鸟类的有机物供给者。另外，Kwak等（1997）还探讨了湿地-潮汐通道的相互作用及鱼类资源对珍稀鸟类保护的重要性，为当地管理部门制定湿地恢复和珍稀物种保护政策和方案提供了帮助。Carlier 等（2007）研究了地中海西北海湾的底栖食物网结构，发现这一结构包含 4 个营养层次，而且陆源和海草床对底栖食物网的贡献水平较低，初级消费者的主要食物源为底泥有机物（SSOM）、悬浮颗粒有机物（SPOM）及沉降有机物（STOM）组成的有机物质库。稳定同位素技术在传统营养级研究中只能得到整数的缺点，可以更为真实地反映动物在生态系统中的位置和作用。

第四节
稳定同位素过去环境重建

一、树轮稳定同位素重建过去气候

（一）树轮同位素的基本原理

树木年轮是记录其生长过程中环境或生态变化的载体，树轮具有定年精确、连续性好、分辨率高以及对环境变化敏感性强等优点。在欧洲最早记载树轮的人是著名画家达·芬奇（Leonardo da Vinci），他就曾注意到树木年轮宽度和降水量之间的关系。20 世纪初，美国天文学家 A. E. Doughlass 开始用树木年轮研究太阳黑子的活动周期及其对气候的影响。之后，随着研究的深入，逐步建立起了一套科学完整的研究方法，其中最主要的便是交叉定年方法的建立，使树轮年代学成为一个崭新的学科。虽然树轮宽度、密度指数和反射系数等物理特征也记录了过去的环境变化信息，但树轮碳、氢、氧稳定同位素比率的差异可用于更精确地提取该区域气候变化的信息（Roden et al.，2000；Loader et al.，2007；Liu et al.，2019）。树轮的氢、氧同位素记录了树轮形成时的温度和水分来源，而树轮的碳同位素则反映了大气 CO_2 的碳同位素特征。除了能记录温度、湿度、光照条件、大气压力和盐分等环境因子外，树轮的稳定同位素也能反映季风盛行区树木生长与水热组合的关系。由于树轮的时间尺度可以达到一千年，比现有的人类气候记录长得多，所以树轮研究为估计人类活动对环境的影响提供了自然资料背景，从而为重建过去的环境提供了一份不间断的“历史档案”（刘禹 等，1999）。

树轮的木质部几乎全都由碳、氢和氧三种元素组成，它们的稳定同位素比值与树木生长的生态环境密切相关。通过研究树轮中这些同位素含量的变化以及它们与某个限定性气候因子之间的关系，就可以了解树轮形成时的气候变化。树木每一个年轮的碳都来源于大气 CO_2，而氢、氧则来源于土壤水分和降水，但树轮并不只是收集存储这些元素，也就是说，树轮的碳、氢和氧同位素比值并非只简单记录当时大气或水体的同位素比值，而是综合反映了树轮形成时期内各种气候和植物水源的信息。因此，树轮稳定同位素比值可作为一种灵敏的生物指示物，记录了树木对不同年份或不同地区环境变化的生理生态响应（Ma et al.，2011）。

1. 碳同位素

根据 Farquhar 等（1982）提出的植物叶片碳同位素分馏理论，气候因子（温度、湿度及光照等）和大气成分（CO_2 浓度和污染物浓度等）可以通过影响植物（多为 C_3 植物）叶片的气孔导度从而影响植物的光合作用同化率，进而影响树轮纤维素碳同位素分馏程度及最终组成，可根据树轮碳稳定同位素与气候因子之间的关系来重建古气候（马利民 等，2003a；Loader et al.，2007）。

树轮材料是由多种化学成分组成的复合体，包括纤维素、木质素、半纤维素、树脂和单宁酸等。由于光合作用中形成各种组分的生物化学过程不同，各组分的同位素组成也存在差异，因而需要选择合适的树轮材料分析碳稳定同位素才能开展古气候重建（钱君龙 等，2001；Barbour et al.，2002；马利民 等，2003b）。

树轮^{13}C 含量在生长前期存在幼龄效应，即树木幼年期树轮 $\delta^{13}C$ 值较高（Freyer et al.，1983）。另外，同一树轮的早材和晚材碳同位素比值也不尽相同，这种现象在森林地区尤为明显，其原因可能是树木自身生理活动造成局部大气 CO_2 的 $\delta^{13}C$ 值偏小，进而影响树轮自身的 $\delta^{13}C$ 值（Neilson et al.，2002）。沙地海岸松（*Pinus pinaster*）早材和晚材的纤维素明显不同，树木的年龄不能很好解释早材与晚材的碳同位素比值差异及年变化差异，气候因子（如年降水量、夏温和蒸气压亏缺等）的季节与年际变化才是决定因子（Porté et al.，2001）。对于欧洲云杉（*Picea abies*），树轮早材 $\delta^{13}C$ 值与冬季降水呈弱相关，而晚材 $\delta^{13}C$ 值与总辐射、相对湿度和温度有关（气候越干热，碳同位素越富集）；早材同位素信号由生化分馏（如淀粉形成）决定，而晚材同位素信号主要受气候条件影响（Jaggi et al.，2002）。因此，采用何种树轮材料进行稳定同位素分析，进而重建古气候，应取决于需要重建的古气候因子，不能一概而论。

2. 氢、氧同位素

叶片合成光合产物携带了环境中相对湿度的信息，它们经韧皮部运送至茎干，但在合成纤维素的过程中，部分氢、氧原子还会和携带植物源水信息的茎干水分发生交换（Yakir，1992），因此树木年轮的 $\delta^{18}O$ 值不仅与相对湿度有关，还代表植物水源的 $\delta^{18}O$ 值。相对湿度和水源这两种信息的相对比例是利用树轮稳定同位素重建古气候研究的争论热点，一些学者认为树轮纤维素记录了空气相对湿度的情况（ Edwards，1990；Lipp et al.，1993），但其他研究却发现树轮纤维素只保留了当年植物水分来源的稳定同位素比值，无法从中得知空气相对湿度的信息（Terwilliger et al.，1995）。另外，植物水源的同位素组成还与温度和海拔相关，因此很多学者确信树轮的氢、氧同位素组成能准确反映环境的温度变化（Gray et al.，1976；Feng et al.，1994）。

木本植物的水分来源于土壤，因此树木中的氢、氧同位素与降水的同位素组成有一定关系。然而，水分在被树木利用前还存在其他同位素分馏过程。首先，土壤的蒸发作用和叶片的蒸腾作用会产生同位素分馏；其次，降水的氢、氧同位素组成随季节变化。除某些盐生和旱生植物外，大多高等植物从根部吸收水分经木质部运输的整个过程不发生同位素分馏，但水分在叶片蒸发时会发生同位素富集效应。由于叶片蒸腾作用的富集效应与大气相对湿度紧密相关（ Farquhar et al.，1989；Ellsworth et al.，2007），而光合作用又结合了经叶片富集的水，并进一步发生分馏，使叶片纤维素的氢、氧同位素比值远高于叶片水，而大气相对湿度的信号也记录在叶片形成的纤维素或糖类中（ Sternberg，2009）。

在光合作用中，叶片水和 CO_2 合成有机物（如糖类）的过程为自养作用，其产生的同位素分馏称为自养分馏。这些糖类被运送到茎干并进一步合成纤维素等高分子化合物，成为树轮的一部分。利用已有的糖类合成新化合物的过程称为异养作用，异养作用产生的同位素分馏称为异养分馏，这里涉及的异养分馏实际上是由糖类和茎干水（植物源水）之间的同位素交换作用引起的分馏效应。但并非所有参与异养作用的糖类都发生同位素交换反应。

与氢同位素不同，纤维素合成过程中氧同位素分馏不存在自养和异养之分，氧同位素相对于纤维素合成时所交换的水中氧同位素富集约27‰（即ε_O=27‰）的规律（Sternberg et al.，1983）。树轮纤维素中与茎水发生交换的比例达到42%，与利用组织培养（Sternberg et al.，1986）、异养水生植物培养和种子萌发所获得的结果一致（Luo et al.，1992）。其机理在于纤维素分子的每5个氧原子中有2个与环境水分子发生同位素交换［2/5=0.4，与0.42接近（Roden et al.，2000；Sternberg，2009）］。

叶片中水的H和O在叶绿体中通过光合作用被合成到蔗糖中，这些蔗糖通过韧皮部组织被输送到植物茎和根，然后可能转化为永久的结构性纤维素（Sternberg et al.，2006）。由于氧原子与木质部水分发生不同程度的交换，使得叶片水分的信息被减弱，因此树轮中$\delta^{18}O$主要的环境信息很可能来自降水和夏季大气水分的$\delta^{18}O$，但这两种信息的强度变化有所不同（McCarroll et al.，2004）。

（二）树轮稳定同位素过去环境重建

大量研究表明，温度、降水、日照强度、大气中二氧化碳浓度等因素都会影响植物在固碳过程中碳同位素分馏（Francey，1981）。而所有这些外界条件的变化都会通过树木的生理活动记录在其每年生长的年轮当中，树木的年轮一旦形成，其中树轮纤维素中的稳定碳同位素就会比较稳定，因此我们可以通过树轮纤维素中稳定碳同位素的含量来研究树木生长时外界环境变化的状况（Freyer et al.，1983；Leavitt et al.，1983）。

树轮同位素研究工作是从20世纪60年代开始的，通过对同位素的生物分馏机理、分馏因子、分馏模式的研究，积累了大量资料。现在树轮同位素的研究主要集中在氢、氧和碳同位素上。研究证明树轮同位素丰度的变化与一些气候要素和环境条件如温度、降水、湿度、大气中CO_2的浓度及太阳黑子的活动等有密切关系（February et al.，1999）。树轮稳定同位素分析作为一种新颖的高分辨率分析方法，已在重建历史时期大气CO_2浓度、温度、降水变化、灾害以及环境污染等过程中发挥了重要作用，成为获取古气候变化信息的重要途径（马利民 等，2003a）。孙守家等（2017）用稳定碳同位素方法追溯研究了退化与未退化杨树年轮中$\delta^{13}C$值和内在水分利用效率（WUE_i）的差异，分析导致杨树退化和死亡的原因及其因素来源，对张北杨树林的保护建设起到了科学指导作用。

1. 树轮纤维素 $\delta^{13}C$ 对气候要素的重建方法

取得树木年轮样品后，树轮样品经过交叉定年，在没有碳污染的前提下，在显微镜下进行逐轮剥离，按定好年代对样品进行同一年的不同样品合并、编号，并对样品进行纤维素提取（部分研究用全木）(Leavitt et al.，1993)。样品质谱仪上完成$\delta^{13}C$值测试，一般要求实验系统误差小于0.2‰。图9-6为贺兰山过去200年树轮α-纤维素$\delta^{13}C$值序列（Ma et al.，2011）。此时得到的树轮纤维素中的$\delta^{13}C$的长期变化除了包含大气中二氧化碳同位素组成的长期变化信息外，还包括以下的信息：①植物遗传因素；②气候变化；③大气二氧化碳浓度及其碳同位素组成的短期或局部变化。

研究表明，从地球诞生以来，大气中的二氧化碳含量及其$\delta^{13}C$值一直在发生着变化。

特别是工业革命以来，由于化石燃料的使用大量排放二氧化碳，使大气中的二氧化碳浓度持续升高，这必然会影响树轮纤维素中的 $\delta^{13}C$ 值。而树木在生长的过程中由于生长需要，通过光合作用不断固定大气中的二氧化碳，而外界大气中二氧化碳含量及其 $\delta^{13}C$ 值的变化必然会影响树木年轮中二氧化碳含量及其 $\delta^{13}C$ 值的变化。这些变化和气候因素的影响无关，在研究过去气候变化时，必须剔除大气二氧化碳的影响（Friedli et al.，1986）。树轮同位素研究中常使用冰芯中的 $\delta^{13}C$ 测量值和大气中 $\delta^{13}C$ 直接测量值（Keeling et al.，1979），采用下列公式计算 $\delta^{13}C$ 的调整值（Leavitt et al.，1993）：

$$\Delta=(\delta^{13}C_a-\delta^{13}C_t)/(1+\delta^{13}C_t) \tag{9-33}$$

式中，$\delta^{13}C_a$ 为大气中 $\delta^{13}C$ 值；$\delta^{13}C_t$ 为树轮纤维素中的 $\delta^{13}C$ 值。

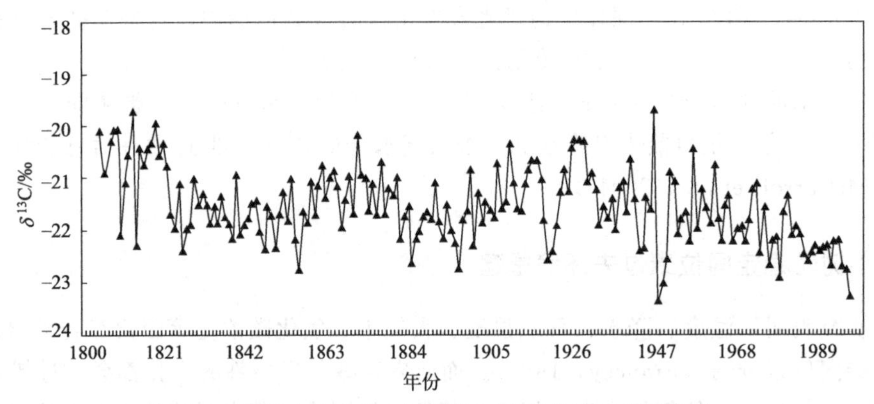

图 9-6 贺兰山过去 200 年树轮 α-纤维素 $\delta^{13}C$ 实测序列

所得树轮稳定同位素序列在剔除大气二氧化碳的 $\delta^{13}C$ 长期变化对树轮纤维素 $\delta^{13}C$ 的影响后，发现所得 DS 序列还存在与其生长年龄有关的趋势，即树轮 $\delta^{13}C$ 值的幼龄效应（Freyer et al.，1983）。为去除幼龄效应、突出高频气候变化对树轮纤维素 $\delta^{13}C$ 的影响，常采用一定步长的样条函数对 DS 序列进行第二次去趋势，得到了一个新的序列 DSS（马利民等，2003b）。

选取样点附近几个气象站的气象数据作为参考站点，通过对气象数据进行计算和统计检验后，最终选择合适的气象数据和树轮 $\delta^{13}C$ 序列进行相关分析。通过分析，建立树轮纤维素 $\delta^{13}C$ 和气候要素的相关分析。表 9-3 为贺兰山树轮纤维素 $\delta^{13}C$ 序列和高山站逐月总降水量的相关分析。分析结果表明原始测量值 $\delta^{13}C$ 序列和当年 1～7 月的总降水量显著负相关，即降水量越大，当年树轮 α-纤维素中的 $\delta^{13}C$ 值越低。相反，当年 1～7 月的总降水量越少，树轮 α-纤维素中的 $\delta^{13}C$ 值就越高。

表 9-3 贺兰山树轮纤维素 $\delta^{13}C$ 序列和逐月总降水量相关分析

降水量	DS	DSS
P_6	0.421 *	0.426 *
P_7	0.345 *	0.353 *
P_{17}	0.625 *	0.616 *
LG_{17}	0.651 *	0.644 *
PQ_{87}	−0.230	−0.226

注：DS 为剔除大气二氧化碳的 $\delta^{13}C$ 长期变化影响后的序列；DSS 为去掉幼龄效应趋势后的序列；P_1～P_{12} 为 1～12 月降水量；LG_{17} 为 1～7 月总降水量的对数值；PQ_{87} 是前一年 7 月至当年 8 月的总降水量；"*"表示显著相关（置信度超过 95%）（马利民 等，2003b）。

表 9-4 为贺兰山树轮纤维素 $\delta^{13}C$ 序列和高山站的逐月平均气温的相关分析。分析结果表明原始测量值 $\delta^{13}C$ 序列和当年 6～8 月的平均气温显著正相关，即平均气温越高，当年树轮 α-纤维素中的 $\delta^{13}C$ 值越高。相反，当年 6～8 月的平均气温越低，树轮 α-纤维素中的 $\delta^{13}C$ 值就越低。

表 9-4　贺兰山树轮纤维素 $\delta^{13}C$ 序列和逐月平均气温的相关分析

降水量	$F\delta^{13}C$	DS	DSS
T_3	0.365 *	−0.301	−0.312
T_4	−0.052	0.126	0.125
T_5	−0.060	0.063	0.066
T_6	0.252	−0.402 *	−0.395 *
T_7	0.122	−0.265	−0.266
T_8	0.439	−0.457 *	−0.464 *
T_9	−0.044	−0.155	−0.156
T_{68}	0.427 *	−0.586 *	−0.587 *
LGT_{68}	0.428 *	−0.586 *	−0.587 *

注：$F\delta^{13}C$ 为原始测量值序列；DS 为剔除大气二氧化碳的 $\delta^{13}C$ 长期变化的影响后的序列；DSS 为去掉幼龄效应趋势后的序列；T_3～T_{12} 为 1～12 月平均气温，T_n 为年均气温；LGT_{68} 为 6～8 月平均气温的对数值；“ * ” 表示显著相关（置信度超过 95%）（Ma et al.，2011）。

通过表 9-4 可以发现树轮纤维素中的 $\delta^{13}C$ 和 1～7 月的降水量关系密切，特别是和 1～7 月的降水相关系数可达 0.663，说明在干旱时，1～7 月正是树木的生长期，降水量的大小直接影响植物的新陈代谢强度，会引起植物固碳能力的不同，从而影响了植物纤维素中 $\delta^{13}C$ 的值。

在此基础上，用实测树轮纤维素 $\delta^{13}C$ 序列的去趋势序列 DSS 对过去 200 年降水量进行重建，得到线性转换方程为：

$$P_{17}=\exp(6.946DSS+0.766) \tag{9-34}$$

$$(r=0.644,R^2=0.415,R^2_{adj}=0.394,F=19.88,P<0.001)$$

式中　P_{17}——1～7 月总降水量；

DSS——树轮纤维素去趋势序列。

图 9-7 为由贺兰山树轮纤维素 $\delta^{13}C$ 序列重建的过去 200 年以来贺兰山地区 1～7 月降水量的变化。在贺兰山高海拔地区过去 200 年中也存在明显的干湿变化，其中相对湿润期为：1823～1830 年、1915～1924 年、1942～1953 年；相对干旱期为：1815～1822 年、1831～1844 年、1902～1914 年、1925～1941 年、1954～1970 年。在所有时段中，相对干旱期共 90 年，占 49%，相对湿润期共 73 年，占 40%，正常年份 21 年，占 11%，可见在贺兰山高海拔地区也是偏旱（Liu，et al.，2004）。

2. 其他气候与环境参数的重建

树轮稳定同位素作为一个过去环境因子的代用指标，目前已被广泛应用于重建过去气温、降水、自然灾害以及环境污染过程，已取得了越来越多的研究成果。

Schiegl（1974）最先探讨了树轮中 δD 与温度的关系，虽然他采用全树轮样品分析使结果受到干扰，但还是找出了两者之间的相关性。Gray 等（1976）分析了北美洲不同纬度树

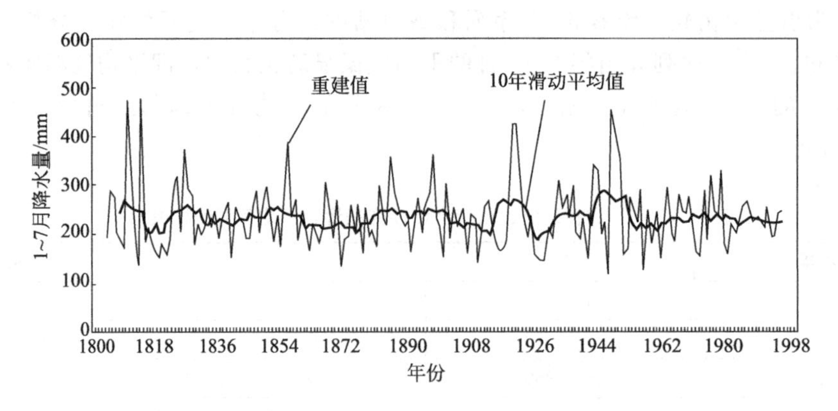

图 9-7 由贺兰山树轮纤维素 δ^{13}C 序列重建过去 200 年 1~7 月降水量

木的 δ^{18}O 与平均气温之间的相关性，结果比较显著（$P<0.05$）。Freyer 等（1983）研究了瑞士北部苏格兰松树轮氧同位素比值与秋季气温的关系，温度系数为 0.18‰/℃。Yapp 等（1982）分析了分布在北美洲 20 个地点的不同树种的年轮 δD 和年平均温度数据，发现 δD 值随温度的变化系数为 5.8‰/℃，非常接近国际原子能机构（IAEA）从北美洲 11 个站点得到的降水 δD 值随年平均温度的变化系数（5.6‰/℃）。Lipp 等（1991）利用德国黑森林冷杉树轮晚材 δ^{13}C 值与 8 月温度、湿度及降水量的相关关系，重建了德国 1004~1980 年的气候变化。Feng 等（1994）通过对不同地区树轮 δ^{13}C 的研究，认为 20 世纪的气候变化将比 19 世纪更加明显，近一二百年中树轮的氢同位素（δD）也体现了这一变化趋势，随温度上升而升高；而全球变暖的趋势在 19 世纪中末期就已经开始，且寒冷地区较温暖地区变化更快。

生长环境之中的树轮碳、氧稳定同位素隐藏着影响其分馏的气候要素密码，可以记录与降水和相对湿度有关的信息。不同的区域背景下其控制因子不同，体现出对不同气候要素响应的强度差异。沈吉等（2000）分析了采自南京雪松（*Cedrus deodara*）树轮纤维素的碳稳定同位素，结合气象记录，对气候因子进行了重建，结果表明重建值与观测值高度吻合，南京地区树轮纤维素碳稳定同位素与 5~7 月平均降水量及 5~9 月平均气温显著相关，分别对应于干热和湿冷环境。Leavitt 等（1983）研究发现美国亚利桑那州西方柏树年轮 δ^{13}C 值与 12 月温度和降水量呈负相关。Robertson 等（2004）通过分析树轮不同组分的 δ^{13}C 值发现，晚材中木质素和纤维素的 δ^{13}C 值的高频变化都与 7 月和 8 月的降水、温度及湿度等综合因子的高频变化有关。中低纬度地区是全球降水季节性变率最大的区域，降雨量是降水 δ^{18}O 的控制性因子，而湿度变化则通过叶片水蒸腾富集过程影响树轮 δ^{18}O，因而亚洲中低纬度的树轮 δ^{18}O 主要响应水分，尤其是生长季的水分状况（Zeng et al.，2016）。钱君龙等（2001）根据浙江天目山柳杉树轮，重建了天目山地区近 160 年的气候变化，认为树轮的 δ^{13}C 变化与厄尔尼诺事件存在基本一致的周期，树轮 δ^{13}C 的高频振荡与气温和降水等显著相关，变化值较精确地记录了东亚季风的变化情况，较好地反映了冬季风的强弱变化。

Leavitt 等（1983）利用美国加利福尼亚州白山狐尾松样本，建立了超过 1000 年的 δ^{13}C 值序列，发现 δ^{13}C 值与当地 7 月干旱指数呈显著正相关。Duquesnay 等（1998）利用法国东北部欧洲水青冈年轮 δ^{13}C 研究了过去 100 年其水分利用效率的变化，结果是树轮 δ^{13}C 值降低，水分利用率提高。Ramesh 等（1986）研究发现克什米尔地区南部针叶林区蓝松年轮

$\delta^{13}C$ 值与湿度和云量之间呈负相关。Leavitt 等（2007）研究发现，树轮 $\delta^{13}C$ 值序列变化包含了河流流量变化的信息，并且发现树轮 $\delta^{13}C$ 值序列与重建的科罗拉多河上游的水流量显著相关。Sidorova 等（2010）发现俄罗斯北部树轮 $\delta^{18}O$ 与数千公里外格陵兰冰芯 $\delta^{18}O$ 变化具有很强的一致性并将这种一致性归结为大气环流对降水的控制作用。

相对湿度是控制大气圈能量平衡的一个基本变量，它的重建对于古气候研究具有十分重要的意义。早期研究发现纤维素的 δD 和 $\delta^{18}O$ 都与相对湿度相关。Pendall（2000）对美国西南部半干旱地区 3 个地点的北美矮松的年轮和针叶的研究表明，所有地点树轮硝化纤维素的 δD 值都和相对湿度呈显著的负相关，进一步证明了前人提出的树轮纤维素 δD 和 $\delta^{18}O$ 能够用来重建温度和相对湿度的观点。但是，也有些研究者认为树轮纤维素的同位素组成没有记录湿度信息，因为光合作用过程的异养同位素分馏模糊了叶片水蒸腾作用过程中的重同位素富集信号。吕军等（2002）对采自天目山的柳杉树轮进行交叉定年后，得到树轮的 $\delta^{13}C$ 和 δD 年序列，利用杭州气象站的相对湿度资料，分析其对树轮 $\delta^{13}C$ 和 δD 的影响。结果表明，树轮稳定同位素值与空气相对湿度之间存在显著的负相关关系（$P<0.05$），其中 δD 与空气相对湿度的相关性更好。Schollaen 等（2014）利用对降水敏感的年分辨率柚木 $\delta^{18}O$ 变化区分出了拉尼娜和西太平洋型厄尔尼诺事件，并证实其用于重建不同位相和类型 ENSO（厄尔尼诺和南方涛动的合称）活动的潜力。

3. 重建大气 CO_2 浓度

自工业革命以来，大气 CO_2 浓度（C_a）迅速增加，而相应的 $\delta^{13}C$ 值不断降低。主要原因是化石燃料的大量燃烧排放出 ^{13}C 贫化的 CO_2。C_a 的增加必然对树木的生长产生影响，而树轮的 $\delta^{13}C$ 值也记录了 C_a 的增加趋势。Friedli 等（1986）提出大气 CO_2 的浓度与其 $\delta^{13}C$ 值呈反相关关系。全球的树轮 $\delta^{13}C$ 值的记录几乎都呈现出自工业革命以来明显下降的趋势，例如 Pearman 等（1976）报道塔斯马尼亚松树（*Arthrotaxis selaginoides*）木质部纤维素及 $\delta^{13}C$ 值由 1880 年的－24.3‰下降到 1950 年的－25.2‰。Farmer（1979）发现英国橡树（*Quercus robur*）年轮 $\delta^{13}C$ 值由 1890 年的－20.5‰下降到 1970 年的－22.0‰。

Stuiver（1978）用树轮纤维素 $\delta^{13}C$ 值计算出了工业革命以前大气中 CO_2 浓度为 240～310mg/L，平均为 276mg/L，并估算出从 1600 年至 1975 年间人类以各种方式向大气中排放的碳的总量约为（150±100）$\times 10^9$t。李正华等（1994）发现工业革命以来中国地区大气 CO_2 的 $\delta^{13}C$ 值下降了约 2.1‰，反映出了 C_a 逐渐升高的趋势。Feng（1998）也利用天然森林年轮 $\delta^{13}C$ 值的变化推测出在 1800—1985 年期间，C_a 由 280μmol/mol 上升到了 340μmol/mol。Leavitt 等（1994）发现南美洲树轮的 $\delta^{13}C$ 值有着与北半球大气 CO_2 $\delta^{13}C$ 值一致的下降趋势。陈拓等（2001）利用树轮碳同位素组成分析了新疆昭苏近 280 年以来云杉（*Picea obovata*）胞间与大气 CO_2 浓度比（C_i/C_a）及云杉内部 CO_2 浓度和水分利用效率的变化。在整个分析时段内，云杉内部 CO_2 浓度和水分利用效率都有较明显的升高趋势，而 C_i/C_a 相对恒定在 0.52 左右。郑淑霞等（2005）研究了黄土高原地区 4 种植物叶片的 $\delta^{13}C$，发现近 70 年中它们分别下降了 14.65‰、14.46‰、11.99‰和 2.44‰，远远大于 Farmer（1979）观测的植物体 $\delta^{13}C$ 的下降幅度，较好地反映出了近 1 个世纪以来大气 CO_2 浓度的升高趋势。

（三）重建过去气候事件

树轮生长环境中所发生的极端事件，如极冷、干旱、台风、虫灾、森林火灾、火山爆发、大地构造运动（如滑坡、地震）等都在年轮 $\delta^{13}C$ 中得到记录（Hemming et al.，2002）。近年来，在重建厄尔尼诺、南方涛动、季风、冰川进退、森林火灾史和太阳活动等研究中也采用了树轮同位素组成（Liu et al.，2004）。

Epstein 等（1976）统计了北美洲与欧洲广阔地理区域内众多现代树木纤维素 δD 与环境要素的关系，认为在干旱半干旱地区，植物稳定同位素的短期波动是由降水量变化引起的，植物纤维素 δD 与环境水 δD 呈线性相关，并且提供了降水同位素组成的可靠信息。Ward 等（2002）调查了河岸常见树种梣叶槭（*Acer negundo*）的雌、雄株树轮纤维素碳稳定同位素和植株基因型等指标，研究其对不同水分梯度的生理反应，发现在干旱年雌、雄株有相似的生长状况和生理反应，在湿润年雌株表现出高的生长率和低的碳同位素比率，而复叶槭雄株气孔活动对干、湿年反应基本一致。Raffalli-Delerce 等（2004）认为法国橡树树轮纤维素 $\delta^{18}O$ 比树轮宽度和 $\delta^{13}C$ 能更精确地重建夏季气象参数，长期（1879～1998 年）以来，该区夏季温度和年均降水量呈增加趋势，夏季干旱事件每隔 7 年发生 1 次，但干旱发生频率与气象资料记载的夏季温度变化不一致，气象资料表明 20 世纪 30 年代、60 年代和 70 年代气候较为湿润，而 20 世纪初期、40 年代和 90 年代气候较为干旱。

我国秦岭西部冷杉和铁杉（*Tsuga chinensis*）年轮中纤维素 $\delta^{13}C$ 的历史变化指示了夏季风的强弱程度，夏季风越强，降水量越大，$\delta^{13}C$ 值就越低；1920 年陕西省发生特大干旱，$\delta^{13}C$ 升高；1930～1950 年，$\delta^{13}C$ 较低，说明该期间盛行东南季风，气候相对温暖潮湿（Liu et al.，2004）。Aucour 等（2002）发现树轮 δD 值和前一年的夏季季风强度指数（MI）有显著的负相关关系，表明一个强大的夏季风（季风强度指数值小）与更高的 δD 有关。Feng 等（1999）比较了两棵现代云杉树年轮和一个 10000 年的木料中年轮的氢同位素组成，发现后者比现代云杉树年轮平均 δD 值低 45‰，并将其归因于全新世早期强的夏季风。Liu 等（2019）发现年总降水量和树轮 $\delta^{18}O$ 值显著正相关，他们将此归因于研究区夏季风降水比冬季降水更富集 $\delta^{18}O$，且年降水量主要由夏季风贡献。

二、沉积物中生物有机分子稳定同位素与环境的关系

沉积物中生物有机分子也称为生物标志化合物。由于生物标志化合物具有相对来源单一等有利因素，人们已开始从海洋和湖泊水体沉积物中寻找反映古气候环境变迁的分子有机地球化学指标。有机分子碳的同位素研究可以为重建古环境提供许多非常重要的线索，而这种方法在某种程度上可能是更正确、更细致的。研究中通常利用气相色谱（GC）以及气相色谱-质谱联用仪（GC-MS）从水体沉积物中分析获取生物合成的有机分子（Schouten et al.，2000；薛博 等，2007）。

（一）正构烷烃碳同位素的古环境意义

Eglinton 等（1967）提出具奇偶优势（OEP）值的长链正构烷烃（*n*-alkanes）是典型源于陆生高等植物的有机分子。Madureira 等（1997）研究发现碳链数目为 C_{27}～C_{33} 表现出奇碳优势的正构烷烃来源于陆生植物的叶片蜡质层。Didyk 等（1978）研究认为，链状烷烃中姥鲛烷与植烷的相对含量比值（P_r/P_h）可以作为沉积氧化还原环境的指标。Giger 等（1980）的研究发现，C_{17}（heptadecane，十七烷）是浮游植物中含量最为丰富的正构烷烃。

Cranwell 等（1987）的研究表明，正构烷烃的后主峰碳 C_{29} 与 C_{31} 之间的相对含量特征，可反映落叶植物与草本植物对沉积物中有机质的相对贡献，C_{29} 趋向于来自落叶植物，而 C_{31} 则倾向于源自草本植物。Brassell（2020）认为由于源自陆生高等植物的长链正构烷烃通过河流或风转运至海洋沉积物中，所以它们在沉积物中随时间变化的含量就可以反映出相应的陆生高等植物的丰度变化以及风向或风强度的变化。Schouten 等（2000）在研究阿拉伯海海底沉积物时发现，陆源性正构烷烃 C_{29} 和 C_{31} 的 $\delta^{13}C$ 为 $-28.1‰\pm0.3‰$，对比前人实验数据后认为，陆生 C_3 植物不是这两种正构烷烃唯一的来源，C_4 和 CAM 植物亦有贡献。Collister 等（1994）认为，来源于同种植物的正构烷烃 $\delta^{13}C$ 的变化最大不超过 6‰，这个差异主要是由植物生长周期内独特的水分养分差异造成的。

Ishiwatari 等（1999）在总结前人研究的基础上认为，沉积物中源于高等植物正构烷烃的碳同位素组成受 4 种因素控制：①作为高等植物光合系统底物的大气 CO_2 中的 $\delta^{13}C$；②细胞内外 CO_2 浓度比率，这个比率与气孔导度以及光合速率有关；③植物叶片中脂类（正构烷烃）生物合成中的同位素分馏；④高等植物的类型（C_3 植物，C_4 植物）。Ostrom 等（1996）在研究湖体沉积物时发现，不同地点采集的沉积物的正构烷烃 $\delta^{13}C$ 存在变化是由不同取样点生态系统的生物合成不同以及沉积作用不同造成的。正构烷烃分布特征为沉积物中有机质来源、古植被历史恢复、沉积环境、源区的气候条件分布信息提供了良好依据。随着气相色谱-燃烧-同位素比值质谱联用仪新技术的成功应用，应用长链正构烷烃碳同位素可以对地质历史时期 C_3/C_4 植物相对丰度变化进行恢复，这一方法已被广泛运用于黄土/古土壤序列、湖泊、泥炭和海洋沉积物的古气候、古环境重建中（Hou et al.，2018）。

（二）烷醇碳同位素的古环境意义

水体沉积物中的烷醇，可能来源于陆生 C_3 植物表皮的蜡质，该蜡质具有类似正构烷烃一样的强烈奇偶优势（Eglinton et al.，1967）。叶蜡能够减少植物水分损失、维持植物体内平衡、抵抗太阳辐射以及病原体和昆虫攻击。Huang 等（1995）研究了中新世湖相沉积及沉积化石中分离出的脂肪烃类和醇类的分布、丰度和同位素组成以及 $C_{26}\sim C_{32}$ 的正构烷醇（*n*-alkanols）的 $\delta^{13}C$（$-35.8‰\sim-26.6‰$），表明这些混合物有可能来源于 C_3 植物。正构烷醇的 $\delta^{13}C$ 平均比正构烷烃多富集约 2‰的 ^{13}C，说明正构烷醇中有一部分其他生物来源（如水生生物）。Versteegh 等（1997）研究认为，沉积物中常见来源于生物合成标志物的烷醇及碳链数为 30～32 的双醇（$C_{30}\sim C_{32}$），并认为通常具有奇偶优势的双醇呈现出典型的海源性分布。Volkman 等（1997）已能够确定某些双醇的生物来源物种，通过分析这些双醇分子的 $\delta^{13}C$ 以及其他化学特性就有可能推断过去水体中的物种变化以及外源有机物的输入情况。

（三）脂肪酸碳同位素的古环境意义

脂肪酸是水体沉积物中有机质脂类的重要组分，通过检测不同脂肪酸中的 $\delta^{13}C$，有可能将这些脂肪酸的来源区分清楚。脂肪酸具有分析简单、保存时间长、且在地质体中广泛存在的特点，其稳定同位素常被用于环境变化研究。细菌和藻类脂肪酸在小于 C_{18} 碳数范围内的奇偶优势明显，而高等植物在 $C_{20}\sim C_{34}$ 范围内奇偶优势明显，所以高 CPIA 值（脂肪酸偶碳优势指数）往往指示细菌和藻类有机质的优势输入。长链脂肪酸（$\geqslant C_{22}$）来源于陆生高等植物，而碳数较少（$C_{14} \sim C_{22}$）的脂肪酸主要源于藻类植物。水体沉积物中有机质的碳同位素组成与其生物源和成岩作用有关。不同环境下生长的生物具有不同的碳同位素组成（Eglinton et al.，1967）。Taroncher-Oldenburg 等（2000）发现，长链正构烷烃的 $\delta^{13}C$ 分布范围与长链正构烷醇的分布类似，并且都被看作源自陆生 C_3 植物。Schouten 等（2001）在研究中认为，大多数的短链（$C_{16} \sim C_{20}$）不饱和脂肪酸可能来源于细菌，它们的 $\delta^{13}C$ 为 $-22‰ \sim -16‰$。

段毅等（1995）在研究我国南沙群岛现代海洋沉积物时发现，样品中 $C_{16:0}$ 与 $C_{26:0}$ 饱和脂肪酸的 $\delta^{13}C$ 平均值近似，分别为 $-28.2‰$ 和 $-27.9‰$，并认为它们可能主要源于低纬度海洋浮游生物。Hu 等（2002）在南沙群岛的海底沉积物中也发现了类似的分布。Naraoka 等（2000）在研究太平洋西北部海底沉积物时发现，沉积物中含量丰富的短链正构脂肪酸（C_{16} 和 C_{18}）的 $\delta^{13}C$ 分布范围为 $-26‰ \sim -22‰$，且比相同样本中总有机碳的 $\delta^{13}C$ 轻 $1.2‰ \sim 5.3‰$，而长链正构脂肪酸（$C_{20} \sim C_{26}$）的 $\delta^{13}C$ 为 $-27‰ \sim -25‰$。土壤、湖泊和海洋沉积物中来源于陆生高等植物的正构烷烃和脂肪酸中稳定同位素的组成可用于降水的重建（Hou et al.，2018）。

（四）其他有机分子碳同位素的古环境意义

多分支类异戊二烯（HBI）是水体沉积物中常见的生物合成物质，在沉积物中这类物质主要是由水体中的藻类合成并进入沉积物中。Volkman 等（1994）发现碳原子数目为 C_{25} 以及 C_{30} 分别含有 3～5 个和 5～6 个双键的 HBI，源于两种海藻 *Haslea ostrearia* 和 *Rhizosolenia setigera*。Eglinton 等（1997）在研究阿拉伯海沉积物时发现，其中 C_{25}、C_{30} HBI 的 $\delta^{13}C$ 值大多为 $-23.3‰ \sim -19.9‰$，但是同时观察到一种 HBI 分子的 $\delta^{13}C$ 为 $-37.1‰$。Schouten 等（2001）在研究中发现多数 HBI 分子的 $\delta^{13}C$ 为 $-24‰ \sim -22‰$，但有两种 C_{30} HBI 分子的 $\delta^{13}C$ 出现异常，为 $-37‰$。这种现象可能是由于当时的海藻生活在一个极度氮素限制的环境中并且有着相对高的面积-体积比和相对低的生长速率。

Schouten 等（1997）在研究海底沉积物样品时，发现二降藿烷的 $\delta^{13}C$ 变化范围为 $-28.8‰ \sim -24.5‰$。Schoell 等（1992）的研究表明，二降藿烷是由生活在沉积物孔隙水中的细菌合成的有机物，这些细菌是利用沉积物孔隙水中的 CO_2 为碳源。Spooner 等（1994）在研究一个富营养化湖泊湖底沉积物单体烃的碳同位素组成和湖水中浮游植物的碳同位素组成时，发现沉积物中蕾烷的 $\delta^{13}C$ 值远小于浮游植物的 $\delta^{13}C$ 值，认为藿烷至少部分来源于甲烷营养菌。

甾烯也是水体沉积物中常见的有机分子，Volkman（1986）的研究认为沉积物中常见碳数为 $C_{27} \sim C_{30}$ 的甾烯在水体中可由多种藻类合成。Schouten 等（2000）发现 C_{27} 甾烯还可以由 C_{27} 甾醇经成岩作用产生，Grice 等（1998）认为在这个过程中 C_{27} 甾烯和 C_{27} 甾醇之间的 $\delta^{13}C$ 没有显著的变化，因此可以认为 C_{27} 甾醇的 $\delta^{13}C$ 可以由 C_{27} 甾烯的 $\delta^{13}C$ 来反映。海洋沉积物中还常见一些长链多烯烃，碳原子数目多见为 C_{37}、C_{38} 和 C_{39}。这类化合物被认为是由 *Gephyrocapsa oceanica* 和 *Emiliania huxleyi* 两种藻类合成的，通过测定这些化合物的 $\delta^{13}C$ 值以及其他数据可以推测当时这些藻类的生长速率等生态指标（Brassell，1993）。

参考文献

蔡德陵,洪旭光,毛兴华,等, 2001. 崂山湾潮间带食物网结构的碳稳定同位素初步研究 [J]. 海洋学报 (中文版), 23 (4): 41-47.

蔡德陵,李红燕,唐启升,等, 2005. 黄东海生态系统食物网连续营养谱的建立:来自碳氮稳定同位素方法的结果 [J]. 中国科学C辑:生命科学, 35 (2): 123-130.

蔡德陵,孟凡,韩贻兵,等, 1999. $^{13}C/^{12}C$ 比值作为海洋生态系统食物网示踪剂的研究——崂山湾水体生物食物网的营养关系 [J]. 海洋与湖沼, 30 (6): 671-678.

陈拓,秦大河,李江风,等, 2001. 从树轮纤维素 $\delta^{13}C$ 序列看树木生长对大气 CO_2 浓度变化的响应 [J]. 冰川冻土, 23 (1): 41-45.

段毅,文启彬,罗斌杰, 1995. 南沙海洋和甘南沼泽现代沉积物中单个脂肪酸碳同位素组成及其成因 [J]. 地球化学, 24 (3): 270-275.

李正华,刘荣谟,安芷生,等, 1994. 工业革命以来大气 CO_2 浓度不断增加的树轮稳定碳同位素证据 [J]. 科学通报, 39 (23): 2172-2174.

林光辉, 2013. 稳定同位素生态学 [M]. 北京:高等教育出版社.

李忠义,左涛,戴芳群,等, 2010. 运用稳定同位素技术研究长江口及南黄海水域春季拖网渔获物的营养级 [J]. 中国水产科学, 17 (1): 103-109.

刘禹,马利民, 1999. 树轮宽度对近376年呼和浩特季节降水的重建 [J]. 科学通报, 44 (18): 1986-1992.

吕军,屠其璞,钱君龙,等, 2002. 利用树木年轮稳定同位素重建天目山地区相对湿度序列 [J]. 气象科学, 22 (1): 47-51.

马利民,刘禹,赵建夫,等, 2003a. 树木年轮中不同组分稳定碳同位素含量对气候的响应 [J]. 生态学报, 23 (12): 2607-2613.

马利民,刘禹,赵建夫. 2003b. 贺兰山油松年轮中稳定碳同位素含量和环境的关系 [J]. 环境科学, 24 (5): 49-53.

莫宝霖,秦传新,陈丕茂,等, 2017. 基于碳、氮稳定同位素技术的大亚湾紫海胆食性分析 [C] //第一届微藻与水族高峰论坛.

钱君龙,吕军,屠其璞,等, 2001. 用树轮 α-纤维素 $\delta^{13}C$ 重建天目山地区近160年气候 [J]. 中国科学 (D辑:地球科学), 31 (4): 333-341.

沈吉,陈毅风, 2000. 南京地区近二十年来雪松树轮的稳定碳同位素与气候重建 [J]. 植物资源与环境学报, 9 (3): 34-37.

孙守家,李春友,何春霞,等, 2017. 基于树轮稳定碳同位素的张北杨树防护林退化原因解析 [J]. 应用生态学报, 28 (7): 2119-2127.

王荦,杜双成,杨婷越,等, 2017. 应用稳定同位素技术评价大连近岸海域食物网营养结构 [J]. 生态学杂志, 36 (5): 1452-1457.

薛博,严重玲,傅强, 2007. 水体沉积物中有机碳和有机分子碳稳定同位素研究进展 [J]. 海洋科学, 31 (6): 87-91.

易现峰,张晓爱,李来兴,等, 2004. 高寒草甸生态系统食物链结构分析——来自稳定性碳同位素的证据 [J]. 动物学研究, 25 (1): 1-6.

郑淑霞,上官周平. 2005. 近70年来黄土高原典型植物 $\delta^{13}C$ 值变化研究 [J]. 植物生态学报, 29 (2): 289-295.

ABBADIE L, MARIOTTI A, MENAUT J C, 1992. Independence of savanna grasses from soil organic matter for their nitrogen supply [J]. Ecology, 73 (2): 608-613.

AUCOUR A M, TAO F X, SHEPPARD S M F, et al., 2002. Climatic and monsoon isotopic signals (δD, $\delta^{13}C$) of northeastern China tree rings [J]. Journal of Geophysical Research: Atmospheres, 107 (D9): ACL1-1-ACL1-8.

BALASSE M, TRESSET A, AMBROSE S H, 2006. Stable isotope evidence ($\delta^{13}C$, $\delta^{18}O$) for winter feeding on seaweed by Neolithic sheep of Scotland [J]. Journal of Zoology, 270 (1): 170-176.

BALESDENT J, MARIOTTI A, 1996. Measurement of soil organic matter turnover using ^{13}C natural abundance [M].

BALESDENT J, MARIOTTI A, GUILLET B, 1987. Natural ^{13}C abundance as a tracer for studies of soil organic matter dynamics [J]. Soil Biology and Biochemistry, 19 (1): 25-30.

BARBOUR M M, WALCROFT A S, FARQUHAR G D, 2002. Seasonal variation in $\delta^{13}C$ and $\delta^{18}O$ of cellulose from

growth rings of Pinus radiata [J]. Plant, Cell & Environment, 25 (11): 1483-1499.
BATTLE M, BENDER M L, TANS P P, et al., 2000. Global carbon sinks and their variability inferred from atmospheric O_2 and $\delta^{13}C$ [J]. Science, 287 (5462): 2467-2470.
BEN-DAVID M, FLYNN R W, SCHELL D M, 1997. Annual and seasonal changes in diets of martens: evidence from stable isotope analysis [J]. Oecologia, 111 (2): 280-291.
BLÜTHGEN N, GEBAUER G, FIEDLER K, 2003. Disentangling a rainforest food web using stable isotopes: dietary diversity in a species-rich ant community [J]. Oecologia, 137 (3): 426-435.
BOCHERENS H, DRUCKER D, 2003. Trophic level isotopic enrichment of carbon and nitrogen in bone collagen: case studies from recent and ancient terrestrial ecosystems [J]. International Journal of Osteoarchaeology, 13 (1/2): 46-53.
BOL R, RÖCKMANN T, BLACKWELL M, et al., 2004. Influence of flooding on $\delta^{15}N$, $\delta^{18}O$, $1\delta^{15}N$ and $2\delta^{15}N$ signatures of N_2O released from estuarine soils—a laboratory experiment using tidal flooding chambers [J]. Rapid Communications in Mass Spectrometry, 18 (14): 1561-1568.
BOLGER T P, PATE J S, UNKOVICH M J, et al., 1995. Estimates of seasonal nitrogen fixation of annual subterranean clover-based pastures using the ^{15}N natural abundance technique [J]. Plant and Soil, 175 (1): 57-66.
BOUTTON T W, ARSHAD M A, TIESZEN L L, 1983. Stable isotope analysis of termite food habits in East African grasslands [J]. Oecologia, 59 (1): 1-6.
BOWLING D R, TANS P P, MONSON R K, 2001. Partitioning net ecosystem carbon exchange with isotopic fluxes of CO_2 [J]. Global Change Biology, 7 (2): 127-145.
BOWLING D R, SARGENT S D, TANNER B D, et al., 2003. Tunable diode laser absorption spectroscopy for stable isotope studies of ecosystem-atmosphere CO_2 exchange [J]. Agricultural and Forest Meteorology, 118 (1/2): 1-19.
BRASSELL S C, 1993. Applications of biomarkers for delineating marine paleoclimatic fluctuations during the Pleistocene [M]. Boston, MA: Springer US: 699-738.
BUCHMANN N, 2002. Plant ecophysiology and forest response to global change [J]. Tree Physiology, 22 (15/16): 1177-1184.
BUCHMANN N, EHLERINGER J R, 1998. CO_2 concentration profiles, and carbon and oxygen isotopes in C_3 and C_4 crop canopies [J]. Agricultural and Forest Meteorology, 89 (1): 45-58.
BUKATA A R, KYSER T K, 2005. Response of the nitrogen isotopic composition of tree-rings following tree-clearing and land-use change [J]. Environmental Science & Technology, 39 (20): 7777-7783.
CARLIER A, RIERA P, AMOUROUX J M, et al., 2007. Benthic trophic network in the Bay of Banyuls-sur-Mer (northwest Mediterranean, France): an assessment based on stable carbon and nitrogen isotopes analysis [J]. Estuarine, Coastal and Shelf Science, 72 (1/2): 1-15.
CARLSON P R, FORREST J, 1982. Uptake of dissolved sulfide by spartina alterniflora: evidence from natural sulfur isotope abundance ratios [J]. Science, 216 (4546): 633-635.
CAUT S, ANGULO E, COURCHAMP F, 2009. Variation in discrimination factors ($\Delta^{15}N$ and $\Delta^{13}C$): the effect of diet isotopic values and applications for diet reconstruction [J]. Journal of Applied Ecology, 46 (2): 443-453.
CEBRIAN, 1999. Patterns in the fate of production in plant communities [J]. The American Naturalist, 154 (4): 449.
CERLING T E, HARRIS J M, LEAKEY M G, 1999. Browsing and grazing in elephants: the isotope record of modern and fossil proboscideans [J]. Oecologia, 120 (3): 364-374.
CHONG V C, LOW C B, ICHIKAWA T, 2001. Contribution of mangrove detritus to juvenile prawn nutrition: a dual stable isotope study in a Malaysian mangrove forest [J]. Marine Biology, 138 (1): 77-86.
CIAIS P, FRIEDLINGSTEIN P, SCHIMEL D S, et al., 1999. A global calculation of the $\delta^{13}C$ of soil respired carbon: Implications for the biospheric uptake of anthropogenic CO_2 [J]. Global Biogeochemical Cycles, 1999, 13 (2): 519-530.
CIAIS P, REICHSTEIN M, VIOVY N, et al., 2005. Europe-wide reduction in primary productivity caused by the heat and drought in 2003 [J]. Nature, 437 (7058): 529-533.
COLLISTER J W, RIELEY G, STERN B, et al., 1994. Compound-specific $\delta^{13}C$ analyses of leaf lipids from plants with differing carbon dioxide metabolisms [J]. Organic Geochemistry, 21 (6/7): 619-627.

CORMIE A B, SCHWARCZ H P, 1996. Effects of climate on deer bone $\delta^{15}N$ and $\delta^{13}C$: Lack of precipitation effects on $\delta^{15}N$ for animals consuming low amounts of C_4 plants [J]. Geochimica et Cosmochimica Acta, 60 (21): 4161-4166.

CORMIE A B, SCHWARCZ H P, GRAY J, 1994. Determination of the hydrogen isotopic composition of bone collagen and correction for hydrogen exchange [J]. Geochimica et Cosmochimica Acta, 58 (1): 365-375.

CRANWELL P A, EGLINTON G, ROBINSON N, 1987. Lipids of aquatic organisms as potential contributors to lacustrine sediments—Ⅱ [J]. Organic Geochemistry, 11 (6): 513-527.

DAMESIN C, LELARGE C, 2003. Carbon isotope composition of current-year shoots from *Fagus sylvatica* in relation to growth, respiration and use of reserves [J]. Plant, Cell & Environment, 26 (2): 207-219.

DAWSON T E, MAMBELLI S, PLAMBOECK A H, et al., 2002. Stable isotopes in plant ecology [J]. Annual Review of Ecology and Systematics, 33 (1): 507-559.

DIDYK B M, SIMONEIT B R T, BRASSELL S C, et al., 1978. Organic geochemical indicators of palaeoenvironmental conditions of sedimentation [J]. Nature, 272 (5650): 216-222.

DOI H, KIKUCHI E, HINO S, et al., 2003. Isotopic ($\delta^{13}C$) evidence for the autochthonous origin of sediment organic matter in the small and acidic Lake Katanuma, Japan [J]. Marine and Freshwater Research, 54 (3): 253.

DUQUESNAY A, BREDA N, STIEVENARD M, et al., 1998. Changes of tree-ring $\delta^{13}C$ and water-use efficiency of beech (*Fagus sylvatica* L.) in north-eastern France during the past century [J]. Plant, Cell and Environment, 21 (6): 565-572.

EDWARDS T W D, 1990. New contributions to isotope dendroclimatology from studies of plants [J]. Geochimica et Cosmochimica Acta, 54 (6): 1843-1844.

EGLINTON G, HAMILTON R J, 1967. Leaf epicuticular waxes [J]. Science, 156 (3780): 1322-1335.

EGLINTON T I, 1997. Variability in radiocarbon ages of individual organic compounds from marine sediments [J]. Science, 277 (5327): 796-799.

EHLERINGER J R, 1993. Variation in leaf carbon isotope discrimination in *Encelia farinosa*: implications for growth, competition, and drought survival [J]. Oecologia, 95 (3): 340-346.

ELLSWORTH P Z, WILLIAMS D G, 2007. Hydrogen isotope fractionation during water uptake by woody xerophytes [J]. Plant and Soil, 291 (1/2): 93-107.

EPSTEIN S, YAPP C J, 1967. Climatic implications of the D/H ratio of hydrogen in C—H groups in tree cellulose [J]. Earth and Planetary Science Letters, 30 (2): 252-261.

EVANS R, 2008. Soil nitrogen isotope composition. [M]. Oxford: Blackwell Publishing Ltd.

FALKENGREN-GRERUP U, MICHELSEN A, OLSSON M O, et al., 2004. Plant nitrate use in deciduous woodland: the relationship between leaf N, ^{15}N natural abundance of forbs and soil N mineralisation [J]. Soil Biology and Biochemistry, 36 (11): 1885-1891.

FANG H J, YU G R, CHENG S L, et al., 2011. Nitrogen-15 signals of leaf-litter-soil continuum as a possible indicator of ecosystem nitrogen saturation by forest succession and N loads [J]. Biogeochemistry, 102 (1/2/3): 251-263.

FARMER J G, 1979. Problems in interpreting tree-ring $\delta^{13}C$ records [J]. Nature, 279 (5710): 229-231.

FARQUHAR G D, EHLERINGER J R, HUBICK K T, 1989. Carbon isotope discrimination and photosynthesis [J]. Annual Review of Plant Physiology and Plant Molecular Biology, 40 (1): 503-537.

FARQUHAR G D, O'LEARY M H, BERRY J A, 1982. On the relationship between carbon isotope discrimination and the intercellular carbon dioxide concentration in leaves [J]. Functional Plant Biology, 9 (2): 121.

FEBRUARY E C, STOCK W D, 1999. Declining trend in the $^{13}C/^{12}C$ ratio of atmospheric carbon dioxide from tree rings of South African widdringtonia cedarbergensis [J]. Quaternary Research, 52 (2): 229-236.

FENG X H, 1998. Long-term C_i/C_a response of trees in western North America to atmospheric CO_2 concentration derived from carbon isotope chronologies [J]. Oecologia, 117 (1/2): 19-25.

FENG X, EPSTEIN S, 1994. Climatic implications of an 8000-year hydrogen isotope time series from bristlecone pine trees [J]. Science, 265 (5175): 1079-1081.

FLANAGAN L B, EHLERINGER J R, 1998. Ecosystem-atmosphere CO_2 exchange: interpreting signals of change using stable isotope ratios [J]. Trends in Ecology & Evolution, 13 (1): 10-14.

FORERO M G, HOBSON K A, 2003. Using stable isotopes of nitrogen and carbon to study seabird ecology: applications in the Mediterranean seabird community [J] . Scientia Marina, 67 (S2): 23-32.

FRANCE R L, PETERS R H, 1997. Ecosystem differences in the trophic enrichment of ^{13}C in aquatic food webs [J]. Canadian Journal of Fisheries and Aquatic Sciences, 54 (6): 1255-1258.

FRANCEY R J, TANS P P, ALLISON C E, et al. , 1995. Changes in oceanic and terrestrial carbon uptake since 1982 [J]. Nature, 373 (6512): 326-330.

FRANCEY R J, 1981. Tasmanian tree rings belie suggested anthropogenic $^{13}C/^{12}C$ trends [J] . Nature, 290 (5803): 232-235.

FRANK D A, EVANS R D, 1997. Effects of native grazers on grassland N cycling in Yellowstone National Park [J]. Ecology, 78 (7): 2238-2248.

FRANK D A, EVANS R D, TRACY B F, 2004. The role of ammonia volatilization in controlling the natural ^{15}N abundance of a grazed grassland [J] . Biogeochemistry, 68 (2): 169-178.

FREYER H D, BELACY N, 1983. $^{13}C/^{12}C$ records in northern hemispheric trees during the past 500 years—Anthropogenic impact and climatic superpositions [J] . Journal of Geophysical Research Atmospheres, 88 (C11): 6844.

FRICKE H C, HENCECROTH J, HOERNER M E, 2011. Lowland-upland migration of sauropod dinosaurs during the Late Jurassic epoch [J] . Nature, 480 (7378): 513-515.

FRIEDLI H, LÖTSCHER H, OESCHGER H, et al. , 1986. Ice core record of the $^{13}C/^{12}C$ ratio of atmospheric CO_2 in the past two centuries [J] . Nature, 324 (6094): 237-238.

FRY B, 1991. Stable isotope diagrams of freshwater food webs [J] . Ecology, 72 (6): 2293-2297.

GALLOWAY J N, TOWNSEND A R, ERISMAN J W, et al. , 2008. Transformation of the nitrogen cycle: recent trends, questions, and potential solutions [J] . Science, 320 (5878): 889-892.

GIGER W, SCHAFFNER C, WAKEHAM S G, 1980. Aliphatic and olefinic hydrocarbons in recent sediments of Greifensee, Switzerland [J] . Geochimica et Cosmochimica Acta, 44 (1): 119-129.

GLEIXNER G, BOL R, BALESDENT J, 1999. Molecular insight into soil carbon turnover [J] . Rapid Communications in Mass Spectrometry, 13 (13): 1278-1283.

GLEIXNER G, CZIMCZIK C J, KRAMER C, et al. , 2001. Plant compounds and their turnover and stabilization as soil organic matter [M] . Amsterdam: Elsevier: 201-215.

GLEIXNER G, DANIER H J, WERNER R A, et al. , 1993. Correlations between the ^{13}C content of primary and secondary plant products in different cell compartments and that in decomposing basidiomycetes [J] . Plant Physiology, 102 (4): 1287-1290.

GLEIXNER G, SCHMIDT H L, 1998. On-line determination of group-specific isotope ratios in model compounds and aquatic humic substances by coupling pyrolysis to GC-C-IRMS [M] . Washington, DC: American Chemical Society: 34-46.

GRAY J, THOMPSON P, 1976. Climatic information from $^{18}O/^{16}O$ ratios of cellulose in tree rings [J] . Nature, 262 (5568): 481-482.

GRICE K, SCHOUTEN S, NISSENBAUM A, et al. , 1998. Isotopically heavy carbon in the C_{21} to C_{25} regular isoprenoids in halite-rich deposits from the Sdom Formation, Dead Sea Basin, Israel [J] . Organic Geochemistry, 28 (6): 349-359.

GU B H, ALEXANDER V, SCHELL D M, 1997. Stable isotopes as indicators of carbon flows and trophic structure of the benthic food web in a subarctic lake [J] . Archiv Fur Hydrobiologie, 138 (3): 329-344.

GU B H, SCHELL D M, ALEXANDER V, 1994. Stable carbon and nitrogen isotopic analysis of the plankton food web in a subarctic lake [J] . Canadian Journal of Fisheries and Aquatic Sciences, 51 (6): 1338-1344.

HAINES E B, MONTAGUE C L, 1979. Food sources of estuarine invertebrates analyzed using $^{13}C/^{12}C$ ratios [J]. Ecology, 60 (1): 48-56.

HAMMERSCHLAG-PEYER C M, YEAGER L A, ARAÚJO M S, et al. , 2011. A hypothesis-testing framework for studies investigating ontogenetic niche shifts using stable isotope ratios [J] . PLoS One, 6 (11): e27104.

HAYASE S, ICHIKAWA T , TANAKA K, 1999. Preliminary report on stable isotope ratio analysis for samples from

Matang mangrove brackish water [J] . Japan Agricultural Research Quarterly, 33 (3): 215-221.

HEDGES J I, OADES J M, 1997. Comparative organic geochemistries of soils and marine sediments [J] . Organic Geochemistry, 27 (7/8): 319-361.

HEMMING D I, SWITSUR V R, WATERHOUSE J S, et al. , 1998. Climate variation and the stable carbon isotope composition of tree ring cellulose: an intercomparison of *Quercus robur*, *Fagus sylvatica* and *Pinus silvestris* [J]. Tellus B: Chemical and Physical Meteorology, 50 (1): 25-33.

HENTSCHEL B T, 1998. Intraspecific variations in $\delta^{13}C$ indicate ontogenetic diet changes in deposit-feeding polychaetes [J]. Ecology, 79 (4): 1357-1370.

HIETZ P, DÜNISCH O, WANEK W, 2010. Long-term trends in nitrogen isotope composition and nitrogen concentration in Brazilian rainforest trees suggest changes in nitrogen cycle [J] . Environ Sci Technol, 44 (4): 1191-1196.

HIETZ P, TURNER B L, WANEK W, et al. , 2011. Long-term change in the nitrogen cycle of tropical forests [J]. Science, 334 (6056): 664-666.

HILDERBRAND G V, FARLEY S D, ROBBINS C T, et al. , 1996. Use of stable isotopes to determine diets of living and extinct bears [J] . Canadian Journal of Zoology, 74 (11): 2080-2088.

HILKERT A W, DOUTHITT C B, SCHLÜTER H J, et al. , 1999. Isotope ratio monitoring gas chromatography/mass spectrometry of D/H by high temperature conversion isotope ratio mass spectrometry [J] . Rapid Communications in Mass Spectrometry, 13 (13): 1226-1230.

HOAG K J, 2005. Triple oxygen isotope composition of tropospheric carbon dioxide as a tracer of terrestrial gross carbon fluxes [J] . Geophysical Research Letters, 32 (2): L02802.

HOBSON K A, AMBROSE W G Jr, RENAUD P, 1995. Sources of primary production, benthic-pelagic coupling, and trophic relationships within the Northeast Water Polynya: insights from delta ^{13}C and delta ^{15}N analysis [J] . Marine Ecology Progress Series, 128: 1-10.

HOU J Z, TIAN Q, WANG M D, 2018. Variable apparent hydrogen isotopic fractionation between sedimentary *n*-alkanes and precipitation on the Tibetan Plateau [J] . Organic Geochemistry, 122: 78-86.

HOGBERG P, 1986. Nitrogen-fixation and nutrient relations in savanna woodland trees (Tanzania) [J] . The Journal of Applied Ecology, 23 (2): 675.

HOGBERG P, 1997. Tansley Review No. 95. ^{15}N natural abundance in soil-plant systems [J] . New Phytologist, 137 (2): 179-203.

HU J F, PENG P A, JIA G D, et al. , 2002. Biological markers and their carbon isotopes as an approach to the paleoenvironmental reconstruction of Nansha area, South China Sea, during the last 30 ka [J] . Organic Geochemistry, 33 (10): 1197-1204.

HUANG Y S, LOCKHEART M J, COLLISTER J W, et al. , 1995. Molecular and isotopic biogeochemistry of the Miocene Clarkia Formation: hydrocarbons and alcohols [J] . Organic Geochemistry, 23 (9): 785-801.

HUNGATE B A, HOLLAND E A, JACKSON R B, et al. , 1997. The fate of carbon in grasslands under carbon dioxide enrichment [J] . Nature, 388 (6642): 576-579.

ISHIWATARI R, YAMADA K, MATSUMOTO K, et al. , 1999. Organic molecular and carbon isotopic records of the Japan Sea over the past 30 kyr [J] . Paleoceanography, 14 (2): 260-270.

JÄGGI M, SAURER M, FUHRER J, et al. , 2002. The relationship between the stable carbon isotope composition of needle bulk material, starch, and tree rings in Picea abies [J] . Oecologia, 131 (3): 325-332.

JOBBÁGY E G, JACKSON R B, 2001. The distribution of soil nutrients with depth: global patterns and the imprint of plants [J] . Biogeochemistry, 53 (1): 51-77.

KAHMEN A, WANEK W, BUCHMANN N, 2008. Foliar $\delta^{15}N$ values characterize soil N cycling and reflect nitrate or ammonium preference of plants along a temperate grassland gradient [J] . Oecologia, 156 (4): 861-870.

KAISER K, GUGGENBERGER G, 2003. Mineral surfaces and soil organic matter [J] . European Journal of Soil Science, 54 (2): 219-236.

KEELING C D, 1961. The concentration and isotopic abundances of carbon dioxide in rural and marine air [J] . Geochimica et Cosmochimica Acta, 24 (3/4): 277-298.

KEELING C D, MOOK W G, TANS P P, 1979. Recent trends in the $^{13}C/^{12}C$ ratio of atmospheric carbon dioxide [J]. Nature, 277 (5692): 121-123.

KEELING C D, WHORF T P, WAHLEN M, et al., 1995. Interannual extremes in the rate of rise of atmospheric carbon dioxide since 1980 [J]. Nature, 375 (6533): 666-670.

KORTHALS G W, SMILAUER P, van DIJK C, et al., 2001. Linking above- and below-ground biodiversity: abundance and trophic complexity in soil as a response to experimental plant communities on abandoned arable land [J]. Functional Ecology, 15 (4): 506-514.

KRACHT O, GLEIXNER G, 2000. Isotope analysis of pyrolysis products from *Sphagnum* peat and dissolved organic matter from bog water [J]. Organic Geochemistry, 31 (7/8): 645-654.

KURLE C M, 2002. Stable-isotope ratios of blood components from captive northern fur seals (*Callorhinus ursinus*) and their diet: applications for studying the foraging ecology of wild otariids [J]. Canadian Journal of Zoology, 80 (5): 902-909.

KWAK T J, ZEDLER J B, 1997. Food web analysis of southern California coastal wetlands using multiple stable isotopes [J]. Oecologia, 110 (2): 262-277.

LAYMAN C A, ALLGEIER J E, ROSEMOND A D, et al., 2011. Marine fisheries declines viewed upside down: human impacts on consumer-driven nutrient recycling [J]. Ecological Applications, 21 (2): 343-349.

LAYMAN C A, QUATTROCHI J P, PEYER C M, et al., 2007. Niche width collapse in a resilient top predator following ecosystem fragmentation [J]. Ecol Lett, 10 (10): 937-944.

LEAVITT S W, LARA A, 1994. South American tree rings show declining $\mu^{13}C$ trend [J]. Tellus B: Chemical and Physical Meteorology, 46 (2): 152-157.

LEAVITT S W, LONG A, 1989. Drought indicated in carbon-13/carbon-12 ratios of southwestern tree rings [J]. Journal of the American Water Resources Association, 25 (2): 341-347.

LEAVITT S W, DANZER S R, 1993. Method for batch processing small wood samples to holocellulose for stable-carbon isotope analysis [J]. Analytical Chemistry, 65 (1): 87-89.

LEAVITT S W, LONG A, 1983. An atmospheric $^{13}C/^{12}C$ reconstruction generated through removal of climate effects from tree-ring $^{13}C^{12}C$ measurements [J]. Tellus B: Chemical and Physical Meteorology, 35 (2): 92-102.

LIPP J, TRIMBORN P, FRITZ P, et al., 1991. Stable isotopes in tree ring cellulose and climatic change [J]. Tellus B, 43 (3): 322-330.

LIU W G, LI X Z, WANG Z, et al., 2019. Carbon isotope and environmental changes in lakes in arid Northwest China [J]. Science China Earth Sciences, 62 (8): 1193-1206.

LIU Y, MA L M, LEAVITT S W, et al., 2004. A preliminary seasonal precipitation reconstruction from tree-ring stable carbon isotopes at Mt. Helan, China, since AD 1804 [J]. Global and Planetary Change, 41 (3/4): 229-239.

LIU Y, WANG L, LI Q, et al., 2019. Asian summer monsoon-related relative humidity recorded by tree ring $\delta^{18}O$ during last 205 years [J]. Journal of Geophysical Research: Atmospheres, 124 (17/18): 9824-9838.

LLOYD J, FARQUHAR G D, 1996. The CO_2 dependence of photosynthesis, plant growth responses to elevated atmospheric CO_2 concentrations and their interaction with soil nutrient status. Ⅰ. general principles and forest ecosystems [J]. Functional Ecology, 10 (1): 4.

LOADER N J, MCCARROLL D, GAGEN M, et al., 2007. Extracting climatic information from stable isotopes in tree rings [J]. Terrestrial Ecology, 1: 25-48.

LUO Y H, STERNBERG L D S L, 1992. Hydrogen and oxygen isotopic fractionation during heterotrophic cellulose synthesis [J]. Journal of Experimental Botany, 43 (1): 47-50.

LUO Y Q, SU B, CURRIE W S, et al., 2004. Progressive nitrogen limitation of ecosystem responses to rising atmospheric carbon dioxide [J]. BioScience, 54 (8): 731.

MA L M, DUOLIKUN R, JIANFU Z, et al., 2011. The environmental signals of stable carbon isotope in various treering components of *Pinus tabulaeformis* [J]. Trees, 25 (3): 435-442.

MACIÀ A, BORRULL F, CALULL M, et al., 2004. Determination of some acidic drugs in surface and sewage treatment plant waters by capillary electrophoresis-electrospray ionization-mass spectrometry [J]. Electrophoresis, 25 (20):

3441-3449.
MADUREIRA M J, VALE C, GONÇALVES M L S, 1997. Effect of plants on sulphur geochemistry in the Tagus salt-marshes sediments [J] . Marine Chemistry, 58 (1/2): 27-37.
MAGNUSSON W E, CARMOZINA DE ARAÚJO M, CINTRA R, et al. , 1999. Contributions of C_3 and C_4 plants to higher trophic levels in an Amazonian savanna [J] . Oecologia, 119 (1): 91-96.
MARTÃ-NEZ DEL RIO C, WOLF N, CARLETON S A, et al. , 2009. Isotopic ecology ten years after a call for more laboratory experiments [J] . Biological Reviews, 84 (1): 91-111.
MAZUMDER D, SAINTILAN N, 2010. Mangrove leaves are not an important source of dietary carbon and nitrogen for crabs in temperate Australian mangroves [J] . Wetlands, 30 (2): 375-380.
MCCARROLL D, LOADER N J, 2004. Stable isotopes in tree rings [J] . Quaternary Science Reviews, 23 (7/8): 771-801.
MCCUTCHAN J H Jr, LEWIS W M Jr, KENDALL C, et al. , 2003. Variation in trophic shift for stable isotope ratios of carbon, nitrogen, and sulfur [J] . Oikos, 102 (2): 378-390.
MCDOWELL W H, MAGILL A H, AITKENHEAD-PETERSON J A, et al. , 2004. Effects of chronic nitrogen amendment on dissolved organic matter and inorganic nitrogen in soil solution [J] . Forest Ecology and Management, 196 (1): 29-41.
MCLAUCHLAN K K, FERGUSON C J, WILSON I E, et al. , 2010. Thirteen decades of foliar isotopes indicate declining nitrogen availability in central North American grasslands [J] . New Phytologist, 187 (4): 1135-1145.
MICHELSEN A, SCHMIDT I K, JONASSON S, et al. , 1996. Leaf ^{15}N abundance of subarctic plants provides field evidence that ericoid, ectomycorrhizal and non-and arbuscular mycorrhizal species access different sources of soil nitrogen [J] . Oecologia, 105 (1): 53-63.
MONTAGUE C, BUNKER S M, HAINES E B, et al. , 1981. Aquatic macroconsumers [J] . The Ecology of a Salt Marsh: 69-85.
MORTAZAVI B, CHANTON J P, PRATER J L, et al. , 2005. Temporal variability in ^{13}C of respired CO_2 in a pine and a hardwood forest subject to similar climatic conditions [J] . Oecologia, 142 (1): 57-69.
NADELHOFFER K, FRY B, 1994. Nitrogen isotope studies in forest ecosystems [EB/OL] .
NARAOKA H, ISHIWATARI R, 2000. Molecular and isotopic abundances of long-chain *n*-fatty acids in open marine sediments of the western North Pacific [J] . Chemical Geology, 165 (1/2): 23-36.
NEFF J C, ASNER G P, 2001. Dissolved organic carbon in terrestrial ecosystems: synthesis and a model [J]. Ecosystems, 4 (1): 29-48.
NEILSON R, ROBINSON D, MARRIOTT C A, et al. , 2002. Above-ground grazing affects floristic composition and modifies soil trophic interactions [J] . Soil Biology and Biochemistry, 34 (10): 1507-1512.
OGÉE J, PEYLIN P, CIAIS P, et al. , 2003. Partitioning net ecosystem carbon exchange into net assimilation and respiration using $^{13}CO_2$ measurements: a cost-effective sampling strategy [J] . Global Biogeochemical Cycles, 17 (2): 1070.
OLIVE P J W, PINNEGAR J K, POLUNIN N V C, et al. , 2003. Isotope trophic-step fractionation: a dynamic equilibrium model [J] . Journal of Animal Ecology, 72 (4): 608-617.
OMETTO J P H B, FLANAGAN L B, MARTINELLI L A, et al. , 2002. Carbon isotope discrimination in forest and pasture ecosystems of the Amazon Basin, Brazil [J] . Global Biogeochemical Cycles, 16 (4): 56-1-56-10.
OSTROM P H, COLUNGA-GARCIA M, GAGE S H, 1996. Establishing pathways of energy flow for insect predators using stable isotope ratios: field and laboratory evidence [J] . Oecologia, 109 (1): 108-113.
PARTON W J, SCHIMEL D S, COLE C V, et al. , 1987. Analysis of factors controlling soil organic matter levels in great Plains grasslands [J] . Soil Science Society of America Journal, 51 (5): 1173-1179.
PATAKI D E, EHLERINGER J R, FLANAGAN L B, et al. , 2003. The application and interpretation of Keeling plots in terrestrial carbon cycle research [J] . Global Biogeochemical Cycles, 17 (1): 1022.
PAUL E A, COLLINS H P, LEAVITT S W, 2001. Dynamics of resistant soil carbon of midwestern agricultural soils measured by naturally occurring ^{14}C abundance [J] . Geoderma, 104 (3/4): 239-256.
PEARMAN G I, FRANCEY R J, FRASER P J B, 1976. Climatic implications of stable carbon isotopes in tree rings [J]. Nature, 260 (5554): 771-773.

PENDALL E, 2000. Influence of precipitation seasonality on piñon pine cellulose δD values [J]. Global Change Biology, 6 (3): 287-301.

PÉREZ T, TRUMBORE S E, TYLER S C, et al., 2001. Identifying the agricultural imprint on the global N_2O budget using stable isotopes [J]. Journal of Geophysical Research: Atmospheres, 106 (D9): 9869-9878.

PETERSON B J, HOWARTH R W, GARRITT R H, 1985. Multiple stable isotopes used to trace the flow of organic matter in estuarine food webs [J]. Science, 227 (4692): 1361-1363.

PETERSON B J, FRY B, 1987. Stable isotopes in ecosystem studies [J]. Annual Review of Ecology and Systematics, 18 (1): 293-320.

PHILLIPS D L, NEWSOME S D, GREGG J W, 2005. Combining sources in stable isotope mixing models: alternative methods [J]. Oecologia, 144 (4): 520-527.

PORTÉ A, LOUSTAU D, 2001. Seasonal and interannual variations in carbon isotope discrimination in a maritime pine (*Pinus pinaster*) stand assessed from the isotopic composition of cellulose in annual rings [J]. Tree Physiology, 21 (12/13): 861-868.

POST D M, 2002. Using stable isotopes to estimate trophic position: models, methods, and assumptions [J]. Ecology, 83 (3): 703-718.

PRATER M R, DELUCIA E H, 2006. Non-native grasses alter evapotranspiration and energy balance in Great Basin sagebrush communities [J]. Agricultural and Forest Meteorology, 139 (1/2): 154-163.

RAFFALLI-DELERCE G, MASSON-DELMOTTE V, DUPOUEY J L, et al., 2004. Reconstruction of summer droughts using tree-ring cellulose isotopes: a calibration study with living oaks from Brittany (western France) [J]. Tellus B: Chemical and Physical Meteorology, 56 (2): 160-174.

RAMESH R, BHATTACHARYA S K, GOPALAN K, 1986. Climatic correlations in the stable isotope records of silver fir (*Abies pindrow*) trees from Kashmir, India [J]. Earth and Planetary Science Letters, 79 (1/2): 66-74.

RAMSAY M A, HOBSON K A, 1991. Polar bears make little use of terrestrial food webs: evidence from stable-carbon isotope analysis [J]. Oecologia, 86 (4): 598-600.

RIBAS-CARBO M, STILL C, BERRY J, 2002. Automated system for simultaneous analysis of $\delta^{13}C$, $\delta^{18}O$ and CO_2 concentrations in small air samples [J]. Rapid Communications in Mass Spectrometry, 16 (5): 339-345.

ROBERTSON I, LOADER N J, MCCARROLL D, et al., 2004. $\delta^{13}C$ of tree-ring lignin as an indirect measure of climate change [J]. Water, Air and Soil Pollution: Focus, 4 (2/3): 531-544.

ROCHETTE P, FLANAGAN L B, GREGORICH E G, 1999. Separating soil respiration into plant and soil components using analyses of the natural abundance of carbon-13 [J]. Soil Science Society of America Journal, 63 (5): 1207-1213.

RODELLI M R, GEARING J N, GEARING P J, et al., 1984. Stable isotope ratio as a tracer of mangrove carbon in Malaysian ecosystems [J]. Oecologia, 61 (3): 326-333.

RODEN J S, LIN G H, EHLERINGER J R, 2000. A mechanistic model for interpretation of hydrogen and oxygen isotope ratios in tree-ring cellulose [J]. Geochimica et Cosmochimica Acta, 64 (1): 21-35.

ROTH J D, HOBSON K A, 2000. Stable carbon and nitrogen isotopic fractionation between diet and tissue of captive red fox: implications for dietary reconstruction [J]. Canadian Journal of Zoology, 78 (5): 848-852.

RYBCZYNSKI S M, WALTERS D M, FRITZ K M, et al., 2008. Comparing trophic position of stream fishes using stable isotope and gut contents analyses [J]. Ecology of Freshwater Fish, 17 (2): 199-206.

SAITO L, JOHNSON B M, BARTHOLOW J, et al., 2001. Assessing ecosystem effects of reservoir operations using food web-energy transfer and water quality models [J]. Ecosystems, 4 (2): 105-125.

SCHIEGL W E, 1974. Climatic significance of deuterium abundance in growth rings of *Picea* [J]. Nature, 251 (5476): 582-584.

SCHLESINGER W H, LICHTER J, 2001. Limited carbon storage in soil and litter of experimental forest plots under increased atmospheric CO_2 [J]. Nature, 411 (6836): 466-469.

SCHMIDT H L, GLEIXNER G, 2020. Carbon isotope effects on key reactions in plant metabolism and ^{13}C-patterns in natural compounds [M]. New York: Garland Science: 13-25.

SCHNYDER H, SCHÄUFELE R, WENZEL R, 2004. Mobile, outdoor continuous-flow isotope-ratio mass spectrometer system for automated high-frequency ^{13}C and ^{18}O CO_2 analysis for Keeling plot applications [J]. Rapid Communications in Mass Spectrometry, 18 (24): 3068-3074.

SCHOELL M, MCCAFFREY M A, FAGO F J, et al., 1992. Carbon isotopic compositions of 28,30-bisnorhopanes and other biological markers in a Monterey crude oil [J]. Geochimica et Cosmochimica Acta, 56 (3): 1391-1399.

SCHOLLAEN K, KARAMPERIDOU C, KRUSIC P, et al., 2015. ENSO flavors in a tree-ring $\delta^{18}O$ record of Tectona grandis from Indonesia [J]. Climate of the Past, 11 (10): 1325-1333.

SCHOUTEN S, HARTGERS W A, LÒPEZ J F, et al., 2001. A molecular isotopic study of ^{13}C-enriched organic matter in evaporitic deposits: recognition of CO_2-limited ecosystems [J]. Organic Geochemistry, 32 (2): 277-286.

SCHOUTEN S, HOEFS M J L, SINNINGHE DAMSTÉ J S., 2000. A molecular and stable carbon isotopic study of lipids in late quaternary sediments from the Arabian Sea [J]. Organic Geochemistry, 31 (6): 509-521.

SCHOUTEN S, SCHOELL M, RIJPSTRA W I C, et al., 1997. A molecular stable carbon isotope study of organic matter in immature Miocene Monterey sediments, Pismo basin [J]. Geochimica et Cosmochimica Acta, 61 (10): 2065-2082.

SCHULZE E D, GEBAUER G, ZIEGLER H, et al., 1991. Estimates of nitrogen fixation by trees on an aridity gradient in Namibia [J]. Oecologia, 88 (3): 451-455.

SHEARER G, KOHL D H, 1986. N_2-fixation in field settings: estimations based on natural ^{15}N abundance [J]. Functional Plant Biology, 13 (6): 699.

SHEARER G, KOHL D H, 1988. Nitrogen isotopic fractionation and ^{18}O exchange in relation to the mechanism of denitrification of nitrite by *Pseudomonas stutzeri* [J]. Journal of Biological Chemistry, 263 (26): 13231-13245.

SHEARER G, KOHL D H, 1993. Natural abundance of ^{15}N: fractional contribution of two sources to a common sink and use of isotope discrimination [M]. Amsterdam: Elsevier: 89-125.

SHEARER G, KOHL D H, VIRGINIA R A, et al., 1983. Estimates of N_2-fixation from variation in the natural abundance of ^{15}N in Sonoran desert ecosystems [J]. Oecologia, 56 (2/3): 365-373.

SIDDIQUI M H, AL-WHAIBI M H, BASALAH M O, 2011. Role of nitric oxide in tolerance of plants to abiotic stress [J]. Protoplasma, 248 (3): 447-455.

SIDOROVA O V, SIEGWOLF R T W, SAURER M, et al., 2010. Spatial patterns of climatic changes in the Eurasian north reflected in Siberian larch tree-ring parameters and stable isotopes [J]. Global Change Biology, 16 (3): 1003-1018.

SPONHEIMER M, LEE-THORP J A, 2003. Differential resource utilization by extant great apes and australopithecines: towards solving the C_4 conundrum [J]. Comparative Biochemistry and Physiology Part A: Molecular & Integrative Physiology, 136 (1): 27-34.

SPOONER N, RIELEY G, COLLISTER J W, et al., 1994. Stable carbon isotopic correlation of individual biolipids in aquatic organisms and a lake bottom sediment [J]. Organic Geochemistry, 21 (6/7): 823-827.

SILVEIRA L, 2009. Oxygen stable isotope ratios of tree-ring cellulose: the next phase of understanding [J]. New Phytologist, 181 (3): 553-562.

STERNBERG L, DENIRO M J, 1983. Isotopic composition of cellulose from C_3, C_4, and CAM plants growing near one another [J]. Science, 220 (4600): 947-949.

STERNBERG L, PINZON M C, ANDERSON W T, et al., 2006. Variation in oxygen isotope fractionation during cellulose synthesis: intramolecular and biosynthetic effects [J]. Plant, Cell & Environment, 29 (10): 1881-1889.

STUIVER M, 1978. Atmospheric carbon dioxide and carbon reservoir changes [J]. Science, 199 (4326): 253-258.

TARONCHER-OLDENBURG G, STEPHANOPOULOS G, 2000. Targeted, PCR-based gene disruption in cyanobacteria: inactivation of the polyhydroxyalkanoic acid synthase genes in *Synechocystis* sp. PCC6803 [J]. Applied Microbiology and Biotechnology, 54 (5): 677-680.

THIMDEE W, DEEIN G, SANGRUNGRUANG C, et al., 2004. Analysis of primary food sources and trophic relationships of aquatic animals in a mangrove-fringed estuary, Khung Krabaen Bay (Thailand) using dual stable isotope techniques [J]. Wetlands Ecology and Management, 12 (2): 135-144.

TOGNETTI R, PEÑUELAS J, 2003. Nitrogen and carbon concentrations, and stable isotope ratios in Mediterranean shrubs growing in the proximity of a CO_2 spring [J] . Biologia Plantarum, 46 (3): 411-418.

TROJANOWSKI J, HAIDER K, HUTTERMANN A, 1984. Decomposition of ^{14}C-labelled lignin, holocellulose and lignocellulose by mycorrhizal fungi [J] . Archives of Microbiology, 139 (2): 202-206.

TSIALTAS J T, MASLARIS N, 2005. Effect of N fertilization rate on sugar yield and non-sugar impurities of sugar beets (beta vulgaris) grown under Mediterranean conditions [J] . Journal of Agronomy and Crop Science, 191 (5): 330-339.

TU K, DAWSON T, 2005. Partitioning ecosystem respiration using stable carbon isotope analyses of CO_2 [J] . 125-153.

UNKOVICH M J, PATE J S, SANFORD P, et al., 1994. Potential precision of the $\delta^{15}N$ natural abundance method in field estimates of nitrogen fixation by crop and pasture legumes in south-west Australia [J] . Australian Journal of Agricultural Research, 45 (1): 119.

VANDER ZANDEN M J, CABANA G, RASMUSSEN J B, 1997. Comparing trophic position of freshwater fish calculated using stable nitrogen isotope ratios ($\delta^{15}N$) and literature dietary data [J] . Canadian Journal of Fisheries and Aquatic Sciences, 54 (5): 1142-1158.

VERSTEEGH G J M, BOSCH H J, DE LEEUW J W, 1997. Potential palaeoenvironmental information of C_{24} to C_{36} mid-chain diols, keto-ols and mid-chain hydroxy fatty acids; a critical review [J] . Organic Geochemistry, 27 (1/2): 1-13.

VOLKMAN B F, PRANTNER A M, WILKENS S J, et al., 1997. Assignment of ^{1}H, ^{13}C, and ^{15}N signals of oxidized Clostridium pasteurianum rubredoxin [J] . Journal of Biomolecular NMR, 10 (4): 409-410.

VOLKMAN J K, 1986. A review of sterol markers for marine and terrigenous organic matter [J] . Organic Geochemistry, 9 (2): 83-99.

VOLKMAN J K, BARRETT S M, DUNSTAN G A, 1994. C_{25} and C_{30} highly branched isoprenoid alkenes in laboratory cultures of two marine diatoms [J] . Organic Geochemistry, 21 (3/4): 407-414.

WANG J Z, HUANG J H, WU J G, et al., 2010. Ecological consequences of the Three Gorges Dam: insularization affects foraging behavior and dynamics of rodent populations [J] . Frontiers in Ecology and the Environment, 8 (1): 13-19.

WANG Y, AMUNDSON R, TRUMBORE S, 1996. Radiocarbon dating of soil organic matter [J] . Quaternary Research, 45 (3): 282-288.

WARD J K, DAWSON T E, EHLERINGER J R, 2002. Responses of Acer negundo genders to interannual differences in water availability determined from carbon isotope ratios of tree ring cellulose [J] . Tree Physiology, 22 (5): 339-346.

WELP L R, KEELING R F, MEIJER H A, et al., 2011. Interannual variability in the oxygen isotopes of atmospheric CO_2 driven by El Niño [J] . Nature, 477 (7366): 579-582.

WERNER R A, SCHMIDT H L, 2002. The in vivo nitrogen isotope discrimination among organicplant compounds [J]. Phytochemistry, 61 (5): 465-484.

YAKIR D, 1992. Variations in the natural abundance of oxygen-18 and deuterium in plant carbohydrates [J] . Plant, Cell and Environment, 15 (9): 1005-1020.

YAKIR D, STERNBERG L D S L, 2000. The use of stable isotopes to study ecosystem gas exchange [J] . Oecologia, 123 (3): 297-311.

YAKIR D, WANG X F, 1996. Fluxes of CO_2 and water between terrestrial vegetation and the atmosphere estimated from isotope measurements [J] . Nature, 380 (6574): 515-517.

YAPP C J, EPSTEIN S, 1982. Climatic significance of the hydrogen isotope ratios in tree cellulose [J] . Nature, 297 (5868): 636-639.

YOKOYAMA H, TAMAKI A, HARADA K, et al., 2005. Variability of diet-tissue isotopic fractionation in estuarine macrobenthos [J] . Marine Ecology Progress Series, 296: 115-128.

ZENG X M, LIU X H, EVANS M N, et al., 2016. Seasonal incursion of Indian Monsoon humidity and precipitation into the southeastern Qinghai-Tibetan Plateau inferred from tree ring $\delta^{18}O$ values with intra-seasonal resolution [J] . Earth and Planetary Science Letters, 443: 9-19.

ZIEMAN J C, MACKO S A, MILLS A L, 1984. Role of seagrasses and mangroves in estuarine food webs: temporal and spatial changes in stable isotope composition and amino acid content during decomposition [J] . Bulletin of Marine Science, 35 (3): 380-392.

第十章

特定有机物稳定同位素应用拓展

第一节 食品和药品领域应用

一、食品真实性及稳定同位素鉴定的原理

（一）食品真实性

食品领域有大量的掺假行为，且掺假手段层出不穷，所有这些手段均是为了追求利益最大化而给出虚假的说明。如蜂蜜中掺入果糖、玉米糖浆等低廉物质，鲜乳中加入水分、淀粉等物质，苹果汁中掺入海棠、沙果等果汁，非有机产品混入有机产品，人工养殖产品冒充野生产品，名贵医药产品以假乱真，类似于这些掺假或以低质量的产品假冒高质量产品销售以获得不法利润的现象在食品与医药工业中屡见不鲜。这些不法行为不但严重侵害了消费者的利益，而且使很多企业的利益在这种不公平的竞争中受到侵害。同位素溯源技术在鉴别食品成分掺假方面的研究报道比较多，且多集中在鉴别果汁加水、加糖分析，葡萄酒中加入劣质酒、甜菜糖、蔗糖等的分析以及蜂蜜加糖分析等方面。此外，还可鉴别不同植物混合油、高价值食用醋中加入廉价醋酸等掺假分析。这些掺假行为不仅会影响消费者的健康，并且会对诚实的生产者产生误导，并使他们处于经济利益不利地位（Rossmann et al.，1997）。

为了保证食品安全和消费者利益，很多国家规定食品控制必须确保不含这些描述，主要包含：①用水稀释；②未经申报采用成本低廉的原料掺假；③与声明的地理、动物或植物来源信息不符合。因此样品的产地溯源，尤其是依赖特定化合物同位素信息对食品真实性的鉴

别对食品安全具有重要意义（林光辉，2013）。

（二）食品真实性稳定同位素鉴定的原理

食品产地同位素指纹溯源技术是在同位素自然分馏原理的基础上发展的一项新技术，土壤、地质及植物中同位素自然丰度的变化规律研究为该项技术提供了一定的理论依据。一个早期的利用稳定同位素分析技术对食品进行鉴定的例子是检测橙汁或苹果汁中加糖加水，如果所加的糖源来自甘蔗或玉米（C_4 植物），可以被检测出来，因为柑橘和苹果属 C_3 植物。另一个例子是棕榈糖，经常加入白砂糖掺假。棕榈是 C_3 植物，而甘蔗是 C_4 植物，通过对比棕榈糖与蜂蜜蛋白质内两个 C 同位素比值，可以确定蜂蜜中糖的来源植物。由于蛋白质完全来自所用的天然棕榈糖，它作为内部控制，消除了与棕榈糖$^{13}C/^{12}C$ 天然变化带来的不确定性。

目前对于大多数农产品而言，需要了解：①尽管元素同位素指纹分析能为农产品原产地判定提供有效的身份鉴定信息，然而许多常规参数（某些农产品中特殊化学物质的含量，如脂肪酸、胡萝卜素等）不容忽略，它们也在一定程度上为原产地判定提供了非常宝贵的额外信息；②随着研究的不断开展，数据库不断扩大，数据库中样本所提供的具有原产地信息的数据资料不断增多，被分析农产品样本的种类及数量也不断增加，对农产品原产地判定的解释实际上变得更加复杂；③如何选定有效的参数指标，如何选择有效的统计分析方法，对快速进行农产品原产地判定起到一定作用；④气候、地化环境、生物代谢类型等因素对农产品中多元素含量和同位素组成的影响变化规律有待进一步研究；⑤研究的系统性、深入性还很不够，国际上的研究目前也仅局限于个别国家或针对个别种类农产品。

对于有多种掺假研究的分类方法，主要区分依据为：①待测同位素的种类；②使用的分析技术；③拟分析的目标底物；④研究的食品行业。主要以食品领域作为分类标准，每个食品行业分类均有一个或几个分析底物作为目标。进一步发展农产品原产地判定的元素指纹分析技术，研究筛选出区分不同产地来源的同位素指标体系，并建立检验检测规范体系，必将有利于推动农产品安全追溯体系的建立和完善，在农产品安全领域也会有更广阔的应用前景。

（三）植物源产品掺假稳定同位素鉴定

1. 果汁、果醋和酒精饮料

稳定同位素分析在果汁中的研究应用已有几十年的历史，最早主要是通过碳同位素分析鉴别 C_3 植物产品（如橘子汁、苹果汁或葡物汁）中掺加 C_4 植物产品（如玉米糖浆制成甘蔗糖）。果汁中的掺假主要是加入水、糖或有机酸。通过检测果汁中糖、果肉、有机酸的 $\delta^{13}C$ 值，果汁水中的 $\delta^{18}O$ 值和 D/H 值，以及发酵果汁乙醇中 D/H 值进行鉴别。真正的纯果汁比用自来水稀释后的果汁水中 $\delta^{18}O$ 值和 $\delta^{2}H$ 值高，这是因为自来水中的重氧和重氢含量较低（Rossmann，2001）。在果汁掺假识别中，另一个重要的话题就是如何鉴定是否有合成 L-抗坏血酸（维生素 C）的掺假行为。商品化合成 L-抗坏血酸的 $\delta^{13}C$ 平均值为－11.3‰，而真实橙汁中的天然 L-抗坏血酸的 $\delta^{13}C$ 平均值约为－20.7‰，因此可以区分与鉴定出天然 L-抗坏血酸中合成 L-抗坏血酸的掺假行为，最低掺假程度可达 20%。

为了提高检测的精确度，常采用内标同位素分析法进行测定。内标法的主要依据为来自同一食品不同成分的同位素组成相对稳定，如果汁中的糖、果肉和有机酸的$\delta^{13}C$值有各自独特的范围，这些成分的$\delta^{13}C$值相对固定。在浑浊果汁（如橙汁、菠萝汁等）分析中，果肉常作为比较方便的内标物。在果汁加糖检测分析中，可同时检测果汁中果肉和糖的$\delta^{13}C$值，将其差值与纯正果汁中这两者的差值范围进行比较。如果在纯正果汁差值范围之内或特别接近，可认为没有掺假；反之，可判断其中有掺加其他糖。根据偏离倾向，还可判断其中是加入了C_3植物糖（如甜菜糖等）还是C_4植物糖（如高果糖玉米糖浆等）。对澄清果汁（如苹果汁）而言，以其中的有机物作为内标物。Doner等（1980）为了确定是否可以通过碳稳定同位素丰度来鉴别掺假果汁，又进一步测定了纯苹果汁的$\delta^{13}C$值。结果表明种植在不同地理位置、不同品种的苹果汁的$\delta^{13}C$均值为$-25.4\% \pm 1.2‰$，$\delta^{13}C$值和地理位置、品种没有显著相关关系。因此，可以根据纯果汁中高果糖玉米糖浆$\delta^{13}C$值的不同检测果汁中是否掺有高果糖玉米糖浆。

牛丽影等（2009）还探讨了稳定同位素比率质谱法（IRMS）在非浓缩还原（NFC）与浓缩还原（FC）果汁鉴别上的应用前景。针对市场上出现的以低成本的FC果汁假冒NFC果汁，以及标注为NFC果汁的产品中NFC含量难以测定的问题，他们采用同位素比率质谱法对NFC、FC橙汁与苹果汁中水的δD、$\delta^{18}O$值进行了测定，结果表明NFC橙汁和苹果汁中水的δD、$\delta^{18}O$值均显著高于FC果汁，并且δD、$\delta^{18}O$值与果汁含量呈二次回归关系。

产于欧洲共同体的葡萄酒可能是同位素特征方面研究最好的商品。自20世纪90年代起，官方实验室每年对产于不同国家的葡萄酒进行分析，并建成了欧洲葡萄酒同位素数据库。这些同位素特征包括葡萄酒中水的$\delta^{18}O$测定值，葡萄酒蒸馏后乙醇采用SNIF-NMR测定的δD值及用EA-IRMS技术测定的$\delta^{13}C$值（Spitzke et al.，2010）。为快速划分蒸馏酒种类，LC-IRMS技术也可应用流量进样模式，即不经过色谱柱分离而直接进样，该方法的另一优点是样品消耗量小，仅$10\mu L$的进样量就可获得可信的$\delta^{13}C$测定值（Jochmann et al.，2009）。

酒精饮料与瓶装水样品中的二氧化碳也可采用商品化GC-IRMS直接测定，只要维持燃烧炉和热裂解炉炉温在100°C左右。采用极性色谱柱可以阻止乙醇（会干扰$m/z=46$离子的测定）进入接口。此方法可以实现样品的快速扫描，研究已经证明其可以用于许多样品的真实性鉴别中，例如，可以区分来源于C_3和C_4植物发酵的啤酒或辨别是天然还是人工苏打水（Calderone et al.，2005）。对于葡萄酒样品中乙醇的测定，直接采用不分流进样方式进入GC和LC也是适合的，其差异均在分析误差范围之内，且这两种方法作为实验室交叉检验的一部分已经得到验证（Cabañero et al.，2008）。绝大多数CSIA方法在酒精饮料真实性鉴别方面的应用均以乙醇为标志物，少数几个以甘油和/或微量杂醇为目标化合物。除乙醇和甘油外，酒精饮料中也存在所谓的微量杂醇类物质。这些物质并不一定源于糖类物质发酵产物，相反，有可能来源于其他生物合成途径。例如，2-甲基丁醇和异戊醇分别是异亮氨酸和亮氨酸等氨基酸的转化产物。它们的同位素组成可用在源于C_3还是C_4植物蒸馏酒的识别中，并已经应用于苹果酒、卡尔瓦多斯酒（Schumacher et al.，1999）等苹果产品的真实性检测。有趣的是，所有发酵产品中异戊醇的$\delta^{13}C$值均比2-甲基丁醇更为亏损，最大达8‰，这反映了植物组织中氨基酸前体同位素组成的典型差异（Fogel et al.，2003）。

2. 芳香物、香料和精油

对香料来说，经常是测定一系列与结构相关的化合物。其中，一类重要的香料物质就是萜烯和萜类。由于香料和精油通常含有挥发性物质，基于GC的同位素比值质谱方法通常适用于这类对象的研究。主要的碳固定途径对各种不同香料甚至是同一植物类型的影响程度是较小的。为消除这种波动，Mosandl等（1990）建议使用合适的同位素内标（internal isotopic standard，i-IST），以此产生化合物的次级生物合成途径。测定目标分析底物与i-IST的δ值后，它们之间的δ差异值（$\Delta\delta$值）就可以重新计算出来（Braunsdorf et al.，1993；Frank et al.，1995）。

在研究中通过测定系列真实样品，就可以推导出感兴趣产品的一个或几个成分中每一种同位素的真实性范围。如两个商品橘子油中某些萜烯的同位素组成明显超出了真实橘子油的分布范围，因此被鉴定为掺假样品。也可以采用多种同位素来进行香味化合物的溯源研究，如通过肉桂醛碳和氢同位素组合分析的方法对肉桂的真实性进行检验，可以将锡兰肉桂这种最为珍贵的品种与其他品种清晰地分辨出来，来源于最廉价品种即黄樟中的肉桂醛与来源于其他品种的肉桂醛也能区分开来。在芳香和香味成分同位素的研究中，为了从复杂的基质成分中分离出香味物质，需要对多水果部分进行大量的样品前处理，通常包括溶剂萃取、液液萃取、水蒸气蒸馏等手段，有时还需要进一步的纯化处理。在对最终提取物进样分析前，一般也需要通过蒸馏部分去除其中的溶剂成分。所有上述步骤原则上均与同位素分馏相关，并且实践经验和之前的验证措施已经证实；在食品行业的同位素分析中，通过仔细控制实验操作程序可以将同位素分馏效应降低到最低程度。多数情况下，CSIA方法可帮助研究者从植物代谢产生的天然成分中辨识出对应感兴趣的合成化合物。有时候可以采用手性化合物光学异构体分析方法进行识别（人工合成途径的香味化合物一般为外消旋异构体，而天然化合物通常仅含有一种光学异构体或显示特殊的光学异构体比例）（Tamura et al.，2005）。为组合运用光学异构体和同位素分析的优势，早在20世纪90年代，Mosandl等便引入了光学异构体GC分离与IRMS联用技术。在γ-癸内酯实例中，他们发现单个光学异构体之间的同位素比值有差异，并能进一步区分到底是来源于外消旋体，还是来源于生化技术制造出来的纯*R*-光学异构体。

3. 蜂蜜和油脂

蜂蜜掺假可能包括：①故意添加掺假的糖或糖浆；②与源产地信息不符合，可能涉及用另一产地蜂蜜替代或多产地蜂蜜的混合等。为了打击蜂蜜掺假行为，1974年美国农业部委任蜂蜜专家White博士主持蜂蜜真伪检测新技术的研究。White博士研究发现，几乎所有的蜜源植物都属C_3植物，其$\delta^{13}C$值为$-30‰\sim-22‰$，自然界中在这个范围之外的蜜源植物寥寥无几，而产生高果糖的植物（如玉米等）属C_4植物，其$\delta^{13}C$值介于$-14‰\sim-9‰$。上述C_3和C_4两类植物形成的碳水化合物在化学组成上是相同的，但两种碳同位素比值由于光合途径的不同明显不同。当两类碳水化合物混在一起时，混合物的碳同位素比值就会随混合物的比例变化而变化。

利用这项技术，White等（1978）分析了500多个来自不同国家和地区的纯正天然蜂蜜样品，也分析了大量人工制备的掺有不同比例高果糖玉米糖浆的蜂蜜样品。通过对这些蜂蜜样品测试结果的分析统计，得出的结论是：$\delta^{13}C$值低于$-23.5‰$的蜂蜜是没有掺假的纯正蜂蜜，而$\delta^{13}C$值高于$-21.5‰$的蜂蜜，假蜂蜜的概率为99.996%。这一检验方法于1987年被国际AOAC组织批准为国际AOAC标准方法。

蜂蜜碳同位素第一检验方法虽然解决了$\delta^{13}C$值小于$-23.5‰$的纯正蜂蜜和大于

−21.5‰的假蜜之间的检验，但对−23.5‰～−21.5‰这一“灰色区”仍无能为力。White博士转向寻找内标物，一开始选择蜂蜜中的葡萄糖酸作为内标物，但分离后经碳同位素分析的结果表明，这种物质不适合作为内标物。蜂蜜中另一种重要成分是蛋白质，研究结果表明，用蜂蜜蛋白质作为内标物对“灰色区”蜂蜜中掺入高果糖玉米糖浆的鉴定是行之有效的。由于蛋白质需要在蛋白酶的作用下生成肽和各种氨基酸，氨基酸需在一定的条件下发生脱羧或转氨反应才能生成碳水化合物，在酵母产生的糖酵酶作用下最终产生二氧化碳。这个反应过程比葡萄糖和果糖慢得多，因此就蜂蜜的$\delta^{13}C$值而言，蜂蜜中蛋白质$\delta^{13}C$值比较稳定，检测效果更好。结果分析也很简单，只要计算出蜂蜜蛋白质$\delta^{13}C$值减去蜂蜜$\delta^{13}C$值的差值即可，这个差值叫作ISCIRA指数，当该指数为−1‰时，蜂蜜中存在7%的C_4糖。这个指数越负，说明蜂蜜中掺入的C_4糖越多，也就是掺入的高果糖玉米糖浆越多（Jr，1980）。该方法于1991年被国际AOAC组织采纳为国际AOAC方法。直至今日，碳水化合物的同位素分析，如蜂蜜样品，依然是商业实验室日常使用LC-IRMS技术的领域。

食用油掺假一般通过添加另一种（廉价）植物油或同一种低等级品质的植物油。在油脂掺假检验中，常用$\delta^{13}C$值作为判断指标。该法可以检测C_3、C_4植物混合油，如葵花籽油中加入玉米胚芽油（Meier-Augenstein，2002），同时也可区分不同来源的C_3植物混合油，如橄榄油中加入菜油（Fronza et al.，1998）。Woodbury等（1998）还利用定位脂肪水解酶研究比较了甘油骨架不同位置脂肪酸的$\delta^{13}C$值，发现2位上的脂肪酸具有独特的$\delta^{13}C$值。对食用油中脂肪酸的同位素组成分析，绝大多数常见的研究是利用GC-IRMS技术围绕对应的脂肪酸甲酯展开的。

在橄榄油测定中，不同类化合物与全样品的同位素组成表现出显著的差异性，如与全样品$\delta^{13}C$值比较（Bianchi et al.，1993），甘油$\delta^{13}C$值更加亏损，而甾体物质$\delta^{13}C$值更为富集，而且，橄榄油成熟度对同位素成分的影响并不明显。通过EA-IRMS技术，可以测定并计算全油样品（多数情况下以三酰甘油为代表）和其中脂肪醇物质同位素组成及其差异性。对于脂肪醇物质，与初榨或精制橄榄油比较，橄榄渣油的$\delta^{13}C$值更加亏损；对于全油样品与脂肪醇同位素之间计算出的差异性，初榨和精制橄榄油通常为正值，橄榄渣油为负值。即使向橄榄油中掺入3%低水平的脱蜡橄榄渣油，也能被成功识别出来（Angerosa et al.，1997）。同样地，通过测定玉米油、菜籽油和花生油中的脂肪酸甲酯，也可以识别出玉米油中仅5%水平下C_3植物油（菜籽油和花生油）的掺假行为。在某项掺假控制研究中，基于同位素质量平衡计算出的预测数据与实测数据之间具有很好的一致性（Woodbury et al.，1995）。通过某些特定脂肪酸（Richter et al.，2010）同位素组成，甚至可以识别出不同来源的C_3植物油。例如，罂粟籽油中亚麻酸甲酯$\delta^{13}C$值总是比葡萄籽油中亚麻酸甲酯$\delta^{13}C$值更加亏损，亚麻籽油则处于两者之间，且同位素分布范围有部分重叠，因此仅凭这一种单一参数来区分3种不同C_3植物油会显得比较困难。

（四）动物源食品来源地鉴定

1. 稳定同位素鉴定原理

动物体内的同位素组成不仅取决于动物生长的环境，而且还与动物代谢过程中同位素的分馏作用有关。近年来，受疯牛病和禽流感等影响，同位素质谱法在追溯动物食品产地的研究中得到了更多应用，是一种可靠的动物食品产地鉴别的方法（Ding et al.，2020）。由于家畜育肥和流通体系的改变，动物源性食品的产地溯源将越来越复杂，不同类的动物性食品溯源的难度会有所不同（叶珊珊 等，2009）。例如，羊的饲养体系中，一般不需要育肥，且主要食用当地的饲料，因此羊肉的溯源较为简单。肥牛育肥过程中对牛的饲养地和饲料配比做出改变，因而牛组织中元素的同位素组成可能反映的是两个或多个地区的信息。家禽在饲养过程中主要使用混合或浓缩饲料，而每批饲料的来源可能不断变换，因此使家禽肉的溯源更为复杂，需要更尖端的技术支持。目前，动物源性食品产地溯源研究主要集中在乳制品、牛肉、羊肉、家禽肉以及它们的饲料上，常用的同位素指标包括 δD、$\delta^{13}C$、$\delta^{15}N$、$\delta^{18}O$、$\delta^{34}S$ 和 $^{87}Sr/^{86}Sr$（Primrose et al.，2010；孙淑敏 等，2010）。动物组织中的 δD 和 $\delta^{18}O$ 值主要受饮用水同位素组成的影响，与地理纬度、海拔高度等密切相关，是反映地理起源的良好指标；碳同位素组成与动物饲料种类密切相关，可以表征饲料中 C_4 植物所占的比例；氮同位素组成受饲料种类、土壤状况、气候等多种因素的影响；而 $\delta^{34}S$ 和 $^{87}Sr/^{86}Sr$ 主要受地理和地质条件的影响。以下详细介绍一些利用稳定同位素技术追溯动物性食品的研究和应用实例。

2. 乳制品

欧洲自从 1998 年在欧盟范围内开展鉴别牛奶、黄油和奶酪产地方法研发以来，利用稳定同位素技术进行乳制品产地溯源的研究报道迅速增加。Ritz 等（2005）比较了同一饲养环境和模式下不同品种奶牛牛奶水 $\delta^{18}O$ 值上的差异，发现奶牛的品种对牛奶水 $\delta^{18}O$ 值的影响显著，而不同饲养环境或饲养模式对牛奶水 $\delta^{18}O$ 值的影响可以忽略不计。然而，Renou 等（2004）却发现牛奶的 $\delta^{18}O$ 值既可以判定牛奶的原产地也可以区分饲养的模式。Chesson 等（2010）分析了美国不同地区奶牛场、超市和快餐店牛奶样品的氢、氧同位素比值，发现牛奶中水与奶牛饮用的水在氢、氧同位素比值上有很强的相关性，证明了牛奶水的 δD 与 $\delta^{18}O$ 值可以判定牛奶的原产地。赵超敏等（2018）在利用碳、氮同位素鉴别有机奶粉的研究中发现，有机奶粉的碳稳定同位素比值（$\delta^{13}C$）整体趋势更负于非有机奶粉的 $\delta^{13}C$ 值，而有机奶粉的氮稳定同位素比值（$\delta^{15}N$）要稍低，该研究方法对监管有机食品的真实性具有一定的参考价值。

Rossmann 等（2000）分析了欧洲主要品牌黄油的 C、N、O、Sr 同位素比值，发现黄油的这些同位素比值因受气候、地理等因素的影响存在明显的区域差异，如果结合其他一些传统的检测参数（如脂肪酸组成、胡萝卜素含量和微量元素含量），可以准确判定黄油的原产地。Brescia 等（2005）依据乳酪的 $\delta^{13}C$ 和 $\delta^{15}N$ 值可有效地对意大利不同地点水牛乳酪进行原产地的判定，如果结合核磁共振谱（NMR）数据更有利于对水牛乳酪的原产地进行判定。另外，Fortunato 等（2004）还测定了不同地区瑞士艾曼塔乳酪样品的 $^{87}Sr/^{86}Sr$ 比值，发现乳酪的 Sr 同位素比值也可反映原产地的一些地理特性。

3. 肉类

牛组织的 $\delta^{13}C$ 值是表征牛主要膳食构成及追溯牛肉来源地的一项重要指标（Smet et al.，2004）。在牛肉产地溯源研究中，Schmidt 等（2005）通过测定欧洲和美洲不同地区牛肉的 C、N 和 S 同位素，发现美国与欧洲牛肉之间具有显著不同的 $\delta^{13}C$ 和 $\delta^{15}N$ 值，这主要是由牛饲料中 C_3 和 C_4 植物比例不同造成的，因此综合分析牛肉的 C、N、S 同位素，就可区分牛肉的原产地。Bahar 等（2005）比较了欧洲 6 个国家不同类型牛肌肉的 $\delta^{13}C$ 和 $\delta^{15}N$

值，发现不同饲喂方式的牛肉粗蛋白和脂肪的 $\delta^{13}C$ 值具有极显著性的差异，且粗蛋白的 $\delta^{13}C$ 值比脂肪的 $\delta^{13}C$ 值平均高 5.0‰，但两者具有很高的相关性（$R=0.976$），表明牛肉的 $\delta^{13}C$ 值主要受饲喂体系的影响。该研究还发现食用相同饲料而品种不同的牛生产出的牛肉，其粗蛋白 $\delta^{15}N$ 值差异显著，表明 $\delta^{15}N$ 值不仅受饲料的影响，还与动物品种有关。郭波莉等（2008）的研究结果表明，我国不同地区牛组织的碳、氮稳定同位素组成有极显著差异，牛组织的 $\delta^{13}C$ 值可预测其膳食中 C_4 植物所占的比例，而 $\delta^{15}N$ 值可有效区分牧区与农区喂养的牛，如结合两项指标可以显著提高对牛肉原产地判别的准确率。

牛肉中水的 $\delta^{18}O$ 和 δD 值是否可以作为产地溯源的指标至今还未能定论。一些学者认为它们可以作为产地溯源的指标，但另一些研究者发现肉中水的 $\delta^{18}O$ 值不仅受季节变化的影响，也受到牛肉储存期和储存环境的影响，这些因素的影响大到可以掩盖地域间的差异(Schwertl et al.，2003)。另外，Heaton 等（2008）通过测定不同国家牛肉粗脂肪的氢、氧同位素比值，发现 δD 和 $\delta^{18}O$ 值与产地所处的纬度之间具有良好的相关性，并且随着纬度的增加而减小。Hegerding 等（2002）建议通过测定牛尾毛的 $\delta^{18}O$ 和 δD 值来区分牛肉的产地，因为牛尾毛相对其他组织而言比较特殊。牛尾毛主要由角蛋白组成，一旦形成，毛发组织的代谢就会停止，不再与其他部分进行交换，每段毛发记录的同位素信息反映的是不同生长时期内牛的膳食信息，从而可以反映出牛肉的产地信息。

Camin 等（2007）测定了欧洲不同地区羔羊肉中 C、H、N 和 S 同位素，结果显示不同地区羊肉脱脂蛋白中的多个同位素值均存在显著差异，其中 δD 值与当地降水和地下水的 δD 值呈显著相关关系，$\delta^{13}C$ 和 $\delta^{15}N$ 值主要受饲料和气候的影响，$\delta^{34}S$ 值主要受地质条件的影响。Plasentier 等（2003）通过分析来自欧洲 6 个不同国家 12 种不同饲养制度羊的羊肉 $\delta^{13}C$ 和 $\delta^{15}N$ 值，表明以不同饲料饲喂的羊的羊肉蛋白质 $\delta^{13}C$、$\delta^{15}N$ 值有显著差异。Piasentier 等（2003）也报道了意大利南部地区不同品种羊肌肉中的 $\delta^{15}N$ 值有显著差异。孙淑敏等（2010）也利用稳定同位素比率质谱仪（IRMS）测定来自我国内蒙古自治区锡林郭勒盟、阿拉善盟和呼伦贝尔市 3 个牧区，重庆市和山东省菏泽市两个农区羊肉、羊颈毛及饲料样品中的 $\delta^{13}C$ 和 $\delta^{15}N$ 值，比较不同地域羊组织中碳、氮稳定同位素组成的差异，分析羊组织同位素组成的相关关系，结合羊的饲养方式和地域环境，探讨 C、N 同位素组成的变化规律。他们发现，不同地域羊组织的 $\delta^{13}C$ 和 $\delta^{15}N$ 值有显著性差异，其 $\delta^{13}C$ 值与牧草 $\delta^{13}C$ 高度相关，主要受牧草种类的影响，$\delta^{15}N$ 值与饲料和地域环境有关。碳、氮稳定同位素可以作为追溯羊肉产地及其饲养体系的参考指标。

家禽肉的产地溯源最为复杂，因为家禽食用混合饲料与浓缩饲料，每批饲料成分差异很大。国外对家禽肉的产地溯源研究还不多，但我国学者孙丰梅等（2008）通过稳定同位素质谱技术分析了来自北京、山东、湖南、广东 4 省（市）9 个不同地区鸡肉粗蛋白的 $\delta^{13}C$、$\delta^{15}N$、$\delta^{34}S$、δD 值和相应各地饮用水的 $\delta^{18}O$ 值，发现不同地区鸡肉的 $\delta^{13}C$、$\delta^{15}N$、δD 值均有显著差异（$P<0.05$），但这些地区间鸡肉 $\delta^{34}S$ 的差异不显著；鸡肉和饲料的 $\delta^{13}C$ 值呈极显著的正相关（$P<0.01$），鸡肉的 δD 值和养鸡基地饮用水的 $\delta^{18}O$ 值呈高度正相关（$P<0.01$），说明可以根据鸡肉的 $\delta^{13}C$、δD 值推断鸡的饲料和产地；同时使用 4 个参数对鸡肉产地进行判定，正确率达到 100%。

（五）有机产品与非有机产品

随着消费者对采用化肥生产的传统食品转向对有机和绿色食品的需求增加，农产品的质量安全监管也从产品检测型向过程控制型转变。农业投入品会在农产品中留有印迹，例如使用农药会造成农药残留，化学肥料或有机肥会造成产品理化指标的改变，检测这些投入品在农产品中的印迹，可以对它们进行区分。植物吸收环境中的氮，在体内进行同化与代谢，^{15}N在植物体内富集，产生分馏和印迹。由于化学合成氮肥（如尿素、碳酸氢铵）是由空气中的N_2在高温高压条件下合成的，N并没有发生分馏，^{15}N的含量接近于空气中的含量。植物体内N转化过程则会发生同位素分馏，使^{15}N的丰度高于空气中^{15}N的丰度，如作物被再利用（如沤肥、动物饲料），^{15}N会进一步发生富集（Tadakatsu et al.，2003）。常用的有机肥主要是经过堆沃、发酵、灭菌和杀虫等过程的人畜粪便、作物非可食用部分，如鸡粪、猪粪和牛粪或作物秸秆，其中的氮来源于食物或有机质残余。因此，不同肥料（化肥与有机肥）在植株体内产生^{15}N的印迹含量不同，可用作指示氮肥来源。

Bateman等（2007）发现，化学肥料中^{15}N的丰度变化范围小，80%的样品中$\delta^{15}N$值为−2‰～2‰，98.2%的样品$\delta^{15}N$低于4‰，平均值为0.1‰，而有机肥料（如堆肥、粪肥和鱼粉等）中$\delta^{15}N$值变化范围大，为0.2‰～36.2‰，平均值为8.2‰。另外，有机粪肥中$\delta^{15}N$丰度与动物的食物来源有关，食草动物粪便中$\delta^{15}N$丰度一般要比食肉动物粪便中低，如家禽粪肥中$\delta^{15}N$（2.2‰）显著低于奶牛粪肥（4.2‰）和猪粪（11.13‰）中的$\delta^{15}N$；而化肥如硫酸铵（−1.2‰）、尿素（−1.2‰）和硝酸铵（−1.2‰）中的$\delta^{15}N$丰度差异不大（Rogers，2008）。利用农产品$\delta^{15}N$变化可以区分农作物生产过程使用的肥料种类。中野明正等（2006）研究不施肥、施化学肥料和有机肥料（牛粪、鸡粪）对草莓$\delta^{15}N$的影响，发现施有机肥和化肥种植的草莓$\delta^{15}N$分别为9.12‰±1.17‰和−0.14‰±1.15‰（中野明正 等，2006）。Lim等（2007）研究不同氮肥对4年轮作双低油菜、大麦和小麦中$\delta^{15}N$丰度的影响，结果表明氮肥中$\delta^{15}N$丰度对作物$\delta^{15}N$影响明显，液态猪粪＞固态牛粪＞对照（不施肥）＞化肥（尿素和磷酸氢二铵），且不同氮肥中的有效N比总氮更影响作物$\delta^{15}N$。

不同的施肥量对作物中$\delta^{15}N$丰度影响也不同。Bateman等（2005）研究发现胡萝卜$\delta^{15}N$值与有机肥料量呈正相关，施肥超过一定量时，$\delta^{15}N$趋于平衡（约6.15‰），而与硝酸铵的施用量则呈负相关，随着施肥量的增加，胡萝卜$\delta^{15}N$不断降低（约2.15‰），施用鸡粪和不施肥时胡萝卜$\delta^{15}N$差异不显著，这与胡萝卜对不同外源氮肥的吸收量有关。另外，不同肥料处理方式也影响作物$\delta^{15}N$值，如Nakano等（2003）采用化肥包衣、化肥灌溉和有机肥灌溉（玉米提取液）栽培西红柿，肥料$\delta^{15}N$分别为0.181‰±0.145‰、0.100‰±0.104‰和8.150‰±0.171‰，施肥后西红柿果实$\delta^{15}N$分别为3.118‰±1.134‰、0.130‰±0.161‰和7.109‰±0.168‰，说明灌溉外源化学氮肥降低了作物中的$\delta^{15}N$，而使用有机肥灌溉却能明显增加作物中$\delta^{15}N$丰度。稳定同位素分析方法可以区分传统种植蔬菜和有机蔬菜，因为有机蔬菜比常规种植的蔬菜具有更高的$\delta^{15}N$值（Bateman et al.，2007）。当把微量元素和氮同位素分析结合在一起分析时，可以很清晰地区分有机和非有机种植的西红柿。

（六）食品中农药兽药及激素残留物

农药兽药残留物是指动植物产品的任何可食用部分所含的农药兽药的母体化合物及其代谢物。由于农药兽药和激素在作物种植和动物畜禽饲养过程中的不合理使用，残留在动植物体内的农药兽药及激素残留物随着食物链进入人体，会对人类的健康构成严重威胁。加强农药兽药残留的检测对确保食品安全、保护人类身体健康具有十分重要的意义，稳定同位素质谱分析由于具有准确和快速的优点，在食品农药兽药及激素残留物的检测方面已得到广泛应用。稳定同位素质谱分析解决了农药兽药残留传统分析过程中存在的待测物质浓度低、样品基质复杂、干扰物质多、农药兽药残留代谢产物多样或不明确等难题。

测试方法主要是采用同位素稀释质谱法，即在待测同位素样品中，加入一定量含该元素另一同位素的稀释剂使其混合均匀，达到同位素交换平衡后，测定相应同位素丰度比值，即可定量测定待测同位素含量。这种方法不仅能够同时准确地提供定性和定量信息，而且能有效避免样品基质的影响和校正方法中出现的误差，显著地提高农药兽药残留检测方法的稳定性，已在抗生素类、呋喃类、磺胺类农药兽药残留分析中显现出很高的定量准确优越性。例如，Nicolich 等（2006）采用 CAP-D 作为同位素内标物，通过 HPLC-MS/MS 检测，测定牛奶中的氯霉素残留量，检测限低达 0.09ng/mL。Mottier 等（2005）利用稳定同位素作为内标物，研发出测定虾和禽肉中呋喃类兽药残留物的同位素稀释质谱法，检测限达 0.1μg/kg，达到欧盟标准的要求。吴宗贤等（2007）建立了以稳定同位素^{13}C-磺胺二甲基嘧啶为内标物，快速测定肠衣中 17 种磺胺类药物残留量的方法，定量限为 1.0μg/kg，检出限在 0.4μg/kg 以下，方法回收率在 80%～100%之间。该方法前处理过程简单，通过内标物校正后测定结果准确，是一种快速的测定磺胺类药物残留量的方法。

二、兴奋剂的检测

（一）检测原理

体育运动中运动员为追求成绩服用合成的非自身（外源性）物质，即所谓的兴奋剂，目前越来越受到各界的关心。世界反兴奋剂机构（World Anti-Doping Agency，WADA）已建立了一个禁用物质清单，到 2020 年为止，涵盖的化合物已超过 100 种。现行禁用物质清单中已含有 69 种合成代谢类药物，如自 1974 年以来就被禁止使用的激素——睾酮。这些合成代谢类药物首次在 1976 年蒙特利尔奥运会中被全面检测，滥用这些药物仍然是绝大多数阳性检测结果的主要原因。例如，2004 年雅典奥运会中报道的 24 份阳性检测结果中就有 16 份归因于合成类固醇的滥用（Tsivou et al.，2006）。一直以来，科学家就致力于寻求并开发出能证实类固醇滥用的方法（Thevis，2020），然而人体自身会代谢产生某些类固醇物质（如睾酮），从而使相关研究变得比较复杂，因此即使利用最先进的分析技术如色谱与质谱检测联用技术也不能识别出天然与人工合成的类固醇。许多年以来，能够证明睾酮滥用的唯一可行方法就是测定并比较尿样中的睾酮与表睾酮浓度水平的比例。表睾酮并不是睾酮的代谢产物，两者的分子结构式相同，只有 17 位碳上羟基的立体化学不同。如果科学家发现尿样样本中两者浓度水平比例超过 6∶1（2004 年低至 4∶1）就怀疑该样本有服用睾酮合成品的可能，兴奋剂检测实验室随之将此案例报送给体育管理局作进一步调查研究。

图 10-1 描绘了哺乳动物中（内源性）睾酮及用作兴奋剂的合成睾酮（外源性）主要前体物的一般合成途径。通过稳定同位素技术可以识别出来源于不同前体物的天然与合成类固醇物质。合成类固醇的制造源于 C_3 植物（尤其是大豆类植物）中的前体物质，可能导致化合物的 $\delta^{13}C$ 值更加盈亏。已有一篇综述（Needham et al.，1999）报道了 26 种合成类固醇

商业品同位素组成的平均值为－30.1‰±2.8‰。只要内源性类固醇表现出不同的同位素组成，如 $\delta^{13}C$ 值更加富集，科学家就可以识别出两种不同来源途径。常见内源性类固醇物质的 $\delta^{13}C$ 值处于－24‰～－19‰之间。兴奋剂案例中内源性类固醇的同位素特征信息将会是天然与合成类固醇同位素质量平衡的混合特征信息。单一类固醇的同位素组成主要受饮食及其他因素影响，由于个体之间的差异性较大，在同一方法下同时测定适合的内源性参考类固醇（endogenous reference steroids，ERS）（如既不是兴奋剂，也不是在服用类固醇过程中代谢形成的常见类固醇前体物质）和睾酮代谢产物是必不可少的。ERS 的同位素组成并不受服用合成类固醇物质的影响，因此，这类化合物是很好的内标物质，相比之下睾酮代谢产物将携带同位素组成的差异信息。

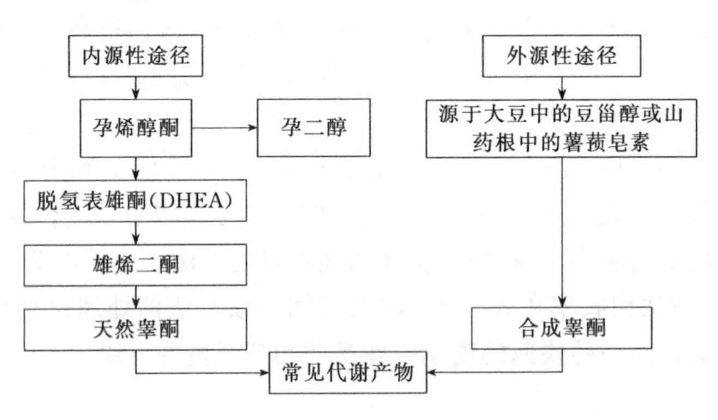

图 10-1 睾酮的合成途径

稳定同位素分析也能用于内源性和合成睾酮的识别研究（Aguilera et al.，2009），这一点在兴奋剂检测中也比较重要。到目前为止，兴奋剂检测中分析的类固醇滥用一般包括下列化合物：雄甾酮、本胆烷醇酮、5*β*-雄烷-3*α*、17*β*-二醇（5*β*-雄烷二醇）、5*α*-雄烷-3*α*、17*β*-二醇（5*α*-雄烷二醇）、雄烯二酮、睾酮、表睾酮，以及潜在 ERS 物质，如 5*β*-孕烷-3*α*、20*α*-二醇（5*β*-孕烷二醇）、16（5*α*）-雄烯醇、11-酮本胆烷醇酮等。依据 WADA 建议，当睾酮或睾酮代谢产物与某种 ERS 之间的 $^{13}C/^{12}C$ 差异值即 $\Delta\delta^{13}C$ 值≥3‰，和/或发现目标代谢物的 $\delta^{13}C$ 值＜－28‰，就要对此类固醇进行兴奋剂检测。服用睾酮前后的对比研究结果表明：当服用睾酮之后，睾酮的两种代谢产物 5*α*-雄烷二醇和 5*β*-雄烷二醇与 ERS（即 5*β*-孕烷二醇）之间的 $\Delta\delta^{13}C$ 值总是超过限量值（3‰）。

近期，CSIA 也成为 *γ*-羟基丁酸（*γ*-hydroxybutyric acid，GHB，俗称神仙水）合成品的监管证据。在药物刺激引起的性侵犯法医学案件调查中，GHB 经常成为目标分析底物，但是内源性和个体之间的 GHB 浓度水平依然较大，因此，仅凭 GHB 浓度数据是不能确保该药物的有效监管。与合成类固醇类似，外源性 GHB 的 ^{13}C 值亏损更多，因此，通过测定 $\delta^{13}C$ 值可以区分 GHB 是外源性还是内源性的。为避免衍生化试剂引入额外碳原子，Saudan 等（2007）报道了通过分子内酯化反应将 GHB 转化为对应 *γ*-丁内酯（*γ*-butyrolactone，GBL）后，利用 GC-IRMS 技术分析 GHB 的方法，实验结果显示：服用药物人群 GHB 的 $\delta^{13}C$ 值处于－42.1‰～－32.1‰之间，而对照人群处于－27.0‰～－23.5‰之间。有趣的是，GBL 是 GHB 的前体物，在人体内，它可以转化为 GHB，故 GBL 已成为一种常用药物，并出现了基于 GC-IRMS 获得的同位素数据辨别不同来源 GBL 扣押品的报道（Marclay et al.，2010）。

（二）检测方法

源于稳定同位素方法在类固醇滥用检验方面有重要优势，到2020年，已有30家反兴奋剂检测实验室获得了WADA的认可资格，许多实验室采用了IRMS对类固醇滥用进行检测。在大型体育赛事期间，通常需要在较短时间内处理大量的尿样样本，睾酮滥用的首选指示剂仍然是睾酮/表睾酮=4（浓度比值）这个指标，而IRMS更多用于确证分析中。与浓度分析比较，IRMS更加耗时的原因并不在于分析过程中的分离和检测步骤，而在于为尽可能除去样本中共馏出基质化合物干扰而采取的必要样品制备步骤。对指定时间内分离出来的任何含碳物质，同有机磁质谱仪检测器相比，由于IRMS的检测器从根本上不具有选择性，因此，共馏分将使目标类固醇的分析结果发生错误（迈克·约赫曼，2018）。

兴奋剂检测中类固醇分析唯一的相关基质就是尿液。尿液是一种相对复杂的基质，含有大量的盐、尿素、肌酸酐和蛋白质等。因此，在进行GC-IRMS分析之前，必须采取复杂的样品制备和纯化步骤（Saudan et al.，2009）。含多种必要步骤的样品制备有如下常见方法。在第一步中，类固醇通过固相萃取小柱以葡糖苷酸结合态形式从原始尿液中萃取而被排出。在固相萃取中，绝大多数使用标准C_{18}固定相，然后对洗脱液蒸发、浓缩至干燥状态和重新溶解，并通过酶催化水解反应将结合态类固醇切割为游离态。在第二次固相萃取过程中，游离态类固醇通常通过适合的洗脱条件进行分段萃取而得，然后用乙酸酐-吡啶混合物进行衍生化处理。有时候，衍生化之前的固相萃取会用液相色谱分馏代替。含有衍生化类固醇的溶液同样也被蒸发、浓缩至干燥状态，并用乙腈-水体系重新溶解后，再进行第三次固相萃取或液相色谱分馏等处理。洗脱后的洗脱液进行第三次蒸发干燥处理，衍生化类固醇重新用溶剂（多数为环己烷）溶解，最后在不分流模式条件下进行GC-IRMS分析。同位素验证实验表明：虽然存在各种相转移和挥发步骤（Aguilera et al.，1999），整个复杂前处理过程中却没有发生同位素歧视效应（Saudan et al.，2009）。其他样品制备方法包括液液萃取、反相液相色谱法和免疫亲和色谱法等。

目前兴奋剂检测并不局限于体育运动，在畜牧养殖中也频繁出现——为达到快速增重目的人为添加生长促进剂。1988年在欧盟范围内，为达此目的而使用类固醇的行为被明令禁止。因此，通过牛或猪的尿样分析对禁用类固醇进行检验是食品控制领域的一个重要课题（Bichon et al.，2007）。

第二节
环境法医学领域应用

一、基本原理

同位素比率质谱仪能够分辨出来自不同地区同种化合物中同种元素同位素组成之间非常细微的差异。这种同位素组成上的差异主要是由植物生理过程、人工加工和其他物理过程的不同造成的。例如，在植物和微生物的酶促过程中多数合成反应中植物或微生物可能更倾向于选择某种元素的轻同位素，从而导致产物中重同位素相对贫化，与环境相关联的物理过程也可导致一种元素的轻重同位素比率发生改变。以氧元素的^{18}O和^{16}O在降水过程中的改变为例，内陆地区降水中^{18}O的含量比沿海地区少得多。

同位素分析可用于确定一系列生物或非生物物质的地理来源信息，包括动物的来源（如鸟的迁徙）、昂贵宝石的来源（如绿宝石和象牙的来源地等）。在此之前，稳定同位素方法在检测毒品方面的应用受到限制的原因不是同位素分析上的问题，也不是缺乏判断来自不同地理区系植物同位素差异的理论框架，而是由于缺乏来源地明确、真实可靠的样品。

二、刑事调查中的应用

稳定同位素分析IRMS技术（包含BSIA和CSIA）在法医学中的应用，已有综述报道(Meieraugenstein，2010)。化合物分子（如可卡因和吗啡分子）一旦形成之后，会维持其同位素组成直至该化合物分解。应用稳定同位素分析方法，通过剖析有关化合物同位素特征信息，可以使犯罪现场发现或收集的物质痕迹或残留物质与产品加工过程或源产地之间关联起来（Carter et al.，2002)。反过来，这也有助于阐明此类物质非法交易的途径以便提起诉讼。已有报道通过EA-IRMS技术分析碳和氮同位素辨别黑火药样品，将稳定同位素数据融合应用到法医学鉴定整体框架工作中（Gentile et al.，2009)。

在法医学鉴定中，化合物鉴定相关工作被提出十分严格的要求。因此，对于在法庭上出示的数据，除单纯色谱峰保留时间匹配之外，还有必要采用其他手段进一步确保化合物鉴定的准确性和可靠性。只有通过GC-MS/IRMS与部分分流质谱仪组合的技术才能实现这种目的。更好的分析手段，如多级串联质谱的应用会进一步完善化合物的确认与鉴定（Meieraugenstein，2010)。

在法医学鉴定领域使用元素分析仪进行全样品同位素分析的报道更为常见，公开报道文献中，CSIA在法医学领域的应用主要集中在违禁药品溯源方面，如海洛因、3,4-亚甲基二氧甲基苯丙胺（摇头丸)。

如在澳大利亚某艘货轮上发现并扣押大量海洛因的案件中，正是得益于吗啡和海洛因同位素数据，该小组在比较羁押样品与已知产地样品（Casale et al.，2006）（南非、亚洲西南部、亚洲东南部和墨西哥）同位素数据后，排除了吗啡的已知产地来源。在某纵火案现场残留物调查研究中，萘、α-甲基萘和β-甲基萘等化合物即使经过持续蒸发处理，其同位素组成也几乎不受影响，这些物质成为相关痕量残留物怀疑来源极为有用的同位素标志物（Smallwood et al.，2002)。

通过结合生物碱含量和同位素比率，可以更为有效地追溯南美地区可卡因地理来源(Ehleringer et al.，1999)。这种方法巧妙地利用了可卡因δ^{15}N值与异托品基可卡因含量正相关、δ^{13}C值与三甲氧基可卡因含量负相关的关系。结合两者数据得知来源于同一地理区域的可卡因样品数据分布比较集中，而不同地区来源的可卡因信号不重叠。利用这种方法，已鉴定了200份已知出处的可卡因样品地理来源，准确度高达96%。

为确定毒品来源和运输路线，通过对更多地理区域的样品采样分析，可以获得毒品δ^{13}C和δ^{15}N同位素分布的GS地图，将有助于确定出已知主要产区之外可能新增的毒品产地。从区域和全球尺度来讲，毒品的δ^{13}C和δ^{15}N分析，可为各国缉毒机构提供独立的、量化的高新技术，从而鉴定毒品来源及其走私途径。通过对各国缴获的大量可卡因和海洛因等毒品样品进行$\delta^{13}C$和$\delta^{15}N$分析，可以绘制出主要毒品的同位素地理图谱，给侦破可卡因和海洛因可能的生产商和供应商提供直接和有效的技术方法，同时也为毒品销毁工程有效性的评估和量化毒品的来源变化提供有效的方法。

Ehleringer等（1999）分析比较了某次缴获的几千克可卡因之间的$\delta^{13}C$和$\delta^{15}N$值差异，目的是为了测定样品的同质性，利用同位素值来追踪毒品运输和销售途径。在同时缴获的5份可卡因中，取样测定其$\delta^{13}C$和$\delta^{15}N$值，发现$\delta^{13}C$和$\delta^{15}N$均值波动范围很小。C/N值可指示可卡因的纯度，C/N值为154时可认为是纯可卡因。在5份可卡因中，有2份样品具有显著不同的C/N值，其对应的$\delta^{13}C$和$\delta^{15}N$值也不同。

在案件调查中，对源于残留脂肪中脂肪酸（常以脂肪酸甲酯测定代替）的同位素组成进行分析。可以采用包含前面的CSIA等几种分析技术，对坟墓挖掘样品进行深入分析，从而提供人类地下埋葬的进一步线索证据。譬如，可以比较含有尸蜡（一种人体脂肪部分分解的产物）的土壤样品和动物及人体脂肪样品中的脂肪酸同位素组成。在获取死者脂肪后，其脂肪酸同位素组成就可以与前面样品的测定值进行比对，获得更多的信息（Bull et al.，2009）。何欣龙等（2020）指出，在法庭科学研究领域，指甲可作为一种记录人在不同时段内摄入氢、氧稳定同位素情况的载体，在推断人的生活地域变化轨迹方面具有很大的潜力和广阔的应用前景。

到目前，使用CSIA在其他法医学调查研究中的公开应用报道相对较少，主要因为：①很难获取某些同位素数据；②缺乏投入相应法医实验室的时间；③CSIA在法医学领域的应用的确才开始涌现。随着研究深入，同位素数据库的不断完善，越来越多的国家司法部门对CSIA的应用表现出浓厚的兴趣。

三、违禁物品的追踪

毒品走私日益严重，日趋严重的毒品问题已成为全球性灾难。在我国，毒品是指鸦片、海洛因、甲基苯丙胺（冰毒）、吗啡、大麻、可卡因以及国家规定管制的其他能够使人形成瘾癖的麻醉药品和精神药品。国际药品监督管理机构十分关注毒品的走私和违法使用（Levine，2003）。在过去的20多年中，追踪非法可卡因和海洛因等毒品的地理来源问题一直是相关执法部门的研究焦点。Besacier等（1997）首次报道了利用稳定同位素区分和跟踪海洛因的可行性。Ehleringer等（1999）也采用稳定同位素技术确证可卡因和海洛因等毒品的产地，对它们的来源进行有效跟踪。这些研究使稳定同位素分析成为目前最有效的鉴别海洛因来源的方法之一。

（一）毒品生产地的追踪

早在GC-IRMS的发展初期，其第一个应用就是采用海洛因碳同位素组成进行产地溯源的可行性研究，至少可以实现3个产区的区分与识别（Desage et al.，1991）。然而，后来的研究工作已部分怀疑其结果的可靠性，并建议采用氮同位素组成完成此目的，或者最好组合碳、氮两种数据形成双元同位素分布图进行产地溯源研究。尽管不是基于GC-IRMS技术，而是依赖全样品同位素分析技术，对古柯叶产地溯源研究也得到了相同的结论（Ehleringer et al.，2000）。

大部分海洛因来自西南亚、东南亚、北美洲墨西哥和南美洲 4 个主要产区。Ehleringer 等（1999）研究表明，这 4 个地区海洛因样品 $\delta^{13}C$ 和 $\delta^{15}N$ 之间的差别可分别达 24‰和 3.1‰。海洛因的 $\delta^{13}C$ 值贫化，与罂粟生长的高湿度环境相匹配，或与其光合碳固定过程中的同位素分馏相一致。从追溯地理起源的目的出发，利用参数统计能区分各个主要的产地。来自墨西哥和南美洲两地区海洛因的 $\delta^{13}C$ 和 $\delta^{15}N$ 值有很小部分的重叠，而产自西南亚和东南亚海洛因的 $\delta^{13}C$ 和 $\delta^{15}N$ 值在统计上具有显著的差异。对海洛因单个样品来讲，南美洲的 24 份样品和西南亚的 20 份样品中，各地分别只有 2 份样品的 $\delta^{13}C$ 和 $\delta^{15}N$ 值和其他地区的有重叠。而来自东南亚的 26 份样品和墨西哥的 6 份样品，其 $\delta^{13}C$ 和 $\delta^{15}N$ 值没有与其他地区的值重叠。

由于海洛因是吗啡的次生产品，所以稳定同位素比值不仅能够追溯其所用吗啡的来源地，而且可以进一步追溯提取吗啡所用罂粟的地理出处和合成过程中所用无水醋酸的来源（Ehleringer et al.，2000）。检测一个可卡因或吗啡分子，其分子中 C 原子的组成是不同光合作用模式的体现，因为植物光合作用模式影响其对 ^{13}C 的吸收。潮湿、干旱和光合作用途径都会影响植物叶片的 $\delta^{13}C$ 值和其他化学组分含量。在低湿度干旱地带，植物的 $\delta^{13}C$ 值会比生长在环境适宜地带的同种植物的 $\delta^{13}C$ 值高。因而，毒品中 $\delta^{13}C$ 值能够体现各个地区环境因子的差异。依据该理论，可以推断来自不同地区的吗啡具有不同的 $\delta^{13}C$ 值。因此，对海洛因的检测，不仅能够追溯其主要组分吗啡的来源，也可以追踪其合成所需的无水醋酸的产地。在海洛因的 21 个 C 原子中，有 17 个来自吗啡，其他的 4 个来源于无水醋酸。对于缴获的海洛因，从海洛因还原到吗啡的过程也相对简单，根据质量平衡理论，可以推算出用于合成海洛因的无水醋酸的 ^{13}C 组成。跟 C 同位素的原理相同，不同来源毒品分子中的 H、N 和 O 同位素组成差异也是其植物生理特征及不同环境因子的表征，也可以用来区分海洛因的来源（Ehleringer et al.，2000）。

在南美洲，大部分用于生产可卡因的古柯叶主要来自玻利维亚、哥伦比亚和秘鲁境内的 5 个地区。Ehleringer 等（2000）的研究表明，在整个南美区域，古柯叶 $\delta^{13}C$ 的分布区间为 −32.4‰～−25.3‰，$\delta^{15}N$ 为 0.1‰～13.0‰。哥伦比亚普图马约省（Putumayo）和卡奎塔省（Caqueta）两个地区的古柯叶具有不同的 $\delta^{13}C$ 值，秘鲁的瓦拉加（Huallaga）峡谷和乌卡亚利（Ucayali）峡谷，其古柯植物叶片的 $\delta^{13}C$ 也存在差异。来自玻利维亚的古柯叶 $\delta^{15}N$ 值比来自秘鲁地区的低。$\delta^{15}N$ 值最高的古柯叶来自哥伦比亚，最低的来自玻利维亚的恰帕里山谷（Chapare Vally）。利用双变量（$\delta^{13}C$ 和 $\delta^{15}N$）均值和标准差来评估古柯叶 $\delta^{13}C$、$\delta^{15}N$ 值与其地理来源匹配的准确性，结果显示正确匹配的可能性最高。

（二）加工原料的来源

海洛因是天然吗啡通过乙酰化反应制造而成的，因此，其碳、氧和氢稳定同位素组成受到吗啡来源和乙酰化反应过程所使用乙酸酐的影响，这就可以解释最初采用海洛因碳同位素组成进行产地溯源时出现有争议结论的缘故。故 Besacier 等（1997）建议在海洛因去乙酰化变成吗啡后测定其同位素组成，结果证实碳同位素组成的原始信息仍得以保存，而且，通过同时测定吗啡和海洛因甚至可以获取吗啡乙酰化过程所使用乙酸酐的来源信息。后来，Casale 等（绝大多数属于美国禁毒署成员）在古柯和吗啡加工处理过程中同位素影响因素的系统研究中进一步证实了上述结论（Tullberg et al.，2005）。

在药品制造过程中，常使用辅料或稀释试剂作为稀释剂或掺假物，然后将这些物质与海洛因（通常在最终产品中占据一小部分）混合在一起。一般采用咖啡因和对乙酰氨基酚作为稀释剂。正如在其他应用领域发现的一样，如果分析对象为多个成分，与来源识别有关的信息内容就会丰富得多。因此，稀释剂、吗啡和海洛因同位素的同步分析将是一种有用的方法。对乙酰氨基酚和咖啡因的同步分析已经被证明是一种有效手段（Dautraix et al.，1996）。与此同时，为了在不同海洛因扣押品识别中最大限度地发挥潜力，Idoine 等（2005）则同时应用了海洛因及咖啡因的碳与氢同位素数据。黄樟素是制造摇头丸的主要原料，天然存在于檫木属植物中（通过各种合成途径）。由于可用于摇头丸的制造，大多数国家对黄樟素贸易实施了严格的监管。摇头丸最终的同位素组成受天然前体物、合成所用试剂和加工过程中潜在的 KIE 等因素的影响（Buchanan et al.，2010）。

有效控制无水醋酸的供货和分布会限制海洛因的非法生产。稳定同位素可以确定某个地区内无水醋酸的生产商。通过对来自不同生产商的无水醋酸样品 $\delta^{13}C$ 值分析，结果显示不同生产商生产的无水醋酸的 $\delta^{13}C$ 浮动范围较小。以已知的印度新德里不同生产商和销售商的无水醋酸样品的 $\delta^{13}C$ 值为例来说明（表 10-1）。

表 10-1 印度新德里不同生产商和销售商的无水醋酸样品的 $\delta^{13}C$ 值（*Ehleringer et al.*，1999）

生产商	$\delta^{13}/C‰$	销售商	$\delta^{13}/C‰$
1	-11.09 ± 0.04	1	-11.11 ± 0.02
2	-14.00 ± 0.12	2	-13.89 ± 0.13
3	-16.84 ± 0.10	3	-20.21 ± 0.09
4	-29.05 ± 0.02		

数据显示，来自同一个生产商的无水醋酸样品的 $\delta^{13}C$ 波动范围很小，利用 0.1‰的微小差异可以确定无水醋酸的来源。另外，生产商和销售商之间 $\delta^{13}C$ 的联系有利于更准确地确定他们之间的关系。通过对缴获样品的 $\delta^{13}C$ 分析，其 $\delta^{13}C$ 值狭窄的变化区间表明其可能具有相同的来源。对 1999～2000 年间缴获的 5 份无水醋酸的 $\delta^{13}C$ 分析显示，同一来源地的不同箱样品之间的 $\delta^{13}C$ 绝对值差异小于 0.03‰，其标准差小于 0.02‰。

Ehleringer 等（1999）对不同年际间科研用无水醋酸生产商所生产的无水醋酸进行了取样测定，发现生产商与其所生产的无水醋酸 $\delta^{13}C$ 值对应关系比较一致。例如，在 1999 年，Fisher 公司生产的无水醋酸的 $\delta^{13}C$ 值为－19.94‰±0.01‰，Aldrich 公司的 $\delta^{13}C$ 值为－19.37‰±0.13‰，Merck 公司的 $\delta^{13}C$ 值为－29.16‰±0.01‰，Matherson 公司的 $\delta^{13}C$ 值为－27.18‰±0.02‰，Malinkrodt 公司的 $\delta^{13}C$ 值为－25.74%±0.06‰。通过对 3 年数据的比较发现，各个生产商所生产的无水醋酸的 $\delta^{13}C$ 值变化范围一般小于 0.2‰。

（三）加工过程追踪

从古柯叶中非法提炼可卡因经常在玻利维亚、秘鲁和哥伦比亚丛林简陋的实验室中进行。从古柯叶中非法提取可卡因的过程比较简单，包括多次提取和沉淀。这种粗糙的提纯工序并不能完全分离可卡因和其他在初步提取过程中分离出的多种微量生物碱，这些生物碱被带到最后的产品中。在古柯植物中，分离出了 100 多种微量生物碱，不同古柯种群中所含微量生物碱的种类由其基因决定。在确定可卡因地理来源中最有用的微量生物碱是异托品基可卡因（truxilline）和 3,4,5-三甲氧基可卡因（3,4,5-trimethoxycocaine），这两类生物碱可以被用来区分来自哥伦比亚和玻利维亚或秘鲁的古柯植物。如上所述，由于毒品加工和运输过程的错综复杂，使其在确定可卡因来源方面的应用受到限制。

海洛因是吗啡的半合成品，而吗啡来源于罂粟（*Papaver somniferum*）。罂粟是目前世界上药用吗啡的唯一来源，其非法种植区主要集中在西南亚、东南亚、墨西哥和南美地区。吗啡提取自花期后罂粟的繁殖体，其与无水醋酸反应后形成海洛因。追溯海洛因来源地的传统方法主要是测定微量组分、所含杂质、微量的植物残体和其他再加工之后仍然存留的组分。一些研究表明，吗啡及其衍生物海洛因中碳、氮或氢的同位素组成能够表征其地理来源（Ehleringer et al.，1999），说明稳定同位素技术在不同毒品之间的比较和毒品来源追踪方面具有广泛的应用潜力。

Palhol 等（2003）对大量被扣押摇头丸药片的同位素进行了测定，并基于这些数据指出：同位素尤其是氮同位素在辨别扣押的不同摇头丸药片过程中尤为有用，而碳同位素数据分布范围相对较窄，且与潜在前体物（黄樟素或异黄樟素）的数据相同。采用热转换-同位素比值质谱技术，该小组也研究了 $\delta^{18}O$ 在溯源中的潜在应用价值，但发现摇头丸及其前体物数据之间的差异很小，主要原因是黄樟素环上的氧原子并不涉及下一步的化学反应，因此在制作生产过程中不会存在更多的同位素分馏效应。Schneiders 等（2009）也采用特定化合物稳定同位素方法研究了 $\delta^{13}C$、δD 和 $\delta^{18}O$ 等测定值在苯基丙酮来源辨识中的应用，该物质为地下工厂制造安非他明和冰毒（甲基苯丙胺）等中枢神经兴奋剂的常用反应前体。对其中 7 批扣押的违禁药品，通过 δD 和 $\delta^{13}C$ 双元同位素分布图的确定实现了违禁药品的 4 类分组，然而，对 5 年内 9 批合法生产的 27 个苯基丙酮样品的同位素分析数据表明：样品批次间的数据差异也比较显著，这就限制了同位素数据在原料来源与产品之间的关联性研究。

第三节
考古学的应用

一、基本原理

在考古学中利用稳定同位素分析方法的主要目的就是利用考古遗址中的残留物，找到过去环境中的相关信息。它与法医学面临的主要问题通常极为类似，两者之间的主要差异在于时间尺度上；在法医学中，刑事调查更为感兴趣的是近期已故的死者，而考古学感兴趣的时间点则至少追溯到几百年前。

全样本稳定同位素分析（BSIA）在考古学中的应用潜力已逐渐显现，如对骨胶原、牙釉质、生物磷灰石或者保存下来的头发等样品的分析（Lee-Thorp，2008）。并且，CSIA 也被应用在考古学中（Reber et al.，2004）。在考古学中，有机残留物分析的一种主要应用就是旧石器时代饮食研究（即致力于古代食物溯源的研究）。而且，通过此项研究可以获取用于照明的不同有机物质信息，以及贸易途径跟踪的信息，所有这些均已经得到证实。

稳定同位素分析应用过程中，现代物质常作为参比样品与文物残留物一起被考察研究。如此做的目的是将同位素组成限制在假设条件下的预想范围内，即假如选定目标底物的同位素组成因在较长时期内能保持恒定不变，则其同位素信息能够充分保存下来。这些案例研究中，因工业前时代中大气二氧化碳^{13}C含量较高，对分析数据进行校正是必需的，为此需要利用冰芯中二氧化碳的数据（Friedli et al.，1986）。有时候，采用老化模拟研究可帮助解释为什么实际文物调查中观察到生物标志物分子与同位素组成往往出现偏移。

二、脂肪酸类化合物

在考古学研究中，最常使用的物质是脂肪酸类化合物——脂质的主要成分，来源于甘油三酯（也被称为三酰甘油，triacylglycerol，TAG）的水解产物，经常储存于文物（如陶瓷碎片）中。在考古学的研究中，提取文物中TAG并随之进行浓度分析的方法一直被使用（Reber et al.，2004）。在19世纪80年代后期，随着GC-IRMS设备的商品化，采用CSIA对脂肪酸进行分析也引起了科学家的兴趣。

（一）脂肪酸同位素分析方法

样品经过前处理后，绝大多数脂肪酸是通过商品化三氟化硼-甲醇试剂进行衍生化反应，测定相应的衍生化产物——脂肪酸甲酯（FAMEs），从而获取其同位素比值（Meier-Augenstein，2002）。Docherty等（2001）对由于存在衍生化反应（不局限于脂肪酸甲酯）进行校正的必要性进行了详尽的描述。在对脂肪酸进行同位素分析时，为避免衍生化反应，Sephton等（2005）提出了基于离线催化氢化反应产生正构烷烃的替代方法。

从考古学意义上的时间范畴看，不饱和脂肪酸至少容易发生部分氧化作用。与此同时，短链脂肪酸因水溶性和挥发性更强，通常容易通过洗脱或蒸发等手段排出体系，而长链饱和脂肪酸是残留物的主要成分，因此这类物质成为CSIA方法中最常见的目标分析底物（Spangenberg et al.，2006）。也许有人会问：为什么在经过考古学意义上的时间范畴内，特别是在微生物降解更加快速的条件下，这些化合物还能保持完整无缺？主要因为陶瓷黏土纳米尺度的微孔中吸附的脂质残留物，因其粒度太小导致微生物难以进入，从而能够在很长时间内阻止水溶性较弱脂肪酸的降解。

（二）应用实例

20世纪末，Dudd等学者（1998）通过与现代动物油脂等同物进行全面比较后指出：来源于猪或反刍动物如牛、绵羊和山羊等家畜中的脂肪与来源于陶瓷碎片和其他文物中的有机残留物可能存在较为明显的差异。近年来，关于动物油脂识别的方法已陆续被科学家们进一步开发出来，尤其是正十六碳酸（棕榈酸，$C_{16:0}$）和正十八碳酸（硬脂酸，$C_{18:0}$）等目标分析底物的应用。反刍动物肌肉中的残留物分析提供了古代饲养动物产奶业的证据，据此科学家可以推断出：中欧和北欧饲养反刍动物用于挤奶的确切时间是公元前5000～公元前4000年（Spangenberg et al.，2006；Spangenberg et al.，2008）。然而，源于安纳托利亚地区的有机残留物分析却表明：早在公元前7000年，近东地区就已经出现对牛进行驯养并用于挤奶的人类活动了（Evershed et al.，2008）。上述关于动物油脂识别的划分方法同样有助于鉴定出照明光源使用油脂或油料的类型（Copley et al.，2005）。

绘制棕榈酸/硬脂酸同位素数据比较分布图的方法已被广泛应用于马乳研究中。虽然两

种脂肪酸标记物 $\delta^{13}C$ 分析已经可以识别出源于反刍动物和马的脂质，但只有在 δD 数据帮助下才有可能辨识出马乳和马脂肪。其中，$\delta^{13}C$ 数据是这种假说的一种强有力证据：远在公元前 3500 年，今天的哈萨克斯坦北部/中部地区（Outram et al.，2009）就已出现马的驯养活动。棕榈酸/硬脂酸碳同位素数据比较分布图应用的最后一个实例就是“泥炭黄油”的表征（一种发现埋葬于苏格兰及其他地区的白色脂肪团）。依据历史记录，可清晰得知：这些黄油是有意在独特的泥炭沼泽条件下被埋葬并保存的。正是采用了 CSIA 这种分析技术，科学家才首次明确地证实了绝大多数地点埋葬的是乳脂肪，只有少数几个地点埋葬的是源于反刍动物脂肪的蜡状团（Berstan et al.，2004）。Gregg 等（2010）讨论了该方法在中东陶瓷碎片样品划分应用中的某些局限性。

三、氨基酸

在考古学意义上的时间范畴内，大量的肌体胶原蛋白储存于骨骼中，为从残骸残留物中获取旧石器时代饮食蛋白质的来源信息，分析蛋白质碳及氮元素的同位素组成成为科学家经常使用的方法。尽管在早期科学家们已经认识到单凭骨胶原中单一氨基酸的同位素组成可以推断整体胶原的全样品同位素信息，但与此同时，需要排除污染物对同位素信息模糊的可能性。例如，全胶原样品的同位素数据不能用于膳食 C_4 植物与海产品的蛋白质识别（Corr et al.，2005）。胶原主要由甘氨酸、脯氨酸和羟基脯氨酸等 3 种氨基酸组成，当然也包括其他氨基酸，因此分析前有必要对胶原进行酸性水解后分离出许多氨基酸。

（一）氨基酸同位素分析方法

目前，科学家已开发出测定骨胶原单一氨基酸 $\delta^{13}C$ 值的几种方法。由于氨基酸不适用于 GC，在进行 GC-MS 分析之前必须采用衍生化手段（三氟乙酸/异丙醇是最常用的两步法衍生化试剂）（Silfer et al.，1991）。通过同位素质谱平衡方法（Jim et al.，2003），全面比较全胶原样品与单一氨基酸的同位素组成后可知：酸性水解和随之的衍生化步骤均不会引起明显的同位素分馏效应。

虽然生成的极其稳定的金属氟化物久而久之导致燃烧炉中催化剂不可避免地会被污染，但制备三氟乙酸/异丙醇衍生物的方法至今仍被广泛应用。研究指出：由于向分析底物引入的额外碳原子数目更少，将氨基酸转化生成 *N*-乙酰甲酯的衍生化方法更具有优势（Corr et al.，2007）。任何一种衍生化手段均会引入额外碳原子，因此，通过同位素质量平衡进行校正是必需的，而且往往不能忽视衍生化反应中存在的动力学同位素效应。Docherty 等（2001）采用误差传播分析方法指出：采用三氟乙酸/异丙醇衍生化方法，对氨基酸 $\delta^{13}C$ 测定值的实验误差可高达 1.4‰，而部分分析误差至少可归结于前面所提及的氟化物对燃烧炉氧化催化剂的污染。

由于化合物（尤其是小分子氨基酸）衍生化反应伴随可能会产生其他问题，大量研究兴趣已转向利用 LC 技术分离未衍生化的氨基酸。最早出现的途径就是对分离氨基酸进行全样品同位素分析前，采用离子交换色谱柱离线分离样品（Hare et al.，1991）。直到 2004 年 LC-IRMS 的接口才实现商品化，该接口技术就被引入应用于考古学中的氨基酸研究。McCullagh 等（2006）首次采用混合模式反相离子交换色谱固定相，成功分离并分析来自考古的骨胶原样品。

（二）氨基酸同位素应用

通过现代与古代骨胶原比较研究表明：尽管源于骨胶原降解研究的证据相互矛盾，导致这种结论的普遍有效性至今还不明确，但是在考古学意义上的时间范畴内，骨胶原的同位素组成信息均能保存下来（Jim et al.，2003）。据报道，这些及其他有关衍生化方法已应用于单一氨基酸的 $\delta^{13}C$ 和 $\delta^{15}N$ 分析，成功实现了海洋与陆地动物的识别和溯源。海洋与陆地碳源可导致单个氨基酸 $\Delta\delta^{13}C$ 值有 3‰～13‰的变化范围（Choy et al.，2010）。在食品学中（Corr et al.，2005），甘氨酸与苯丙氨酸的 $\Delta\delta^{13}C$ 值（$\Delta\delta^{13}C_{Gly\text{-}Phe}$）已被建议作为识别陆地蛋白（$\Delta\delta^{13}C_{Gly\text{-}Phe}$ 平均值＝5‰）和海洋蛋白（$\Delta\delta^{13}C_{Gly\text{-}Phe}$ 平均值＝12‰）的指示剂。由于单独的 $\Delta\delta^{13}C_{Gly\text{-}Phe}$ 值在之前关于南非遗骨的研究结论并不清晰，科学家增加了苏氨酸 $\delta^{13}C$ 值（$\delta^{13}C_{Thr}$）作为新的同位素标志物：采用 $\Delta\delta^{13}C_{Gly\text{-}Phe}$ 和 $\delta^{13}C_{Thr}$ 两种参数绘制的交叉分布图，可以清楚地对海洋、陆地和杂食性动物进行溯源和识别。Raghavan 等（2010）的研究表明：既然骨胶原和头发中的蛋白质形式类似，头发中氨基酸的同位素组成信息可提供有用的另外或替代研究。科学家可容易且无损伤地从考古残骸中提取头发样本，也更容易与现代人类做比较研究。

（三）胆固醇

食用类固醇前体——胆固醇，是骨骼残骸研究中另外一种有用的生物标志物。骨骼尤其是牙齿中胆固醇的浓度水平相当高，并且胆固醇可以保存相当长时间，这样，经过几种样品制备步骤和三甲基硅烷化衍生后，就可以对胆固醇进行 CSIA 研究（Stott et al.，1996）。与骨胶原或生物磷灰石比较，在个体的一生中胆固醇的更新率极高，故胆固醇 $\delta^{13}C$ 值更多反映的是个体死亡之前的近期膳食情况。当然，在法医学研究中胆固醇也是一种有用的生物标志物，虽然直到目前并没出现它在该领域应用中的文献报道。此外，胶原样品的全样品同位素分析反映的是个体摄入蛋白质的情况，而胆固醇 $\delta^{13}C$ 值则反映了个体摄入脂质和碳水化合物的情况，故后者可以作为前者的有益补充。Stott 等（1996）通过对从英国沿海发掘现场获取的大量股骨种类样品进行研究后指出：始于公元 9 世纪的埋葬期间内，海洋食品是膳食结构的一种重要组成部分。这可以通过摄入胆固醇与 C_3 植物后 ^{13}C 富集的比较研究得到证实。他们同时确认：所有股骨样品中的胆固醇 $\delta^{13}C$ 值相对一致，甚至完整骨骸中不同骨骼之间的差异也极小，但个体间的差异明显。

第四节
有机物稳定同位素技术在环境领域中的应用挑战与展望

一、样品预处理技术的发展与挑战

近年来，对含杂原子有机化合物中氢的精确同位素分析技术以及氯和溴元素稳定同位素通用方法的发展为补充常规碳稳定同位素分析的未来研究提供了巨大的潜力。通过改变分离方法，如GC或LC，结合其他检测系统，如MC-ICP/MS，可大大扩展各种化学品和元素（如N、O、S、金属元素）的同位素分析方法。最终，对许多新出现的化学品（如药品、杀虫剂或溴化阻燃剂）进行多元同位素分析可能成为工艺分析的工具，用于分析当前关注的环境污染物，例如低浓度的新兴污染物。由于这些CSIA方法的灵敏度相对较低，进一步研究的重点应放在无同位素效应的预分析步骤和从复杂基质中获得足够数量（干净）的目标化合物。更广泛的可用方法以及越来越多的实验室拥有CSIA的设备，为有机物稳定同位素分析提供了巨大的机会，有可能作为一个联合合作的“同位素分析社区”显著推进该领域的进步。通过该技术，人们可以期待对许多环境反应和过程有价值的见解，以及对各种有机污染物的来源鉴定和法医鉴定方法，而这些有机污染物的相关研究是用其他设备或方法无法实现的。

然而，同位素分析的一个固有挑战是所有同位素都必须进行高精度的分析，而传统的浓度分析通常只测量最丰富的同位素。此外，微量同位素的定量精度必须为10^{-4} $^{h}E/^{l}E$，这与传统浓度分析中的检测限有很大不同，后者定义为基线标准偏差的5～10倍。例如，只有1%的碳是^{13}C，因此精确的单体碳同位素分析所需的信号强度大约比传统化合物浓度分析大两个数量级。氮和氢元素的同位素分析需要更高的信号强度。第二个困难是IRMS将所有化合物转化为相同的化学形式（例如用于碳同位素分析的二氧化碳）。如果目标分析物峰与干扰基体成分重叠，则不可能区分二氧化碳是来自分析物还是来自基质，从而在同位素分析中引入偏差。这两个方面对于分析环境样品中的污染物都是特别关注的，因为这些污染物浓度很小，并且存在干扰基质成分。因此，预浓缩、纯化和高效液相或气相色谱性能尤为重要。所有预浓缩方法的共同关注点是在吸附、解吸和相转移过程中系统同位素分馏的可能性（Skarpeli-Liati et al，2011）。因此，在分析样品之前必须用同位素标准物质仔细验证方法。

（一）吹扫捕集器（P&T）

对于地下水的挥发性有机污染物，例如汽油组分和氯化烃污染物，近年来成功地建立了吹扫捕集（P&T）的样品预浓缩方法。利用气流将化合物从水样中喷射出来，然后被捕集器吸附，在测量之前化合物通过加热释放，并通过氦气载流进入气相色谱仪的进样口。目前，地下水中许多浓度范围低至微克每升级的挥发性有机污染物的可靠同位素值已经通过这种方式获得（Zwank et al.，2003；Auer et al.，2006；Amaral et al.，2010；Dorothea et al.，2010；Jochmann et al.，2010）。可以在自动化过程中提取大量的水样（高达100mL），干扰的非挥发性基质成分被留下，从而形成干净的色谱图。

（二）固相萃取（SPE）

对于低挥发性的化合物，如杀虫剂或药物，水相样品的固相萃取（SPE）然后用有机溶剂洗脱可提供最高的预浓缩因子。然而，干扰基质成分也经常被提取，因此可能有必要对提取物进行进一步纯化，以去除干扰基质成分，例如通过二氧化硅净化（Hunkeler et al.，2000）或制备型高效液相色谱法对馏分收集纯化，类似于土壤和沉积物分析（Mazeas et al.，2001）。对于随后定量转移到气相色谱柱上，采用柱进样是一个有利的选择，因为与分离进样相关的损失被避免了（Zwank et al.，2003）。

（三）二维气相色谱耦合 IRMS 技术的发展

传统的毛细管气相色谱的可分辨色谱峰或峰容量很大，在最优条件下一次运行峰容量最大数能超过 150 个峰。尽管能对这么多化合物进行完全分离，但对复杂混合物的分离效果仍可能有限，甚至经过复杂和费力的纯化步骤后效果也不佳。提高分辨率的方法包括：通过改变固定相材料调整色谱柱的选择性，或者用一个接口将不同保留机理的两根独立色谱柱串联起来。此处的串联指两根色谱柱或两个维度的出峰时间必须相互独立，且两个柱子有完全不同的保留机理（极性和手性）。因此就产生了二维气相色谱耦合质谱或飞行时间质谱分析技术。

从干扰组分中分离目标化合物并在低浓度下完成同位素分析的策略也扩展到了二维气相色谱耦合 GC-IRMS 系统。二维气相色谱法是一种方便的选择，因为色谱图的一部分可以被选取经调制器以脉冲进样方式并释放到第二个色谱柱上，在那里分析物根据不同物理化学性质被特性的色谱柱实现深度分离。理论上，2D-GC-IRMS 有两种不同的实现方式。

第一种实现方式被称为中心切割二维气相色谱法（heart-cut two-dimensional gas chromatography）。在中心切割 2D-GC-IRMS 中，移动毛细管流的切换只有第一个色谱图的一部分以脉冲方式释放到第二个色谱柱上再分离，而其余部分则会丢失（Juchelka et al.，1998；Horii et al.，2005a）。这种方法在商业上是可行的，如果只对选定的目标化合物进行分析，并且方便地混合其他化合物，那么这种方法是有效的，能够实现复杂环境组分的有效分离和单体稳定同位素分析。

第二种实现方式被称为综合二维气相色谱法（comprehensive two-dimensional gas chromatography）。在综合二维气相色谱-同位素质谱（GC×GC-IRMS）中，第一个 GC 柱（内径 0.25mm）的流出物在低温调制器中冷冻切片。通过闪蒸加热脉冲到内径较薄（内径 0.1mm）的第二个 GC 柱上并立即释放每个组分，在该色谱柱上完成第二维度的目标物色谱峰分离。该方法的优点是可获得二维分辨率的全色谱图，且不需特定选取其中的某部分。然而，由于以下原因它不容易在商业化的 GC-IRMS 系统中实现：因为商用燃烧反应器管路太宽，对于尺寸很窄的第二维气相色谱柱，必需要保证较低的流速。Tobias 等在 2010 年通过建造定制的微型反应堆解决了这个问题。色谱峰的切片以第二维度色谱柱的几个馏分结束。因此，需要开发一种算法，从几个组分的切片中重建目标化合物的同位素比值（Tobias et al.，2008）。Tobias 等（2011）通过 GC×GC 与 IRMS 联用的方法分析了尿样中合成睾酮的同位素比值。此外，在环境污染物研究中，Horri 等（2005b）利用 2D-GC-IRMS 分析了 18 种 PCB 的碳稳定同位素比值 $\delta^{13}C$，显示其强大的分析能力。二维气相色谱耦合稳定同位素质谱分析已经应用于沉积物中 PAHs 的溯源以及燃烧导致的大气气溶胶中无水糖的碳稳定同位素分析，展现出该方法的应用潜力。虽然这些解决方案在传统的 GC-IRMS 系统中似乎还不容易实现，但该系统是未来环境分析中提高灵敏度和分辨率的一种很有前途的方法。

（四）固相微萃取（SPME）

P&T 的另一种替代方法是在 GC-IRMS 之前采用固相微萃取（SPME）（Hunkeler et al.，2000；Zwank et al.，2003；Berg et al.，2007）。有机化合物通过微型纤维的聚合物涂

层吸附，该纤维要么直接浸入水样中（直接浸入 SPME），要么暴露在其顶部空间（顶空 SPME）。纤维随后被引入气相色谱仪的热注射器，在那里化合物被释放到气相色谱柱上。SPME 不能在与 P 和 T 相同的低浓度下进行同位素分析，但它的优点是适用于直接浸入模式下挥发性较小的目标化合物，因为预浓缩步骤依赖于动态控制的吸附而不是挥发。

二、有机物 CSIA 分析的标准化、规范化与参考物质的挑战

由于色谱分离和化学转换可能涉及分析物结构依赖性的同位素分馏，在理想情况下必须使用具有已知同位素组成的、化学性质等同的参考物质对每个目标化合物的同位素测量精度进行验证。在实践中，由于缺乏合适的实验室标准物质，导致在具体的测量过程中每个实验室质量控制方法具有差异。参考和校准指南缺失，循环测试甚至 GC-IRMS 的熟练度测试也很少。考虑到污染物单体同位素评估已被广泛接受，涉及的实验室数量不断增加，因此显然需要质量保证，必须确保在实验室之间和随着时间的推移获得可重复并且一致的结果。在本节中，将讨论不同水平的校准和参考物质，以及污染物单体同位素标准的迫切性。

三、新的元素和新的污染物 CSIA 分析

分析方法的改进有望带来显著的进展，到目前为止用气相色谱-质谱联用技术进行的同位素研究只针对有限数量的环境污染物。如果使新的目标化合物适用于单体稳定同位素分析就可能形成一个全新的应用领域，例如对医药、农药等有机物新兴污染物的研究（Meyer et al.，2008；Schuerner et al.，2016）。为此，有必要对准确度和精密度进行仔细评估，可能需要对燃烧过程进行优化，并且必须在同位素分析之前对非挥发性目标化合物进行衍生化（Maier et al.，2013）。LC-IRMS（液相色谱-同位素比）技术的发展对于处理不适用于 GC-IRMS 的化合物也取得一定的进展（Moerdijk-Poortvliet et al.，2014；de Reus et al.，2017；Suto et al.，2019；Xu et al.，2020），该方法避免了衍生化以便分析更容易进行，并消除了来自额外碳原子的偏差（Tagami et al.，2008；Fuller et al.，2009；Godin et al.，2011）。然而，目前 LC-IRMS 技术只能实现碳同位素的分析，同时分析过程还必须严格避免有机溶剂，且方法的定量限制是传统 GC-IRMS 的 10 倍以上，限制了该方法的广泛应用（Reinnicke et al.，2011）。

为了从双同位素斜率中获得有机污染更多的降解动力学信息，必须对多个元素进行同位素分析。然而，大多数同位素研究仍然主要分析碳同位素分馏，因此有必要对其他元素进行同位素分析。虽然通常在商业 GC-IRMS 装置中提供氮同位素分析的功能，但其准确性和精密度需要针对新的目标化合物进行验证和优化（Meyer et al.，2008）。许多目标化合物通常都可以进行氢同位素分析，但在氯化烃分析过程中仍然存在问题，因为在目标化合物热解过程中会生成 HCl（Elsner et al.，2012）。相比之下，有机氯化合物的单体稳定同位素分析在最近几年中已经开展了研究，并进行了接近于将其常规化研究降解过程的应用（Renpenning et al.，2018；Ponsin et al.，2019）。

总的来说，CSIA 方法发展的主要挑战是在不存在干扰副产物的情况下，将目标化合物定量转化为简单分析物。方法开发通常是由亟待解决的研究问题和应用为导向的，而恰好这些问题和应用在现有设备条件下很难实现。对于非常规稳定同位素的分析，如有机氯稳定同

位素在线分析方法的开发，可以显著提高 CSIA 在持久性有机污染物研究方面的应用。为了单体稳定同位素分析更广泛地应用到氯代有机污染物中，需要开发新的单体稳定同位素分析方法（如$^{35}Cl/^{37}Cl$），对非常规氯同位素来说主要是开发新的转换系统。第一个挑战是找到一种通用的、简单的分析气体。对于如 PCE 的氯稳定同位素分析已经开发了几种不同可用离子的方法（Renpenning et al.，2015a）：PCE（qMS，具有特殊法拉第杯的 IRMS）、CH_3Cl（具有特殊法拉第杯的 IRMS）（Shouakar-Stash et al.，2006）、HCl（带通用杯的 IRMS）、Cl^-（负模式下的 TIMS、ICP-MS）（Gui et al.，2014），在转化为 HCl 的情况下，该方法有可能成为普遍适用的方法（Gafni et al.，2020；Lihl et al.，2019）。

其次，样品需要在不干扰副产物的情况下定量地转化为感兴趣的化合物/分析物。例如，Hitzfeld 等（2011）根据在高温转化过程中氯化烃氢同位素分析方法开发过程中的先前观察结果选择 HCl 作为分析气体，为方法开发提供了起点。然而，由于检测过程中其他分子碎片质量与 HCl 相似，分析最初受到非卤化副产物干扰的阻碍。通过建立双检测系统（并行 IRMS 和 qMS）（Renpenning et al.，2015a），可以优化转化率，目的是减少干扰副产物并实现定量转换。最后，为了验证新方法的有效性，需要使用已知数值的国际范围内可获得的合适参考材料（RMs），以便不同实验室间测试结果和仪器性能的比较。例如，在实验室研究中，比较 GC-IRMS 和 GC-qMS 方法测定三氯乙烯中氯同位素的结果（Bernstein et al.，2011）。然而，适当参考程序所需的合适 RMs 的可用性是一个主要的瓶颈。

另外，如第五章所述，在特定有机物稳定同位素分析技术中，随着技术的进步和分析手段的成熟，如 MC-ICP-MS、GC-MC-ICPMS 仪器设备的研发和分析方法的发展逐步成熟（Sylva et al.，2007；Gelman et al.，2010；Sanabria-Ortega et al.，2012；Renpenning et al.，2018），环境污染相关的非常规稳定同位素氯、溴及其相关持久性有毒污染物的在线化、自动化分析方式将成为可能，可以实现多种元素稳定同位素同时在线分析，可以测试的元素和有机物种类的不断增加，将会极大推动有机物稳定同位素分析技术在环境领域中的应用。因此，关注分析设备和技术的进步也是本领域研究的重要内容。

（一）有机物参考物质 RMs 需求的迫切性

为了进行准确的稳定同位素分析，需要使用合适的参考材料（RMs）（Werner et al.，2001），以便在实验室和实验之间进行比较。准确测定所有元素的相对稳定同位素比值需要两点校准，其中至少应用两个不同同位素组成的 RMs 以覆盖预期的变化范围。然后使用这些参考物质以便将确定的比值与国际同位素标度挂钩，证明样品与分析气体的定量转换，检查副产物形成的干扰，以及补偿仪器操作的差异（即同位素标度收缩）。目前，认证有效值的国际标准物质有 IAEA、NIST、USGS 等，例如 VSMOW2、SLAP2 是用于氧和氢同位素分析的参考物质（Gehre et al.，2015；Brand et al.，2009）或 IAEA-600、IAEA-CH-7 是用于碳稳定同位素参考物质。但一般来说，RMs 的可用性有限而且价格昂贵。因此，经认证的参考物质应辅以特定物质和实验的实验室同位素标准，并按照国际标准校准，并适用于研究的元素和系统（Renpenning et al.，2015a；Renpenning et al.，2015b）。

然而，合适的有机卤化物稳定同位素 RMs 的发展并没有跟上分析连续流 IRMS 方法的快速发展。为了尽量减少基质效应，标准物的化学性质应尽可能与未知样品相似，因此应使用有机卤化物 RMs 来校准有机卤化物样品。分析过程中的基本样品和 RMs 相同处理原则

（Werner et al.，2001）是不允许使用常规进样的 CO_2 或 H_2 标准气体（也称为参考气体）脉冲作为同位素标度上的主要锚定。这些参考气体在进入质谱仪之前没有经过相同的 GC、EA、高温转换（HTC）或湿燃烧界面转化过程，因此不能反映整个设备的表现。这些参考气体的作用是作为在同一序列中不同样品运行之间的参考物质，而其中 RMs 则作为主锚定物质。因此，应该使用化学相似的 RMs 仔细监测 CSIA 设备的整体性能。在 CSIA 的应用中，RMs 应符合以下几个标准：RMs 应是一种同位素均匀材料，在化学上长时间稳定，光学稳定并且不会吸湿，在相对简单的基质中不易蒸发，并且在理想情况下，可用于 GC 和/或 LC 分析。由于这些限制性的标准和 CSIA 方法的全面快速发展，目前仍然缺乏适用于 CSIA 的有机卤化物的 RMs。新开发的有机卤化物 RMs 适用于氯和氢同位素分析，其同位素特征通过独立方法确定，从而允许方法的验证（Renpenning et al.，2015a；Renpenning et al.，2015b；Richnow et al.，2015）。当校准有机样品的稳定同位素比值时，这些有机卤化物 RMs 将更好地使稳定同位素分析群体能够正确地遵守既定的指南和推荐做法（Brand et al.，2014）。然而，在不久的将来，应大力发展这种 RMs 用于分析这些物质的 ^{2}H、^{13}C、^{37}Cl、^{81}Br 同位素值。此外，到目前为止氯同位素只有一个国际标准可供使用，校准的第二个定位点缺失，这阻碍了同位素数据的适当缩放。因此，氯同位素的校准需要具有不同同位素特征的第二个 RMs。同样，有效的 RMs 缺乏也是溴稳定同位素分析的瓶颈。

（二）使用单一锚定进行偏移校正

在 GC-IRMS 和 EA-IRMS 测量中，监测气体峰值（即 CO_2、N_2 或 H_2）通常在每次色谱运行的开始和结束时引入。它们可用于监测化学转化过程和质谱仪的性能，也可用于分析物峰的粗同位素校准。许多研究报道了自动生成结果的高精度，这意味着基于自动监测气体校准的 GC-IRMS 测量值与离线分析或 EA-IRMS 值的一致性，研究报告的碳同位素的标准偏差通常为±0.3‰，氮同位素的标准偏差为±1‰（Lollar et al.，2007；Sessions，2015）。尽管这些结果似乎表明分析物的完全氧化或还原转化和准确的同位素结果，但也不能想当然地认为可以用 GC-IRMS 准确分析新目标化合物。监测气体峰绕过气相色谱和反应界面，因此不能用于监测色谱分离和化学转化过程中可能的同位素分馏，它们不能用于根据“样品和参考物质相同的处理原则”实现可靠的同位素校准。因此，仅基于监测气体校准的同位素值只是表观的没有经过参考物质校准的仪器测量值。

在大多数实验室中，通常都有一份单体化合物的内部标准清单。然而，与环境相关的价格经济的目标化合物通常很少，不同产品的同位素值几乎不可能有很大的变化（例如，碳同位素值通常集中在 C_3 植物的范围内）。因此，每个目标分析物通常只有一种特定成分的内部标准品可用。目标分析物通常购买高纯度产品，并以双入口（即离线）IRMS 或 EA-IRMS 进行校准。如果未经校正的 GC-IRMS 测量结果在 GC-IRMS 的分析不确定度内重现内部目标值，对于碳同位素分析通常为 0.5‰（2σ，95%置信度），可以被视为没有系统偏差且 GC-IRMS 分析结果准确。然而，使用单一的内部标准只能表明，在气相色谱分离和化学转化过程中不会发生显著的分馏（即与相同内部标准的独立特征值相比，GC-IRMS 分析没有系统偏差）。相比之下，对于同位素值与标准值不同的样品则不能确定结果是否准确，因为不知道仪器报告的同位素值在沿校准曲线移动时是如何变化的。

（三）用两种同位素锚定物进行校准

质谱仪沿同位素标度衰减的差异（标度压缩）可以通过使用一个以上的标准来考虑，从而校正质谱仪轻微的、不同的时间变量衰减（即斜率），这通常会导致同位素参考标度的压缩（Lin et al.，2010；Paul et al.，2010）。单点校准只能校正同位素值与标准值相似的样本，而两点校准对于在更大范围的 δ 值上获得可靠的值是必要的。结果表明，随着样品与标准值之间距离的增加，测量偏差加剧。产生偏差的原因有很多种，它们可能来自质谱仪内部或外部。质谱相关的误差来源包括离子源的电离差异和单个电子放大器特性，这导致质谱仪之间同位素标度的不相容斜率（Paul et al.，2010）。例如，在高温反应中使用水还原时质谱以外的误差来源包括转化效应（Qi et al.，2009）。Coplen 等（2006）报道不同实验室的同位素分析测量的总不确定度通常相差 10 倍。因此，两种或两种以上同位素组成不同的参考材料应具有足够的多样性，同位素组成值范围涵盖所有测量的样品。常规的两点校准对于氢、碳、氮和氧的无机同位素测量已经是强制性的（Coplen et al.，2006）。关于测量氢、碳和氧稳定同位素比值的两点校准程序的详细指南已经出版（Lin et al.，2010；Coplen et al.，2006）。然而，目前在有机污染物的单体化合物同位素分析中两点校准却很少见。

不幸的是，由于色谱分析流动性的需要，现代连续流 GC-IRMS 和 LC-IRMS 方法仅限于物理和化学性质上与未知分析物相似的参考物质。例如，水和铵盐不能注入气相色谱仪。同样，碳酸盐也不能像有机物燃烧产生二氧化碳分析气体一样用于气相色谱或液相色谱法。第一次尝试制备具有各种同位素特征的有机化合物的共同溶液，这些有机化合物可以共同作为实验的同位素当量（Calderone et al.，2009），但这一尝试失败了，因为两种或多种化学成分相互反应。因此，混合物的保存期很短，即使在冷藏的情况下也会发生快速的同位素分馏。应谨慎选择有机稳定同位素标准物质，以最大限度地提高化学稳定性和同位素长期完整性，这将排除许多对环境有意义的化合物参考物质。LC-IRMS 和 GC-IRMS 分析方法变得日益重要，但国际上连续流有机稳定同位素标准物质的开发还没有跟上。IAEA 和 NIST 不提供 GC-IRMS 的任何有机参考材料，尽管该技术已经使用了 20 年。

四、新兴污染物 CSIA 分析的挑战与展望

通过污染场地利用特定化合物同位素分析（CSIA）的研究，为了解不同环境系统中有机污染物的降解过程提供的时空尺度的证据，在环境研究领域的应用越来越广泛。随着环境科学研究的进展，会有越来越多的新兴有机污染物被识别出来，虽然在稳定同位素动力学效应作用下，有机分子中的轻重同位素以不同的速度进行降解的科学原理是不变的，但是对于不同的有机污染，其样品分析、处理技术、环境过程的复杂性，也为今后的研究提出了大量的挑战。

从分析的角度来看，CSIA 方法扩展到新兴化合物（阻燃剂、表面活性剂、稳定剂等）（Renpenning et al.，2015c；Wu et al.，2017）和手性微污染物以及更多元素（如 N、Cl、Br）的同位素分析有望提高对微污染物降解的评价。在未来，即使是适度的仪器进步也将加强 CSIA 方法对微污染物的环境监测。例如，气相色谱-质谱联用仪的灵敏度和色谱峰的分离提高一个数量级，以及浓缩、净化和进样方法的优化，也有助于减少环境样品的需要量（例如 5L 而不是 50L），并降低环境样品中的基质干扰。此外，由于大多数微污

染物的转化途径尚不清楚，对转化产物的互补非特异性分析有望提高同位素分馏解释的准确性。

为了解释微污染物 CSIA 分析现场数据，还需要在分子尺度上描述基本过程。对于解决诸如持久性微污染物的转化或工程应用系统中的降解等问题，有必要从有关酶促转化（Meyer et al.，2014；Wijker et al.，2015）或光降解（Ratti et al.，2015；Ratti et al.，2016）的实验室实验中获得额外的同位素分馏参照数据。此外，时间环境系统中微污染物的低浓度性也对高浓度参照实验获得的 ε 值的代表性提出了质疑。观测到的稳定同位素分馏的程度也可能比预期的小（Thullner et al.，2013；Chen et al.，2019；Ehrl et al.，2018），这取决于底物进入微生物细胞的传质过程还是缓慢的酶动力学是速率决定因素。最后，低浓度的微污染物可作为非生长基质，其共代谢转化可与溶解性有机物等其他底物的代谢耦合（Nzila，2013）。因此，需要更好地了解微污染物共代谢转化动力学，才能可靠地解释同位素分馏。

微污染物降解如何影响现场相关条件下的同位素分馏，可在基于恒化器或均质多孔系统参照实验中观测的同位素分馏数值和基准实验中了解（Hesse et al.，2014）。这些实验可能有助于确定影响同位素分馏的因素，首先是微污染物的浓度（或溶解性有机物/微污染物的比率），其次是微污染物在线性孔隙尺度上的平均停留时间，最后是它在孔隙尺度上的扩散时间。同时，在复杂的数据源和复杂的数据源设计中，CSIA 的模拟和应用也越来越复杂。在分子水平上，同位素效应的计算可以为解释同位素分馏机理提供理论依据。作为补充，包括 CSIA 概念和数据的数学模型可能有助于描述含水层或工程系统中的多个污染源和汇（Lutz and et al.，2014），或量化集水区尺度上微污染物的演变（Farlin et al.，2013），最终纳入监管管理框架。

综上所述，微污染物 CSIA 分析方法的最新进展为实地调查和应用的发展打开了大门。这种发展的速度和影响主要取决于解决当前面临的主要研究挑战和研究需求的能力。微污染物的 CSIA 分析与土壤和水文特征、转化产物的识别和建模相结合，在未来可能有助于确定集水区尺度上的微污染物降解热点和长时间尺度上的微污染物降解过程与衰减程度。

参考文献

郭波莉，魏益民，潘家荣，2008. 牛尾毛中稳定性碳同位素组成变化规律研究［J］. 中国农业科学，41（7）：2105-2111.

何欣龙，梅宏成，王继芬，等，2020. 人指甲中氢、氧稳定同位素在法医学领域的应用［J］. 人类学学报，39（3）：483-494.

林光辉，2013. 稳定同位素生态学［M］. 北京：高等教育出版社.

迈克·约赫曼，2018. 特定化合物稳定同位素分析［M］. 冒德寿，译. 北京：科学出版社.

牛丽影，胡小松，赵镭，等，2009. 稳定同位素比率质谱法在 NFC 与 FC 果汁鉴别上的应用初探［J］. 中国食品学报，9（4）：192-197.

孙丰梅，王慧文，杨曙明，2008. 稳定同位素碳、氮、硫、氢在鸡肉产地溯源中的应用研究［J］. 分析测试学报，27（9）：925-929.

孙淑敏，郭波莉，魏益民，等，2010. 羊组织中碳、氮同位素组成及地域来源分析［J］. 中国农业科学，43（8）：1670-1676.

吴宗贤，沈崇钰，陈惠兰，等，2007. 高效液相色谱-串联质谱法测定肠衣中 17 种磺胺类药物残留量［J］. 分析试验室，26（5）：96-99.

叶珊珊,杨健,刘洪波.2009.农产品原产地判定的元素“指纹”分析进展[J].中国农业科技导报,11(4): 34-40.
赵超敏,王敏,张润何,等.2018.碳氮稳定同位素鉴别有机奶粉[J].现代食品科技,34(12): 211-215.
AGUILERA R, CATLIN D H, BECCHI M, et al., 1999. Screening urine for exogenous testosterone by isotope ratio mass spectrometric analysis of one pregnanediol and two androstanediols [J]. Journal of Chromatography B: Biomedical Sciences and Applications, 727 (1/2): 95-105.
AGUILERA R, CHAPMAN T E, PEREIRA H, et al., 2009. Drug testing data from the 2007 Pan American Games: $\delta^{13}C$ values of urinary androsterone, etiocholanolone and androstanediols determined by GC/C/IRMS [J]. The Journal of Steroid Biochemistry and Molecular Biology, 115 (3/4/5): 107-114.
AMARAL H I F, BERG M, BRENNWALD M S, et al., 2010. $^{13}C/^{12}C$ analysis of ultra-trace amounts of volatile organic contaminants in groundwater by vacuum extraction [J]. Environmental Science & Technology, 44 (3): 1023-1029.
ANGEROSA F, CAMERA L, CUMITINI S, et al., 1997. Carbon stable isotopes and olive oil adulteration with pomace oil [J]. Journal of Agricultural and Food Chemistry, 45 (8): 3044-3048.
AUER N R, MANZKE B U, SCHULZ-BULL D E, 2006. Development of a purge and trap continuous flow system for the stable carbon isotope analysis of volatile halogenated organic compounds in water [J]. Journal of Chromatography A, 1131 (1/2): 24-36.
BAHAR B, MONAHAN F J, MOLONEY A P, et al., 2005. Alteration of the carbon and nitrogen stable isotope composition of beef by substitution of grass silage with maize silage [J]. Rapid Communications in Mass Spectrometry, 19 (14): 1937-1942.
BATEMAN A S, KELLY S D, JICKELLS T D, 2005. Nitrogen isotope relationships between crops and fertilizer: implications for using nitrogen isotope analysis as an indicator of agricultural regime [J]. Journal of Agricultural and Food Chemistry, 53 (14): 5760-5765.
BATEMAN A S, KELLY S D, WOOLFE M, 2007. Nitrogen isotope composition of organically and conventionally grown crops [J]. Journal of Agricultural and Food Chemistry, 55 (7): 2664-2670.
BERG M, BOLOTIN J, HOFSTETTER T B, 2007. Compound-specific nitrogen and carbon isotope analysis of nitroaromatic compounds in aqueous samples using solid-phase microextraction coupled to GC/IRMS [J]. Analytical Chemistry, 79 (6): 2386-2393.
BERNSTEIN A, SHOUAKAR-STASH O, EBERT K, et al., 2011. Compound-specific chlorine isotope analysis: a comparison of gas chromatography/isotope ratio mass spectrometry and gas chromatography/quadrupole mass spectrometry methods in an interlaboratory study [J]. Analytical Chemistry, 83 (20): 7624-7634.
BERSTAN R, DUDD S N, COPLEY M S, et al., 2004. Characterisation of “bog butter” using a combination of molecular and isotopic techniques [J]. The Analyst, 129 (3): 270-275.
BESACIER F, GUILLUY R, BRAZIER J L, et al., 1997. Isotopic analysis of ^{13}C as a tool for comparison and origin assignment of seized heroin samples [J]. Journal of Forensic Sciences, 42 (3): 14143J.
BIANCHI G, ANGEROSA F, CAMERA L, et al., 1993. Stable carbon isotope ratios (carbon-13/carbon-12) of olive oil components [J]. Journal of Agricultural and Food Chemistry, 41 (11): 1936-1940.
BICHON E, KIEKEN F, CESBRON N, et al., 2007. Development and application of stable carbon isotope analysis to the detection of cortisol administration in cattle [J]. Rapid Communications in Mass Spectrometry, 21 (16): 2613-2620.
BRAND W A, COPLEN T B, AERTS-BIJMA A T, et al., 2009. Comprehensive inter-laboratory calibration of reference materials for $\delta^{18}O$ versus VSMOW using various on-line high-temperature conversion techniques [J]. Rapid Communications in Mass Spectrometry, 23 (7): 999-1019.
BRAND W A, COPLEN T B, VOGL J, et al., 2014. Assessment of international reference materials for isotope-ratio analysis (IUPAC Technical Report) [J]. Pure and Applied Chemistry, 86 (3): 425-467.
BRAUNSDORF R, HENER U, STEIN S, et al., 1993. Comprehensive cGC-IRMS analysis in the authenticity control of flavours and essential oils [J]. Zeitschrift Für Lebensmittel-Untersuchung Und Forschung, 197 (2): 137-141.
BRESCIA M A, MONFREDA M, BUCCOLIERI A, et al., 2005. Characterisation of the geographical origin of buffalo milk and mozzarella cheese by means of analytical and spectroscopic determinations [J]. Food Chemistry, 89 (1): 139-147.

BUCHANAN H A, DAÉID N N, KERR W J, et al., 2010. Role of five synthetic reaction conditions on the stable isotopic composition of 3, 4-methylenedioxymethamphetamine [J]. Analytical Chemistry, 82 (13): 5484-5489.

BULL I D, BERSTAN R, VASS A, et al., 2009. Identification of a disinterred grave by molecular and stable isotope analysis [J]. Science & Justice, 49 (2): 142-149.

CABAÑERO A I, RECIO J L, RUPÉREZ M, 2008. Isotope ratio mass spectrometry coupled to liquid and gas chromatography for wine ethanol characterization [J]. Rapid Communications in Mass Spectrometry, 22 (20): 3111-3118.

CALDERONE G, NAULET N, GUILLOU C, et al., 2005. Analysis of the ^{13}C natural abundance of CO_2 gas from sparkling drinks by gas chromatography/combustion/isotope ratio mass spectrometry [J]. Rapid Communications in Mass Spectrometry, 19 (5): 701-705.

CALDERONE G, SERRA F, LEES M, et al., 2009. Inter-laboratory comparison of elemental analysis and gas chromatography/combustion/isotope ratio mass spectrometry. Ⅱ. Delta^{15}N measurements of selected compounds for the development of an isotopic Grob test. [J]. Rapid Communications in Mass Spectrometry, 23 (7): 963-970.

CAMIN F, BONTEMPO L, HEINRICH K, et al., 2007. Multi-element (H, C, N, S) stable isotope characteristics of lamb meat from different European regions [J]. Analytical and Bioanalytical Chemistry, 389 (1): 309-320.

CARTER J F, TITTERTON E L, GRANT H, et al., 2002. Isotopic changes during the synthesis of amphetamines [J]. Chemical Communications, (21): 2590-2591.

CASALE J, CASALE E, COLLINS M, et al., 2006. Stable isotope analyses of heroin seized from the merchant vessel Pong Su [J]. Journal of Forensic Sciences, 51 (3): 603-606.

CHEN S S, ZHANG K, JHA R K, et al., 2019. Isotope fractionation in atrazine degradation reveals rate-limiting, energy-dependent transport across the cell membrane of gram-negative *Rhizobium* sp. CX-Z [J]. Environmental Pollution, 248: 857-864.

CHESSON L A, VALENZUELA L O, O'GRADY S P, et al., 2010. Hydrogen and oxygen stable isotope ratios of milk in the United States [J]. Journal of Agricultural and Food Chemistry, 58 (4): 2358-2363.

CHOY K, SMITH C I, FULLER B T, et al., 2010. Investigation of amino acid $\delta^{13}C$ signatures in bone collagen to reconstruct human palaeodiets using liquid chromatography-isotope ratio mass spectrometry [J]. Geochimica et Cosmochimica Acta, 74 (21): 6093-6111.

COPLEY M S, BLAND H A, ROSE P, et al., 2005. Gas chromatographic, mass spectrometric and stable carbon isotopic investigations of organic residues of plant oils and animal fats employed as illuminants in archaeological lamps from Egypt [J]. The Analyst, 130 (6): 860-871.

CORR L T, BERSTAN R, EVERSHED R P, 2007. Optimisation of derivatisation procedures for the determination of $\delta^{13}C$ values of amino acids by gas chromatography/combustion/isotope ratio mass spectrometry [J]. Rapid Communications in Mass Spectrometry, 21 (23): 3759-3771.

CORR L T, SEALY J C, HORTON M C, et al., 2005. A novel marine dietary indicator utilising compound-specific bone collagen amino acid $\delta^{13}C$ values of ancient humans [J]. Journal of Archaeological Science, 32 (3): 321-330.

DAUTRAIX S, GUILLUY R, CHAUDRON-THOZET H, et al., 1996. ^{13}C isotopic analysis of an acetaminophen and diacetylmorphine mixture [J]. Journal of Chromatography A, 756 (1/2): 203-210.

DE REUS M, VOLDERS F, SCHMIDT C, et al., 2017. Determination of sophisticated honey adulteration with LC-IRMS [J]. Lc Gc Europe, 30: 385-385.

DESAGE M, GUILLUY R, BRAZIER J L, et al., 1991. Gas chromatography with mass spectrometry or isotope-ratio mass spectrometry in studying the geographical origin of heroin [J]. Analytica Chimica Acta, 247 (2): 249-254.

DE SMET L C P M, PUKIN A V, STORK G A, et al., 2004. Syntheses of alkenylated carbohydrate derivatives toward the preparation of monolayers on silicon surfaces [J]. Carbohydrate Research, 339 (15): 2599-2605.

DING B, XIE J, WANG Z, et al., 2020. Advances in development and application of liquid chromatography coupled with isotope ratio mass spectrometry [J]. Chinese Journal of Chromatography, 38: 627-638.

DOCHERTY G, JONES V, EVERSHED R P, 2001. Practical and theoretical considerations in the gas chromatography/combustion/isotope ratio mass spectrometry $\delta^{13}C$ analysis of small polyfunctional compounds [J]. Rapid Communications in Mass Spectrometry, 15 (9): 730-738.

DONER L W, KRUEGER H W, REESMAN R H, 1980. Isotopic composition of carbon in apple juice [J] . Journal of Agricultural and Food Chemistry, 28 (2): 362-364.

DUDD, EVERSHED, 1998. Direct demonstration of milk as an element of archaeological economies [J] . Science, 282 (5393): 1478-1481.

EHLERINGER J R, CASALE J F, LOTT M J, et al. , 2000. Tracing the geographical origin of cocaine [J]. Nature, 408 (6810): 311-312.

EHLERINGER J R, COOPER D A, LOTT M J, et al. , 1999. Geo-location of heroin and cocaine by stable isotope ratios [J] . Forensic Science International, 106 (1): 27-35.

EHRL B N, GHARASOO M, ELSNER M. , 2018. Isotope fractionation pinpoints membrane permeability as a barrier to atrazine biodegradation in gram-negative *Polaromonas* sp. nea-C [J] . Environmental Science & Technology, 52 (7): 4137-4144.

ELSNER M, JOCHMANN M A, HOFSTETTER T B, et al. , 2012. Current challenges in compound-specific stable isotope analysis of environmental organic contaminants [J] . Analytical and Bioanalytical Chemistry, 403 (9): 2471-2491.

EVERSHED R P, PAYNE S, SHERRATT A G, et al. , 2008. Earliest date for milk use in the Near East and southeastern Europe linked to cattle herding [J] . Nature, 455 (7212): 528-531.

FARLIN J, GALLÉ T, BAYERLE M, et al. , 2013. Predicting pesticide attenuation in a fractured aquifer using lumped-parameter models [J] . Ground Water, 51 (2): 276-285.

FOGEL M L, TUROSS N, 2003. Extending the limits of paleodietary studies of humans with compound specific carbon isotope analysis of amino acids [J] . Journal of Archaeological Science, 30 (5): 535-545.

FORTUNATO G, MUMIC K, WUNDERLI S, et al. , 2004. Application of strontium isotope abundance ratios measured by MC-ICP-MS for food authentication [J] . Journal of Analytical Atomic Spectrometry, 19 (2): 227.

FRANK C, DIETRICH A, KREMER U, et al. , 1995. GC-IRMS in the authenticity control of the essential oil of coriandrum sativum L [J] . Journal of Agricultural and Food Chemistry, 43 (6): 1634-1637.

FRIEDLI H, LÖTSCHER H, OESCHGER H, et al. , 1986. Ice core record of the $^{13}C/^{12}C$ ratio of atmospheric CO_2 in the past two centuries [J] . Nature, 324 (6094): 237-238.

FRONZA G, FUGANTI C, GRASSELLI P, et al. , 1998. Determination of the ^{13}C content of glycerol samples of different origin [J] . Journal of Agricultural and Food Chemistry, 46 (2): 477-480.

FULLER B T, SMITH C I, CHOY K, et al. , 2009. Isotopic characterization of carbon single amino acids in modern human infants by LC-IRMS [J] . Abstracts of Papers of the American Chemical Society, 237: 333-333.

GAFNI A, GELMAN F, RONEN Z, et al. , 2020. Variable carbon and chlorine isotope fractionation in TCE co-metabolic oxidation [J] . Chemosphere, 242: 125130.

GEHRE M, RENPENNING J, GILEVSKA T, et al. , 2015. Correction to online hydrogen-isotope measurements of organic samples using elemental chromium: an extension for high-temperature elemental-analyzer techniques [J]. Analytical Chemistry, 87 (17): 9108.

GELMAN F, HALICZ L, 2010. High precision determination of bromine isotope ratio by GC-MC-ICPMS [J]. International Journal of Mass Spectrometry, 289 (2/3): 167-169.

GENTILE N, SIEGWOLF R T W, DELÉMONT O, 2009. Study of isotopic variations in black powder: reflections on the use of stable isotopes in forensic science for source inference [J] . Rapid Communications in Mass Spectrometry, 23 (16): 2559-2567.

GILEVSKA T, IVDRA N, BONIFACIE M, et al. , 2015. Improvement of analytical method for chlorine dual-inlet isotope ratio mass spectrometry of organochlorines [J] . Rapid Communications in Mass Spectrometry, 29 (14): 1343-1350.

GODIN J P, MCCULLAGH J S, 2011. Review: Current applications and challenges for liquid chromatography coupled to isotope ratio mass spectrometry (LC/IRMS) [J] . Rapid Communications in Mass Spectrometry, 25 (20): 3019-3028.

GREGG M W, SLATER G F, 2010. A new method for extraction, isolation and transesterification of free fatty acids from archaeological pottery [J] . Archaeometry, 52 (5): 833-854.

GUI J Y, CHEN Z Y, ZHANG Y T, et al. , 2015. Novel approach to stable chlorine isotope analysis using gas chromatography-negative chemical ionization mass spectrometry [J] . Analytical Letters, 48 (4): 605-616.

HARE P E, FOGEL M L, STAFFORD T W Jr, et al., 1991. The isotopic composition of carbon and nitrogen in individual amino acids isolated from modern and fossil proteins [J]. Journal of Archaeological Science, 18 (3): 277-292.
HEATON K, KELLY S D, HOOGEWERFF J, et al., 2008. Verifying the geographical origin of beef: The application of multi-element isotope and trace element analysis [J]. Food Chemistry, 107 (1): 506-515.
HEGERDING L, SEIDLER D, DANNEEL H J, et al., 2002. Oxygenisotope-ratio-analysis for the determination of the origin of beef [J]. Fleischwirtschaft, 82 (4):
HEßE F, PRYKHODKO V, ATTINGER S, et al., 2014. Assessment of the impact of pore-scale mass-transfer restrictions on microbially-induced stable-isotope fractionation [J]. Advances in Water Resources, 74: 79-90.
HITZFELD K L, GEHRE M, RICHNOW H H, 2011. A novel online approach to the determination of isotopic ratios for organically bound chlorine, bromine and sulphur [J]. Rapid Communications in Mass Spectrometry, 25 (20): 3114-3122.
HORII Y, KANNAN K, PETRICK G, et al., 2005. Congener-specific carbon isotopic analysis of technical PCB and PCN mixtures using two-dimensional gas chromatography-isotope ratio mass spectrometry [J]. Environmental Science & Technology, 39 (11): 4206-4212.
HORII Y, PETRICK G, OKADA M, et al., 2005. Congener-specific carbon isotopic analysis of 18 PCB products using two dimensional GC/IRMS [J]. Bunseki Kagaku, 54 (5): 361-372.
HUNKELER D, ARAVENA R, 2000. Determination of compound-specific carbon isotope ratios of chlorinated methanes, ethanes, and ethenes in aqueous samples [J]. Environmental Science & Technology, 34 (13): 2839-2844.
IDOINE F A, CARTER J F, SLEEMAN R, 2005. Bulk and compound-specific isotopic characterisation of illicit heroin and cling film [J]. Rapid Communications in Mass Spectrometry, 19 (22): 3207-3215.
JIM S, JONES V, COPLEY M S, et al., 2003. Effects of hydrolysis on the $\delta^{13}C$ values of individual amino acids derived from polypeptides and proteins [J]. Rapid Communications in Mass Spectrometry, 17 (20): 2283-2289.
JOCHMANN M A, STEINMANN D, STEPHAN M, et al., 2009. Flow injection analysis-isotope ratio mass spectrometry for bulk carbon stable isotope analysis of alcoholic beverages [J]. Journal of Agricultural and Food Chemistry, 57 (22): 10489-10496.
JOCHMANN M A, BLESSING M, HADERLEIN S B, et al., 2006. A new approach to determine method detection limits for compound-specific isotope analysis of volatile organic compounds [J]. Rapid Communications in Mass Spectrometry, 20 (24): 3639-3648.
JUCHELKA D, BECK T, HENER U, et al., 1998. Multidimensional gas chromatography coupled on-line with isotope ratio mass spectrometry (MDGC-IRMS): progress in the analytical authentication of genuine flavor components [J]. Journal of High Resolution Chromatography, 21 (3): 145-151.
KUJAWINSKI D M, STEPHAN M, JOCHMANN M A, et al., 2010. Stable carbon and hydrogen isotope analysis of methyl *tert*-butyl ether and *tert*-amyl methyl ether by purge and trap-gas chromatography-isotope ratio mass spectrometry: Method evaluation and application [J]. J Environ Monit, 12 (1): 347-354.
LEE-THORP J A, 2008. On isotopes and old bones [J]. Archaeometry, 50 (6): 925-950.
LEVINE H G, 2003. Global drug prohibition: its uses and crises [J]. International Journal of Drug Policy, 14 (2): 145-153.
LIHL C, RENPENNING J, KÜMMEL S, et al., 2019. Toward improved accuracy in chlorine isotope analysis: synthesis routes for in-house standards and characterization via complementary mass spectrometry methods [J]. Analytical Chemistry, 91 (19): 12290-12297.
LIM S S, CHOI W J, KWAK J H, et al., 2007. Nitrogen and carbon isotope responses of Chinese cabbage and chrysanthemum to the application of liquid pig manure [J]. Plant and Soil, 295 (1/2): 67-77.
LIN Y, CLAYTON R N, GRÖNING M, 2010. Calibration of $\delta^{17}O$ and $\delta^{18}O$ of international measurement standards - VSMOW, VSMOW2, SLAP, and SLAP2 [J]. Rapid Communications in Mass Spectrometry, 24 (6): 773-776.
LOLLAR B S, HIRSCHORN S K, CHARTRAND M M, et al., 2007. An approach for assessing total instrumental uncertainty in compound-specific carbon isotope analysis: implications for environmental remediation studies [J]. Analyti-

cal Chemistry, 79 (9): 3469-3475.

LUTZ S R, van BREUKELEN B M, 2014. Combined source apportionment and degradation quantification of organic pollutants with CSIA: Ⅰ. Model derivation [J]. Environmental Science & Technology, 48 (11): 6220-6228.

MAIER M P, QIU S R, ELSNER M, 2013. Enantioselective stable isotope analysis (ESIA) of polar herbicides [J]. Analytical and Bioanalytical Chemistry, 405 (9): 2825-2831.

MARCLAY F, PAZOS D, DELÉMONT O, et al., 2010. Potential of IRMS technology for tracing gamma-butyrolactone (GBL) [J]. Forensic Science International, 198 (1/2/3): 46-52.

SKARPELI-LIATI M, TURGEON A, GARR A N, et al., 2011. pH-dependent equilibrium isotope fractionation associated with the compound specific nitrogen and carbon isotope analysis of substituted anilines by SPME-GC/IRMS [J]. Analytical Chemistry, 83 (5): 1641-1648.

MAZEAS L, BUDZINSKI H, 2001. Polycyclic aromatic hydrocarbon $^{13}C/^{12}C$ ratio measurement in petroleum and marine sediments: Application to standard reference materials and a sediment suspected of contamination from the Erika oil spill [J]. Journal of Chromatography A, 923 (1/2): 165-176.

MCCULLAGH J S, JUCHELKA D, HEDGES R E, 2006. Analysis of amino acid ^{13}C abundance from human and faunal bone collagen using liquid chromatography/isotope ratio mass spectrometry [J]. Rapid Communications in Mass Spectrometry, 20 (18): 2761-2768.

MEIER-AUGENSTEIN W, 2002. Stable isotope analysis of fatty acids by gas chromatography-isotope ratio mass spectrometry [J]. Analytica Chimica Acta, 465 (1/2): 63-79.

MEIERAUGENSTEIN W, 2010. Stable isotope forensics [J]. Wiley & Sons, 4 (1): 13-23.

MEYER A H, DYBALA-DEFRATYKA A, ALAIMO P J, et al., 2014. Cytochrome P450-catalyzed dealkylation of atrazine by *Rhodococcus* sp. strain NI86/21 involves hydrogen atom transfer rather than single electron transfer [J]. Dalton Transactions, 43 (32): 12175-12186.

MEYER A H, PENNING H, LOWAG H, et al., 2008. Precise and accurate compound specific carbon and nitrogen isotope analysis of atrazine: critical role of combustion oven conditions [J]. Environmental Science & Technology, 42 (21): 7757-7763.

MOERDIJK-POORTVLIET T C W, STAL L J, BOSCHKER H T S, 2014. LC/IRMS analysis: a powerful technique to trace carbon flow in microphytobenthic communities in intertidal sediments [J]. Journal of Sea Research, 92: 19-25.

MOSANDL A, HENER U, SCHMARR H G, et al., 1990. Chirospecific flavor analysis by means of enantioselective gas chromatography, coupled on-line with isotope ratio mass spectrometry [J]. Journal of High Resolution Chromatography, 13 (7): 528-531.

MOTTIER P, KHONG S P, GREMAUD E, et al., 2005. Quantitative determination of four nitrofuran metabolites in meat by isotope dilution liquid chromatography-electrospray ionisation-tandem mass spectrometry [J]. Journal of Chromatography A, 1067 (1/2): 85-91.

NAKANO A, UEHARA Y, YAMAUCHI A, 2003. Effect of organic and inorganic fertigation on yields, $\delta^{15}N$ values, and $\delta^{13}C$ values of tomato (*Lycopersicon esculentum* Mill. cv. Saturn) [J]. the Dynamic Interface Between Plants and the Earth, 255: 343-349.

NEEDHAM S R, BROWN P R, DUFF K, 1999. Phenyl ring structures as stationary phases for the high performance liquid chromatography electrospray ionization mass spectrometric analysis of basic pharmaceuticals [J]. Rapid Communications in Mass Spectrometry, 13 (22): 2231-2236.

NICOLICH R S, WERNECK-BARROSO E, MARQUES M A S, 2006. Food safety evaluation: Detection and confirmation of chloramphenicol in milk by high performance liquid chromatography-tandem mass spectrometry [J]. Analytica Chimica Acta, 565 (1): 97-102.

NZILA A, 2013. Update on the cometabolism of organic pollutants by bacteria [J]. Environmental Pollution, 178: 474-482.

OUTRAM A K, STEAR N A, BENDREY R, et al., 2009. The earliest horse harnessing and milking [J]. Science, 323 (5919): 1332-1335.

PALHOL F, LAMOUREUX C, NAULET N, 2003. ^{15}N isotopic analyses: a powerful tool to establish links between seized 3,4-methylenedioxymethamphetamine (MDMA) tablets [J] . Analytical and Bioanalytical Chemistry, 376 (4): 486-490.

PAUL D, SKRZYPEK G, FÓRIZS I, 2007. Normalization of measured stable isotopic compositions to isotope reference scales—a review [J] . Rapid Communications in Mass Spectrometry, 21 (18): 3006-3014.

PIASENTIER E, VALUSSO R, CAMIN F, et al. , 2003. Stable isotope ratio analysis for authentication of lamb meat [J]. Meat Science, 64 (3): 239-247.

PONSIN V, TORRENTÓ C, LIHL C, et al. , 2019. Compound-specific chlorine isotope analysis of the herbicides atrazine, acetochlor, and metolachlor [J] . Analytical Chemistry, 91 (22): 14290-14298.

PRIMROSE S, WOOLFE M, ROLLINSON S, 2010. Food forensics: methods for determining the authenticity of foodstuffs [J] . Trends in Food Science & Technology, 21 (12): 582-590.

RAGHAVAN M, MCCULLAGH J S O, LYNNERUP N, et al. , 2010. Amino acid $\delta^{13}C$ analysis of hair proteins and bone collagen using liquid chromatography/isotope ratio mass spectrometry: paleodietary implications from intra-individual comparisons [J] . Rapid Communications in Mass Spectrometry, 24 (5): 541-548.

RATTI M, CANONICA S, MCNEILL K, et al. , 2015. Isotope fractionation associated with the photochemical dechlorination of chloroanilines [J] . Environmental Science & Technology, 49 (16): 9797-9806.

RATTI M, CANONICA S, MCNEILL K, et al. , 2015. Isotope fractionation associated with the photochemical dechlorination of chloroanilines [J] . Environmental Science & Technology, 49 (16): 9797-806.

REBER E A, EVERSHED R P, 2004. How did mississippians prepare maize? The application of compound-specific carbon isotope analysis to absorbed pottery residues from several Mississippi valley sites [J] . Archaeometry, 46 (1): 19-33.

RENOU J P, DEPONGE C, GACHON P, et al. , 2004. Characterization of animal products according to geographic origin and feeding diet using nuclear magnetic resonance and isotope ratio mass spectrometry: cow milk [J] . Food Chemistry, 85 (1): 63-66.

RENPENNING J, HITZFELD K L, GILEVSKA T, et al. , 2015a. Development and validation of an universal interface for compound-specific stable isotope analysis of chlorine ($^{37}Cl/^{35}Cl$) by GC-high-temperature conversion (HTC) -MS/IRMS [J] . Analytical Chemistry, 87 (5): 2832-2839.

RENPENNING J, HORST A, SCHMIDT M, et al. , 2018. Online isotope analysis of $^{37}Cl/^{35}Cl$ universally applied for semi-volatile organic compounds using GC-MC-ICPMS [J] . Journal of Analytical Atomic Spectrometry, 33 (2): 314-321.

RENPENNING J, KÜMMEL S, HITZFELD K L, et al. , 2015b. Compound-specific hydrogen isotope analysis of heteroatom-bearing compounds via gas chromatography-chromium-based high-temperature conversion (Cr/HTC) -isotope ratio mass spectrometry [J] . Analytical Chemistry, 87 (18): 9443-9450.

RICHTER E K, SPANGENBERG J E, KREUZER M, et al. , 2010. Characterization of rapeseed (Brassica napus) oils by bulk C, O, H, and fatty acid C stable isotope analyses [J] . Journal of Agricultural and Food Chemistry, 58 (13): 8048-8055.

RITZ P, GACHON P, GAREL J P, et al. , 2005. Milk characterization: effect of the breed [J] . Food Chemistry, 91 (3): 521-523.

ROGERS K M, 2008. Nitrogen isotopes as a screening tool to determine the growing regimen of some organic and nonorganic supermarket produce from New Zealand [J] . Journal of Agricultural and Food Chemistry, 56 (11): 4078-4083.

ROSSMANN A, 2001. Determination of stable isotope ratios in food analysis [J] . Food Reviews International, 17 (3): 347-381.

ROSSMANN A, HABERHAUER G, HÖLZL S, et al. , 2000. The potential of multielement stable isotope analysis for regional origin assignment of butter [J] . European Food Research and Technology, 211 (1): 32-40.

ROSSMANN A, KOZIET J, MARTIN G J, et al. , 1997. Determination of the carbon-13 content of sugars and pulp from fruit juices by isotope-ratio mass spectrometry (internal reference method) . A European interlaboratory comparison [J]. Analytica Chimica Acta, 340 (1/2/3): 21-29.

SANABRIA-ORTEGA G, PÉCHEYRAN C, BÉRAIL S, et al. , 2012. Fast and precise method for Pb isotope ratio determination in complex matrices using GC-MC-ICPMS: application to crude oil, kerogen, and asphaltene samples [J].

Analytical Chemistry, 84 (18): 7874-7880.

SAUDAN C, AUGSBURGER M, MANGIN P, et al., 2007. Carbon isotopic ratio analysis by gas chromatography/combustion/isotope ratio mass spectrometry for the detection of *gamma*-hydroxybutyric acid (GHB) administration to humans [J]. Rapid Communications in Mass Spectrometry, 21 (24): 3956-3962.

SAUDAN C, EMERY C, MARCLAY F, et al., 2009. Validation and performance comparison of two carbon isotope ratio methods to control the misuse of androgens in humans [J]. Journal of Chromatography B, 877 (23): 2321-2329.

SCHMIDT O, QUILTER J M, BAHAR B, et al., 2005. Inferring the origin and dietary history of beef from C, N and S stable isotope ratio analysis [J]. Food Chemistry, 91 (3): 545-549.

SCHNEIDERS S, HOLDERMANN T, DAHLENBURG R, 2009. Comparative analysis of 1-phenyl-2-propanone (P2P), an amphetamine-type stimulant precursor, using stable isotope ratio mass spectrometry: presented in part as a poster at the 2nd meeting of the Joint European Stable Isotope User Meeting (JESIUM), Giens, France, September 2008 [J]. Science & Justice, 49 (2): 94-101.

SCHÜRNER H K, MAIER M P, ECKERT D, et al., 2016. Compound-specific stable isotope fractionation of pesticides and pharmaceuticals in a mesoscale aquifer model [J]. Environmental Science & Technology, 50 (11): 5729-5739.

SCHUMACHER K, HENER U, PATZ C, et al., 1999. Authenticity assessment of 2- and 3-methylbutanol using enantioselective and/or $^{13}C/^{12}C$ isotope ratio analysis [J]. European Food Research and Technology, 209 (1): 12-15.

SCHWERTL M, AUERSWALD K, SCHNYDER H, 2003. Reconstruction of the isotopic history of animal diets by hair segmental analysis [J]. Rapid Communications in Mass Spectrometry, 17 (12): 1312-1318.

SEPHTON M A, MEREDITH W, SUN C G, et al., 2005. Hydropyrolysis of steroids: a preparative step for compound-specific carbon isotope ratio analysis [J]. Rapid Communications in Mass Spectrometry, 19 (22): 3339-3342.

SESSIONS A L, 2006. Isotope-ratio detection for gas chromatography [J]. Journal of Separation Science, 29 (12): 1946-1961.

SHOUAKAR-STASH O, DRIMMIE R J, ZHANG M, et al., 2006. Compound-specific chlorine isotope ratios of TCE, PCE and DCE isomers by direct injection using CF-IRMS [J]. Applied Geochemistry, 21 (5): 766-781.

SILFER J A, ENGEL M H, MACKO S A, et al., 1991. Stable carbon isotope analysis of amino acid enantiomers by conventional isotope ratio mass spectrometry and combined gas chromatography/isotope ratio mass spectrometry [J]. Analytical Chemistry, 63 (4): 370-374.

SMALLWOOD B J, PAUL PHILP R, ALLEN J D, 2002. Stable carbon isotopic composition of gasolines determined by isotope ratio monitoring gas chromatography mass spectrometry [J]. Organic Geochemistry, 33 (2): 149-159.

SPANGENBERG J E, JACOMET S, SCHIBLER J, 2006. Chemical analyses of organic residues in archaeological pottery from Arbon Bleiche 3, Switzerland - evidence for dairying in the late Neolithic [J]. Journal of Archaeological Science, 33 (1): 1-13.

SPANGENBERG J E, MATUSCHIK I, JACOMET S, et al., 2008. Direct evidence for the existence of dairying farms in prehistoric Central Europe (4th millennium BC) [J]. Isotopes in Environmental and Health Studies, 44 (2): 189-200.

SPITZKE M E, FAUHL-HASSEK C, 2010. Determination of the $^{13}C/^{12}C$ ratios of ethanol and higher alcohols in wine by GC-C-IRMS analysis [J]. European Food Research and Technology, 231 (2): 247-257.

STOTT A W, EVERSHED R P, 1996. $\delta^{13}C$ analysis of cholesterol preserved in archaeological bones and teeth [J]. Analytical Chemistry, 68 (24): 4402-4408.

SUTO M, KAWASHIMA H, 2019. Compound specific carbon isotope analysis in sake by LC/IRMS and brewers' alcohol proportion [J]. Scientific Reports, 9 (1): 1-8.

SYLVA S P, BALL L, NELSON R K, et al., 2007. Compound-specific $^{81}Br/^{79}Br$ analysis by capillary gas chromatography/multicollector inductively coupled plasma mass spectrometry [J]. Rapid Communications in Mass Spectrometry, 21 (20): 3301-3305.

TAGAMI K, UCHIDA S, 2008. Use of LC-IRMS for the directdetermination of stable carbonisotope ratios in river waters [J]. Geochimica et Cosmochimica Acta, 72 (2): 30-33.

TAMURA H, APPEL M, RICHLING E, et al., 2005. Authenticity assessment of γ- and δ-decalactone from *Prunus* fruits by gas chromatography combustion/pyrolysis isotope ratio mass spectrometry (GC-C/P-IRMS) [J]. Journal of Ag-

ricultural and Food Chemistry, 53 (13): 5397-5401.
THULLNER M, FISCHER A, RICHNOW H H, et al., 2013. Influence of mass transfer on stable isotope fractionation [J]. Applied Microbiology and Biotechnology, 97 (2): 441-452.
TOBIAS H J, BRENNA J T, 2010. Microfabrication of high temperature micro-reactors for continuous flow isotope ratio mass spectrometry [J]. Microfluidics and Nanofluidics, 9 (2/3): 461-470.
TOBIAS H J, SACKS G L, ZHANG Y, et al., 2008. Comprehensive two-dimensional gas chromatography combustion isotope ratio mass spectrometry [J]. Analytical Chemistry, 80 (22): 8613-8621.
TOBIAS H J, ZHANG Y, AUCHUS R J, et al., 2011. Detection of synthetic testosterone use by novel comprehensive two-dimensional gas chromatography combustion-isotope ratio mass spectrometry [J]. Analytical Chemistry, 83 (18): 7158-7165.
TSIVOU M, KIOUKIA-FOUGIA N, LYRIS E, et al., 2006. An overview of the doping control analysis during the Olympic Games of 2004 in Athens, Greece [J]. Analytica Chimica Acta, 555 (1): 1-13.
TULLBERG B S, MERILAITA S, WIKLUND C, 2005. Aposematism and crypsis combined as a result of distance dependence: functional versatility of the colour pattern in the swallowtail butterfly larva [J]. Proceedings Biological Sciences, 272 (1570): 1315-1321.
WERNER R A, BRAND W A, 2001. Referencing strategies and techniques in stable isotope ratio analysis [J]. Rapid Communications in Mass Spectrometry, 15 (7): 501-519.
WHITE J W Jr, 1980. High-fructose corn syrup adulteration of honey: confirmatory testing required with certain isotope ratio values [J]. Journal of AOAC INTERNATIONAL, 63 (5): 1168.
WHITE J W Jr, DONER L W, 1978. Mass spectrometric detection of high-fructose corn sirup in honey by use of $^{13}C/^{12}C$ ratio: collaborative study [J]. Journal of AOAC INTERNATIONAL, 61 (3): 746-750.
WIJKER R S, PATI S G, ZEYER J, et al., 2015. Enzyme kinetics of different types of flavin-dependent monooxygenases determine the observable contaminant stable isotope fractionation [J]. Environmental Science & Technology Letters, 2 (11): 329-334.
WOODBURY S E, EVERSHED R P, ROSSELL J B, et al., 1995. Detection of vegetable oil adulteration using gas chromatography combustion/isotope ratio mass spectrometry [J]. Analytical Chemistry, 67 (15): 2685-2690.
WOODBURY S E, EVERSHED R P, BARRY ROSSELL J, 1998. Purity assessments of major vegetable oils based on $\delta^{13}C$ values of individual fatty acids [J]. Journal of the American Oil Chemists' Society, 75 (3): 371-379.
WU L P, KUMMEL S, RICHNOW H H, 2017. Validation of GC-IRMS techniques for C-13 and delta H-2 CSIA of organophosphorus compounds and their potential for studying the mode of hydrolysis in the environment [J]. Analytical and Bioanalytical Chemistry, 409 (10): 2581-2590.
XU J Z, LIU X H, WU B, et al., 2020. A comprehensive analysis of $\delta^{13}C$ isotope ratios data of authentic honey types produced in China using the EA-IRMS and LC-IRMS [J]. Journal of Food Science and Technology, 57 (4): 1216-1232.
YONEYAMA T, ITO O, ENGELAAR W M H G, 2003. Uptake, metabolism and distribution of nitrogen in crop plants traced by enriched and natural ^{15}N: Progress over the last 30 years [J]. Phytochemistry Reviews, 2 (1/2): 121-132.
ZWANK L, BERG M, SCHMIDT T C, et al., 2003. Compound-specific carbon isotope analysis of volatile organic compounds in the low-microgram per liter range [J]. Analytical Chemistry, 75 (20): 5575-5583.

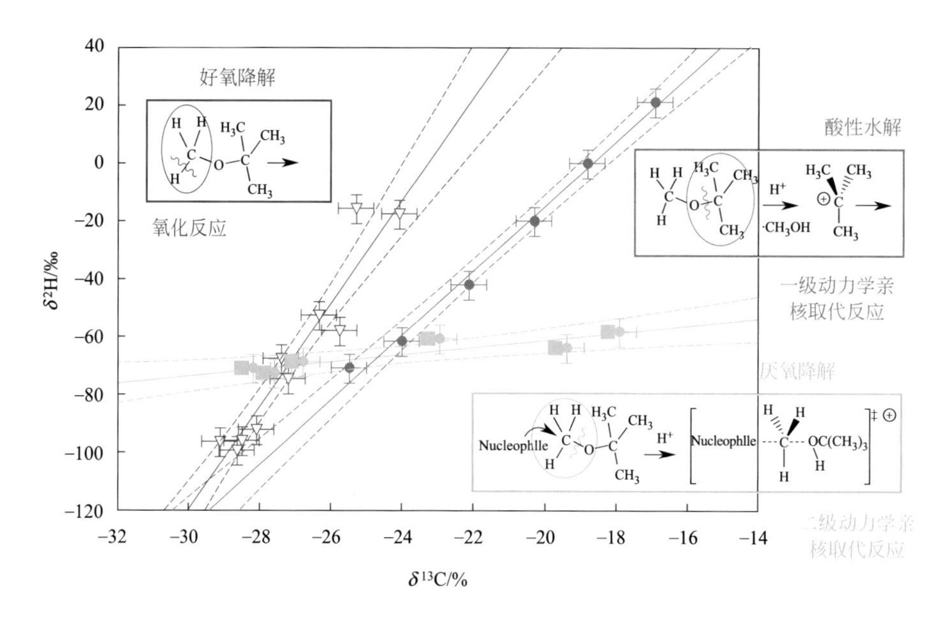

图 3-6 甲基叔丁基醚（MTBE）分别在好氧条件（三角形）、酸性水解（实心圆点）和厌氧条件下（实心方框）观察到的碳和氢同位素分馏

虚线表示 95%的线性回归置信区间。对每种转化过程相应的反应机制由一个围绕反应位置的圆圈和一条穿过断裂键的蜿蜒线来表示（Elsneret al.，2007）

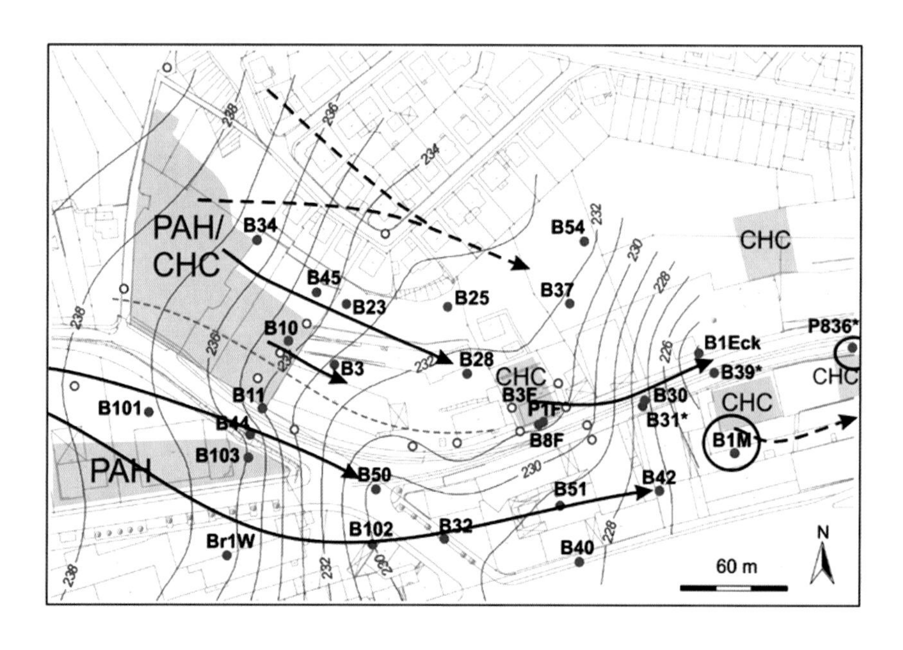

图 6-3 在复杂水文地质和地球化学条件下的多用途工业地点（描绘至少 6 种不同来源的四氯乙烯）（Blessing et al.，2009）

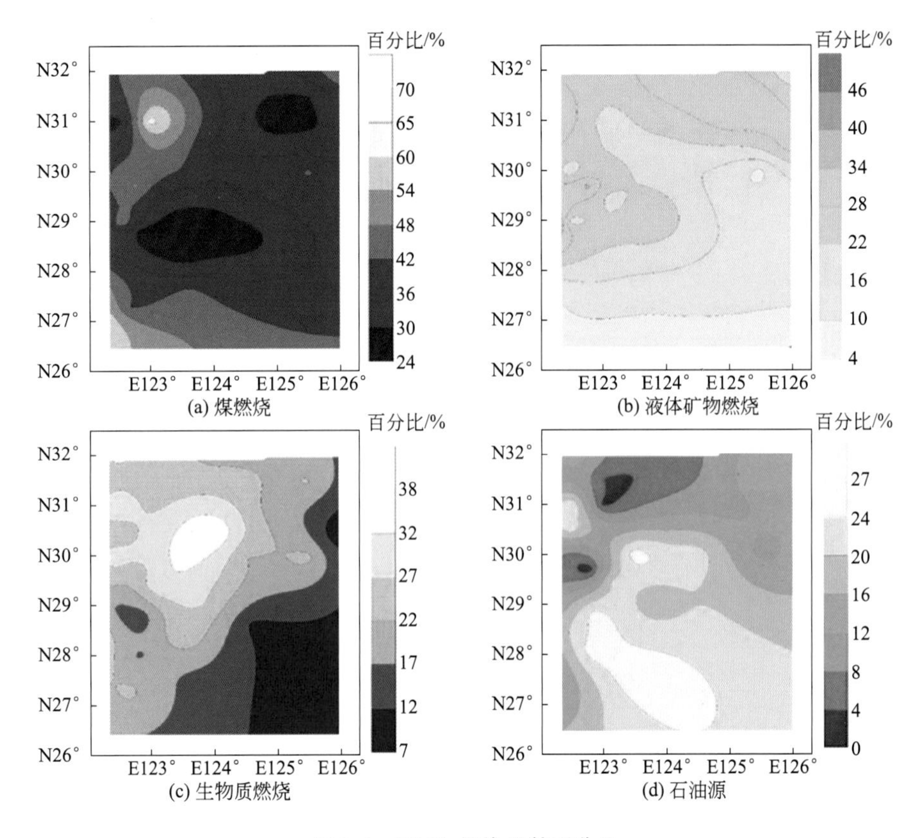

图 6-4 PAHs 污染贡献百分比

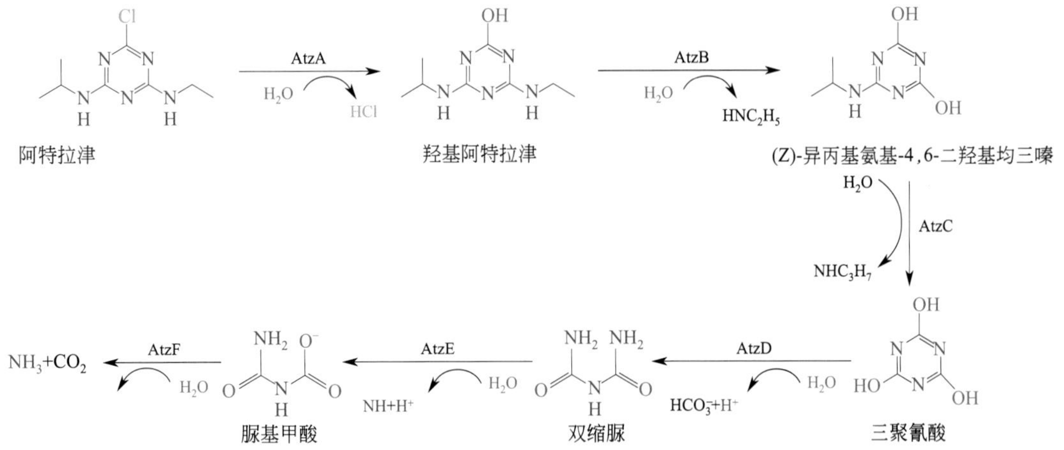

Cl
AtzA
H_2O
HCl
OH
AtzB
HNC_2H_5
阿特拉津
羟基阿特拉津
(Z)-异丙基氨基-4,6-二羟基均三嗪
AtzC
NHC_3H_7
NH_3+CO_2
AtzF
AtzE
$NH+H^+$
AtzD
$HCO_3^-+H^+$
脲基甲酸
双缩脲
三聚氰酸

图 7-4 假单胞菌 ADP 菌株矿化阿特拉津的完整途径（de Souza et al.，1996）

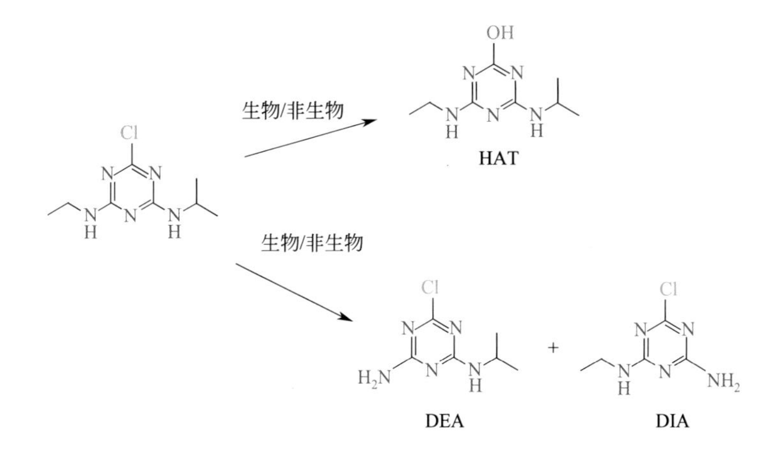

图 7-5 阿特拉津在环境中生物和非生物作用下的起始转化过程

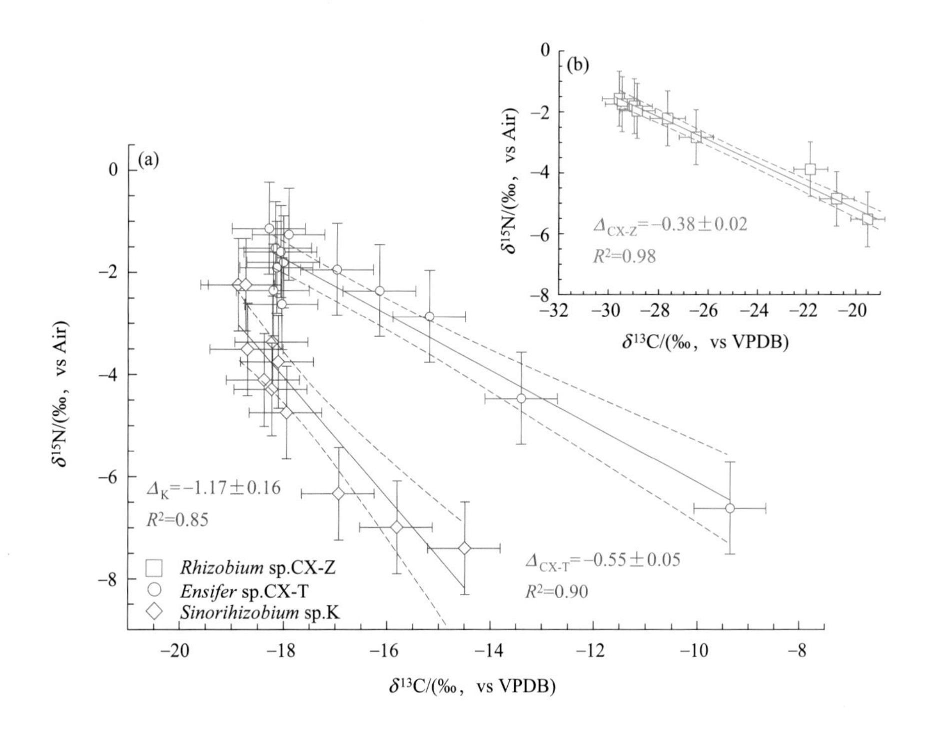

图 7-7 三种菌株的碳、氮双同位素图

(a) 图中圆圈代表菌株 *Ensifer* sp. CX-T，方块菱形代表菌株 *Sinorihizobium* sp. K；
(b) 方块代表菌株 *Rhizobium* sp. CX-Z，虚线代表线性拟合 95％的置信范围

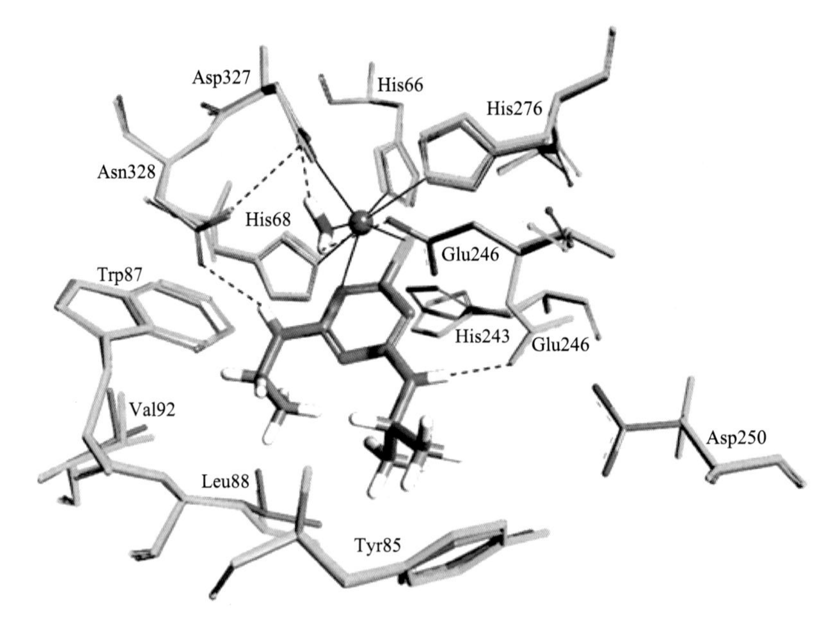

图 7-8 模拟阿特拉津与 AtzA 活性位点的最可能的结合方式（Peat et al.，2015）

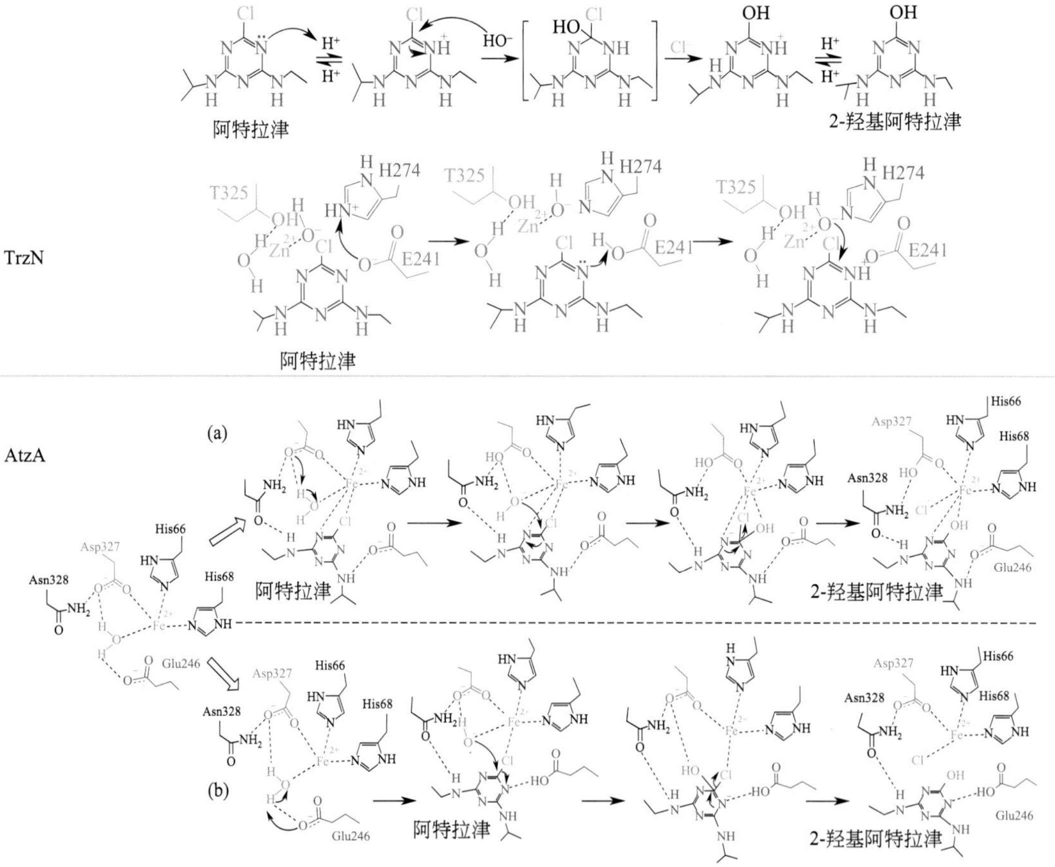

阿特拉津　2-羟基阿特拉津

TrzN　阿特拉津

AtzA (a) 阿特拉津　2-羟基阿特拉津

(b) 阿特拉津　2-羟基阿特拉津

图 7-9 阿特拉津氯水解酶 AtzA 与 TrzN 对阿特拉津的脱氯反应机制